现代钢管混凝土结构技术

(第二版)

韩林海 杨有福 编著

中国建筑工业出版社

图书在版编目(CIP)数据

现代钢管混凝土结构技术/韩林海，杨有福编著.—2版.—北京：中国建筑工业出版社，2007
 ISBN 978-7-112-09576-6

Ⅰ.现… Ⅱ.①韩…②杨… Ⅲ.钢管结构：混凝土结构—技术 Ⅳ.TU37

中国版本图书馆 CIP 数据核字（2007）第 124587 号

现代钢管混凝土结构技术
（第二版）
韩林海　杨有福　编著

*

中国建筑工业出版社出版、发行（北京西郊百万庄）
各地新华书店、建筑书店经销
北京天成排版公司制版
北京蓝海印刷有限公司印刷

*

开本：787×1092 毫米　1/16　印张：28　字数：694 千字
2007 年 12 月第二版　2008 年 5 月第四次印刷
印数：7501—9500 册　定价：53.00 元
ISBN 978-7-112-09576-6
(16240)

版权所有　翻印必究
如有印装质量问题，可寄本社退换
（邮政编码　100037）

本书介绍了一些典型的钢管混凝土工程实例，系统地阐述了钢管混凝土结构构件设计中的系列关键问题，如一次加载和长期荷载作用下的设计计算、轴向局部受压时承载力的计算、钢管初应力影响的验算、构件截面尺寸效应的影响、抗震和抗火设计及火灾后的损伤评估等方面的基本原理和方法；还论述了一些新型钢管混凝土结构，如采用高性能材料的钢管混凝土、薄壁钢管混凝土、中空夹层钢管混凝土和 FRP 约束钢管混凝土构件的工作特点和设计建议，以及钢管混凝土结构节点的一些典型构造措施和计算方法等；另外探讨了钢管混凝土制作、施工与质量控制等方面的一些问题；最后还给出了钢管混凝土结构设计计算例题。

本书根据钢管混凝土结构设计实用要求撰写，内容丰富，体系完整，浅显易懂，可供土建结构设计、施工、监理、研究人员及大专院校土建专业师生参考。

* * *

责任编辑：孙玉珍
责任设计：董建平
责任校对：王雪竹　王金珠

第二版前言

自《现代钢管混凝土结构技术》(第一版)在2004年出版以来,国内陆续颁布发行了一些有关钢管混凝土结构设计方面的工程建设标准。国外一些涉及钢管混凝土结构设计内容的规程也陆续进行了修订并颁布,如欧洲的EC4(2004)、美国的ACI(2005)和AISC(2005)、英国的BS5400(2005)等。

近些年,研究者们在钢管混凝土结构研究方面的工作又取得了部分新进展,如构件在压(拉)、弯、扭、剪及其复合受力状态下的性能和设计理论,构件受轴向局压荷载时的力学性能和计算方法,一些新型组合结构构件的力学性能和实用设计方法,钢管混凝土结构节点、带钢管混凝土边柱的混合结构剪力墙、钢管混凝土框架-核心剪力墙混合结构的力学性能。

在这种情况下,作者觉得有必要对《现代钢管混凝土结构技术》(第一版)进行修订。
这次修订的内容主要有:

(1) 补充或完善了钢管混凝土结构构件在复杂受力状态下和受轴向局部压力时的验算方法。

(2) 补充了钢管混凝土结构节点构造及计算方面的内容。

(3) 补充了钢管混凝土结构体系计算方面的一些研究结果。

(4) 更新了本书涉及到的一些规范或规程中的方法及有关计算结果。

此外,这次修订时还修正了第一版中存在的一些不当之处。

鉴于作者在其他论著中更为细致和系统地介绍了钢管混凝土结构理论方面的研究结果,这次修订适时地删除了第一版中曾给出的一些简要的相关论述和介绍内容。

在第一版的基础上,本次修订补充或更新了一些工程实例的介绍,以期使有关论述更为妥当和准确。介绍这些典型工程实例的目的旨在便于读者尽可能全面地了解钢管混凝土结构工程应用的特点和可能形式。这些实例给出的概述性介绍资料有的取自作者课题组曾参与过研究或计算工作的实际工程项目,有的是工程投资方、设计单位或建设方应作者的要求帮助提供的,还有部分工程介绍参考引用了其他有关参考资料。

为了便于应用,在第一版的基础上,本书附录中增加了一些钢管混凝土构件的计算例题。

作者期望通过上述努力能使得本书论述的内容趋于合理和完善,且更具实用性和参考性,能更好地为现代钢管混凝土结构技术的发展提供参考。

阎善章、魏潮文、龚昌基、陈宝春、乔景川、于连波、陈立祖、孙忠飞、王怀忠、程宝坪、孙彤、卢伟煌、李达明、卓幸福、杨强跃、柯峰、王立长以及一些管理、设计或建设单位的有关技术人员等同志曾为作者提供了宝贵的实际工程图片及其简要介绍材料。本书第一作者的研究生何珊瑚和宋天诣协助进行了本书第3章、附录A和附录B的整理工作,博士生曲慧帮助收集和整理了部分工程照片等资料。在此,谨向所有给予过作者无私帮助和支持的人们表示诚挚的感谢!

本书的再版工作得到国家杰出青年科学基金(No.50425823)、清华大学"百名人才引进计划"专项基金和福建省引进高层次人才科研启动费资助项目等科研课题的资助,特此致谢!

需要指出的是,钢管混凝土结构学科的理论体系非常宽广,有关工程实践业已丰富多彩。对钢管混凝土结构设计理论及其工程实践的全面阐述,超出了作者的知识和能力范围。有鉴于此,作者仅结合作者熟悉和了解的国内外有关设计方法及工程信息,围绕本书的主题进行论述,内容远非全面和完整。撰写本书意在抛砖引玉。

由于作者学识水平和阅历所限,书中难免存在不当甚至谬误之处,谨请读者给予批评指正!

第一版前言

钢管混凝土早在一百多年前就已被应用于桥墩和工业厂房柱等结构中,但早期的应用中一般不考虑由于组成钢管混凝土的钢管及其核心混凝土间相互作用对承载力的提高。

对钢管混凝土力学性能进行较为深入的研究始于四五十年前。早期钢管混凝土中采用的钢管大多是热轧管,钢管的壁厚一般都比较大,且由于当时钢管内混凝土的浇筑工艺也未得到很好解决,因而应用钢管混凝土的经济效果并不明显,从而使钢管混凝土的推广应用受到一定影响。二三十年前,研究者们开始较多地研究钢管混凝土结构的抗震性能和耐火极限,以及钢管和混凝土之间粘结性能问题。近些年来,国内外对长期荷载作用下钢管混凝土力学性能的研究取得新进展,对钢管混凝土结构抗震性能的研究也进一步深入,对采用高强钢材和高强混凝土的钢管混凝土构件力学性能,以及薄壁钢管混凝土的工作性能和设计方法研究也有一些报道。

我国主要集中研究在钢管中浇筑素混凝土的内填型钢管混凝土结构,20 世纪 60 年代中期,钢管混凝土开始在一些厂房柱和地铁工程中采用。进入 70 年代后,这类结构在冶金、造船、电力等行业的单层或多层工业厂房、设备构架柱、各种支架、栈桥柱、送变电杆塔、桁架压杆中得到广泛的推广应用。1978 年,钢管混凝土结构被列入国家科学发展规划,使这一结构在我国的发展进入一个新阶段,无论是科学研究还是设计施工都取得较大进展。

这些研究成果和业已取得的宝贵工程实践经验为钢管混凝土结构的进一步发展提供了必要的条件和基础。

近十几年来,随着我国经济和建设事业的迅猛发展,钢管混凝土在桩、大跨度和空间结构、商业广场、多层办公楼及住宅、高层和超高层建筑以及桥梁结构中的应用日益增多,其发展速度快得惊人。钢管混凝土也由于具有承载力高、塑性和韧性好、施工方便、经济效果和耐火性能较好等特点而受到广大设计和施工技术人员的青睐。

在这一发展过程中,由于钢管混凝土结构理论和应用技术的需要,钢管混凝土结构的系列关键问题逐渐被研究者和工程技术人员共同关注,这些问题包括:1)静力性能;2)长期荷载作用的影响;3)动力性能;4)耐火极限和抗火设计方法;5)火灾后的力学性能和损伤规律;6)钢管初应力的影响;7)混凝土浇筑质量的影响;8)新型钢管混凝土结构的研发等。对这些关键问题的进一步深入研究和探索,会对更为科学合理地设计钢管混凝土结构,以及钢管混凝土结构技术向更高层次的方向发展提供有力的理论支持,也才能使钢管混凝土结构这一学科体系日臻完善。

众所周知,钢管混凝土结构工作的实质在于钢管及其核心混凝土间的相互作用和协同互补,由于这种相互作用,使钢管混凝土具有一系列优越的力学性能,同时也导致其力学性能的复杂性,因此,如何合理地认识和深入了解这种相互作用的"效应"成为迫切需要解决的钢管混凝土理论研究热点课题。从广大设计部门的角度,不仅希望这一问题在理论上取得较透彻的解决,而且更希望能进一步提供便于工程设计人员使用的实用设计方法。从研究者的角度来说,在工程技术领域从事科学研究,其最终目的也应该是更好地为实际应用服务,要把理论成果放到工程实践中去接受检验。

为了实现把理论成果推进到实用化程度的目标,需要有定量的结果,还需要考虑到钢管混凝土结构几何参数、物理参数、荷载参数及一系列实际影响因素,就会大大增加研究工作的深度和难度,但这样做的结果反过来也增强了研究成果的理论价值。当然,从事这样的理论研究工作,往往需要花费更大的精力和更长的时间。

近十几年来,作者领导的课题组坚持从客观实际需要出发,坚持科学的研究方法,以期保证研究成果的科学性、系统性和实用性。在这一探索过程中克服了一系列问题和困难,并取得一些有价值的研究结果。

目前,这些成果已在国内外一些著名的学术期刊上系列发表,并在专著《钢管混凝土结构-理论与实践》(科学出版社,2004年)中系统论述。近些年来,这些系列成果还受到广大工程技术人员的广泛关注和欢迎,一些研究结果已被一些典型的实际工程以及国家或地方的十余部工程建设标准采纳,社会反映良好,这对作者及课题组成员们既是鼓励,也是鞭策。

本书首先介绍了钢管混凝土工程的一些典型实例,并归纳了钢管混凝土结构材料和结构设计的一些基本原则。

基于业已取得的系列研究成果,并在充分借鉴和参考了国内外其他研究者们卓有成效的研究结果的基础上,本书系统阐述了钢管混凝土构件设计中的系列关键问题,如一次加载和长期荷载作用下的设计计算、钢管初应力影响的验算、尺寸效应的影响规律、抗震设计、抗火设计和火灾后的损伤评估等方面的基本原理和计算方法。

本书介绍了一些新型钢管混凝土结构,如薄壁钢管混凝土、钢管高性能混凝土和中空夹层钢管混凝土的最新成果及设计方法。

在较为全面地总结现有研究成果的基础上,本书论述了钢管混凝土结构节点的构造措施和设计方法,探讨了钢管混凝土制作、施工与质量控制等方面的一些问题。

本书还比较了国内外一些涉及钢管混凝土结构的设计规程或指南,如 ACI(1999)、AIJ(1997)、AISC-LRFD(1999)、BS 5400(1979)、DBJ 13-51-2003、DL/T 5085-1999、EC 4(1994)和 GJB 4142-2000 等在进行钢管混凝土结构设计计算时的差异和特点。本书最后还给出了钢管混凝土结构构件设计计算例题。

总之,本书并不只是单纯地介绍钢管混凝土的计算方法和构造措施,而是着重于基本概念和理论联系实际,力求从理论上阐明这些问题的本质和机理,以期能为读者从钢管混凝土工作机理和基本概念方面着手,较全面地了解钢管混凝土结构设计的特点起到"抛砖引玉"之作用。

本书内容研究工作先后得到国家自然科学基金、霍英东教育基金、教育部优秀青年教师资助计划项目、国家地震科学联合基金、辽宁省自然科学基金、福建省自然科学基金重点项目、福建省科学计划重点和重大项目、教育部科学技术研究重点项目、建设部研究开发项目、澳大利亚 ARC 基金重点项目、福建省教育厅重点课题和福建省青年科技人才创新项目等科研课题的资助。

孙彤、龚昌基、乔景川、蔡延义、陈立祖、孙忠飞、程宝坪、王怀忠、卢伟煌、李达明、卓幸福、于连波和柯峰等同志曾为作者提供了非常有价值的实际工程资料。博士生尧国皇和林晓康参加本书第3章、附录A和附录B的整理工作。研究生霍静思和游经团帮助绘制了部分钢管混凝土结构节点构造图。借此机会向他们表示诚挚感谢!

夏汉强教授在百忙中对本书进行了审阅,并提出许多宝贵的建议和意见,作者非常感激。

本书是对现代钢管混凝土结构技术系列关键问题的探索,其中的一些论点仅代表作者当前对这些问题的认识,有待于进一步补充、完善和提高。

作者怀着感激的心情希望读者对本书存在的不当之处给予批评指正。作者也热切地期望钢管混凝土结构技术不断地趋于完善和成熟,从而使之更好地服务于国家的建设事业。

目 录

主要符号 ··· 1
第1章 绪言 ·· 5
  1.1 钢管混凝土的特点 ··· 5
  1.2 钢管混凝土的发展 ··· 8
    1.2.1 钢管混凝土的发展概况 ··· 8
    1.2.2 钢管混凝土的力学性能 ·· 10
  1.3 钢管混凝土的应用 ·· 17
  1.4 本书的主要内容 ··· 55
第2章 结构材料和结构设计的一般原则 ··· 57
  2.1 引言 ·· 57
  2.2 材料 ·· 57
    2.2.1 钢管及连接材料 ·· 57
    2.2.2 混凝土 ·· 59
    2.2.3 钢管混凝土 ·· 60
  2.3 钢管混凝土的刚度 ·· 69
    2.3.1 轴压刚度 ··· 69
    2.3.2 弯曲刚度 ··· 74
    2.3.3 剪切刚度 ··· 75
  2.4 钢管混凝土设计的一般原则 ··· 80
  2.5 小结 ·· 82
第3章 构件承载力计算 ·· 83
  3.1 引言 ·· 83
  3.2 计算原理简介 ··· 83
    3.2.1 轴心受力构件 ·· 83
    3.2.2 纯弯构件 ··· 96
    3.2.3 纯扭构件 ··· 97
    3.2.4 横向受剪构件 ·· 98
    3.2.5 压(拉)弯构件 ··· 99
    3.2.6 压扭构件 ·· 103
    3.2.7 弯扭构件 ·· 104
    3.2.8 压弯扭构件 ··· 104
    3.2.9 压弯剪构件 ··· 105
    3.2.10 压弯扭剪构件 ·· 106
  3.3 格构式构件承载力计算 ·· 107
  3.4 长期荷载影响的验算方法 ··· 111
  3.5 钢管初应力影响的验算方法 ··· 118
  3.6 钢管混凝土局部受压时的承载力计算 ·· 121

3.7 尺寸效应影响分析 ·· 123
3.8 规程比较 ·· 129
   3.8.1 引言 ··· 129
   3.8.2 一般规定 ·· 130
   3.8.3 计算结果比较 ·· 132
3.9 小结 ··· 144

第 4 章 抗震计算 ·· 146
4.1 引言 ··· 146
4.2 梁柱承载力的计算方法研究 ···································· 146
   4.2.1 圆钢管混凝土 ·· 146
   4.2.2 方、矩形钢管混凝土 ······································ 149
4.3 滞回性能的重要影响因素 ······································ 152
   4.3.1 钢管混凝土荷载-变形滞回关系的特点 ······················· 152
   4.3.2 弯矩-曲率滞回关系的影响因素 ····························· 153
   4.3.3 水平荷载-水平位移滞回关系的影响因素 ··················· 155
4.4 弯矩-曲率滞回模型 ·· 157
   4.4.1 圆钢管混凝土 ·· 157
   4.4.2 方、矩形钢管混凝土 ······································ 159
4.5 水平荷载-水平位移滞回模型 ··································· 160
   4.5.1 圆钢管混凝土 ·· 160
   4.5.2 方、矩形钢管混凝土 ······································ 162
4.6 构件位移延性系数 ··· 163
4.7 钢管混凝土混合结构的抗震性能 ································ 172
   4.7.1 带钢管混凝土边柱的混合结构剪力墙 ······················· 172
   4.7.2 钢管混凝土框架-核心剪力墙混合结构 ······················ 173
4.8 小结 ··· 174

第 5 章 耐火极限、防火保护和火灾后的修复加固 ···················· 176
5.1 引言 ··· 176
5.2 计算原理概述 ·· 176
   5.2.1 耐火极限和防火保护层厚度 ································ 176
   5.2.2 火灾作用后的极限承载力 ·································· 180
5.3 耐火极限实用计算方法 ··· 183
5.4 防火保护层厚度计算 ··· 186
5.5 火灾作用后极限承载力和残余变形计算 ························· 206
   5.5.1 承载力影响系数 ·· 206
   5.5.2 残余变形 ·· 210
5.6 防火构造措施 ·· 213
5.7 抗火设计和火灾后修复加固方法讨论 ··························· 217
5.8 小结 ··· 222

第 6 章 节点构造与设计 ·· 223
6.1 引言 ··· 223

6.2 节点基本类型和研究现状 ·· 223
6.2.1 钢梁-钢管混凝土柱节点 ·· 225
6.2.2 钢筋混凝土梁(板)-钢管混凝土柱节点 ······························ 254
6.3 钢管和混凝土之间的粘结强度 ·· 263
6.3.1 粘结强度 ·· 263
6.3.2 粘结强度的影响因素 ·· 264
6.3.3 粘结强度的验算方法 ·· 267
6.3.4 平均粘结应力-相对滑移简化模型 ·································· 268
6.4 节点构造措施及计算方法 ·· 269
6.4.1 钢管混凝土梁柱节点的构造措施 ···································· 269
6.4.2 其他节点的构造 ··· 276
6.4.3 加强环节点的计算方法 ··· 277
6.4.4 其他节点的计算 ··· 280
6.5 小结 ·· 286

第7章 新型钢管混凝土结构 ·· 287
7.1 引言 ·· 287
7.2 采用高性能材料的钢管混凝土 ·· 287
7.2.1 采用高强钢材的钢管混凝土 ··· 287
7.2.2 采用高强混凝土的钢管混凝土 ······································ 288
7.2.3 采用自密实混凝土的钢管混凝土 ··································· 289
7.3 薄壁钢管混凝土 ··· 290
7.4 中空夹层钢管混凝土 ·· 294
7.5 FRP约束钢管混凝土 ··· 299
7.5.1 FRP约束钢管混凝土的轴压性能 ·································· 300
7.5.2 FRP加固火灾作用后钢管混凝土的静力性能 ··················· 301
7.5.3 FRP加固火灾作用后钢管混凝土的滞回性能 ··················· 303
7.6 钢管再生混凝土 ··· 303
7.7 小结 ·· 306

第8章 制作、施工与质量控制 ··· 308
8.1 引言 ·· 308
8.2 一般规定 ·· 308
8.3 钢管的制作和施工 ·· 309
8.4 混凝土的施工 ·· 310
8.4.1 混凝土的浇筑方式 ··· 310
8.4.2 混凝土质量检测方法 ·· 312
8.5 验收 ·· 313

附录A 各规程的承载力设计公式 ·· 315
A.1 《Building code requirements for structural concrete and commentary》ACI(2005) ·· 315
A.2 《Recommendations for design and construction of concrete filled steel tubular structures》AIJ(1997) ························· 316

A.3 《Specification for structural steel buildings》AISC(2005) ………………… 319
A.4 《Steel, concrete and composite bridges, Part 5: Code of practice for design of composite bridges》BS 5400(2005) ………… 321
A.5 《矩形钢管混凝土结构技术规程》CECS 159:2004 ……………………… 325
A.6 《钢管混凝土结构技术规程》DBJ 13-51-2003 ……………………… 329
A.7 《钢-混凝土组合结构设计规程》DL/T 5085-1999 ……………………… 331
A.8 《Design of steel and concrete structures-Part 1-1: General rules and rules for building》EC 4(2004) ……………………… 333
A.9 《战时军港抢修早强型组合结构技术规程》GJB 4142-2000 ………… 336

附录 B 计算例题 ……………………………………………………………… 339
B.1 引言 ………………………………………………………………………… 339
B.2 格构式柱承载力验算 ……………………………………………………… 339
B.3 单肢柱承载力验算 ………………………………………………………… 352
　　B.3.1 圆钢管混凝土构件 ………………………………………………… 352
　　B.3.2 方钢管混凝土构件 ………………………………………………… 365
　　B.3.3 中空夹层钢管混凝土构件 ………………………………………… 374
B.4 长期荷载作用影响验算 …………………………………………………… 377
B.5 施工引起的钢管初应力影响验算 ………………………………………… 378
B.6 滞回模型计算 ……………………………………………………………… 380
　　B.6.1 弯矩-曲率滞回模型 ………………………………………………… 380
　　B.6.2 水平荷载-水平位移滞回模型 ……………………………………… 383
　　B.6.3 构件位移延性系数计算 …………………………………………… 385
B.7 防火保护层厚度计算 ……………………………………………………… 386
　　B.7.1 圆钢管混凝土柱 …………………………………………………… 386
　　B.7.2 方钢管混凝土柱 …………………………………………………… 399
　　B.7.3 矩形钢管混凝土柱 ………………………………………………… 406
B.8 节点计算 …………………………………………………………………… 408
　　B.8.1 圆钢管混凝土 ……………………………………………………… 408
　　B.8.2 方、矩形钢管混凝土 ……………………………………………… 409
B.9 收缩计算 …………………………………………………………………… 410

参考文献 ……………………………………………………………………… 412

主 要 符 号

a	钢管混凝土构件的防火保护层厚度
A_c	核心混凝土横截面面积
A_{ce}	中空夹层钢管混凝土的名义核心混凝土横截面面积。对于圆套圆中空夹层钢管混凝土，$A_{ce}=\pi(D-2t_o)^2/4$；对于方套圆中空夹层钢管混凝土，$A_{ce}=(B-2t_o)^2$
A_s	钢管横截面面积
A_{sc}	钢管混凝土横截面面积。对于实心钢管混凝土，$A_{sc}=A_s+A_c$；对于中空夹层钢管混凝土，$A_{sc}=A_{so}+A_c+A_{si}$
A_{sco}	中空夹层钢管混凝土外钢管和夹层混凝土的横截面面积之和（$=A_{so}+A_c$）
A_{si}	中空夹层钢管混凝土内钢管的横截面面积
A_{so}	中空夹层钢管混凝土外钢管的横截面面积
B	方钢管横截面外边长、矩形钢管横截面短边外边长或方套圆中空夹层钢管混凝土外钢管横截面外边长
B/t	方钢管横截面的宽厚比，或矩形钢管横截面短边的宽厚比
C	钢管混凝土构件截面周长，对于圆钢管混凝土，$C=\pi D$；对于方钢管混凝土，$C=4B$；对于矩形钢管混凝土，$C=2(D+B)$
C30	表示立方体抗压强度标准值为 $30N/mm^2$ 的混凝土强度等级
CFST	钢管混凝土（Concrete-Filled Steel Tubes）的英文简写
COV	均方差
D	圆钢管横截面外直径、矩形钢管横截面长边外边长或圆套圆中空夹层钢管混凝土外钢管横截面外直径
D/t	圆钢管横截面的径厚比，或矩形钢管横截面长边的宽厚比
D_i	中空夹层钢管混凝土内钢管横截面外直径
e	轴向荷载偏心距
e/r	荷载偏心率，对于圆钢管混凝土，$r=D/2$；对于方钢管混凝土，$r=B/2$；对于矩形钢管混凝土，当构件绕强轴（x-x）弯曲时，$r=D/2$，当绕弱轴（y-y）弯曲时，$r=B/2$
E_c	混凝土弹性模量
E_s	钢材弹性模量
E_{sc}	钢管混凝土组合轴压弹性模量
E_{sch}	钢管混凝土组合轴压强化模量
f	钢材的抗拉、抗压和抗弯强度设计值

f_{au}		钢管与混凝土间的平均粘结强度
f_{bu}		钢管与混凝土间的极限粘结强度
f_c		混凝土轴心抗压强度设计值
f'_c		混凝土圆柱体抗压强度
f_{ck}		混凝土轴心抗压强度标准值
f_{cu}		混凝土立方体抗压强度
f_o		中空夹层钢管混凝土外钢管钢材的抗拉、抗压和抗弯强度设计值
f_{sc}		钢管混凝土组合轴压强度设计值
f_{scp}		钢管混凝土轴心受压时的比例极限
f_{scv}		钢管混凝土组合抗剪强度设计值
f_{scvp}		钢管混凝土纯剪切时的比例极限
f_{scvy}		钢管混凝土纯剪切时的强度指标
f_{scy}		钢管混凝土轴心受压时的强度指标
f_v		钢材的抗剪强度设计值
f_y		钢材的屈服强度(或屈服点)
f_{yi}		中空夹层钢管混凝土内钢管的屈服强度
f_{yo}		中空夹层钢管混凝土外钢管的屈服强度
G_c		混凝土剪变模量
G_s		钢材剪变模量
G_{sc}		钢管混凝土剪变模量
i		钢管混凝土构件横截面回转半径($=\sqrt{I_{sc}/A_{sc}}$)
I_c		核心混凝土截面惯性矩
I_s		钢管截面惯性矩
I_{sc}		钢管混凝土截面惯性矩
k_{cr}		长期荷载作用影响系数
k_p		钢管初应力影响系数
k_r		火灾作用后钢管混凝土构件的承载力影响系数
k_t		火灾作用下钢管混凝土构件的承载力影响系数
K		钢管混凝土构件的抗弯刚度
K_{ie}		钢管混凝土初始阶段的抗弯刚度
K'_{se}		钢管混凝土使用阶段的抗弯刚度
L		钢管混凝土构件在其弯曲平面内的计算长度
M		弯矩
$M_{i,u}$		中空夹层钢管混凝土内钢管的极限弯矩
M_u		钢管混凝土抗弯承载力
M_{uc}		钢管混凝土梁柱抗弯承载力计算值
M_{ue}		钢管混凝土梁柱抗弯承载力实验值
M_{ux}		矩形钢管混凝土绕强轴(x-x)弯曲时的抗弯承载力

M_{uy}	矩形钢管混凝土绕弱轴(y-y)弯曲时的抗弯承载力
M_y	屈服弯矩
n	长期荷载比、轴压比或火灾荷载比
N	轴向压力
$N_{i,u}$	中空夹层钢管混凝土内钢管的轴压极限承载力
N_o	作用在钢管混凝土柱上的恒定轴心压力
$N_{osc,u}$	中空夹层钢管混凝土外钢管和夹层混凝土的轴压极限承载力
N_{tu}	钢管混凝土抗拉强度承载力
N_u	钢管混凝土构件轴心受压时的极限承载力
$N_{u,cr}$	考虑长期荷载作用影响时钢管混凝土柱的极限承载力
N_{uL}	钢管混凝土柱的局部受压承载力
N_{uo}	钢管混凝土轴心受压时的强度承载力
$N_{u,p}$	考虑钢管初应力影响时钢管混凝土柱的极限承载力
N_{ut}	钢管混凝土轴心受拉时的强度承载力
$N_u(t)$	火灾作用下(后)钢管混凝土柱的极限承载力
P	钢管混凝土构件的水平荷载
P_{uc}	钢管混凝土梁柱水平承载力计算值
P_{ue}	钢管混凝土梁柱水平承载力实验值
Q235	表示屈服强度为 235N/mm² 的钢材牌号
t	钢管壁厚度或火灾持续时间
t_R	钢管混凝土柱的耐火极限
t_i	中空夹层钢管混凝土内钢管的壁厚
t_o	中空夹层钢管混凝土外钢管的壁厚
T	温度或扭矩
T_u	抗扭强度承载力
u_m	构件中截面挠度
u_{mt}	火灾作用后钢管混凝土构件的残余变形
V	剪力
V_u	抗剪强度承载力
W_{scm}	截面抗弯模量
W_{sct}	截面抗扭模量
W_{si}	中空夹层钢管混凝土内钢管的截面抗弯模量
α	钢管混凝土构件截面含钢率。对于实心钢管混凝土，$\alpha=A_s/A_c$；对于中空夹层钢管混凝土，$\alpha=A_{so}/A_c$
α_n	中空夹层钢管混凝土的名义含钢率($=A_{so}/A_{ce}$)
β	钢管初应力系数 [$=\sigma_{so}/(\varphi_s \cdot f_y)$] 或矩形钢管截面高宽比($=D/B$)
β_m	等效弯矩系数
β_u	钢管对混凝土收缩的制约影响系数
Δ	钢管混凝土构件的水平位移

4 主要符号

ε	应变
ε_{max}	受弯构件中截面外边缘纤维最大拉应变
ε_{scy}	钢管混凝土轴心受压时的强度指标 f_{scy} 对应的应变
ε_{sh}	收缩应变
ϕ	曲率
φ	钢管混凝土轴心受压柱的稳定系数
φ_s	空钢管轴心受压柱的稳定系数
γ	剪应变
γ_m	抗弯承载力计算系数 $[=M_u/(W_{scm} \cdot f_{scy})]$
γ_t	抗扭强度承载力计算系数 $[=T_u/(\tau_{scy} \cdot W_{sct})]$
γ_{ts}	钢管混凝土受拉计算系数
γ_{scp}	钢管混凝土纯剪切时比例极限对应的剪应变
γ_v	抗剪强度承载力计算系数 $[=V_u/(\tau_{scy} \cdot A_{sc})]$
λ	构件长细比 (L/i)
μ	构件位移延性系数
ρ	质量密度
θ	夹角或转角
σ_{sc}	钢管混凝土轴心受压时的名义压应力 $(=N/A_{sc})$
σ_{so}	钢管初应力
τ	剪应力
τ_{scp}	钢管混凝土纯剪切时的比例极限
τ_{scy}	钢管混凝土抗扭屈服强度指标
χ	中空夹层钢管混凝土的截面空心率,对于圆套圆中空夹层钢管混凝土,$\chi=D_i/(D-2t_o)$;对于方套圆中空夹层钢管混凝土,$\chi=D_i/(B-2t_o)$
ξ	约束效应系数。对于实心钢管混凝土,$\xi=\alpha \cdot f_y/f_{ck}$;对于中空夹层钢管混凝土,$\xi=\alpha_n \cdot f_{yo}/f_{ck}$
ξ_o	约束效应系数设计值。对于实心钢管混凝土,$\xi_o=\alpha \cdot f/f_c$;对于中空夹层钢管混凝土,$\xi_o=\alpha_n \cdot f_o/f_c$

第1章 绪　　言

1.1 钢管混凝土的特点

钢管混凝土是指在钢管中填充混凝土而形成、且钢管及其核心混凝土能共同承受外荷载作用的结构构件。

目前工程中最常用的钢管混凝土构件横截面形式主要有三种，即圆形、方形和矩形，如图1.1-1所示。

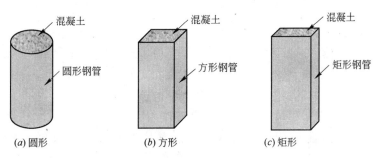

图1.1-1　钢管混凝土横截面形式示意图

钢管混凝土结构的特点可简要归纳如下：

(1) 承载力高

钢管混凝土构件在受力过程中，钢管可有效地约束其核心混凝土，从而延缓其受压时的纵向开裂；核心混凝土的存在可有效地延缓或避免薄壁钢管过早地发生局部屈曲。这样，两种材料相互弥补了彼此的弱点，却可以充分发挥各自的长处，从而使钢管混凝土具有很高的承载能力，一般都高于组成钢管混凝土的钢管和核心混凝土单独受荷时的极限承载能力的叠加。

(2) 塑性和韧性好

众所周知，混凝土(尤其高强度混凝土)的脆性相对较大。如果将混凝土灌入钢管中形成钢管混凝土，混凝土在钢管的约束下，其脆性可得到有效地改善，塑性性能得到提高。一些研究结果还表明，钢管混凝土在承受冲击荷载时具有良好的韧性(刘亚玲，2005；王克政，2005；张望喜等，2006)。

由于钢管混凝土具有良好的塑性和韧性，因而抗震性能良好。

(3) 制作和施工方便

和钢筋混凝土柱相比，采用钢管混凝土时没有绑扎钢筋、支模和拆模等工序，施工简便。此外混凝土的浇筑也更为方便，特别是目前采用泵送混凝土、高位抛落免振捣混凝土和自密实混凝土等工艺，更可加速混凝土的施工进度。与钢结构构件相比，钢管混凝土的构造通常更为简单，焊缝少，更易于制作。特别是在钢管混凝土中可更为广泛地采用薄壁钢管，因而进行钢管的现场拼接对焊更为简便快捷。此外，由于空钢管构件的自重小，因而更便于安装，且可以减少运输和吊装等费用，此外，空钢管柱安装偏差校正也更为方便。同样与钢柱相比，钢管混凝土的柱脚零件少，焊缝短，可以直接插入混凝土基础的预留杯口中，柱脚构造更为简单。

钢管混凝土在施工制造方面发展的一个重要方向是其钢管，以及与钢梁或钢筋混凝土梁连接节点制造的标准化。

可见，钢管混凝土本身的施工特点符合现代施工技术工业化的要求，更利于实现节约人工费用，降低工程造价和加快建设速度的综合目标。

(4) 耐火性能好

钢管混凝土具有良好的耐火性能，总体上主要体现在两个方面：一是火灾作用下构件具有优越的抗火性能；二是火灾作用后构件具有很好的可修复性。

钢管混凝土构件在火灾作用下，由于核心混凝土可吸收其外围钢管传来的热量，从而使其外包钢管的升温滞后，这样钢管混凝土中钢管的承载力损失要比纯钢结构相对更小，而钢管也可以保护混凝土不发生崩裂现象。火灾作用下，随着外包钢管温度的不断升高，其承载能力会不断降低，并把卸下的荷载传递给温升较慢且具有较高承载能力的核心混凝土。这样由于组成钢管混凝土的钢管和其核心混凝土之间具有相互贡献、协同互补和共同工作的优势，使这种结构具有较好的耐火性能。

实验结果表明，在 ISO-834(1975)标准火灾作用下，裸钢管混凝土柱达到耐火极限时，虽然局部会发生鼓曲或褶皱，但柱构件的整体性却能保持良好(韩林海，2004，2007)。对于带厚涂型钢结构防火涂料保护层的钢管混凝土试件，受火过程中保护层没有脱落现象发生，即火灾作用下防火保护层与试件共同工作性能良好。

图 1.1-2 所示为某纺织厂房发生火灾事故后的情景。该厂房采用了圆钢管混凝土柱和

图 1.1-2　某纺织厂房发生火灾事故后的情景

钢梁。这次火灾约持续了2.5h。火灾后钢梁和屋面破坏严重,但钢管混凝土柱没有发生明显的变形。柱结构完整性良好,避免了厂房发生整体倒塌造成更为严重损失的后果。

实验研究结果和工程火灾调查结果均表明,火灾作用后,随着外界温度的降低,钢管混凝土柱已屈服截面处钢管的强度可以得到不同程度的恢复,截面的力学性能比高温下有所改善,结构的整体性比火灾中也将有所提高,这不仅为结构的加固补强提供了一个较为安全的工作环境,也可减少补强工作量,降低维修费用。

众所周知,建筑结构抗火设计的总体目标可概括为:最大限度地减少人员(包括消防队员)伤亡、降低财产的直接和间接损失、减轻对环境的污染和影响。由于钢管混凝土具有较好的耐火性能及火灾后可修复性能,因此更容易实现发生小火时结构不破坏、在正常火灾作用后可尽快修复,而发生大火时结构不倒塌的目标。

(5) 经济效果好

作为一种组合结构构件,采用钢管混凝土不仅施工方便,而且可以很好地发挥钢材和混凝土两种材料的力学特性,使它们的优点得到更为充分和合理的发挥,因此,采用钢管混凝土一般都具有很好的经济效果。不少工程实际的经验均表明:采用钢管混凝土的承压构件比普通钢筋混凝土承压构件约可节约混凝土50%,减轻结构自重50%左右。钢材用量略高或约相等;和钢结构相比,可节约钢材50%左右。此外,由于在钢管内填充了混凝土,钢管混凝土柱的防锈费用会较空钢管柱有所降低。

多(高)层建筑结构中柱的类型如表1.1-1所示,Webb和Peyton(1990)通过分析给出了部分类型柱相对于钢筋混凝土柱综合造价的比较情况,如图1.1-3所示。

柱结构类型 表1.1-1

钢筋混凝土 RC	钢筋混凝土 (内配型钢) RSRC	劲性混凝土 SRC	钢管混凝土 (内配钢筋) RCFST	劲性钢管混凝土 SRCFST	钢管混凝土 CFST	钢结构 S
箍筋	箍筋	型钢	钢筋 钢管	钢筋 钢管	防火保护层 钢管	型钢 防火保护层

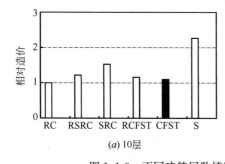
(a) 10层

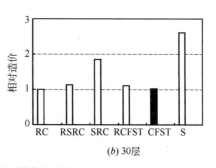
(b) 30层

图1.1-3 不同建筑层数情况下结构柱的相对造价比较

由图1.1-3可见,在几种比较的方案中,当在钢管中填充素混凝土时,钢管混凝土的造价与钢筋混凝土相比略高。随着建筑层数的增加,钢管混凝土的造价与钢筋混凝土基本持平。

衡量一种柱构件技术上的优越性可以总体上从考察以下几个指标来进行，即构件的横截面尺寸和结构自重、抗震性能、耐火性能和施工性能等。

表1.1-2给出了钢管混凝土柱与钢筋混凝土柱、劲性混凝土柱和钢结构柱等的比较情况。可见，钢管混凝土柱总体上具有较好的结构性能和施工性能。

柱结构的性能比较　　　　　　　　表1.1-2

项　目	钢筋混凝土	劲性混凝土	钢结构	钢管混凝土
截面尺寸	大	较大	较小	较小
抗震性能	较差	较好	好	较好
耐火性能	好	好	较差	较好
施工性能	一般	一般	好	好

钢管混凝土结构设计的特点是需遵循"两阶段设计法"的思想，即正常使用阶段钢管混凝土结构的设计计算和施工阶段影响的验算。施工阶段需要验算的内容包括：①空钢管在施工荷载、湿混凝土和结构自重等荷载作用下的稳定性；②施工阶段钢管中产生的初应力对正常使用阶段钢管混凝土力学性能的影响等。

1.2 钢管混凝土的发展

1.2.1 钢管混凝土的发展概况

钢管混凝土最早主要应用于桥墩和工业厂房柱等结构中，但早期的应用中一般不考虑由于组成钢管混凝土的钢管及其核心混凝土间相互作用对其承载力的提高。早期钢管混凝土中采用的钢管大多是热轧管，钢管的壁厚一般都比较大，且由于当时钢管内混凝土的浇筑工艺也未得到很好解决，因而应用钢管混凝土的经济效果并不明显，从而使钢管混凝土的推广应用受到一定影响(Uy，1998a)。

对钢管混凝土力学性能研究方面早期的报道有 Kloppel 和 Goder(1957a，1957b)等。对钢管混凝土力学性能进行较为深入的研究始于20世纪六七十年代，例如 Bode(1973)、Bridge(1976)、Furlong(1967，1983)、Gardner 和 Jacobson(1967)、Ghosh(1977)、Knowles 和 Park(1969，1970)、Knowles(1973)、Morishita 等(1979a，1979b)、Neogi 等(1969)、Task Group 20，SSRC(1979)、Tomii 和 Sakino(1979a，1979b，1979c)、Tomii 等(1977)、Virdi 和 Dowling(1975)等。

20世纪80年代，国外学者研究了钢管混凝土构件的抗震性能和耐火极限，例如 Klingsch(1985)、Lie 和 Caron(1988)、Lie 和 Chabot(1988)、Sakino 和 Tomii(1981)等。此外，这个阶段有关钢管和混凝土之间粘结性能问题的研究报道也比较多，如 Morishita 和 Tomii(1982)、Tomii 等(1980a，1980b)、Virdi 和 Dowling(1980)等。

近十几年来，对长期荷载作用下钢管混凝土力学性能的研究取得新进展，如 Ichinose 等(2001)、Morino 等(1996)、Nakai 等(1991)、Terrey 等(1994)、Uy(2001a)、Uy 和 Das(1997)等。对钢管混凝土动力性能的研究也进一步深入，如 Aval 等(2002)、Bergmann 等(1995)、Boyd 等(1995)、Elremaily 和 Azizinamini(2002)、Fujinaga 等(1998)、

Ge 和 Usami(1996)、Hajjar 和 Gourley(1997)、Hajjar 等(1997)、Kang 等(1998)、Lahlou 等(1999)、Nakanishi 等(1999)、Prion 和 Boehme(1994)、Sakino 等(1998)、Shiiba 和 Harada(1994)等。对钢管混凝土耐火性能和抗火设计方面的研究也有不少报道,如 British Steel Tubes and Pipes(1990)、ECCS-Technical Committee 3(1988)、Han 等(1993)、Hass(1991)、Kim 等(2000)、Kodur(1998a,1998b,1999)、Kodur 和 Lie(1997)、Kodur 和 Sultan(2000)、Lie(1994)、Lie 和 Chabot(1990,1992)、Lie 和 Denham(1993)、Lie 和 Stringer(1994)、Okada 等(1991)、O'Meagher 等(1991)、Patterson 等(1999)、Sakumoto 等(1994)、Twilt 等(1996)、Wang(1997,1999,2000)等。

此外,对采用高强钢材和高强混凝土的钢管混凝土构件力学性能的研究也有不少报道,如 Bridge 等(1997)、Cederwall 等(1997)、Grauers(1993)、Kilpatrick 和 Rangan(1997a,1997b,1997c)、O'Shea 和 Bridge(1997a,1997b,1997c,1997d)、Rangan 和 Joyce(1991)、Uy(2001b)等。有关钢管局部屈曲对钢管混凝土构件力学性能的影响问题进行了不少研究工作,如 Ge 和 Usami(1992,1994)、Mursi 和 Uy(2003)、Orito 等(1987)、O'Shea 和 Bridge(1997a,1997b,1997c,1997d)、Sakino 等(1985)、Tsuda 和 Matsui(1998)、Uy(1998b,2000)等。

前苏联在 20 世纪五六十年代对钢管混凝土结构进行了系统的研究(斯托鲁任科,1982),并在工业厂房、空间结构和拱桥结构中应用。

在西欧一些国家,如英国,德国和法国等,主要研究方钢管混凝土、圆钢管混凝土和矩形钢管混凝土结构,核心混凝土为素混凝土,或在核心混凝土中配置钢筋或型钢(ASCCS,1997;Johnson,1994;Oehlers 和 Bradford,1995)。在美国和加拿大,以研究方钢管混凝土和圆钢管混凝土为主,核心混凝土为素混凝土。

1923 年日本关西大地震后,人们发现钢管混凝土结构在该次地震中的破坏并不明显,故在以后的建筑,尤其是多、高层建筑中较广泛地应用了钢管混凝土。1995 年阪神地震后,钢管混凝土更显示了其优越的抗震性能。该次地震发生后,对部分受损的钢筋混凝土桥墩采用外套钢管的形式进行了修复加固,取得了较好的效果(Kitada,1998)。日本主要研究方钢管混凝土、圆钢管混凝土和矩形钢管混凝土,核心混凝土为素混凝土或配筋混凝土(Fukumoto,1995;Wakabayashi,1988,1994)。近年来,美国和日本两国在钢管混凝土方面进行了合作研究,并取得重要进展(Nishiyama 等,2002)。

澳大利亚学者对薄壁钢管混凝土和钢管高强混凝土结构进行了系统深入的研究(O'Shea 和 Bridge,1997a,1997b;Uy,1997,1998a,1998b,2000;Uy 等,1998)。

在我国,对钢管混凝土结构较早开展研究工作的有原中国科学院哈尔滨土建研究所(现中国地震局工程力学研究所)等单位。20 世纪 60 年代后期,原建筑材料研究院(现苏州混凝土与水泥制品研究院)、北京地下铁道工程局、原哈尔滨建筑工程学院(现哈尔滨工业大学)、冶金建筑科学研究总院、国家电力研究所及中国建筑科学院等单位都先后对钢管混凝土基本构件的力学性能和设计方法、节点构造和施工技术等方面进行了比较系统的研究工作。60 年代中期,钢管混凝土开始在一些厂房柱和地铁工程中采用。进入 70 年代后,这类结构在冶金、造船、电力等行业的单层或多层工业厂房得到广泛的推广应用。1978 年,钢管混凝土结构被列入国家科学发展规划,使这一结构在我国的发展进入一个新阶段,无论是科学研究还是设计施工都取得较大进展,实际工程应用不断增多,取得了良好的经济效益和社会效益。

我国研究者已在钢管混凝土力学性能研究方面取得一系列成果，例如蔡绍怀(1989，2007)、蔡绍怀和邸小坛(1985)、蔡绍怀和顾万黎(1985a，1985b)、蔡绍怀和焦占拴(1984)、蔡绍怀和陆群(1992)、顾维平等(1991，1993)、韩林海和钟善桐(1996)、韩林海(2004，2007)、李继读(1985)、李四平等(1998)、吕西林等(1999)、Pan(1988)、潘友光(1989)、谭克锋和蒲心诚(2000)、谭克锋等(1999)、汤关祚等(1982)、陶忠和于清(2006)、王力尚和钱稼茹(2001，2003)、肖从真等(2005)、余勇等(2000)、余志武等(2002)、张素梅和周明(1999)、张正国(1989，1993)、钟善桐(1994，1999，2003，2006)等。

对钢管混凝土柱节点的研究和应用也取得了很大进展。刘大海和杨翠如(2003)、钟善桐(1999，2003)、钟善桐和白国良(2006)较系统地论述了目前工程中常用的钢管混凝土柱节点形式。

Gourley 等(2001)、Schneider(1998)、Shanmugam 和 Lakshmi(2001)较系统地总结了各国研究者在钢管混凝土结构研究方面取得的成果。

对于钢管混凝土构件的研究存在各种不同的方法，其根本区别在于如何估算钢管和核心混凝土之间相互作用而产生的"效应"。这种"效应"的存在构成了钢管混凝土的固有特性，也导致其力学性能的复杂性。研究者们从不同的角度对组成钢管混凝土的钢管和核心混凝土之间的相互作用问题进行了分析，由于采用的研究方法不同，因而对这种相互作用认识的准确程度会有所不同，所获计算方法和计算结果也就会有所差异。但无论采用哪种办法，都有其特点，其目的都是为了寻找钢管混凝土结构合理科学的设计理论，在进行研究时都是值得参考和借鉴的。

有关钢管混凝土结构的设计规程目前已有不少。日本目前在钢管混凝土房屋建筑方面的设计规程有 AIJ(1997)等；美国的设计规程 ACI 318(2005)和 AISC(2005)都给出了钢管混凝土结构设计方面的规定；英国的设计规程有 BS 5400(2005)。此外，还有欧洲规范 EC4(2004)等。

我国近十几年来先后颁布了几本有关钢管混凝土结构设计方面的规程，例如国家建筑材料工业局标准 JCJ 01-89，中国工程建设标准化协会标准 CECS 28：90(1992)(该规程目前正在修编中)，中华人民共和国电力行业标准 DL/T 5085-1999 等给出了圆钢管混凝土结构设计方面的规定。中华人民共和国国家军用标准 GJB 4142-2000 给出了方钢管混凝土结构设计方面的条文。中国工程建设标准化协会标准 CECS 159：2004 给出了矩形钢管混凝土结构设计方面的规定。2003 年颁布实施的福建省工程建设标准《钢管混凝土结构技术规程》DBJ 13-51-2003 可适合于圆形和方、矩形钢管混凝土结构的设计计算。2003 年颁布的天津市工程建设标准《天津市钢结构住宅设计规程》DB 29-57-2003 中也给出了钢管混凝土结构设计计算方面的规定。2006 年颁布实施的中华人民共和国国家标准《建筑设计防火规范》GB 50016-2006 中给出了钢管混凝土柱对应不同耐火极限时的防火保护层厚度确定方法。

1.2.2 钢管混凝土的力学性能

随着我国建设事业的迅猛发展，结构工程技术也得到快速进步(袁驷等，2006)。近十几年来，钢管混凝土的工程应用日益增多，其发展速度快得惊人，因此寻求更为合理和完善的钢管混凝土结构分析理论和设计方法显得更加突出和重要。

近十几年来，作者及其课题组的合作伙伴们结合现代钢管混凝土结构技术发展的需要，对工程中常用的圆形和方、矩形钢管混凝土结构的如下关键问题进行了探索和研究，即：

(1) 一次加载下的性能；
(2) 长期荷载作用的影响；
(3) 往复荷载作用下的性能；
(4) 耐火极限和抗火设计方法；
(5) 火灾后的力学性能和损伤规律；
(6) 施工阶段产生的钢管初应力的影响；
(7) 混凝土浇筑质量的影响；
(8) 新型钢管混凝土结构的力学性能；
(9) 钢管混凝土结构节点的力学性能；
(10) 钢管混凝土框架结构、混合结构的力学性能等。

如前所述，钢管混凝土结构工作的实质在于钢管及其核心混凝土间的相互作用和协同互补，由于这种相互作用，使钢管混凝土具有一系列优越的力学性能，同时也导致其力学性能的复杂性，因此，如何合理地认识和深入了解这种相互作用的"效应"成为迫切需要解决的钢管混凝土理论研究热点课题。从广大设计部门的角度，不仅希望这一问题在理论上取得较透彻的解决，而且更希望能进一步提供便于工程设计人员使用的实用设计方法。从研究者的角度来说，在工程技术领域从事科学研究，其最终目的也应该是更好地为实际应用服务，要把理论成果放到工程实践中去接受检验。

为了实现把理论成果推进到实用化程度的目标，需要有定量的结果，还需要考虑到钢管混凝土结构几何参数、物理参数、荷载参数及一系列实际影响因素，就会大大增加研究工作的深度和难度，但这样做的结果反过来也增强了研究成果的理论价值。当然，进行这样的研究工作往往需要花费更大的精力和更长的时间。

近十几年来，作者及其课题组的合作伙伴们坚持从客观实际需要出发，坚持科学的研究方法，对包括上述10个方向的、钢管混凝土结构技术的系列关键问题进行了研究。每个问题的研究大致都经历了如下三个阶段(韩林海，2004，2007)：

(1) 在系统总结和考察目前国内外有关钢管混凝土理论分析和实验研究结果的基础上，提出能够进行钢管混凝土构件荷载-变形全过程分析的理论和方法。

(2) 根据研究的需要有针对性地进行一系列钢管混凝土构件的实验研究，从而更加全面地验证全过程分析结果的准确性。

(3) 将上述研究成果进一步推进到实用化的程度，提出以精确分析理论为基础的实用计算方法。

通过系统总结和考察以往国内外有关钢管混凝土的理论和实验研究成果，作者认为，组成钢管混凝土的钢管和混凝土之间的相互作用主要表现在以下两个方面(韩林海，2004，2007)：

(1) 对于截面，表现在钢管对其核心混凝土的约束作用，使混凝土材料本身性质得到改善，即强度得以提高，塑性和韧性性能大为改善。同时，由于混凝土的存在可以延缓或阻止钢管发生内凹的局部屈曲；在这种情况下，不仅钢管和混凝土材料本身的性质对钢管混凝土性能的影响很大，而且二者几何特性和物理特性参数如何"匹配"，也将对钢管混凝土构件力学性能起着非常重要的影响。因此可以"约束效应系数"作为衡量这种相互作用的基本参数。

(2) 对于构件，尤其是长细比较大的钢管混凝土构件，表现在由于混凝土的存在，构件的"屈曲模态"表现出很大的不同，从而使钢管混凝土构件的极限承载力和同等长度的空钢管相比具有较大的提高，核心混凝土的"贡献"主要是延缓钢管过早地发生局部屈曲，从而使构件的承载力和塑性能力得到提高，这时，混凝土材料本身的性质，例如强度等的变化对钢管混凝土构件性能的变化影响则不明显。

基于上述对组成钢管混凝土的钢管和其核心混凝土之间相互作用的基本认识，作者在第一阶段首先以"约束效应系数 ξ"为基本参数来研究钢管和其核心混凝土之间的组合作用。ξ 的表达式如下：

$$\xi = \frac{A_s \cdot f_y}{A_c \cdot f_{ck}} = \alpha \cdot \frac{f_y}{f_{ck}} \tag{1.2-1}$$

式中 A_s，A_c——分别为钢管和核心混凝土的横截面面积；对于圆钢管混凝土，$A_s = \pi \cdot (r_s^2 - r_c^2)$，$A_c = \pi \cdot r_c^2$，$r_s (=D/2)$ 为钢管外半径，$r_c (=r_s - t)$ 为核心混凝土半径，D 为圆钢管横截面外直径，t 为钢管壁厚度；对于方钢管混凝土，$A_s = 4t \cdot (B-t)$，$A_c = (B-2t)^2$，其中，B 为方钢管横截面外边长，t 为钢管壁厚度；对于矩形钢管混凝土，$A_s = 2t \cdot (D+B-2t)$，$A_c = (D-2t) \cdot (B-2t)$，其中，$D$ 和 B 分别为矩形钢管横截面长边和短边外边长，t 为钢管壁厚度。

α——钢管混凝土截面含钢率（$=A_s/A_c$）；

f_y——钢材屈服强度；

f_{ck}——混凝土轴心抗压强度标准值。陈肇元等(1992)和国家标准 GB 50010-2002 都给出了 f_{ck} 的确定方法。韩林海(2004，2007)采用了陈肇元等(1992)给出的 f_{ck} 与立方体抗压强度(f_{cu})及圆柱体抗压强度(f_c')的换算关系（如表 1.2-1 所示）进行钢管混凝土的有关计算。

混凝土轴压强度不同表示值之间的近似对应关系 表 1.2-1

强度等级	C30	C40	C50	C60	C70	C80	C90
$f_{ck}(\text{N/mm}^2)$	20	26.8	33.5	41	48	56	64
$f_c'(\text{N/mm}^2)$	24	33	41	51	60	70	80

由式(1.2-1)可以看出，对于某一特定的钢管混凝土截面，约束效应系数 ξ 可以反映出组成钢管混凝土截面的钢材和核心混凝土的几何特性和物理特性参数的影响，ξ 值越大，表明钢材所占比重大，混凝土的比重相对较小；反之，ξ 值越小，表明钢材所占比重小，混凝土的比重相对较大。在工程常用参数范围内[$\alpha=0.04\sim0.2$，Q235～Q420 钢，C30～C80 混凝土，$\xi=0.3\sim5$；对于矩形钢管混凝土，$\beta=1\sim2$，$\beta(=D/B)$ 为截面高宽比]，约束效应系数 ξ 对钢管混凝土性能的影响主要表现在：ξ 值越大，在受力过程中，

则钢管可对核心混凝土提供足够的约束作用,混凝土强度和延性的增加相对较大;反之,随着 ξ 值的减小,钢管对其核心混凝土的约束作用将随之减小,钢管混凝土的强度和延性提高得就越少,也就是说,ξ 的大小可以较准确地反映出钢管和混凝土之间的组合作用。

基于上述认识,首先确定组成钢管混凝土的钢材及混凝土的应力-应变关系模型,在此基础上,采用数值计算方法,分析了钢管混凝土构件在静力、动力和火灾作用等情况下荷载-变形全过程关系曲线,并和已有的国内外的实验结果进行了对照,结果总体上令人满意(韩林海,2004,2007)。为了进一步更加全面验证以上理论分析结果的准确性,在第二阶段针对国内外以往进行过的实验研究状况,有计划地进行了一系列钢管混凝土构件在静力、动力和火灾作用等情况下的实验研究,使理论分析结果更为可信。

以上这种以充分考虑组成钢管混凝土的钢管和混凝土之间相互组合作用的分析方法自然是比较系统和完善的,而且得到大量实验结果的验证,计算结果也较精确,但是也要看到,从实际应用的角度考虑,这种理论方法显得还是比较复杂,不便于应用。如何从上述理论成果出发,搭起必要的桥梁,过渡到便于广大设计人员应用的实用方法,是一项十分有意义的工作,这也是在第三阶段研究中拟解决的主要任务。

为了实现这一目标,在充分考虑到工程实际应用的情况下,对影响钢管混凝土性能的基本参数(包括物理参数、几何参数和荷载参数等)进行了系统的分析,并考虑各种可能的影响因素,然后对所得大量计算结果进行统计分析和归纳,考察钢管混凝土力学性能的变化规律;最后从理论高度进行概括,提出钢管混凝土构件在各种荷载作用下的设计方法(韩林海,2004,2007)。

上述研究过程可大致用如下框图表示。

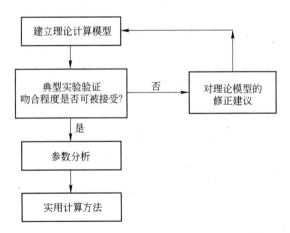

上述流程中,理论模型中的数值计算可采用纤维模型法或有限元法等进行(韩林海,2007),确定合理的钢材和混凝土的本构关系模型,以及钢管及其核心混凝土之间的界面模型是合理建模的关键。在进行钢管混凝土构件的计算时,可根据问题的需要选用合适的数值计算方法。但无论纤维模型法或有限元法,或者其他方法,都有其合理的适用范围,都应用典型实验结果进行验证。在此基础上则可利用理论计算模型进行参数分析,参数分析的目的有二:一则找到各参数影响的数学规律,二则为数学回归实用计算方法积累典型的样本。参数分析时应制定合理的参数分析方案,包括合理的参数分析范围,在此基础上

推导出的实用计算方法也应有其合理的适用范围。

采用"约束效应系数"的方法来反映钢管混凝土截面的"组合作用效应",概念清楚,便于理解钢管混凝土的工作机理和力学实质。

钢管混凝土由外包钢管及其核心混凝土共同组成,其核心混凝土的施工有其特殊性,即混凝土被外围钢管所包覆,造成浇筑质量控制的难度,由于对该问题处理不当,已造成一些工程事故。混凝土浇筑质量的好坏将直接影响到钢管混凝土构件设计目标的实现。正是由于混凝土被外围钢管所包覆,也造成研究其浇筑质量控制问题的复杂性,为了更便于钢管混凝土在实际工程的合理推广应用,作者从研究钢管和混凝土之间的粘结强度入手,分析了其主要影响因素,在此基础上,通过对不同浇筑方式下钢管混凝土构件承载力及变形能力的研究,说明了混凝土密实度的重要性,并提出混凝土质量控制及有关施工方法的初步建议。

对在钢管混凝土研究方面取得的系列成果简要归纳如下:

(1) 一次加载下的性能

在确定组成钢管混凝土的钢管及其核心混凝土本构关系模型的基础上,采用数值方法对圆形和方、矩形钢管混凝土构件的荷载-变形关系进行了全过程分析,分析结果与实验结果总体吻合较好。最后在系统参数分析结果的基础上,提出了钢管混凝土压弯构件的承载力简化计算公式,公式形式简单,概念清楚,符合实用原则。在收集国内外现有实验数据的基础上,对不同设计规程提供的方法进行了分析比较,结果表明,推导出的计算公式的计算结果与实验结果吻合较好,且总体上稍偏于安全(Han, 2000a, 2002, 2004; Han等, 2001, 2004c; 韩林海和钟善桐, 1995, 1996)。Han等(2007b)研究了钢管混凝土受纯扭时的力学性能和计算方法。韩林海(2007)分析了钢管混凝土构件在压(拉)、弯、扭、剪及其复合受力状态下的力学性能,推导出了相应的极限承载力相关关系。韩林海(2007)、刘威和韩林海(2006)研究了受轴向局压荷载时钢管混凝土的力学性能及极限承载力计算方法。

(2) 长期荷载作用下的性能

和普通钢筋混凝土结构中的混凝土相比,长期荷载作用下钢管混凝土核心混凝土的工作具有如下特点:①处于密闭状态,和周围环境基本没有湿度交换。②沿构件轴向的收缩将受到其外包钢管的限制。因此,钢管混凝土核心混凝土的收缩变形就有可能不如同条件下的普通混凝土显著。③受力过程中,核心混凝土和其外包钢管存在着相互作用问题。在进行长期荷载作用下钢管混凝土构件变形性能的研究时应适当考虑上述特点。

韩林海(2007)和韩林海等(2006)研究了钢管混凝土中核心混凝土的水化热和收缩的变化规律,建议了核心混凝土收缩的计算模型。

基于ACI(1992)提供的混凝土徐变和收缩模型,提出一种适合于长期荷载作用下钢管混凝土构件变形的理论分析模型,计算结果和实验结果基本吻合。在此基础上,系统分析了加载龄期、持荷时间、轴压比、构件截面含钢率、钢材牌号、混凝土强度等级和荷载偏心率等因素对长期荷载作用下钢管混凝土构件变形性能和承载力的影响规律。最终提出考虑长期荷载作用影响时钢管混凝土构件承载力实用验算方法(韩林海, 2007; Han等, 2004b; Han和Yang, 2003)

(3) 滞回性能

在确定了组成钢管混凝土的钢材和核心混凝土在往复应力作用下的应力-应变关系模型的基础上，对钢管混凝土构件的弯矩 M-曲率 ϕ 和水平荷载 P-水平位移 Δ 滞回关系曲线进行了计算和分析，计算结果得到国内外大量实验结果的验证（韩林海，2004，2007；Han 等，2003b；游经团，2002）。

分析结果表明，钢管混凝土压弯构件弯矩 M-曲率 ϕ 骨架曲线的特点是无显著的下降段，转角延性好，其形状与不发生局部失稳钢构件的性能类似，这是因为钢管混凝土构件中的混凝土受到了钢管的有效约束，在受力过程中不会发生因混凝土被压碎而导致构件破坏的现象；另外，由于混凝土的存在可以避免或延缓钢管发生局部屈曲，从而可以保证其材料性能的充分发挥，这样，由于组成钢管混凝土的钢管和其核心混凝土之间相互贡献、协同互补、共同工作的优势，使其弯矩-曲率滞回曲线表现出良好的稳定性，基本上没有刚度退化和强度退化，曲线图形饱满，呈纺锤形，没有明显的捏缩现象，吸能性能良好。

分析结果还表明，影响钢管混凝土构件弯矩 M-曲率 ϕ 滞回曲线骨架线的因素主要有：含钢率、钢材屈服强度、混凝土强度和轴压比等。影响钢管混凝土构件水平荷载 P-水平位移 Δ 滞回曲线骨架线的因素主要有：含钢率、钢材屈服强度、混凝土强度、轴压比和构件长细比等。在理论分析和实验研究结果的基础上，提出了钢管混凝土压弯构件弯矩 M-曲率 ϕ 和水平荷载 P-水平位移 Δ 滞回模型，以及位移延性系数的简化确定方法（韩林海，2004，2007；Han 和 Yang，2005；杨有福，2003，2005a）。

(4) 耐火性能和抗火设计方法

从 1995 年开始，作者与公安部天津消防科学研究所及澳大利亚 Monash 大学等单位合作，在确定了高温下组成钢管混凝土的钢材和核心混凝土的应力-应变关系模型的基础上，根据高温下截面温度场的分析结果，提出了计算钢管混凝土柱耐火极限及火灾下强度与变形的理论模型，并对已有的实验数据进行了验证，理论结果与实验结果吻合良好。在此基础上，利用该理论模型，进一步分析了荷载大小、材料强度、截面含钢率、截面尺寸、构件长细比、荷载偏心率、防火保护层厚度等参数对钢管混凝土柱耐火极限的影响，深入揭示了钢管混凝土柱在火灾下的工作机理。最后，在系统参数分析结果的基础上，提出了钢管混凝土柱耐火极限和防火保护层厚度实用计算方法。

利用上述研究成果对深圳赛格广场大厦钢管混凝土柱的防火保护层厚度进行了设计，保护层采用了我国自行生产的某类厚涂型钢结构防火涂料，其性能符合国家的有关标准。根据深圳市赛格广场投资有限公司的计算分析结果，如果参考《高层民用建筑设计防火规范》GB 50045-95（2005 年版）中有关钢柱防火保护层设计方面的规定，该大厦柱结构可节约涂料 78.6%，柱子截面增加也不大，经济效果和建筑效果显著。2001 年建成的杭州瑞丰国际商务大厦采用了方钢管混凝土柱，也应用了上述研究成果。该大厦方钢管混凝土柱实际采用的防火保护层厚度为 20mm，均小于按我国规范 GB 50045-95（2005 年版）中有关钢柱防火保护层设计方法确定的厚度值（Han，1998，2001；Han 等，2003a，2003c，2003d；杨有福和韩林海，2004a，2004b）。

(5) 火灾后的力学性能

随着钢管混凝土在实际工程中的应用日益增多，深入研究其火灾后的力学性能和承载力损伤，对于合理制定火灾后该类结构的修复加固措施非常必要，以往国内外尚缺乏该方面研究的报道。

先后进行了钢管混凝土构件在恒高温以及火灾(例如 ISO-834 标准火灾曲线)作用后的理论分析和实验研究。在确定了钢材和混凝土在高温作用后应力-应变关系模型的基础上,利用数值分析方法计算了 ISO-834 规定的标准升温曲线作用后圆钢管混凝土和方、矩形钢管混凝土压弯构件荷载-变形关系曲线,理论计算结果和实验结果基本吻合。在系统分析了火灾持续时间、构件截面含钢率、钢材屈服强度、混凝土强度等级、荷载偏心率和构件截面尺寸等因素对火灾作用后钢管混凝土构件承载力影响规律的基础上,提出火灾作用后圆钢管混凝土和方、矩形钢管混凝土构件承载力的简化计算方法。分析结果表明,火灾作用对钢管混凝土构件的火灾后承载力有较大影响,且影响因素主要是构件截面尺寸、长细比、受火时间和防火保护层厚度(Han 和 Huo,2003;Han 等,2002a,2002b,2005a)。最近,还开展了火灾作用后钢管混凝土柱抗震性能的研究工作(Han 和 Lin,2004;Han 等,2006;林晓康,2006)。

(6) 钢管初应力的影响

多、高层建筑中采用钢管混凝土柱时,往往是先安装空钢管,然后安装梁,并进行楼板的施工。为了加快施工进度,提高工作效率,通常是先安装若干层空钢管柱,然后再在空钢管中浇筑混凝土。这样,在混凝土凝固、与其外包钢管共同组成钢管混凝土构件之前,由于施工荷载和湿混凝土自重等因素,可能会在钢管内产生沿纵向的初压应力(以下简称钢管初应力)。此外,钢管混凝土拱桥施工时,往往也是先安装空钢管拱肋,然后再浇筑钢管内的混凝土,同样也会产生钢管初应力。上述初应力对钢管混凝土构件力学性能的影响问题一直是工程界关注的热点问题之一。合理确定钢管初应力对钢管混凝土构件力学性能的影响将对更安全合理地应用钢管混凝土结构和施工组织具有重要意义。以往对该方面的研究工作尚不够深入。

Han 和 Yao(2003b)考虑钢管初应力的影响,进行了方钢管混凝土压弯构件力学性能的实验研究,然后对圆形和方形钢管混凝土压弯构件的荷载-变形关系曲线进行计算分析。在此基础上,分析了初应力系数、构件长细比、截面含钢率、荷载偏心率、钢材和混凝土强度等因素的影响规律。理论分析和实验结果均表明,钢管初应力对钢管混凝土构件的承载力有影响。钢管初应力的存在可使钢管混凝土构件的极限承载力最大降低 20% 左右,因此应合理考虑钢管初应力对钢管混凝土构件承载力的影响。在系统参数分析结果的基础上,推导出了工程常用参数范围内考虑钢管初应力影响时的承载力实用验算公式。

(7) 混凝土浇筑质量的影响

钢管混凝土由外包钢管及其核心混凝土共同组成,在进行核心混凝土的施工时,混凝土的质量应符合有关混凝土施工验收"规程"或"规范"的要求,但是,由于核心混凝土为外围钢管所包覆,从而导致对混凝土浇筑质量控制问题的特殊性和难度。组成钢管混凝土的钢管及其核心混凝土间的协同互补作用是钢管混凝土具有一系列突出优点的根本原因,因此,研究者们自然会很关心钢管和核心混凝土的共同工作问题。那么,混凝土的浇筑质量对钢管混凝土构件的承载能力和变形性能有什么影响,且这种影响的关键问题是什么呢?进行该问题的研究自然对钢管混凝土工程的施工和设计具有重要的意义。

通过对不同混凝土浇筑质量情况下钢管混凝土力学性能的研究表明,混凝土密实度对钢管混凝土构件的力学性能影响很显著,而混凝土浇筑方式对钢管混凝土中核心混凝土的密实度有较大影响。在进行钢管混凝土中混凝土浇筑质量问题的研究时,要充分考虑控制混凝土的强度和密实度，前者可以保证混凝土达到设计强度，后者则可以保证钢管和核心混凝土相互协同作用的充分发挥。工程实际是丰富多彩的，进行钢管混凝土中混凝土的施工方法也会有所不同，但无论采用哪种方法，不仅要保证混凝土的强度，还要保证其有良好的密实度(Han，2000b；Han 和 Yang，2001；Han 和 Yao，2003a)。研究结果还表明，只要适当控制混凝土的浇筑质量，在钢管混凝土中应用免振捣自密实高性能混凝土可以达到设计要求。

(8) 新型钢管混凝土结构

本书第一作者领导的课题组近年来对一些新型钢管混凝土结构进行了研究，并取得成果。研究的具体对象包括：

1) 采用高性能材料的钢管混凝土；

2) 薄壁钢管混凝土；

3) 中空夹层钢管混凝土(Concrete-Filled Double Skin Steel Tubes)，该类结构是将两层钢管同心放置，并在两层钢管之间灌注混凝土(Han 等，2004a；Tao 等，2004a；陶忠和于清，2006)；

4) FRP(Fiber Reinforced Polymer)约束钢管混凝土；

5) 钢管再生混凝土(Recycled Aggregate Concrete-Filled Steel Tubes)。

上述阶段性研究成果受到了国内工程界的重视。有关钢管混凝土静力和滞回性能方面的成果被国家电力行业标准《钢-混凝土组合结构设计规程》DL/T 5085-1999、国家军用标准《战时军港抢修早强型组合结构技术规程》GJB 4142-2000、福建省工程建设标准《钢管混凝土结构技术规程》DBJ 13-51-2003 和《钢-混凝土混合结构技术规程》DBJ 13-61-2004、上海市工程建设规范《高层建筑钢-混凝土混合结构设计规程》DG/TJ 08-015-2004 等采用；有关钢管混凝土耐火性能方面的成果已在高度为 291.6m 的深圳赛格广场大厦圆钢管混凝土柱、国家经贸委产业化重点项目杭州瑞丰国际商务大厦方钢管混凝土柱、以及高度为 242.9m 的武汉国际证券大厦方、矩形钢管混凝土柱防火设计中应用，该项成果随后为福建省工程建设标准《钢管混凝土结构技术规程》DBJ 13-51-2003、天津市工程建设标准《天津市钢结构住宅设计规程》DB 29-57-2003、中国工程建设标准化协会标准《矩形钢管混凝土结构技术规程》CECS 159：2004、中国工程建设标准化协会标准《建筑钢结构防火技术规范》CECS 200：2006、浙江省工程建设标准《建筑钢结构防火技术规范》(2003)和国家标准《建筑设计防火规范》GB 50016-2006 等采用。

1.3 钢管混凝土的应用

钢管混凝土能适应现代工程结构向大跨、高耸、重载发展和承受恶劣条件的需要，符合现代施工技术的工业化要求，因而正被越来越广泛地应用于单层和多层工业厂房柱、设备构架柱、各种支架、栈桥柱、地铁站台柱、送变电杆塔、桁架压杆、桩、大跨和空间结构、商业广场、多层办公楼及住宅、高层和超高层建筑以及桥梁结构中，取得了良好的经济效果和建筑效果。

下面简要介绍一些典型的工程实例。

(1) 单层和多层厂房柱

和钢筋混凝土柱相比，钢管混凝土柱显得很轻巧，因而已被广泛地用做各类厂房柱（钟善桐，1994），如1972年建成的本溪钢铁公司二炼钢轧辊钢锭模车间，1980年建成的太原钢铁公司第一轧钢厂第二小型厂，1980年建成的吉林种籽处理车间，1982年建成的上海三十一棉纺厂，1983年建成的大连造船厂船体装配车间，分别于1982年和1986年建成的武昌造船厂和中华造船厂船体结构车间，1985年建成的太原钢铁公司三炼钢连铸车间，1985年建成的沈阳沈海热电厂和柳州水泥厂窑外分解塔车间，1992年建成的哈尔滨建成机械厂大容器车间，1996年建成的宝钢某电炉废钢车间和某热轧厂房等均采用了钢管混凝土格构式柱。太一电厂集控楼和1984年完工的上海特种基础科研所科研楼也采用了钢管混凝土柱。

图 1.3-1 和图 1.3-2 所示分别为宝钢某电炉废钢车间和某热轧厂房内景。

图 1.3-1 宝钢某电炉废钢车间内景　　图 1.3-2 宝钢某热轧厂房内景

图 1.3-3 所示为沈阳沈海热电厂主厂房钢管混凝土二肢柱与钢梁连接节点形式。图 1.3-4 所示为柳州水泥厂窑外分解塔车间钢管混凝土结构典型的节点形式。

 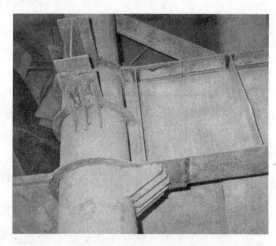

图 1.3-3 沈海热电厂典型的梁柱节点　　图 1.3-4 柳州水泥厂窑外分解塔车间典型节点

(2) 设备构架柱、各种支架柱和栈桥柱

在各种工业用平台或构筑物中，其下部支柱一般都承受很大的轴压荷载，因而采用钢管混凝土柱比较合理。钢管混凝土在各种设备构架柱、各种支架柱和栈桥柱中的应用较多，如1978年建成的首钢二号高炉构架，1979年建成的首钢四号高炉构架以及1982年建成的湖北荆门热电厂锅炉构架，1979年建成投产的黑龙江新华电厂加热器平台柱，1983年建成的江西德兴铜矿矿石储仓支架柱，以及北京首钢自备电厂和山西太一电厂的输煤栈桥柱等。图1.3-5所示为北京首钢自备电厂输煤栈桥钢管混凝土双肢柱。

图1.3-6和图1.3-7所示分别为午旺电厂四期和山西太一电厂的输煤栈桥四肢柱。

图1.3-5　首钢自备电厂输煤栈桥柱

图1.3-6　午旺电厂四期输煤栈桥柱

图1.3-7　太一电厂输煤栈桥7号柱

(3) 地铁站台柱

地铁站台柱承受的轴向压力很大,采用承载力高的钢管混凝土柱可减小柱截面尺寸,扩大使用空间。

正在建设中的某地铁工程的一些地铁站及其枢纽工程中采用了直径为 1000mm 的圆钢管混凝土柱,钢管壁厚为 18~22mm,Q345 钢,C40 混凝土。纵横方向的框架梁采用钢筋混凝土梁,钢管混凝土柱与钢筋混凝土梁则采用了环梁节点连接,典型的中间柱节点构造如图 1.3-8 所示。在框架梁上、下部主筋位置的钢管外设有圆形外环板,环板与钢管焊接。上下环板之间设置了竖向加劲肋,加劲肋沿圆周对称均匀布置。为了保证钢筋混凝土框架梁受力性能,上下位置的梁内纵向主筋均焊接在环板上。节点区在环板区域范围内为钢筋混凝土环梁,环梁宽度同环板宽。

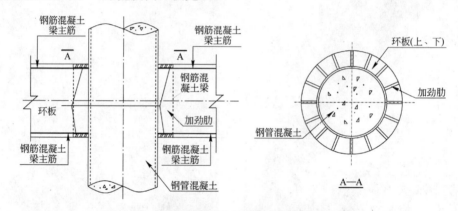

图 1.3-8 钢筋混凝土梁-钢管混凝土柱节点示意图

北京地铁北京站和前门站及环线工程中的一些站台柱也采用了这种结构。

(4) 送变电杆塔

档距大的高压输电杆塔或微波塔,也可采用钢管混凝土构件作立柱。例如,1980 年建成的松蚊 220kV 线路中的终端塔采用了钢管混凝土柱,1986 年在沿葛洲坝水电站输出线路上及繁昌变电所 500kV 变电构架中也都采用了钢管混凝土柱(韩林海,2004,2007)。

(5) 桁架压杆

在桁架压杆中采用钢管混凝土可充分运用这类结构的特点,从而达到节省钢材,减少投资的目的(钟善桐,1994)。实际工程有 20 世纪 60 年代建造的山西中条山某矿的钢屋架中的压杆。1982 年完工的吉林造纸厂碱炉与电站工程中电除尘工段的屋架中也采用了钢管混凝土。

(6) 桩

目前,钢管混凝土桩已在软土地基上高层建筑、桥梁、码头等重要建筑物的基础中得到应用。例如上海杨浦大桥建设中采用了钢管混凝土桩技术。90 年代的宝钢三期工程试验成功并推广了具有较高承载力的钢管混凝土桩技术,据统计,应用钢管混凝土桩代替钢管桩节省投资达 2 亿多元(王怀忠,1998)。

(7) 大跨度和空间结构

山东滨州国际会展中心,占地面积约 45000m²,建筑高度 28.4m。采用了圆钢管混凝土柱。钢管截面有两种,分别为 $\phi 820mm \times 16mm$ 和 $\phi 720mm \times 14mm$,钢材为 Q345B,管内灌 C40 混凝土，底层结构核心部位采用了大跨度(40m)钢-混凝土交叉组合梁，取得了良好的建筑和经济效果。图 1.3-9 所示为建成后的滨州国际会展中心(该图片由滨州市建设局提供)，图 1.3-10 所示为滨州国际会展中心的底层平面示意图。

(a)

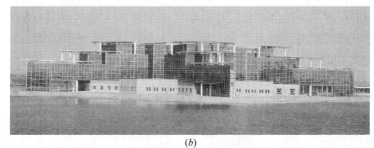

(b)

图 1.3-9　滨州国际会展中心建成后情景

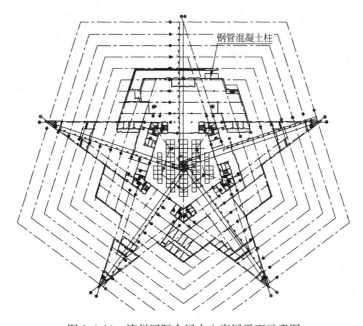

图 1.3-10　滨州国际会展中心底层平面示意图

图 1.3-11 所示为滨州国际会展中心框架安装过程中的情景。滨州国际会展中心采用了钢梁-圆钢管混凝土柱外加强环式节点，如图 1.3-12 所示。

图 1.3-11　滨州国际会展中心框架安装　　　　图 1.3-12　滨州国际会展中心典型梁柱节点

建成于 1999 年的日本北九州多功能赛车场，建筑面积 91686m^2，地上 8 层，地下 1 层，地上 1～8 层采用了钢管混凝土柱和钢梁，充分发挥了钢管混凝土刚度大、强度高、抗变形能力强和耐火特性好等特点，取得了良好的建筑效果和经济效果。该建筑的主要部分用于观览场地，其他部分为多功能展示场。

图 1.3-13(a) 和图 1.3-13(b) 所示分别为日本北九州多功能赛车场钢管混凝土中柱和边柱与其上部网架结构连接的情况。

(a) 中柱　　　　　　　　　　　　(b) 边柱

图 1.3-13　北九州多功能赛车场

图 1.3-14 所示为该工程建设中的情形。

图 1.3-15 所示为北九州多功能赛车场部分钢管混凝土柱的节点与柱头构造，主梁与柱的连接采用了加强环的形式。

(8) 商业广场、多层办公楼及住宅

已投入使用的福州万象城总建筑面积 89000m^2，其中±0.000 以上面积为 65000m^2，建筑总高度为 23m，最大柱距 12m，上部结构采用框架结构体系。工程采用了圆钢管混凝土柱，钢管截面尺寸为 ϕ720mm×12mm，Q345 钢，内灌 C30 混凝土，焊接工字钢梁，压

图 1.3-14　建设中的北九州多功能赛车场

(a) 节点

(b) 柱帽

图 1.3-15　北九州多功能赛车场部分钢管混凝土的构造

型钢板组合楼板。万象城钢管混凝土柱的耐火极限要求达到 3h，在进行柱防火保护时采用厚涂型钢结构防火涂料。

本工程的原设计方案拟采用钢结构柱，在经过方案比较和优化后，最终采用了钢管混凝土柱，经济效果和建筑效果良好。图 1.3-16 所示为建成后的万象城外景，图 1.3-17 和图 1.3-18 所示分别为万象城的平面图和典型钢管混凝土柱节点。

福州市仓山区人民法院的主体结构采用了圆钢管混凝土和箱型钢梁或热轧 H 型钢梁，钢管截面尺寸为 $\phi550mm \times 12mm$，Q345 钢，内灌 C60 混凝土。建筑面积约 $6100m^2$，地下 1 层，地上 7 层，建筑高度为 29.5m，最大柱距 8.6m。依据规程 DBJ 13-51-2003 进行了钢管混凝土结构设计，取得了较好的经济效果和建筑效果。图 1.3-19 为仓山区人民法院主楼标准层平面示意图。

图1.3-16 建成后的万象城外景

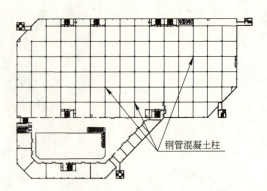

图1.3-17 万象城平面示意图

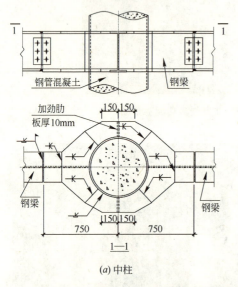

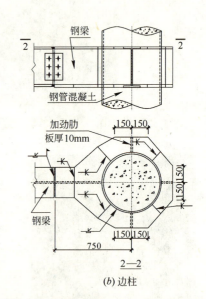

(a) 中柱　　　　　　　　　　　　(b) 边柱

图1.3-18 万象城典型的钢管混凝土柱节点示意图

韩国某商用建筑中采用了钢管混凝土柱（Wang等，2004），图1.3-20所示为该建筑的二层平面示意图。该工程地下5层为停车场，地上8层为餐厅、游泳池和高尔夫球场等运动、娱乐场所，从地面到顶棚的高度是5m。该工程采用了内灌自密实混凝土的方钢管混凝土柱，H型钢梁。梁柱节点为钢板穿心式，并进行了节点足尺模型的实验研究，结果表明，此类节点的抗拉强度是内加强环节点的2.5倍，是外加强环节点的1.5倍。核心混凝土采用了泵送顶升的浇筑方法，泵送时，混凝土的流速达到1.3~1.8m/min，没有发生钢管破坏

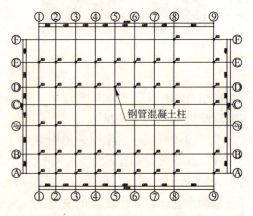

图1.3-19 仓山区人民法院主楼标准层平面示意图

现象。该工程实践表明，采用钢管混凝土柱具有施工方便，经济效果好等优点。

2001年建成的山东省钢结构节能住宅示范试点工程莱钢樱花园1号楼采用了圆钢管

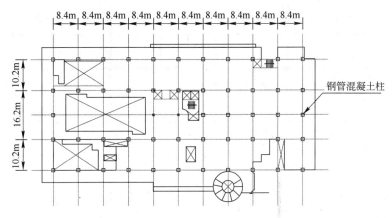

图 1.3-20 二层平面示意图

混凝土柱。该住宅楼共 13 层，建筑面积 12000m²。地下 1 层设车库，部分为商场，层高 3.9m；地上 12 层住宅，建筑面积 10369m²，层高均为 2.9m。建筑总高度 34.8m，采用钢框架-现浇混凝土剪力墙结构。钢管外直径为 300mm，Q345 钢，内灌 C45 混凝土，梁采用 Q345H 型钢。图 1.3-21 所示为建成后的莱钢樱花园 1 号楼，图 1.3-22 所示为施工过程中的莱钢樱花园 1 号楼。

图 1.3-23 所示为莱钢樱花园 1 号楼标准层平面示意图。图 1.3-24 所示为莱钢樱花园 1 号楼典型的钢管混凝土柱节点。

图 1.3-21 建成后的莱钢樱花园 1 号楼

(a)   (b)

图 1.3-22 施工过程中的莱钢樱花园 1 号楼

济南东方丽景大厦采用了方钢管混凝土柱，最大钢管截面外边长为 550mm，钢管壁厚度为 10mm，钢管采用 Q345 钢，内灌 C50 混凝土，混凝土的浇筑采用了泵送顶升混凝土施工工艺，每 12m 作为一个浇筑段，平均浇筑速度为 0.1m/s。图 1.3-25 所示为建成后的济南东方丽景大厦外景。图 1.3-26 所示为济南东方丽景大厦的节点图。图 1.3-27 所示为建设中的济南东方丽景大厦。

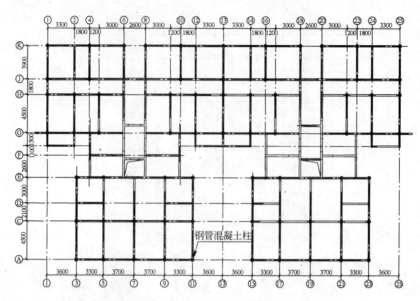

图 1.3-23 莱钢樱花园 1 号楼标准层平面示意图

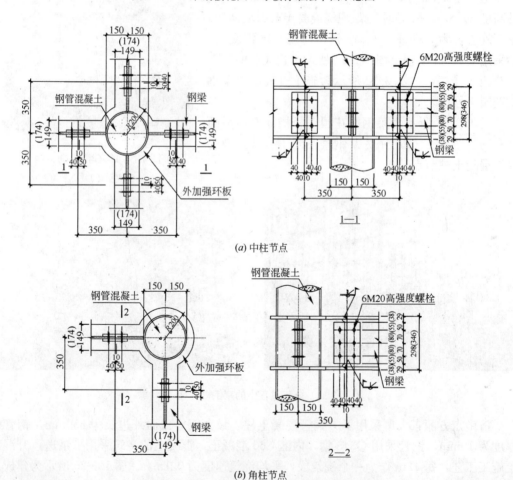

(a) 中柱节点

(b) 角柱节点

图 1.3-24 莱钢樱花园 1 号楼梁柱节点示意图

图 1.3-25 济南东方丽景大厦外景

图 1.3-26 济南东方丽景大厦节点图

图 1.3-28 所示为济南东方丽景大厦标准层平面示意图,图 1.3-29 所示为梁柱节点示意图,为钢梁-钢管混凝土柱内加强环式节点。

28 第1章 绪　言

图 1.3-27　建设中的济南东方丽景大厦

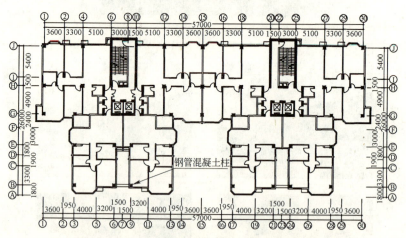

图 1.3-28　济南东方丽景大厦标准层平面示意图

济南艾菲尔花园采用了方钢管混凝土柱，钢管截面外边长为 300mm，钢管壁厚度为 8mm，Q345 钢，内灌 C40 混凝土。图 1.3-30 所示为济南艾菲尔花园一住宅楼建成后的情景，图 1.3-31 所示为建设中的济南艾菲尔花园。

图 1.3-32 所示为济南艾菲尔花园标准层平面示意图。

上海市中福城住宅楼采用了圆钢管混凝土柱(高光虎，1998；2001)，其钢管为宝钢集团生产的建筑用耐火耐候钢，内灌 C60 混凝土，钢梁为高频焊轻型 H 型钢。整个工程由 6 个高层住宅单元通过 3 层裙房连成一体，地下 1 层，地上 17 层，其中 4～17 层为单元式钢结构住宅，建筑檐口高度为 59.7m，采用钢框架-混凝土剪力墙体系，楼梯间及电梯间采用现浇钢筋混凝土剪力墙，作为结构的主要抗侧力体系，钢框架部分主要承担竖向荷载，总建筑面积 60000m²。

图 1.3-33 所示为中福城标准住宅单元结构平面布置示意图，图中尺寸单位为 mm。

于 2000 年 10 月建成的新疆库尔勒市金丰城市信用社住宅楼(王洪智，1998)，工程建筑面积 5850m²，地上 8 层为钢结构住宅，地下 1 层为储藏室，为建设部轻钢结构住宅试

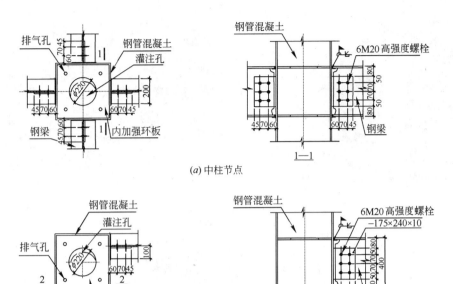

图 1.3-29　济南东方丽景大厦梁柱节点示意图

图 1.3-30　济南艾菲尔花园一住宅楼建成后的情景

点项目,整个工程的周期仅 5 个月。该工程采用钢管混凝土柱、轻型 H 型钢梁框架-支撑体系,并针对钢框架结构、混凝土框架结构及最终采用的结构方案进行了方案比较,如表 1.3-1 所示。图 1.3-34 所示为建成的库尔勒住宅楼外景。

图 1.3-35 所示为该住宅楼的钢结构安装过程中的情景。

本溪"华夏花园"住宅工程(张跃峰和王书凤,2001)地下 1 层,地上 11 层(不包括屋

图 1.3-31 建设中的济南艾菲尔花园

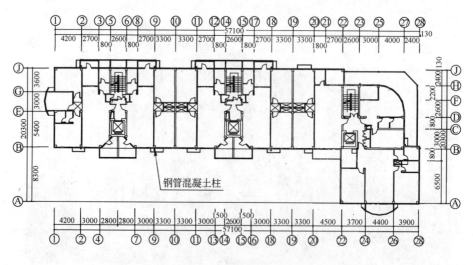

图 1.3-32 济南艾菲尔花园标准层平面示意图

顶水箱间及设备用房),层高为 2.9m,总建筑高度为 41.86m,单体建筑面积为 5577m²。该工程采用框架-剪力墙结构体系,框架由灌 C50 混凝土的钢管混凝土柱和焊接 H 型钢梁组成,钢管混凝土柱与钢梁的节点为外加强环式的刚性节点,基础为独立基础。外围护墙为加气混凝土板,内隔墙为本溪华夏集团绿色建材厂生产的五防轻体隔墙板。由于采用了钢管混凝土柱,减少了单位耗钢量,降低了结构综合造价。此外,由于钢管混凝土柱刚度

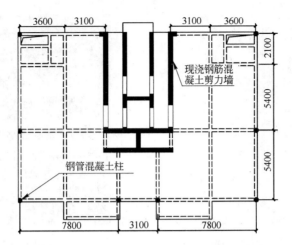

图 1.3-33 标准住宅单元结构平面布置示意图

库尔勒住宅楼三种结构体系综合方案比较　　　　　表 1.3-1

内容 \ 结构形式	钢管混凝土柱、轻型 H 型钢框架-钢支撑体系	轧制 H 型钢梁柱钢框架体系	钢筋混凝土框架体系
框架柱截面（mm）	$\phi300\times6$ 钢管（内灌 C40 混凝土）	$H500\times500\times12\times22$	450×450
框架梁（mm）	楼面梁：$H320\times125\times5\times8$ 屋面梁：$H350\times150\times5\times8$	楼面梁：$H320\times125\times5\times8$ 屋面梁：$H350\times150\times5\times8$	250×500
楼板	110mm 厚现浇板	110mm 厚现浇板	110mm 厚现浇板
填充墙	外墙：250mm 厚加气混凝土砌块 内墙：150mm 厚加气混凝土砌块	外墙：250mm 厚加气混凝土砌块 内墙：150mm 厚加气混凝土砌块	外墙：250mm 厚砌块 内墙：150mm 厚砌块
±0.000 以上结构自重（恒载标准值）	总重：3720t 单位面重：0.62t/m²	总重：3900t 单位面重：0.65t/m²	总重：5700t 单位面重：0.95t/m²
±0.000 以上混凝土折厚（kg/m²）	0.22	0.215	0.36
型钢用量（kg/m²）	30.6	63.4	0
钢筋用量（kg/m²）（包括基础用钢筋）	21	21	55
综合用钢（kg/m²）	51.6	84.4	55
综合造价（元/m²）	1100	1450	1200

大，在住宅中应用时变形小、稳定性好，可很好地满足正常使用的要求。

在住宅中推广应用钢管混凝土结构具有很好的发展前景。

(9) 高层和超高层建筑

钢管混凝土可用于多、高层和超高层建筑的柱结构和抗侧力体系，构件截面可采用圆形或方、矩形（日本钢结构学会，2003；中国建筑金属结构协会建筑钢结构委员会，2006）。

图 1.3-34 建成后的库尔勒住宅楼外景

图 1.3-35 施工过程中的库尔勒住宅楼

钢管混凝土应用于多、高层和超高层建筑中时的主要优点有：1)构件截面小，节约建筑材料，增加使用空间，构件自重减轻，可减小基础负担，降低基础造价；2)抗震性能好；3)耐火性能优于钢结构，相对于钢结构可降低防火造价；4)可采用"逆作法"或"半逆作法"的施工方法，可加快施工速度等。

表 1.3-2 列出了采用钢管混凝土的部分多、高层建筑和超高层建筑实例。

采用钢管混凝土的部分多、高层和超高层建筑　　　　表 1.3-2

序号	建筑物名称	地点	层数*	高度(m)	钢管最大尺寸(mm)	混凝土强度等级	建成年代	截面形式
1	泉州邮电中心	泉州	16	63.5	$\phi800$	C30	1990	
2	ニッセイアロスクエア	东京都	22	82.3	$\phi914.4$	C40	1998	
3	キ-エンス新大阪ビル	大阪	23	101.2	$\phi914.4$	C40	1994	
4	福州白马大厦	福州	23	89	$\phi1000$	C40	2006	
5	陆海工程	上海	25	84.7	$\phi300$	C60	1999	
6	阜康大厦	厦门	27	86.5	$\phi1000$	C35	1994	
7	天信大厦	天津	28	100	$\phi1220$	C60	1997	
8	金源大厦	厦门	30	96.1	$\phi900$	C40	1995	
9	南安邮电局	福建南安	30	99	$\phi720$	C40	1997	
10	新达诚广场	广州	32	99.8	$\phi1000$	C60	2001	圆形
11	工商银行大厦	天津	32	120	$\phi1020$	C60	1997	
12	重庆环球广场	重庆	33	110.6	$\phi800$	C45	1998	
13	福建电力调度通信中心	福州	33	145.6	$\phi1200$	C60	2007	
14	好世界广场	广州	36	116.3	$\phi1200$	C60	1995	
15	世界金融中心	北京	36	120	$\phi1400$	C50	1998	
16	联通枢纽大厦	哈尔滨	37	144.5	$\phi1000$	C60	2003	
17	邦克大厦	昆明	39	126.1	$\phi800$	C60	1998	
18	福州环球广场	福州	40	121.7	$\phi1000$	C60	1997	
19	今晚报大厦	天津	40	137	$\phi1020$	C60	1995	

续表

序号	建筑物名称	地点	层数*	高度(m)	钢管最大尺寸(mm)	混凝土强度等级	建成年代	截面形式
20	Casselden Place	墨尔本	43	160	φ950	C80	1992	圆形
21	民族广场	重庆	46	159.5	φ1200	C60	1999	
22	新中国大厦	广州	48	201.8	φ1400	C80	1999	
23	Two Union Square	西雅图	56	220	φ3200	C130	1989	
24	エルザタワ-55	琦玉县川口市	58	185.8	φ812.8	C70	1998	
25	合银广场	广州	64	220.6	φ1500	C70	2001	
26	世界贸易中心	重庆	60	210	φ1500	C60	2000	
27	AT & T Gateway Tower	芝加哥	62	270	φ2740	C80	1989	
28	中华广场	广州	69	238.6	φ1100	C70	2000	
29	广东邮电通讯枢纽综合楼	广州	74	249.8	φ1400	C60	2001	
30	赛格广场	深圳	76	291.6	φ1600	C60	1999	
31	Forrest Center	泊斯	28	110			1988	方形
32	LDC. Queen's Road Central	香港	73	292	800×800	C60	1998	
33	瑞丰国际商务大厦	杭州	28	89.7	600×600	C60	2001	
34	武汉国际证券大厦	武汉	71	242.9	1400×1400	C60	2003	
35	台北国际金融中心	台北	106	508	2400×3000	C70	2003	矩形
36	Shimizu Super High-Rise	东京	121	550	4000×2400	C70	完成试设计	
37	Commerzbank	法兰克福	56	259	1000×1000	C60	1996	三角形

*注：是指地上加地下的总层数。

  1990年建成的福建省泉州邮电中心局大厦(钟善桐，1999)，高度为63.5m，地下1层，地上15层，采用框架-剪力墙结构体系。在地下1层到地上2层营业大厅的8根柱子采用了圆钢管混凝土，其他柱子采用钢筋混凝土。该工程采用现浇钢筋混凝土梁，与钢管混凝土柱的连接节点采用了承重销的形式，如图1.3-36所示。该类节点受力明确，传力可靠，但由于牛腿的两块竖直钢板要穿过钢管，当钢管混凝土柱截面较小时可能不利于核心混凝土的浇筑。

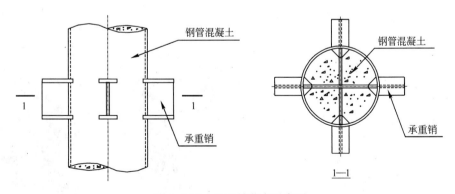

图1.3-36 承重销节点示意图

  于1994年建成的厦门阜康大厦(钟善桐，1999)，高度为86.5m，地下2层，地上25层，采用框架-剪力墙结构体系。从地下2层到地上12层采用了圆钢管混凝土柱，其他柱子采用钢筋混凝土。该建筑楼盖采用了现浇钢筋混凝土梁板结构体系，钢筋混凝土梁与钢管混凝土柱采用刚性连接，也采用了承重销的节点形式，梁内的部分钢筋分别和钢管混凝土柱及牛腿焊接，以传递弯矩和剪力，部分钢筋环绕钢管混凝土柱而过。

福建南安邮电局大楼也采用了钢管混凝土柱(钟善桐，1999)。该工程为带框架混凝土剪力墙结构(框架竖向为钢管混凝土柱，横向为钢梁或钢筋混凝土梁)，并以此作为主要抗侧力构件，用钢管混凝土柱代替普通混凝土柱作剪力墙外框，对剪力墙的"约束作用"会增强，如图 1.3-37 所示。

图 1.3-38 所示为剪力墙角柱节点示意图。

图 1.3-37 南安邮电局大楼剪力墙角柱连接

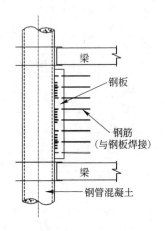
图 1.3-38 剪力墙角柱连接示意图

1992 年建成的厦门金源大厦(龚昌基，1995；1997)，高度为 96.1m，地下 2 层，地上 28 层，采用框架-剪力墙结构体系，建筑面积 32690m^2。采用了圆钢管混凝土柱和钢筋混凝土梁板楼盖结构，钢筋混凝土梁和钢管混凝土柱采用刚性连接，节点采用了承重销形式，钢筋混凝土梁中的钢筋绕过了钢管，如图 1.3-39 所示。图 1.3-40 所示为该类节点施工完毕后的情景。

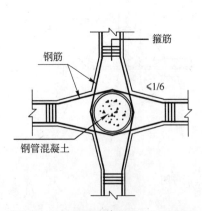
图 1.3-39 钢筋绕过钢管节点示意图

图 1.3-40 钢管混凝土结构节点完工后的情景

北京世界金融中心入口大堂采用了钢管混凝土柱(世界建筑结构设计精品选-中国篇编委会 2001)。图 1.3-41 所示为北京世界金融中心外景。

图 1.3-41　北京世界金融中心外景

图 1.3-42 所示为钢管混凝土柱与钢筋混凝土梁连接节点的形式。该节点的特点是梁上筋或柱上板带顶钢筋绕过钢管混凝土柱，且与上加强环焊接，梁底钢筋或柱上板带底筋则在绕过柱中线 $5D$(D 为钢管截面外直径)处截断，在梁底设置了下加强环板。

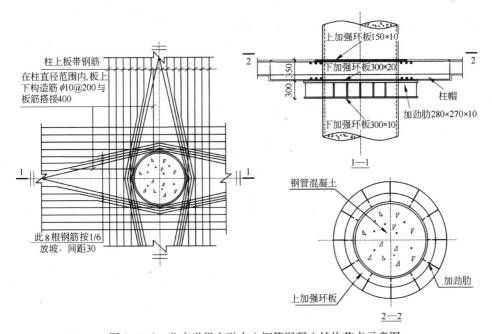

图 1.3-42　北京世界金融中心钢管混凝土结构节点示意图

广州新中国大厦采用了钢管混凝土柱(陈宗弼等，2000；世界建筑结构设计精品选-中国篇编委会，2001)，柱网一般为8m×10m及8m×12m。图1.3-43所示为钢管混凝土柱与钢筋混凝土梁连接节点的形式。

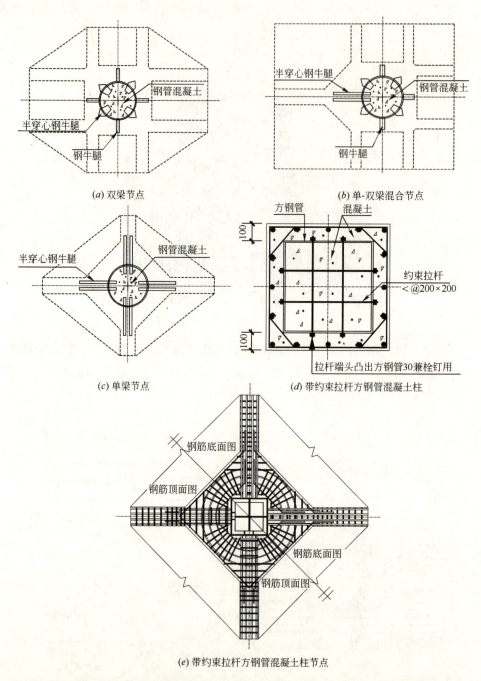

图1.3-43 广州新中国大厦钢管混凝土柱与钢筋混凝土梁节点示意图

于1997年建成的天津今晚报大厦(张佩生，1997)，高度为137m，地下2层，地上38层，采用框筒结构体系，建筑面积82000m²，外框柱网为8.4m×8.4m，采用了圆钢管混凝土柱。结构设计按 7 度地震区，Ⅲ类场地考虑。

今晚报大厦采用了现浇双向多肋钢筋混凝土楼板，与钢管混凝土柱四周相连，使支座处的力均匀地传给柱子。这种楼盖的特点有：节点传力可靠，构造简单且可减小楼盖高度。图 1.3-44 所示为建成后的天津今晚报大厦。图 1.3-45 所示为典型的节点构造示意图。

图 1.3-44 建成后的天津今晚报大厦

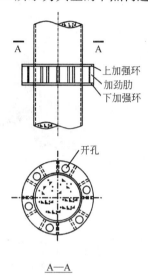

图 1.3-45 天津今晚报大厦典型的节点构造

福州白马大厦是福建水口水电站的调度和办公大楼，总建筑面积 31500m²，地下 1 层，地上 22 层，结构为框架-剪力墙结构体系。工程原方案为方形截面钢筋混凝土柱，设计截面尺寸为 1300mm×1300mm，后经过方案的比较和筛选，最终采用了圆钢管混凝土柱。根据规程 DBJ 13-53-2003 进行了柱设计，圆钢管截面尺寸为 ϕ1000mm×12mm，Q345 钢，内灌 C40 混凝土，最大柱距为 8.9m。

图 1.3-46 所示为建成后的白马大厦。图 1.3-47 所示为白马大厦标准层平面示意图。

图 1.3-46 建成后的白马大厦

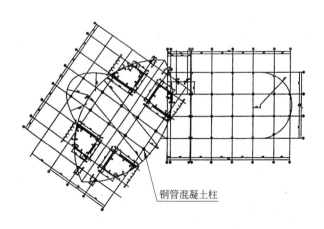

图 1.3-47 白马大厦标准层平面示意图

白马大厦采用了现浇钢筋混凝土梁,与钢管混凝土柱的连接节点采用了承重销的形式。承重销部分在工厂就预制好,再运送到工地。图1.3-48(a)所示为钢管从工厂运到工地后的情景。图1.3-48(b)所示为钢管柱吊装过程中的情景。为了方便钢管之间的安装,在下段钢管内设置了一段内套管。图1.3-48(c)所示为钢管柱安装过程中的情景。

(a) 钢管运到工地后的情景

(b) 钢管吊装中

(c) 钢管安装中

图1.3-48 白马大厦的钢管混凝土柱

福建电力调度通信中心采用了圆钢管混凝土柱,钢筋混凝土梁,钢管最大截面为$\phi 1500mm \times 30mm$,Q235B钢,内灌C60混凝土,最大柱距为9m。该工程总建筑面积为63301m^2,该大厦地下2层,地上31层,结构总高度145.6m,在屋面层设置有高度为49.5m的钢结构微波通信塔。采用了带加强层的框架-核心筒结构体系,核心筒为钢筋混凝土剪力墙。

图1.3-49所示为建成后的福建电力调度通信中心。图1.3-50所示为福建电力调度通信中心典型节点示意图。

深圳赛格广场大厦于1999年建成(陈立祖,1997;程宝坪,1999;Wu和Hua,2000;钟善桐,1999)。该工程占地面积9653m^2,地下4层,地上72层,总建筑面积166700m^2;地上建筑高度为291.6m,为框筒结构体系,其框架柱及抗侧力体系内筒的28根密排柱均采用了圆钢管混凝土,底部外框架柱的柱距为12m,内筒密排柱的柱距为3m。

图 1.3-49 福建电力调度通信中心外景图

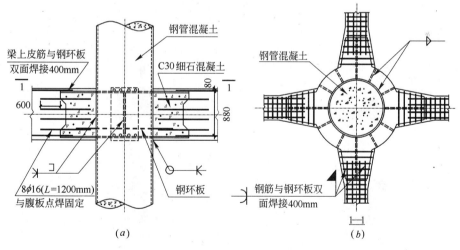

图 1.3-50 福建电力调度通信中心典型钢管混凝土柱节点示意图

图 1.3-51 所示为赛格广场大厦平面布置图。

图 1.3-52 所示为建设中的赛格广场大厦外景。

图 1.3-53 所示为赛格广场大厦钢管混凝土柱施工过程中的情形。在进行钢结构的安装时，为了便于连接，减少施工工作量，一般在工厂就在管柱上焊接一段钢梁，然后在现场先用高强螺栓与中间段的预制钢梁拼接，然后再将工字钢梁的上下翼缘用对接焊缝连接。

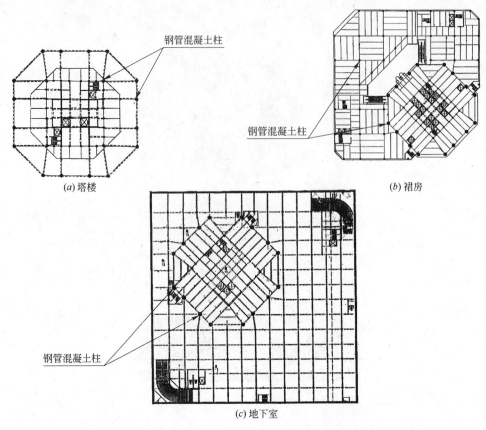

图 1.3-51 赛格广场大厦平面布置示意图

(a) 建设中

(b) 结构封顶后

图 1.3-52 赛格广场大厦外景

图 1.3-53 赛格广场大厦钢管混凝土柱施工过程中的情形

钢管柱在现场采用对接焊缝进行连接,为了便于定位和吊装,在上、下钢管连接处设置了临时耳板,如图 1.3-54 所示。钢管对接焊缝施工完毕后,再把耳板割除。

赛格广场大厦采用了由钢梁和压型钢板组成的组合楼盖体系,钢梁和钢管混凝土柱的连接采用刚性节点,大多采用了内加强环板的节点形式。除了采用内加强环板的节点形式外,该大厦的部分钢管混凝土柱还采用了内锚固式等节点形式(资料集编写组,1999;钟善桐,1999)。图 1.3-55 所示为部分典型节点的构造示意图。

图 1.3-54 钢管对接图

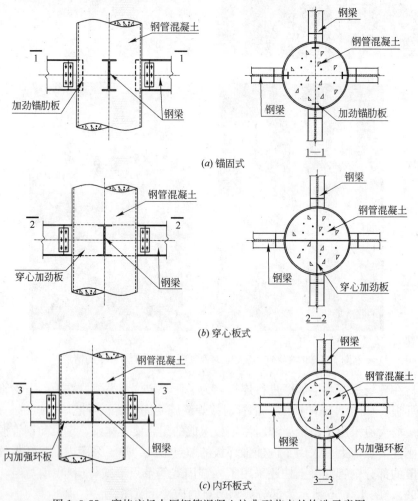

(a) 锚固式

(b) 穿心板式

(c) 内环板式

图 1.3-55 赛格广场大厦钢管混凝土柱典型节点的构造示意图

赛格广场大厦钢管混凝土柱的最小截面外直径为900mm，最大外直径达1600mm。在施工核心混凝土时，因地制宜地采用了逐层浇筑振捣的方式进行。

图1.3-56所示为混凝土浇筑过程。该大厦部分顶层柱采用了免振捣自密实的高性能混凝土，可大大加快混凝土施工进度，经检验混凝土密实度良好。

图1.3-56 混凝土浇筑过程中的情形

赛格广场大厦在进行结构的施工时，采用了"逆作法"的施工方法，施工过程大致分为以下几个阶段：①从地面零标高开始，进行挖孔桩的施工，采用了人工开挖，挖到基础底面，或直接挖到要求的基岩处，浇筑桩基础；②安装从钢结构制造厂运到现场的空钢管柱，从零标高处插入基础杯口，校正和固定后，把零标高处的地面楼盖梁与柱相连，组成框架；③施工地面楼盖，组成地面楼层。为下一步地上和地下同时施工创造了条件。这时，已安装就位的所有柱子可以浇筑管内混凝土，成为钢管混凝土柱。

以下的工序分地上安装和地下挖土同时并进。地上部分继续吊装钢管柱段，将钢管柱向上对接延伸。然后，安装地上一层的梁、板、楼盖，或梁和组合楼层，这样逐层向上施工，一般为三层一根柱段。多少层浇筑管内混凝土则视施工要求决定。地下部分首先是挖土和土方外运，挖完地下一层，组装施工该层的梁和楼盖，再继续往下进行地下二层的楼盖施工，直到施工最下部的底板为止(钟善桐，2003)。

图1.3-57所示为全逆作法施工示意图。

该工程中采用逆作法施工的优点是加快了施工进度，缩短了工期，提高了综合经济效益。图1.3-58所示为地下室施工过程中的情景。

图1.3-59所示为赛格广场大厦钢管混凝土柱防火涂料施工时的情形。

于1998年修建完成的香港中心(The Center)大厦地下3层，地上70层，总建筑面积140000m^2；地上建筑高度为292m，采用了方钢管混凝土柱(Forbes，1997)，最大截面尺

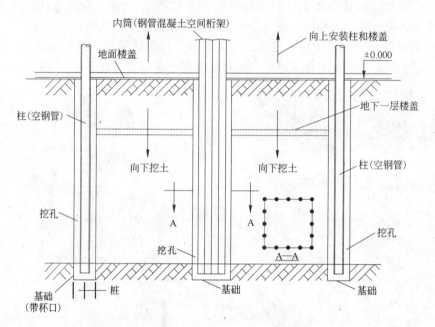

图 1.3-57　全逆作法施工示意图

图 1.3-58　赛格广场大厦地下室施工过程中的情景

寸为 800mm×800mm，钢材屈服强度为 450N/mm², 混凝土圆柱体抗压强度为 45N/mm²。横向荷载由方钢管混凝土柱组成的巨型结构体系承受。

图 1.3-60 所示为香港中心大厦的外景。图 1.3-61 所示为该建筑的钢管混凝土柱。

完成试设计的日本东京 Shimizu 超高层建筑（Council on Tall Buildings and Urban Habitat，1995；Wagner，2000），共计 121 层，高度为 550m，采用了矩形截面钢管混凝

图 1.3-59　赛格广场大厦钢管混凝土柱防火涂料施工时的情形

图 1.3-60　香港中心大厦外景

图 1.3-61　香港中心大厦的钢管混凝土柱

土柱，柱距分为 26m 和 12.8m 两种，钢管混凝土柱最大截面尺寸为 4000mm×2400mm。该建筑占地面积 44000m^2，总建筑面积 754000m^2，采用了压型钢板-轻型混凝土组合楼层体系。Shimizu 超高层建筑地处日本东京湾，地震作用和风荷载是设计中的关键问题。矩形钢管混凝土由于具有承载力高、刚度大、延性好和施工方便等优点，在该建筑的试设计中被采用(Council on Tall Buildings and Urban Habitat, 1995)。

2001 年建成的杭州瑞丰国际商务大厦总建筑面积 51095m^2（杨强跃，2006）。西楼为 24 层，屋面标高为 84.33m；东楼为 15 层，屋面标高为 55.53m，裙房 5 层。瑞丰国际商务大厦采用了框架-剪力墙结构体系，应用了方钢管混凝土柱，焊接工字钢梁，压型钢板组合楼板和钢筋混凝土剪力墙。方钢管混凝土柱最大截面尺寸为 600mm，最大钢管壁厚度为 28mm，最小为 16mm，采用了 Q345 钢。图 1.3-62 所示为瑞丰国际商务大厦底层平面示意图,图中尺寸单位为 mm,图 1.3-63 所示为瑞丰国际商务大厦结构封顶后的情景。

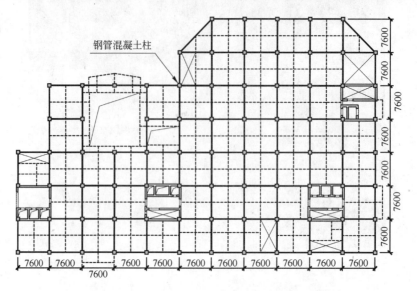

图 1.3-62 瑞丰国际商务大厦底层平面示意图

图 1.3-63 瑞丰国际商务大厦结构封顶后的情景

图 1.3-64(a)和图 1.3-64(b)所示分别为杭州瑞丰国际商务大厦钢结构安装过程中的情景。钢管柱采用了对接焊缝,如图 1.3-65 所示。

钢管混凝土结构的节点采用了内加强环的形式,为了便于混凝土的浇筑,在内加强环板上设置了四个排气孔。图 1.3-66 所示为该建筑典型的梁柱节点。

混凝土采用导管从顶部灌入、逐层振捣的施工方法,平均每 3~4 层柱段为一个施工单元。

根据中华人民共和国国家标准《高层民用建筑设计防火规范》GB 50045-95(2005 年版)的有关规定,瑞丰国际商务大厦的耐火等级为一级,其方钢管混凝土柱的耐火极限要

(a)   (b)

图 1.3-64   瑞丰国际商务大厦钢结构安装过程中的情景

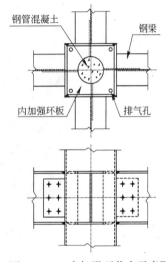

图 1.3-65   钢管柱的对接   图 1.3-66   内加强环节点示意图

求达到3h。利用规程DBJ 13-51-2003给出的方法，计算出了瑞丰国际商务大厦方钢管混凝土柱的防火保护层厚度，柱防火保护层厚度实际施工时的取法是：地下两层到地上一层采用了70mm厚的水泥砂浆，施工方法为：在钢管外加焊钢丝网并在钢管外部先喷涂一层水泥浆，然后在钢丝网上抹水泥砂浆直至设计厚度。

图1.3-67所示为底层钢管混凝土柱水泥砂浆防火保护层施工示意图；地上2层到28层采用了20mm厚的厚涂型钢结构防火涂料，均小于按规范GB 50045-95(2005年版)中有关钢结构柱防火保护层设计方法规定的厚度。

图1.3-68所示为该工程标准层钢管混凝土柱防火保护层施工完毕后的情景。

已建成的武汉国际证券大厦，地下三层，地上68层，顶层标高242.9m(杨强跃，2006)，总建筑面积约15万 m^2。该工程6层以下为框架-筒体结构，6层以上转换成钢框架支撑体系。6层以上采用了方、矩形钢管混凝土柱。方钢管混凝土柱最大截面尺寸为1400mm，最大钢管壁厚度为46mm，采用了Q345钢。梁采用焊接H型钢梁。图1.3-69所示为武汉国际证券大厦外景图。

(a) 钢丝网施工后

(b) 水泥砂浆施工后

图 1.3-67　底层钢管混凝土柱水泥砂浆防火保护层施工

图 1.3-68　标准层钢管混凝土柱防火保护层施工后的情景

(a) 建设中的情形

(b) 基本建成后的情形

图 1.3-69　武汉国际证券大厦外景

图 1.3-70 所示为武汉国际证券大厦方、矩形钢管混凝土柱施工过程中的情形。下部采用两层一节柱、上部采用三层一节柱的安装方式，最重一节柱的重量为 23t。

图 1.3-70 武汉国际证券大厦方、矩形钢管混凝土柱施工过程中的情形

武汉国际证券大厦采用了钢管混凝土柱-工字钢梁内加强环板式节点，典型节点如图 1.3-71 所示，钢梁与节点区钢板由螺栓连接，节点在工厂预制。图 1.3-72 所示为武汉国际证券大厦标准层平面图。

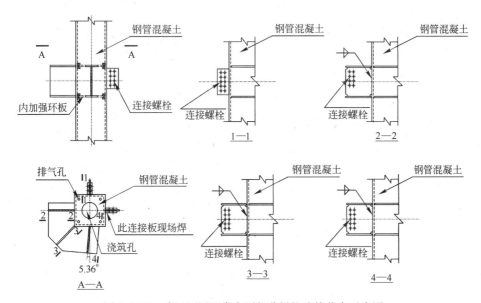

图 1.3-71 武汉国际证券大厦部分梁柱连接节点示意图

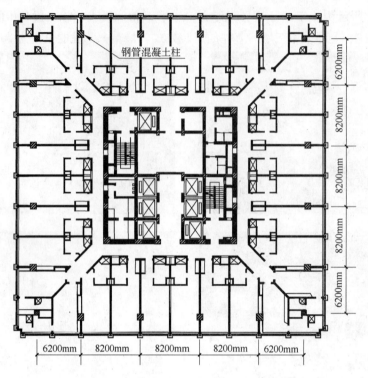

图 1.3-72 武汉国际证券大厦标准层平面示意图

利用规程 DBJ 13-51-2003 中给出的方法，可方便计算出武汉国际证券大厦方、矩形钢管混凝土柱的防火保护层厚度，当采用厚涂型钢结构防火涂料时，平均保护层厚度为 10mm。

2003 年建成的台北国际金融中心占地面积约 $30277m^2$，地下 5 层，地上 101 层，总建筑面积 $166700m^2$；地上建筑高度为 508m。101 层塔楼应用了井字形巨型结构体系，中低层的柱子采了矩形钢管混凝土（谢绍松和钟俊宏，2002）。

台北国际金融中心最大钢管混凝土柱的截面尺寸为 2.4m×3m，矩形钢管由四块钢板拼焊而成。钢管的屈服强度为 $412\sim510N/mm^2$，内填 C70 高性能混凝土，混凝土的坍落度为 50～70cm。混凝土采用泵送顶升法浇筑。每次浇筑的高度约为 3 层楼高，一次浇筑时间以不超过 1.5h 为原则。为了更好地保证钢管和核心混凝土之间的共同工作，在钢管内壁设置了加劲肋，并在核心混凝土中适当配置了钢筋。

典型的钢管混凝土柱截面形式如图 1.3-73 所示。

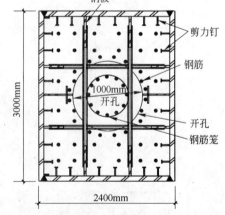

图 1.3-73 典型的钢管混凝土柱截面示意图

图 1.3-74(a) 和图 1.3-74(b) 所示分别为台北国际金融中心建造过程和结构封顶后的情景。

图 1.3-75 所示为施工过程中的台北国际金融中心，图 1.3-76 所示为该工程钢管混凝土柱防火保护层施工完毕后的情景。

(a) 建造过程中

(b) 结构封顶后的情景

图 1.3-74　台北国际金融中心

图 1.3-75　施工过程中的台北国际金融中心

拟建的大连国际贸易中心的结构形式为钢-混凝土混合结构，核心筒为钢筋混凝土结构，外框柱为矩形钢管混凝土，钢管最大横截面外尺寸为 1400～1600mm，外围框架梁及与筒体连接梁均为工字形钢梁。

正在建设中的大连期货广场大厦，北京政泉花园等高层建筑也采用了钢管混凝土结构。

已有的工程实践经验表明，钢管混凝土柱可用做框架、框架-支撑、框架-剪力墙、框

图 1.3-76 钢管混凝土柱防火保护层施工完毕后的情景

架-核心筒和框架-密排柱核心筒结构中的框架柱,以及部分框支剪力墙结构的框支柱。

框支柱采用钢管混凝土柱时,钢管混凝土柱应从基础顶伸至框支层底;其他结构中,可沿结构全高采用钢管混凝土柱,也可在地下室及底部若干层或在上部各层采用钢管混凝土柱、上部其余层或下部各层采用钢筋混凝土柱或钢柱,在交接层应采取有效的过渡加强措施。

框支柱为钢管混凝土柱的部分框支剪力墙结构,地面以上的部分框支剪力墙的层数,设防烈度 8 度时不宜超过 6 层,7 度时不宜超过 8 层,6 度时其层数可适当增加;采用钢管混凝土柱、底部带转换层的筒体结构,其转换层位置可适当增高。钢管混凝土结构也可与钢结构、钢骨混凝土结构和钢筋混凝土结构同时使用。

钢管混凝土柱结构房屋建筑可采用钢筋混凝土楼盖或钢梁-混凝土楼板组合楼盖,楼盖混凝土应采用现浇。在 6 度和非抗震设防地区,可采用预制整浇混凝土楼盖。

多、高层钢管混凝土柱结构在多遇地震下阻尼比的确定,主要看主要抗侧力构件采用何种形式,可按如下方法参考采用,即钢筋混凝土楼盖时可采用 0.05,钢-混凝土组合楼盖时可采用 0.035~0.04。钢管混凝土柱结构在多、罕遇地震下的阻尼比可采用 0.05。

(10) 桥梁结构

钢管混凝土已在桥梁结构中得到较为广泛的应用(陈宝春,1999,2007;Ding,2001;孙忠飞,1997;Yan 和 Yang,1997;张联燕等,1999;Zhou 和 Ren,2002;Zhou 和 Zhu,1998),取得了良好的社会效益,积累了许多宝贵的工程实践经验。

拱式结构主要承受轴向压力,当跨度很大时,拱肋将承受很大的轴向压力,采用钢管混凝土是十分合理的。钢管混凝土被用做拱桥的承压构件,在施工时空钢管不但具有模板和钢筋的功能,还具有加工成型后、空钢管骨架刚度大、承载能力高、重量轻的优点,结合桥梁转体施工工艺,可实现拱桥材料高强度和无支架施工拱圈轻型化的目标。例如 1996 年建成的下牢溪大桥(如图 1.3-77 所示),是三峡工程对外交通专用公路上的一座重要桥梁(王弘，1995)，桥面总宽 18.5m，按 4 车道布置。主跨采用了上承式钢管混凝土悬链线无铰拱，跨度为 160m，净矢高为 32m，矢跨比为 1/5，拱轴系数 $m=1.543$。由于公路主要服务于三峡大坝施工，设计荷载很大，因而采用变截面拱圈，全桥布置了四条拱肋，中心距离为 4.5m，肋与肋之间以主撑和副撑加强以保证拱的横向刚度。拱圈截面为哑铃型，高度为 2.5～2.9m，钢管混凝土外直径为 1000mm，壁厚为 10～12mm，钢材为 Q345，内填 C50 混凝土。

图 1.3-77　建成后的下牢溪大桥

图 1.3-78 所示为下牢溪大桥施工过程中的情形。

(a)　　　　　　　　　　　(b)

图 1.3-78　施工过程中的下牢溪大桥

在具体应用时，根据钢管混凝土发挥材料的作用和施工作用的差异，实际拱桥结构中有以下两个方面的应用方向：一种为钢管内填混凝土，即钢管表皮外露，与核心混凝土共同作为结构的主要受力组成部分，同时也作为施工时的劲性骨架，该类桥梁一般被称为钢管混凝土拱桥；另一种形式是钢管分别内填和外包混凝土，钢管表皮不外露，钢管主要作为施工时的劲性骨架，先内灌混凝土，形成钢管混凝土后再挂模板外包混凝土形成断面，该类桥梁一般被称为钢管混凝土劲性骨架拱桥。

实际应用时，钢管混凝土拱肋可根据实际需要采用不同的结构形式。当拱桥跨度较小时,拱肋可采用单管的形式;当拱桥跨度较大时,拱肋可采用哑铃形或格构式等截面形式。

1996年建成的西安公路学院人行天桥和1997年建成的上海浦东运河大桥都采用了单钢管混凝土的拱肋形式,分别如图1.3-79和图1.3-80所示。

图1.3-79 西安公路学院人行天桥(单管)

图1.3-80 上海浦东运河大桥(单管)

1996年建成通车的浙江杭州新塘路运河桥(赵林强,1999),跨越京杭大运河,采用了下承式钢管混凝土无风撑系杆拱(如图1.3-81所示),拱肋采用了圆端形的扁钢管。

(a)

(b)

图1.3-81 杭州新塘路运河桥

1996年建成通车的莲沱大桥(如图1.3-82所示),是三峡工程对外交通专用公路上的一座重要桥梁,计算跨径116m,拱肋采用竖置的哑铃型截面形式。1998年建成通车的山东济南东站钢管混凝土拱桥(如图1.3-83所示),其拱肋的弦杆由4个直径为650mm,壁厚为10mm的钢管组成。

2000年建成的广州丫髻沙大桥(陈宝春,2002,2007;Ding,2001),主跨计算跨度344m。拱肋采用了六管格构式截面,钢管横截面外直径为750mm。大桥平转转体每侧重量达13600t。该桥是迄今跨度最大的钢管混凝土拱桥。

1997年建成的万县长江大桥桥区处于三峡库区,采用了净跨420m单孔跨越长江的钢筋混凝土拱桥方案(Yan和Yang,1997)。双向可通行三峡库区规划的万吨级船队。主拱圈的净跨为420m,净矢高84m。其劲性骨架采用了钢管混凝土,既作为施工成拱承重结构,又是桥梁结构受力的永久组成部分。该桥是迄今采用钢管混凝土的最大跨度钢管混凝土劲性骨架拱桥。

钢管混凝土除了在公路拱桥中得到大量应用外，近年来还开始在铁路拱桥中应用，例如 2001 年建成的贵州水柏铁路中段的北盘江大桥等。此外，国内也有不少采用钢管混凝土空间桁架组合梁式结构的桥梁（张联燕等，1999）。

图 1.3-82　建成后的莲沱大桥

图 1.3-83　山东济南东站钢管混凝土拱桥

1.4　本书的主要内容

本书首先介绍了一些典型的钢管混凝土工程实例，以期帮助读者具体地了解这种结构的可能形式及其特点。

本书系统地阐述了钢管混凝土结构构件设计中的系列关键问题，如一次加载和长期荷载作用下构件的设计计算、钢管初应力影响的验算、构件截面尺寸效应的影响、抗震计算、抗火设计和火灾后的损伤评估等方面的基本原理和方法。

本书还阐述了一些新型钢管混凝土结构，如采用高性能材料的钢管混凝土、薄壁钢管混凝土、中空夹层钢管混凝土、FRP 约束钢管混凝土和钢管再生混凝土的工作原理和设计计算方法、以及钢管混凝土柱节点的一些典型构造措施和计算方法。本书最后论述了钢管混凝土制作、施工与质量控制等方面的一些问题，并给出了钢管混凝土结构设计计算例题。

本书的目标不是单纯地介绍钢管混凝土结构理论方面的研究成果，而是试图通过介绍钢管混凝土结构计算方法的基本原理，和一些具体的构造措施，以期能为读者较为全面地了解现代钢管混凝土结构技术、以及从钢管混凝土工作机理和基本概念方面了解钢管混凝土结构设计特点，起到"抛砖引玉"之作用。

本书论述的主要内容可简要归纳如下：

(1) 结构材料和结构设计的一般原则

论述钢管和其连接材料、以及混凝土的材料性质。给出钢管混凝土轴压刚度、弯曲刚度和剪切刚度的计算方法，分析各种规程在计算钢管混凝土抗弯刚度时的差异。介绍在进行钢管混凝土结构设计时的一些基本原则。

(2) 构件承载力计算

介绍钢管混凝土构件承载力设计原理，包括构件在压（拉）、弯、扭、剪及其复合受力状态下承载力的计算、局部受压时的承载力计算、长期荷载和考虑钢管初应力影响时的承载力计算等。

尺寸效应对钢管混凝土力学性能和承载力的影响一直是众所关注的热点问题之一。本书基于对国内外不同研究者进行的大量实验结果的分析，探讨了尺寸效应对钢管混凝土构件承载力的影响规律。

为了帮助有关技术人员了解不同设计规程在计算钢管混凝土构件极限承载力时的差异，比较了不同规程的计算方法，分析了其各自的计算特点，并将各规程的计算结果与典型实验结果进行了比较。

（3）抗震计算

合理的抗震设计对于地震区应用钢管混凝土是非常重要的。本书拟探讨钢管混凝土梁柱极限承载力的计算方法，分析影响钢管混凝土构件滞回性能的重要因素，并给出钢管混凝土构件弯矩-曲率和水平荷载-水平位移滞回关系模型、以及位移延性系数的实用计算方法。本书还简要论述了带钢管混凝土边柱的混合结构剪力墙和钢管混凝土框架-核心剪力墙混合结构的抗震性能。

（4）耐火极限、防火保护和火灾后的修复加固

当钢管混凝土柱被应用于高层建筑或工业厂房等结构中时，对其进行合理的防火设计是非常重要和必要的。本书系统论述了钢管混凝土柱抗火设计原理、耐火极限、防火保护层厚度、火灾后承载力和刚度的计算方法，并介绍了钢管混凝土柱的抗火设计方法优化和构造等方面的要求。

（5）节点构造与设计

随着钢管混凝土在实际工程中应用的日益增多，寻求更为合理和完善的钢管混凝土柱节点设计和计算方法显得尤为突出和重要。本书在总结国内外现有理论研究和工程实践所取得成果的基础上，归纳总结钢管混凝土柱节点的类型及其特点，探讨钢管和核心混凝土之间的粘结强度，以及一些典型节点的设计计算方法。

（6）新型钢管混凝土结构

随着建筑事业的发展和建设水平的不断提高，在传统钢管混凝土结构发展的基础上，近些年国内外已开始采用一些新型钢管混凝土，例如采用高性能材料的钢管混凝土、薄壁钢管混凝土、中空夹层钢管混凝土、FRP 约束钢管混凝土和钢管再生混凝土等。

近年来，本书第一作者领导的课题组对采用高性能材料的钢管混凝土、薄壁钢管混凝土、中空夹层钢管混凝土、FRP 约束钢管混凝土和钢管再生混凝土结构进行了研究，并取得初步研究成果。本书简要论述了这些新型钢管混凝土结构设计计算的特点和方法，以期为有关工程实践提供参考。

（7）制作、施工与质量控制

论述了组成钢管混凝土的钢管结构的制作，及其核心混凝土施工方法及浇筑质量控制等方面的问题。

本书最后结合一些工程实例给出了钢管混凝土结构设计计算的例题。

需要指出的是，本书涉及到的钢管混凝土结构设计公式都采用以概率理论为基础的极限状态设计方法，用分项系数的设计表达式进行计算。

第 2 章 结构材料和结构设计的一般原则

2.1 引 言

如前所述，钢管混凝土构件工作的实质在于钢管及其核心混凝土间的相互作用和协同互补。由于这种相互作用，使钢管混凝土具有一系列优越的力学性能，同时也导致了其力学性能的复杂性。钢管混凝土构件在受力过程中，由于钢管对其核心混凝土的约束作用，使混凝土材料本身性质得到改善，即强度得以提高，塑性和韧性性能得到改善。同时，由于混凝土的存在可以有效地提高钢管的稳定性。在这种情况下，不仅钢管和混凝土材料本身的性质对钢管混凝土性能的影响很大，而且二者几何特性和物理特性参数如何"匹配"，也将对钢管混凝土构件力学性能起着非常重要的影响。因此，适当地确定组成钢管混凝土的钢管及其核心混凝土的材料性能，对于合理地设计钢管混凝土结构非常重要。

本章拟简要论述钢管和其连接材料、以及混凝土的材料性质。本章还将论述进行钢管混凝土结构设计时的一些基本原则。

2.2 材 料

2.2.1 钢管及连接材料

对钢管混凝土结构设计时其钢管材料的选用原则简要归纳如下：

(1) 钢管可采用 Q235、Q345、Q390 和 Q420 钢材。用于室内保暖时可采用 B 级，当使用条件为 0℃左右时，可选用 C 级。当使用条件在－20～0℃时，可选用 D 级。当采用其他牌号的钢材时，尚应符合相应有关标准的规定和要求。

(2) 钢材性能应符合《碳素结构钢》GB 700-88 和《低合金高强度结构钢》GB/T 1591-94 中的规定。

(3) 对处于外露环境，且对大气腐蚀有特殊要求或在腐蚀性气态和固态介质作用下的钢管混凝土结构，宜采用耐候钢，其质量要求应符合现行国家标准《焊接结构用耐候钢》GB/T 4172-2000 的规定。也可根据实际情况选用高性能耐火建筑用钢。

(4) 圆钢管宜采用螺旋焊接管或直缝焊接管，方、矩形钢管宜采用直缝焊接管或冷弯型钢钢管。当价格合理时，也可采用无缝钢管。焊接钢管的焊缝必须采用对接焊缝，焊接管必须采用对接熔透焊缝，不允许采用钢板搭接的角焊缝，焊缝质量一级，检验合格等级为Ⅱ级，达到焊缝连接与母材等强的要求。

(5) 用于加工钢管的钢板板材应具有冷弯试验的合格保证。对于冷弯卷制而成的钢管，要求冷弯180°的保证。

（6）为防止钢材的层状撕裂而采用Z向钢时，其材质应符合国家标准《厚度方向性能钢板》GB/T 2313的有关规定。

（7）钢材的强度f_y、f和f_v可根据表2.2-1确定；钢材的物理性能指标可按表2.2-2确定。

钢材强度设计值(N/mm²)　　　　　　　　　表2.2-1

钢管种类	钢材		标准值 f_y	抗拉、抗压和抗弯 f	抗剪 f_v
	牌号	钢管壁厚(mm)			
普通钢管	Q235	≤16	235	215	125
		>16~40		205	120
		>40~60		200	115
		>60~100		190	110
	Q345	≤16	345	310	180
		>16~35		295	170
		>35~50		265	155
		>50~100		250	145
	Q390	≤16	390	350	205
		>16~35		335	190
		>35~50		315	180
		>50~100		295	170
	Q420	≤16	420	380	220
		>16~35		360	210
		>35~50		340	195
		>50~100		325	185
冷弯薄壁型钢管* (t≤6mm)	Q235		235	205	120
	Q345		345	300	175

*注：当冷弯薄壁型钢管壁厚度大于6mm时，可按普通钢管的方法确定其强度设计值。

钢材的物理性能指标　　　　　　　　　表2.2-2

弹性模量 E_s(N/mm²)	剪变模量 G(N/mm²)	线膨胀系数 α	质量密度 ρ(kg/m³)
206×10³	79×10³	12×10⁻⁶/℃	7850

钢管对接及与梁相连的钢管上的牛腿，包括加强环板和内隔板等一般都采用焊接，钢管本身的对接焊缝属一级质量等级；其他焊缝属二级质量等级。

当采用手工焊的施焊方式时，Q235钢材应采用E43型焊条，Q345钢材应采用E50型焊条，Q390及Q420钢材应采用E55型焊条。采用自动焊和半自动焊的施焊方式时，采用的焊丝和焊剂，应保证其熔敷金属的力学性能符合《埋弧焊用碳钢焊丝和焊剂》GB/T 5293和《低合金钢埋弧焊用焊剂》GB/T 12470以及《气体保护电弧焊用碳钢、低合金钢焊丝》GB/T 8110中的有关规定。焊缝强度设计值按表2.2-3和表2.2-4采用。

焊缝的强度设计值（N/mm²）　　　　表 2.2-3

焊接方法和焊条型号	构件钢材			对接焊缝				角焊缝
	牌号	厚度或直径(mm)	抗压 f_c^w	焊缝质量为下列等级时，抗拉 f_t^w		抗剪 f_v^w		抗拉、抗压和抗剪 f_f^w
				一级、二级	三级			
自动焊、半自动焊和E43型焊条的手工焊	Q235	≤16	215	215	185	125		160
		>16～40	205	205	175	120		
		>40～60	200	200	170	115		
自动焊、半自动焊和E50型焊条的手工焊	Q345	≤16	310	310	265	180		200
		>16～35	295	295	250	170		
		>35～50	265	265	225	155		
自动焊、半自动焊和E55型焊条的手工焊	Q390	≤16	350	350	300	205		220
		>16～35	335	335	285	190		
		>35～50	315	315	270	180		
	Q420	≤16	380	380	320	220		220
		>16～35	360	360	305	210		
		>35～50	340	340	290	195		

注：对接焊缝在受压区的抗弯强度设计值取 f_c^w，在受拉区的抗弯强度设计值取 f_t^w。

冷弯薄壁型钢结构焊缝的强度设计值（N/mm²）　　　　表 2.2-4

钢材牌号	对接焊缝		
	抗压 f_c^w	抗拉 f_t^w	抗剪 f_v^w
Q235	205	175	140
Q345	300	255	195

注：1）当 Q235 钢与 Q345 钢对接焊接时，焊缝的强度设计值应按表 2.2-4 中 Q235 钢栏的数值采用；
　　2）经 X 射线检查符合一、二级焊缝质量标准的对接焊缝的抗拉强度设计值采用抗压强度设计值。

钢管混凝土柱与钢梁的连接中，钢梁腹板与牛腿竖板常采用普通螺栓或高强度螺栓。其强度设计值按表 2.2-5 采用。

螺栓连接的强度设计值（N/mm²）　　　　表 2.2-5

螺栓种类		A级 B级普通螺栓			承压型连接高强度螺栓		
		抗拉 f_t^b	抗剪 f_v^b	承压 f_c^b	抗拉 f_t^b	抗剪 f_v^b	承压 f_c^b
普通螺栓	5.6级	210	190	—	—	—	—
	8.8级	400	320	—	—	—	—
承压型连接高强度螺栓	8.8级	—	—	—	400	250	—
	10.9级	—	—	—	500	310	—
构件	Q235	—	—	405	—	—	470
	Q345	—	—	510	—	—	590
	Q390	—	—	530	—	—	615
	Q420	—	—	560	—	—	655

注：1）A 级用于 $d≤24$mm 和 $l≤10d$ 或 $t≤150$mm（按较小值）的情况；B 级用于 $d>24$mm 和 $l>10d$ 或 $t>150$mm（按较小值）的情况。d 为螺栓公称直径，l 为螺栓公称长度，t 为连接板件总厚度。
　　2）B 级螺栓孔的精度和孔壁表面粗糙度应符合《钢结构工程施工质量验收规范》GB 50205-2001 的要求。

2.2.2 混凝土

钢管混凝土结构中的混凝土可采用普通混凝土或高性能混凝土。

由于钢管本身是封闭的,多余水分不能排出,因而应控制混凝土的水灰比,对于一般塑性混凝土,水灰比不宜大于0.4。为了方便施工,可掺减水剂,坍落度宜在160~180mm。

核心混凝土中一般不需要添加膨胀剂。当确实需要时,可根据实际情况在混凝土中掺适量膨胀剂来补偿混凝土的收缩。钢管混凝土中混凝土的收缩值可参考本书附录B.9节中提供的公式(B.9-1)和公式(B.9-2)进行计算。

钢管混凝土结构构件中的混凝土强度等级不宜低于C30。混凝土的抗压和抗拉强度以及弹性模量按表2.2-6采用。混凝土可根据标准试块(边长为150mm的立方体)自然养护28d后的抗压强度确定其强度等级。

混凝土强度和弹性模量值(N/mm²)   表 2.2-6

混凝土强度等级		C30	C40	C50	C60	C70	C80
抗压强度	标准值 f_{ck}	20.1	26.8	32.4	38.5	44.5	50.2
	设计值 f_c	14.3	19.1	23.1	27.5	31.8	35.9
抗拉强度	标准值 f_{tk}	2.01	2.39	2.64	2.85	2.99	3.11
	设计值 f_t	1.43	1.71	1.89	2.04	2.14	2.22
弹性模量 $E_c(\times 10^4)$		3.0	3.25	3.45	3.6	3.7	3.8

2.2.3 钢管混凝土

根据钢管混凝土的受力特点和工作特性,为了充分地发挥其钢管和混凝土的性能,钢材和混凝土的选择可参照下列组合方式,即:Q235钢配C30或C40混凝土;Q345钢配C40、C50或C60混凝土;Q390和Q420钢配C50或C60及以上强度等级的混凝土。

一般情况下,钢管混凝土的约束效应系数标准值 ξ 不宜大于4,也不宜小于0.3。

当钢管混凝土用作地震区的多层和高层、(结构体系中含框架的)超高层框架结构柱时,为了保证钢管混凝土构件具有更好的延性,对于圆钢管混凝土构件,其约束效应系数标准值 ξ 不宜小于0.6;对于方、矩形钢管混凝土,ξ 值不宜小于0.9。

根据规程 DBJ 13-51-2003,钢管混凝土组合轴压强度设计值 f_{sc} 的计算公式如下:

1) 对于圆钢管混凝土:$f_{sc}=(1.14+1.02\xi_o) \cdot f_c$ (2.2-1a)
2) 对于方、矩形钢管混凝土:$f_{sc}=(1.18+0.85\xi_o) \cdot f_c$ (2.2-1b)

式中 f_c——混凝土的轴心抗压强度设计值;
f——钢材的抗拉、抗压和抗弯强度设计值;
ξ_o——构件截面的约束效应系数设计值($=\alpha \cdot f/f_c$);
α——钢管混凝土截面含钢率,$\alpha=A_s/A_c$;
A_s, A_c——分别为钢管和核心混凝土的横截面面积;对于圆钢管混凝土,$A_s=\pi \cdot (r_s^2-r_c^2)$,$A_c=\pi \cdot r_c^2$,$r_s(=D/2)$ 为钢管外半径,$r_c(=r_s-t)$ 为核心混凝土半径,D 为圆钢管横截面外直径,t 为钢管壁厚度;对于方钢管混凝土,$A_s=4t \cdot (B-t)$,$A_c=(B-2t)^2$,其中,B 为方钢管横截面外边长,t 为钢管壁厚度;对于矩形钢管混凝土,$A_s=2t \cdot (D+B-2t)$,$A_c=(D-2t) \cdot (B-$

$2t$),其中,D 和 B 分别为矩形钢管横截面长边和短边外边长,t 为钢管壁厚度。图 2.2-1 给出了不同截面形式钢管混凝土横截面的几何参数示意图。

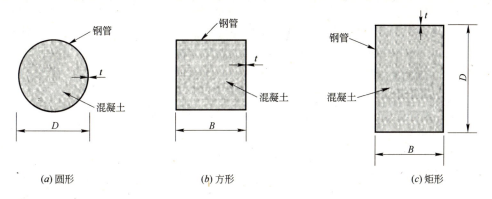

图 2.2-1 钢管混凝土横截面的几何参数

根据 DBJ 13-51-2003,采用第一组钢材时 f_{sc} 值由式(2.2-1)计算。采用第二、三组钢材时 f_{sc} 值应按式(2.2-1)的计算值乘换算系数 k_1 后确定。对 Q235 和 Q345 钢,k_1 = 0.96;对 Q390 和 Q420 钢,k_1 = 0.94。钢材的分组按表 2.2-1 确定。采用第一组钢材时 f_{sc} 值亦可按表 2.2-7 或表 2.2-8 查得。

圆钢管混凝土(第一组钢材)的组合轴压强度设计值 f_{sc}(N/mm²)　　表 2.2-7

	钢材牌号	Q235					
	混凝土强度等级	C30	C40	C50	C60	C70	C80
	0.04	25.1	30.5	35.1	40.1	45.0	49.7
	0.05	27.3	32.7	37.3	42.3	47.2	51.9
	0.06	29.5	34.9	39.5	44.5	49.4	54.1
	0.07	31.7	37.1	41.7	46.7	51.6	56.3
	0.08	33.8	39.3	43.9	48.9	53.8	58.5
	0.09	36.0	41.5	46.1	51.1	56.0	60.7
	0.10	38.2	43.7	48.3	53.3	58.2	62.9
	0.11	40.4	45.9	50.5	55.5	60.4	65.0
α	0.12	42.6	48.1	52.6	57.7	62.6	67.2
	0.13	44.8	50.3	54.8	59.9	64.8	69.4
	0.14	47.0	52.5	57.0	62.1	67.0	71.6
	0.15	49.2	54.7	59.2	64.2	69.1	73.8
	0.16	51.4	56.9	61.4	66.4	71.3	76.0
	0.17	53.6	59.1	63.6	68.6	73.5	78.2
	0.18	55.8	61.2	65.8	70.8	75.7	80.4
	0.19	58.0	63.4	68.0	73.0	77.9	82.6
	0.20	60.2	65.6	70.2	75.2	80.1	84.8

续表

钢材牌号		Q345					
混凝土强度等级		C30	C40	C50	C60	C70	C80
α	0.04	28.9	34.4	39.0	44.0	48.9	53.6
	0.05	32.1	37.6	42.1	47.2	52.1	56.7
	0.06	35.3	40.7	45.3	50.3	55.2	59.9
	0.07	38.4	43.9	48.5	53.5	58.4	63.1
	0.08	41.6	47.1	51.6	56.6	61.5	66.2
	0.09	44.8	50.2	54.8	59.8	64.7	69.4
	0.10	47.9	53.4	58.0	63.0	67.9	72.5
	0.11	51.1	56.6	61.1	66.1	71.0	75.7
	0.12	54.2	59.7	64.3	69.3	74.2	78.9
	0.13	57.4	62.9	67.4	72.5	77.4	82.0
	0.14	60.6	66.0	70.6	75.6	80.5	85.2
	0.15	63.7	69.2	73.8	78.8	83.7	88.4
	0.16	66.9	72.4	76.9	81.9	86.8	91.5
	0.17	70.1	75.5	80.1	85.1	90.0	94.7
	0.18	73.2	78.7	83.3	88.3	93.2	97.8
	0.19	76.4	81.9	86.4	91.4	96.3	101.0
	0.20	79.5	85.0	89.6	94.6	99.5	104.2
钢材牌号		Q390					
混凝土强度等级		C30	C40	C50	C60	C70	C80
α	0.04	30.6	36.1	40.6	45.6	50.5	55.2
	0.05	34.2	39.6	44.2	49.2	54.1	58.8
	0.06	37.7	43.2	47.8	52.8	57.7	62.3
	0.07	41.3	46.8	51.3	56.3	61.2	65.9
	0.08	44.9	50.3	54.9	59.9	64.8	69.5
	0.09	48.4	53.9	58.5	63.5	68.4	73.1
	0.10	52.0	57.5	62.0	67.0	72.0	76.6
	0.11	55.6	61.0	65.6	70.6	75.5	80.2
	0.12	59.1	64.6	69.2	74.2	79.1	83.8
	0.13	62.7	68.2	72.7	77.8	82.7	87.3
	0.14	66.3	71.8	76.3	81.3	86.2	90.9
	0.15	69.9	75.3	79.9	84.9	89.8	94.5
	0.16	73.4	78.9	83.5	88.5	93.4	98.0
	0.17	77.0	82.5	87.0	92.0	96.9	101.6
	0.18	80.6	86.0	90.6	95.6	100.5	105.2
	0.19	84.1	89.6	94.2	99.2	104.1	108.8
	0.20	87.7	93.2	97.7	102.8	107.7	112.3

续表

钢材牌号		Q420					
混凝土强度等级		C30	C40	C50	C60	C70	C80
α	0.04	31.8	37.3	41.8	46.9	51.8	56.4
	0.05	35.7	41.2	45.7	50.7	55.6	60.3
	0.06	39.6	45.0	49.6	54.6	59.5	64.2
	0.07	43.4	48.9	53.5	58.5	63.4	68.1
	0.08	47.3	52.8	57.3	62.4	67.3	71.9
	0.09	51.2	56.7	61.2	66.2	71.1	75.8
	0.10	55.1	60.5	65.1	70.1	75.0	79.7
	0.11	58.9	64.4	69.0	74.0	78.9	83.6
	0.12	62.8	68.3	72.8	77.9	82.8	87.4
	0.13	66.7	72.2	76.7	81.7	86.6	91.3
	0.14	70.6	76.0	80.6	85.6	90.5	95.2
	0.15	74.4	79.9	84.5	89.5	94.4	99.1
	0.16	78.3	83.8	88.3	93.4	98.3	102.9
	0.17	82.2	87.7	92.2	97.2	102.1	106.8
	0.18	86.1	91.5	96.1	101.1	106.0	110.7
	0.19	89.9	95.4	100.0	105.0	109.9	114.6
	0.20	93.8	99.3	103.9	108.9	113.8	118.4

注：表内中间值可采用插值法确定。

方、矩形钢管混凝土(第一组钢材)的组合轴压强度设计值 f_{sc} (N/mm²) 表 2.2-8

钢材牌号		Q235					
混凝土强度等级		C30	C40	C50	C60	C70	C80
α	0.04	24.2	29.8	34.6	39.8	44.8	49.7
	0.05	26.0	31.7	36.4	41.6	46.7	51.5
	0.06	27.8	33.5	38.2	43.4	48.5	53.3
	0.07	29.7	35.3	40.1	45.2	50.3	55.2
	0.08	31.5	37.2	41.9	47.1	52.1	57.0
	0.09	33.3	39.0	43.7	48.9	54.0	58.8
	0.10	35.1	40.8	45.5	50.7	55.8	60.6
	0.11	37.0	42.6	47.4	52.6	57.6	62.5
	0.12	38.8	44.5	49.2	54.4	59.5	64.3
	0.13	40.6	46.3	51.0	56.2	61.3	66.1
	0.14	42.5	48.1	52.8	58.0	63.1	67.9
	0.15	44.3	50.0	54.7	59.9	64.9	69.8
	0.16	46.1	51.8	56.5	61.7	66.8	71.6
	0.17	47.9	53.6	58.3	63.5	68.6	73.4
	0.18	49.8	55.4	60.2	65.3	70.4	75.3
	0.19	51.6	57.3	62.0	67.2	72.2	77.1
	0.20	53.4	59.1	63.8	69.0	74.1	78.9

续表

钢材牌号		Q345					
混凝土强度等级		C30	C40	C50	C60	C70	C80
α	0.04	27.4	33.1	37.8	43.0	48.1	52.9
	0.05	30.0	35.7	40.4	45.6	50.7	55.5
	0.06	32.7	38.3	43.1	48.3	53.3	58.2
	0.07	35.3	41.0	45.7	50.9	56.0	60.8
	0.08	38.0	43.6	48.3	53.5	58.6	63.4
	0.09	40.6	46.3	51.0	56.2	61.2	66.1
	0.10	43.2	48.9	53.6	58.8	63.9	68.7
	0.11	45.9	51.5	56.2	61.4	66.5	71.3
	0.12	48.5	54.2	58.9	64.1	69.1	74.0
	0.13	51.1	56.8	61.5	66.7	71.8	76.6
	0.14	53.8	59.4	64.1	69.3	74.4	79.3
	0.15	56.4	62.1	66.8	72.0	77.0	81.9
	0.16	59.0	64.7	69.4	74.6	79.7	84.5
	0.17	61.7	67.3	72.1	77.2	82.3	87.2
	0.18	64.3	70.0	74.7	79.9	85.0	89.8
	0.19	66.9	72.6	77.3	82.5	87.6	92.4
	0.20	69.6	75.2	80.0	85.2	90.2	95.1
钢材牌号		Q390					
混凝土强度等级		C30	C40	C50	C60	C70	C80
α	0.04	28.8	34.4	39.2	44.4	49.4	54.3
	0.05	31.7	37.4	42.1	47.3	52.4	57.2
	0.06	34.7	40.4	45.1	50.3	55.4	60.2
	0.07	37.7	43.4	48.1	53.3	58.3	63.2
	0.08	40.7	46.3	51.1	56.2	61.3	66.2
	0.09	43.6	49.3	54.0	59.2	64.3	69.1
	0.10	46.6	52.3	57.0	62.2	67.3	72.1
	0.11	49.6	55.3	60.0	65.2	70.2	75.1
	0.12	52.6	58.2	63.0	68.1	73.2	78.1
	0.13	55.5	61.2	65.9	71.1	76.2	81.0
	0.14	58.5	64.2	68.9	74.1	79.2	84.0
	0.15	61.5	67.2	71.9	77.1	82.1	87.0
	0.16	64.5	70.1	74.9	80.1	85.1	90.0
	0.17	67.4	73.1	77.8	83.0	88.1	92.9
	0.18	70.4	76.1	80.8	86.0	91.1	95.9
	0.19	73.4	79.1	83.8	89.0	94.0	98.9
	0.20	76.4	82.0	86.8	92.0	97.0	101.9

续表

钢材牌号		Q420					
混凝土强度等级		C30	C40	C50	C60	C70	C80
α	0.04	29.8	35.5	40.2	45.4	50.4	55.3
	0.05	33.0	38.7	43.4	48.6	53.7	58.5
	0.06	36.3	41.9	46.6	51.8	56.9	61.7
	0.07	39.5	45.1	49.9	55.1	60.1	65.0
	0.08	42.7	48.4	53.1	58.3	63.4	68.2
	0.09	45.9	51.6	56.3	61.5	66.6	71.4
	0.10	49.2	54.8	59.6	64.8	69.8	74.7
	0.11	52.4	58.1	62.8	68.0	73.1	77.9
	0.12	55.6	61.3	66.0	71.2	76.3	81.1
	0.13	58.9	64.5	69.2	74.4	79.5	84.4
	0.14	62.1	67.8	72.5	77.7	82.7	87.6
	0.15	65.3	71.0	75.7	80.9	86.0	90.8
	0.16	68.6	74.2	78.9	84.1	89.2	94.0
	0.17	71.8	77.4	82.2	87.4	92.4	97.3
	0.18	75.0	80.7	85.4	90.6	95.7	100.5
	0.19	78.2	83.9	88.6	93.8	98.9	103.7
	0.20	81.5	87.1	91.9	97.1	102.1	107.0

注：表内中间值可采用插值法确定。

当钢管混凝土长期处在高温的工作环境时，应适当考虑温度对其强度的影响。根据钟善桐(1994，2003)的研究成果，温度对钢管混凝土构件承载力影响的折减系数 k_t 按以下规定取值：80℃时，$k_t=0.97$；100℃时，$k_t=0.92$；150℃时，$k_t=0.85$；中间值可采用插值法求得。当温度超过150℃时，对钢管混凝土构件应采取适当隔热防护措施，以保证结构在高温下工作的安全性。

研究结果表明，对于长细比较大(例如 $\lambda>100$ 的情况)的钢管混凝土构件，由于混凝土的存在，使钢管混凝土构件的破坏特征和空钢管相比具有很大不同，从而使钢管混凝土构件的极限承载力和同等长度的空钢管相比具有较大的提高(韩林海，2004，2007)。核心混凝土的"贡献"主要是延缓钢管过早地发生局部屈曲，从而使构件的承载力和塑性能力得到提高，这时，混凝土强度的变化对钢管混凝土构件的性能影响不显著。

钢管混凝土组合抗剪强度设计值 f_{scv} 按下式计算：
1) 对于圆钢管混凝土：

$$f_{scv}=(0.422+0.313\alpha^{2.33}) \cdot \xi_o^{0.134} \cdot f_{sc} \quad (2.2-2a)$$

2) 对于方钢管混凝土：

$$f_{scv}=(0.455+0.313\alpha^{2.33}) \cdot \xi_o^{0.25} \cdot f_{sc} \quad (2.2-2b)$$

采用第一组钢材时 f_{scv} 值由式(2.2-2a)或式(2.2-2b)计算。采用第二、三组钢材时 f_{scv} 值应按式(2.2-2a)或式(2.2-2b)的计算值乘换算系数 k_1 后确定。对 Q235 和 Q345 钢，$k_1=0.96$；对 Q390 和 Q420 钢，$k_1=0.94$。

采用第一组钢材时 f_{scv} 值亦可按表 2.2-9 或表 2.2-10 查得。

圆钢管混凝土(第一组钢材)的组合抗剪强度设计值 $f_{scv}(N/mm^2)$　　　表 2.2-9

钢材牌号		Q235					
混凝土强度等级		C30	C40	C50	C60	C70	C80
α	0.04	9.9	11.6	13.0	14.5	16.0	17.3
	0.05	11.1	12.8	14.2	15.8	17.2	18.6
	0.06	12.3	14.0	15.4	17.0	18.5	19.9
	0.07	13.5	15.2	16.6	18.2	19.7	21.2
	0.08	14.7	16.4	17.8	19.4	21.0	22.4
	0.09	15.9	17.6	19.0	20.6	22.2	23.6
	0.10	17.1	18.8	20.2	21.8	23.4	24.9
	0.11	18.3	20.0	21.5	23.0	24.6	26.1
	0.12	19.6	21.2	22.7	24.3	25.8	27.3
	0.13	20.8	22.5	23.9	25.5	27.0	28.5
	0.14	22.1	23.7	25.1	26.7	28.3	29.7
	0.15	23.4	25.0	26.4	27.9	29.5	31.0
	0.16	24.6	26.2	27.6	29.2	30.7	32.2
	0.17	25.9	27.5	28.9	30.4	32.0	33.5
	0.18	27.3	28.8	30.2	31.7	33.3	34.7
	0.19	28.6	30.1	31.5	33.0	34.5	36.0
	0.20	29.9	31.4	32.8	34.3	35.8	37.3
钢材牌号		Q345					
混凝土强度等级		C30	C40	C50	C60	C70	C80
α	0.04	12.0	13.7	15.1	16.7	18.2	19.6
	0.05	13.7	15.4	16.9	18.4	20.0	21.4
	0.06	15.4	17.2	18.6	20.2	21.7	23.2
	0.07	17.2	18.9	20.3	21.9	23.4	24.9
	0.08	18.9	20.6	22.0	23.6	25.2	26.6
	0.09	20.7	22.4	23.8	25.4	26.9	28.4
	0.10	22.5	24.1	25.5	27.1	28.6	30.1
	0.11	24.3	25.9	27.3	28.8	30.4	31.9
	0.12	26.2	27.7	29.1	30.6	32.1	33.6
	0.13	28.0	29.5	30.9	32.4	33.9	35.4
	0.14	29.9	31.3	32.7	34.2	35.7	37.2
	0.15	31.8	33.2	34.5	36.0	37.5	38.9
	0.16	33.7	35.1	36.3	37.8	39.3	40.7
	0.17	35.6	37.0	38.2	39.7	41.1	42.6
	0.18	37.6	38.9	40.1	41.5	43.0	44.4
	0.19	39.6	40.8	42.0	43.4	44.8	46.3
	0.20	41.6	42.7	43.9	45.3	46.7	48.1

续表

钢材牌号		Q390					
混凝土强度等级		C30	C40	C50	C60	C70	C80
α	0.04	12.9	14.6	16.0	17.6	19.1	20.5
	0.05	14.8	16.5	18.0	19.6	21.1	22.5
	0.06	16.8	18.5	19.9	21.5	23.0	24.5
	0.07	18.8	20.4	21.9	23.4	25.0	26.5
	0.08	20.8	22.4	23.8	25.4	26.9	28.4
	0.09	22.8	24.4	25.8	27.4	28.9	30.4
	0.10	24.8	26.4	27.8	29.3	30.9	32.3
	0.11	26.9	28.4	29.8	31.3	32.8	34.3
	0.12	29.0	30.5	31.8	33.3	34.8	36.3
	0.13	31.1	32.5	33.8	35.3	36.8	38.3
	0.14	33.2	34.6	35.9	37.4	38.9	40.3
	0.15	35.4	36.7	38.0	39.4	40.9	42.3
	0.16	37.6	38.9	40.1	41.5	42.9	44.4
	0.17	39.8	41.0	42.2	43.6	45.0	46.4
	0.18	42.0	43.2	44.3	45.7	47.1	48.5
	0.19	44.3	45.4	46.5	47.8	49.2	50.6
	0.20	46.6	47.6	48.7	50.0	51.4	52.7
钢材牌号		Q420					
混凝土强度等级		C30	C40	C50	C60	C70	C80
α	0.04	13.5	15.3	16.7	18.3	19.8	21.2
	0.05	15.7	17.4	18.8	20.4	21.9	23.4
	0.06	17.8	19.5	20.9	22.5	24.0	25.5
	0.07	19.9	21.6	23.0	24.6	26.2	27.6
	0.08	22.1	23.8	25.2	26.7	28.3	29.7
	0.09	24.3	25.9	27.3	28.9	30.4	31.9
	0.10	26.6	28.1	29.5	31.0	32.5	34.0
	0.11	28.8	30.3	31.6	33.2	34.7	36.1
	0.12	31.1	32.6	33.9	35.3	36.8	38.3
	0.13	33.4	34.8	36.1	37.5	39.0	40.5
	0.14	35.8	37.1	38.3	39.8	41.2	42.7
	0.15	38.1	39.4	40.6	42.0	43.5	44.9
	0.16	40.5	41.7	42.9	44.3	45.7	47.1
	0.17	43.0	44.1	45.2	46.6	48.0	49.4
	0.18	45.4	46.5	47.5	48.9	50.3	51.6
	0.19	47.9	48.9	49.9	51.2	52.6	53.9
	0.20	50.4	51.3	52.3	53.6	54.9	56.2

注：表内中间值可采用插值法确定。

方钢管混凝土（第一组钢材）的组合抗剪强度设计值 f_{scv}（N/mm²）　　表 2.2-10

钢材牌号		\multicolumn{6}{c}{Q235}					
混凝土强度等级		C30	C40	C50	C60	C70	C80
α	0.04	9.7	11.1	12.3	13.5	14.7	15.8
	0.05	11.0	12.5	13.7	15.0	16.2	17.3
	0.06	12.4	13.8	15.0	16.4	17.6	18.8
	0.07	13.7	15.2	16.4	17.7	19.0	20.2
	0.08	15.0	16.5	17.7	19.1	20.4	21.6
	0.09	16.4	17.8	19.1	20.4	21.7	23.0
	0.10	17.8	19.2	20.4	21.8	23.1	24.3
	0.11	19.2	20.5	21.8	23.1	24.4	25.7
	0.12	20.6	21.9	23.1	24.5	25.8	27.1
	0.13	22.0	23.3	24.5	25.8	27.2	28.4
	0.14	23.4	24.7	25.9	27.2	28.5	29.8
	0.15	24.9	26.1	27.3	28.6	29.9	31.2
	0.16	26.4	27.6	28.7	30.0	31.3	32.5
	0.17	27.9	29.0	30.1	31.4	32.7	33.9
	0.18	29.4	30.5	31.5	32.8	34.1	35.3
	0.19	31.0	32.0	33.0	34.2	35.5	36.7
	0.20	32.5	33.5	34.5	35.7	36.9	38.2
钢材牌号		\multicolumn{6}{c}{Q345}					
混凝土强度等级		C30	C40	C50	C60	C70	C80
α	0.04	12.0	13.5	14.7	16.0	17.3	18.5
	0.05	14.0	15.4	16.7	18.0	19.3	20.5
	0.06	15.9	17.3	18.6	19.9	21.2	22.5
	0.07	17.9	19.3	20.5	21.9	23.2	24.4
	0.08	19.9	21.2	22.4	23.8	25.1	26.4
	0.09	21.9	23.2	24.4	25.7	27.0	28.3
	0.10	23.9	25.2	26.3	27.7	29.0	30.2
	0.11	26.0	27.2	28.3	29.6	30.9	32.2
	0.12	28.2	29.3	30.3	31.6	32.9	34.1
	0.13	30.3	31.3	32.4	33.6	34.9	36.1
	0.14	32.5	33.4	34.4	35.6	36.9	38.1
	0.15	34.7	35.6	36.5	37.7	38.9	40.1
	0.16	37.0	37.7	38.6	39.7	40.9	42.1
	0.17	39.3	39.9	40.7	41.8	43.0	44.1
	0.18	41.6	42.1	42.9	43.9	45.1	46.2
	0.19	44.0	44.4	45.1	46.1	47.2	48.3
	0.20	46.4	46.7	47.3	48.2	49.3	50.4

续表

钢材牌号		Q390					
混凝土强度等级		C30	C40	C50	C60	C70	C80
α	0.04	13.0	14.5	15.7	17.1	18.3	19.5
	0.05	15.2	16.7	17.9	19.2	20.5	21.8
	0.06	17.4	18.8	20.1	21.4	22.7	24.0
	0.07	19.7	21.0	22.2	23.6	24.9	26.2
	0.08	21.9	23.2	24.4	25.8	27.1	28.3
	0.09	24.3	25.5	26.6	27.9	29.3	30.5
	0.10	26.6	27.8	28.9	30.2	31.5	32.7
	0.11	29.0	30.1	31.1	32.4	33.7	34.9
	0.12	31.5	32.4	33.4	34.6	35.9	37.1
	0.13	34.0	34.8	35.8	36.9	38.1	39.4
	0.14	36.5	37.2	38.1	39.2	40.4	41.6
	0.15	39.1	39.7	40.5	41.6	42.7	43.9
	0.16	41.7	42.2	42.9	43.9	45.0	46.2
	0.17	44.3	44.7	45.4	46.3	47.4	48.5
	0.18	47.0	47.2	47.8	48.7	49.8	50.9
	0.19	49.7	49.8	50.4	51.2	52.2	53.2
	0.20	52.5	52.5	52.9	53.7	54.6	55.7
钢材牌号		Q420					
混凝土强度等级		C30	C40	C50	C60	C70	C80
α	0.04	13.8	15.2	16.5	17.8	19.1	20.3
	0.05	16.1	17.6	18.8	20.2	21.5	22.7
	0.06	18.6	20.0	21.2	22.5	23.8	25.1
	0.07	21.0	22.3	23.5	24.9	26.2	27.5
	0.08	23.5	24.8	25.9	27.2	28.6	29.8
	0.09	26.1	27.2	28.3	29.6	30.9	32.2
	0.10	28.7	29.7	30.8	32.0	33.3	34.6
	0.11	31.3	32.3	33.3	34.5	35.7	37.0
	0.12	34.0	34.8	35.8	36.9	38.2	39.4
	0.13	36.7	37.5	38.3	39.4	40.6	41.8
	0.14	39.5	40.1	40.9	42.0	43.1	44.3
	0.15	42.3	42.8	43.5	44.5	45.6	46.8
	0.16	45.2	45.5	46.2	47.1	48.2	49.3
	0.17	48.1	48.3	48.9	49.8	50.8	51.8
	0.18	51.1	51.1	51.6	52.4	53.4	54.4
	0.19	54.1	54.0	54.4	55.1	56.0	57.0
	0.20	57.2	56.9	57.2	57.9	58.7	59.7

注：表内中间值可采用插值法确定。

2.3 钢管混凝土的刚度

2.3.1 轴压刚度

规程 DBJ 13-51-2003、DL/T 5085-1999 和 GJB 4142-2000 都采用组合模量的方

法计算钢管混凝土构件在正常使用极限状态下的轴压刚度,表达式如下:

$$EA = E_{sc}A_{sc} \quad (2.3\text{-}1)$$

式中,E_{sc} 为钢管混凝土组合轴压弹性模量,按下式计算:

$$E_{sc} = f_{scp}/\varepsilon_{scp} \quad (2.3\text{-}2)$$

f_{scp} 和 ε_{scp} 分别为名义轴压比例极限及其对应的应变,确定方法如下:
① 对圆钢管混凝土:

$$f_{scp} = [0.192(f_y/235) + 0.488] \cdot f_{scy} \quad (2.3\text{-}3)$$

$$\varepsilon_{scp} = 3.25 \times 10^{-6} f_y \quad (2.3\text{-}4)$$

② 对于方、矩形钢管混凝土:

$$f_{scp} = [0.263 \cdot (f_y/235) + 0.365 \cdot (30/f_{cu}) + 0.104] \cdot f_{scy} \quad (2.3\text{-}5)$$

$$\varepsilon_{scp} = 3.01 \times 10^{-6} f_y \quad (2.3\text{-}6)$$

式(2.3-3)~式(2.3-6)中,f_{scy} 为钢管混凝土轴心受压时的强度指标,按式(3.2-2)计算;f_y 和 f_{cu} 以 N/mm² 为单位代入。

采用第一组钢材时 E_{sc} 值亦可按表2.3-1查得。采用第二、三组钢材时 E_{sc} 值应按式(2.3-1)的计算值乘换算系数 k_1 后确定,对 Q235 和 Q345 钢,$k_1 = 0.96$;对 Q390 和 Q420 钢,$k_1 = 0.94$。钢材的分组按表2.2-1确定。

圆钢管混凝土(第一组钢材)的组合轴压弹性模量 E_{sc}(N/mm²) 表 2.3-1

钢材牌号		Q235					
	混凝土强度等级	C30	C40	C50	C60	C70	C80
α	0.04	28916	35712	41391	47578	53664	59445
	0.05	31049	37844	43524	49711	55796	61577
	0.06	33181	39977	45657	51843	57929	63710
	0.07	35314	42109	47789	53976	60061	65842
	0.08	37447	44242	49922	56109	62194	67975
	0.09	39579	46375	52054	58241	64326	70108
	0.10	41712	48507	54187	60374	66459	72240
	0.11	43844	50640	56319	62506	68592	74373
	0.12	45977	52772	58452	64639	70724	76505
	0.13	48109	54905	60584	66771	72857	78638
	0.14	50242	57037	62717	68904	74989	80770
	0.15	52375	59170	64850	71036	77122	82903
	0.16	54507	61302	66982	73169	79254	85036
	0.17	56640	63435	69115	75302	81387	87168
	0.18	58772	65568	71247	77434	83520	89301
	0.19	60905	67700	73380	79567	85652	91433
	0.20	63037	69833	75512	81699	87785	93566

续表

钢材牌号		Q345					
混凝土强度等级		C30	C40	C50	C60	C70	C80
α	0.04	25379	30620	35000	39771	44464	48922
	0.05	27794	33034	37414	42185	46878	51337
	0.06	30208	35448	39829	44600	49293	53751
	0.07	32622	37863	42243	47014	51707	56165
	0.08	35037	40277	44657	49429	54122	58580
	0.09	37451	42692	47072	51843	56536	60994
	0.10	39866	45106	49486	54257	58950	63409
	0.11	42280	47520	51901	56672	61365	65823
	0.12	44694	49935	54315	59086	63779	68237
	0.13	47109	52349	56729	61501	66194	70652
	0.14	49523	54764	59144	63915	68608	73066
	0.15	51938	57178	61558	66329	71022	75481
	0.16	54352	59593	63973	68744	73437	77895
	0.17	56766	62007	66387	71158	75851	80310
	0.18	59181	64421	68801	73573	78266	82724
	0.19	61595	66836	71216	75987	80680	85138
	0.20	64010	69250	73630	78401	83094	87553
钢材牌号		Q390					
混凝土强度等级		C30	C40	C50	C60	C70	C80
α	0.04	24690	29548	33607	38030	42379	46512
	0.05	27220	32077	36137	40559	44909	49041
	0.06	29750	34607	38667	43089	47439	51571
	0.07	32280	37137	41197	45619	49969	54101
	0.08	34809	39667	43726	48149	52498	56630
	0.09	37339	42196	46256	50678	55028	59160
	0.10	39869	44726	48786	53208	57558	61690
	0.11	42398	47256	51315	55738	60087	64220
	0.12	44928	49785	53845	58267	62617	66749
	0.13	47458	52315	56375	60797	65147	69279
	0.14	49988	54845	58905	63327	67677	71809
	0.15	52517	57375	61434	65857	70206	74338
	0.16	55047	59904	63964	68386	72736	76868
	0.17	57577	62434	66494	70916	75266	79398
	0.18	60106	64964	69023	73446	77795	81928
	0.19	62636	67493	71553	75975	80325	84457
	0.20	65166	70023	74083	78505	82855	86987

续表

钢材牌号		Q420					
混凝土强度等级		C30	C40	C50	C60	C70	C80
α	0.04	24368	29016	32900	37131	41293	45246
	0.05	26975	31622	35506	39738	43899	47853
	0.06	29581	34229	38113	42344	46506	50460
	0.07	32188	36835	40720	44951	49113	53066
	0.08	34795	39442	43326	47557	51719	55673
	0.09	37401	42048	45933	50164	54326	58279
	0.10	40008	44655	48539	52771	56932	60886
	0.11	42614	47262	51146	55377	59539	63493
	0.12	45221	49868	53753	57984	62145	66099
	0.13	47827	52475	56359	60590	64752	68706
	0.14	50434	55081	58966	63197	67359	71312
	0.15	53041	57688	61572	65803	69965	73919
	0.16	55647	60295	64179	68410	72572	76525
	0.17	58254	62901	66785	71017	75178	79132
	0.18	60860	65508	69392	73623	77785	81739
	0.19	63467	68114	71999	76230	80392	84345
	0.20	66074	70721	74605	78836	82998	86952

注：表内中间值可采用插值法确定。

方、矩形钢管混凝土(第一组钢材)的组合轴压弹性模量 E_{sc}(N/mm²)　　　表 2.3-2

钢材牌号		Q235					
混凝土强度等级		C30	C40	C50	C60	C70	C80
α	0.04	32735	35811	38708	42040	45425	48705
	0.05	34797	37617	40381	43612	46925	50152
	0.06	36859	39423	42054	45184	48424	51599
	0.07	38921	41229	43727	46756	49924	53046
	0.08	40983	43034	45400	48328	51424	54493
	0.09	43046	44840	47072	49900	52924	55940
	0.10	45108	46646	48745	51472	54424	57388
	0.11	47170	48452	50418	53044	55923	58835
	0.12	49232	50257	52091	54616	57423	60282
	0.13	51294	52063	53763	56188	58923	61729
	0.14	53357	53869	55436	57760	60423	63176
	0.15	55419	55675	57109	59332	61922	64623
	0.16	57481	57480	58782	60904	63422	66071
	0.17	59543	59286	60455	62476	64922	67518
	0.18	61605	61092	62127	64048	66422	68965
	0.19	63667	62898	63800	65620	67922	70412
	0.20	65730	64703	65473	67192	69421	71859

续表

钢材牌号		Q345					
混凝土强度等级		C30	C40	C50	C60	C70	C80
α	0.04	29130	31836	34423	37418	40471	43435
	0.05	31540	33990	36444	39337	42318	45230
	0.06	33950	36143	38464	41257	44166	47025
	0.07	36360	38297	40485	43177	46013	48819
	0.08	38770	40450	42505	45096	47860	50614
	0.09	41180	42603	44526	47016	49708	52409
	0.10	43589	44757	46546	48936	51555	54204
	0.11	45999	46910	48567	50855	53403	55999
	0.12	48409	49064	50587	52775	55250	57794
	0.13	50819	51217	52608	54695	57098	59589
	0.14	53229	53371	54628	56614	58945	61383
	0.15	55639	55524	56649	58534	60793	63178
	0.16	58049	57677	58669	60453	62640	64973
	0.17	60458	59831	60690	62373	64488	66768
	0.18	62868	61984	62710	64293	66335	68563
	0.19	65278	64138	64731	66212	68182	70358
	0.20	67688	66291	66751	68132	70030	72152

钢材牌号		Q390					
混凝土强度等级		C30	C40	C50	C60	C70	C80
α	0.04	28468	31083	33593	36504	39476	42362
	0.05	31020	33378	35756	38566	41465	44299
	0.06	33572	35674	37919	40628	43455	46236
	0.07	36124	37970	40081	42690	45445	48173
	0.08	38676	40265	42244	44752	47434	50110
	0.09	41228	42561	44407	46814	49424	52047
	0.10	43780	44856	46570	48876	51414	53985
	0.11	46333	47152	48732	50938	53403	55922
	0.12	48885	49448	50895	52999	55393	57859
	0.13	51437	51743	53058	55061	57383	59796
	0.14	53989	54039	55220	57123	59372	61733
	0.15	56541	56335	57383	59185	61362	63670
	0.16	59093	58630	59546	61247	63352	65607
	0.17	61645	60926	61708	63309	65341	67544
	0.18	64197	63222	63871	65371	67331	69481
	0.19	66749	65517	66034	67433	69321	71418
	0.20	69301	67813	68197	69494	71310	73355

续表

钢材牌号		Q420					
混凝土强度等级		C30	C40	C50	C60	C70	C80
α	0.04	28173	30737	33206	36072	38998	41842
	0.05	30820	33128	35464	38229	41083	43874
	0.06	33467	35518	37721	40385	43167	45906
	0.07	36114	37909	39979	42542	45252	47938
	0.08	38761	40299	42237	44699	47336	49970
	0.09	41407	42690	44494	46855	49421	52002
	0.10	44054	45080	46752	49012	51505	54034
	0.11	46701	47471	49009	51169	53590	56066
	0.12	49348	49861	51267	53326	55674	58097
	0.13	51995	52252	53524	55482	57759	60129
	0.14	54642	54642	55782	57639	59843	62161
	0.15	57289	57033	58039	59796	61928	64193
	0.16	59936	59423	60297	61952	64012	66225
	0.17	62583	61814	62554	64109	66097	68257
	0.18	65230	64204	64812	66266	68181	70289
	0.19	67877	66595	67069	68422	70266	72321
	0.20	70523	68985	69327	70579	72350	74353

注：表内中间值可采用插值法确定。

AIJ(1997)、CECS 28：90、CECS 159：2004 和 DB 29-57-2003 给出钢管混凝土轴压刚度的计算公式如下：

$$EA = E_s A_s + E_c A_c \tag{2.3-7}$$

式中 E_s, E_c——分别为钢材和混凝土的弹性模量；

A_s, A_c——分别为钢管和核心混凝土的横截面面积。

2.3.2 弯曲刚度

对于钢管混凝土框架柱的抗弯刚度 K，目前国内外各规程的规定不尽相同。下面简要介绍一些典型的计算方法。

(1) 日本规程 AIJ(1997)

$$K = E_s \cdot I_s + 0.2 E_c \cdot I_c \tag{2.3-8}$$

其中，$E_s = 2.058 \times 10^5 (\text{N/mm}^2)$，$E_c = 21000\sqrt{f_c'/19.6}(\text{N/mm}^2)$；$I_s$ 和 I_c 分别为钢管和混凝土的截面惯性矩。

美国规程 ACI(2005)中给出的计算公式与 AIJ(1997)类似。

(2) 英国规程 BS 5400(2005)

$$K = 0.95 E_s \cdot I_s + 0.45 E_c \cdot I_c \tag{2.3-9}$$

其中，$E_s = 205000(\text{N/mm}^2)$；$E_c = 450 f_{cu}(\text{N/mm}^2)$。

(3) 福建省工程建设标准 DBJ 13-51-2003

规程 DBJ 13-51-2003 考虑到构件受弯时混凝土开裂的可能，对混凝土部分的抗弯刚度适当折减。研究结果还表明，圆形钢管对其核心混凝土的约束效果要优于方、矩形钢管，对其混凝土部分的抗弯刚度的折减可略小。规程 DBJ 13-51-2003 给出钢管混凝土构件在正常使用极限状态下组合弹性抗弯刚度的计算公式如下：

$$K = E_s \cdot I_s + a_0 \cdot E_c \cdot I_c \tag{2.3-10}$$

其中，$E_s = 2.06 \times 10^5 (\text{N/mm}^2)$，$E_c = \dfrac{10^5}{2.2 + 34.7/f_{cu}}$；系数 a_0 的确定方法是：对于圆钢管混凝土，$a_0 = 0.8$；对于方、矩形钢管混凝土，$a_0 = 0.6$。

(4) 规程 EC4(2004)

$$K = E_s \cdot I_s + 0.6 E_c \cdot I_c \tag{2.3-11}$$

其中，$E_s = 210000 (\text{N/mm}^2)$；$E_c = 22000 \cdot (f'_c/10)^{0.3} (\text{N/mm}^2)$。

(5) 规程 AISC(2005)

$$K = E_s \cdot I_s + C_0 \cdot E_c \cdot I_c \tag{2.3-12}$$

其中，$E_s = 200000 (\text{N/mm}^2)$；$E_c = 0.043 \cdot w_c^{1.5} \sqrt{f'_c} (\text{N/mm}^2)$，$w_c$ 为混凝土的密度，$1500 \leqslant w_c \leqslant 2500 (\text{kg/m}^3)$；系数 $C_0 = 0.6 + 2\alpha \leqslant 0.9$，其中 $\alpha = A_s/A_{sc}$。

《全国民用建筑工程设计技术措施-结构》(2003)中给出钢管混凝土框架柱抗弯刚度的计算公式为：$K = E_s \cdot I_s + 0.8 E_c \cdot I_c$。

在对钢管混凝土荷载-变形关系曲线理论分析和实验研究结果的基础上，韩林海(2004,2007)给出钢管混凝土初始抗弯刚度(K_i)的计算公式如下：

$$K_i = 0.2 M_u / \phi_e \tag{2.3-13}$$

参考 Varma 等(2002)对水平荷载作用下方钢管混凝土压弯构件的研究方法，暂以 $M = 0.6 M_u$ 对应的割线刚度作为钢管混凝土使用阶段抗弯刚度 K_s。

在参数分析结果的基础上，给出 K_s 的计算公式如下：

$$K_s = 0.6 M_u / \phi_{0.6} \tag{2.3-14}$$

其中，$\phi_{0.6}$ 的确定方法是：

① 对于圆钢管混凝土

$$\phi_{0.6} = [(41.48\beta_c + 343.43) + (17.32\beta_c + 30.39) \cdot \xi] \cdot \beta_s^{0.82}/(E_s \cdot D);$$

② 对于方、矩形钢管混凝土

当绕强轴(x-x)弯曲时：

$$\phi_{0.6} = [(38.9\beta_c + 319.11) + (12.61\beta_c + 23.1) \cdot \xi] \cdot \beta_s^{0.82}/(E_s \cdot D);$$

当绕弱轴(y-y)弯曲时：

$$\phi_{0.6} = [(38.9\beta_c + 319.11) + (12.61\beta_c + 23.1) \cdot \xi] \cdot \beta_s^{0.82}/(E_s \cdot B)。$$

以上各式中，$\beta_c = f_{cu}/30$，$\beta_s = f_y/345$，f_{cu} 和 f_y 需以 N/mm² 为单位代入。

公式(2.3-13)和(2.3-14)计算稍偏复杂，但与实验结果吻合较好(韩林海,2004,2007)。

综上所述，对钢管混凝土抗弯刚度的计算目前有多种方法，在进行钢管混凝土抗弯刚度的计算时有较大差异，尤其当构件截面尺寸较大时差别更大。为了便于应用，作者建议：

① 在进行结构分析时，圆钢管混凝土和方、矩形钢管混凝土的抗弯刚度可暂采用规程 DBJ 13-51-2003 提供的公式进行计算。

② 钢管混凝土在使用阶段的抗弯刚度可暂按式(2.3-14)计算。

2.3.3 剪切刚度

DB 29-57-2003 给出钢管混凝土剪切刚度 GA 的计算公式如下：

$$GA = G_s A_s + G_c A_c \tag{2.3-15}$$

式中 G_s, G_c——分别为钢材和混凝土的剪变模量；

A_s, A_c——分别为钢管和核心混凝土的横截面面积。

用数值分析方法可计算出钢管混凝土受纯剪切作用时，截面最大剪应力与最大剪应变之间的全过程关系曲线，并可导出钢管混凝土剪切刚度 GA 的计算公式(韩林海和钟善桐,1996)。

规程 DL/T 5085-1999 给出了圆钢管混凝土组合剪切刚度 GA 的计算公式。

韩林海(2007)研究了不同截面形式钢管混凝土纯扭构件和纯剪构件的力学性能和工作机理，深入考察了钢管混凝土名义剪应力($\tau = T/W_{sct}$ 或 V/A_{sc})和剪应变 γ 关系曲线的特征，并在此基础上确定了钢管混凝土剪变模量 G_{sc} 的计算公式如下：

$$G_{sc} = \tau_{scp}/\gamma_{scp} \tag{2.3-16}$$

式中，τ_{scp} 和 γ_{scp} 分别为名义抗剪比例极限及其对应的剪应变，计算公式如下：

$$\tau_{scp} = \left\{ \left[0.149\left(\frac{f_y}{235}\right) + 0.322 \right] - \left[0.842\left(\frac{f_y}{235}\right)^2 - 1.775\left(\frac{f_y}{235}\right) + 0.933 \right] \alpha^{0.933} \right\} \cdot \left(\frac{30}{f_{cu}}\right)^{0.032} \cdot \tau_{scy} \tag{2.3-17}$$

$$\gamma_{scp} = 0.595 \frac{f_y}{E_s} + \frac{0.07(f_{cu} - 30)}{E_c} \tag{2.3-18}$$

其中，τ_{scy} 为抗扭屈服强度指标，计算公式如下：

对于圆钢管混凝土：

$$\tau_{scy} = (0.422 + 0.313\alpha^{2.33}) \cdot \xi^{0.134} \cdot f_{scy} \tag{2.3-19a}$$

对于方钢管混凝土：

$$\tau_{scy} = (0.455 + 0.313\alpha^{2.33}) \cdot \xi^{0.25} \cdot f_{scy} \tag{2.3-19b}$$

式中，f_{scy} 为钢管混凝土轴心受压时的强度指标，按式(3.2-2)计算。

采用第一组钢材时 G_{sc} 值亦可按表 2.3-3 和表 2.3-4 得。采用第二、三组钢材时 G_{sc} 值应按式(2.3-16)的计算值乘换算系数 k_1 后确定，对 Q235 和 Q345 钢，$k_1 = 0.96$；对 Q390 和 Q420 钢，$k_1 = 0.94$。钢材的分组按表 2.2-1 确定。

圆钢管混凝土(第一组钢材)的剪变模量 G_{sc}(N/mm²) 表 2.3-3

钢材牌号		Q235					
	混凝土强度等级	C30	C40	C50	C60	C70	C80
α	0.04	8600	9814	10719	11681	12563	13344
	0.05	9517	10718	11616	12578	13462	14246
	0.06	10426	11607	12491	13447	14327	15110
	0.07	11332	12487	13354	14299	15172	15949
	0.08	12240	13363	14209	15141	16003	16772
	0.09	13152	14240	15062	15977	16826	17584
	0.10	14068	15117	15914	16810	17644	18391
	0.11	14990	15999	16767	17643	18460	19194
	0.12	15919	16884	17623	18476	19276	19995
	0.13	16856	17775	18483	19313	20093	20796
	0.14	17800	18672	19348	20152	20913	21599
	0.15	18752	19576	20218	20997	21736	22405
	0.16	19713	20487	21094	21846	22563	23214
	0.17	20684	21406	21978	22702	23396	24028
	0.18	21664	22333	22868	23564	24234	24847
	0.19	22654	23269	23767	24433	25079	25671
	0.20	23655	24215	24674	25309	25931	26502

续表

钢材牌号		Q345					
混凝土强度等级		C30	C40	C50	C60	C70	C80
α	0.04	7953	8954	9725	10555	11330	12030
	0.05	8949	9926	10682	11503	12274	12971
	0.06	9940	10885	11621	12429	13190	13880
	0.07	10931	11839	12551	13342	14089	14768
	0.08	11923	12791	13475	14245	14977	15643
	0.09	12917	13741	14396	15144	15857	16508
	0.10	13915	14692	15316	16039	16732	17368
	0.11	14916	15645	16236	16933	17605	18223
	0.12	15922	16600	17157	17826	18476	19075
	0.13	16932	17558	18079	18720	19346	19926
	0.14	17946	18519	19004	19615	20217	20777
	0.15	18965	19484	19932	20513	21089	21628
	0.16	19990	20453	20863	21412	21963	22481
	0.17	21020	21427	21797	22315	22839	23335
	0.18	22055	22405	22736	23221	23719	24192
	0.19	23097	23388	23679	24131	24601	25052
	0.20	24145	24376	24627	25046	25488	25915
钢材牌号		Q390					
混凝土强度等级		C30	C40	C50	C60	C70	C80
α	0.04	7793	8725	9449	10231	10967	11634
	0.05	8799	9700	10405	11175	11901	12562
	0.06	9796	10660	11341	12093	12806	13456
	0.07	10787	11610	12263	12994	13691	14327
	0.08	11775	12553	13175	13883	14560	15181
	0.09	12760	13490	14080	14762	15417	16021
	0.10	13743	14422	14979	15633	16266	16851
	0.11	14723	15351	15872	16497	17106	17672
	0.12	15701	16276	16761	17356	17941	18485
	0.13	16678	17198	17646	18211	18770	19293
	0.14	17652	18118	18528	19061	19593	20095
	0.15	18625	19035	19407	19907	20413	20892
	0.16	19597	19950	20283	20751	21229	21685
	0.17	20567	20863	21157	21591	22042	22475
	0.18	21536	21774	22028	22430	22852	23262
	0.19	22503	22684	22898	23265	23660	24045
	0.20	23470	23592	23766	24099	24465	24827

续表

钢材牌号		Q420					
混凝土强度等级		C30	C40	C50	C60	C70	C80
α	0.04	7701	8589	9284	10037	10747	11393
	0.05	8706	9560	10232	10969	11668	12305
	0.06	9697	10511	11157	11873	12556	13180
	0.07	10679	11448	12064	12756	13419	14028
	0.08	11652	12373	12956	13623	14264	14855
	0.09	12617	13287	13836	14475	15093	15664
	0.10	13574	14192	14706	15314	15908	16459
	0.11	14523	15088	15565	16143	16711	17240
	0.12	15465	15975	16414	16961	17502	18010
	0.13	16398	16853	17255	17769	18284	18769
	0.14	17324	17724	18087	18568	19055	19517
	0.15	18243	18586	18910	19359	19818	20256
	0.16	19153	19440	19725	20140	20571	20986
	0.17	20056	20286	20532	20914	21316	21707
	0.18	20951	21124	21331	21679	22053	22419
	0.19	21839	21955	22122	22436	22782	23124
	0.20	22719	22778	22906	23186	23503	23821

注：表内中间值可采用插值法确定。

方钢管混凝土（第一组钢材）的剪变模量 G_{sc}（N/mm²） 表 2.3-4

钢材牌号		Q235					
混凝土强度等级		C30	C40	C50	C60	C70	C80
α	0.04	8282	9247	9946	10682	11343	11919
	0.05	9311	10273	10974	11720	12393	12980
	0.06	10326	11273	11966	12714	13391	13982
	0.07	11337	12257	12936	13678	14354	14946
	0.08	12350	13235	13894	14626	15295	15883
	0.09	13367	14211	14845	15562	16221	16802
	0.10	14391	15189	15794	16492	17138	17709
	0.11	15424	16170	16744	17420	18049	18608
	0.12	16467	17157	17695	18347	18958	19503
	0.13	17521	18151	18651	19276	19866	20395
	0.14	18587	19153	19613	20208	20776	21287
	0.15	19665	20164	20582	21145	21688	22181
	0.16	20756	21185	21558	22088	22605	23077
	0.17	21861	22216	22542	23037	23527	23977
	0.18	22980	23258	23536	23994	24455	24882
	0.19	24112	24312	24540	24959	25390	25793
	0.20	25260	25378	25554	25933	26332	26711

续表

钢材牌号		Q345					
混凝土强度等级		C30	C40	C50	C60	C70	C80
α	0.04	7866	8683	9301	9962	10571	11113
	0.05	8981	9775	10383	11043	11655	12202
	0.06	10090	10850	11439	12090	12697	13242
	0.07	11202	11917	12481	13116	13713	14251
	0.08	12320	12983	13515	14129	14711	15238
	0.09	13445	14049	14546	15135	15698	16212
	0.10	14578	15119	15577	16137	16679	17176
	0.11	15722	16194	16609	17137	17655	18134
	0.12	16875	17275	17645	18138	18630	19088
	0.13	18038	18362	18685	19141	19604	20040
	0.14	19212	19457	19729	20147	20580	20991
	0.15	20397	20559	20780	21157	21557	21944
	0.16	21592	21670	21836	22171	22538	22898
	0.17	22799	22789	22900	23191	23523	23855
	0.18	24016	23917	23971	24216	24512	24816
	0.19	25245	25054	25049	25247	25506	25780
	0.20	26486	26200	26135	26286	26506	26750
钢材牌号		Q390					
混凝土强度等级		C30	C40	C50	C60	C70	C80
α	0.04	7771	8534	9119	9749	10333	10856
	0.05	8899	9631	10200	10824	11407	11931
	0.06	10020	10709	11254	11863	12437	12956
	0.07	11139	11777	12291	12879	13438	13947
	0.08	12260	12838	13317	13879	14420	14914
	0.09	13384	13897	14336	14868	15386	15863
	0.10	14511	14954	15350	15849	16342	16799
	0.11	15642	16011	16361	16824	17289	17725
	0.12	16776	17068	17369	17795	18230	18642
	0.13	17914	18126	18377	18762	19165	19553
	0.14	19056	19186	19383	19727	20097	20458
	0.15	20202	20246	20390	20690	21025	21359
	0.16	21351	21308	21396	21651	21951	22256
	0.17	22504	22372	22403	22612	22875	23151
	0.18	23661	23437	23410	23572	23798	24043
	0.19	24820	24505	24419	24532	24719	24933
	0.20	25984	25574	25428	25493	25640	25822

续表

钢材牌号		Q420					
混凝土强度等级		C30	C40	C50	C60	C70	C80
α	0.04	7715	8444	9008	9617	10185	10695
	0.05	8845	9538	10082	10681	11244	11752
	0.06	9965	10609	11125	11706	12257	12757
	0.07	11078	11666	12148	12705	13238	13726
	0.08	12189	12713	13156	13684	14195	14666
	0.09	13296	13752	14153	14648	15134	15585
	0.10	14402	14784	15139	15599	16057	16487
	0.11	15505	15811	16118	16539	16967	17374
	0.12	16606	16832	17089	17470	17866	18247
	0.13	17704	17848	18053	18392	18755	19109
	0.14	18800	18859	19011	19306	19635	19961
	0.15	19892	19866	19962	20213	20506	20804
	0.16	20981	20867	20908	21113	21369	21637
	0.17	22066	21864	21847	22006	22224	22462
	0.18	23147	22855	22781	22892	23073	23280
	0.19	24223	23841	23709	23772	23914	24089
	0.20	25296	24822	24632	24646	24748	24892

注：表内中间值可采用插值法确定。

韩林海(2007)分析了钢管混凝土剪变模量 G_{sc} [如式(2.3-16)所示] 和组合轴压弹性模量 E_{sc} [如式(2.3-2)所示] 之间的关系。分析结果表明，G_{sc}/E_{sc} 比值随截面含钢率的增加而增大，钢材强度的变化对 G_{sc}/E_{sc} 比值的影响显著。对于圆钢管混凝土，在其他条件相同时，混凝土强度越高，G_{sc}/E_{sc} 比值越小，但混凝土强度对方钢管混凝土 G_{sc}/E_{sc} 比值的影响不明显。在常见参数范围(C30~C80 混凝土、Q235~Q420 钢、$\alpha=0.04$~0.2)内，对于圆钢管混凝土，G_{sc}/E_{sc} 比值在 0.254~0.377 之间变化；对于方钢管混凝土，G_{sc}/E_{sc} 比值在 0.269~0.417 之间变化。

确定了剪变模量 G_{sc}，即可按下式计算钢管混凝土的剪切刚度：

$$GA = G_{sc} A_{sc} \tag{2.3-20}$$

2.4 钢管混凝土设计的一般原则

参考有关规范和文献资料，对钢管混凝土结构设计时的一般原则简要归纳如下：

(1) 钢管混凝土结构设计必须贯彻执行国家技术经济政策，充分考虑工程情况、材料供应、构件运输、安装和施工的具体条件，合理选用结构方案，做到安全、经济和适用，同时注意结构的耐久性。

(2) 钢管混凝土结构构件应根据承载能力极限状态和正常使用极限状态的要求，进行下列计算和验算：1)承载力和稳定：所有结构构件均应进行承载力计算，必要时还应进行结构的倾覆和滑移验算；2)变形：对使用上需控制变形的结构构件，应进行变形验算。

(3) 按承载能力极限状态设计钢管混凝土结构时，应考虑荷载效应的基本组合(可变荷载为主的组合和永久荷载为主的组合)，必要时还应考虑荷载效应的偶然组合；按正常使用极限状态设计时，应考虑荷载的标准组合及准永久组合。

(4) 计算结构或构件的强度、稳定性及连接的强度时，应采用荷载设计值(荷载标准值乘以荷载分项系数)。

(5) 对于直接承受动力荷载的钢管混凝土结构，在计算强度和稳定性时，动力荷载设计值应乘以动力系数；在计算疲劳和变形时，动力荷载标准值不应乘以动力系数。

(6) 在抗震设计时，对采用钢筋混凝土框架梁的框架，其结构抗震等级可按照钢筋混凝土结构的等级划分；对采用钢梁或钢-混凝土组合梁的框架，可按混合结构相关规定采用。

(7) 钢管的外直径或最小外边长不宜小于 100mm，钢管的壁厚不宜小于 4mm。

(8) 研究结果表明，钢管混凝土钢管壁的稳定性会由于核心混凝土的存在而有所提高(见本书 7.2 节的论述)。对钢管混凝土 D/t 或 B/t 限值的规定可按照对应受压构件中空钢管局部稳定限值的 1.5 倍确定。

(9) 对于矩形截面钢管混凝土构件，为了保证矩形钢管和核心混凝土之间有效的共同工作，其钢管截面长边边长与短边边长之比($\beta=D/B$)不宜大于 2。

(10) 钢管混凝土宜用作轴心受压或小偏心受压构件，当大偏心受压采用单根构件不够经济合理时，宜采用格构式构件。对于厂房柱和构架柱，常用截面形式有单肢、双肢、三肢和四肢等四种，设计时应根据厂房高度、跨度、结构形式、荷载情况和使用要求确定。由于厂房框架柱多为承载力高的偏压构件，采用格构式柱，使柱肢处于轴压或小偏压状态，可以充分发挥钢管混凝土的优越性。边列和山墙柱可采用三肢柱，框架柱也可采用双肢柱。

(11) 结构的重要性系数 γ_0 应按现行国家标准《建筑结构可靠度设计统一标准》GB 50068-2001 的规定采用。对设计使用年限为 50 年的结构构件，γ_0 不应小于 1.0。

(12) 钢管混凝土结构的内力一般按结构静力学方法进行弹性分析，对复杂结构尚需按规范要求进行弹塑性分析。采用弹性分析的结构中，构件截面允许有塑性变形的发展。

(13) 结构的计算模型和基本假定应尽量与构件连接的实际性能符合。框架结构中，梁与柱的刚性连接应保证受力过程中梁柱间夹角不变，同时连接应具有足够的强度来承受交汇构件端部传递的所有最不利内力。梁与柱铰接时，应使连接具有充分的转动能力，但能有效地传递水平及垂直力。梁与柱的半刚性连接只具有有限的转动刚度，在承受弯矩的同时会产生相应的转角，在内力分析时，必须预先确定连接的弯矩-转角特性曲线，以便考虑连接变形的影响。

(14) 设计钢管混凝土结构时，应根据结构破坏可能产生的后果采用不同的安全等级，对于一般工业与民用建筑结构，安全等级可取为二级，其他特殊建筑结构的安全等级可根据具体情况确定。

(15) 对钢管混凝土框架柱和排架阶形柱的计算长度可暂按现行国家标准《钢结构设计规范》GB 50017-2003 的有关规定确定。

(16) 在桁(网)架中，受压弦杆可选用钢管混凝土杆件，其他杆件可采用空钢管。杆件之间可直接焊接或用节点板(球)连接。

(17)根据已有的工程经验，钢管混凝土构件的容许长细比可暂按现行国家标准《钢结构设计规范》GB 50017-2003 对钢构件的有关规定确定。

(18)采用先安装空钢管结构后浇筑管内混凝土的方法施工钢管混凝土结构时，应验算空钢管在施工荷载、湿混凝土和结构自重等荷载作用下的强度和稳定性。浇筑混凝土时，由施工阶段荷载引起的钢管初始最大压应力值不宜超过 $0.35f$。若超过 $0.35f$，应考虑钢管初应力对钢管混凝土构件承载力的影响。具体方法是在一次加载情况下计算获得的承载力的基础上乘以初应力影响系数 k_p，参见本书 3.5 节介绍的方法。

(19)预制构件尚应按制作、运输及安装的荷载设计值进行施工阶段的验算，预制构件自身吊装的验算，应将构件自重乘以动力系数。对三肢和四肢格构式柱，在受有较大水平力处和运送单元的端部应设置横隔，横隔的间距不得大于柱截面较大宽度的 9 倍和 8m。

2.5 小　　结

本章论述了钢管、混凝土、以及连接材料的要求和选用原则，并介绍了一些在进行钢管混凝土结构设计时的基本原则。

与传统的钢结构和钢筋混凝土结构相比，钢管混凝土尚是一种新兴组合结构形式，在进行设计时，应充分考虑到钢管及其核心混凝土之间相互作用、取长补短和协同互补的工作特点，结合工程具体情况精心设计，以期达到技术先进、安全适用、经济合理和确保质量等目标。

第3章 构件承载力计算

3.1 引 言

合理地确定钢管混凝土构件在静力荷载作用下的力学性能和计算方法，是科学设计钢管混凝土结构的重要前提和基础。

本章拟首先简要介绍钢管混凝土构件的工作机理、力学性能和重要影响参数，以及构件极限承载力和刚度等力学性能指标的推导过程及基本方法，具体内容包括轴心受力（轴压或轴拉）构件承载力计算、局部受压计算、受弯、压（拉）弯构件、压扭、弯扭、压弯扭、压弯剪和压弯扭剪构件承载力计算、长期荷载影响和钢管初应力影响的验算等。

尺寸效应对钢管混凝土力学性能和承载力的影响一直是众所关注的热点问题之一。本章拟基于现有实验研究结果，考察尺寸效应对钢管混凝土构件承载力的影响规律。

目前国内外已颁布实施多部关于钢管混凝土结构设计方面的规程。为了帮助读者较全面地了解不同设计规程在计算钢管混凝土构件承载力时的差异，本章全面比较了不同规程计算方法之间的特点，并将各规程计算结果与典型实验结果进行了对比。

3.2 计算原理简介

采用纤维模型法和有限元法等数值方法，可对钢管混凝土构件的荷载-变形关系进行较为准确和全面的分析（钟善桐，2003，2006；韩林海，2004，2007），但从实际应用的角度考虑，数值方法显得还是较为复杂，不便于工程应用。为此，在对钢管混凝土构件力学性能进行了深入的理论分析和实验研究的基础上，对影响钢管混凝土工作机理和力学性能的基本参数，如物理参数、几何参数和荷载参数进行了系统分析（韩林海，2004，2007），全面考察各参数的影响规律，然后对所得大量计算结果进行分析和归纳，从理论高度进行概括，并考虑实际应用中的一些影响因素。在此基础上，最终提出钢管混凝土构件承载力实用计算方法。下面简要介绍有关成果。

3.2.1 轴心受力构件

3.2.1.1 轴压强度承载力

实验结果表明，对于钢管混凝土轴心受压短构件，随着截面几何特性和物理特性参数的变化，钢管混凝土的荷载-变形关系曲线有的出现下降段，而有的则不出现下降段（韩林海，2004，2007）。对应于不同的约束效应系数 ξ［见式(1.2-1)］值，σ_{sc}（$=N/A_{sc}$，N 为轴压力；$A_{sc}=A_s+A_c$，为钢管混凝土横截面面积；A_s 和 A_c 分别为钢管和核心混凝土的横截面面积）-ε（纵向应变）关系曲线总体上呈上升、平缓或下降趋势，因此，存在轴压强度承载力的定义问题。图 3.2-1 给出典型的 σ_{sc}-ε 关系曲线。

为了合理确定钢管混凝土的轴压强度承载力指标，对圆形和方、矩形钢管混凝土的 σ_{sc}-ε 关系曲线进行了大量的计算分析（韩林海，2004，2007），计算参数范围是：$\alpha=0.04\sim0.2$，Q235~Q420 钢，C30~C80 混凝土，对于矩形钢管混凝土，$\beta=1\sim2$。

考虑到钢管和核心混凝土的受力特点，及钢管混凝土轴心受压时的工作特性等因素，提出钢管混凝土 σ_{sc}-ε 关系全曲线上的轴压强度承载力指标 f_{scy} 的确定方法。

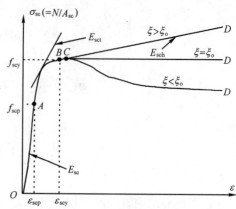

图 3.2-1 典型的钢管混凝土轴压 σ_{sc}-ε 关系

图 3.2-1 中，ε_{scy} 的计算公式如下：

(1) 对于圆钢管混凝土

$$\varepsilon_{scy}=1300+12.5f'_c+(600+33.3f'_c)\cdot\xi^{0.2} \quad (\mu\varepsilon) \tag{3.2-1a}$$

(2) 对于方、矩形钢管混凝土

$$\varepsilon_{scy}=1300+12.5f'_c+(570+31.7f'_c)\cdot\xi^{0.2} \quad (\mu\varepsilon) \tag{3.2-1b}$$

ε_{scy} 的确定依据如下：

1) σ_{sc}-ε 关系曲线的弹塑性阶段在应变为 ε_{scy} 左右时基本结束；

2) 钢管和核心混凝土在应变为 ε_{scy} 时都基本达到了极限状态，即钢材的应力达到其屈服强度，而混凝土也达到其峰值应力；

3) σ_{sc}-ε 关系曲线在 ε_{scy} 之前应力增加很快，应变增加相对缓慢；在 ε_{scy} 之后，应力增加缓慢，而应变则增加相对较快，σ_{sc}-ε 关系曲线甚至会出现下降段。

在上述计算参数范围内，圆钢管混凝土的 ε_{scy} 值在 2740~5200$\mu\varepsilon$ 范围内变化，方、矩形钢管混凝土的 ε_{scy} 值在 2680~5050$\mu\varepsilon$ 范围内变化。当约束效应系数 ξ 较小时，σ_{sc}-ε 关系曲线会出现下降段，这时，ε_{scy} 和 σ_{sc}-ε 关系曲线上的峰值应变非常接近（韩林海，2004，2007）。

在如下工程常用约束效应系数范围内，即 $\xi=0.3\sim5$，发现近似可用直线来描述 f_{scy}/f_{ck} 与 ξ 之间的关系（韩林海，2004，2007），f_{scy} 的计算公式如下：

(1) 对于圆钢管混凝土

$$f_{scy}=(1.14+1.02\xi)\cdot f_{ck} \tag{3.2-2a}$$

(2) 对于方、矩形钢管混凝土：

$$f_{scy}=(1.18+0.85\xi)\cdot f_{ck} \tag{3.2-2b}$$

为了便于实际应用，将图 3.2-1 所示的关系曲线大致分为三个阶段（韩林海，2004，2007），并给出各阶段的数学表达式如下：

(1) 弹性阶段 OA（$0<\varepsilon\leqslant\varepsilon_{scp}$）

$$\sigma=E_{sc}\cdot\varepsilon \tag{3.2-3}$$

式中，E_{sc} 为钢管混凝土组合轴压弹性模量，按式 (2.3-2) 确定。

(2) 弹塑性阶段 AB（$\varepsilon_{scp}<\varepsilon\leqslant\varepsilon_{scy}$）

在弹塑性阶段，σ_{sc}-ε 关系可用如下公式表达：

$$\varepsilon^2+a\cdot\sigma^2+b\cdot\varepsilon+c\cdot\sigma+d=0 \quad (3.2\text{-}4)$$

$$a=\frac{-(\varepsilon_{scy}-\varepsilon_{scp})^2-2e\cdot(\varepsilon_{scy}-\varepsilon_{scp})}{(f_{scy}^2-f_{scp}^2)+(\varepsilon_{scy}-\varepsilon_{scp})\cdot(-2f_{scp}\cdot E_{sc})+e\cdot(2f_{scy}\cdot k-2f_{scp}\cdot E_{sc})}$$

$$b=-2\varepsilon_{scp}-2a\cdot f_{scp}\cdot E_{sc}-c\cdot E_{sc}$$

$$c=\frac{2(\varepsilon_{scy}-\varepsilon_{scp})+(2f_{scy}\cdot k-2f_{scp}\cdot E_{sc})\cdot a}{E_{sc}-k}$$

$$d=-\varepsilon_{scp}^2-a\cdot f_{scp}^2-b\cdot\varepsilon_{scp}-c\cdot f_{scp}$$

$$e=\frac{(f_{scy}-f_{scp})-E_{sc}(\varepsilon_{scy}-\varepsilon_{scp})}{E_{sc}-k}$$

以上各式中，当 $\xi<\xi_o$ 时，$k=0$；当 $\xi\geqslant\xi_o$ 时，$k=E_{sch}$，E_{sch} 为强化阶段模量。对于圆钢管混凝土，$\xi_o=1.1$，$E_{sch}=270\xi-100$；对于方、矩形钢管混凝土：$\xi_o=4.5$，$E_{sch}=30\xi-40$。

由式(3.2-4)可导得弹塑性阶段的切线模量，即 $E_{sct}=\dfrac{-b-2\varepsilon}{2a\cdot\sigma+c}$。

(3) 强化阶段或下降段 $BD(\varepsilon>\varepsilon_{scy})$

1) 对于圆钢管混凝土：

$$\sigma=\begin{cases}f_{scy}+E_{sch}(\varepsilon-\varepsilon_{scy}) & (\xi\geqslant 1.1)\\ \dfrac{f_{scy}\cdot\varepsilon}{g(\varepsilon-\varepsilon_{scy})^2+\varepsilon} & (\xi<1.1)\end{cases} \quad (3.2\text{-}5a)$$

$$g=p\cdot\xi^2+q\cdot\xi+r$$
$$p=0.52\beta_c^2+5.6\beta_c-5.85$$
$$q=-1.36\beta_c^2-10.2\beta_c+7.3$$
$$r=0.44\beta_c^2+9.4\beta_c-4.8$$

2) 对于方、矩形钢管混凝土：

$$\sigma=\begin{cases}f_{scy}+E_{sch}(\varepsilon-\varepsilon_{scy}) & (\xi\geqslant 4.5)\\ f_{scy}\cdot\left[1-\beta_\xi+\beta_\xi\cdot\exp\left(\dfrac{\varepsilon_{scy}-\varepsilon}{m}\right)\right] & (\xi<4.5)\end{cases} \quad (3.2\text{-}5b)$$

$$\beta_\xi=-0.194\ln\xi+0.445$$
$$m=(n\cdot\xi+l)\times 10^{-3}$$
$$n=0.5\beta_c+0.18$$
$$l=0.8\beta_c+3.74$$
$$\beta_c=f_{cu}/30$$

式中，f_{cu} 以 N/mm^2 为单位代入。

计算结果表明，按式(3.2-3)、式(3.2-4)和式(3.2-5)计算的钢管混凝土轴心受压 N-ε 关系曲线与实验结果总体上吻合较好(韩林海，2004，2007)。

确定了钢管混凝土的轴压强度指标 f_{scy} [式(3.2-2)] 后，即可导出钢管混凝土轴压强度承载力计算公式如下：

$$N_{uo}=A_{sc}\cdot f_{scy} \quad (3.2\text{-}6)$$

3.2.1.2 轴压稳定承载力

在计算钢管混凝土轴心受压构件的稳定承载力时，考虑构件计算长度千分之一的初挠度，按偏心受压构件的方法计算钢管混凝土构件轴心受压时的临界力 N_u，从而可求得稳定系数 $\varphi = N_u/N_{uo}$（韩林海，2004，2007）。

影响稳定系数 φ 的主要因素有长细比 λ、含钢率 α、钢材屈服强度 f_y 和混凝土强度 f_{cu}。对于矩形钢管混凝土，截面高宽比（$\beta = D/B$）对稳定系数 φ 的影响很小。

钢管混凝土构件长细比 λ 的计算方法如下：

对于圆钢管混凝土：
$$\lambda = 4L/D \tag{3.2-7a}$$

对于矩形钢管混凝土绕强轴（x-x）弯曲时：
$$\lambda = 2\sqrt{3}L/D \tag{3.2-7b}$$

对于方钢管混凝土或矩形钢管混凝土绕弱轴（y-y）弯曲时：
$$\lambda = 2\sqrt{3}L/B \tag{3.2-7c}$$

式中　L——构件的计算长度；

　　　D——圆钢管横截面外直径或矩形钢管横截面长边外边长；

　　　B——方钢管横截面外边长或矩形钢管横截面短边外边长。

以方钢管混凝土为例，图 3.2-2 给出不同含钢率、钢材屈服强度及混凝土强度情况下的 φ-λ 关系曲线。

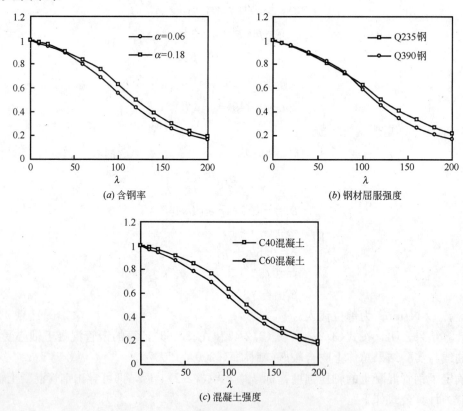

图 3.2-2　各参数对钢管混凝土 φ-λ 关系曲线的影响

在计算分析结果的基础上,发现钢管混凝土柱典型的 φ-λ 关系曲线如图 3.2-3 所示(韩林海,2004,2007)。

为了简化计算,近似将图 3.2-3 所示的 φ-λ 关系曲线分为三个阶段,即:当 $\lambda \leqslant \lambda_o$ 时,稳定系数 $\varphi=1$,构件属强度破坏;当 $\lambda_o < \lambda \leqslant \lambda_p$ 时,构件失去稳定时钢管混凝土截面处于弹塑性阶段;当 $\lambda > \lambda_p$ 时,构件属弹性失稳。

通过回归分析的方法,可导出 φ 的计算公式如下:

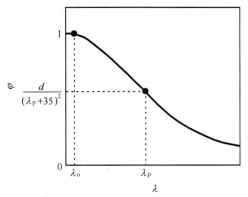

图 3.2-3 典型的 φ-λ 关系曲线

$$\varphi = \begin{cases} 1 & (\lambda \leqslant \lambda_o) \\ a\lambda^2 + b\lambda + c & (\lambda_o < \lambda \leqslant \lambda_p) \\ d/(\lambda+35)^2 & (\lambda > \lambda_p) \end{cases} \quad (3.2\text{-}8)$$

式中 $a = \dfrac{1 + (35 + 2 \cdot \lambda_p - \lambda_o) \cdot e}{(\lambda_p - \lambda_o)^2}$; $b = e - 2 \cdot a \cdot \lambda_p$; $c = 1 - a \cdot \lambda_o^2 - b \cdot \lambda_o$; $e = \dfrac{-d}{(\lambda_p + 35)^3}$;

对于圆钢管混凝土:$d = \left[13000 + 4657 \cdot \ln\left(\dfrac{235}{f_y}\right)\right] \cdot \left(\dfrac{25}{f_{ck}+5}\right)^{0.3} \cdot \left(\dfrac{\alpha}{0.1}\right)^{0.05}$;

对于方、矩形钢管混凝土:$d = \left[13500 + 4810 \cdot \ln\left(\dfrac{235}{f_y}\right)\right] \cdot \left(\dfrac{25}{f_{ck}+5}\right)^{0.3} \cdot \left(\dfrac{\alpha}{0.1}\right)^{0.05}$;

λ_p 和 λ_o 分别为构件弹性失稳和弹塑性失稳的界限长细比:

$$\lambda_p = \begin{cases} 1743/\sqrt{f_y} & \text{(圆钢管混凝土)} \\ 1811/\sqrt{f_y} & \text{(方、矩形钢管混凝土)} \end{cases} \quad (3.2\text{-}9)$$

$$\lambda_o = \begin{cases} \pi\sqrt{(420\xi+550)/[(1.02\xi+1.14) \cdot f_{ck}]} & \text{(圆钢管混凝土)} \\ \pi\sqrt{(220\xi+450)/[(0.85\xi+1.18) \cdot f_{ck}]} & \text{(方、矩形钢管混凝土)} \end{cases} \quad (3.2\text{-}10)$$

稳定系数 φ 亦可按表 3.2-1 和表 3.2-2 查得,表内中间值可采用插值法确定。

这样,可最终导出钢管混凝土轴心受压构件稳定承载力的计算公式如下:

$$N_u = \varphi \cdot N_{uo} = \varphi \cdot A_{sc} \cdot f_{scy} \quad (3.2\text{-}11)$$

式中,当 $\varphi=1$ 时,构件属强度破坏,承载力计算公式与式(3.2-6)一致。

3.2.1.3 轴心受拉强度承载力

采用数值方法,可计算获得圆钢管混凝土轴心受拉时的名义平均拉应力和纵向拉应变之间的全过程关系曲线,并定义拉应力-拉应变关系曲线转入塑性阶段时的拉应力为钢管混凝土组合抗拉强度标准值 f_{scy}^t(潘友光,1989)。研究结果表明,f_{scy}^t 主要和钢材屈服强度 f_y 和含钢率 α 有关。f_{scy}^t 可按下式计算:

$$f_{scy}^t = \dfrac{(1.121\alpha - 0.167\alpha^2)}{1+\alpha} f_y \quad (3.2\text{-}12)$$

表 3.2-1

圆钢管混凝土稳定系数 φ 值

钢材牌号	混凝土强度等级	α	λ=10	20	30	40	50	60	70	80	90	100	110	120	130	140	150	160	170	180	190	200
Q235	C30	0.04	1.000	0.972	0.923	0.875	0.828	0.783	0.739	0.696	0.654	0.614	0.575	0.516	0.456	0.405	0.362	0.326	0.295	0.268	0.245	0.225
		0.08	1.000	0.975	0.930	0.886	0.843	0.800	0.758	0.716	0.675	0.635	0.595	0.534	0.472	0.419	0.375	0.338	0.306	0.278	0.254	0.233
		0.12	1.000	0.977	0.935	0.893	0.852	0.810	0.769	0.729	0.688	0.648	0.608	0.545	0.481	0.428	0.383	0.345	0.312	0.283	0.259	0.237
		0.16	1.000	0.978	0.938	0.898	0.858	0.818	0.778	0.738	0.697	0.657	0.616	0.553	0.488	0.434	0.388	0.350	0.316	0.288	0.263	0.241
		0.20	1.000	0.980	0.941	0.902	0.863	0.824	0.784	0.745	0.704	0.664	0.623	0.560	0.494	0.439	0.393	0.354	0.320	0.291	0.266	0.243
	C40	0.04	1.000	0.957	0.901	0.847	0.795	0.746	0.699	0.655	0.613	0.573	0.536	0.481	0.424	0.377	0.338	0.304	0.275	0.250	0.228	0.209
		0.08	1.000	0.960	0.908	0.858	0.809	0.762	0.717	0.674	0.632	0.593	0.555	0.498	0.439	0.391	0.349	0.315	0.285	0.259	0.236	0.217
		0.12	1.000	0.962	0.913	0.864	0.818	0.772	0.728	0.685	0.644	0.604	0.566	0.508	0.448	0.399	0.357	0.321	0.290	0.264	0.241	0.221
		0.16	1.000	0.964	0.916	0.869	0.824	0.779	0.736	0.694	0.653	0.613	0.574	0.515	0.455	0.404	0.362	0.326	0.295	0.268	0.245	0.224
		0.20	1.000	0.966	0.919	0.874	0.829	0.785	0.742	0.700	0.660	0.620	0.581	0.521	0.460	0.409	0.366	0.329	0.298	0.271	0.247	0.227
	C50	0.04	1.000	0.946	0.886	0.828	0.773	0.722	0.674	0.628	0.586	0.547	0.510	0.458	0.404	0.359	0.322	0.289	0.262	0.238	0.217	0.199
		0.08	1.000	0.950	0.893	0.839	0.787	0.738	0.691	0.646	0.605	0.565	0.528	0.474	0.418	0.372	0.333	0.300	0.271	0.246	0.225	0.206
		0.12	1.000	0.952	0.898	0.845	0.795	0.747	0.701	0.657	0.616	0.577	0.539	0.484	0.427	0.380	0.340	0.306	0.277	0.252	0.230	0.211
		0.16	1.000	0.954	0.901	0.850	0.801	0.754	0.709	0.665	0.624	0.585	0.547	0.491	0.433	0.385	0.345	0.310	0.281	0.255	0.233	0.214
		0.20	1.000	0.956	0.904	0.854	0.806	0.760	0.715	0.672	0.631	0.591	0.553	0.496	0.438	0.389	0.348	0.314	0.284	0.258	0.236	0.216
	C60	0.04	1.000	0.936	0.872	0.811	0.754	0.700	0.651	0.604	0.562	0.523	0.488	0.438	0.386	0.343	0.307	0.277	0.250	0.228	0.208	0.190
		0.08	1.000	0.940	0.879	0.821	0.767	0.715	0.667	0.622	0.580	0.541	0.505	0.453	0.400	0.356	0.318	0.286	0.259	0.236	0.215	0.197
		0.12	1.000	0.942	0.884	0.828	0.775	0.725	0.677	0.633	0.591	0.552	0.515	0.462	0.408	0.363	0.325	0.292	0.264	0.240	0.219	0.201
		0.16	1.000	0.944	0.887	0.833	0.781	0.731	0.684	0.640	0.599	0.559	0.523	0.469	0.414	0.368	0.329	0.296	0.268	0.244	0.223	0.204
		0.20	1.000	0.946	0.890	0.837	0.785	0.737	0.690	0.646	0.605	0.565	0.529	0.474	0.419	0.372	0.333	0.300	0.271	0.247	0.225	0.206
	C70	0.04	0.999	0.928	0.860	0.797	0.738	0.683	0.632	0.585	0.542	0.504	0.469	0.421	0.372	0.330	0.296	0.266	0.241	0.219	0.200	0.183
		0.08	0.999	0.932	0.868	0.807	0.750	0.697	0.648	0.602	0.560	0.521	0.486	0.436	0.385	0.342	0.306	0.275	0.249	0.227	0.207	0.190
		0.12	1.000	0.934	0.872	0.814	0.758	0.706	0.657	0.612	0.570	0.531	0.496	0.445	0.393	0.349	0.312	0.281	0.254	0.231	0.211	0.194
		0.16	1.000	0.936	0.876	0.818	0.764	0.713	0.665	0.619	0.578	0.539	0.503	0.451	0.398	0.354	0.317	0.285	0.258	0.235	0.214	0.196
		0.20	1.000	0.939	0.879	0.822	0.769	0.718	0.670	0.625	0.583	0.545	0.509	0.456	0.403	0.358	0.320	0.288	0.261	0.237	0.217	0.199
	C80	0.04	0.995	0.921	0.851	0.785	0.724	0.668	0.616	0.569	0.526	0.488	0.454	0.408	0.360	0.320	0.286	0.258	0.233	0.212	0.193	0.177
		0.08	0.995	0.925	0.858	0.795	0.737	0.682	0.632	0.585	0.543	0.505	0.470	0.422	0.372	0.331	0.296	0.267	0.241	0.219	0.200	0.184
		0.12	0.996	0.927	0.863	0.802	0.744	0.691	0.641	0.595	0.553	0.515	0.480	0.431	0.380	0.338	0.302	0.272	0.246	0.224	0.204	0.187
		0.16	0.996	0.929	0.866	0.806	0.750	0.697	0.648	0.603	0.560	0.522	0.487	0.437	0.385	0.343	0.307	0.276	0.250	0.227	0.207	0.190
		0.20	0.997	0.932	0.869	0.810	0.755	0.702	0.654	0.608	0.566	0.528	0.492	0.442	0.390	0.347	0.310	0.279	0.253	0.230	0.210	0.192

续表

钢材牌号	混凝土强度等级	α	10	20	30	40	50	60	70	80	90	100	110	120	130	140	150	160	170	180	190	200
Q345	C30	0.04	1.000	0.977	0.937	0.895	0.851	0.806	0.760	0.713	0.664	0.587	0.509	0.445	0.393	0.349	0.313	0.281	0.255	0.231	0.211	0.194
		0.08	1.000	0.981	0.947	0.910	0.870	0.828	0.784	0.737	0.687	0.608	0.527	0.461	0.407	0.362	0.324	0.291	0.264	0.240	0.219	0.201
		0.12	1.000	0.984	0.953	0.919	0.882	0.842	0.798	0.751	0.701	0.620	0.538	0.470	0.415	0.369	0.330	0.297	0.269	0.244	0.223	0.205
		0.16	1.000	0.986	0.958	0.926	0.891	0.851	0.808	0.762	0.711	0.629	0.545	0.477	0.421	0.374	0.335	0.302	0.273	0.248	0.226	0.208
		0.20	1.000	0.988	0.962	0.932	0.897	0.859	0.816	0.770	0.719	0.636	0.551	0.483	0.426	0.379	0.339	0.305	0.276	0.251	0.229	0.210
	C40	0.04	1.000	0.961	0.911	0.860	0.811	0.762	0.713	0.666	0.618	0.547	0.474	0.415	0.366	0.325	0.291	0.262	0.237	0.216	0.197	0.180
		0.08	1.000	0.966	0.921	0.875	0.829	0.782	0.736	0.688	0.640	0.566	0.491	0.429	0.379	0.337	0.301	0.271	0.245	0.223	0.204	0.187
		0.12	1.000	0.969	0.927	0.884	0.840	0.795	0.749	0.702	0.653	0.578	0.501	0.438	0.387	0.344	0.308	0.277	0.250	0.228	0.208	0.191
		0.16	1.000	0.972	0.932	0.891	0.848	0.804	0.759	0.711	0.663	0.586	0.508	0.445	0.392	0.349	0.312	0.281	0.254	0.231	0.211	0.193
		0.20	1.000	0.974	0.936	0.896	0.855	0.811	0.766	0.719	0.670	0.593	0.514	0.449	0.397	0.353	0.316	0.284	0.257	0.234	0.213	0.196
	C50	0.04	1.000	0.950	0.893	0.837	0.784	0.733	0.683	0.635	0.589	0.521	0.451	0.395	0.349	0.310	0.277	0.250	0.226	0.205	0.187	0.172
		0.08	1.000	0.954	0.903	0.852	0.802	0.753	0.704	0.657	0.610	0.539	0.467	0.409	0.361	0.321	0.287	0.258	0.234	0.213	0.194	0.178
		0.12	1.000	0.958	0.909	0.861	0.812	0.765	0.717	0.669	0.622	0.550	0.477	0.417	0.368	0.327	0.293	0.264	0.239	0.217	0.198	0.182
		0.16	1.000	0.961	0.914	0.867	0.820	0.773	0.726	0.679	0.631	0.558	0.484	0.423	0.374	0.332	0.297	0.268	0.242	0.220	0.201	0.184
		0.20	1.000	0.963	0.918	0.873	0.827	0.780	0.733	0.686	0.638	0.564	0.489	0.428	0.378	0.336	0.301	0.271	0.245	0.223	0.203	0.186
	C60	0.04	1.000	0.938	0.876	0.817	0.760	0.707	0.656	0.608	0.563	0.498	0.431	0.378	0.333	0.296	0.265	0.239	0.216	0.196	0.179	0.164
		0.08	1.000	0.943	0.886	0.831	0.777	0.726	0.676	0.629	0.583	0.515	0.447	0.391	0.345	0.307	0.274	0.247	0.223	0.203	0.185	0.170
		0.12	1.000	0.947	0.892	0.839	0.788	0.737	0.688	0.641	0.595	0.526	0.456	0.399	0.352	0.313	0.280	0.252	0.228	0.207	0.189	0.174
		0.16	1.000	0.950	0.897	0.846	0.795	0.746	0.697	0.650	0.603	0.533	0.462	0.405	0.357	0.317	0.284	0.256	0.231	0.210	0.192	0.176
		0.20	1.000	0.952	0.901	0.851	0.801	0.752	0.704	0.657	0.610	0.539	0.468	0.409	0.361	0.321	0.287	0.259	0.234	0.213	0.194	0.178
	C70	0.04	0.998	0.928	0.862	0.799	0.740	0.685	0.634	0.586	0.542	0.479	0.415	0.363	0.320	0.285	0.255	0.229	0.208	0.189	0.172	0.158
		0.08	0.998	0.934	0.872	0.813	0.757	0.704	0.653	0.606	0.561	0.496	0.430	0.376	0.332	0.295	0.264	0.238	0.215	0.195	0.178	0.164
		0.12	0.999	0.937	0.878	0.821	0.767	0.715	0.665	0.617	0.572	0.506	0.438	0.384	0.339	0.301	0.269	0.242	0.219	0.199	0.182	0.167
		0.16	1.000	0.940	0.883	0.828	0.774	0.723	0.674	0.626	0.581	0.513	0.445	0.389	0.343	0.305	0.273	0.246	0.223	0.202	0.185	0.169
		0.20	1.000	0.943	0.887	0.833	0.780	0.729	0.680	0.633	0.587	0.519	0.450	0.394	0.347	0.309	0.276	0.249	0.225	0.205	0.187	0.171
	C80	0.04	0.994	0.920	0.850	0.785	0.724	0.668	0.616	0.568	0.524	0.463	0.402	0.351	0.310	0.276	0.247	0.222	0.201	0.183	0.167	0.153
		0.08	0.994	0.926	0.860	0.799	0.740	0.686	0.634	0.587	0.543	0.480	0.416	0.364	0.321	0.285	0.255	0.230	0.208	0.189	0.173	0.158
		0.12	0.995	0.929	0.866	0.807	0.750	0.696	0.646	0.598	0.554	0.490	0.424	0.371	0.328	0.291	0.261	0.235	0.212	0.193	0.176	0.162
		0.16	0.996	0.932	0.871	0.813	0.757	0.704	0.654	0.607	0.562	0.497	0.430	0.377	0.332	0.296	0.264	0.238	0.215	0.196	0.179	0.164
		0.20	0.997	0.935	0.875	0.818	0.763	0.711	0.661	0.613	0.568	0.502	0.435	0.381	0.336	0.299	0.267	0.241	0.218	0.198	0.181	0.166

续表

钢材牌号	混凝土强度等级	α	λ																		
			10	20	30	40	50	60	70	80	90	100	110	120	130	140	150	160	170	180	190	200
Q390	C30	0.04	1.000	0.979	0.941	0.900	0.857	0.812	0.763	0.712	0.650	0.557	0.483	0.423	0.373	0.332	0.297	0.267	0.242	0.220	0.201	0.184
		0.08	1.000	0.983	0.952	0.917	0.878	0.835	0.788	0.737	0.673	0.577	0.500	0.437	0.386	0.343	0.307	0.276	0.250	0.227	0.208	0.190
		0.12	1.000	0.986	0.959	0.927	0.891	0.849	0.803	0.752	0.686	0.589	0.510	0.446	0.394	0.350	0.313	0.282	0.255	0.232	0.212	0.194
		0.16	1.000	0.989	0.964	0.935	0.900	0.860	0.814	0.763	0.696	0.597	0.518	0.453	0.400	0.355	0.318	0.286	0.259	0.235	0.215	0.197
		0.20	1.000	0.991	0.969	0.941	0.907	0.868	0.822	0.771	0.704	0.604	0.523	0.458	0.404	0.359	0.321	0.289	0.262	0.238	0.217	0.199
	C40	0.04	1.000	0.963	0.913	0.864	0.815	0.765	0.715	0.664	0.605	0.519	0.450	0.394	0.347	0.309	0.276	0.249	0.225	0.205	0.187	0.171
		0.08	1.000	0.968	0.925	0.880	0.834	0.787	0.738	0.687	0.627	0.537	0.466	0.407	0.360	0.320	0.286	0.257	0.233	0.212	0.193	0.177
		0.12	1.000	0.971	0.932	0.890	0.846	0.800	0.752	0.701	0.639	0.548	0.475	0.416	0.367	0.326	0.292	0.263	0.238	0.216	0.197	0.181
		0.16	1.000	0.974	0.937	0.897	0.855	0.810	0.762	0.711	0.649	0.556	0.482	0.422	0.372	0.331	0.296	0.267	0.241	0.219	0.200	0.184
		0.20	1.000	0.977	0.941	0.903	0.862	0.817	0.770	0.719	0.656	0.562	0.487	0.427	0.376	0.335	0.299	0.270	0.244	0.222	0.202	0.186
	C50	0.04	1.000	0.950	0.895	0.840	0.786	0.734	0.683	0.633	0.576	0.494	0.428	0.375	0.331	0.294	0.263	0.237	0.214	0.195	0.178	0.163
		0.08	1.000	0.956	0.906	0.855	0.805	0.755	0.705	0.655	0.597	0.512	0.444	0.388	0.343	0.304	0.272	0.245	0.222	0.202	0.184	0.169
		0.12	1.000	0.960	0.913	0.865	0.817	0.768	0.718	0.668	0.609	0.522	0.453	0.396	0.350	0.311	0.278	0.250	0.226	0.206	0.188	0.172
		0.16	1.000	0.963	0.918	0.872	0.825	0.777	0.728	0.678	0.618	0.530	0.459	0.402	0.355	0.315	0.282	0.254	0.230	0.209	0.191	0.175
		0.20	1.000	0.965	0.922	0.878	0.832	0.785	0.736	0.685	0.625	0.536	0.464	0.406	0.359	0.319	0.285	0.257	0.232	0.211	0.193	0.177
	C60	0.04	1.000	0.939	0.877	0.818	0.761	0.707	0.655	0.606	0.551	0.472	0.409	0.358	0.316	0.281	0.252	0.226	0.205	0.186	0.170	0.156
		0.08	1.000	0.944	0.888	0.833	0.779	0.727	0.676	0.627	0.570	0.489	0.424	0.371	0.327	0.291	0.260	0.234	0.212	0.193	0.176	0.161
		0.12	1.000	0.948	0.895	0.842	0.790	0.739	0.689	0.639	0.582	0.499	0.433	0.379	0.334	0.297	0.266	0.239	0.216	0.197	0.180	0.165
		0.16	1.000	0.951	0.900	0.849	0.798	0.748	0.698	0.648	0.590	0.506	0.439	0.384	0.339	0.301	0.270	0.243	0.220	0.200	0.182	0.167
		0.20	1.000	0.954	0.905	0.855	0.805	0.755	0.705	0.656	0.597	0.512	0.444	0.388	0.343	0.305	0.273	0.245	0.222	0.202	0.184	0.169
	C70	0.04	0.998	0.928	0.862	0.799	0.740	0.684	0.632	0.583	0.530	0.454	0.394	0.345	0.304	0.270	0.242	0.218	0.197	0.179	0.164	0.150
		0.08	0.998	0.934	0.873	0.814	0.758	0.704	0.652	0.603	0.549	0.470	0.408	0.357	0.315	0.280	0.250	0.225	0.204	0.185	0.169	0.155
		0.12	0.999	0.938	0.880	0.823	0.768	0.716	0.665	0.615	0.560	0.480	0.416	0.364	0.321	0.286	0.256	0.230	0.208	0.189	0.173	0.158
		0.16	1.000	0.942	0.885	0.830	0.776	0.724	0.673	0.624	0.568	0.487	0.422	0.369	0.326	0.290	0.259	0.233	0.211	0.192	0.175	0.161
		0.20	1.000	0.945	0.890	0.836	0.783	0.731	0.680	0.631	0.574	0.492	0.427	0.374	0.330	0.293	0.262	0.236	0.214	0.194	0.177	0.163
	C80	0.04	0.994	0.920	0.850	0.784	0.723	0.666	0.613	0.565	0.513	0.440	0.381	0.334	0.294	0.262	0.234	0.211	0.191	0.173	0.158	0.145
		0.08	0.994	0.926	0.860	0.799	0.740	0.685	0.633	0.584	0.531	0.455	0.395	0.345	0.305	0.271	0.242	0.218	0.197	0.179	0.164	0.150
		0.12	0.995	0.930	0.867	0.808	0.751	0.696	0.645	0.596	0.542	0.465	0.403	0.352	0.311	0.276	0.247	0.223	0.201	0.183	0.167	0.153
		0.16	0.996	0.933	0.872	0.814	0.758	0.705	0.653	0.604	0.550	0.471	0.409	0.358	0.316	0.280	0.251	0.226	0.204	0.186	0.170	0.156
		0.20	0.997	0.936	0.877	0.820	0.764	0.711	0.660	0.611	0.556	0.477	0.413	0.362	0.319	0.284	0.254	0.228	0.207	0.188	0.172	0.157

续表

钢材牌号	混凝土强度等级	α	λ=10	20	30	40	50	60	70	80	90	100	110	120	130	140	150	160	170	180	190	200
Q420	C30	0.04	1.000	0.980	0.943	0.904	0.860	0.814	0.764	0.710	0.629	0.539	0.467	0.409	0.361	0.321	0.287	0.258	0.234	0.213	0.194	0.178
		0.08	1.000	0.985	0.955	0.921	0.882	0.838	0.789	0.735	0.651	0.558	0.484	0.423	0.374	0.332	0.297	0.267	0.242	0.220	0.201	0.184
		0.12	1.000	0.988	0.963	0.932	0.895	0.853	0.804	0.750	0.664	0.569	0.494	0.432	0.381	0.339	0.303	0.273	0.247	0.225	0.205	0.188
		0.16	1.000	0.990	0.968	0.940	0.905	0.863	0.815	0.761	0.674	0.578	0.501	0.438	0.387	0.344	0.308	0.277	0.251	0.228	0.208	0.191
		0.20	1.000	0.992	0.973	0.946	0.912	0.872	0.824	0.769	0.681	0.584	0.506	0.443	0.391	0.348	0.311	0.280	0.253	0.230	0.210	0.193
	C40	0.04	1.000	0.963	0.915	0.866	0.816	0.765	0.714	0.662	0.586	0.502	0.435	0.381	0.336	0.299	0.267	0.241	0.218	0.198	0.181	0.166
		0.08	1.000	0.969	0.927	0.883	0.837	0.788	0.738	0.685	0.606	0.520	0.451	0.394	0.348	0.309	0.277	0.249	0.225	0.205	0.187	0.172
		0.12	1.000	0.973	0.934	0.893	0.849	0.802	0.752	0.699	0.619	0.530	0.460	0.402	0.355	0.316	0.282	0.254	0.230	0.209	0.191	0.175
		0.16	1.000	0.976	0.940	0.901	0.858	0.812	0.762	0.709	0.628	0.538	0.466	0.408	0.360	0.320	0.287	0.258	0.233	0.212	0.194	0.178
		0.20	1.000	0.978	0.945	0.907	0.865	0.820	0.770	0.717	0.635	0.544	0.472	0.413	0.364	0.324	0.290	0.261	0.236	0.215	0.196	0.180
	C50	0.04	1.000	0.951	0.895	0.841	0.787	0.734	0.682	0.631	0.558	0.478	0.415	0.363	0.320	0.285	0.255	0.229	0.207	0.189	0.172	0.158
		0.08	1.000	0.957	0.907	0.857	0.807	0.756	0.704	0.653	0.577	0.495	0.429	0.376	0.331	0.295	0.264	0.237	0.215	0.195	0.178	0.163
		0.12	1.000	0.961	0.915	0.867	0.819	0.769	0.718	0.666	0.589	0.505	0.438	0.383	0.338	0.301	0.269	0.242	0.219	0.199	0.182	0.167
		0.16	1.000	0.964	0.920	0.875	0.827	0.778	0.728	0.675	0.598	0.513	0.444	0.389	0.343	0.305	0.273	0.246	0.222	0.202	0.185	0.169
		0.20	1.000	0.967	0.925	0.881	0.834	0.786	0.736	0.683	0.605	0.518	0.449	0.393	0.347	0.308	0.276	0.248	0.225	0.204	0.187	0.171
	C60	0.04	1.000	0.939	0.877	0.818	0.761	0.706	0.653	0.603	0.533	0.457	0.396	0.347	0.306	0.272	0.243	0.219	0.198	0.180	0.165	0.151
		0.08	1.000	0.945	0.889	0.834	0.780	0.727	0.675	0.624	0.552	0.473	0.410	0.359	0.317	0.282	0.252	0.227	0.205	0.187	0.170	0.156
		0.12	1.000	0.949	0.896	0.844	0.791	0.739	0.688	0.637	0.563	0.483	0.419	0.366	0.323	0.287	0.257	0.231	0.209	0.190	0.174	0.159
		0.16	1.000	0.952	0.902	0.851	0.800	0.749	0.697	0.646	0.571	0.490	0.425	0.372	0.328	0.291	0.261	0.235	0.212	0.193	0.176	0.162
		0.20	1.000	0.955	0.906	0.857	0.806	0.756	0.705	0.653	0.578	0.495	0.429	0.376	0.332	0.295	0.264	0.237	0.215	0.195	0.178	0.163
	C70	0.04	0.998	0.928	0.862	0.799	0.739	0.683	0.630	0.580	0.513	0.440	0.381	0.334	0.294	0.262	0.234	0.211	0.191	0.173	0.158	0.145
		0.08	0.998	0.934	0.873	0.814	0.757	0.703	0.651	0.600	0.531	0.455	0.395	0.345	0.305	0.271	0.242	0.218	0.197	0.179	0.164	0.150
		0.12	0.998	0.939	0.880	0.824	0.769	0.715	0.663	0.613	0.542	0.464	0.403	0.352	0.311	0.276	0.247	0.223	0.201	0.183	0.167	0.153
		0.16	0.999	0.942	0.886	0.831	0.777	0.724	0.672	0.621	0.550	0.471	0.408	0.357	0.315	0.280	0.251	0.226	0.204	0.186	0.170	0.156
		0.20	1.000	0.945	0.891	0.837	0.783	0.731	0.679	0.628	0.556	0.476	0.413	0.361	0.319	0.284	0.254	0.228	0.207	0.188	0.172	0.157
	C80	0.04	0.994	0.919	0.849	0.783	0.721	0.664	0.611	0.561	0.496	0.425	0.369	0.323	0.285	0.253	0.227	0.204	0.185	0.168	0.153	0.140
		0.08	0.994	0.925	0.860	0.798	0.739	0.683	0.631	0.581	0.514	0.441	0.382	0.334	0.295	0.262	0.235	0.211	0.191	0.174	0.159	0.145
		0.12	0.995	0.930	0.867	0.808	0.750	0.695	0.643	0.593	0.524	0.450	0.390	0.341	0.301	0.268	0.239	0.215	0.195	0.177	0.162	0.148
		0.16	0.996	0.933	0.873	0.814	0.758	0.704	0.652	0.601	0.532	0.456	0.395	0.346	0.305	0.271	0.243	0.219	0.198	0.180	0.164	0.150
		0.20	0.997	0.937	0.877	0.820	0.765	0.711	0.659	0.608	0.538	0.461	0.400	0.350	0.309	0.274	0.246	0.221	0.200	0.182	0.166	0.152

注：表内中间值可采用插值法确定。

表 3.2-2

方、矩形钢管混凝土稳定系数 φ 值

钢材牌号	混凝土强度等级	α	10	20	30	40	50	60	70	80	90	100	110	120	130	140	150	160	170	180	190	200
Q235	C30	0.04	1.000	0.965	0.917	0.870	0.824	0.780	0.737	0.696	0.655	0.617	0.579	0.536	0.473	0.421	0.376	0.339	0.306	0.279	0.254	0.233
		0.08	1.000	0.967	0.924	0.881	0.838	0.797	0.756	0.715	0.676	0.637	0.599	0.555	0.490	0.435	0.390	0.351	0.317	0.288	0.263	0.241
		0.12	1.000	0.969	0.928	0.887	0.847	0.806	0.767	0.727	0.688	0.650	0.611	0.566	0.500	0.444	0.398	0.358	0.324	0.294	0.269	0.246
		0.16	1.000	0.970	0.931	0.892	0.853	0.814	0.775	0.736	0.697	0.659	0.620	0.575	0.507	0.451	0.403	0.363	0.328	0.299	0.273	0.250
		0.20	1.000	0.972	0.934	0.896	0.858	0.819	0.781	0.743	0.704	0.666	0.627	0.581	0.513	0.456	0.408	0.367	0.332	0.302	0.276	0.253
	C40	0.04	1.000	0.950	0.896	0.843	0.793	0.745	0.699	0.656	0.615	0.576	0.540	0.499	0.441	0.392	0.351	0.316	0.285	0.260	0.237	0.217
		0.08	1.000	0.953	0.902	0.853	0.806	0.760	0.716	0.674	0.634	0.595	0.558	0.517	0.456	0.406	0.363	0.327	0.296	0.269	0.245	0.225
		0.12	1.000	0.955	0.907	0.860	0.814	0.770	0.727	0.685	0.645	0.607	0.570	0.528	0.466	0.414	0.370	0.333	0.302	0.274	0.250	0.230
		0.16	1.000	0.957	0.910	0.864	0.820	0.776	0.734	0.694	0.654	0.615	0.578	0.535	0.472	0.420	0.376	0.338	0.306	0.278	0.254	0.233
		0.20	1.000	0.958	0.912	0.868	0.824	0.782	0.740	0.700	0.660	0.622	0.584	0.541	0.478	0.425	0.380	0.342	0.309	0.281	0.257	0.235
	C50	0.04	1.000	0.940	0.881	0.825	0.772	0.722	0.674	0.630	0.588	0.550	0.514	0.476	0.420	0.373	0.334	0.301	0.272	0.247	0.226	0.207
		0.08	1.000	0.943	0.888	0.835	0.785	0.737	0.691	0.648	0.607	0.568	0.532	0.492	0.435	0.386	0.346	0.311	0.282	0.256	0.234	0.214
		0.12	1.000	0.945	0.892	0.841	0.792	0.746	0.701	0.658	0.618	0.579	0.543	0.503	0.443	0.394	0.353	0.318	0.287	0.261	0.238	0.219
		0.16	1.000	0.947	0.895	0.846	0.798	0.752	0.708	0.666	0.626	0.587	0.551	0.510	0.450	0.400	0.358	0.322	0.291	0.265	0.242	0.222
		0.20	1.000	0.948	0.898	0.849	0.803	0.757	0.714	0.672	0.632	0.594	0.557	0.516	0.455	0.404	0.362	0.326	0.295	0.268	0.245	0.224
	C60	0.04	0.996	0.931	0.868	0.809	0.753	0.701	0.652	0.607	0.565	0.527	0.492	0.455	0.401	0.357	0.319	0.287	0.260	0.236	0.216	0.198
		0.08	0.996	0.934	0.875	0.819	0.766	0.715	0.668	0.624	0.582	0.544	0.509	0.471	0.415	0.369	0.330	0.297	0.269	0.245	0.223	0.205
		0.12	0.996	0.936	0.879	0.825	0.773	0.724	0.678	0.634	0.593	0.555	0.519	0.480	0.424	0.377	0.337	0.303	0.275	0.250	0.228	0.209
		0.16	0.996	0.938	0.882	0.829	0.778	0.730	0.685	0.641	0.601	0.562	0.526	0.487	0.430	0.382	0.342	0.308	0.279	0.253	0.231	0.212
		0.20	0.996	0.939	0.885	0.833	0.783	0.735	0.690	0.647	0.607	0.568	0.532	0.493	0.435	0.386	0.346	0.311	0.282	0.256	0.234	0.214
	C70	0.04	0.992	0.923	0.857	0.795	0.738	0.684	0.634	0.588	0.546	0.507	0.473	0.437	0.386	0.343	0.307	0.276	0.250	0.227	0.208	0.190
		0.08	0.992	0.926	0.864	0.805	0.750	0.698	0.649	0.604	0.563	0.524	0.490	0.453	0.400	0.355	0.318	0.286	0.259	0.235	0.215	0.197
		0.12	0.992	0.928	0.868	0.811	0.757	0.706	0.659	0.614	0.573	0.535	0.500	0.462	0.408	0.362	0.324	0.292	0.264	0.240	0.219	0.201
		0.16	0.992	0.930	0.871	0.815	0.762	0.712	0.665	0.621	0.580	0.542	0.507	0.469	0.414	0.368	0.329	0.296	0.268	0.244	0.222	0.204
		0.20	0.993	0.932	0.874	0.819	0.767	0.717	0.671	0.627	0.586	0.548	0.512	0.474	0.418	0.372	0.333	0.299	0.271	0.246	0.225	0.206
	C80	0.04	0.988	0.916	0.848	0.784	0.725	0.670	0.619	0.572	0.530	0.492	0.458	0.423	0.373	0.332	0.297	0.267	0.242	0.220	0.201	0.184
		0.08	0.988	0.920	0.855	0.794	0.737	0.684	0.634	0.588	0.546	0.508	0.474	0.438	0.387	0.344	0.308	0.277	0.250	0.228	0.208	0.191
		0.12	0.988	0.922	0.859	0.800	0.744	0.692	0.643	0.598	0.556	0.518	0.484	0.447	0.395	0.351	0.314	0.283	0.256	0.232	0.212	0.195
		0.16	0.989	0.924	0.862	0.804	0.749	0.698	0.650	0.605	0.563	0.525	0.491	0.454	0.400	0.356	0.318	0.287	0.259	0.236	0.215	0.197
		0.20	0.989	0.925	0.865	0.808	0.753	0.703	0.655	0.610	0.569	0.531	0.496	0.459	0.405	0.360	0.322	0.290	0.262	0.238	0.218	0.200

3.2 计算原理简介

续表

钢材牌号	混凝土强度等级	α	λ																		
			10	20	30	40	50	60	70	80	90	100	110	120	130	140	150	160	170	180	190	200
Q345	C30	0.04	1.000	0.971	0.931	0.890	0.848	0.805	0.761	0.715	0.669	0.610	0.529	0.463	0.408	0.363	0.325	0.292	0.265	0.241	0.220	0.201
		0.08	1.000	0.975	0.941	0.905	0.867	0.826	0.784	0.739	0.692	0.632	0.547	0.479	0.423	0.376	0.336	0.303	0.274	0.249	0.227	0.208
		0.12	1.000	0.978	0.947	0.914	0.878	0.839	0.798	0.753	0.706	0.644	0.559	0.489	0.431	0.384	0.343	0.309	0.279	0.254	0.232	0.213
		0.16	1.000	0.980	0.952	0.921	0.886	0.849	0.808	0.764	0.716	0.654	0.567	0.496	0.438	0.389	0.348	0.313	0.284	0.258	0.235	0.216
		0.20	1.000	0.982	0.956	0.926	0.893	0.856	0.816	0.772	0.724	0.661	0.573	0.502	0.443	0.393	0.352	0.317	0.287	0.261	0.238	0.218
	C40	0.04	1.000	0.955	0.906	0.857	0.809	0.762	0.715	0.669	0.623	0.568	0.493	0.431	0.380	0.338	0.303	0.272	0.246	0.224	0.205	0.188
		0.08	1.000	0.960	0.916	0.871	0.827	0.782	0.736	0.691	0.645	0.588	0.510	0.446	0.394	0.350	0.313	0.282	0.255	0.232	0.212	0.194
		0.12	1.000	0.963	0.922	0.880	0.837	0.794	0.749	0.704	0.658	0.600	0.520	0.455	0.402	0.357	0.320	0.288	0.260	0.237	0.216	0.198
		0.16	1.000	0.965	0.926	0.886	0.845	0.803	0.759	0.714	0.668	0.609	0.528	0.462	0.408	0.362	0.324	0.292	0.264	0.240	0.219	0.201
		0.20	1.000	0.967	0.930	0.891	0.851	0.810	0.766	0.721	0.675	0.616	0.534	0.467	0.412	0.366	0.328	0.295	0.267	0.243	0.222	0.203
	C50	0.04	1.000	0.944	0.889	0.835	0.783	0.733	0.685	0.639	0.594	0.541	0.469	0.411	0.362	0.322	0.288	0.259	0.235	0.213	0.195	0.179
		0.08	1.000	0.948	0.898	0.849	0.800	0.753	0.706	0.660	0.615	0.560	0.486	0.425	0.375	0.333	0.298	0.269	0.243	0.221	0.202	0.185
		0.12	1.000	0.952	0.904	0.857	0.810	0.764	0.718	0.673	0.627	0.572	0.496	0.434	0.383	0.340	0.304	0.274	0.248	0.225	0.206	0.189
		0.16	1.000	0.954	0.909	0.863	0.818	0.773	0.727	0.682	0.636	0.580	0.503	0.440	0.388	0.345	0.309	0.278	0.252	0.229	0.209	0.191
		0.20	1.000	0.956	0.912	0.868	0.824	0.779	0.734	0.689	0.643	0.587	0.508	0.445	0.393	0.349	0.312	0.281	0.254	0.231	0.211	0.194
	C60	0.04	0.995	0.933	0.873	0.815	0.760	0.708	0.659	0.612	0.568	0.517	0.448	0.392	0.346	0.308	0.275	0.248	0.224	0.204	0.186	0.171
		0.08	0.995	0.938	0.882	0.828	0.777	0.727	0.678	0.632	0.588	0.536	0.464	0.406	0.358	0.319	0.285	0.257	0.232	0.211	0.193	0.177
		0.12	0.995	0.941	0.888	0.836	0.786	0.738	0.690	0.644	0.600	0.546	0.474	0.415	0.366	0.325	0.291	0.262	0.237	0.215	0.197	0.180
		0.16	0.995	0.943	0.892	0.842	0.794	0.746	0.699	0.653	0.608	0.554	0.481	0.421	0.371	0.330	0.295	0.266	0.240	0.219	0.200	0.183
		0.20	0.996	0.946	0.896	0.847	0.799	0.752	0.706	0.660	0.615	0.561	0.486	0.425	0.375	0.334	0.299	0.269	0.243	0.221	0.202	0.185
	C70	0.04	0.991	0.924	0.859	0.798	0.741	0.687	0.637	0.590	0.547	0.498	0.431	0.377	0.333	0.296	0.265	0.238	0.216	0.196	0.179	0.164
		0.08	0.991	0.929	0.869	0.811	0.757	0.705	0.656	0.610	0.566	0.515	0.447	0.391	0.345	0.307	0.274	0.247	0.223	0.203	0.185	0.170
		0.12	0.991	0.932	0.874	0.819	0.767	0.716	0.667	0.621	0.577	0.526	0.456	0.399	0.352	0.313	0.280	0.252	0.228	0.207	0.189	0.173
		0.16	0.992	0.934	0.879	0.825	0.774	0.724	0.676	0.630	0.586	0.533	0.462	0.405	0.357	0.317	0.284	0.256	0.231	0.210	0.192	0.176
		0.20	0.993	0.937	0.883	0.830	0.779	0.730	0.682	0.636	0.592	0.539	0.467	0.409	0.361	0.321	0.287	0.258	0.234	0.213	0.194	0.178
	C80	0.04	0.987	0.916	0.848	0.785	0.726	0.670	0.619	0.572	0.529	0.482	0.417	0.365	0.322	0.287	0.256	0.231	0.209	0.190	0.173	0.159
		0.08	0.987	0.921	0.857	0.797	0.741	0.688	0.638	0.591	0.548	0.499	0.432	0.378	0.334	0.297	0.265	0.239	0.216	0.197	0.179	0.165
		0.12	0.988	0.924	0.863	0.805	0.750	0.698	0.649	0.602	0.559	0.509	0.441	0.386	0.341	0.303	0.271	0.244	0.221	0.201	0.183	0.168
		0.16	0.988	0.927	0.868	0.811	0.757	0.706	0.657	0.611	0.567	0.516	0.447	0.392	0.346	0.307	0.275	0.247	0.224	0.204	0.186	0.170
		0.20	0.989	0.929	0.871	0.816	0.762	0.712	0.663	0.617	0.573	0.522	0.452	0.396	0.349	0.311	0.278	0.250	0.226	0.206	0.188	0.172

续表

钢材牌号	混凝土强度等级	α	λ																		
			10	20	30	40	50	60	70	80	90	100	110	120	130	140	150	160	170	180	190	200
Q390	C30	0.04	1.000	0.973	0.936	0.897	0.855	0.811	0.765	0.717	0.666	0.579	0.502	0.439	0.388	0.345	0.308	0.278	0.251	0.228	0.209	0.191
		0.08	1.000	0.978	0.947	0.913	0.875	0.834	0.789	0.741	0.690	0.600	0.520	0.455	0.401	0.357	0.319	0.287	0.260	0.236	0.216	0.198
		0.12	1.000	0.981	0.954	0.923	0.887	0.848	0.804	0.756	0.704	0.612	0.530	0.464	0.410	0.364	0.326	0.293	0.265	0.241	0.220	0.202
		0.16	1.000	0.984	0.959	0.930	0.896	0.858	0.814	0.767	0.714	0.621	0.538	0.471	0.416	0.369	0.331	0.298	0.269	0.245	0.223	0.205
		0.20	1.000	0.986	0.963	0.936	0.903	0.866	0.823	0.775	0.722	0.628	0.544	0.476	0.420	0.374	0.334	0.301	0.272	0.247	0.226	0.207
	C40	0.04	1.000	0.957	0.909	0.861	0.813	0.765	0.717	0.669	0.621	0.539	0.468	0.409	0.361	0.321	0.287	0.259	0.234	0.213	0.194	0.178
		0.08	1.000	0.962	0.920	0.877	0.832	0.787	0.740	0.692	0.643	0.559	0.484	0.424	0.374	0.332	0.297	0.268	0.242	0.220	0.201	0.184
		0.12	1.000	0.965	0.927	0.886	0.844	0.800	0.754	0.706	0.656	0.570	0.494	0.432	0.382	0.339	0.304	0.273	0.247	0.225	0.205	0.188
		0.16	1.000	0.968	0.932	0.893	0.852	0.809	0.763	0.715	0.665	0.578	0.501	0.439	0.387	0.344	0.308	0.277	0.251	0.228	0.208	0.191
		0.20	1.000	0.971	0.936	0.899	0.859	0.816	0.771	0.723	0.673	0.585	0.507	0.444	0.391	0.348	0.311	0.280	0.254	0.231	0.210	0.193
	C50	0.04	0.999	0.945	0.891	0.838	0.786	0.736	0.686	0.638	0.591	0.514	0.445	0.390	0.344	0.306	0.274	0.246	0.223	0.203	0.185	0.170
		0.08	0.999	0.950	0.901	0.853	0.804	0.756	0.708	0.660	0.612	0.532	0.461	0.404	0.356	0.317	0.283	0.255	0.231	0.210	0.192	0.176
		0.12	0.999	0.954	0.908	0.862	0.815	0.768	0.721	0.673	0.625	0.543	0.471	0.412	0.363	0.323	0.289	0.260	0.235	0.214	0.195	0.179
		0.16	0.999	0.957	0.913	0.869	0.823	0.777	0.730	0.682	0.634	0.551	0.477	0.418	0.369	0.328	0.293	0.264	0.239	0.217	0.198	0.182
		0.20	1.000	0.959	0.917	0.874	0.830	0.784	0.738	0.690	0.641	0.557	0.483	0.422	0.373	0.331	0.297	0.267	0.242	0.220	0.200	0.184
	C60	0.04	0.995	0.934	0.874	0.817	0.762	0.709	0.659	0.611	0.565	0.491	0.426	0.373	0.329	0.292	0.262	0.235	0.213	0.194	0.177	0.162
		0.08	0.995	0.939	0.884	0.831	0.779	0.728	0.679	0.631	0.585	0.508	0.441	0.386	0.340	0.303	0.271	0.244	0.220	0.200	0.183	0.168
		0.12	0.995	0.942	0.891	0.840	0.790	0.740	0.692	0.644	0.597	0.519	0.450	0.394	0.347	0.309	0.276	0.249	0.225	0.205	0.187	0.171
		0.16	0.995	0.945	0.896	0.846	0.797	0.749	0.701	0.653	0.606	0.526	0.456	0.399	0.352	0.313	0.280	0.252	0.228	0.208	0.189	0.174
		0.20	0.996	0.948	0.900	0.852	0.804	0.756	0.708	0.660	0.612	0.532	0.461	0.404	0.356	0.317	0.283	0.255	0.231	0.210	0.192	0.176
	C70	0.04	0.991	0.924	0.860	0.799	0.741	0.687	0.636	0.588	0.544	0.472	0.410	0.358	0.316	0.281	0.252	0.226	0.205	0.186	0.170	0.156
		0.08	0.991	0.929	0.870	0.813	0.758	0.706	0.656	0.608	0.563	0.489	0.424	0.371	0.327	0.291	0.260	0.234	0.212	0.193	0.176	0.161
		0.12	0.991	0.933	0.876	0.822	0.769	0.717	0.668	0.620	0.574	0.499	0.433	0.379	0.334	0.297	0.266	0.239	0.216	0.197	0.180	0.165
		0.16	0.992	0.936	0.881	0.828	0.776	0.726	0.677	0.629	0.583	0.506	0.439	0.384	0.339	0.301	0.270	0.243	0.220	0.200	0.182	0.167
		0.20	0.992	0.938	0.885	0.833	0.782	0.732	0.683	0.636	0.589	0.512	0.444	0.388	0.343	0.305	0.273	0.245	0.222	0.202	0.184	0.169
	C80	0.04	0.987	0.915	0.848	0.784	0.725	0.669	0.617	0.570	0.526	0.457	0.396	0.347	0.306	0.272	0.243	0.219	0.198	0.180	0.165	0.151
		0.08	0.987	0.921	0.858	0.798	0.741	0.687	0.637	0.589	0.545	0.473	0.410	0.359	0.317	0.282	0.252	0.227	0.205	0.187	0.170	0.156
		0.12	0.987	0.925	0.864	0.806	0.751	0.698	0.648	0.601	0.556	0.483	0.419	0.366	0.323	0.287	0.257	0.232	0.209	0.190	0.174	0.159
		0.16	0.988	0.927	0.869	0.813	0.758	0.707	0.657	0.609	0.564	0.490	0.425	0.372	0.328	0.292	0.261	0.235	0.213	0.193	0.176	0.162
		0.20	0.989	0.930	0.873	0.818	0.764	0.713	0.663	0.616	0.570	0.496	0.430	0.376	0.332	0.295	0.264	0.238	0.215	0.195	0.178	0.164

3.2 计算原理简介

续表

钢材牌号	混凝土强度等级	α	λ																		
			10	20	30	40	50	60	70	80	90	100	110	120	130	140	150	160	170	180	190	200
Q420	C30	0.04	1.000	0.975	0.939	0.900	0.858	0.814	0.766	0.716	0.654	0.561	0.486	0.425	0.375	0.334	0.298	0.269	0.243	0.221	0.202	0.185
		0.08	1.000	0.980	0.951	0.917	0.880	0.837	0.791	0.741	0.677	0.580	0.503	0.440	0.388	0.345	0.309	0.278	0.252	0.229	0.209	0.191
		0.12	1.000	0.983	0.958	0.928	0.892	0.852	0.806	0.755	0.691	0.592	0.513	0.449	0.396	0.352	0.315	0.284	0.257	0.233	0.213	0.195
		0.16	1.000	0.986	0.964	0.935	0.902	0.862	0.817	0.766	0.701	0.601	0.521	0.456	0.402	0.358	0.320	0.288	0.261	0.237	0.216	0.198
		0.20	1.000	0.988	0.968	0.941	0.909	0.870	0.826	0.775	0.709	0.607	0.527	0.461	0.407	0.362	0.323	0.291	0.263	0.240	0.219	0.200
	C40	0.04	1.000	0.958	0.911	0.863	0.815	0.767	0.717	0.667	0.609	0.522	0.453	0.396	0.350	0.311	0.278	0.250	0.226	0.206	0.188	0.172
		0.08	1.000	0.963	0.922	0.880	0.835	0.789	0.741	0.691	0.630	0.541	0.469	0.410	0.362	0.322	0.288	0.259	0.234	0.213	0.195	0.178
		0.12	1.000	0.967	0.930	0.890	0.847	0.802	0.755	0.704	0.643	0.552	0.478	0.418	0.369	0.328	0.294	0.264	0.239	0.217	0.199	0.182
		0.16	1.000	0.970	0.935	0.897	0.856	0.812	0.765	0.714	0.653	0.560	0.485	0.424	0.375	0.333	0.298	0.268	0.243	0.221	0.201	0.185
		0.20	1.000	0.972	0.939	0.903	0.863	0.820	0.773	0.722	0.660	0.566	0.490	0.429	0.379	0.337	0.301	0.271	0.245	0.223	0.204	0.187
	C50	0.04	0.999	0.946	0.892	0.839	0.787	0.736	0.686	0.636	0.580	0.497	0.431	0.377	0.333	0.296	0.265	0.238	0.216	0.196	0.179	0.164
		0.08	0.999	0.951	0.903	0.855	0.806	0.757	0.708	0.658	0.601	0.515	0.446	0.391	0.345	0.306	0.274	0.247	0.223	0.203	0.185	0.170
		0.12	0.999	0.955	0.910	0.864	0.818	0.770	0.721	0.672	0.613	0.525	0.455	0.399	0.352	0.313	0.280	0.252	0.228	0.207	0.189	0.173
		0.16	0.999	0.958	0.915	0.872	0.826	0.779	0.731	0.681	0.622	0.533	0.462	0.404	0.357	0.317	0.284	0.255	0.231	0.210	0.192	0.176
		0.20	1.000	0.961	0.920	0.877	0.833	0.787	0.738	0.689	0.629	0.539	0.467	0.409	0.361	0.321	0.287	0.258	0.234	0.213	0.194	0.178
	C60	0.04	0.992	0.925	0.861	0.800	0.742	0.686	0.634	0.584	0.516	0.443	0.384	0.336	0.296	0.264	0.236	0.212	0.192	0.175	0.159	0.146
		0.08	0.995	0.940	0.885	0.832	0.780	0.729	0.679	0.630	0.574	0.492	0.427	0.373	0.329	0.293	0.262	0.236	0.213	0.194	0.177	0.162
		0.12	0.995	0.943	0.892	0.841	0.791	0.741	0.691	0.642	0.586	0.502	0.435	0.381	0.336	0.299	0.267	0.241	0.218	0.198	0.181	0.166
		0.16	0.995	0.946	0.897	0.848	0.799	0.750	0.701	0.651	0.594	0.509	0.442	0.386	0.341	0.303	0.271	0.244	0.221	0.201	0.183	0.168
		0.20	0.996	0.949	0.902	0.854	0.806	0.757	0.708	0.659	0.601	0.515	0.446	0.391	0.345	0.307	0.274	0.247	0.223	0.203	0.185	0.170
	C70	0.04	0.991	0.924	0.860	0.799	0.741	0.686	0.634	0.586	0.533	0.457	0.396	0.347	0.306	0.272	0.243	0.219	0.198	0.180	0.165	0.151
		0.08	0.991	0.929	0.870	0.813	0.758	0.706	0.655	0.606	0.552	0.473	0.410	0.359	0.317	0.282	0.252	0.227	0.205	0.187	0.170	0.156
		0.12	0.991	0.933	0.877	0.822	0.769	0.717	0.667	0.618	0.563	0.483	0.419	0.366	0.323	0.287	0.257	0.232	0.209	0.190	0.174	0.159
		0.16	0.992	0.936	0.882	0.829	0.777	0.726	0.676	0.627	0.572	0.490	0.425	0.372	0.328	0.292	0.261	0.235	0.213	0.193	0.176	0.162
		0.20	0.992	0.939	0.886	0.834	0.783	0.733	0.683	0.634	0.578	0.496	0.430	0.376	0.332	0.295	0.264	0.237	0.215	0.195	0.178	0.164
	C80	0.04	0.987	0.915	0.847	0.783	0.724	0.667	0.615	0.567	0.516	0.442	0.384	0.336	0.296	0.263	0.236	0.212	0.192	0.174	0.159	0.146
		0.08	0.987	0.921	0.858	0.798	0.741	0.686	0.635	0.587	0.534	0.458	0.397	0.348	0.307	0.273	0.244	0.220	0.199	0.181	0.165	0.151
		0.12	0.988	0.925	0.865	0.807	0.751	0.698	0.647	0.599	0.545	0.467	0.405	0.355	0.313	0.278	0.249	0.224	0.203	0.184	0.168	0.154
		0.16	0.988	0.928	0.870	0.813	0.759	0.706	0.656	0.607	0.553	0.474	0.411	0.360	0.317	0.282	0.253	0.227	0.206	0.187	0.171	0.157
		0.20	0.989	0.930	0.874	0.818	0.765	0.713	0.663	0.614	0.559	0.480	0.416	0.364	0.321	0.285	0.255	0.230	0.208	0.189	0.173	0.158

注：表内中间值可采用插值法确定。

由式(3.2-12)可得抗拉承载力：$N_t = f_{scy} \cdot A_{sc} = (1.121 - 0.167\alpha) f_y A_s$，当含钢率 α 为 $0.04 \sim 0.2$ 时，$(1.121 - 0.167\alpha)$ 为 $1.088 \sim 1.114$，为简化计算近似取为 1.1，则 $N_t = 1.1 f_y A_s$。

韩林海(2007)和尧国皇(2006)对钢管混凝土的轴心受拉力学性能进行了研究，并定义了钢管混凝土受拉计算系数 γ_{ts} 如下：

$$\gamma_{ts} = \frac{N_{tu}}{N_{su}} \tag{3.2-13}$$

式中，N_{tu} 和 N_{su} 分别为钢管混凝土抗拉强度和钢管单向抗拉强度。

分析结果表明，γ_{ts} 与截面含钢率有关，而与核心混凝土强度关系不大，在 $\alpha = 0.04 \sim 0.2$、Q235～Q420 钢、C30～C80 混凝土范围内，圆钢管混凝土的 γ_{ts} 值变化范围为 $1.1 \sim 1.2$，方钢管混凝土的 γ_{ts} 值变化范围为 $1.05 \sim 1.15$。

为了简化计算，建议钢管混凝土抗拉强度按如下公式确定(韩林海，2007)：

对于圆钢管混凝土：

$$N_{tu} = 1.1 f_y \cdot A_s \tag{3.2-14a}$$

对于方钢管混凝土：

$$N_{tu} = 1.05 f_y \cdot A_s \tag{3.2-14b}$$

3.2.2 纯弯构件

利用数值方法，对钢管混凝土纯弯构件在不同材料强度、不同约束效应系数情况下的 M/W_{scm}-ε_{max}（M 为弯矩，W_{scm} 为截面抗弯模量，对于圆钢管混凝土，$W_{scm} = \pi D^3/32$；对于方钢管混凝土，$W_{scm} = B^3/6$；对于矩形钢管混凝土，当绕强轴弯曲时，$W_{scm} = D^2 B/6$；当绕弱轴弯曲时，$W_{scm} = DB^2/6$，ε_{max} 为中截面外边缘纤维最大拉应变）关系曲线进行了计算。计算参数为：$\alpha = 0.04 \sim 0.2$、Q235～Q420 钢、C30～C80 混凝土、$\beta = 1 \sim 2$。分析结果表明，对于矩形钢管混凝土，β 对 M/W_{scm}-ε_{max} 关系的影响总体上不大(韩林海，2004，2007；杨有福，2003)。典型的 M/W_{scm}-ε_{max} 关系曲线如图 3.2-4 所示。

从图 3.2-4 可见，即使在 ε_{max} 很大时，弯矩仍有继续增加的趋势，钢管混凝土受弯构件表现出很好的塑性。为了便于工程设计，有必要提供钢管混凝土抗弯承载力简化计算公式。考虑到构件的受力状态和正常使用要求，建议以钢管最大纤维应变 ε_{max} 达到 $10000\mu\varepsilon$ 时的弯矩为极限弯矩。

图 3.2-5 所示为钢管混凝土纯弯构件典型的弯矩 M-曲率 ϕ 关系曲线，图中，M_u 为钢

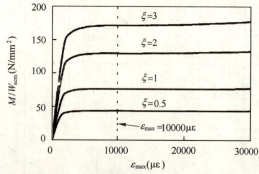

图 3.2-4 典型钢管混凝土 M/W_{scm}-ε_{max} 关系曲线(C50 混凝土)

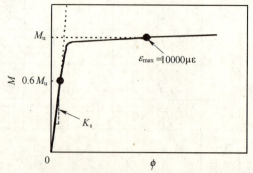

图 3.2-5 纯弯构件弯矩 M-曲率 ϕ 关系

管混凝土的抗弯承载力，K_s 为构件在正常使用阶段的刚度。

韩林海(2004，2007)计算了不同材料强度及不同含钢率情况下钢管混凝土构件的抗弯承载力 M_u。对计算结果进行分析后发现，M_u 主要和构件截面抗弯模量 W_{scm}、约束效应系数 ξ 及组合轴压强度指标 f_{scy} 有关。

如果令抗弯承载力计算系数 $\gamma_m = M_u/(W_{scm} \cdot f_{scy})$，则可通过数值计算获得 γ_m 与 ξ 之间的关系(韩林海，2004，2007)，通过对计算结果的回归分析，可导得抗弯承载力计算系数 γ_m 的表达式：

$$\gamma_m = \begin{cases} 1.1 + 0.48\ln(\xi + 0.1) & \text{（圆钢管混凝土）} \\ 1.04 + 0.48\ln(\xi + 0.1) & \text{（方、矩形钢管混凝土）} \end{cases} \quad (3.2\text{-}15)$$

钢管混凝土抗弯承载力 M_u 计算公式如下：

$$M_u = \gamma_m \cdot W_{scm} \cdot f_{scy} \quad (3.2\text{-}16)$$

对于方、矩形钢管混凝土双向受弯构件，发现其 M_x/M_{ux}-M_y/M_{uy} 相关关系(如图 3.2-6 所示)可按下式描述：

$$(M_x/M_{ux})^{1.8} + (M_y/M_{uy})^{1.8} = 1 \quad (3.2\text{-}17)$$

式中　M_{ux}——矩形钢管混凝土绕强轴(x-x 轴)弯曲时的抗弯承载力：

$$M_{ux} = \gamma_m \cdot f_{scy} \cdot \frac{D^2 \cdot B}{6} \quad (3.2\text{-}18)$$

M_{uy}——矩形钢管混凝土绕弱轴(y-y 轴)弯曲时的抗弯承载力：

$$M_{uy} = \gamma_m \cdot f_{scy} \cdot \frac{D \cdot B^2}{6} \quad (3.2\text{-}19)$$

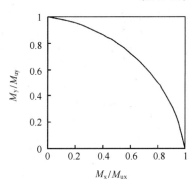

图 3.2-6　方、矩形钢管混凝土 M_x/M_{ux}-M_y/M_{uy} 相关曲线

由上述简化计算公式可见，钢管混凝土抗弯承载力可用构件截面的几何和物理特性参数来表示，形式简单，概念清楚，便于计算。

3.2.3　纯扭构件

3.2.3.1　抗扭屈服强度指标 τ_{scy} 的计算

韩林海(2007)、Han 等(2007b)对钢管混凝土受纯扭转时的 $\tau(=T/W_{sct})$-γ 关系曲线进行了计算分析，计算的参数范围为：$\alpha = 0.04 \sim 0.2$，Q235～Q420 钢，C30～C80 混凝土。

典型的 τ-γ 关系曲线如图 3.2-7 所示，其中，τ 为截面平均剪应力，γ 为截面最大剪应变。考虑到变形和承载力的变化特点，最终确定以 $\gamma_{scy} = 1500 + 20 f_{cu} + 3500\sqrt{\alpha}\,(\mu\varepsilon)$ 对应的剪应力 τ 为钢管混凝土抗扭屈服强度指标 τ_{scy}，即对应图 3.2-7 上的 B' 点。钢管混凝土达到 γ_{scy} 时，外钢管也达到了其屈服强度。

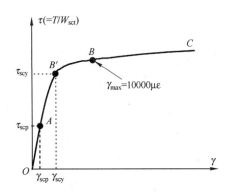

图 3.2-7　纯扭构件典型 $\tau(=T/W_{sct})$-γ 关系曲线

分析结果表明，τ_{scy}/f_{scy} 主要与含钢率 α 和约束效应系数 ξ 有关。f_{scy} 为钢管混凝土轴压强度承载力指标，按式(3.2-2)计算。

通过对计算结果的回归分析，可导出 τ_{scy} 的计算公式如下：

对于圆钢管混凝土：

$$\tau_{scy}=(0.422+0.313\alpha^{2.33})\cdot\xi^{0.134}\cdot f_{scy} \qquad (3.2\text{-}20a)$$

对于方钢管混凝土：

$$\tau_{scy}=(0.455+0.313\alpha^{2.33})\cdot\xi^{0.25}\cdot f_{scy} \qquad (3.2\text{-}20b)$$

3.2.3.2 抗扭强度承载力 T_u 的计算

考虑到变形和承载力的变化特点，以及正常使用的要求，以钢管混凝土截面边缘剪应变达 $10000\mu\varepsilon$ 时对应的扭矩为极限扭矩。

分析结果表明，钢管混凝土抗扭承载力 T_u 与 τ_{scy}、W_{sct} 和 ξ 有关。如果令抗扭强度承载力计算系数 $\gamma_t=T_u/(\tau_{scy}\cdot W_{sct})$，则可以绘出 γ_t 与 ξ 之间的关系。通过对计算结果的分析，可推导出 γ_t 的计算公式如下：

对于圆钢管混凝土：

$$\gamma_t=1.294+0.267\ln(\xi) \qquad (3.2\text{-}21a)$$

对于方钢管混凝土：

$$\gamma_t=1.431+0.242\ln(\xi) \qquad (3.2\text{-}21b)$$

这样，即可导出钢管混凝土抗扭强度承载力 T_u 的计算公式如下：

$$T_u=\gamma_t\cdot W_{sct}\cdot\tau_{scy} \qquad (3.2\text{-}22)$$

式(3.2-22)的适用范围为：$\alpha=0.04\sim0.2$，Q235~Q420 钢，C30~C80 混凝土。

3.2.4 横向受剪构件

与对压弯构件力学性能的研究相比，以往对钢管混凝土在横向受剪情况工作机理研究的报道相对较少，有关的研究报道主要有：韩林海和钟善桐(1994)、肖从真等(2005)、徐春丽(2004)、杨卫红和阎善章(1991)、杨卫红和钟善桐(1992)等。

韩林海(2007)建立了钢管混凝土横向受剪时的有限元分析模型，并对肖从真等(2005)和徐春丽(2004)等报道的实验结果进行了验算，计算结果与实验结果总体上吻合较好。在此基础上，分析了钢管混凝土横向受剪时的 τ-γ 关系的特点及其影响因素。

钢管混凝土横向受剪时的 τ-γ 关系与其纯扭时 τ-γ 关系曲线的差别不显著，且各参数对横向受剪 τ-γ 关系的影响与对纯扭 τ-γ 关系曲线的影响规律也基本相同(尧国皇，2006)。

横向受剪时钢管混凝土典型的 τ-γ 关系曲线如图 3.2-8 所示。

考虑到钢管混凝土受剪切作用时材料的受力状态和构件变形程度等因素，取 τ-γ 关系曲线上剪应变达 $10000\mu\varepsilon$ 时的剪应力为抗剪强度承载力。

如果令钢管混凝土抗剪强度承载力计算系数 $\gamma_v=V_u/(\tau_{scy}\cdot A_{sc})$，则可通过计算，绘出 γ_v 与截面约束效应系数 ξ 之间的关系。通过对计算结果的回归分析，可导得 γ_v 的表达式如下：

对于圆钢管混凝土：

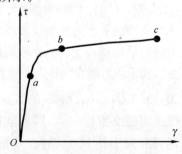

图 3.2-8 典型的 τ-γ 关系

$$\gamma_v = 0.97 + 0.2\ln(\xi) \quad (3.2\text{-}23a)$$

对于方钢管混凝土：

$$\gamma_v = 0.954 + 0.162\ln(\xi) \quad (3.2\text{-}23b)$$

这样，即可导出钢管混凝土抗剪强度承载力 V_u 的计算公式如下：

$$V_u = \gamma_v \cdot A_{sc} \cdot \tau_{scy} \quad (3.2\text{-}24)$$

式(3.2-24)的适用范围为：$\alpha = 0.04 \sim 0.2$，Q235～Q420 钢，C30～C80 混凝土。

为了便于实际应用，韩林海(2007)将图 3.2-8 所示的曲线近似分为三段，即 oa、ab 和 bc 段，并给出各阶段的数学表达式如下：

(1) 弹性阶段 $oa(0 < \gamma \leqslant \gamma_{scp})$

$$\tau = G_{sc} \cdot \gamma \quad (3.2\text{-}25)$$

其中，G_{sc} 为钢管混凝土剪变模量，按下式确定：

$$G_{sc} = \frac{\tau_{scp}}{\gamma_{scp}} \quad (3.2\text{-}26)$$

上式中，τ_{scp} 和 γ_{scp} 分别为名义抗剪比例极限及其对应的剪应变，可分别按式(2.3-17)和式(2.3-18)确定。

(2) 弹塑性阶段 $ab(\gamma_{scp} < \gamma \leqslant 0.01)$

在弹塑性阶段，$\tau\text{-}\gamma$ 关系可用二次方程的形式表示为：

$$\gamma^2 + a \cdot \tau^2 + b \cdot \gamma + c \cdot \tau + d = 0 \quad (3.2\text{-}27)$$

$$a = \frac{-(0.01 - \gamma_{scp})^2 - 2e \cdot (0.01 - \gamma_{scp})}{(\tau_{scyy}^2 - \tau_{scp}^2) + (0.01 - \gamma_{scp}) \cdot (-2\tau_{scp} \cdot G_{sc}) + e \cdot (2\tau_{scyy} \cdot G_{sch} - 2\tau_{scp} \cdot G_{sc})}$$

$$b = -2\gamma_{scp} - 2a \cdot \tau_{scp} \cdot G_{sc} - c \cdot G_{sc}$$

$$c = \frac{2(\gamma_{scy} - \gamma_{scp}) + (2\tau_{scyy} \cdot G_{sch} - 2\tau_{scp} \cdot G_{sc}) \cdot a}{G_{sc} - G_{sch}}$$

$$d = -\gamma_{scp}^2 - a \cdot \tau_{scp}^2 - b \cdot \gamma_{scp} - c \cdot \tau_{scp}$$

$$e = \frac{(\tau_{scyy} - \tau_{scp}) - G_{sc} \cdot (\gamma_{scy} - \gamma_{scp})}{G_{sc} - G_{sch}}$$

由式(3.2-27)可导得弹塑性阶段的钢管混凝土剪切切线模量，即 $G_{sct} = \frac{-b - 2\gamma}{2a \cdot \tau + c}$。以上各式中，$\tau_{scyy} = \gamma_t \cdot \tau_{scy}$，$\gamma_t$ 为抗扭强度承载力计算系数，按式(3.2-21)计算。

G_{sch} 定义为钢管混凝土剪切强化模量，

对于圆钢管混凝土：

$$G_{sch} = 220\alpha + 200 \quad (\text{MPa}) \quad (3.2\text{-}28a)$$

对于方钢管混凝土：

$$G_{sch} = 220\alpha + 150 \quad (\text{MPa}) \quad (3.2\text{-}28b)$$

(3) 塑性强化阶段 $bc(\gamma > 0.01)$

$$\tau = \tau_{scyy} + G_{sch}(\gamma - 0.01) \quad (3.2\text{-}29)$$

3.2.5 压(拉)弯构件

3.2.5.1 压弯构件

实际工程结构中的压弯构件可能有不同的加载路径(即达到某一压弯受力状态时轴压

和弯曲荷载的施加顺序和方式）。研究结果表明（韩林海，2007），加载路径对钢管混凝土压弯构件极限承载力影响不大，其原因在于受力过程中，钢管约束了核心混凝土，改善了混凝土的脆性，使得压弯构件的工作性能与弹塑性材料类似，表现出较好的延性。

影响钢管混凝土压弯构件 N/N_u-M/M_u 关系曲线的主要因素有：钢材和混凝土强度、含钢率和构件长细比（韩林海，2004，2007）。对于矩形钢管混凝土，还有截面高宽比，只是截面高宽比对其 N/N_u-M/M_u 关系曲线影响很小，可以忽略不计。

以方钢管混凝土为例，图 3.2-9 给出钢材和混凝土强度、以及含钢率对 N/N_u-M/M_u 关系曲线的影响规律。

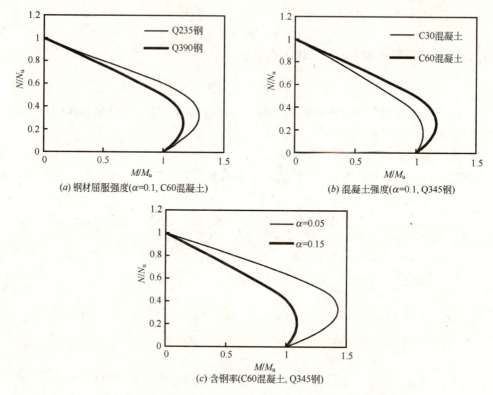

图 3.2-9　各参数对方钢管混凝土 N/N_u-M/M_u 关系的影响

典型的钢管混凝土 N/N_u-M/M_u 强度关系曲线上都存在一平衡点 A（如图 3.2-10 所示），这和钢筋混凝土压弯构件的力学性能有所类似。

令 A 点的横、纵坐标值分别为 ζ_o 和 η_o。由图 3.2-9 可见，在其他条件相同的情况下，钢材屈服强度 f_y 和含钢率 α 越大，A 点越向里靠，即 ζ_o 和 η_o 都有减小的趋势；混凝土强度 f_{cu} 越高，A 点越向外移，即 ζ_o 和 η_o 都有增大的趋势。这是因为 f_y 和 α 越大，意味着钢管对钢管混

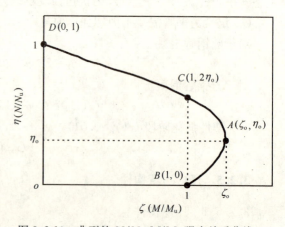

图 3.2-10　典型的 N/N_u-M/M_u 强度关系曲线

凝土的"贡献"越大，混凝土的"贡献"越小；而 f_{cu} 越高，意味着混凝土对钢管混凝土的"贡献"越大，此时钢管混凝土构件的力学性能和钢筋混凝土构件越相象。

图 3.2-11 所示为构件长细比 λ 对 N/N_u-M/M_u 关系的影响规律。可见，随着 λ 的增大，钢管混凝土压弯构件的极限承载力呈现出逐渐降低的趋势，且随着构件长细比的增大，二阶效应的影响逐渐变得显著，A 点逐渐向里靠，即 ζ_o 和 η_o 值呈现出逐渐减小的趋势；随着

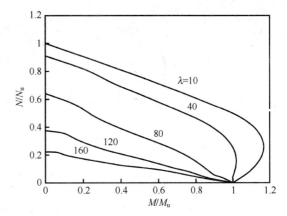

图 3.2-11 长细比 λ 对 N/N_u-M/M_u 关系曲线的影响
(α=0.1，Q390 钢，C60 混凝土)

λ 的继续增大，A 点在 N/N_u-M/M_u 关系曲线上表现得越来越不明显。

参数分析结果表明，图 3.2-10 所示平衡点 A 的横、纵坐标值 ζ_o 和 η_o 近似可表示为约束效应系数 ξ 的函数。通过对计算结果的回归分析，可导出 ζ_o 的计算公式如下：

（1）对于圆钢管混凝土

$$\zeta_o = 1 + 0.18\xi^{-1.15} \tag{3.2-30a}$$

（2）对于方、矩形钢管混凝土

$$\zeta_o = 1 + 0.14\xi^{-1.3} \tag{3.2-30b}$$

同样，可导出 η_o 的计算公式如下：
（1）对于圆钢管混凝土

$$\eta_o = \begin{cases} 0.5 - 0.245 \cdot \xi & (\xi \leqslant 0.4) \\ 0.1 + 0.14 \cdot \xi^{-0.84} & (\xi > 0.4) \end{cases} \tag{3.2-31a}$$

（2）对于方、矩形钢管混凝土

$$\eta_o = \begin{cases} 0.5 - 0.318 \cdot \xi & (\xi \leqslant 0.4) \\ 0.1 + 0.13 \cdot \xi^{-0.81} & (\xi > 0.4) \end{cases} \tag{3.2-31b}$$

分析结果表明，图 3.2-10 所示的钢管混凝土典型的 N/N_u-M/M_u 强度关系曲线大致分为两部分，可用两个数学表达式来描述，即

（1）C-D 段（即 $N/N_{uo} \geqslant 2\eta_o$ 时）：可近似采用直线的函数形式来描述，即

$$\frac{N}{N_{uo}} + a \cdot \left(\frac{M}{M_u}\right) = 1 \tag{3.2-32a}$$

（2）C-A-B 段（即 $N/N_{uo} < 2\eta_o$ 时）：可近似采用抛物线的函数形式来描述，即

$$-b \cdot \left(\frac{N}{N_{uo}}\right)^2 - c \cdot \left(\frac{N}{N_{uo}}\right) + \left(\frac{M}{M_u}\right) = 1 \tag{3.2-32b}$$

式中，$a = 1 - 2\eta_o$；$b = \dfrac{1-\zeta_o}{\eta_o^2}$；$c = \dfrac{2 \cdot (\zeta_o - 1)}{\eta_o}$；$N_{uo}$ 为轴压强度承载力，由式(3.2-6)确定；M_u 为抗弯承载力，由式(3.2-16)确定。

考虑构件长细比的影响，最终可导得钢管混凝土压弯构件 N/N_u-M/M_u 相关方程如下：

$$\begin{cases} \dfrac{1}{\varphi} \cdot \dfrac{N}{N_{uo}} + \dfrac{a}{d} \cdot \left(\dfrac{M}{M_u}\right) = 1 & (N/N_{uo} \geqslant 2\varphi^3 \cdot \eta_o) \\ -b \cdot \left(\dfrac{N}{N_{uo}}\right)^2 - c \cdot \left(\dfrac{N}{N_{uo}}\right) + \dfrac{1}{d} \cdot \left(\dfrac{M}{M_u}\right) = 1 & (N/N_{uo} < 2\varphi^3 \cdot \eta_o) \end{cases} \quad (3.2\text{-}33)$$

式中，$a = 1 - 2\varphi^2 \cdot \eta_o$；$b = \dfrac{1 - \zeta_o}{\varphi^3 \cdot \eta_o^2}$；$c = \dfrac{2 \cdot (\zeta_o - 1)}{\eta_o}$；

$$d = \begin{cases} 1 - 0.4 \cdot \left(\dfrac{N}{N_E}\right) & (\text{圆钢管混凝土}) \\ 1 - 0.25 \cdot \left(\dfrac{N}{N_E}\right) & (\text{方、矩形钢管混凝土}) \end{cases}, \; 1/d \text{ 是考虑二阶效应影响对弯矩的放}$$

大系数。其中，$N_E (= \pi^2 \cdot E_{sc} \cdot A_{sc} / \lambda^2)$ 为欧拉临界力；E_{sc} 按式(2.3-2)确定；φ 为轴心受压稳定系数，由式(3.2-8)或表 3.2-1 和表 3.2-2 确定。

需要说明的是，公式(3.2-33)的适用条件是：$\alpha = 0.04 \sim 0.2$，Q235～Q420 钢，C30～C80 混凝土，$\lambda = 10 \sim 200$，对于矩形钢管混凝土，$\beta = 1 \sim 2$。

实际设计时，为了验算方便，当需要采用式(3.2-33)中的第一个公式时，可把弯矩代入求出对应的轴力值进行比较；当需要采用第二个公式时，则可采用把轴力代入求出对应的弯矩值进行比较。

对于方、矩形钢管混凝土双向压弯构件，将 M/M_u 以 $\sqrt[1.8]{(M_x/M_{ux})^{1.8} + (M_y/M_{uy})^{1.8}}$、$\varphi$ 以 $\varphi_{xy} (= \sqrt{(\varphi_x^2 + \varphi_y^2)/2})$ 代入式(3.2-33)，即得到在 N、M_x、M_y 共同作用下双向压弯构件 N/N_u-M_x/M_{ux}-M_y/M_{uy} 相关方程，即

(1) 当 $N/N_{uo} \geqslant 2\varphi_{xy}^3 \cdot \eta_o$ 时：

$$\dfrac{1}{\varphi_{xy}} \cdot \dfrac{N}{N_{uo}} + \dfrac{a}{d} \cdot \left[\sqrt[1.8]{(M_x/M_{ux})^{1.8} + (M_y/M_{uy})^{1.8}}\right] = 1 \quad (3.2\text{-}34a)$$

(2) 当 $N/N_{uo} < 2\varphi_{xy}^3 \cdot \eta_o$ 时：

$$-b \cdot \left(\dfrac{N}{N_{uo}}\right)^2 - c \cdot \left(\dfrac{N}{N_{uo}}\right) + \dfrac{1}{d} \cdot \left[\sqrt[1.8]{(M_x/M_{ux})^{1.8} + (M_y/M_{uy})^{1.8}}\right] = 1 \quad (3.2\text{-}34b)$$

式中 φ_{xy}——方、矩形钢管混凝土双向压弯构件的稳定系数。

3.2.5.2 拉弯构件

对于钢管混凝土拉弯构件，分析结果表明，圆钢管混凝土和方钢管混凝土 N/N_{tu}-M/M_u 关系曲线差别很小，且钢材屈服强度、混凝土强度和含钢率对其影响很小，图 3.2-12 给出了一组典型的 N/N_{tu}-M/M_u 关系曲线。

为了简化计算，在推导拉弯构件相关方程时可不考虑以上参数的影响。根据图 3.2-12 所示 N/N_{tu}-M/M_u 关系曲线，建议圆钢管混凝土和方钢管混凝土拉弯构件 N/N_{tu}-M/M_u 相关方程的数学表达式如下：

$$\left(\dfrac{N}{N_{tu}}\right)^{1.5} + \dfrac{M}{M_u} = 1 \quad (3.2\text{-}35)$$

式中，N_{tu} 可按式(3.2-14)确定；M_u 可按式(3.2-16)确定。

图 3.2-12 给出了式(3.2-35)计算的拉弯构件 N/N_{tu}-M/M_u 相关曲线计算结果与数值计算结果的比较，可见二者总体吻合较好。

图 3.2-13 所示为压(拉)弯构件轴力 N-弯矩 M 相关曲线示意图。

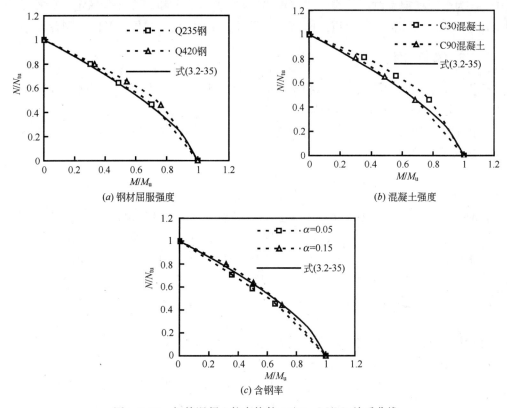

图 3.2-12 钢管混凝土拉弯构件 N/N_{tu}-M/M_u 关系曲线

3.2.6 压扭构件

和压弯构件类似,加载路径对压扭构件的极限承载力影响不大(韩林海,2007;Han 等,2007c)。计算结果表明,钢材屈服强度 f_y 和混凝土强度 f_{cu} 以及含钢率 α 对 N/N_u-T/T_u 相关曲线的影响不明显,但长细比 λ 对 N/N_u-T/T_u 相关曲线的影响则较为显著。

圆钢管混凝土和方钢管混凝土压扭构件承载力相关方程均可采用如下表达式:

$$\left(\frac{N}{N_{uo}}\right)^{2.4} + \left(\frac{T}{T_u}\right)^2 = 1 \quad (3.2\text{-}36)$$

式中,N_{uo} 和 T_u 分别为钢管混凝土轴压强度和纯扭构件的极限承载力,分别按式(3.2-6)和式(3.2-22)进行计算。考虑构件长细比的影响,压扭构件 N/N_u-T/T_u 相关曲线计算公式如下:

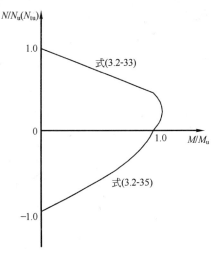

图 3.2-13 钢管混凝土压(拉)弯构件 N-M 相关关系示意图

$$\left(\frac{N}{\varphi A_{sc} f_{scy}}\right)^{2.4} + \left(\frac{T}{\gamma_t W_{sct} \tau_{scy}}\right)^2 = 1 \quad (3.2\text{-}37)$$

式中，φ 为轴压稳定系数，按式(3.2-8)计算或按表 3.2-1 和表 3.2-2 确定。计算结果表明，式(3.2-37)计算得到的压扭构件 N/N_u-T/T_u 相关曲线与数值计算曲线吻合较好。

3.2.7 弯扭构件

分析结果表明，加载路径对弯扭构件的 T/T_u-M/M_u 相关曲线影响很小，且钢材屈服强度 f_y、混凝土强度 f_{cu} 以及含钢率 α 对 T/T_u-M/M_u 相关曲线的影响不明显，为了简化计算，在推导弯扭承载力相关方程时忽略这些参数的影响，最终获得 T/T_u-M/M_u 关系的数学表达式如下：

$$\left(\frac{M}{M_u}\right)^{2.4} + \left(\frac{T}{T_u}\right)^2 = 1 \tag{3.2-38}$$

式中，M_u 和 T_u 为抗弯承载力和抗扭承载力，分别按式(3.2-16)和式(3.2-22)计算。

计算结果表明，式(3.2-38)的简化计算结果与数值计算结果和实验结果均吻合较好。

由式(3.2-38)可见，采用相关方程计算弯扭构件的承载力使纯弯和纯扭构件的承载力计算公式相衔接，方法简便，符合实用原则。

3.2.8 压弯扭构件

分析结果表明，加载路径对钢管混凝土压弯扭构件的 N/N_u-M/M_u-T/T_u 包络面影响总体上不显著(韩林海，2007；Han 等，2007c)。

图 3.2-14 给出了计算获得的不同 T/T_u 情况下钢管混凝土压弯扭构件的 N/N_u-M/M_u 相关曲线，算例的计算条件为：$D(B)=400$mm；$\alpha=0.1$；Q345 钢；C60 混凝土；$\lambda=40$。从图 3.2-14 可见，随着 T/T_u 的增加，压弯扭构件的极限承载力不断减小，但随着 T/T_u 的变化，N/N_u-M/M_u 相关曲线的形状基本类似。

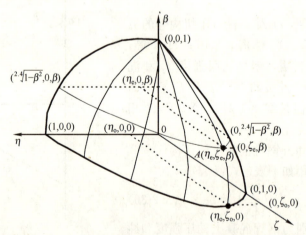

图 3.2-14 压弯扭构件 $\frac{N}{N_u}(\eta) - \frac{M}{M_u}(\zeta) - \frac{T}{T_u}(\beta)$ 关系示意图

通过对钢管混凝土压弯扭构件的 $\frac{N}{N_u}(\eta) - \frac{M}{M_u}(\zeta) - \frac{T}{T_u}(\beta)$ 相关关系的计算分析，基于对钢管混凝土压、弯、扭及其两种荷载组合情况下力学性能的研究成果，参考韩林海(1993)、韩林海和钟善桐(1996)对圆钢管混凝土压弯扭构件的研究方法，可推导出 η-ζ-β

相关关系的实用计算方法。

图 3.2-14 所示的 η-ζ-β 关系曲线上存在一平衡点 A。令 A 点的坐标为(η_e, ζ_e, β)。通过对计算结果的计算分析,可导出 η_e 和 ζ_e 的计算公式如下:

$$\eta_e = \sqrt[2.4]{1-\beta^2} \cdot \eta_o \qquad (3.2-39a)$$

$$\zeta_e = \sqrt[2.4]{1-\beta^2} \cdot \zeta_o \qquad (3.2-39b)$$

式中,ζ_o 和 η_o 分别为钢管混凝土压弯构件相关曲线 η-ζ 上的平衡点横坐标和纵坐标,分别按式(3.2-30)和式(3.2-31)计算。

偏于安全地将钢管混凝土压弯扭构件的承载力相关方程用两段式来表示,即:

当 $N/N_{uo} \geqslant 2\varphi^3 \eta_o \sqrt[2.4]{1-(T/T_u)^2}$ 时

$$\left(\frac{1}{\varphi} \cdot \frac{N}{N_{uo}} + \frac{a}{d} \cdot \frac{M}{M_u}\right)^{2.4} + \left(\frac{T}{T_u}\right)^2 = 1 \qquad (3.2-40a)$$

当 $N/N_{uo} < 2\varphi^3 \eta_o \sqrt[2.4]{1-(T/T_u)^2}$ 时

$$\left[-b \cdot \left(\frac{N}{N_{uo}}\right)^2 - c \cdot \left(\frac{N}{N_{uo}}\right) + \frac{1}{d} \cdot \frac{M}{M_u}\right]^{2.4} + \left(\frac{T}{T_u}\right)^2 = 1 \qquad (3.2-40b)$$

对于强度问题,上式中稳定系数 $\varphi=1$,且可忽略考虑附加弯曲变形的弯矩放大系数 $1/d$,则可得到钢管混凝土压弯扭构件强度承载力相关方程如下:

当 $N/N_{uo} \geqslant 2\eta_o \sqrt[2.4]{1-(T/T_u)^2}$ 时

$$\left(\frac{N}{N_{uo}} + a \cdot \frac{M}{M_u}\right)^{2.4} + \left(\frac{T}{T_u}\right)^2 = 1 \qquad (3.2-41a)$$

当 $N/N_{uo} < 2\eta_o \sqrt[2.4]{1-(T/T_u)^2}$ 时

$$\left[-b \cdot \left(\frac{N}{N_{uo}}\right)^2 - c \cdot \left(\frac{N}{N_{uo}}\right) + \frac{M}{M_u}\right]^{2.4} + \left(\frac{T}{T_u}\right)^2 = 1 \qquad (3.2-41b)$$

以上各式中,$a = 1 - 2\varphi^2 \cdot \eta_o$;$b = \dfrac{1-\zeta_e}{\varphi^3 \cdot \eta_e^2}$;$c = \dfrac{2 \cdot (\zeta_e - 1)}{\eta_e}$;

$d = \begin{cases} 1-0.4(N/N_E) & (\text{圆钢管混凝土}) \\ 1-0.25(N/N_E) & (\text{方、矩形钢管混凝土}) \end{cases}$,$N_E$ 为欧拉临界力。

式(3.2-40)和式(3.2-41)中,当某一项比值为零时,公式即成为压弯、弯扭或压扭复合受力下的承载力相关方程;当某两项比值为零时,即为单一荷载(压、弯或扭)作用下的承载力计算公式。也就是说,式(3.2-40)和式(3.2-41)使钢管混凝土轴压、纯弯、纯扭、压弯、压扭、弯扭及压弯扭构件承载力计算公式相互衔接起来。

实际设计时,为了验算方便,当需要采用式(3.2-40a)时,可把扭矩和弯矩代入求出对应的轴力值进行比较;当需要采用式(3.2-40b)时,则可采用把扭矩和轴力代入求出对应的弯矩值进行比较。

3.2.9 压弯剪构件

钢管混凝土构件在压弯扭荷载作用下的承载力相关方程式(3.2-40)和式(3.2-41),可近似地认为是钢管混凝土构件在正应力(由轴力 N 和弯矩 M 引起)和剪应力(由扭矩 T 引起)共同作用下的一种破坏准则。

钢管混凝土压弯剪构件的承载力相关方程如下：

当 $N/N_{uo} \geq 2\varphi^3 \eta_0 \sqrt[2.4]{1-\left(\dfrac{V}{V_u}\right)^2}$ 时

$$\left(\frac{1}{\varphi} \cdot \frac{N}{N_{uo}} + \frac{a}{d} \cdot \frac{M}{M_u}\right)^{2.4} + \left(\frac{V}{V_u}\right)^2 = 1 \qquad (3.2\text{-}42a)$$

当 $N/N_{uo} < 2\varphi^3 \eta_0 \sqrt[2.4]{1-\left(\dfrac{V}{V_u}\right)^2}$ 时

$$\left[-b \cdot \left(\frac{N}{N_{uo}}\right)^2 - c \cdot \left(\frac{N}{N_{uo}}\right) + \frac{1}{d} \cdot \frac{M}{M_u}\right]^{2.4} + \left(\frac{V}{V_u}\right)^2 = 1 \qquad (3.2\text{-}42b)$$

对于强度问题，上式中稳定系数 $\varphi=1$，且可忽略考虑附加弯曲变形的弯矩放大系数 $1/d$，则可得到钢管混凝土压弯剪构件强度承载力相关方程如下：

当 $N/N_{uo} \geq 2\eta_0 \sqrt[2.4]{1-\left(\dfrac{V}{V_u}\right)^2}$ 时

$$\left(\frac{N}{N_{uo}} + a \cdot \frac{M}{M_u}\right)^{2.4} + \left(\frac{V}{V_u}\right)^2 = 1 \qquad (3.2\text{-}43a)$$

当 $N/N_{uo} < 2\eta_0 \sqrt[2.4]{1-\left(\dfrac{V}{V_u}\right)^2}$ 时

$$\left[-b \cdot \left(\frac{N}{N_{uo}}\right)^2 - c \cdot \left(\frac{N}{N_{uo}}\right) + \frac{M}{M_u}\right]^{2.4} + \left(\frac{V}{V_u}\right)^2 = 1 \qquad (3.2\text{-}43b)$$

以上各式中，参数 a、b、c、d 的确定方法见式(3.2-41)。

采用式(3.2-42)和式(3.2-43)对钢管混凝土压弯剪构件实验结果进行了计算，简化计算公式结果与实验结果总体上较为吻合。

实际设计时，为了验算方便，当需要采用式(3.2-42a)时，可把剪力和弯矩代入求出对应的轴力值进行比较；当需要采用式(3.2-42b)时，则可采用把剪力和轴力代入求出对应的弯矩值进行比较。

3.2.10 压弯扭剪构件

在其他参数一定的情况下，钢管混凝土压弯扭剪构件的承载力随 T/T_u 和 V/V_u 的变化规律基本相同，且压弯扭剪构件 N-M 相关曲线与压弯扭构件 N-M 相关曲线变化规律基本类似。

韩林海(2007)建议了钢管混凝土压弯扭剪构件的承载力相关方程，具体如下：

当 $N/N_{uo} \geq 2\varphi^3 \eta_0 \sqrt[2.4]{1-\left(\dfrac{T}{T_u}\right)^2-\left(\dfrac{V}{V_u}\right)^2}$ 时

$$\left(\frac{1}{\varphi} \cdot \frac{N}{N_{uo}} + \frac{a}{d} \cdot \frac{M}{M_u}\right)^{2.4} + \left(\frac{V}{V_u}\right)^2 + \left(\frac{T}{T_u}\right)^2 = 1 \qquad (3.2\text{-}44a)$$

当 $N/N_{uo} < 2\varphi^3\eta_o \sqrt[2.4]{1-\left(\dfrac{T}{T_u}\right)^2-\left(\dfrac{V}{V_u}\right)^2}$ 时

$$\left[-b\cdot\left(\dfrac{N}{N_{uo}}\right)^2-c\cdot\left(\dfrac{N}{N_{uo}}\right)+\dfrac{1}{d}\cdot\dfrac{M}{M_u}\right]^{2.4}+\left(\dfrac{V}{V_u}\right)^2+\left(\dfrac{T}{T_u}\right)^2=1 \qquad (3.2\text{-}44b)$$

对于强度承载力问题，上式中轴压稳定系数 $\varphi=1$，且可忽略考虑附加弯曲变形的弯矩放大系数 $1/d$，则可得到钢管混凝土压弯扭剪构件强度承载力相关方程如下：

当 $N/N_{uo} \geqslant 2\eta_o \sqrt[2.4]{1-\left(\dfrac{T}{T_u}\right)^2-\left(\dfrac{V}{V_u}\right)^2}$ 时

$$\left(\dfrac{N}{N_{uo}}+a\cdot\dfrac{M}{M_u}\right)^{2.4}+\left(\dfrac{V}{V_u}\right)^2+\left(\dfrac{T}{T_u}\right)^2=1 \qquad (3.2\text{-}45a)$$

当 $N/N_{uo} < 2\varphi^3\eta_o \sqrt[2.4]{1-\left(\dfrac{T}{T_u}\right)^2-\left(\dfrac{V}{V_u}\right)^2}$ 时

$$\left[-b\cdot\left(\dfrac{N}{N_{uo}}\right)^2-c\cdot\left(\dfrac{N}{N_{uo}}\right)+\dfrac{M}{M_u}\right]^{2.4}+\left(\dfrac{V}{V_u}\right)^2+\left(\dfrac{T}{T_u}\right)^2=1 \qquad (3.2\text{-}45b)$$

以上各式中，φ 为轴心受压稳定系数，由式(3.2-8)或表3.2-1和表3.2-2确定；N_{uo} 和 M_u 分别为钢管混凝土轴压强度承载力和抗弯承载力，按式(3.2-6)和式(3.2-16)计算；T_u 为钢管混凝土抗扭强度承载力，按式(3.2-22)计算；V_u 为钢管混凝土抗剪强度承载力，按式(3.2-24)计算。系数 a、b、c、d 的确定方法见式(3.2-41)。

根据本章的计算条件，建议式(3.2-44)和式(3.2-45)的适用范围为：$\alpha=0.04\sim0.2$；Q235~Q420钢；C30~C80混凝土；$\lambda=10\sim120$。

式(3.2-44)和式(3.2-45)的特点是，当左边某一项比值为0时，即为另外三种荷载作用下的承载力极限状态；当某两项比值为0时，即为另外两种荷载作用下的承载力极限状态；当某三项比值为0时，即为单一荷载作用下的极限承载力计算公式。例如，没有剪力或扭矩作用时，式(3.2-44)和式(3.2-45)即退化为式(3.2-40)和式(3.2-41)或式(3.2-42)和式(3.2-43)等。

3.3 格构式构件承载力计算

对于格构式构件的柱肢，实际工程中目前大都采用圆钢管混凝土的形式。格构式轴心受压构件达到临界状态时，缀材变形的影响不能忽略，尤其是采用平腹杆的格构式钢管混凝土轴心受压构件，平腹杆的刚度远比柱肢刚度小，因而应计入缀材剪切变形的影响，推导构件的换算长细比(钟善桐，1994)。格构式构件的换算长细比由表3.3-1给出。

格构式钢管混凝土轴心受压构件承载力按公式(3.2-11)计算，其轴压稳定系数 φ 值根据构件的换算长细比查表3.2-1和表3.2-2确定。

表3.3-1中的公式直接采用了柱肢的钢管面积，方便了设计，当三肢柱和四肢柱的截面不对称时，换算长细比按如下公式计算：

格构式构件的换算长细比 表 3.3-1

项目	截面形式	腹杆类型	计算公式	符号意义
双肢柱	(双肢截面图)	平腹杆	$\lambda_{oy}=\sqrt{\lambda_y^2+17\lambda_1^2}$	λ_y 和 λ_x 是整个构件对 Y-Y 轴和 X-X 轴的长细比；λ_1 是单肢一个节间的长细比；A_s 是一根柱肢的钢管横截面面积；A_w 是一根腹杆空钢管的横截面面积
		斜腹杆	$\lambda_{oy}=\sqrt{\lambda_y^2+67.5A_s/A_w}$	
三肢柱	(三肢截面图)	斜腹杆	$\lambda_{oy}=\sqrt{\lambda_y^2+200A_s/A_w}$	
四肢柱	(四肢截面图)	斜腹杆	$\lambda_{oy}=\sqrt{\lambda_y^2+135A_s/A_w}$	
			$\lambda_{ox}=\sqrt{\lambda_x^2+135A_s/A_w}$	

当四肢柱内外柱肢截面不相同时，按下式计算换算长细比：

$$\lambda_{oy}=\sqrt{\lambda_y^2+13.5\frac{2.5\sum_{i=1}^m(EA_{si})}{EA_w}} \tag{3.3-1}$$

$$\lambda_{ox}=\sqrt{\lambda_x^2+13.5\frac{2.5\sum_{i=1}^m(EA_{si})}{EA_w}} \tag{3.3-2}$$

当三肢柱内外柱肢截面不相同时，按下式计算换算长细比：

$$\lambda_{oy}=\sqrt{\lambda_y^2+27\frac{2.5\sum_{i=1}^m(EA_{si})}{EA_w}} \tag{3.3-3}$$

式中，$2.5\sum_{i=1}^m(EA_{si})$ 为四根或三根柱肢的截面换算刚度之和；EA_w 为一根腹杆空钢管的截面刚度；A_{si} 为各柱肢钢管横截面面积。

构件长细比：

$$\lambda_y=\frac{l_{oy}}{\sqrt{I_y/\sum A_{sc}}}\ ;\ \lambda_x=\frac{l_{ox}}{\sqrt{I_x/\sum A_{sc}}} \tag{3.3-4}$$

单柱肢长细比：

$$\lambda_1=\frac{l_1}{\sqrt{I_{sc}/\sum A_{sc}}} \tag{3.3-5}$$

$$I_y = \sum_{i=1}^{m}(I_{sc} + a^2 A_{sc}) \quad I_x = \sum_{i=1}^{m}(I_{sc} + b^2 A_{sc}) \tag{3.3-6}$$

式中,A_{sc} 为一根钢管混凝土柱肢的横截面面积;I_{sc} 为一根圆钢管混凝土柱肢的截面惯性矩,$I_{sc} = \pi D^4/64$;a 和 b 分别为柱肢中心到虚轴 Y-Y 和 X-X 的距离,如表3.3-1所示;l_1 为柱肢节间距离;m 为柱肢数。l_{ox} 和 l_{oy} 分别为格构式构件在 X-X 和 Y-Y 方向的计算长度。

格构式钢管混凝土轴心受压构件除按式(3.2-11)验算整体稳定承载力外,尚应验算单柱肢稳定承载力。当单柱肢长细比 λ_1 符合下列条件时,可不验算单柱肢稳定承载力。

(1) 平腹杆格构式构件:$\lambda_1 \leqslant 40$ 及 $\lambda_1 \leqslant 0.5\lambda_{max}$;

(2) 斜腹杆格构式构件:$\lambda_1 \leqslant 0.7\lambda_{max}$;

其中,λ_{max} 是构件在 X-X 和 Y-Y 方向换算长细比的较大值。

根据规程 DBJ 13-51-2003 或 DL/T 5085-1999,可按下式计算平腹杆格构式钢管混凝土轴心受压构件每根腹杆所受剪力:

$$V = \sum A_{sc} f_{sc}/85 \tag{3.3-7}$$

式中,A_{sc} 为一根钢管混凝土柱肢的横截面面积;f_{sc} 为一根钢管混凝土组合轴压强度设计值,可按附录 A 中给出的公式(A.6-2)或公式(A.7-2)计算。

格构式钢管混凝土构件承受压、弯及其共同作用时,按下式验算弯矩作用平面内的整体稳定承载力:

$$\frac{N}{\varphi A_{sc} f_{sc}} + \frac{\beta_m M}{W_{sc}(1 + \varphi N/N_E) f_{sc}} \leqslant 1 \tag{3.3-8}$$

式中,φ 为按换算长细比查得的验算平面内的轴心受压构件稳定系数,由表3.2-1给出;A_{sc}、W_{sc} 分别为格构式柱截面总面积和总抵抗矩;f_{sc} 为格构式柱组合轴压强度设计值;$N_E = \pi^2 \cdot E_{sc} \cdot A_{sc}/\lambda^2$,$E_{sc}$ 为格构式柱的组合轴压弹性模量,λ 为换算长细比。

对斜腹杆格构式柱的单肢,可按桁架的弦杆计算。对平腹杆格构式柱的单肢,尚应考虑由剪力引起的局部弯矩影响,且可按偏压构件计算。

腹杆所受剪力取实际剪力和按式(3.3-7)计算剪力中的较大值。

对框架柱和单层工业厂房阶形柱的计算长度,当采用了组合模量的方法时,可按《钢结构设计规范》GB 50017-2003 中对钢构件的有关规定确定。

根据规程 DBJ 13-51-2003,对框(排)架结构进行作用效应分析时,可按下式计算钢管混凝土柱的抗侧移刚度。

$$B_f = \gamma \cdot (E_s I_s + a_0 \cdot E_c I_c) \tag{3.3-9}$$

式中 γ——柱刚度折减系数,主要是考虑缀材变形和上柱对刚度的影响,当为单肢柱时,$\gamma = 1$;当为格构式柱时,γ 值分别按式(3.3-10)或式(3.3-15)计算。

a_0——混凝土刚度折减系数,具体确定方法是:对于圆钢管混凝土,$a_0 = 0.8$;对于方、矩形钢管混凝土,$a_0 = 0.6$。

假设斜腹杆组合柱为理想铰接桁架,由斜腹杆组合柱和等效实腹柱的水平位移相等条件,并计入上柱对下柱刚度的影响,推导出斜腹杆的刚度折减系数。

当斜腹杆格构式钢管混凝土柱用于框(排)架柱时,其刚度折减系数可按下式计算:

$$\gamma = \frac{1}{1+m\dfrac{E_{sc}A_{sc}}{EA_w}} \tag{3.3-10}$$

对于双肢柱或四肢柱：

$$m = 4.23 \frac{C_1}{n^2} \tag{3.3-11a}$$

对于三肢柱：

$$m = \frac{2.82}{n^2} C_1 \cos^2\theta \tag{3.3-11b}$$

$$C_1 = \frac{1}{1+k_4^3(1/k_5-1)} \tag{3.3-12}$$

$$k_4 = \frac{H_t}{H} \tag{3.3-13}$$

$$k_5 = \frac{I_t}{I_d} \tag{3.3-14}$$

式中　$E_{sc}A_{sc}$——单根受压柱肢的截面轴压刚度，可按式(2.3-1)计算；
　　　EA_w——单根腹杆空钢管的截面轴压刚度；
　　　n——节间数(见图3.3-1)；
　　　θ——柱肢平面夹角的一半(见图3.3-1)；
　　H_t，H——分别为上柱和柱总高；
　　I_t，I_d——分别为上、下柱截面惯性矩。

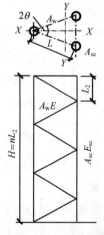

图 3.3-1　斜腹杆格构式柱

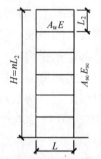

图 3.3-2　平腹杆格构式柱

对于平腹杆格构式柱，平腹杆一般使用空钢管，线刚度往往小于柱肢，由于其剪切变形的影响，大大降低了格构式柱的抗弯刚度，所以在结构计算中，宜将格构式柱视为多层框架(见图3.3-2)，参与结构整体计算。

为简化计算并便于为基础设计提供柱脚内力，根据分析，提出平腹杆格构式柱刚度折减系数计算公式(3.3-15)(钟善桐，1994)，该公式分母中的第三项即为腹杆剪切变形项。

$$\gamma = \frac{1}{1+C_1\left[\dfrac{L^2}{16n^2}\dfrac{A_{sc}}{I_{sc}}+\dfrac{(n-1)}{8n^2}\dfrac{A_{sc}L^2l_1}{HI_w}\right]} \tag{3.3-15}$$

式中　C_1——参数,按式(3.3-12)确定;
　　　L——柱肢中心距;
　　　n——节间数;
　　　l_1——柱肢净间距;
　　　I_w——单根腹杆截面惯性矩;
　　　I_{sc}——单根钢管混凝土柱肢的截面惯性矩;
　　　A_{sc}——单根钢管混凝土柱肢的横截面面积。

3.4　长期荷载影响的验算方法

在长期荷载作用下,由于钢管内混凝土发生徐变和收缩变形,导致钢管及其核心混凝土的应力改变,二者的模量发生变化,因而使构件的临界应力下降。下降率与长期荷载的大小、约束效应系数、构件长细比和荷载偏心率有关。

基于理论分析和实验研究结果,提出工程适用的长期荷载作用影响系数 k_{cr} 的计算公式如下(韩林海,2004,2007;Han 和 Yang,2003;Han 等,2004b;刘威,2001):

(1) 对于圆钢管混凝土构件

$$k_{cr}=\begin{cases} l^{2.5m} \cdot (0.2 \cdot m^2-0.4 \cdot m+1) \cdot [1+0.3 \cdot m \cdot (1-n)] & (m \leqslant 0.4) \\ l \cdot (0.2 \cdot m^2-0.4 \cdot m+1) \cdot \left(1+\dfrac{1-n}{7.5+5.5 \cdot m^2}\right) & (0.4<m \leqslant 1.2) \\ 0.808 \cdot l \cdot \left(1+\dfrac{1-n}{7.5+5.5 \cdot m^2}\right) & (m>1.2) \end{cases} \quad (3.4\text{-}1)$$

式中,$l=\xi^{0.05}$;$m=\lambda/100$;$n=(1+e/r)^{-2}$,e 为荷载偏心距,$r=D/2$。

(2) 对于方、矩形钢管混凝土构件

$$k_{cr}=\begin{cases} l^m \cdot (1-0.25 \cdot m) \cdot [1+0.13 \cdot m \cdot (1-n)] & (m \leqslant 0.4) \\ l^m \cdot (0.13 \cdot m^2-0.3 \cdot m+1) \cdot \left(1+\dfrac{1-n}{15+25 \cdot m^2}\right) & (0.4<m \leqslant 1.2) \\ 0.83 \cdot l^{1.2} \cdot \left(1+\dfrac{1-n}{15+25 \cdot m^2}\right) & (m>1.2) \end{cases} \quad (3.4\text{-}2)$$

式中,$l=\xi^{0.08}$;$m=\lambda/100$;$n=(1+e/r)^{-2}$,e 为荷载偏心距。对于方钢管混凝土,$r=B/2$;对于矩形钢管混凝土绕强轴弯曲的情况,$r=D/2$;对于矩形钢管混凝土绕弱轴弯曲的情况,$r=B/2$。

k_{cr} 亦可按表 3.4-1~表 3.4-6 查得。

式(3.4-1)和式(3.4-2)的适用范围是:$\alpha=0.04$~0.2;Q235~Q420 钢;C30~C80 混凝土;长细比 $\lambda \leqslant 120$;荷载偏心率 $e/r=0$~1;对于矩形钢管混凝土,$\beta=1$~2。

这样,为了使钢管混凝土构件在长期荷载作用下满足设计要求,其内力应满足如下条件,即

$$N \leqslant N_{u,cr}=k_{cr} \cdot N_u \quad (3.4\text{-}3)$$

其中,$N_{u,cr}$ 为考虑长期荷载作用影响时钢管混凝土柱的极限承载力;N_u 按式(3.2-11)或式(3.2-33)计算。

表 3.4-1

圆钢管混凝土长期荷载作用影响系数 k_α 值（C30 混凝土）

λ	e/r	含钢率 α 0.04				0.08				0.12				0.16				0.20			
		Q235	Q345	Q390	Q420	Q235	Q345	Q390	Q420	Q235	Q345	Q390	Q420	Q235	Q345	Q390	Q420	Q235	Q345	Q390	Q420
20	0	0.911	0.919	0.922	0.924	0.926	0.935	0.938	0.940	0.936	0.945	0.948	0.950	0.943	0.952	0.955	0.956	0.948	0.957	0.960	0.962
	0.25	0.930	0.939	0.942	0.944	0.946	0.956	0.959	0.960	0.956	0.965	0.968	0.970	0.963	0.972	0.975	0.977	0.968	0.978	0.981	0.983
	0.5	0.941	0.950	0.953	0.955	0.957	0.967	0.970	0.971	0.967	0.976	0.979	0.981	0.974	0.983	0.986	0.988	0.980	0.989	0.992	0.994
	0.75	0.947	0.956	0.959	0.961	0.964	0.973	0.976	0.978	0.974	0.983	0.986	0.988	0.981	0.990	0.993	0.995	0.986	0.996	0.999	1.000
	1	0.952	0.961	0.964	0.965	0.968	0.977	0.980	0.982	0.978	0.987	0.990	0.992	0.985	0.995	0.998	0.999	0.991	1.000	1.000	1.000
40	0	0.839	0.856	0.861	0.864	0.869	0.886	0.891	0.895	0.887	0.904	0.910	0.913	0.900	0.917	0.923	0.926	0.910	0.927	0.933	0.937
	0.25	0.876	0.893	0.898	0.902	0.907	0.924	0.930	0.933	0.925	0.943	0.949	0.952	0.939	0.957	0.963	0.966	0.949	0.968	0.973	0.977
	0.5	0.895	0.913	0.918	0.922	0.927	0.945	0.951	0.954	0.946	0.964	0.970	0.974	0.960	0.978	0.984	0.988	0.970	0.989	0.995	0.999
	0.75	0.907	0.925	0.931	0.934	0.939	0.958	0.963	0.967	0.959	0.977	0.983	0.987	0.972	0.991	0.997	1.000	0.983	1.000	1.000	1.000
	1	0.915	0.933	0.939	0.942	0.947	0.966	0.972	0.975	0.967	0.985	0.992	0.995	0.981	1.000	1.000	1.000	0.992	1.000	1.000	1.000
60	0	0.801	0.817	0.822	0.825	0.829	0.845	0.850	0.854	0.846	0.863	0.868	0.871	0.858	0.875	0.880	0.884	0.868	0.885	0.890	0.894
	0.25	0.831	0.848	0.853	0.856	0.861	0.877	0.883	0.886	0.878	0.895	0.901	0.904	0.891	0.908	0.914	0.917	0.901	0.919	0.924	0.928
	0.5	0.848	0.864	0.870	0.873	0.878	0.895	0.900	0.904	0.896	0.913	0.919	0.922	0.909	0.926	0.932	0.936	0.919	0.937	0.943	0.946
	0.75	0.858	0.875	0.880	0.883	0.888	0.905	0.911	0.914	0.906	0.924	0.930	0.933	0.919	0.937	0.943	0.947	0.930	0.948	0.954	0.957
	1	0.864	0.881	0.887	0.890	0.895	0.912	0.918	0.921	0.913	0.931	0.937	0.940	0.926	0.944	0.950	0.954	0.937	0.955	0.961	0.964
80	0	0.778	0.793	0.798	0.801	0.805	0.821	0.826	0.829	0.822	0.838	0.843	0.846	0.834	0.850	0.855	0.858	0.843	0.859	0.865	0.868
	0.25	0.803	0.819	0.824	0.827	0.832	0.848	0.853	0.856	0.849	0.865	0.870	0.874	0.861	0.878	0.883	0.886	0.871	0.887	0.893	0.896
	0.5	0.817	0.833	0.838	0.841	0.846	0.862	0.868	0.871	0.863	0.880	0.885	0.889	0.876	0.893	0.898	0.902	0.886	0.903	0.908	0.912
	0.75	0.825	0.841	0.847	0.850	0.855	0.871	0.876	0.880	0.872	0.889	0.894	0.898	0.885	0.902	0.907	0.911	0.895	0.912	0.918	0.921
	1	0.831	0.847	0.852	0.855	0.860	0.877	0.882	0.885	0.878	0.895	0.900	0.904	0.890	0.908	0.913	0.917	0.900	0.918	0.924	0.927
100	0	0.770	0.785	0.790	0.793	0.797	0.813	0.818	0.821	0.814	0.829	0.835	0.838	0.825	0.841	0.847	0.850	0.835	0.851	0.856	0.859
	0.25	0.791	0.807	0.812	0.815	0.819	0.835	0.840	0.844	0.836	0.852	0.858	0.861	0.848	0.865	0.870	0.873	0.858	0.874	0.880	0.883
	0.5	0.803	0.819	0.824	0.827	0.831	0.848	0.853	0.856	0.848	0.865	0.870	0.873	0.861	0.877	0.883	0.886	0.870	0.887	0.893	0.896
	0.75	0.810	0.826	0.831	0.834	0.839	0.855	0.860	0.863	0.856	0.872	0.878	0.881	0.868	0.885	0.890	0.894	0.878	0.895	0.900	0.904
	1	0.815	0.830	0.835	0.839	0.843	0.860	0.865	0.868	0.861	0.877	0.883	0.886	0.873	0.890	0.895	0.899	0.883	0.900	0.906	0.909
120	0	0.778	0.793	0.798	0.801	0.805	0.821	0.826	0.829	0.822	0.838	0.843	0.846	0.834	0.850	0.855	0.858	0.843	0.859	0.865	0.868
	0.25	0.796	0.811	0.816	0.819	0.824	0.840	0.845	0.848	0.841	0.857	0.863	0.866	0.853	0.870	0.875	0.878	0.863	0.879	0.885	0.888
	0.5	0.806	0.822	0.827	0.830	0.834	0.850	0.856	0.859	0.851	0.868	0.873	0.876	0.864	0.880	0.886	0.889	0.873	0.890	0.896	0.899
	0.75	0.812	0.828	0.833	0.836	0.840	0.857	0.862	0.865	0.858	0.874	0.880	0.883	0.870	0.887	0.892	0.896	0.880	0.897	0.902	0.906
	1	0.816	0.832	0.837	0.840	0.844	0.861	0.866	0.869	0.862	0.878	0.884	0.887	0.874	0.891	0.897	0.900	0.884	0.901	0.907	0.910

注：表内中间值可采用插值法确定。

3.4 长期荷载影响的验算方法

表3.4-2 圆钢管混凝土长期荷载作用影响系数 k_{cr} 值（C50混凝土）

λ	e/r	含钢率 α																		
		0.04				0.08				0.12				0.16				0.20			
		钢材牌号																			
		Q235	Q345	Q390	Q420	Q235	Q345	Q390	Q420	Q235	Q345	Q390	Q420	Q235	Q345	Q390	Q420	Q235	Q345	Q390	Q420
20	0	0.900	0.908	0.911	0.913	0.915	0.924	0.927	0.929	0.931	0.934	0.937	0.938	0.940	0.943	0.945	0.937	0.946	0.949	0.950
	0.25	0.919	0.928	0.931	0.933	0.935	0.944	0.947	0.949	0.952	0.954	0.957	0.959	0.961	0.964	0.965	0.957	0.966	0.969	0.971
	0.5	0.930	0.939	0.942	0.943	0.946	0.955	0.958	0.960	0.963	0.965	0.968	0.970	0.972	0.975	0.977	0.968	0.977	0.980	0.982
	0.75	0.936	0.945	0.948	0.950	0.952	0.962	0.965	0.966	0.969	0.971	0.974	0.976	0.978	0.981	0.983	0.975	0.984	0.987	0.989
	1	0.940	0.949	0.952	0.954	0.957	0.966	0.969	0.971	0.973	0.976	0.979	0.981	0.983	0.986	0.988	0.979	0.988	0.991	0.993
40	0	0.820	0.836	0.841	0.844	0.849	0.865	0.870	0.874	0.866	0.883	0.888	0.891	0.896	0.901	0.904	0.888	0.906	0.911	0.915
	0.25	0.855	0.872	0.877	0.880	0.885	0.902	0.908	0.911	0.903	0.921	0.927	0.930	0.934	0.940	0.943	0.927	0.945	0.951	0.954
	0.5	0.874	0.891	0.897	0.900	0.905	0.923	0.928	0.932	0.924	0.942	0.947	0.951	0.955	0.961	0.965	0.948	0.966	0.972	0.976
	0.75	0.886	0.903	0.909	0.912	0.917	0.935	0.941	0.944	0.936	0.954	0.960	0.964	0.968	0.974	0.977	0.960	0.979	0.985	0.988
	1	0.893	0.911	0.916	0.920	0.925	0.943	0.949	0.952	0.944	0.962	0.968	0.972	0.976	0.982	0.986	0.968	0.987	0.993	0.997
60	0	0.782	0.797	0.802	0.805	0.810	0.825	0.830	0.834	0.838	0.842	0.847	0.851	0.854	0.860	0.863	0.848	0.864	0.869	0.873
	0.25	0.812	0.828	0.833	0.836	0.840	0.857	0.862	0.865	0.858	0.874	0.880	0.883	0.870	0.892	0.897	0.880	0.897	0.902	0.906
	0.5	0.828	0.844	0.849	0.852	0.857	0.874	0.879	0.882	0.875	0.892	0.897	0.900	0.887	0.910	0.913	0.897	0.915	0.920	0.924
	0.75	0.838	0.854	0.859	0.862	0.867	0.884	0.889	0.893	0.885	0.902	0.908	0.911	0.898	0.921	0.924	0.908	0.925	0.931	0.935
	1	0.844	0.860	0.866	0.869	0.874	0.891	0.896	0.899	0.892	0.909	0.914	0.918	0.905	0.928	0.931	0.915	0.932	0.938	0.942
80	0	0.760	0.774	0.779	0.782	0.786	0.802	0.806	0.809	0.802	0.818	0.823	0.826	0.830	0.835	0.838	0.814	0.839	0.844	0.847
	0.25	0.784	0.800	0.804	0.807	0.812	0.828	0.833	0.836	0.829	0.845	0.850	0.853	0.857	0.862	0.865	0.841	0.867	0.872	0.875
	0.5	0.798	0.813	0.818	0.821	0.826	0.842	0.847	0.850	0.843	0.859	0.864	0.868	0.872	0.877	0.880	0.855	0.881	0.887	0.890
	0.75	0.806	0.822	0.827	0.830	0.834	0.851	0.856	0.859	0.851	0.868	0.873	0.877	0.881	0.886	0.889	0.864	0.890	0.896	0.899
	1	0.811	0.827	0.832	0.835	0.840	0.856	0.861	0.865	0.857	0.874	0.879	0.882	0.886	0.892	0.895	0.869	0.896	0.902	0.905
100	0	0.752	0.767	0.771	0.774	0.779	0.794	0.798	0.801	0.794	0.810	0.815	0.818	0.822	0.827	0.830	0.806	0.831	0.836	0.839
	0.25	0.773	0.788	0.793	0.796	0.800	0.816	0.821	0.824	0.816	0.832	0.837	0.841	0.844	0.850	0.853	0.828	0.854	0.859	0.862
	0.5	0.784	0.799	0.804	0.807	0.812	0.828	0.833	0.836	0.828	0.844	0.850	0.853	0.857	0.862	0.865	0.840	0.866	0.872	0.875
	0.75	0.791	0.806	0.811	0.814	0.819	0.835	0.840	0.843	0.836	0.852	0.857	0.860	0.864	0.869	0.873	0.848	0.874	0.879	0.882
	1	0.795	0.811	0.816	0.819	0.823	0.839	0.845	0.848	0.840	0.857	0.862	0.865	0.869	0.874	0.878	0.852	0.879	0.884	0.887
120	0	0.760	0.774	0.779	0.782	0.786	0.802	0.806	0.809	0.802	0.818	0.823	0.826	0.830	0.835	0.838	0.814	0.839	0.844	0.847
	0.25	0.777	0.792	0.797	0.800	0.805	0.820	0.825	0.828	0.821	0.837	0.842	0.845	0.849	0.854	0.858	0.833	0.859	0.864	0.867
	0.5	0.787	0.802	0.807	0.810	0.815	0.830	0.836	0.839	0.831	0.847	0.853	0.856	0.860	0.865	0.868	0.843	0.869	0.875	0.878
	0.75	0.793	0.808	0.813	0.816	0.821	0.837	0.842	0.845	0.837	0.854	0.859	0.862	0.866	0.871	0.875	0.850	0.876	0.881	0.884
	1	0.796	0.812	0.817	0.820	0.825	0.841	0.846	0.849	0.841	0.858	0.863	0.866	0.870	0.876	0.879	0.854	0.880	0.885	0.889

注：表内中间值可采用插值法确定。

表 3.4-3

圆钢管混凝土长期荷载作用影响系数 k_{cr} 值（C70 混凝土）

λ	e/r	含钢率 α																		
		0.04				0.08				钢材牌号 0.12				0.16				0.20			
		Q235	Q345	Q390	Q420	Q235	Q345	Q390	Q420	Q235	Q345	Q390	Q420	Q235	Q345	Q390	Q420	Q235	Q345	Q390	Q420
20	0	0.893	0.901	0.904	0.906	0.908	0.917	0.920	0.922	0.917	0.926	0.929	0.931	0.924	0.933	0.936	0.938	0.929	0.938	0.941	0.943
	0.25	0.912	0.921	0.924	0.925	0.928	0.937	0.940	0.941	0.937	0.946	0.949	0.951	0.944	0.953	0.956	0.958	0.949	0.958	0.961	0.963
	0.5	0.922	0.931	0.934	0.936	0.938	0.948	0.950	0.952	0.948	0.957	0.960	0.962	0.955	0.964	0.967	0.969	0.960	0.970	0.972	0.974
	0.75	0.929	0.938	0.941	0.942	0.945	0.954	0.957	0.959	0.955	0.964	0.967	0.969	0.961	0.971	0.974	0.975	0.967	0.976	0.979	0.981
	1	0.933	0.942	0.945	0.946	0.949	0.958	0.961	0.963	0.959	0.968	0.971	0.973	0.966	0.975	0.978	0.980	0.971	0.980	0.983	0.985
40	0	0.807	0.822	0.827	0.831	0.835	0.851	0.857	0.860	0.852	0.869	0.874	0.877	0.865	0.881	0.887	0.890	0.874	0.891	0.897	0.900
	0.25	0.842	0.858	0.863	0.866	0.871	0.888	0.894	0.897	0.889	0.906	0.912	0.915	0.902	0.920	0.925	0.929	0.912	0.930	0.936	0.939
	0.5	0.861	0.877	0.883	0.886	0.891	0.908	0.914	0.917	0.909	0.927	0.932	0.936	0.922	0.940	0.946	0.950	0.933	0.951	0.957	0.960
	0.75	0.872	0.889	0.894	0.898	0.903	0.920	0.926	0.929	0.921	0.939	0.945	0.948	0.935	0.953	0.959	0.962	0.945	0.963	0.969	0.973
	1	0.879	0.896	0.902	0.905	0.910	0.928	0.934	0.937	0.929	0.947	0.953	0.956	0.943	0.961	0.967	0.970	0.953	0.972	0.978	0.981
60	0	0.770	0.785	0.790	0.792	0.797	0.812	0.817	0.820	0.813	0.829	0.834	0.837	0.825	0.841	0.846	0.849	0.834	0.850	0.856	0.859
	0.25	0.799	0.814	0.819	0.823	0.827	0.843	0.848	0.852	0.844	0.860	0.866	0.869	0.856	0.873	0.878	0.882	0.866	0.883	0.888	0.891
	0.5	0.815	0.831	0.836	0.839	0.844	0.860	0.865	0.868	0.861	0.878	0.883	0.886	0.873	0.890	0.896	0.899	0.883	0.900	0.906	0.909
	0.75	0.824	0.840	0.846	0.849	0.854	0.870	0.875	0.879	0.871	0.888	0.893	0.897	0.884	0.901	0.906	0.910	0.894	0.911	0.916	0.920
	1	0.831	0.847	0.852	0.855	0.860	0.877	0.882	0.885	0.878	0.895	0.900	0.903	0.890	0.908	0.913	0.917	0.900	0.918	0.923	0.927
80	0	0.748	0.762	0.767	0.770	0.774	0.789	0.794	0.797	0.790	0.805	0.810	0.813	0.801	0.817	0.822	0.825	0.810	0.826	0.831	0.834
	0.25	0.772	0.787	0.792	0.795	0.799	0.815	0.820	0.823	0.816	0.831	0.837	0.840	0.827	0.843	0.849	0.852	0.837	0.853	0.858	0.861
	0.5	0.785	0.800	0.805	0.808	0.813	0.829	0.834	0.837	0.830	0.846	0.851	0.854	0.842	0.858	0.863	0.866	0.851	0.868	0.873	0.876
	0.75	0.793	0.809	0.814	0.817	0.821	0.837	0.842	0.845	0.838	0.854	0.860	0.863	0.850	0.867	0.872	0.875	0.860	0.876	0.882	0.885
	1	0.798	0.814	0.819	0.822	0.827	0.843	0.848	0.851	0.844	0.860	0.865	0.868	0.856	0.872	0.878	0.881	0.865	0.882	0.888	0.891
100	0	0.740	0.755	0.759	0.762	0.766	0.781	0.786	0.789	0.782	0.797	0.802	0.805	0.793	0.809	0.814	0.817	0.802	0.818	0.823	0.826
	0.25	0.761	0.775	0.780	0.783	0.787	0.803	0.808	0.811	0.804	0.819	0.824	0.827	0.815	0.831	0.836	0.839	0.824	0.840	0.846	0.849
	0.5	0.772	0.787	0.792	0.795	0.799	0.815	0.820	0.823	0.815	0.831	0.836	0.839	0.827	0.843	0.848	0.852	0.836	0.853	0.858	0.861
	0.75	0.779	0.794	0.798	0.801	0.806	0.822	0.827	0.830	0.822	0.838	0.844	0.847	0.834	0.851	0.856	0.859	0.844	0.860	0.865	0.869
	1	0.783	0.798	0.803	0.806	0.810	0.826	0.831	0.834	0.827	0.843	0.848	0.851	0.839	0.855	0.861	0.864	0.848	0.865	0.870	0.873
120	0	0.748	0.762	0.767	0.770	0.774	0.789	0.794	0.797	0.790	0.805	0.810	0.813	0.801	0.817	0.822	0.825	0.810	0.826	0.831	0.834
	0.25	0.765	0.780	0.785	0.788	0.792	0.807	0.812	0.815	0.808	0.824	0.829	0.832	0.820	0.836	0.841	0.844	0.829	0.845	0.850	0.854
	0.5	0.774	0.790	0.794	0.797	0.802	0.817	0.822	0.825	0.818	0.834	0.839	0.842	0.830	0.846	0.851	0.855	0.839	0.856	0.861	0.864
	0.75	0.780	0.795	0.800	0.803	0.808	0.823	0.828	0.832	0.824	0.840	0.845	0.849	0.836	0.852	0.858	0.861	0.846	0.862	0.867	0.871
	1	0.784	0.799	0.804	0.807	0.812	0.827	0.832	0.835	0.828	0.844	0.849	0.853	0.840	0.856	0.862	0.865	0.850	0.866	0.871	0.875

注：表内中间值可采用插值法确定。

3.4 长期荷载影响的验算方法

方、矩形钢管混凝土长期荷载作用影响系数 k_{cr} 值（C30混凝土）　　表3.4-4

λ	e/r	含钢率 α = 0.04				0.08				0.12				0.16				0.20			
		Q235	Q345	Q390	Q420	Q235	Q345	Q390	Q420	Q235	Q345	Q390	Q420	Q235	Q345	Q390	Q420	Q235	Q345	Q390	Q420
20	0	0.939	0.944	0.946	0.947	0.949	0.955	0.957	0.958	0.955	0.961	0.963	0.964	0.960	0.965	0.967	0.969	0.963	0.969	0.971	0.972
	0.25	0.947	0.953	0.955	0.956	0.958	0.964	0.966	0.967	0.964	0.970	0.972	0.973	0.969	0.975	0.976	0.978	0.972	0.978	0.980	0.981
	0.5	0.952	0.958	0.960	0.961	0.963	0.969	0.971	0.972	0.969	0.975	0.977	0.978	0.973	0.979	0.981	0.983	0.977	0.983	0.985	0.986
	0.75	0.955	0.961	0.963	0.964	0.966	0.972	0.973	0.975	0.972	0.978	0.980	0.981	0.976	0.982	0.984	0.985	0.980	0.986	0.988	0.989
	1	0.957	0.963	0.965	0.966	0.967	0.973	0.975	0.977	0.974	0.980	0.982	0.983	0.978	0.984	0.986	0.987	0.982	0.988	0.990	0.991
40	0	0.878	0.889	0.893	0.895	0.898	0.909	0.913	0.915	0.910	0.921	0.925	0.927	0.918	0.930	0.933	0.935	0.925	0.936	0.940	0.942
	0.25	0.895	0.906	0.909	0.912	0.915	0.926	0.930	0.932	0.927	0.938	0.942	0.944	0.935	0.947	0.951	0.953	0.942	0.954	0.958	0.960
	0.5	0.904	0.915	0.919	0.921	0.924	0.935	0.939	0.941	0.936	0.948	0.951	0.954	0.945	0.956	0.960	0.962	0.952	0.963	0.967	0.969
	0.75	0.909	0.920	0.924	0.926	0.930	0.941	0.945	0.947	0.942	0.953	0.957	0.959	0.950	0.962	0.966	0.968	0.957	0.969	0.973	0.975
	1	0.913	0.924	0.928	0.930	0.933	0.945	0.948	0.951	0.945	0.957	0.961	0.963	0.954	0.966	0.970	0.972	0.961	0.973	0.977	0.979
60	0	0.836	0.851	0.856	0.859	0.864	0.880	0.885	0.888	0.881	0.897	0.903	0.906	0.893	0.910	0.915	0.919	0.903	0.920	0.925	0.928
	0.25	0.848	0.864	0.869	0.872	0.877	0.893	0.899	0.902	0.894	0.911	0.916	0.919	0.907	0.924	0.929	0.932	0.916	0.933	0.939	0.942
	0.5	0.855	0.871	0.876	0.879	0.884	0.900	0.906	0.909	0.901	0.918	0.924	0.927	0.914	0.931	0.936	0.940	0.924	0.941	0.947	0.950
	0.75	0.859	0.875	0.880	0.883	0.888	0.905	0.910	0.913	0.906	0.923	0.928	0.931	0.918	0.935	0.941	0.944	0.928	0.945	0.951	0.954
	1	0.862	0.878	0.883	0.886	0.891	0.908	0.913	0.916	0.909	0.925	0.931	0.934	0.921	0.938	0.944	0.947	0.931	0.948	0.954	0.957
80	0	0.803	0.823	0.830	0.834	0.840	0.860	0.867	0.871	0.862	0.883	0.890	0.894	0.878	0.900	0.907	0.911	0.890	0.912	0.920	0.924
	0.25	0.812	0.833	0.839	0.843	0.849	0.870	0.877	0.882	0.872	0.893	0.900	0.905	0.888	0.910	0.917	0.921	0.901	0.923	0.930	0.935
	0.5	0.818	0.838	0.845	0.849	0.855	0.876	0.883	0.887	0.877	0.899	0.906	0.910	0.893	0.916	0.923	0.927	0.906	0.929	0.936	0.941
	0.75	0.821	0.841	0.848	0.852	0.858	0.879	0.886	0.890	0.880	0.902	0.909	0.913	0.897	0.919	0.926	0.931	0.910	0.932	0.940	0.944
	1	0.823	0.843	0.850	0.854	0.860	0.881	0.888	0.892	0.883	0.904	0.912	0.916	0.899	0.921	0.929	0.933	0.912	0.935	0.942	0.946
100	0	0.781	0.805	0.813	0.818	0.826	0.851	0.860	0.865	0.853	0.879	0.888	0.893	0.873	0.900	0.909	0.914	0.888	0.916	0.925	0.931
	0.25	0.788	0.813	0.821	0.826	0.833	0.859	0.867	0.873	0.862	0.887	0.896	0.901	0.880	0.908	0.917	0.922	0.896	0.924	0.933	0.939
	0.5	0.792	0.817	0.825	0.830	0.837	0.863	0.872	0.877	0.865	0.892	0.900	0.906	0.885	0.912	0.921	0.927	0.901	0.929	0.938	0.944
	0.75	0.794	0.819	0.827	0.832	0.839	0.866	0.874	0.879	0.867	0.894	0.903	0.908	0.887	0.915	0.924	0.930	0.903	0.931	0.941	0.946
	1	0.796	0.821	0.829	0.834	0.841	0.867	0.876	0.881	0.869	0.896	0.905	0.910	0.889	0.917	0.926	0.931	0.905	0.933	0.942	0.948
120	0	0.769	0.798	0.807	0.813	0.822	0.853	0.863	0.869	0.855	0.887	0.897	0.903	0.878	0.911	0.922	0.929	0.897	0.931	0.942	0.949
	0.25	0.774	0.804	0.813	0.819	0.828	0.859	0.869	0.875	0.861	0.893	0.903	0.910	0.885	0.918	0.929	0.935	0.904	0.938	0.949	0.956
	0.5	0.777	0.808	0.816	0.822	0.831	0.862	0.872	0.878	0.864	0.896	0.907	0.913	0.888	0.921	0.932	0.939	0.907	0.941	0.952	0.959
	0.75	0.779	0.808	0.818	0.824	0.833	0.864	0.874	0.881	0.866	0.898	0.909	0.915	0.890	0.923	0.934	0.941	0.909	0.943	0.955	0.961
	1	0.780	0.810	0.819	0.825	0.834	0.865	0.876	0.882	0.867	0.900	0.910	0.917	0.891	0.925	0.936	0.942	0.911	0.945	0.956	0.963

注：表内中间值可采用插值法确定。

方、矩形钢管混凝土长期荷载作用影响系数 k_{cr} 值（C50混凝土） 表3.4-5

λ	e/r	含钢率 α																		
		0.04				0.08				0.12				0.16				0.20			
		Q235	Q345	Q390	Q420	Q235	Q345	Q390	Q420	Q235	Q345	Q390	Q420	Q235	Q345	Q390	Q420	Q235	Q345	Q390	Q420
20	0	0.931	0.937	0.939	0.940	0.942	0.948	0.949	0.951	0.948	0.954	0.956	0.957	0.952	0.958	0.960	0.961	0.956	0.962	0.963	0.965
	0.25	0.940	0.946	0.948	0.949	0.951	0.956	0.958	0.959	0.957	0.963	0.965	0.966	0.961	0.967	0.969	0.970	0.965	0.971	0.972	0.974
	0.5	0.945	0.951	0.953	0.954	0.955	0.961	0.963	0.964	0.962	0.968	0.969	0.971	0.966	0.972	0.974	0.975	0.969	0.975	0.977	0.979
	0.75	0.948	0.954	0.955	0.957	0.958	0.964	0.966	0.967	0.964	0.970	0.972	0.973	0.969	0.975	0.977	0.978	0.972	0.978	0.980	0.981
	1	0.950	0.955	0.957	0.958	0.960	0.966	0.968	0.969	0.966	0.972	0.974	0.975	0.971	0.977	0.979	0.980	0.974	0.980	0.982	0.983
40	0	0.865	0.876	0.879	0.881	0.884	0.895	0.899	0.901	0.896	0.907	0.911	0.913	0.904	0.915	0.919	0.921	0.911	0.922	0.926	0.928
	0.25	0.881	0.892	0.896	0.898	0.901	0.912	0.916	0.918	0.913	0.924	0.928	0.930	0.921	0.933	0.936	0.939	0.928	0.939	0.943	0.945
	0.5	0.890	0.901	0.905	0.907	0.910	0.921	0.925	0.927	0.922	0.933	0.937	0.939	0.930	0.942	0.946	0.948	0.937	0.949	0.952	0.955
	0.75	0.895	0.906	0.910	0.912	0.915	0.927	0.930	0.933	0.927	0.939	0.943	0.945	0.936	0.948	0.951	0.954	0.943	0.954	0.958	0.960
	1	0.899	0.910	0.913	0.916	0.919	0.930	0.934	0.936	0.931	0.942	0.946	0.948	0.940	0.951	0.955	0.957	0.946	0.958	0.962	0.964
60	0	0.817	0.832	0.837	0.840	0.844	0.860	0.865	0.868	0.861	0.877	0.882	0.885	0.873	0.889	0.895	0.898	0.882	0.899	0.904	0.907
	0.25	0.829	0.844	0.849	0.852	0.857	0.873	0.878	0.881	0.874	0.890	0.895	0.899	0.886	0.903	0.908	0.911	0.896	0.912	0.918	0.921
	0.5	0.836	0.851	0.856	0.859	0.864	0.880	0.885	0.888	0.881	0.897	0.903	0.906	0.893	0.910	0.915	0.918	0.903	0.920	0.925	0.928
	0.75	0.840	0.855	0.860	0.863	0.868	0.884	0.890	0.893	0.885	0.902	0.907	0.910	0.898	0.914	0.920	0.923	0.907	0.924	0.930	0.933
	1	0.842	0.858	0.863	0.866	0.871	0.887	0.892	0.895	0.888	0.904	0.910	0.913	0.900	0.917	0.922	0.926	0.910	0.927	0.932	0.936
80	0	0.779	0.798	0.805	0.808	0.814	0.835	0.841	0.845	0.836	0.857	0.863	0.867	0.851	0.872	0.879	0.884	0.864	0.885	0.892	0.896
	0.25	0.788	0.808	0.814	0.818	0.824	0.844	0.851	0.855	0.845	0.866	0.873	0.877	0.861	0.883	0.890	0.894	0.874	0.895	0.902	0.907
	0.5	0.793	0.813	0.819	0.823	0.829	0.850	0.856	0.860	0.851	0.872	0.879	0.883	0.867	0.888	0.895	0.899	0.879	0.901	0.908	0.912
	0.75	0.796	0.816	0.822	0.826	0.832	0.853	0.859	0.864	0.854	0.875	0.882	0.886	0.870	0.891	0.898	0.903	0.882	0.904	0.911	0.916
	1	0.798	0.818	0.824	0.828	0.834	0.855	0.862	0.866	0.856	0.877	0.884	0.888	0.872	0.894	0.901	0.905	0.884	0.906	0.914	0.918
100	0	0.752	0.775	0.783	0.788	0.795	0.819	0.827	0.832	0.821	0.846	0.855	0.860	0.840	0.866	0.875	0.880	0.855	0.882	0.890	0.896
	0.25	0.759	0.782	0.790	0.795	0.802	0.827	0.835	0.840	0.828	0.854	0.862	0.868	0.848	0.874	0.883	0.888	0.863	0.890	0.898	0.904
	0.5	0.762	0.786	0.794	0.798	0.806	0.831	0.839	0.844	0.832	0.858	0.867	0.872	0.852	0.878	0.887	0.892	0.867	0.894	0.903	0.908
	0.75	0.764	0.788	0.796	0.801	0.808	0.833	0.841	0.846	0.835	0.861	0.869	0.874	0.854	0.881	0.889	0.895	0.869	0.897	0.905	0.911
	1	0.766	0.790	0.798	0.802	0.810	0.835	0.843	0.848	0.836	0.862	0.871	0.876	0.856	0.882	0.891	0.896	0.871	0.898	0.907	0.913
120	0	0.735	0.762	0.771	0.777	0.785	0.815	0.824	0.830	0.816	0.847	0.857	0.863	0.839	0.871	0.881	0.887	0.857	0.889	0.900	0.906
	0.25	0.740	0.768	0.777	0.782	0.791	0.820	0.830	0.836	0.822	0.853	0.863	0.869	0.845	0.877	0.887	0.893	0.863	0.896	0.906	0.913
	0.5	0.743	0.770	0.780	0.785	0.794	0.823	0.833	0.839	0.825	0.856	0.866	0.872	0.848	0.880	0.891	0.897	0.867	0.899	0.910	0.916
	0.75	0.744	0.772	0.781	0.787	0.795	0.825	0.835	0.841	0.827	0.858	0.868	0.874	0.850	0.882	0.893	0.899	0.869	0.901	0.912	0.918
	1	0.745	0.773	0.782	0.788	0.797	0.827	0.836	0.842	0.828	0.859	0.870	0.876	0.851	0.883	0.894	0.900	0.870	0.903	0.913	0.920

注：表内中间值可采用插值法确定。

3.4 长期荷载影响的验算方法

方、矩形钢管混凝土长期荷载作用影响系数 k_{cr} 值（C70混凝土） 表3.4-6

λ	e/r	含钢率 α																		
		0.04				0.08				0.12				0.16				0.20			
		钢材牌号																		
		Q235	Q345	Q390	Q420	Q235	Q345	Q390	Q420	Q235	Q345	Q390	Q420	Q235	Q345	Q390	Q420	Q235	Q345	Q390	Q420
20	0	0.927	0.932	0.934	0.935	0.937	0.943	0.945	0.946	0.943	0.949	0.951	0.952	0.947	0.953	0.955	0.956	0.951	0.957	0.959	0.960
	0.25	0.935	0.941	0.943	0.944	0.946	0.952	0.953	0.955	0.952	0.958	0.960	0.961	0.956	0.962	0.964	0.965	0.960	0.966	0.968	0.969
	0.5	0.940	0.946	0.948	0.949	0.951	0.956	0.958	0.959	0.957	0.963	0.964	0.966	0.961	0.967	0.969	0.970	0.965	0.971	0.972	0.974
	0.75	0.943	0.949	0.951	0.952	0.953	0.959	0.961	0.962	0.960	0.966	0.967	0.969	0.964	0.970	0.972	0.973	0.967	0.973	0.975	0.977
	1	0.945	0.951	0.952	0.954	0.955	0.961	0.963	0.964	0.961	0.967	0.969	0.970	0.966	0.972	0.974	0.975	0.969	0.975	0.977	0.978
40	0	0.856	0.867	0.870	0.872	0.876	0.886	0.890	0.892	0.887	0.898	0.901	0.904	0.895	0.906	0.910	0.912	0.902	0.913	0.916	0.918
	0.25	0.872	0.883	0.887	0.889	0.892	0.903	0.906	0.909	0.904	0.915	0.918	0.921	0.912	0.923	0.927	0.929	0.918	0.930	0.933	0.936
	0.5	0.881	0.892	0.895	0.898	0.901	0.912	0.916	0.918	0.913	0.924	0.927	0.930	0.921	0.932	0.936	0.938	0.928	0.939	0.943	0.945
	0.75	0.886	0.897	0.901	0.903	0.906	0.917	0.921	0.923	0.918	0.929	0.933	0.935	0.927	0.938	0.942	0.944	0.933	0.945	0.948	0.951
	1	0.890	0.901	0.904	0.906	0.910	0.921	0.925	0.927	0.922	0.933	0.937	0.939	0.930	0.942	0.945	0.948	0.937	0.948	0.952	0.954
60	0	0.804	0.819	0.824	0.827	0.832	0.847	0.852	0.855	0.848	0.864	0.869	0.872	0.860	0.876	0.881	0.884	0.869	0.885	0.890	0.894
	0.25	0.817	0.832	0.837	0.840	0.844	0.860	0.865	0.868	0.861	0.877	0.882	0.885	0.873	0.889	0.894	0.897	0.882	0.899	0.904	0.907
	0.5	0.823	0.838	0.843	0.846	0.851	0.867	0.872	0.875	0.868	0.884	0.889	0.892	0.880	0.896	0.901	0.905	0.889	0.906	0.911	0.914
	0.75	0.827	0.842	0.847	0.850	0.855	0.871	0.876	0.879	0.872	0.888	0.893	0.896	0.884	0.900	0.906	0.909	0.893	0.910	0.915	0.919
	1	0.830	0.845	0.850	0.853	0.858	0.874	0.879	0.882	0.875	0.891	0.896	0.899	0.887	0.903	0.909	0.912	0.896	0.913	0.918	0.922
80	0	0.763	0.782	0.788	0.792	0.798	0.818	0.824	0.828	0.819	0.839	0.846	0.850	0.834	0.855	0.862	0.866	0.846	0.867	0.874	0.878
	0.25	0.772	0.791	0.798	0.801	0.807	0.827	0.834	0.838	0.828	0.849	0.856	0.860	0.844	0.865	0.872	0.876	0.856	0.877	0.884	0.888
	0.5	0.777	0.796	0.803	0.806	0.812	0.832	0.839	0.843	0.834	0.854	0.861	0.865	0.849	0.870	0.877	0.881	0.861	0.883	0.890	0.894
	0.75	0.780	0.799	0.806	0.809	0.815	0.836	0.842	0.846	0.837	0.858	0.864	0.868	0.852	0.873	0.880	0.885	0.865	0.886	0.893	0.897
	1	0.782	0.801	0.808	0.811	0.817	0.838	0.844	0.848	0.839	0.860	0.866	0.871	0.854	0.876	0.882	0.887	0.867	0.888	0.895	0.899
100	0	0.733	0.756	0.763	0.768	0.775	0.799	0.807	0.812	0.800	0.825	0.833	0.838	0.819	0.844	0.853	0.858	0.834	0.860	0.868	0.873
	0.25	0.740	0.763	0.770	0.775	0.782	0.806	0.814	0.819	0.807	0.833	0.841	0.846	0.826	0.852	0.860	0.866	0.841	0.867	0.876	0.881
	0.5	0.743	0.766	0.774	0.778	0.785	0.810	0.818	0.823	0.811	0.837	0.845	0.850	0.830	0.856	0.865	0.870	0.845	0.872	0.880	0.885
	0.75	0.745	0.769	0.776	0.781	0.788	0.812	0.820	0.825	0.814	0.839	0.847	0.852	0.833	0.859	0.867	0.872	0.848	0.874	0.883	0.888
	1	0.747	0.770	0.778	0.782	0.789	0.814	0.822	0.827	0.815	0.841	0.849	0.854	0.834	0.860	0.869	0.874	0.849	0.876	0.884	0.890
120	0	0.713	0.739	0.748	0.753	0.762	0.790	0.799	0.805	0.792	0.821	0.831	0.837	0.814	0.844	0.854	0.861	0.832	0.863	0.873	0.879
	0.25	0.718	0.744	0.753	0.759	0.767	0.796	0.805	0.811	0.797	0.827	0.837	0.843	0.820	0.850	0.861	0.867	0.837	0.869	0.879	0.885
	0.5	0.720	0.747	0.756	0.762	0.770	0.799	0.808	0.814	0.800	0.830	0.840	0.846	0.823	0.854	0.864	0.870	0.841	0.872	0.882	0.889
	0.75	0.722	0.749	0.758	0.763	0.772	0.801	0.810	0.816	0.802	0.832	0.842	0.848	0.825	0.856	0.866	0.872	0.843	0.874	0.885	0.891
	1	0.723	0.750	0.759	0.764	0.773	0.802	0.811	0.817	0.803	0.834	0.843	0.849	0.826	0.857	0.867	0.873	0.844	0.875	0.886	0.892

注：表内中间值可采用插值法确定。

需要说明的是，式(3.4-1)和式(3.4-2)是在标准永久荷载比下的计算公式。对于其他荷载比$\bar{n}$情况下k_{cr}的计算，可在式(3.4-1)和式(3.4-2)的基础上乘以如下系数确定：

$$k_n = \begin{cases} 1-0.07\bar{n} & (m \leqslant 0.4) \\ 0.98-0.07\bar{n}+0.05m & (m > 0.4) \end{cases} \quad (3.4-4)$$

3.5 钢管初应力影响的验算方法

如前所述，采用先安装空钢管结构后浇筑管内混凝土的方法施工钢管混凝土结构时，应按施工阶段的荷载验算空钢管结构的强度和稳定性。

根据规程 DBJ 13-51-2003，在浇筑混凝土时，由施工阶段荷载引起的钢管初始最大压应力值不宜超过$0.35f$（其中，f为钢材的抗压强度设计值），且不应大于$0.8f$。若超过$0.35f$，则需要考虑钢管初应力对钢管混凝土构件正常使用阶段承载力的影响。根据理论分析和实验研究结果，提出钢管初应力影响系数k_p的计算公式如下（韩林海，2004，2007；Han 和 Yao，2003b；尧国皇，2002）：

$$k_p = 1 - f(\lambda) \cdot f(e/r) \cdot \beta \quad (3.5-1)$$

式中，$f(\lambda)$为考虑构件长细比λ影响的函数，按下式确定：

(1) 对于圆钢管混凝土：

$$f(\lambda) = \begin{cases} 0.17\lambda_o - 0.02 & (\lambda_o \leqslant 1) \\ -0.13\lambda_o^2 + 0.35\lambda_o - 0.07 & (\lambda_o > 1) \end{cases} \quad (3.5\text{-}2a)$$

(2) 对于方、矩形钢管混凝土：

$$f(\lambda) = \begin{cases} 0.14\lambda_o + 0.02 & (\lambda_o \leqslant 1) \\ -0.15\lambda_o^2 + 0.42\lambda_o - 0.11 & (\lambda_o > 1) \end{cases} \quad (3.5\text{-}2b)$$

式中，$\lambda_o = \lambda/80$，$f(e/r)$为考虑构件荷载偏心率e/r影响的函数，按下式确定：

(1) 对于圆钢管混凝土：

$$f(e/r) = \begin{cases} 0.75(e/r)^2 - 0.05(e/r) + 0.9 & (e/r \leqslant 0.4) \\ -0.15(e/r) + 1.06 & (e/r > 0.4) \end{cases} \quad (3.5\text{-}3a)$$

(2) 对于方、矩形钢管混凝土：

$$f(e/r) = \begin{cases} 1.35(e/r)^2 - 0.04(e/r) + 0.8 & (e/r \leqslant 0.4) \\ -0.2(e/r) + 1.08 & (e/r > 0.4) \end{cases} \quad (3.5\text{-}3b)$$

β为钢管初应力系数，按下式确定：

$$\beta = \frac{\sigma_o}{\varphi_s f} \quad (3.5-4)$$

式中，σ_o为钢管中的初始应力；φ_s为空钢管的轴压稳定系数，可按《钢结构设计规范》GB 50017-2003 取值。

k_p亦可按表 3.5-1 和表 3.5-2 查得。

这样，为了使钢管混凝土构件在钢管具有初应力情况下满足设计要求，其内力应满足如下条件，即

$$N \leqslant N_{u,p} = k_p \cdot N_u \quad (3.5-5)$$

其中，$N_{u,p}$为考虑钢管初应力影响时钢管混凝土柱的极限承载力；N_u按式(3.2-11)或式(3.2-33)计算。

圆钢管混凝土钢管初应力影响系数 k_p 值　　　　　　表 3.5-1

λ	e/r	钢管初应力系数 β									
		0	0.1	0.2	0.3	0.4	0.5	0.6	0.7	0.8	0.9
20	0	1.000	0.998	0.996	0.994	0.992	0.990	0.988	0.986	0.984	0.982
	0.6	1.000	0.998	0.996	0.993	0.991	0.989	0.987	0.985	0.983	0.980
	1.2	1.000	0.998	0.996	0.994	0.992	0.990	0.988	0.986	0.984	0.982
	1.8	1.000	0.998	0.996	0.995	0.993	0.991	0.989	0.988	0.986	0.984
	2.4	1.000	0.998	0.997	0.995	0.994	0.992	0.991	0.989	0.987	0.986
	3	1.000	0.999	0.997	0.996	0.995	0.993	0.992	0.990	0.989	0.988
40	0	1.000	0.994	0.988	0.982	0.977	0.971	0.965	0.959	0.953	0.947
	0.6	1.000	0.994	0.987	0.981	0.975	0.968	0.962	0.956	0.950	0.943
	1.2	1.000	0.994	0.989	0.983	0.977	0.971	0.966	0.960	0.954	0.949
	1.8	1.000	0.995	0.990	0.985	0.979	0.974	0.969	0.964	0.959	0.954
	2.4	1.000	0.995	0.991	0.986	0.982	0.977	0.973	0.968	0.964	0.959
	3	1.000	0.996	0.992	0.988	0.984	0.980	0.976	0.972	0.968	0.964
60	0	1.000	0.990	0.981	0.971	0.961	0.952	0.942	0.932	0.923	0.913
	0.6	1.000	0.990	0.979	0.969	0.958	0.948	0.937	0.927	0.917	0.906
	1.2	1.000	0.991	0.981	0.972	0.962	0.953	0.943	0.934	0.924	0.915
	1.8	1.000	0.992	0.983	0.975	0.966	0.958	0.949	0.941	0.932	0.924
	2.4	1.000	0.992	0.985	0.977	0.970	0.962	0.955	0.947	0.940	0.932
	3	1.000	0.993	0.987	0.980	0.974	0.967	0.961	0.954	0.948	0.941
80	0	1.000	0.987	0.973	0.960	0.946	0.933	0.919	0.905	0.892	0.878
	0.6	1.000	0.985	0.971	0.956	0.942	0.927	0.913	0.898	0.884	0.869
	1.2	1.000	0.987	0.974	0.960	0.947	0.934	0.921	0.908	0.894	0.881
	1.8	1.000	0.988	0.976	0.964	0.953	0.941	0.929	0.917	0.905	0.893
	2.4	1.000	0.989	0.979	0.969	0.958	0.947	0.937	0.927	0.916	0.905
	3	1.000	0.991	0.982	0.973	0.963	0.954	0.945	0.936	0.927	0.918
100	0	1.000	0.985	0.970	0.956	0.941	0.926	0.911	0.896	0.882	0.867
	0.6	1.000	0.984	0.968	0.952	0.936	0.920	0.904	0.888	0.872	0.857
	1.2	1.000	0.986	0.971	0.957	0.942	0.928	0.913	0.899	0.884	0.870
	1.8	1.000	0.987	0.974	0.961	0.948	0.935	0.922	0.909	0.896	0.883
	2.4	1.000	0.988	0.977	0.965	0.954	0.942	0.931	0.919	0.908	0.896
	3	1.000	0.990	0.980	0.970	0.960	0.950	0.940	0.930	0.920	0.910
120	0	1.000	0.985	0.971	0.956	0.942	0.927	0.912	0.898	0.883	0.868
	0.6	1.000	0.984	0.968	0.953	0.937	0.921	0.905	0.890	0.874	0.858
	1.2	1.000	0.986	0.971	0.957	0.943	0.928	0.914	0.900	0.886	0.871
	1.8	1.000	0.987	0.974	0.961	0.949	0.936	0.923	0.910	0.897	0.884
	2.4	1.000	0.989	0.977	0.966	0.955	0.943	0.932	0.920	0.909	0.898
	3	1.000	0.990	0.980	0.970	0.960	0.950	0.941	0.931	0.921	0.911

注：表内中间值可采用插值法确定。

方、矩形钢管混凝土钢管初应力影响系数k_p值　　　表3.5-2

λ	e/r	钢管初应力系数 β									
		0	0.1	0.2	0.3	0.4	0.5	0.6	0.7	0.8	0.9
20	0	1.000	0.996	0.991	0.987	0.982	0.978	0.974	0.969	0.965	0.960
	0.6	1.000	0.995	0.989	0.984	0.979	0.974	0.968	0.963	0.958	0.952
	1.2	1.000	0.995	0.991	0.986	0.982	0.977	0.972	0.968	0.963	0.958
	1.8	1.000	0.996	0.992	0.988	0.984	0.980	0.976	0.972	0.968	0.964
	2.4	1.000	0.997	0.993	0.990	0.987	0.984	0.980	0.977	0.974	0.970
	3	1.000	0.997	0.995	0.992	0.989	0.987	0.984	0.982	0.979	0.976
40	0	1.000	0.993	0.986	0.978	0.971	0.964	0.957	0.950	0.942	0.935
	0.6	1.000	0.991	0.983	0.974	0.965	0.957	0.948	0.940	0.931	0.922
	1.2	1.000	0.992	0.985	0.977	0.970	0.962	0.955	0.947	0.940	0.932
	1.8	1.000	0.994	0.987	0.981	0.974	0.968	0.961	0.955	0.948	0.942
	2.4	1.000	0.995	0.989	0.984	0.978	0.973	0.968	0.962	0.957	0.951
	3	1.000	0.996	0.991	0.987	0.983	0.978	0.974	0.970	0.965	0.961
60	0	1.000	0.990	0.980	0.970	0.960	0.950	0.940	0.930	0.920	0.910
	0.6	1.000	0.988	0.976	0.964	0.952	0.940	0.928	0.916	0.904	0.892
	1.2	1.000	0.989	0.979	0.969	0.958	0.947	0.937	0.927	0.916	0.905
	1.8	1.000	0.991	0.982	0.973	0.964	0.955	0.946	0.937	0.928	0.919
	2.4	1.000	0.993	0.985	0.978	0.970	0.962	0.955	0.947	0.940	0.933
	3	1.000	0.994	0.988	0.982	0.976	0.970	0.964	0.958	0.952	0.946
80	0	1.000	0.987	0.974	0.962	0.949	0.936	0.923	0.910	0.898	0.885
	0.6	1.000	0.985	0.969	0.954	0.939	0.923	0.908	0.892	0.877	0.862
	1.2	1.000	0.987	0.973	0.960	0.946	0.933	0.919	0.906	0.892	0.879
	1.8	1.000	0.988	0.977	0.965	0.954	0.942	0.931	0.919	0.908	0.896
	2.4	1.000	0.990	0.981	0.971	0.962	0.952	0.942	0.933	0.923	0.914
	3	1.000	0.992	0.985	0.977	0.969	0.962	0.954	0.946	0.939	0.931
100	0	1.000	0.986	0.971	0.957	0.942	0.928	0.913	0.899	0.884	0.870
	0.6	1.000	0.983	0.965	0.948	0.931	0.913	0.896	0.879	0.861	0.844
	1.2	1.000	0.985	0.970	0.954	0.939	0.924	0.909	0.894	0.879	0.863
	1.8	1.000	0.987	0.974	0.961	0.948	0.935	0.922	0.909	0.896	0.883
	2.4	1.000	0.989	0.978	0.967	0.957	0.946	0.935	0.924	0.913	0.902
	3	1.000	0.991	0.983	0.974	0.965	0.957	0.948	0.939	0.931	0.922
120	0	1.000	0.985	0.971	0.956	0.942	0.927	0.912	0.898	0.883	0.869
	0.6	1.000	0.982	0.965	0.947	0.930	0.912	0.895	0.877	0.860	0.842
	1.2	1.000	0.985	0.969	0.954	0.939	0.923	0.908	0.893	0.877	0.862
	1.8	1.000	0.987	0.974	0.961	0.947	0.934	0.921	0.908	0.895	0.882
	2.4	1.000	0.989	0.978	0.967	0.956	0.945	0.934	0.923	0.912	0.901
	3	1.000	0.991	0.982	0.974	0.965	0.956	0.947	0.939	0.930	0.921

注：表内中间值可采用插值法确定。

3.6 钢管混凝土局部受压时的承载力计算

局部受压是工程结构中一种常见的受力情况,即力作用的面积小于支承构件的截面面积或底面积,例如在承重结构的支座、装配式柱的接头、刚架、网架或拱结构的铰支座及后张法预应力混凝土构件锚固区,甚至受弯构件开裂后的截面受压区等均存在局部承压现象。

图 3.6-1 所示为钢管混凝土局部受压时的示意图。

蔡绍怀(2007)对局部受压情况下圆钢管混凝土构件的力学性能进行了研究,且在对实验结果分析的基础上,提出了局部受压圆钢管混凝土构件承载力的简化计算公式,该公式为中国工程建设标准化协会标准《钢管混凝土结构设计与施工规程》(CECS 28:90,1992)所采用。

根据图 3.6-1,定义局压面积比为(韩林海,2007;刘威,2005):

$$\beta = \frac{A_c}{A_L} \quad (3.6\text{-}1)$$

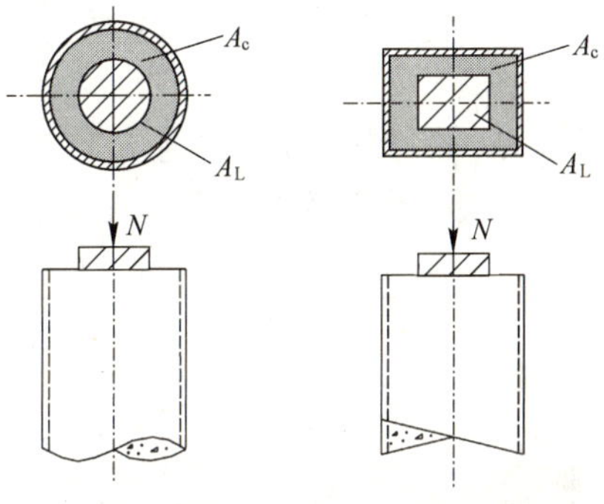

(a) 圆钢管混凝土 (b) 方钢管混凝土

A_L—局部受压面积;A_c—核心混凝土横截面面积

图 3.6-1 钢管混凝土局部受压示意图

钢管混凝土局压承载力折减系数 K_{LC} 定义为钢管混凝土局压承载力 N_{uL} 与钢管混凝土轴压承载力 N_{uo} 的比值:

$$K_{LC} = \frac{N_{uL}}{N_{uo}} \quad (3.6\text{-}2)$$

综合各参数的影响规律,在 $\alpha=0.04\sim0.2$,Q235~Q420 钢、C30~C80 混凝土参数范围内,可推导出无端板和带端板钢管混凝土局压承载力折减系数 K_{LC} 的计算公式。计算时将含钢率、钢材强度和混凝土强度归为一个约束效应系数,进而在计算公式中用约束效应系数来反映几何参数与材料参数的影响规律(韩林海,2007;刘威,2005)。

(1) 无端板钢管混凝土

无端板圆钢管混凝土的局压承载力折减系数计算公式如下:

$$K_{LC} = A_0 \cdot \beta + B_0 \cdot \beta^{0.5} + C_0 \quad (3.6\text{-}3)$$

$A_0 = (-0.18 \cdot \xi^3 + 1.95\xi^2 - 6.89 \cdot \xi + 6.94) \cdot 10^{-2}$
$B_0 = (1.36 \cdot \xi^3 - 13.92 \cdot \xi^2 + 45.77 \cdot \xi - 60.55) \cdot 10^{-2}$
$C_0 = (-\xi^3 + 10 \cdot \xi^2 - 33.2 \cdot \xi + 150) \cdot 10^{-2}$

式(3.6-3)中的系数 A_0、B_0 和 C_0 亦可按表 3.6-1 查得。

系数 A_0、B_0、C_0 值   表 3.6-1

	ξ	0.5	1	1.5	2	2.5	3	3.5	4	4.5	5
系数	A_0	0.040	0.018	0.004	−0.005	−0.009	−0.010	−0.010	−0.009	−0.010	−0.013
	B_0	−0.410	−0.273	−0.186	−0.138	−0.119	−0.118	−0.126	−0.132	−0.125	−0.097
	C_0	1.358	1.258	1.193	1.156	1.139	1.134	1.134	1.132	1.120	1.090

注:表内中间值可采用插值法确定。

无端板方钢管混凝土的局压承载力折减系数计算公式如下：

$$K_{LC} = A_0 \cdot \beta^{-0.5} + B_0 \quad (3.6-4)$$

式中，$A_0 = (-1.38 \cdot \xi + 105) \cdot 10^{-2}$；$B_0 = (1.5 \cdot \xi - 5.2) \cdot 10^{-2}$。

式(3.6-4)中的系数 A_0 和 B_0 亦可按表3.6-2查得。

系数 A_0、B_0 值　　　　　　　　　　　　表3.6-2

	ξ	0.5	1	1.5	2	2.5	3	3.5	4	4.5	5
系数	A_0	1.043	1.036	1.029	1.022	1.016	1.009	1.002	0.995	0.988	0.981
	B_0	-0.045	-0.037	-0.030	-0.022	-0.015	-0.007	0.000	0.008	0.016	0.023

注：表内中间值可采用插值法确定。

(2) 带端板钢管混凝土

带端板圆钢管混凝土局压承载力折减系数 K_{LC} 的计算公式如下：

$$K_{LC} = (A_0 \cdot \beta + B_0 \cdot \beta^{0.5} + C_0) \cdot (D_0 \cdot n_r^2 + E_0 \cdot n_r + 1) \leqslant 1 \quad (3.6-5)$$

$$n_r = 1.1 \cdot [(E_s \cdot t_a^3)/(\overline{E} \cdot D^3)]^{0.25}$$

$$A_0 = (-0.17 \cdot \xi^3 + 1.9 \cdot \xi^2 - 6.84 \cdot \xi + 7) \cdot 10^{-2}$$

$$B_0 = (1.35 \cdot \xi^3 - 14 \cdot \xi^2 + 46 \cdot \xi - 60.8) \cdot 10^{-2}$$

$$C_0 = (-1.08 \cdot \xi^3 + 10.95 \cdot \xi^2 - 35.1 \cdot \xi + 150.9) \cdot 10^{-2}$$

$$D_0 = (-0.53 \cdot \beta - 54 \cdot \beta^{0.5} + 46) \cdot 10^{-2}$$

$$E_0 = (6 \cdot \beta + 62 \cdot \beta^{0.5} - 67) \cdot 10^{-2}$$

$$\overline{E} = (E_s A_s + E_c A_c)/A_{sc}$$

式中，t_a 为端板厚度。

式(3.6-5)中的系数 A_0，B_0 和 C_0 亦可按表3.6-3查得。

系数 A_0、B_0、C_0 值　　　　　　　　　　　　表3.6-3

	ξ	0.5	1	1.5	2	2.5	3	3.5	4	4.5	5
系数	A_0	0.040	0.019	0.004	-0.004	-0.009	-0.010	-0.010	-0.008	-0.008	-0.010
	B_0	-0.411	-0.275	-0.187	-0.140	-0.122	-0.124	-0.134	-0.144	-0.143	-0.121
	C_0	1.360	1.257	1.192	1.159	1.147	1.150	1.159	1.166	1.163	1.142

注：表内中间值可采用插值法确定。

式(3.6-5)中的系数 D_0 和 E_0 亦可按表3.6-4查得。

系数 D_0、E_0 值　　　　　　　　　　　　表3.6-4

	β	2	4	6	8	10	12	14	16
系数	D_0	-0.314	-0.641	-0.895	-1.110	-1.301	-1.474	-1.635	-1.785
	E_0	0.327	0.810	1.209	1.564	1.891	2.198	2.490	2.770

注：表内中间值可采用插值法确定。

带端板方钢管混凝土局压承载力折减系数 K_{LC} 的计算公式如下：

$$K_{LC} = (A_0 \cdot \beta^{-1} + B_0 \cdot \beta^{-0.5} + C_0) \cdot (D_0 \cdot n_r + 1) \quad (3.6-6)$$

$$n_r = 1.1 \cdot [(E_s \cdot t_a^3)/(\overline{E} \cdot B^3)]^{0.25}$$

$$A_0 = (35.45 \cdot \xi + 26.29) \cdot 10^{-2}$$

$$B_0 = (-40.62 \cdot \xi + 74.58) \cdot 10^{-2}$$
$$C_0 = (5.2 \cdot \xi - 0.93) \cdot 10^{-2}$$
$$D_0 = (103.2 \cdot \beta^{0.5} - 53.11) \cdot 10^{-2}$$
$$\overline{E} = (E_s A_s + E_c A_c)/A_{sc}$$

式中，t_a 为端板厚度。

式(3.6-6)中的系数 A_0，B_0 和 C_0 亦可按表 3.6-5 查得；系数 D_0 亦可按表 3.6-6 查得。

系数 A_0、B_0、C_0 值　　　　　表 3.6-5

系数	ξ	0.5	1	1.5	2	2.5	3	3.5	4	4.5	5
系数	A_0	0.440	0.617	0.795	0.972	1.149	1.326	1.504	1.681	1.858	2.035
	B_0	0.543	0.340	0.137	−0.067	−0.270	−0.473	−0.676	−0.879	−1.082	−1.285
	C_0	0.017	0.043	0.069	0.095	0.121	0.147	0.173	0.199	0.225	0.251

注：表内中间值可采用插值法确定。

系数 D_0 值　　　　　表 3.6-6

系数	β	2	4	6	8	10	12	14	16
系数	D_0	0.928	1.533	1.997	2.388	2.732	3.044	3.330	3.597

注：表内中间值可采用插值法确定。

由此，钢管混凝土局压承载力可按下式计算：
$$N_{uL} = K_{LC} \cdot N_{uo} \tag{3.6-7}$$

式中，N_{uo} 为钢管混凝土轴压强度承载力，可按式(3.2-6)计算。

3.7　尺寸效应影响分析

尺寸效应对钢管混凝土构件力学性能和设计方法的影响一直是工程界关心的热点问题之一。实际建筑工程中的钢管混凝土柱截面一般都比较大，例如深圳赛格广场大厦采用了圆钢管混凝土柱，钢管外直径为 900～1600mm；杭州瑞丰国际商务大厦采用了方钢管混凝土柱，钢管外边长为 500～600mm，武汉国际证券大厦采用了方、矩形钢管混凝土柱，钢管外边长为 350～1400mm。由于受到加载能力等条件的限制，以往实验室进行的钢管混凝土试件截面外直径(或外边长)一般在 200mm 左右。

下面简要归纳截面尺寸较大情况下钢管混凝土构件的一些实验研究成果。

Kato(1996)报道了 26 个方钢管混凝土轴压构件的实验研究成果，截面尺寸在 200～250mm 之间变化。Luksha 和 Nesterovich(1991)进行了 10 个圆钢管混凝土轴压构件的实验研究，较细致地考察了构件截面尺寸对构件承载力和力学性能的影响，截面尺寸在 159～1020mm 之间变化，试件的径厚比 D/t 为 31.4～105.8。Nishiyama 等(2002)报道了 149 个钢管混凝土压弯构件的力学性能研究成果，其中圆试件 69 个，截面外直径的变化范围为 108～450mm，截面径厚比 D/t 为 16.7～152；方试件 80 个，截面外边长的变化范围为 119～324mm，截面宽厚比 B/t 为 18.4～73.9，钢材屈服强度为 162～853N/mm²，并在计算钢管混凝土压弯构件极限承载力时考虑了尺寸效应的影响。Uy(2000)进行了 8 个方钢管混凝土轴压构件的实验研究，构件的截面外边长为126～306mm，截面宽厚比B/t为42～102。Yamamoto等(2002)进行了22个钢管混凝土轴压构件实验研究，其中圆钢管混凝土截面外直径为101.3～318.5mm，方钢管混凝土截面外边长为100.1～400mm。Yamamoto等(2002)认为，如果不考虑尺寸效应的影响，在计算大尺寸钢管混凝土的轴压强度承载力时，按照日本规程《Guidelines for the Structural Design of CFT Column System》(1998)将得到不安全的结果，最后，基于实验研究和理论分析结果，Yamamoto等(2002)建议了考虑尺寸效应的钢管混凝土轴压强度承载力的计算方法。

韩林海(2004)详细介绍了钢管混凝土荷载-变形关系的数值计算模型，并比较了数值计算结果和实验结果，二者吻合较好。采用该模型对较大截面尺寸(截面外直径或外边长大于200mm)的钢管混凝土实验结果进行了计算。

图 3.7-1 给出了钢管混凝土轴压荷载-变形关系数值计算曲线与 Nishiyama 等(2002)部分实验曲线的比较情况，可见，数值计算结果与实验结果吻合较好。图中，D 和 B 分别为圆钢管混凝土横截面外直径和方钢管混凝土横截面外边长，t 为钢管壁厚度，L 为试件长度，f_{cu} 为混凝土立方体抗压强度，N_o 为按规程 AIJ(1997)计算获得的轴压强度承载力。

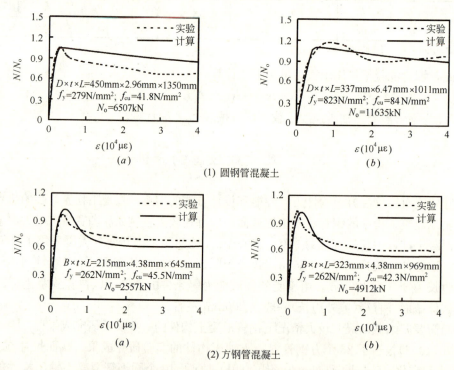

图 3.7-1 轴压荷载-变形关系计算曲线与实验曲线的对比

图 3.7-2 给出了钢管混凝土压弯构件荷载-变形关系数值计算曲线与 Nishiyama 等(2002)实验曲线的比较情况。图中，D 和 B 分别为圆钢管混凝土横截面外直径和方钢管混凝土横截面外边长，t 为钢管壁厚度，L 为试件长度，f_{cu} 为混凝土立方体抗压强度，N_o 为施加在构件上的恒定轴向荷载，可见，数值计算结果与实验结果吻合较好。

细致的计算分析工作表明，韩林海(2004，2007)提供的数值方法基本适合于较大截面

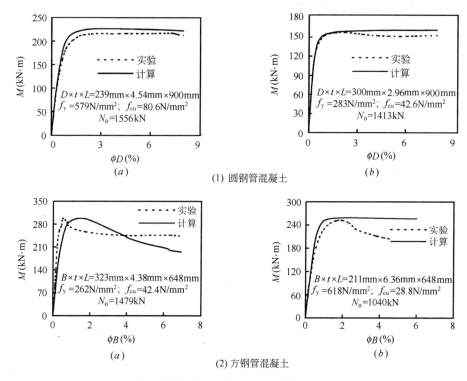

图 3.7-2 压弯构件荷载-变形关系计算曲线与实验曲线的对比

尺寸钢管混凝土构件的计算。

规程 DBJ 13-51-2003 采用的钢管混凝土构件承载力设计公式是基于理论分析方法，在系统考察各物理参数、几何参数和荷载参数等影响规律的基础上推导出的。为了考察这些设计公式在计算大截面尺寸钢管混凝土构件承载力时的准确性，本书收集、整理和分析了国内外不同研究者的实验结果，以说明规程 DBJ 13-51-2003 中计算公式的适用性。

为了便于比较，暂采用 DBJ 13-51-2003 和 EC 4(2004) 两部规程分别进行了计算，计算时材料强度均采用标准值。

图 3.7-3 给出了圆钢管混凝土轴压构件实验结果的 D-k 关系，其中，$k=N_{ue}/N_{uc}$，N_{ue} 为实验值，N_{uc} 为计算值，构件截面外直径的变化范围为 76.4～1020mm。

从图 3.7-3 可见，大部分实验数据集中在截面外直径为 200mm 以下的区域。对于规程 DBJ 13-51-2003，截面外直径 D 在 76.4～200mm 之间时，k 值基本在 0.95～1.25 之间变化，截面外直径 D 在 200～1020mm 之间时，k 值基本在 1.0～1.1 之间变化，所有实验结果与计算结果比值的平均值和均方差分别为 1.089 和 0.130，截面外直径 D 在 250mm 以上数据的平均值和均方差分别为 1.084 和 0.058；对于规程 EC 4(2004)，截面外直径 D 在 76.4～200mm 之间时，k 值基本在 0.9～1.3 之间变化，截面外直径 D 在 200～1020mm 之间时，k 值基本在 0.85～1.05 之间变化，特别是在截面外直径 D 为 200～600mm 时，大部分数据点落在 1 以下，说明计算值比实验值大，所有实验结果与计算结果比值的平均值和均方差分别为 1.109 和 0.155，截面外直径 D 在 200mm 以上数据的平均值和均方差分别为 0.993 和 0.107。

从图 3.7-3(a) 和 (b) 的比较可见，规程 DBJ 13-51-2003 的计算结果与实验结果吻合较好且总体上稍偏于安全。

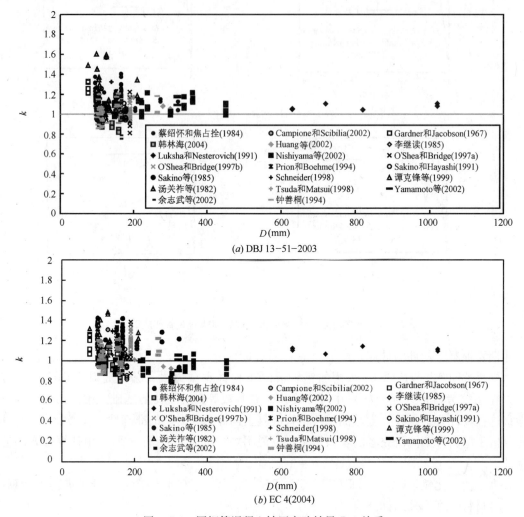

图 3.7-3 圆钢管混凝土轴压实验结果 D-k 关系

图 3.7-4 给出方钢管混凝土轴压构件实验结果的 B-k 关系，同样选用了 DBJ 13-51-2003 和 EC 4(2004) 两部规程进行计算，构件截面外边长的变化范围为 80～400mm。

从图 3.7-4 可见，大部分实验数据集中在外边长小于等于 200mm 区域。对于规程 DBJ 13-51-2003，所有实验数据的 k 值基本在 0.9～1.1 之间，在 1 左右数据分布比较均匀，k 值的平均值和均方差分别为 1.026 和 0.115，截面外边长在 250mm 以上数据的平均值和均方差分别为 1.001 和 0.087；对于规程 EC 4(2004)，所有实验数据的 k 值也基本在 0.9～1.1 之间，k 值的平均值和均方差分别为 1.035 和 0.120；截面外边长在 250mm 以上数据的平均值和均方差分别为 0.990 和 0.094。两种方法的计算结果与实验结果都很接近。

图 3.7-5 给出圆钢管混凝土压弯构件实验结果的 D-k 关系，同样选用了 DBJ 13-51-

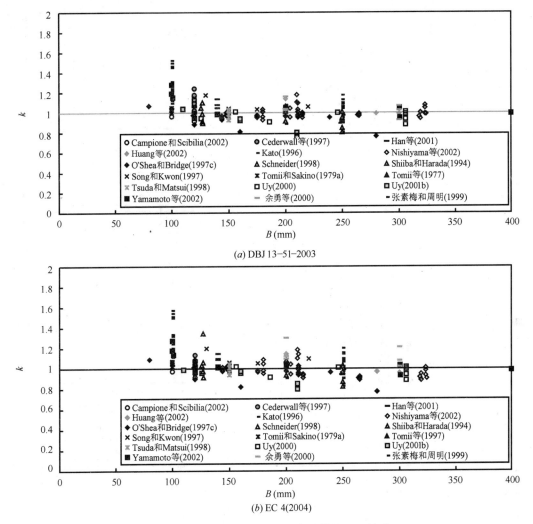

图 3.7-4 方钢管混凝土轴压实验结果 B-k 关系

2003 和 EC 4(2004) 两部规程进行计算,构件截面外直径的变化范围为 76~450mm。

从图 3.7-5 可见,大部分实验数据集中在截面外直径小于等于 200mm 区域。对于规程 DBJ 13-51-2003,所有实验数据的 k 值基本在 0.9~1.2 之间,k 值的平均值和均方差分别为 1.072 和 0.159;截面外直径在 200mm 以上数据的平均值和均方差分别为 1.159 和 0.150。对于规程 EC 4(2004),所有实验数据的 k 值也基本在 0.9~1.2 之间,k 值的平均值和均方差分别为 1.059 和 0.161;截面外边长在 200mm 以上数据的平均值和均方差分别为 1.101 和 0.115。

比较图 3.7-5(a) 和 (b) 可见,在计算截面外边长较大的圆钢管混凝土压弯构件承载力时,规程方法总体上是偏于安全的。

图 3.7-6 给出方钢管混凝土压弯构件实验结果的 B-k 关系。依然用 DBJ 13-51-2003 和 EC 4(2004) 两部规程进行计算,构件截面外边长的变化范围为 76~323mm。

从图 3.7-6 可见,大部分实验数据集中在截面外边长小于等于 200mm 区域。对于规

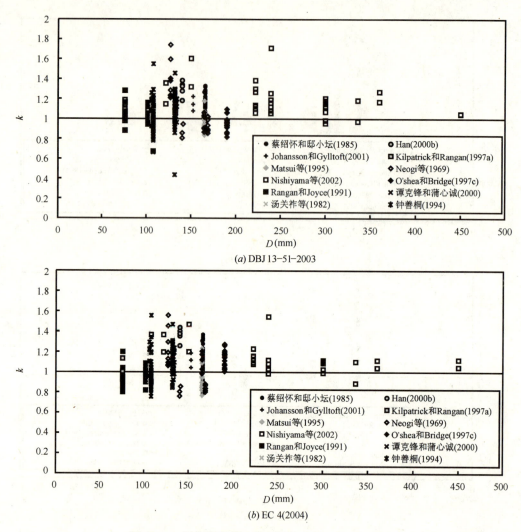

图 3.7-5 圆钢管混凝土压弯构件实验结果 $D\text{-}k$ 关系

程 DBJ 13-51-2003,所有实验数据的 k 值基本在 0.9~1.1 之间,在 1.0 左右数据分布比较均匀,k 值的平均值和均方差分别为 1.045 和 0.119;截面外边长在 200mm 以上数据的平均值和均方差分别为 1.024 和 0.107;对于规程 EC 4(2004),所有实验数据的 k 值也基本在 0.9~1.1 之间,k 值的平均值和均方差分别为 0.965 和 0.123;截面外边长在 200mm 以上数据的平均值和均方差分别为 0.968 和 0.122。

比较图 3.7-6(a) 和 (b) 可见,两种方法的计算结果与实验结果都很接近,而规程 DBJ 13-51-2003 的方法总体上稍偏于安全。

在以上分析结果的基础上,可初步得到如下结论:

(1) 提出的数值方法可用于较大截面尺寸钢管混凝土压弯构件荷载-变形关系的计算分析,结果表明,理论计算结果与实验结果吻合较好。

(2) 规程 DBJ 13-51-2003 在计算较大截面尺寸钢管混凝土构件的极限承载力时具有较好的精度,且计算结果总体上稍偏于安全。

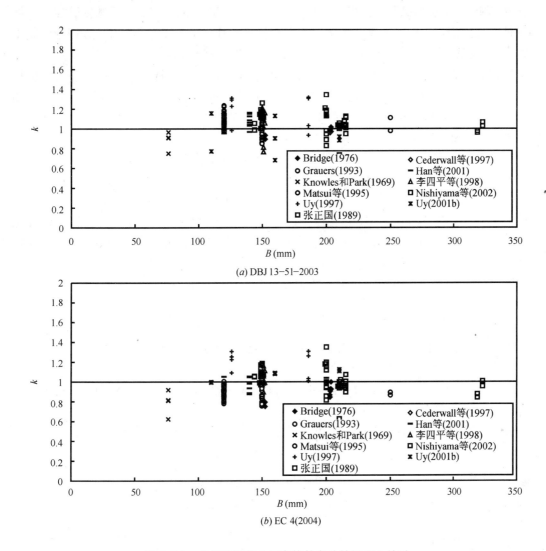

图 3.7-6　方钢管混凝土压弯构件实验结果 B-k 关系

3.8　规 程 比 较

3.8.1　引言

迄今为止，国内外已有不少规程或规范给出了钢管混凝土结构设计方面的规定。

国外主要有美国 ACI(2005) 和 AISC(2005)、日本 AIJ(1997)、英国 BS 5400(2005)、德国 DIN 18806(1997) 及欧洲 EC 4(2004) 等，这些规程中大都同时包括了圆形和方、矩形钢管混凝土结构设计方面的条文。其中，ACI(2005)、AIJ(1997)、AISC(2005)、BS 5400(2005) 及 EC 4(2004) 等较有代表性，应用也比较广泛。

我国近十几年来已先后颁布了几本有关钢管混凝土结构设计方面的规程，例如国家建筑材料工业局标准 JCJ 01-89，中国工程建设标准化协会标准 CECS 28：90(该规程目前正在修编中),中华人民共和国电力行业标准 DL/T 5085-1999 等给出了圆钢管混凝土结构设计方面的规定。中华人民共和国国家军用标准 GJB 4142-2000 给出了方钢管混凝土结构设计方面的条文,中国工程建设标准化协会标准 CECS 159:2004 给出了矩形钢管混凝土结构设计方面的条文。2003 年颁布实施的福建省工程建设标准《钢管混凝土结构技术规程》DBJ 13-51-2003 可适合于圆形和方、矩形钢管混凝土结构的计算。2003 年颁布的天津市工程建设标准《天津市钢结构住宅设计规程》DB 29-57-2003 中也给出了钢管混凝土结构计算方面的规定。

为了帮助读者了解不同设计规程在进行钢管混凝土构件承载力设计计算时的特点,并对其计算结果进行比较和判断,本书在建立了钢管混凝土实验结果数据库的基础上,对 ACI(2005)、AIJ(1997)、AISC(2005)、BS 5400(2005)、CECS 159:2004、DBJ 13-51-2003、DL/T 5085-1999、EC 4(2004) 和 GJB 4142-2000 等九部设计规程或规范中关于钢管混凝土设计方面的规定和构件承载力的计算方法进行了系统的分析和比较。

附录 A 给出了上述各类方法中有关钢管混凝土构件承载力的验算公式。

3.8.2 一般规定

表 3.8-1 给出了各规程的适用范围和一般规定。

对表 3.8-1 中涉及到的一些内容说明如下:

(1) 表中,D/t 或 B/t 为各规程对钢管混凝土截面径厚比或宽厚比的限值;e_{min} 为长柱计算时的最小荷载偏心距;α 为截面含钢率。

(2) 规程 ACI(2005) 中,$\alpha = A_s/A_{sc}$,$A_{sc} = A_s + A_c$,r 为构件截面回转半径,即

$$r = \sqrt{\frac{0.2E_cI_c + E_sI_s}{0.2E_cA_c + E_sA_s}}$$

$$\lambda_0 = 34 - 12(M_1/M_2) \leqslant 40$$

M_1 和 M_2 为构件计算长度范围内的最小和最大弯矩。

(3) 规程 AIJ(1997) 中,计算混凝土弹性模量时,对于普通混凝土,$\gamma = 2.3$;对于轻质混凝土,$\gamma = 1.7 \sim 2.1$。钢材屈服强度的规定是:$F = \min(f_y, 0.7f_u)$,若钢板厚度大于 40mm,则 $f_y = 215.6 \sim 333.2 \text{N/mm}^2$;$f_u$ 为钢材抗拉强度。考虑到内填混凝土可延缓空钢管的局部屈曲,规定构件的径(宽)厚比限值为空钢管结构的 1.5 倍。D_c 为核心混凝土的直径或边长。对于轴心受压构件,L/D 或 L/B 值应不超过 50;对于压弯构件,L/D 或 L/B 值应不超过 30。

(4) 规程 AISC(2005) 中,对于普通混凝土,混凝土圆柱体抗压强度不应低于 21N/mm²,也不应高于 70N/mm²;对于轻质混凝土,混凝土圆柱体抗压强度不应低于 21N/mm²,也不应高于 42N/mm²;w_c 为混凝土密度,且 $1500 \leqslant w_c \leqslant 2500 \text{kg/m}^3$;系数 $C_0 = 0.6 + 2\alpha$,$\alpha = A_s/A_{sc}$,$A_{sc} = A_s + A_c$。

(5) 规程 BS 5400(2005) 中,限制混凝土 28d 的立方体抗压强度不小于 20N/mm²,$\lambda = l_e/D$(对于圆钢管混凝土,D 为钢管横截面外直径);$\lambda = l_e/D$ 或 $\lambda = l_e/B$(对于矩形钢管混凝土,D、B 分别为钢管横截面长边和短边外边长),l_e 为构件有效计算长度;α_c 为

3.8 规程比较

各规程适用范围和规定比较 表 3.8-1

内容		ACI(2005)	AIJ(1997)	AISC(2005)	BS 5400(2005)	CECS 159:2004	DBJ 13-51-2003	DL/T 5085-1999	EC 4(2004)	GJB 4142-2000
适用截面形式		圆、方、矩形	圆、方、矩形	圆、方、矩形	圆、方、矩形	矩形	圆、方、矩形	圆形	圆、方、矩形	方形
混凝土标准试件		圆柱体	圆柱体	圆柱体	立方体	立方体	立方体	立方体	圆柱体	立方体
混凝土强度 (N/mm²)		≥17.2	≤58.8	21~70	≥20	30~80	30~90	30~60	20~50	30~60
物理参数	E_c(N/mm²)	$4700\sqrt{f'_c}$	$E_c = 21000 \frac{\sqrt{f'_c/19.6}}{}$	$0.043w_c^{1.5}\sqrt{f'_c}$	$450 f_{cu}$	需查表	需查表	需查表	$22000(f'_c/10)^{0.3}$	需查表
	γ_c	—	1.5	—	1.5	1.4	1.4	1.4	1.5	1.4
	γ_s	—	1.0	—	1.05	由钢材牌号确定	由钢材牌号确定	由钢材牌号确定	1.0	由钢材牌号确定
	f_y(N/mm²)	—	235.2~352.8	—	235~460	235~420	235~420	235~390	≤460	235~390
	E_s(N/mm²)	200000	205800	200000	205000	206000	206000	206000	210000	206000
	EI	$E_s I_s + 0.2E_c I_c$	$E_s I_s + 0.2E_c I_c$	$E_s I_s + C_0 E_c I_c$	$0.95E_s I_s + 0.45E_c I_c$	$E_s I_s + 0.8E_c I_c$	$E_s I_s + a_0 E_c I_c$	$K_2 E_{sc} I_{scm}$	$E_s I_s + 0.6E_c I_c$	$K_2 E_{sc} I_{scm}$
	EA	—	—	$0.15E_s/f_y$	$E_s A_s + E_c A_c$	与钢管截面的应力状态有关	$E_{sc} A_{sc}$	$E_{sc} A_{sc}$	$E_s A_s + E_c A_c$	$E_{sc} A_{sc}$
几何参数	D/t(圆形)	$\sqrt{8E_s/f_y}$	$1.5\times 240/(F/98)$	$2.26\sqrt{E_s/f_y}$	$\sqrt{8E_s/f_y}$	—	$150\left(\frac{235}{f_y}\right)$	100	$90\left(\frac{235}{f_y}\right)$	—
	B/t 或 D/t(方、矩形)	$\sqrt{3E_s/f_y}$	$1.5\times 74\sqrt{F/98}$	—	$\sqrt{3E_s/f_y}$	—	$60\sqrt{\frac{235}{f_y}}$	$52\sqrt{\frac{235}{f_y}}$	$40\sqrt{\frac{235}{f_y}}$	—
	λ	$L/r > \lambda_o$	$50D(B)$(轴压构件) $30D(B)$(压弯构件)	—	$55D$(圆) $65D(B)$(方、矩形)	—	$\lambda > \lambda_o$	$\lambda \leq [\lambda]$	$\bar\lambda \leq 2.0$	$\lambda \leq \lambda_o$
	长柱确定	$L/r > \lambda_o$	$L/D(B) > 12$	—	$L/D(B) > 12$	—	—	$\lambda > \lambda_o$	$\bar\lambda > 0.2$	$\lambda > \lambda_o$
	e_{min}(mm)	$15 + 0.03D(B)$	$0.05D_c$	—	$0.03D(B)$	—	—	—	—	—
	α	$\alpha \geq 1\%$	—	$\alpha \geq 1\%$	$0.1 < \alpha_c < 0.8$	$0.1 \leq \alpha_c \leq 0.7$	$0.3 \leq \xi \leq 4$	$0.04 \leq \alpha \leq 0.2$	$0.2 \leq \delta \leq 0.9$	$t_{min} = 4mm$

混凝土贡献系数,其计算公式见本书附录 A.4。

(6) 规程 CECS 159:2004 中,对于平行于弯曲轴的横截面外边长 b,截面宽厚比 b/t 应不大于 60ε,$\varepsilon = \sqrt{235/f_y}$,$f_y$ 为钢材的屈服强度;对于垂直于弯曲轴的横截面外边长 h,轴压、纯弯和压弯构件钢管管壁板件宽厚比的限值各不相同,对于轴压构件,$h/t \leqslant 60\varepsilon$,对于纯弯构件,$h/t \leqslant 150\varepsilon$,对于压弯构件,板件宽厚比的限值与板件最外边缘的最大最小应力有关,具体参见规程 CECS 159:2004 的 4.4.3 条。

(7) 规程 DBJ 13-51-2003 中,λ_0 为构件弹塑性失稳的界限长细比,见式(3.2-10);组合轴压刚度 EA 的计算公式见式(2.3-1);在计算组合抗弯刚度 EI 时,对于圆钢管混凝土,$a_0 = 0.8$;对于方、矩形钢管混凝土,$a_0 = 0.6$。

(8) 规程 DL/T 5085-1999 中,在计算组合抗弯刚度 EI 时,K_2 需查表,λ_0 为构件弹塑性失稳的界限长细比,组合轴压刚度 EA 的计算公式见本书附录 A.7。

(9) 规程 EC 4(2004)中,$\bar{\lambda}$ 为构件相对长细比,其计算公式见本书附录 A.8,δ 为钢材贡献系数,$\delta = (A_s f_{yd})/N_u$,$N_u$ 为构件强度承载力。

(10) 规程 GJB 4142-2000:在计算组合抗弯刚度 EI 时,系数 K_2 需查表确定,λ_0 为构件弹塑性失稳的界限长细比,组合轴压刚度 EA 的计算公式见本书附录 A.9。

3.8.3 计算结果比较

为了比较各规程在计算钢管混凝土压弯构件承载力时的差异,以下结合典型算例,给出了各规程在计算钢管混凝土轴压强度、轴压稳定系数、抗弯承载力和压弯构件轴力-弯矩相关关系之间的比较情况。

由于各设计规程中对材料分项系数取值规定不同和单位不同[如应力单位,ACI (2005) 用 ksi,AIJ(1997) 用 kg/cm^2,EC 4(2004) 用 N/mm^2 等],为了比较方便,本节所有单位都统一采用了国际单位,且钢材和混凝土强度指标均取标准值。此外,需要说明的是,本节暂没有区分各规程的适用范围。本节进行规程比较的目的只是为了便于读者从总体上了解各规程计算结果之间的差异。

3.8.3.1 轴压强度

图 3.8-1 给出不同混凝土强度情况下各规程计算得到的圆钢管混凝土 SI-α 关系,其中,SI 定义为钢管混凝土的承载力提高系数,$SI = N_u/N_{uo}$,式中,N_u 为各规程计算得到的轴压强度承载力,$N_{uo} = A_s f_y + A_c f_{ck}$,定义为钢管混凝土名义轴压极限承载力,其中 A_s 和 A_c 分别为钢管和核心混凝土的横截面面积,f_y 和 f_{ck} 为分别钢材的屈服强度和混凝土立方体抗压强度标准值;α 为截面含钢率,$\alpha = A_s/A_c$。本算例中,钢管混凝土截面外直径 $D = 400mm$,钢材屈服强度 $f_y = 345N/mm^2$。

从图 3.8-1 可以看出,除了规程 ACI(2005) 和 AISC(2005) 以外,其余规程计算得到的圆钢管混凝土的 SI 值随含钢率的增大总体呈增大的趋势。分析结果表明,在进行圆钢管混凝土轴压强度承载力计算时,规程 BS 5400(2005) 的计算结果最高;规程 EC 4(2004) 次之;规程 ACI(2005) 和 AISC(2005) 的计算结果非常接近,且计算结果最小,而其他规程的计算结果相对较为接近。比较图 3.8-1(a)、(b)、(c) 还可以发现,随着混凝土强度的提高,各规程计算结果的差别总体上趋于减小。

图 3.8-2 给出不同混凝土强度情况下各规程计算的方钢管混凝土 SI-α 的关系曲线,

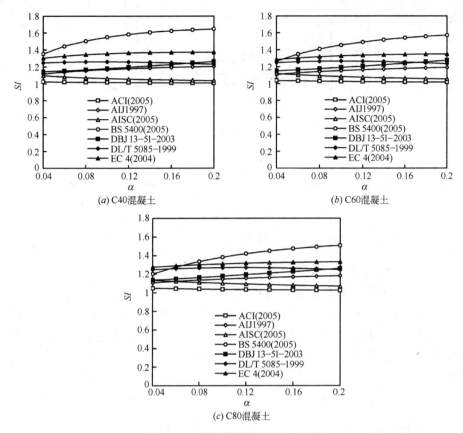

图 3.8-1 圆钢管混凝土 SI-α 关系

图中算例的计算条件为：截面外边长 $B=400\text{mm}$，钢材屈服强度 $f_y=345\text{N/mm}^2$。

从图 3.8-2 可以看出，与图 3.8-1 中圆钢管混凝土的 SI-α 曲线相比，各规程计算的方钢管混凝土 SI 值随含钢率的增大总体增大较平缓。在进行方钢管混凝土轴压强度承载力的计算时，规程 EC 4(2004) 和 GJB 4142-2000 的计算结果高于其他规程，且这两部规程的计算结果较为接近；规程 ACI(2005)、AIJ(1997)、AISC(2005)、BS 5400(2005)、CECS 159：2004 和 DBJ 13-51-2003 的计算结果较接近，且低于其他两部规程。

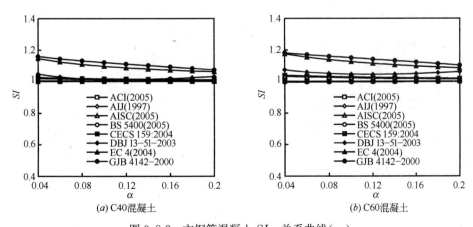

图 3.8-2 方钢管混凝土 SI-α 关系曲线（一）

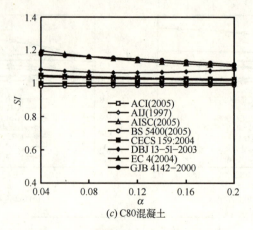

(c) C80混凝土

图 3.8-2　方钢管混凝土 SI-α 关系曲线(二)

3.8.3.2　轴压稳定系数

图 3.8-3 给出了不同参数情况下各规程计算得到的圆钢管混凝土 φ-λ 关系曲线，其中，稳定系数 $\varphi = N_{cr}/N_u$，N_{cr} 为各规程计算得到的构件轴压稳定承载力，N_u 为轴压强度承载力；λ 为构件长细比，$\lambda = 4L/D$，L 为构件的计算长度，D 为圆钢管混凝土横截面外直径。图中算例的计算条件为：$D = 400$mm，钢材屈服强度 $f_y = 345$N/mm^2。从图 3.8-3 可以看出，各规程计算的圆钢管混凝土轴压稳定系数 φ 随构件长细比的增大而减小。分析

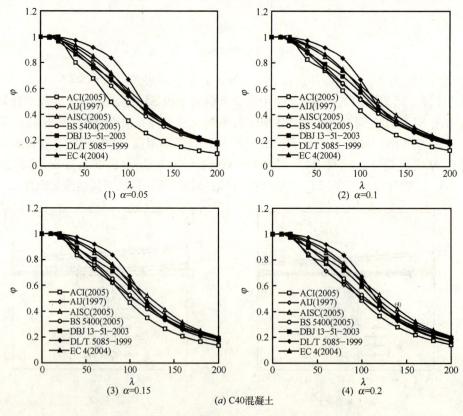

(a) C40混凝土

图 3.8-3　圆钢管混凝土轴压 φ-λ 关系曲线(一)

3.8 规程比较   **135**

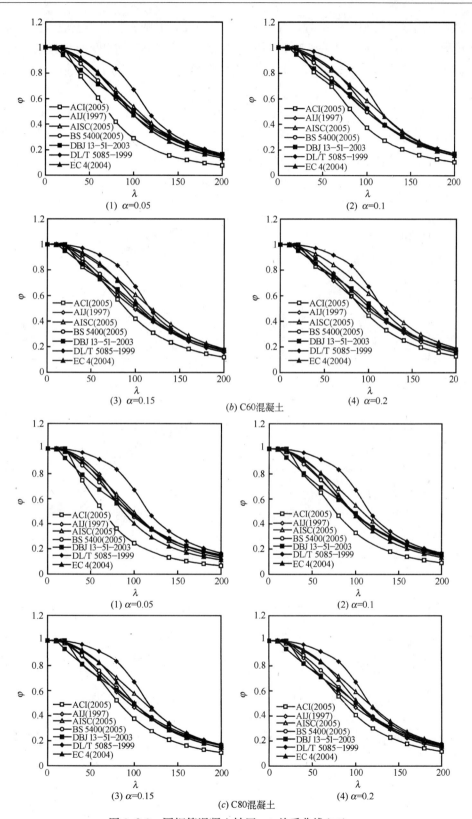

图 3.8-3 圆钢管混凝土轴压 φ-λ 关系曲线(二)

结果表明，当构件长细比一定时，规程 ACI(2005)计算的圆钢管混凝土轴压稳定系数 φ 较其他规程小；当构件长细比在 100 以下时，规程 DL/T 5085-1999 的计算结果最大，规程 EC 4(2004) 和 AISC(2005)其次；当构件长细比大于 100 时，总体上，规程 AISC(2005)的计算结果较大。

图 3.8-4 给出了不同参数情况下各规程计算得到的方钢管混凝土轴压 φ-λ 关系曲线，其中，稳定系数 $\varphi = N_{cr}/N_u$，N_{cr} 为各规程计算的构件轴压稳定承载力，N_u 为轴压强度承载力，λ 为构件长细比，$\lambda = 2\sqrt{3}L/B$，L 为构件计算长度，B 为方钢管混凝土截面外边长。图中算例的计算条件为：$B=400$mm，钢材屈服强度 $f_y = 345$N/mm^2。

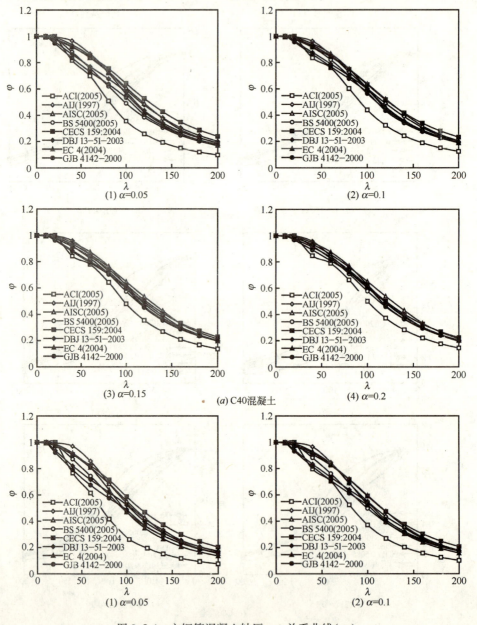

图 3.8-4 方钢管混凝土轴压 φ-λ 关系曲线(一)

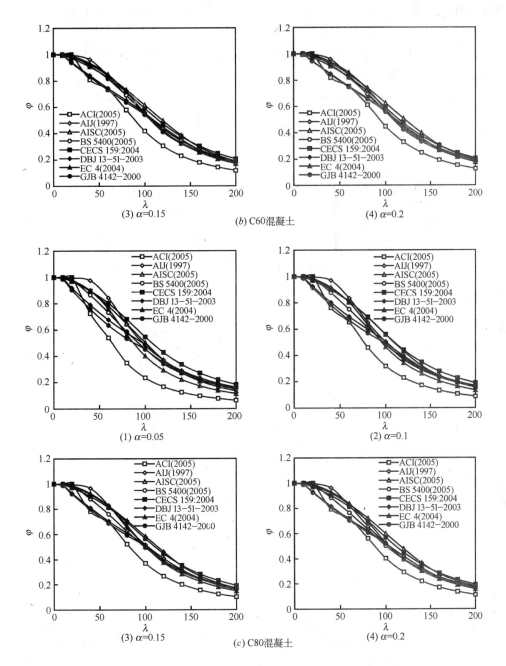

图 3.8-4 方钢管混凝土轴压 φ-λ 关系曲线(二)

从图 3.8-4 可以看出，各规程计算的方钢管混凝土轴压稳定系数 φ 随构件长细比的增大而减小。分析结果表明，规程 ACI(2005) 计算的轴压稳定系数 φ 最小，而其他规程的计算结果总体相差不大，在其他参数相同的情况下，混凝土强度越高，各规程计算的方钢管混凝土轴压稳定系数 φ 的差异也越大。

3.8.3.3 抗弯承载力

图 3.8-5 给出了不同参数情况下各规程计算得到的圆钢管混凝土 α-M_u 关系曲线。图

中算例的计算条件为：钢材屈服强度 $f_y=345\text{N}/\text{mm}^2$，选用了两种截面尺寸，$D=400\text{mm}$ 和 $D=800\text{mm}$。

从图 3.8-5 可见，各规程的 $\alpha\text{-}M_u$ 关系曲线随含钢率变化规律类似，表现为抗弯承载力 M_u 随含钢率 α 的增大而增大。

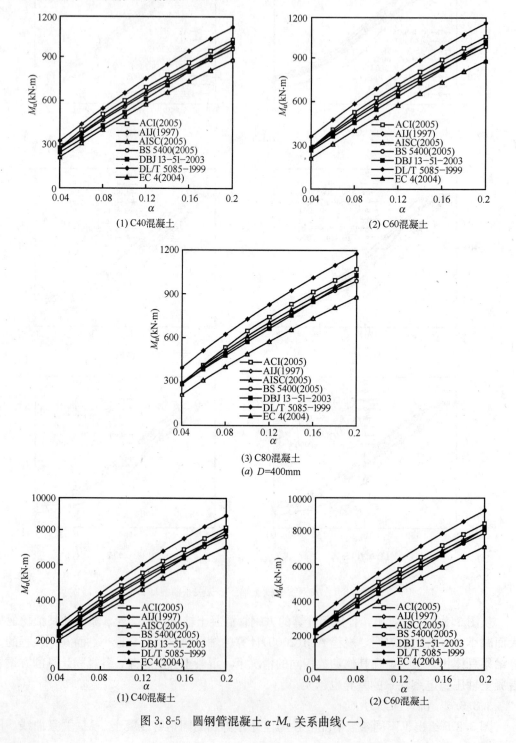

图 3.8-5　圆钢管混凝土 $\alpha\text{-}M_u$ 关系曲线（一）

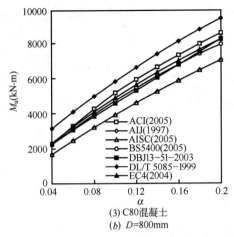

(3) C80混凝土
(b) D=800mm

图3.8-5 圆钢管混凝土 α-M_u 关系曲线(二)

从图 3.8-5 还可以看出，规程 DL/T 5085-1999 计算的抗弯承载力最高，规程 AIJ(1997)和 AISC(2005)计算的抗弯承载力最低，其他规程的计算结果总体差别不大。当构件截面尺寸一定时，混凝土强度越高，各规程计算结果的差异越大；当混凝土强度一定时，构件截面外直径越大，各规程计算结果的差异越大。

图 3.8-6 给出了不同参数情况下各规程计算得到的方钢管混凝土 α-M_u 关系曲线。图

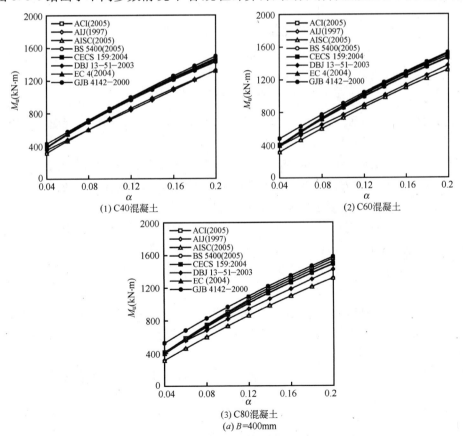

(a) B=400mm

图3.8-6 方钢管混凝土 α-M_u 关系曲线(一)

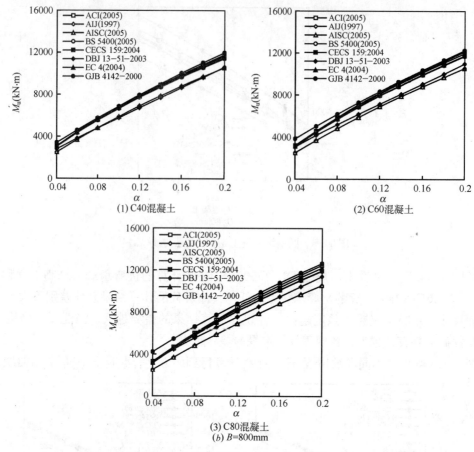

图 3.8-6 方钢管混凝土 α-M_u 关系曲线(二)

中算例的计算条件为：钢材屈服强度 $f_y=345\text{N/mm}^2$，计算时，同样也选用了两种截面尺寸，即 $B=400\text{mm}$ 和 $B=800\text{mm}$。

从图 3.8-6 可见，各规程计算的抗弯承载力 M_u 随含钢率 α 的增大而增大。与圆钢管混凝土相比，各规程计算的方钢管混凝土抗弯承载力更接近，当混凝土强度较低时，各规程的计算结果尤为接近，但当混凝土强度较高时，各规程计算结果的差异增大。从图 3.8-6 还可以看出，总体上规程 GJB 4142-2000 的计算结果最高，规程 AIJ(1997) 和 AISC(2005) 计算的抗弯承载力最低，其他各规程计算结果之间的差异不大。

3.8.3.4 压弯构件承载力相关关系

(1) 圆钢管混凝土

图 3.8-7 给出了不同含钢率情况下各规程计算的圆钢管混凝土压弯构件的轴力 N-弯矩 M 相关关系曲线。图中算例的计算条件为：横截面外直径 $D=400\text{mm}$，钢材屈服强度 $f_y=345\text{N/mm}^2$，C40 混凝土。

图 3.8-7(a) 给出了含钢率为 0.05 时各规程计算的 N-M 相关曲线的对比情况，可见，N-M 相关关系曲线的计算结果有一定的差别，尤其当构件长细比较小时，差异更大。

从图 3.8-7(a) 可见，当构件长细比小于 20 时，BS 5400(2005) 的计算结果最高；当构件长细比在 40~60 之间时，对于小偏压构件，DL/T 5085-1999 的计算结果最高，对于大偏压构件,则 EC 4(2004)的计算结果最高;当构件长细比大于 80 以后,DL/T 5085-1999 的计算结果最高,其他规程的计算结果差别不大。

从图 3.8-7(a)还可以看出,当构件长细比较小时,规程 AISC(2005)的计算结果最低,但构件长细比大于 80 以后,AISC(2005)的计算结果与其他规程相差不大。

图 3.8-7(b)给出了含钢率为 0.15 时各规程计算的 N-M 相关关系曲线,规律与含钢率为 0.05 的情况基本类似。所不同的是各规程计算的 N-M 相关关系曲线的差异相对变小。

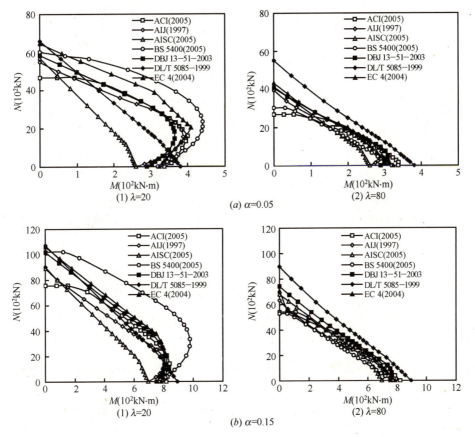

图 3.8-7 不同含钢率情况下圆钢管混凝土 N-M 相关关系曲线

(2) 方钢管混凝土

图 3.8-8 给出了不同含钢率情况下各规程计算的方钢管混凝土压弯构件轴力 N-弯矩 M 的相关关系曲线。图中算例的计算条件为:截面外边长 $B=400\text{mm}$,钢材屈服强度 $f_y=345\text{N/mm}^2$,C40 混凝土。

图 3.8-8(a)给出了含钢率为 0.05 时各规程计算的 N-M 相关关系曲线的对比情况,可见,各规程计算的方钢管混凝土压弯构件 N-M 相关关系曲线有一定的差别,尤其当构件长细比在 40 以下时,差别较大。当构件长细比较小时,规程 AISC(2005)的计算结果比其他规程低,而其他规程的计算结果差异相对较小;当构件长细比较大时,特别是构件长细比大于 80 以后,对于小偏压构件,规程 CECS 159:2004 的计算结果偏高。

图 3.8-8(b)给出了含钢率为 0.15 时各规程计算的 N-M 相关关系曲线,变化规律与含钢率为 0.05 时的相关关系曲线基本类似,所不同的是各规程计算的 N-M 相关关系曲线的

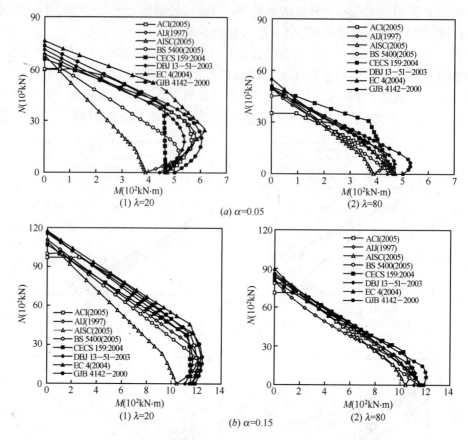

图 3.8-8 不同含钢率情况下方钢管混凝土 N-M 相关关系曲线

差异变小。

图 3.8-9 所示为不同长细比情况下圆钢管混凝土压弯构件 N-M 相关关系各规程计算结果与实验结果的对比情况,构件截面尺寸为 $D\times t=165.2\text{mm}\times 4.08\text{mm}$,钢材屈服强度 $f_y=352.8\text{N/mm}^2$,混凝土立方体抗压强度 $f_{cu}=50.9\text{N/mm}^2$。图 3.8-9 可以更直观地反映出各规程计算结果和实验结果之间的吻合程度。由图 3.8-9 可以看出,规程 DBJ 13-51-2003 和 EC 4(2004) 的计算结果与实验结果最为接近;规程 ACI(2005) 更适合于计算偏心率较大构件的承载力,而在计算偏心率较小构件的承载力时,计算结果与实验结果相比则过于安全;规程 AISC(2005) 更适合于计算长柱的承载力,而对于短柱,尤其是偏心率较大的情况,计算结果则偏于安全;在计算细长柱的承载力时,除了规程 DL/T 5085-1999 以外,其余各规程的计算结果与实验结果的吻合程度均较好。

图 3.8-10 所示为不同长细比情况下方钢管混凝土压弯构件 N-M 相关关系各规程计算结果与实验结果的对比情况,构件截面尺寸为 $B\times t=149.8\text{mm}\times 4.27\text{mm}$,钢材屈服强度 $f_y=411.6\text{N/mm}^2$,混凝土立方体抗压强度 $f_{cu}=37.9\text{N/mm}^2$。图 3.8-10 可以更直观地反映出各规程计算结果和实验结果之间的吻合程度。

由图 3.8-10 可见,规程 EC 4(2004)、GJB 4142-2000 和 DBJ 13-51-2003 的计算结果与实验结果最为接近,规程 ACI(2005) 更适合于计算偏心率较大构件的承载力,而在计算偏心率较小构件的承载力时,计算结果与实验结果相比则过于安全;规程 CECS

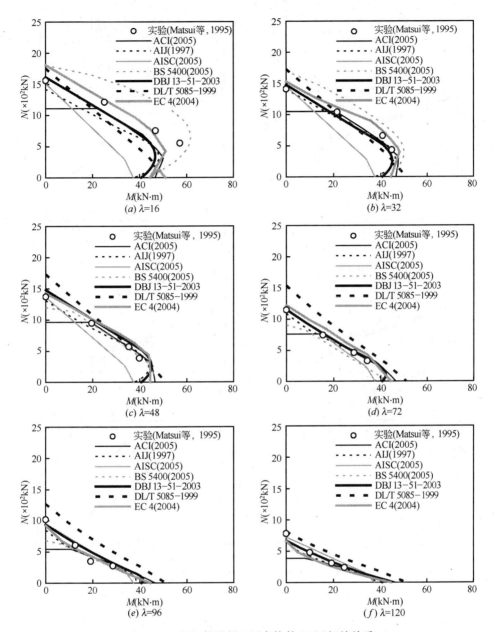

图 3.8-9 圆钢管混凝土压弯构件 N-M 相关关系

159：2004 更适合于计算中长柱和小偏心受压柱的承载力，而在计算偏心距较大细长柱的承载力时，计算结果与实验结果相比则偏大；规程 AISC(2005) 更适合于计算长柱的承载力，而对短柱，尤其是偏心率较大的情况，计算结果则明显偏于安全；而规程 AIJ(1997) 在计算短柱承载力时较为准确，但对长柱则过于保守；在计算细长柱的承载力时，除了规程 CECS 159：2004 和 GJB 4142-2000 以外，其余各规程的计算结果与实验结果的吻合程度均较好。

参考国家标准《建筑结构可靠度设计统一标准》GB 50068-2001 中的有关规定，可基于规程 DBJ 13-51-2003 中的有关设计公式（见本书附录 A.6），对钢管混凝土轴压、

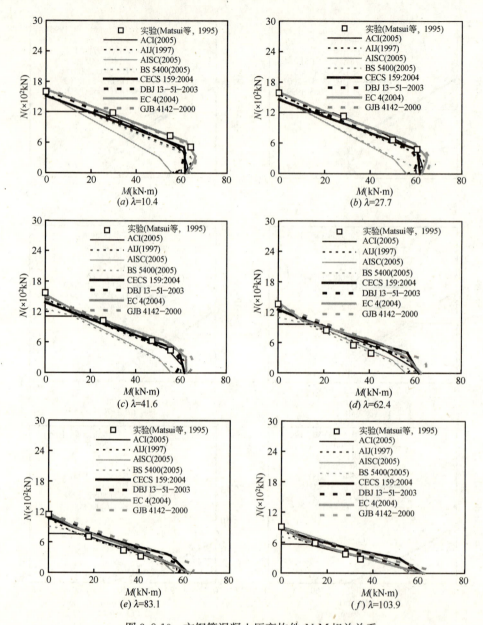

图 3.8-10 方钢管混凝土压弯构件 N-M 相关关系

纯弯和压弯构件进行可靠度分析(韩林海，2004，2007)。

3.9 小　结

对本章论述的内容简要归纳如下：

（1）基于理论计算和系统参数分析推导出的钢管混凝土构件在压（拉）、弯、扭、剪及其复合受力状态下的计算公式概念清晰，能够很好地反映组合结构的工作特点，计算结果总体上与实验结果吻合较好。

(2) 钢管混凝土的局压工作性能具有其自身的特点，钢管对核心混凝土的约束作用有利于局压强度的提高。本章给出了钢管混凝土局部受压的计算方法。

(3) 对实验结果的分析表明，规程 DBJ 13-51-2003 和 EC 4(2004)总体上可较好地反映截面尺寸效应的影响，在计算大尺寸钢管混凝土构件的承载力时是可行的。

(4) 在工程常用参数范围内，钢管混凝土柱有长期荷载作用时，其承载力最大降低幅度在 1‰～35‰之间。规程 DBJ 13-51-2003 提供的有关方法可方便地进行长期荷载作用影响的验算工作。

(5) 在工程常用参数范围内，钢管初应力的存在可使钢管混凝土构件的极限承载力最大降低 20% 左右。工程实际应用时，可采用规程 DBJ 13-51-2003 提供的有关方法进行验算。

(6) 本章细致地比较了不同规程的计算方法，以及各规程在计算钢管混凝土构件极限承载力时的差异。

第 4 章 抗 震 计 算

4.1 引 言

合理地确定钢管混凝土构件在往复荷载作用下的工作性能是进行该类结构抗震设计和计算的重要前提和基础。

本章拟探讨往复荷载作用下钢管混凝土梁柱极限承载力的计算方法，说明影响钢管混凝土构件滞回性能的重要因素，给出钢管混凝土构件弯矩-曲率和水平荷载-水平位移滞回关系模型、以及位移延性系数的实用计算方法。本章最后拟简要介绍带钢管混凝土边柱的混合结构剪力墙和钢管混凝土框架-核心剪力墙混合结构抗震性能的一些初步研究结果。

4.2 梁柱承载力的计算方法研究

地震作用下钢管混凝土柱的一种典型受力方式是：柱首先承受大小和方向都不变的轴向压力 N_0，再承受往复的水平荷载 P 或弯矩 M，本章暂称该类构件为钢管混凝土梁柱。

作者搜集了钢管混凝土梁柱极限承载力的实验结果，并利用规程 ACI(2005)、AIJ(1997)、AISC(2005)、BS5400(2005)、DL/T 5085-1999、DBJ 13-51-2003、EC 4(2004)、GJB 4142-2000 和数值方法(韩林海，2007)等几种方法对实验结果进行了计算，以期比较上述各类方法在计算钢管混凝土梁柱极限承载力时的差异。上述各规程的计算公式见本书附录 A。

由于各国设计规程中对材料分项系数取值的规定有所不同，为了使计算结果具有可比性，以下在采用这些方法进行钢管混凝土构件承载力的计算时，钢材和混凝土强度指标均取标准值。

4.2.1 圆钢管混凝土

表 4.2-1 给出各种方法计算获得的往复荷载作用下圆钢管混凝土梁柱水平承载力 P_{uc} 与实验结果 P_{ue} 的比较情况；表 4.2-2 为往复荷载作用下圆钢管混凝土梁柱抗弯承载力计算结果 M_{uc} 与实验结果 M_{ue} 的比较情况，表中，$\bar{x}$ 代表平均值，COV 代表均方差。计算时采用了规程 ACI(2005)、AIJ(1997)、AISC(2005)、BS 5400(2005)、DL/T 5085-1999、DBJ 13-51-2003、EC 4(2004) 和数值方法(韩林海，2007)等八种方法。

表 4.2-1 和表 4.2-2 中，D 为圆钢管横截面外直径；t 为钢管壁厚度；f_y 为钢材屈服强度；f_{cu} 为混凝土立方体抗压强度；n 为构件的轴压比，计算公式如下：

表 4.2-1 圆钢管混凝土梁柱水平承载力比较

序号	D (mm)	t (mm)	f_y (N/mm²)	f_{cu} (N/mm²)	n	P_{uc}/P_{ue}															试件个数	数据来源
						ACI (2005)		AIJ (1997)		AISC (2005)		BS 5400 (2005)		DBJ 13-51-2003		DL/T 5085-1999		EC 4 (2004)		数值方法(韩林海, 2007)			
						$\bar{x}$	COV	$\bar{x}$	COV	$\bar{x}$	COV	$\bar{x}$	COV	$\bar{x}$	COV	$\bar{x}$	COV	$\bar{x}$	COV	$\bar{x}$	COV		
1	300	5.7~7.7	384~400	42.6~43.2	0.29~0.47	0.595	0.106	0.559	0.153	0.371	0.073	0.796	0.008	0.567	0.090	0.528	0.078	0.655	0.068	0.695	0.014	2	AIJ(1997)
2	203	1.9~2.8	283~345	38.6~57.3	0.11~0.14	0.840	0.046	0.789	0.046	0.550	0.074	0.773	0.084	0.792	0.044	0.817	0.053	0.786	0.056	0.821	0.053	5	Boyd 等(1995)
3	324	6.4~9.5	372	48.8~114	0.25~0.49	0.674	0.049	0.662	0.065	0.359	0.046	0.768	0.055	0.628	0.056	0.546	0.054	0.720	0.041	0.693	0.035	6	Elremaily 和 Azizinamini(2002)
4	96~100	1.25~3	407~410	38.8~40.5	0.28~0.72	0.691	0.113	0.559	0.239	0.407	0.154	0.666	0.163	0.595	0.199	0.645	0.129	0.663	0.226	0.738	0.238	6	Fujinaga 等(1998)
5	108~133	3~4.7	308~511	22~56.2	0~0.78	0.804	0.194	0.617	0.288	0.585	0.246	0.691	0.249	0.798	0.240	0.853	0.227	0.692	0.299	0.835	0.170	10	韩林海(2007)
6	100	2	290	75	0~0.64	0.847	0.087	0.703	0.071	0.518	0.155	0.685	0.156	0.664	0.201	0.814	0.235	0.759	0.101	0.764	0.103	3	陶忠和于清(2006)
7	108	5	328	33.8	0.02~0.61	0.869	0.198	0.620	0.308	0.584	0.288	0.786	0.213	0.823	0.223	0.782	0.282	0.678	0.318	0.838	0.215	3	屠永清(1994)
8	108~165	2~5	267~359	26.5~34.9	0.06~0.59	0.614	0.151	0.527	0.150	0.413	0.135	0.747	0.148	0.580	0.126	0.582	0.154	0.650	0.153	0.728	0.127	18	钟善桐(1994)
总计	96~324	1.25~9.5	267~511	22~114	0~0.78	0.705	0.162	0.604	0.197	0.466	0.176	0.732	0.160	0.666	0.182	0.681	0.199	0.688	0.187	0.761	0.145	53	—

表 4.2-2 圆钢管混凝土梁柱抗弯承载力比较

M_{uc}/M_{ue}

序号	D (mm)	t (mm)	f_y (N/mm²)	f_{cu} (N/mm²)	n	ACI (2005) $\bar{x}$	COV	AIJ (1997) $\bar{x}$	COV	AISC (2005) $\bar{x}$	COV	BS 5400 (2005) $\bar{x}$	COV	DBJ 13-51-2003 $\bar{x}$	COV	DL/T 5085-1999 $\bar{x}$	COV	EC 4 (2004) $\bar{x}$	COV	数值方法 (韩林海, 2007) $\bar{x}$	COV	试件个数	数据来源
1	152	3.12	347	70	0.44~0.52	0.567	0.082	0.630	0.079	0.296	0.050	0.423	0.071	0.609	0.067	0.436	0.070	0.675	0.085	0.716	0.073	2	Fam 等(2004)
2	165~300	4.35~6.23	350~588	76.2	0.33~0.82	0.576	0.105	0.627	0.147	0.315	0.087	0.651	0.165	0.638	0.098	0.470	0.108	0.764	0.057	0.832	0.082	7	Ichinohe 等(1991)
3	160~241	4.5~9.1	338~806	43.1~103.9	0.32~0.49	0.503	0.122	0.570	0.105	0.378	0.059	0.748	0.040	0.668	0.071	0.467	0.095	0.674	0.091	0.810	0.072	9	Nishiyama 等(2002)
4	152	1.7	328	102	0~0.64	0.818	0.037	0.772	0.150	0.402	0.186	0.548	0.211	0.901	0.066	0.785	0.265	0.859	0.100	0.939	0.030	3	Prion 和 Boehme (1994)
5	325~336	3~6	303~312	34.4~47.6	0.48~0.5	0.626	0.128	0.629	0.211	0.264	0.037	0.764	0.112	0.681	0.179	0.421	0.011	0.730	0.127	0.888	0.044	2	Xiao 等(2005)
总计	152~336	1.7~9.1	303~806	34.4~103.9	0~0.82	0.583	0.141	0.624	0.136	0.345	0.093	0.666	0.154	0.685	0.119	0.503	0.78	0.731	0.100	0.832	0.086	23	—

$$n = \frac{N_o}{N_u} \quad (4.2\text{-}1)$$

式中，N_o 为作用在钢管混凝土柱上的轴压荷载；N_u 为构件轴心受压时的极限承载力，按式(3.2-11)确定。

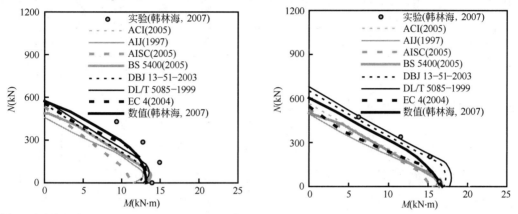

(a) $D \times t \times L = 114\text{mm} \times 3\text{mm} \times 1500\text{mm}$; $f_y = 307.8\text{N/mm}^2$; $f_{cu} = 38.9\text{N/mm}^2$ (b) $D \times t \times L = 108\text{mm} \times 4\text{mm} \times 1500\text{mm}$; $f_y = 356\text{N/mm}^2$; $f_{cu} = 22\text{N/mm}^2$

图 4.2-1 圆钢管混凝土梁柱 N-M 相关关系

图 4.2-1 所示为不同方法计算获得的圆钢管混凝土梁柱 N-M 相关关系与典型实验结果的对比情况。可见，与圆钢管混凝土梁柱的实验结果相比，各种计算方法获得极限承载力总体都偏于安全。

由表 4.2-1 和表 4.2-2 可见，总体上数值计算结果比实验结果低 16.8%～23.9%，与实验结果最为吻合；EC 4(2004) 和 BS 5400(2005) 的计算结果分别比实验结果低 26.9%～31.2% 和 26.8%～33.4%，DBJ 13-51-2003 和 ACI(2005) 的计算结果分别比实验结果低 31.5%～33.4% 和 30.5%～41.7%，AIJ(1997) 和 DL/T 5085-1999 的计算结果分别比实验结果低 37.6%～39.6% 和 31.9%～49.7%；而 AISC(2005) 的计算结果则比实验结果低 50% 以上，计算结果最为安全。

4.2.2 方、矩形钢管混凝土

表 4.2-3 和表 4.2-4 分别给出不同方法，即 ACI(2005)、AIJ(1997)、AISC(2005)、BS 5400(2005)、CECS 159:2004、DBJ 13-51-2003、EC 4(2004)、GJB 4142-2000 和数值方法(韩林海，2007)计算获得的往复荷载作用下方、矩形钢管混凝土梁柱水平承载力 P_{uc} 与实验结果 P_{ue} 和抗弯承载力 M_{uc} 与实验结果 M_{ue} 的比较情况，其中，$\bar{x}$ 代表平均值，COV 代表均方差。

表 4.2-3 和表 4.2-4 中，D 为钢管横截面长边外边长；B 为钢管横截面短边外边长；t 为钢管壁厚度；β 为截面高宽比($=D/B$)；f_y 为钢材屈服强度；f_{cu} 为混凝土立方体抗压强度，n 为构件的轴压比。

图 4.2-2 和图 4.2-3 所示为不同方法计算获得的方形和矩形钢管混凝土梁柱 N-M 相关关系与典型实验结果的对比情况。与圆钢管混凝土构件类似，在计算方、矩形钢管混凝土梁柱的极限承载力时，各计算方法获得的极限承载力总体上都偏于安全。

表 4.2-3 方、矩形钢管混凝土梁柱水平承载力比较

序号	D (mm)	B (mm)	t (mm)	β	f_y (N/mm²)	f_{cu} (N/mm²)	n	\multicolumn{18}{c	}{P_{uc}/P_{ue}}	试件个数	数据来源
								ACI (2005) $\bar{x}$	COV	AIJ (1997) $\bar{x}$	COV	AISC (2005) $\bar{x}$	COV	BS 5400 (2005) $\bar{x}$	COV	CECS 159: 2004 $\bar{x}$	COV	DBJ 13-51-2003 $\bar{x}$	COV	EC 4 (2004) $\bar{x}$	COV	GJB 4142-2000 $\bar{x}$	COV	数值方法 (韩林海, 2007) $\bar{x}$	COV		
1	250	250	5.8~7.7	1	359~371	46.3	0.34~0.54	0.671	0.144	0.635	0.198	0.411	0.104	0.507	0.148	0.622	0.146	0.545	0.156	0.731	0.122	0.678	0.165	0.722	0.122	2	AIJ(1997)
2	100~150	60~120	2.65~3	1~2	300~340	20.1~61.2	0.06~0.80	0.778	0.109	0.752	0.147	0.602	0.153	0.582	0.163	0.785	0.141	0.691	0.165	0.848	0.126	0.886	0.167	0.865	0.109	31	韩林海(2007)
3	125	125	3.2~6	1	351~439	28.9~50.7	0~0.39	0.928	0.068	0.878	0.084	0.775	0.077	0.836	0.098	0.909	0.062	0.843	0.073	0.944	0.074	0.969	0.077	0.962	0.067	35	Kang 等(1998)
4	200	200	3~5	1	283~314	39.5~48.1	0.33~0.79	0.549	0.120	0.466	0.151	0.250	0.095	0.295	0.118	0.460	0.146	0.351	0.142	0.599	0.112	0.473	0.148	0.573	0.122	11	吕西林和陆伟东(2000)
5	149	149	4.2~4.3	1	339~351	28.7~42.5	0.03~0.27	0.642	0.075	0.625	0.054	0.549	0.087	0.570	0.117	0.642	0.072	0.569	0.059	0.661	0.065	0.677	0.070	0.674	0.059	6	Morishita 和 Tomii(1982)
6	100	100	2.2~4.2	1	290~310	28.5~36.6	0.01~0.52	0.876	0.061	0.796	0.108	0.592	0.115	0.721	0.130	0.818	0.061	0.735	0.082	0.901	0.077	0.873	0.084	0.907	0.056	15	Sakino 和 Tomii(1981)
7	149	149	3.5	1	275	25.2	0.04~0.48	0.916	0.075	0.849	0.111	0.717	0.124	0.835	0.148	0.872	0.101	0.781	0.078	0.912	0.084	0.922	0.092	0.965	0.086	6	陶忠(2001)
8	100~120	100~120	2.75~3	1	276~340	58~75	0~0.68	0.754	0.124	0.723	0.085	0.523	0.163	0.550	0.224	0.724	0.100	0.611	0.185	0.790	0.075	0.742	0.192	0.764	0.124	7	陶忠和于清(2006)
9	305	305	5.8~8.9	1	259~660	120	0.14~0.31	0.745	0.083	0.781	0.094	0.521	0.111	0.569	0.108	0.686	0.115	0.730	0.087	0.769	0.095	0.888	0.094	0.773	0.096	8	Varma(2000)
总计	100~305	60~305	2.2~8.9	1~2	259~660	20.1~120	0~0.80	0.808	0.147	0.765	0.162	0.609	0.188	0.655	0.210	0.780	0.167	0.703	0.182	0.843	0.142	0.851	0.187	0.853	0.149	121	—

表 4.2-4 方、矩形钢管混凝土梁柱抗弯承载力比较

序号	D (mm)	B (mm)	t (mm)	β	f_y (N/mm²)	f_{cu} (N/mm²)	n	M_{uc}/M_{ue} ACI (2005) $\bar{x}$	COV	AIJ (1997) $\bar{x}$	COV	AISC (2005) $\bar{x}$	COV	BS 5400 (2005) $\bar{x}$	COV	CECS 159:2004 $\bar{x}$	COV	DBJ 13-51-2003 $\bar{x}$	COV	EC 4 (2004) $\bar{x}$	COV	GJB 4142-2000 $\bar{x}$	COV	数值方法(韩林海,2007) $\bar{x}$	COV	试件个数	数据来源
1	203	203	4.4~9.2	1	378~411	53.4~109.1	0.14~0.62	0.857	0.058	0.873	0.071	0.581	0.111	0.826	0.105	0.795	0.074	0.821	0.051	0.912	0.049	0.946	0.063	0.948	0.049	12	Hardika 和 Gardner(2004)
2	178~211	178~211	4.5~9.5	1	323~837	47.8~104.5	0.38~0.53	0.668	0.059	0.744	0.052	0.518	0.131	0.743	0.059	0.736	0.093	0.732	0.062	0.848	0.075	0.863	0.125	0.856	0.091	12	Nishiyama 等 (2002)
3	200~250	200~250	4.5~6	1	350~367	32.4~55.5	0.26~0.64	0.838	0.106	0.816	0.114	0.512	0.073	0.827	0.139	0.820	0.113	0.724	0.088	0.949	0.131	0.918	0.117	0.925	0.184	20	Shiba 和 Harada (1994)
总计	178~250	178~250	4.4~9.5	1	323~837	32.4~109.1	0.14~0.64	0.797	0.115	0.812	0.101	0.532	0.104	0.804	0.118	0.791	0.102	0.752	0.083	0.911	0.107	0.911	0.111	0.912	0.109	44	—

由表 4.2-3 和表 4.2-4 可见，数值方法、GJB 4142-2000 和 EC 4(2004)的计算结果比实验结果分别低 8.8%～14.7%、8.9%～14.9%和 8.9%～15.7%，与实验结果最为吻合；ACI(2005)、AIJ(1997)和 CECS 159：2004 的计算结果比实验结果分别低 19.2%～20.3%、18.8%～23.5%和 20.9%～22%；DBJ 13-51-2003 和 BS 5400(2005)的计算结果分别比实验结果低 24.8%～29.7%和 19.6%～34.5%；而 AISC(2005)的计算结果则比实验结果总体上低 39.1%～46.8%，计算结果最为安全。

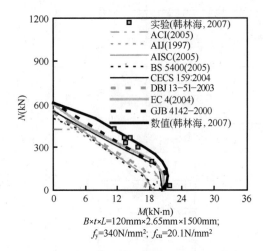

图 4.2-2 方钢管混凝土梁柱的 N-M 相关关系   图 4.2-3 矩形钢管混凝土梁柱 N-M 相关关系

需要说明的是，规程 ACI(2005)、AIJ(1997)、AISC(2005)、BS 5400(2005)、CECS 159：2004、DL/T 5085-1999、DBJ 13-51-2003、EC 4(2004)和 GJB 4142-2000 给出的钢管混凝土压弯构件承载力计算公式适用于一次加载的情况。本章用这些方法计算往复荷载作用下钢管混凝土构件极限承载力，其目的是为了考察这些方法在计算往复荷载作用下钢管混凝土构件极限承载力时的差异。

4.3 滞回性能的重要影响因素

4.3.1 钢管混凝土荷载-变形滞回关系的特点

图 4.3-1 所示为钢管混凝土压弯构件典型的弯矩-曲率滞回关系，可大致分为图示中的几个阶段(韩林海，2007)。弯矩-曲率骨架曲线的特点是无陡的下降段，转角延性好，其形状与不发生局部失稳钢构件类似，这是因为钢管混凝土构件中的混凝土受到了钢管的约束，在受力过程中不会发生因混凝土过早地被压碎而导致构件破坏的情况。此外，由于混凝土的存在可以避免或延缓钢管过早地发生局部

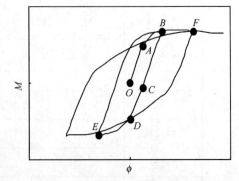

图 4.3-1 典型的 M-ϕ 滞回关系

屈曲，这样，由于组成钢管混凝土的钢管和其核心混凝土之间相互贡献、协同互补、共同工作的优势，可保证钢材和混凝土材料性能的充分发挥，其 M-ϕ 滞回曲线表现出良好的稳定性，曲线图形饱满，呈纺锤形，刚度退化和捏缩现象不显著，耗能性能良好。

韩林海(2007)对钢管混凝土构件的弯矩 M-曲率 ϕ 和水平荷载 P-水平位移 Δ 滞回关系曲线进行了计算和分析。下面简要论述影响钢管混凝土构件滞回关系的重要参数。

4.3.2 弯矩-曲率滞回关系的影响因素

骨架曲线是连接各次循环加载峰值点的曲线。研究结果表明，钢管混凝土构件的弯矩 M-曲率 ϕ 滞回曲线的骨架线与单调加载时的弯矩-曲率关系曲线(虚线)基本重合(韩林海，2004，2007；杨有福，2003，2005a)。图 4.3-2 所示为圆钢管混凝土构件弯矩-曲率滞回曲线与单调加载时弯矩-曲率曲线的对比情况。算例的基本计算条件为：$D=400\text{mm}$，Q345 钢，C60 混凝土，$L=4000\text{mm}$，$n=0.4$，$\alpha=0.1$。

影响钢管混凝土 M-ϕ 滞回关系曲线骨架线的可能因素主要有：含钢率 α、钢材屈服强度 f_y、混凝土强度 f_{cu} 和轴压比 n，对于矩形钢管混凝土还可能有截面高宽比 β。

计算结果表明，含钢率 α、钢材屈服强度 f_y、混凝土强度 f_{cu} 和轴压比 n 等参数对圆钢管混凝土和方、矩形钢管混凝土弯矩-曲率滞回曲线骨架线的影响规律基本类似。韩林海(2004，2007)以方、矩形钢管混凝土为例，说明了各参数的影响规律。

下面再以圆钢管混凝土构件为例，通过典型算例进行论述。算例的基本计算条件为：$D=400\text{mm}$，Q345 钢，C60 混凝土，$L=4000\text{mm}$，$n=0.4$，$\alpha=0.1$。

(1) 含钢率 α

图 4.3-3 所示为圆钢管混凝土构件在不同含钢率情况下的弯矩-曲率关系。可见，在其他条件相同的条件下，随着含钢率的提高，弯矩-曲率关系曲线弹性阶段的刚度都有所提高，屈服弯矩也越来越大。

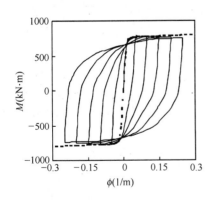

图4.3-2 M-ϕ 滞回关系曲线与单调加载曲线对比

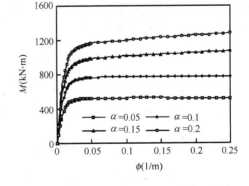

图 4.3-3 含钢率对 M-ϕ 骨架曲线的影响

(2) 钢材屈服强度 f_y

图 4.3-4 所示为钢材屈服强度对圆钢管混凝土构件弯矩-曲率关系曲线的影响。可见，在其他条件相同的条件下，钢材屈服强度对曲线弹性阶段的刚度几乎没有影响，这是因为钢材的弹性模量与其强度无关；随着钢材屈服强度的提高，构件的屈服弯矩也逐

渐增大。

(3) 混凝土强度 f_{cu}

图 4.3-5 所示为不同混凝土强度条件下圆钢管混凝土构件的弯矩-曲率关系曲线。可见,在其他条件相同的情况下,随着混凝土强度的逐渐提高,构件的屈服弯矩逐渐增大,而弹性阶段刚度则变化不大。

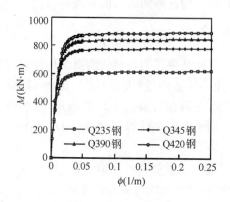

图 4.3-4　钢材屈服强度对 M-ϕ 骨架曲线的影响　　图 4.3-5　混凝土强度对 M-ϕ 骨架曲线的影响

(4) 轴压比 n

图 4.3-6 给出了不同轴压比 n 情况下圆钢管混凝土构件弯矩-曲率关系的变化规律。可见,n 对构件弹性阶段的刚度影响不大,这是因为,虽然随着 n 的增加,核心混凝土的受压面积不断增加,从而使截面的抗弯刚度有所提高,但是这种影响并不很大,原因在于:一方面,随着 n 的增大,核心混凝土的初始应力也增大,使混凝土的模量有一定降低;另一方面,由于在常用约束效应系数 ξ 的范围内,核心混凝土对截面抗弯刚度的贡献只占一小部分,使

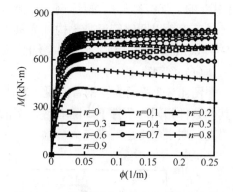

图 4.3-6　轴压比对 M-ϕ 骨架曲线的影响

混凝土受压面积的增加对截面抗弯刚度的影响不大。n 对截面屈服弯矩的影响是:当 n 较小时,n 的提高会使屈服弯矩有一定程度的增加;但当轴压比较大时,屈服弯矩却随 n 的增加而减小,这一特点与钢筋混凝土构件类似。

采用与计算弯矩-曲率关系曲线相类似的数值方法,可计算出钢管混凝土构件水平荷载 P-水平位移 Δ-滞回关系曲线。

计算结果表明,在如下参数范围,即 $n=0\sim0.8$,$\alpha=0.04\sim0.2$,$\lambda=10\sim80$,Q235~Q420 钢,C30~C80 混凝土,钢管混凝土构件 P-Δ 滞回关系曲线的骨架线无论有无下降段,曲线形状饱满,捏缩现象不明显。

图 4.3-7 所示为数值方法计算获得的钢管混凝土纯弯和压弯构件典型的 P-Δ 滞回关系曲线。

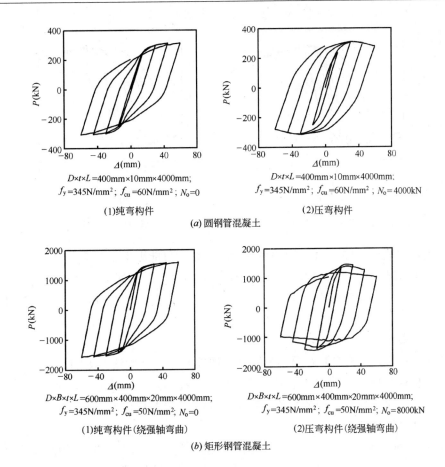

图 4.3-7 理论计算 P-Δ 滞回关系曲线

4.3.3 水平荷载-水平位移滞回关系的影响因素

计算结果表明,单调加载时钢管混凝土构件的水平荷载 P-水平位移 Δ 关系曲线与往复加载时水平荷载 P-水平位移 Δ 关系骨架线基本重合(韩林海,2004,2007)。

图 4.3-8 所示为圆钢管混凝土构件水平荷载-水平位移滞回曲线与单调加载时水平荷载-水平位移曲线的对比情况。算例的基本计算条件为:$D=400\text{mm}$,Q345 钢,C60 混凝土,$L=4000\text{mm}$,$n=0.4$。

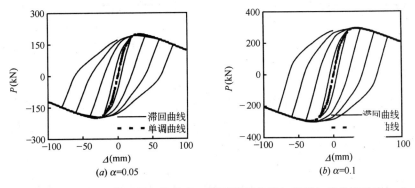

图 4.3-8 圆钢管混凝土构件 P-Δ 滞回关系曲线与单调加载曲线对比(一)

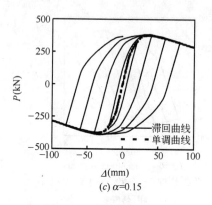 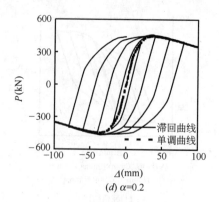

(c) $\alpha=0.15$ (d) $\alpha=0.2$

图 4.3-8 圆钢管混凝土构件 $P\text{-}\Delta$ 滞回关系曲线与单调加载曲线对比(二)

影响钢管混凝土构件 $P\text{-}\Delta$ 滞回关系曲线骨架线的可能因素主要有：含钢率 α、钢材屈服强度 f_y、混凝土强度 f_{cu}、轴压比 n 和构件长细比 λ。下面通过圆钢管混凝土构件的典型算例进行论述。算例基本计算条件为：$D=400\text{mm}$，Q345 钢，C60 混凝土，$L=4000\text{mm}$，$n=0.4$，$\alpha=0.1$。

(1) 含钢率 α

图 4.3-9 所示为含钢率 α 对圆钢管混凝土构件 $P\text{-}\Delta$ 骨架曲线的影响。可见，随着含钢率的提高，构件弹性阶段刚度和水平承载力都有所提高，下降段的下降幅度也略有减小，但含钢率总体上主要影响曲线的数值，对 $P\text{-}\Delta$ 关系曲线的形状则影响很小。

(2) 钢材屈服强度 f_y

图 4.3-10 所示为钢材屈服强度对圆钢管混凝土构件 $P\text{-}\Delta$ 骨架曲线的影响。可见，钢材屈服强度对 $P\text{-}\Delta$ 骨架曲线的形状影响不大，随着钢材屈服强度的增大，构件的水平承载力有增大的趋势。

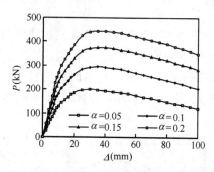

图 4.3-9 含钢率对 $P\text{-}\Delta$ 骨架曲线的影响   图 4.3-10 钢材屈服强度对 $P\text{-}\Delta$ 骨架曲线的影响

(3) 混凝土强度 f_{cu}

图 4.3-11 所示为混凝土强度对圆钢管混凝土构件 $P\text{-}\Delta$ 骨架曲线的影响。可见，混凝土强度的改变对构件弹性阶段的刚度影响不大，但随着混凝土强度的增大，构件的水平承载力有增大的趋势，而位移延性有减小的趋势。

(4) 轴压比 n

图 4.3-12 给出了不同轴压比 n 情况下圆钢管混凝土构件的 $P\text{-}\Delta$ 骨架曲线。

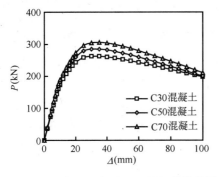
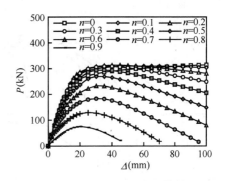

图 4.3-11 混凝土强度对 P-Δ 骨架曲线的影响　　图 4.3-12 轴压比对 P-Δ 骨架曲线的影响

由图 4.3-12 可见，当轴压比小于 0.3 时，随着轴压比的增大，构件的水平承载力有增大的趋势，当轴压比大于 0.3 时，随着轴压比的增大，构件的水平承载力逐渐减小。强化阶段的刚度随着轴压比的增大而逐渐减小，当轴压比达到一定数值时，其曲线将会出现下降段，且下降段的下降幅度随轴压比的增加而增大，构件的位移延性也越来越小。

从图 4.3-12 还可以看出，轴压比对曲线弹性阶段的刚度几乎没有影响，这是因为在弹性阶段，构件的变形很小，二阶效应并不明显，而且随着轴压比的增大，核心混凝土开裂面积会减少，这一因素又会使构件的刚度略有增加。

（5）长细比 λ

图 4.3-13 所示为不同长细比 λ 情况下圆钢管混凝土构件的 P-Δ 骨架曲线。可见，构件长细比不仅会影响曲线的数值，还会影响曲线的形状。随着 λ 的增加，弹性阶段和强化阶段的刚度越来越小，水平承载力也逐渐减小。

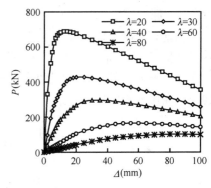

图 4.3-13 长细比对 P-Δ 骨架曲线的影响

4.4 弯矩-曲率滞回模型

采用数值方法可以较为准确地计算出钢管混凝土构件的 M-ϕ 关系曲线，从而可以较为深入地认识该类构件的工作特点，但不便于实际应用。韩林海（2004，2007）、杨有福（2003，2005a）提出了钢管混凝土构件 M-ϕ 滞回模型的简化确定方法，简要介绍如下。

4.4.1 圆钢管混凝土

经对计算结果的系统分析，发现在如下参数范围内，即 $n=0\sim0.8$，$\alpha=0.04\sim0.2$，Q235～Q420 钢，C30～C80 混凝土，圆钢管混凝土构件的 M-ϕ 滞回模型可采用图 4.4-1 所示的三线性模型，模型中有五个参数需要确定：弹性阶段刚度 K_e，屈服弯矩 M_y，A 点对应的弯矩 M_s，屈服曲率 ϕ_y 和第三段刚度 K_p，下面分别进行论述。

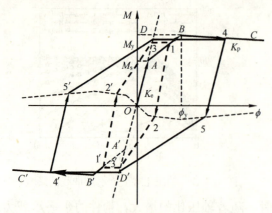

图 4.4-1 圆钢管混凝土 M-ϕ 滞回模型

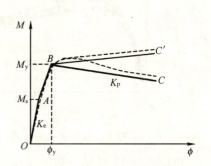

图 4.4-2 圆钢管混凝土屈服弯矩定义

(1) 弹性段刚度 K_e

弹性段刚度 K_e 可按式(2.3-13)确定,为了简化计算,也可近似采用 EC 4(2004)建议的公式,即 $K_e = E_s \cdot I_s + 0.6 \cdot E_c \cdot I_c$。

(2) 屈服弯矩 M_y

圆钢管混凝土构件 M-ϕ 关系曲线的特点是:当轴压比较小时,曲线有强化现象,而在其他情况下,曲线可能出现下降段,此时其 M_y 的取值即为峰值点处的弯矩值,如图 4.4-2 所示,图中虚线为数值计算结果。计算结果表明,圆钢管混凝土构件 M-ϕ 关系曲线上的屈服弯矩主要与含钢率 α、混凝土强度 f_{cu} 和轴压比 n 有关,表达式如下:

$$M_y = \frac{A_1 \cdot c + B_1}{(A_1 + B_1) \cdot (p \cdot n + q)} \cdot M_{yu} \tag{4.4-1}$$

$$A_1 = \begin{cases} -0.137 & (b \leqslant 1) \\ 0.118 \cdot b - 0.255 & (b > 1) \end{cases}$$

$$B_1 = \begin{cases} -0.468 \cdot b^2 + 0.8 \cdot b + 0.874 & (b \leqslant 1) \\ 1.306 - 0.1 \cdot b & (b > 1) \end{cases}$$

$$p = \begin{cases} 0.566 - 0.789 \cdot b & (b \leqslant 1) \\ -0.11 \cdot b - 0.113 & (b > 1) \end{cases}$$

$$q = \begin{cases} 1.195 - 0.34 \cdot b & (b \leqslant 0.5) \\ 1.025 & (b > 0.5) \end{cases}$$

式中,$b = \alpha/0.1$;$c = f_{cu}/60$,f_{cu} 需以 N/mm² 为单位代入。M_{yu} 为圆钢管混凝土构件的极限弯矩,可按式(3.2-32)确定。

(3) A 点对应的弯矩 M_s

A 点对应的弯矩 M_s 的表达式如下:

$$M_s = 0.6 M_y \tag{4.4-2}$$

(4) 曲率 ϕ_y

屈服弯矩 M_y 对应的曲率 ϕ_y 主要与 f_{cu} 和 n 有关,表达式如下:

$$\phi_y = 0.0135 \cdot (c+1) \cdot (1.51-n) \tag{4.4-3}$$

(5) 第三段刚度 K_p

计算结果表明，圆钢管混凝土构件弯矩-曲率关系曲线的第三段刚度 K_p 分为大于零（正刚度）和小于零（负刚度）两种情况。参数分析结果表明，影响 K_p 的参数主要包括：约束效应系数 ξ、轴压比 n 和混凝土强度 f_{cu}。通过对数值结果的回归分析，给出 K_p 的表达式如下：

$$K_p = \alpha_{do} \cdot K_e \tag{4.4-4}$$

式中，$\alpha_{do} = \alpha_d/1000$，系数 α_d 的确定方法如下：

当约束效应系数 $\xi > 1.1$ 时：

$$\alpha_d = \begin{cases} 2.2 \cdot \xi + 7.9 & (n \leqslant 0.4) \\ (7.7 \cdot \xi + 11.9) \cdot n - 0.88 \cdot \xi + 3.14 & (n > 0.4) \end{cases} \tag{4.4-5a}$$

当约束效应系数 $\xi \leqslant 1.1$ 时：

$$\alpha_d = \begin{cases} A \cdot n + B & (n \leqslant n_o) \\ C \cdot n + D & (n > n_o) \end{cases} \tag{4.4-5b}$$

式中 $n_o = (0.245 \cdot \xi + 0.203) \cdot c^{-0.513}$

$A = 12.8 \cdot c \cdot (\ln\xi - 1) + 5.4 \cdot \ln\xi - 11.5$

$B = c \cdot (0.6 - 1.1 \cdot \ln\xi) - 0.7 \cdot \ln\xi + 10.3$

$C = (68.5 \cdot \ln\xi - 32.6) \cdot \ln c + 46.8 \cdot \xi - 67.3$

$D = 7.8 \cdot \xi^{-0.8078} \cdot \ln c - 10.2\xi + 20$

(6) 模型软化段

图 4.4-1 所示的圆钢管混凝土构件弯矩-曲率滞回模型中，当从 1 点或 4 点卸载时，卸载线将按弹性刚度 K_e 进行卸载，并反向加载至 2 点或 5 点，2 点和 5 点纵坐标荷载值分别取 1 点和 4 点纵坐标弯矩值 0.2 倍；继续反向加载，模型进入软化段 $23'$ 或 $5D'$，点 $3'$ 和 D' 均在 OA 线的延长线上，其纵坐标值分别与 1（或 3）点和 4（或 D）点相同。随后，加载路径沿 $3'1'2'3$ 或 $D'4'5'D$ 进行，软化段 $2'3$ 和 $5D$ 的确定办法分别与 $23'$ 和 $5D'$ 类似。

4.4.2 方、矩形钢管混凝土

经对大量计算结果的分析，发现在如下参数范围内，即 $n = 0 \sim 0.8$，$\alpha = 0.04 \sim 0.2$，Q235～Q420 钢，C30～C80 混凝土，$\beta = 1 \sim 2$，方、矩形钢管混凝土构件的弯矩-曲率滞回模型，可采用图 4.4-3 所示的三线性模型。此模型有四个参数需要确定：弹性阶段的刚度 K_e、屈服弯矩 M_y、B 点对应的弯矩 M_B 和曲率 ϕ_B。

(1) 弹性段刚度 K_e

弹性段刚度 K_e 可按式(2.3-13)确定，为了简化计算，也可近似采用 AIJ(1997)建议的公式，即 $K_e = E_s \cdot I_s + 0.2 E_c \cdot I_c$。

(2) A 点屈服弯矩 M_y

对于方、矩形钢管混凝土构件，其弯矩-曲率关系曲线仅在轴压比较小的情况下才有较明显的强化现象，通常情况下，曲线上都存在着下降段，此时其 M_{yu} 的取值即为峰值点处的弯矩值，如图 4.4-4 所示。方、矩形钢管混凝土屈服弯矩 M_y 可表示为

$$M_y = M_{yu} \tag{4.4-6}$$

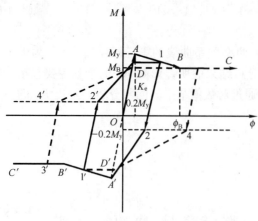
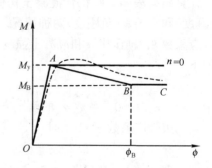

图 4.4-3 方、矩形钢管混凝土 M-ϕ 滞回模型　　图 4.4-4 方、矩形钢管混凝土屈服弯矩定义

式中，M_{yu} 为方、矩形钢管混凝土构件的极限弯矩，可按式(3.2-32)确定。

(3) B 点弯矩 M_B、曲率 ϕ_B

通过对方、矩形钢管混凝土往复荷载作用下弯矩-曲率关系骨架曲线的计算，发现 B 点对应的弯矩 M_B 和曲率 ϕ_B 可用如下表达式计算：

$$M_B = M_y \cdot (1-n)^{k_0} \tag{4.4-7}$$

$$\phi_B = 20 \cdot \phi_e \cdot (2-n) \tag{4.4-8}$$

式中，$k_0 = (\xi+0.4)^{-2}$，绕强轴(x-x)弯曲时：$\phi_e = 0.544 \cdot f_y/(E_s \cdot D)$；绕弱轴($y$-$y$)弯曲时：$\phi_e = 0.544 \cdot f_y/(E_s \cdot B)$。

由式(4.4-7)可以看出，当轴压比 n 为 0 时，模型中 B 点弯矩取值 M_B 和屈服弯矩 M_y 相等，此时骨架曲线将不存在下降段，如图 4.4-4 所示；同时还可以看出，随着轴压比的增大和约束效应系数的减小，M_B 的取值趋于减小，模型下降段的下降幅度趋于明显。

(4) 模型软化段

图 4.4-3 所示的方、矩形钢管混凝土构件弯矩-曲率滞回模型中，当从 1 点或 3 点卸载时，卸载线将按弹性刚度 K_e 进行卸载，并反向加载至 2 点或 4 点，2 点和 4 点纵坐标弯矩值取 $-0.2M_y$。继续反向加载，模型进入软化段，如果从 2 点进行加卸载历程上首次反向加载，模型沿 $2A'$ 进行反向加载。继续反向加载，加载路径沿骨架线 $A'B'C'$ 进行；如果加卸载过程中上次反方向加载超过 A' 点，达到 $1'$ 点，其弯矩值为 M_1，则模型从 4 点沿直线 $4D$ 进行，D 点为 OA 直线上弯矩值和 M_1 相等的点，然后沿水平线 $D1'$ 点达到骨架线上 $1'$ 点，再沿骨架线继续反向加载。当模型反向加载再正向卸载并加载时，模型的加卸载准则和正向加载的情况类似。

4.5 水平荷载-水平位移滞回模型

在大规模参数分析结果的基础上，韩林海(2007)、杨有福(2003，2005a)提出了钢管混凝土构件水平荷载 P-水平位移 Δ 滞回模型的简化确定方法，简要介绍如下。

4.5.1 圆钢管混凝土

经对大量计算结果的分析，发现在如下参数范围，即 $n=0\sim0.8$，$\alpha=0.04\sim0.2$，

$\lambda=10\sim80$，Q235～Q420 钢，C30～C80 混凝土，圆钢管混凝土构件的 P-Δ 滞回模型可采用图 4.5-1 所示的三线性模型，其中，A 点为骨架线弹性阶段的终点，B 点为骨架线峰值点，其水平荷载值为 P_y，A 点的水平荷载大小取 $0.6P_y$。模型中尚需考虑再加载时的软化问题，模型参数包括：弹性阶段的刚度 K_a、最大水平荷载 P_y 及其对应的位移 Δ_p 以及第三段刚度 K_T。

(1) 弹性刚度 K_a

由于轴压比对压弯构件弹性阶段的刚度影响很小，所以，圆钢管混凝土压弯构

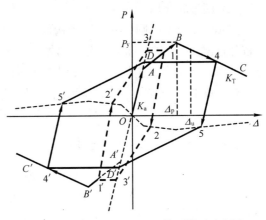

图 4.5-1 钢管混凝土 P-Δ 滞回模型示意图

件在弹性阶段的刚度可按与其相对应的纯弯构件刚度计算方法，弹性阶段刚度 K_a 的表达式如下：

$$K_a = 3K_e/L_1^3 \tag{4.5-1}$$

式中，K_e 可按 4.4 节中介绍的方法确定；$L_1=L/2$。

(2) 最大水平荷载 P_y 及其对应的位移 Δ_p

P_y 的数值主要与轴压比 n 和约束效应系数 ξ 有关，即

$$P_y = \begin{cases} 1.05 \cdot a \cdot M_u/L_1 & (1<\xi\leqslant 4) \\ a \cdot (0.2 \cdot \xi + 0.85) \cdot M_u/L_1 & (0.2\leqslant \xi \leqslant 1) \end{cases} \tag{4.5-2}$$

式中，$a = \begin{cases} 0.96 - 0.002 \cdot \xi & (0\leqslant n\leqslant 0.3) \\ (1.4 - 0.34 \cdot \xi) \cdot n + 0.1 \cdot \xi + 0.54 & (0.3<n<1) \end{cases}$；$M_u$ 为构件在一定轴压力作用下的抗弯承载力，可按式(3.2-33)确定；$L_1=L/2$。

计算结果表明：与最大水平荷载对应的位移 Δ_p 主要与钢材屈服强度 f_y，长细比 λ 及轴压比 n 有关，具体表达式如下：

$$\Delta_p = \frac{6.74 \cdot [(\ln r)^2 - 1.08 \cdot \ln r + 3.33] \cdot f_1(n)}{(8.7-s)} \cdot \frac{P_y}{K_a} \tag{4.5-3}$$

式中，$s = f_y/345$，f_y 需以 N/mm² 为单位代入；$r = \lambda/40$；

$$f_1(n) = \begin{cases} 1.336 \cdot n^2 - 0.044 \cdot n + 0.804 & (0\leqslant n\leqslant 0.5) \\ 1.126 - 0.02 \cdot n & (0.5<n<1) \end{cases}。$$

(3) BC 段刚度 K_T

BC 段刚度 K_T 的表达式如下：

$$K_T = \frac{0.03 \cdot f_2(n) \cdot f(r, \alpha) \cdot K_a}{(c^2 - 3.39 \cdot c + 5.41)} \tag{4.5-4}$$

式中，$c = f_{cu}/60$；

$$f_2(n) = \begin{cases} 3.043 \cdot n - 0.21 & (0\leqslant n\leqslant 0.7) \\ 0.5 \cdot n + 1.57 & (0.7<n<1) \end{cases};$$

$$f(r,\alpha) = \begin{cases} (8 \cdot \alpha - 8.6) \cdot r + 6 \cdot \alpha + 0.9 & (r\leqslant 1) \\ (15 \cdot \alpha - 13.8) \cdot r + 6.1 - \alpha & (r>1) \end{cases}。$$

(4) 模型软化段

图 4.5-1 所示的圆钢管混凝土构件 P-Δ 滞回模型中,当从 1 点或 4 点卸载时,卸载线将按弹性刚度 K_a 进行卸载,并反向加载至 2 点或 5 点,2 点和 5 点纵坐标荷载值分别取 1 点和 4 点纵坐标荷载值的 0.2 倍;继续反向加载,模型进入软化段 $23'$ 或 $5D'$,点 $3'$ 和 D' 均在 OA 线的延长线上,其纵坐标值分别与 1(或 3)点和 4(或 D)点相同。随后,加载路径沿 $3'1'2'3$ 或 $D'4'5'D$ 进行,软化段 $2'3$ 和 $5'D$ 的确定办法分别与 $23'$ 和 $5D'$ 类似。

4.5.2 方、矩形钢管混凝土

经对大量计算结果的分析,发现在如下参数范围内,即 $n=0 \sim 0.8$,$\alpha=0.04 \sim 0.2$,$\lambda=10 \sim 80$,Q235~Q420 钢,C30~C80 混凝土,$\beta=1 \sim 2$,方、矩形钢管混凝土构件 P-Δ 滞回模型可采用类似于如图 4.5-1 所示的模型,其中 A 点为骨架线弹性阶段的终点,B 点为骨架线峰值点,其极限荷载为 P_y,A 点的水平荷载大小取 $0.6P_y$。模型中尚需考虑再加载时的软化问题,模型参数包括:弹性阶段的刚度 K_a、最大水平荷载 P_y 及其对应的位移 Δ_p 以及第三段刚度 K_T。

(1) 弹性阶段刚度 K_a

由于轴压比对压弯构件弹性阶段的刚度影响很小,所以,方、矩形钢管混凝土压弯构件在弹性阶段的刚度可按与其相对应的纯弯构件刚度计算方法,弹性阶段刚度 K_a 可按式 (4.5-1) 计算,其中,K_e 按 4.4 节中介绍的方法计算,L 为构件计算长度。

(2) 最大水平荷载 P_y 及其对应的位移 Δ_p

根据对计算结果的分析,可得最大水平荷载 P_y 及其对应位移 Δ_p 的表达式如下:

$$P_y = \begin{cases} (2.5n^2 - 0.75n + 1) \cdot M_u/L_1 & (0 \leqslant n \leqslant 0.4) \\ (0.63n + 0.848) \cdot M_u/L_1 & (0.4 < n < 1) \end{cases} \quad (4.5\text{-}5)$$

其中,M_u 为构件在一定轴压力作用下的抗弯承载力,可按式(3.2-33)确定;$L_1 = L/2$。

$$\Delta_p = (1.7 + n + 0.5\xi) \cdot P_y/K_a \quad (4.5\text{-}6)$$

(3) 第三段刚度 K_T

数值计算结果表明,方、矩形钢管混凝土 P-Δ 滞回模型第三段刚度 K_T 可表示为:

$$K_T = \frac{-9.83 \cdot n^{1.2} \cdot \lambda^{0.75} \cdot f_y}{E_s \cdot \xi} \cdot K_a \quad (4.5\text{-}7)$$

当构件轴压比 n 较小或约束效应系数 ξ 较大时,K_T 的绝对值较小,图 4.5-1 所示曲线的 BC 段将趋于平缓。

(4) 模型软化段

图 4.5-1 所示的方、矩形钢管混凝土构件 P-Δ 滞回模型的卸载段具有如下特点:当从 1 点或 4 点卸载时,卸载线将按弹性刚度 K_a 进行卸载,并反向加载至 2 点或 5 点,2 点和 5 点纵坐标荷载值分别取 1 点和 4 点纵坐标荷载值 0.2 倍;继续反向加载,模型进入软化段 $23'$ 或 $5D'$,点 $3'$ 和 D' 均在 OA 线的延长线上,其纵坐标值分别与 1(或 3)点和 4(或 D)点相同。随后,加载路径沿 $3'1'2'3$ 或 $D'4'5'D$ 进行,软化段 $2'3$ 和 $5'D$ 的确定办法分别与 $23'$ 和 $5D'$ 类似。

4.6 构件位移延性系数

钢管混凝土构件的位移延性系数可定义为(韩林海,2004,2007):

$$\mu = \frac{\Delta_u}{\Delta_y} \quad (4.6\text{-}1)$$

式中,Δ_y 为屈服位移;Δ_u 为极限位移。

钢管混凝土构件 $P\text{-}\Delta$ 曲线没有明显的屈服点,屈服位移 Δ_y 的取法是取 $P\text{-}\Delta$ 骨架线弹性段延线与过峰值点的切线交点处的位移。极限位移 Δ_u 取承载力下降到峰值承载力的 85% 时对应的位移,如图 4.6-1 所示。

这样可导出 Δ_y 和 Δ_u 的计算公式如下:

$$\Delta_y = \frac{P_y}{K_a} \quad (4.6\text{-}2)$$

$$\Delta_u = \Delta_p - 0.15 \cdot \frac{P_y}{K_T} \quad (4.6\text{-}3)$$

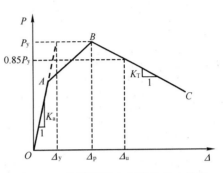

图 4.6-1 钢管混凝土典型的 $P\text{-}\Delta$ 关系

将式(4.6-2)和式(4.6-3)中的 P_y 由式(4.5-2)代入,K_a 由式(4.5-1)代入,Δ_p 和 K_T 分别由式(4.5-3)和式(4.5-4)代入,则可导出圆钢管混凝土构件位移延性系数的计算公式如下:

$$\mu = \frac{6.74 \cdot [(\ln r)^2 - 1.08 \cdot \ln r + 3.33] \cdot f_1(n)}{8.7 - s} \\ - \frac{5 \cdot (c^2 - 3.39 \cdot c + 5.41)}{f_2(n) \cdot f(r, \alpha)} \quad (4.6\text{-}4)$$

式(4.6-4)中各参数的确定方法见 4.5.1 节中的有关公式。式(4.6-4)的适用范围:$n = 0 \sim 0.8$, $\alpha = 0.04 \sim 0.2$, $\lambda = 10 \sim 80$, Q235~Q420 钢,C30~C80 混凝土。

将式(4.6-2)和式(4.6-3)中的 P_y 由式(4.5-5)代入,K_a 由式(4.5-1)代入,Δ_p 和 K_T 分别由式(4.4-6)和式(4.4-7)代入,则可导出方、矩形钢管混凝土构件位移延性系数的计算公式如下:

$$\mu = 1.7 + n + 0.5\xi + \frac{E_s \cdot \xi}{65.3 n^{1.2} \cdot \lambda^{0.75} \cdot f_y} \quad (4.6\text{-}5)$$

可见,位移延性系数 μ 只与材料强度、轴压比、长细比和含钢率有关,而与截面高宽比及绕强轴还是绕弱轴弯曲无关。

式(4.6-5)的适用范围:$n = 0 \sim 0.8$, $\alpha = 0.04 \sim 0.2$, $\lambda = 10 \sim 80$, Q235~Q420 钢,C30~C80 混凝土,$\beta = 1 \sim 2$。

表 4.6-1~表 4.6-8 给出部分情况下(钢材分别为 Q235、Q345、Q390、Q420;混凝土强度等级分别为 C30、C50、C70;含钢率 $\alpha = 0.04 \sim 0.2$ 和长细比 $\lambda = 20 \sim 40$),当轴压比 $n = 0.6 \sim 0.9$ 时钢管混凝土构件位移延性系数的计算值,表内中间值可采用插值法确定。

可见,在工程常用参数范围内,钢管混凝土构件的位移延性系数 μ 一般均大于 3,且大多数在 4 以上。

圆钢管混凝土构件位移延性系数($n=0.6$)

表 4.6-1

长细比 λ	含钢率 α	Q235 钢 混凝土			Q345 钢 混凝土			Q390 钢 混凝土			Q420 钢 混凝土		
		C30	C50	C70	C30	C50	C70	C30	C50	C70	C30	C50	C70
20	0.04	8.4	7.7	7.2	8.5	7.8	7.4	8.6	7.9	7.4	8.7	8.0	7.5
	0.05	8.5	7.8	7.3	8.7	7.9	7.5	8.8	8.0	7.5	8.8	8.1	7.6
	0.06	8.7	7.9	7.4	8.8	8.1	7.6	8.9	8.1	7.6	9.0	8.2	7.7
	0.07	8.8	8.0	7.5	9.0	8.2	7.7	9.1	8.3	7.7	9.1	8.3	7.8
	0.08	9.0	8.2	7.6	9.2	8.3	7.8	9.2	8.4	7.9	9.3	8.5	7.9
	0.09	9.2	8.3	7.8	9.4	8.5	7.9	9.4	8.6	8.0	9.5	8.6	8.1
	0.10	9.4	8.5	7.9	9.6	8.7	8.1	9.6	8.8	8.2	9.7	8.8	8.2
	0.11	9.6	8.7	8.1	9.8	8.9	8.2	9.9	8.9	8.3	9.9	9.0	8.4
	0.12	9.8	8.9	8.2	10.0	9.1	8.4	10.1	9.1	8.5	10.2	9.2	8.5
	0.13	10.1	9.1	8.4	10.3	9.3	8.6	10.4	9.4	8.7	10.4	9.4	8.7
	0.14	10.4	9.3	8.6	10.6	9.5	8.8	10.7	9.6	8.9	10.7	9.6	8.9
	0.15	10.7	9.6	8.9	10.9	9.8	9.0	11.0	9.9	9.1	11.0	9.9	9.2
	0.16	11.1	9.9	9.1	11.3	10.1	9.3	11.3	10.2	9.4	11.4	10.2	9.4
	0.17	11.5	10.2	9.4	11.7	10.4	9.6	11.7	10.5	9.6	11.8	10.5	9.7
	0.18	11.9	10.6	9.7	12.1	10.8	9.9	12.2	10.9	10.0	12.2	10.9	10.0
	0.19	12.4	11.0	10.1	12.6	11.2	10.3	12.7	11.3	10.3	12.8	11.3	10.4
	0.20	13.0	11.5	10.5	13.2	11.7	10.7	13.3	11.8	10.7	13.3	11.8	10.8
30	0.04	5.9	5.5	5.2	6.1	5.6	5.3	6.1	5.7	5.4	6.2	5.7	5.5
	0.05	6.0	5.5	5.2	6.1	5.7	5.4	6.2	5.7	5.5	6.2	5.8	5.5
	0.06	6.0	5.6	5.3	6.2	5.7	5.4	6.2	5.8	5.5	6.3	5.8	5.5
	0.07	6.1	5.6	5.3	6.2	5.8	5.5	6.3	5.8	5.5	6.3	5.9	5.6
	0.08	6.2	5.7	5.4	6.3	5.8	5.5	6.4	5.9	5.6	6.4	5.9	5.6
	0.09	6.2	5.8	5.4	6.4	5.9	5.6	6.4	6.0	5.6	6.5	6.0	5.7
	0.10	6.3	5.8	5.5	6.5	6.0	5.6	6.5	6.0	5.7	6.6	6.1	5.7
	0.11	6.4	5.9	5.5	6.5	6.0	5.7	6.6	6.1	5.8	6.6	6.1	5.8
	0.12	6.5	6.0	5.6	6.6	6.1	5.8	6.7	6.2	5.8	6.7	6.2	5.9
	0.13	6.6	6.0	5.7	6.7	6.2	5.8	6.8	6.2	5.9	6.8	6.3	5.9
	0.14	6.7	6.1	5.7	6.8	6.3	5.9	6.9	6.3	5.9	6.9	6.4	6.0
	0.15	6.8	6.2	5.8	6.9	6.3	6.0	7.0	6.4	6.0	7.0	6.4	6.1
	0.16	6.9	6.3	5.9	7.0	6.4	6.0	7.1	6.5	6.1	7.1	6.5	6.1
	0.17	7.0	6.4	6.0	7.1	6.5	6.1	7.2	6.6	6.2	7.2	6.6	6.2
	0.18	7.1	6.5	6.1	7.3	6.6	6.2	7.3	6.7	6.3	7.4	6.7	6.3
	0.19	7.2	6.6	6.2	7.4	6.7	6.3	7.4	6.8	6.4	7.5	6.8	6.4
	0.20	7.4	6.7	6.3	7.5	6.9	6.4	7.6	6.9	6.5	7.6	7.0	6.5
40	0.04	4.8	4.5	4.3	5.0	4.7	4.5	5.0	4.7	4.5	5.1	4.8	4.6
	0.05	4.9	4.6	4.4	5.0	4.7	4.5	5.1	4.8	4.5	5.1	4.8	4.6
	0.06	4.9	4.6	4.4	5.0	4.7	4.5	5.1	4.8	4.6	5.1	4.8	4.6
	0.07	4.9	4.6	4.4	5.1	4.8	4.5	5.1	4.8	4.6	5.2	4.9	4.6
	0.08	5.0	4.7	4.4	5.1	4.8	4.6	5.2	4.8	4.6	5.2	4.9	4.7
	0.09	5.0	4.7	4.5	5.2	4.8	4.6	5.2	4.9	4.7	5.2	4.9	4.7
	0.10	5.1	4.7	4.5	5.2	4.9	4.6	5.3	4.9	4.7	5.3	5.0	4.7
	0.11	5.1	4.8	4.5	5.2	4.9	4.7	5.3	5.0	4.7	5.3	5.0	4.8
	0.12	5.2	4.8	4.6	5.3	4.9	4.7	5.3	5.0	4.8	5.4	5.0	4.8
	0.13	5.2	4.8	4.6	5.3	5.0	4.7	5.4	5.0	4.8	5.4	5.1	4.8
	0.14	5.3	4.9	4.6	5.4	5.0	4.8	5.4	5.1	4.8	5.5	5.1	4.9
	0.15	5.3	4.9	4.7	5.4	5.1	4.8	5.5	5.1	4.9	5.5	5.2	4.9
	0.16	5.4	5.0	4.7	5.5	5.1	4.8	5.6	5.2	4.9	5.6	5.2	4.9
	0.17	5.4	5.0	4.8	5.6	5.2	4.9	5.6	5.2	4.9	5.6	5.2	5.0
	0.18	5.5	5.1	4.8	5.6	5.2	4.9	5.7	5.3	5.0	5.7	5.3	5.0
	0.19	5.6	5.1	4.8	5.7	5.3	5.0	5.7	5.3	5.0	5.8	5.4	5.1
	0.20	5.6	5.2	4.9	5.8	5.3	5.0	5.8	5.4	5.1	5.8	5.4	5.1

圆钢管混凝土构件位移延性系数($n=0.7$)　　　　表 4.6-2

长细比 λ	含钢率 α	Q235 钢 混凝土			Q345 钢 混凝土			Q390 钢 混凝土			Q420 钢 混凝土		
		C30	C50	C70	C30	C50	C70	C30	C50	C70	C30	C50	C70
20	0.04	7.7	7.1	6.7	7.9	7.3	6.9	8.0	7.4	7.0	8.0	7.4	7.0
	0.05	7.8	7.2	6.8	8.0	7.4	7.0	8.2	7.6	7.1	8.3	7.6	7.1
	0.06	7.9	7.3	6.9	8.1	7.5	7.2	8.3	7.7	7.2	8.4	7.7	7.3
	0.07	8.1	7.4	7.0	8.3	7.7	7.3	8.5	7.8	7.3	8.5	7.9	7.4
	0.08	8.2	7.5	7.1	8.4	7.7	7.3	8.6	7.9	7.4	8.7	8.0	7.5
	0.09	8.4	7.7	7.2	8.6	7.9	7.4	8.8	8.1	7.6	8.9	8.1	7.6
	0.10	8.6	7.8	7.3	8.7	8.0	7.5	9.0	8.2	7.7	9.1	8.3	7.8
	0.11	8.8	8.0	7.4	8.9	8.2	7.6	9.2	8.4	7.8	9.3	8.4	7.9
	0.12	9.0	8.1	7.6	9.1	8.3	7.8	9.4	8.6	8.0	9.5	8.6	8.1
	0.13	9.2	8.3	7.8	9.4	8.5	7.9	9.7	8.8	8.2	9.7	8.8	8.2
	0.14	9.4	8.5	7.9	9.6	8.7	8.1	9.9	9.0	8.4	10.0	9.1	8.4
	0.15	9.7	8.8	8.1	9.9	8.9	8.3	10.3	9.3	8.6	10.3	9.3	8.6
	0.16	10.0	9.0	8.3	10.2	9.2	8.5	10.6	9.5	8.8	10.6	9.6	8.9
	0.17	10.3	9.3	8.6	10.5	9.5	8.8	11.0	9.9	9.1	11.0	9.9	9.1
	0.18	10.7	9.6	8.8	10.9	9.8	9.0	11.4	10.2	9.4	11.4	10.3	9.5
	0.19	11.1	10.0	9.1	11.3	10.1	9.3	11.9	10.6	9.8	11.9	10.7	9.8
	0.20	11.6	10.4	9.5	11.8	10.5	9.7						
30	0.04	5.5	5.2	4.9	5.7	5.3	5.1	5.7	5.4	5.1	5.8	5.4	5.2
	0.05	5.6	5.2	5.0	5.7	5.3	5.1	5.8	5.4	5.1	5.8	5.5	5.2
	0.06	5.6	5.2	5.0	5.8	5.4	5.1	5.8	5.5	5.2	5.9	5.5	5.2
	0.07	5.7	5.3	5.0	5.8	5.4	5.2	5.9	5.5	5.2	5.9	5.5	5.3
	0.08	5.7	5.3	5.1	5.9	5.5	5.2	5.9	5.5	5.3	6.0	5.6	5.3
	0.09	5.8	5.4	5.1	5.9	5.5	5.3	6.0	5.6	5.3	6.0	5.6	5.4
	0.10	5.9	5.4	5.2	6.0	5.6	5.3	6.1	5.6	5.4	6.1	5.7	5.4
	0.11	5.9	5.5	5.2	6.1	5.6	5.4	6.1	5.7	5.4	6.2	5.7	5.5
	0.12	6.0	5.6	5.3	6.1	5.7	5.4	6.2	5.8	5.5	6.2	5.8	5.5
	0.13	6.1	5.6	5.3	6.2	5.8	5.5	6.3	5.8	5.5	6.3	5.9	5.6
	0.14	6.1	5.7	5.4	6.3	5.8	5.5	6.4	5.9	5.6	6.4	5.9	5.6
	0.15	6.2	5.8	5.4	6.4	5.9	5.6	6.4	6.0	5.6	6.5	6.0	5.7
	0.16	6.3	5.8	5.5	6.5	6.0	5.6	6.5	6.0	5.7	6.6	6.1	5.7
	0.17	6.4	5.9	5.6	6.6	6.1	5.7	6.6	6.1	5.8	6.7	6.2	5.8
	0.18	6.5	6.0	5.6	6.7	6.1	5.8	6.7	6.2	5.8	6.8	6.2	5.9
	0.19	6.6	6.1	5.7	6.8	6.2	5.9	6.8	6.3	5.9	6.9	6.3	6.0
	0.20	6.8	6.2	5.8	6.9	6.3	6.0	7.0	6.4	6.0	7.0	6.4	6.1
40	0.04	4.6	4.3	4.1	4.7	4.4	4.3	4.7	4.5	4.3	4.8	4.5	4.4
	0.05	4.6	4.3	4.2	4.7	4.5	4.3	4.8	4.5	4.3	4.8	4.6	4.4
	0.06	4.6	4.4	4.2	4.7	4.5	4.3	4.8	4.5	4.4	4.8	4.6	4.4
	0.07	4.6	4.4	4.2	4.8	4.5	4.3	4.8	4.6	4.4	4.9	4.6	4.4
	0.08	4.7	4.4	4.2	4.8	4.5	4.4	4.9	4.6	4.4	4.9	4.6	4.4
	0.09	4.7	4.4	4.3	4.8	4.6	4.4	4.9	4.6	4.4	4.9	4.7	4.5
	0.10	4.8	4.5	4.3	4.9	4.6	4.4	4.9	4.7	4.5	5.0	4.7	4.5
	0.11	4.8	4.5	4.3	4.9	4.6	4.4	5.0	4.7	4.5	5.0	4.7	4.5
	0.12	4.8	4.5	4.3	5.0	4.7	4.5	5.0	4.7	4.5	5.1	4.8	4.6
	0.13	4.9	4.6	4.4	5.0	4.7	4.5	5.1	4.7	4.5	5.1	4.8	4.6
	0.14	4.9	4.6	4.4	5.0	4.7	4.5	5.1	4.8	4.6	5.1	4.8	4.6
	0.15	5.0	4.6	4.4	5.1	4.8	4.6	5.1	4.8	4.6	5.2	4.9	4.6
	0.16	5.0	4.7	4.5	5.1	4.8	4.6	5.2	4.9	4.6	5.2	4.9	4.7
	0.17	5.1	4.7	4.5	5.2	4.8	4.6	5.2	4.9	4.7	5.3	4.9	4.7
	0.18	5.1	4.8	4.5	5.2	4.9	4.7	5.3	4.9	4.7	5.3	5.0	4.8
	0.19	5.2	4.8	4.6	5.3	4.9	4.7	5.3	5.0	4.8	5.4	5.0	4.8
	0.20	5.2	4.9	4.6	5.3	5.0	4.7	5.4	5.0	4.8	5.4	5.1	4.8

圆钢管混凝土构件位移延性系数($n=0.8$)　　　　　　　表 4.6-3

长细比 λ	含钢率 α	Q235 钢 混凝土			Q345 钢 混凝土			Q390 钢 混凝土			Q420 钢 混凝土		
		C30	C50	C70	C30	C50	C70	C30	C50	C70	C30	C50	C70
20	0.04	7.6	7.0	6.6	7.8	7.2	6.8	7.9	7.3	6.9	7.9	7.3	6.9
	0.05	7.7	7.1	6.7	7.9	7.3	6.9	8.0	7.4	7.0	8.0	7.4	7.0
	0.06	7.8	7.2	6.8	8.0	7.4	7.0	8.1	7.5	7.1	8.2	7.5	7.1
	0.07	8.0	7.3	6.9	8.2	7.5	7.1	8.2	7.6	7.2	8.3	7.6	7.2
	0.08	8.1	7.5	7.0	8.3	7.6	7.2	8.4	7.7	7.3	8.4	7.8	7.3
	0.09	8.3	7.6	7.1	8.5	7.8	7.3	8.5	7.8	7.4	8.6	7.9	7.4
	0.10	8.4	7.7	7.2	8.6	7.9	7.4	8.7	8.0	7.5	8.8	8.0	7.5
	0.11	8.6	7.9	7.4	8.8	8.0	7.5	8.9	8.1	7.6	8.9	8.2	7.7
	0.12	8.8	8.0	7.5	9.0	8.2	7.7	9.1	8.3	7.8	9.1	8.3	7.8
	0.13	9.0	8.2	7.7	9.2	8.4	7.8	9.3	8.5	7.9	9.4	8.5	8.0
	0.14	9.3	8.4	7.8	9.5	8.6	8.0	9.5	8.7	8.1	9.6	8.7	8.1
	0.15	9.6	8.6	8.0	9.7	8.8	8.2	9.8	8.9	8.3	9.9	8.9	8.3
	0.16	9.8	8.9	8.2	10.0	9.1	8.4	10.1	9.1	8.5	10.1	9.2	8.5
	0.17	10.2	9.1	8.5	10.3	9.3	8.6	10.4	9.4	8.7	10.5	9.5	8.8
	0.18	10.5	9.5	8.7	10.7	9.6	8.9	10.8	9.7	9.0	10.8	9.8	9.0
	0.19	11.0	9.8	9.0	11.1	10.0	9.2	11.2	10.1	9.3	11.3	10.1	9.3
	0.20	11.4	10.2	9.4	11.6	10.4	9.5	11.7	10.5	9.6	11.7	10.5	9.7
30	0.04	5.5	5.1	4.9	5.6	5.3	5.0	5.7	5.3	5.1	5.7	5.4	5.1
	0.05	5.5	5.2	4.9	5.7	5.3	5.1	5.7	5.4	5.1	5.8	5.4	5.2
	0.06	5.6	5.2	5.0	5.7	5.3	5.1	5.8	5.4	5.2	5.8	5.4	5.2
	0.07	5.6	5.2	5.0	5.8	5.4	5.1	5.8	5.4	5.2	5.9	5.5	5.2
	0.08	5.7	5.3	5.0	5.8	5.4	5.2	5.9	5.5	5.2	5.9	5.5	5.3
	0.09	5.7	5.3	5.1	5.9	5.5	5.2	5.9	5.5	5.3	6.0	5.6	5.3
	0.10	5.8	5.4	5.1	5.9	5.5	5.3	6.0	5.6	5.3	6.0	5.6	5.4
	0.11	5.9	5.4	5.2	6.0	5.6	5.3	6.1	5.6	5.4	6.1	5.7	5.4
	0.12	5.9	5.5	5.2	6.1	5.6	5.4	6.1	5.7	5.4	6.2	5.7	5.5
	0.13	6.0	5.6	5.3	6.1	5.7	5.4	6.2	5.8	5.5	6.2	5.8	5.5
	0.14	6.1	5.6	5.3	6.2	5.8	5.5	6.3	5.8	5.5	6.3	5.9	5.6
	0.15	6.2	5.7	5.4	6.3	5.8	5.5	6.4	5.9	5.6	6.4	5.9	5.6
	0.16	6.2	5.8	5.4	6.4	5.9	5.6	6.5	6.0	5.6	6.5	6.0	5.7
	0.17	6.3	5.8	5.5	6.5	6.0	5.7	6.5	6.1	5.7	6.6	6.1	5.8
	0.18	6.4	5.9	5.6	6.6	6.1	5.7	6.6	6.1	5.8	6.7	6.2	5.8
	0.19	6.6	6.0	5.7	6.7	6.2	5.8	6.8	6.2	5.9	6.8	6.3	5.9
	0.20	6.7	6.1	5.7	6.8	6.3	5.9	6.9	6.3	5.9	6.9	6.4	6.0
40	0.04	4.5	4.3	4.1	4.6	4.4	4.2	4.7	4.5	4.3	4.7	4.5	4.3
	0.05	4.5	4.3	4.1	4.7	4.4	4.3	4.7	4.5	4.3	4.8	4.5	4.4
	0.06	4.6	4.3	4.1	4.7	4.4	4.3	4.8	4.5	4.3	4.8	4.5	4.4
	0.07	4.6	4.3	4.2	4.7	4.5	4.3	4.8	4.5	4.4	4.8	4.6	4.4
	0.08	4.6	4.4	4.2	4.8	4.5	4.3	4.8	4.6	4.4	4.9	4.6	4.4
	0.09	4.7	4.4	4.2	4.8	4.5	4.3	4.9	4.6	4.4	4.9	4.6	4.4
	0.10	4.7	4.4	4.2	4.8	4.6	4.4	4.9	4.6	4.4	4.9	4.7	4.5
	0.11	4.7	4.5	4.3	4.9	4.6	4.4	4.9	4.6	4.5	5.0	4.7	4.5
	0.12	4.8	4.5	4.3	4.9	4.6	4.4	5.0	4.7	4.5	5.0	4.7	4.5
	0.13	4.8	4.5	4.3	4.9	4.7	4.5	5.0	4.7	4.5	5.0	4.7	4.5
	0.14	4.9	4.6	4.4	5.0	4.7	4.5	5.0	4.7	4.5	5.1	4.8	4.6
	0.15	4.9	4.6	4.4	5.0	4.7	4.5	5.1	4.8	4.5	5.1	4.8	4.6
	0.16	4.9	4.6	4.4	5.1	4.8	4.5	5.1	4.8	4.6	5.2	4.9	4.6
	0.17	5.0	4.7	4.5	5.1	4.8	4.6	5.2	4.9	4.6	5.2	4.9	4.7
	0.18	5.0	4.7	4.5	5.2	4.8	4.6	5.2	4.9	4.7	5.3	4.9	4.7
	0.19	5.1	4.8	4.5	5.2	4.9	4.7	5.3	4.9	4.7	5.3	5.0	4.7
	0.20	5.2	4.8	4.6	5.3	4.9	4.7	5.3	5.0	4.7	5.4	5.0	4.8

4.6 构件位移延性系数　　**167**

圆钢管混凝土构件位移延性系数($n=0.9$)　　表 4.6-4

长细比 λ	含钢率 α	Q235钢 混凝土			Q345钢 混凝土			Q390钢 混凝土			Q420钢 混凝土		
		C30	C50	C70	C30	C50	C70	C30	C50	C70	C30	C50	C70
20	0.04	7.5	7.0	6.6	7.7	7.1	6.7	7.8	7.2	6.8	7.8	7.3	6.9
	0.05	7.6	7.0	6.6	7.8	7.2	6.8	7.9	7.3	6.9	7.9	7.3	7.0
	0.06	7.8	7.1	6.7	7.9	7.3	6.9	8.0	7.4	7.0	8.1	7.4	7.0
	0.07	7.9	7.3	6.8	8.1	7.4	7.0	8.1	7.5	7.1	8.2	7.6	7.1
	0.08	8.0	7.4	6.9	8.2	7.5	7.1	8.3	7.6	7.2	8.3	7.7	7.2
	0.09	8.2	7.5	7.0	8.3	7.7	7.2	8.4	7.7	7.3	8.5	7.8	7.3
	0.10	8.3	7.6	7.2	8.5	7.8	7.3	8.6	7.9	7.4	8.6	7.9	7.5
	0.11	8.5	7.8	7.3	8.7	8.0	7.5	8.8	8.0	7.5	8.8	8.1	7.6
	0.12	8.7	7.9	7.4	8.9	8.1	7.6	9.0	8.2	7.7	9.0	8.2	7.7
	0.13	8.9	8.1	7.6	9.1	8.3	7.7	9.2	8.4	7.8	9.2	8.4	7.9
	0.14	9.2	8.3	7.7	9.3	8.5	7.9	9.4	8.6	8.0	9.5	8.6	8.0
	0.15	9.4	8.5	7.9	9.6	8.7	8.1	9.7	8.8	8.2	9.7	8.8	8.2
	0.16	9.7	8.8	8.1	9.9	8.9	8.3	10.0	9.0	8.4	10.0	9.1	8.4
	0.17	10.0	9.0	8.3	10.2	9.2	8.5	10.3	9.3	8.6	10.3	9.3	8.7
	0.18	10.4	9.3	8.6	10.6	9.5	8.8	10.6	9.6	8.9	10.7	9.6	8.9
	0.19	10.8	9.7	8.9	11.0	9.8	9.1	11.0	9.9	9.1	11.1	10.0	9.2
	0.20	11.3	10.0	9.2	11.4	10.2	9.4	11.5	10.3	9.5	11.6	10.3	9.5
30	0.04	5.4	5.1	4.8	5.5	5.2	5.0	5.6	5.3	5.0	5.7	5.3	5.1
	0.05	5.5	5.1	4.9	5.6	5.3	5.0	5.7	5.3	5.1	5.7	5.4	5.1
	0.06	5.5	5.1	4.9	5.6	5.3	5.1	5.7	5.4	5.1	5.7	5.4	5.2
	0.07	5.6	5.2	4.9	5.7	5.3	5.1	5.8	5.4	5.2	5.8	5.4	5.2
	0.08	5.6	5.2	5.0	5.7	5.4	5.1	5.8	5.4	5.2	5.9	5.5	5.2
	0.09	5.7	5.3	5.0	5.8	5.4	5.2	5.9	5.5	5.2	5.9	5.5	5.3
	0.10	5.7	5.3	5.1	5.9	5.5	5.2	5.9	5.5	5.3	6.0	5.6	5.3
	0.11	5.8	5.4	5.1	5.9	5.5	5.3	6.0	5.6	5.3	6.0	5.6	5.4
	0.12	5.9	5.4	5.2	6.0	5.6	5.3	6.1	5.6	5.4	6.1	5.7	5.4
	0.13	5.9	5.5	5.2	6.1	5.6	5.4	6.1	5.7	5.4	6.2	5.8	5.5
	0.14	6.0	5.6	5.3	6.1	5.7	5.4	6.2	5.8	5.5	6.3	5.8	5.5
	0.15	6.1	5.6	5.3	6.2	5.8	5.5	6.3	5.8	5.5	6.3	5.9	5.6
	0.16	6.2	5.7	5.4	6.3	5.8	5.5	6.4	5.9	5.6	6.4	6.0	5.6
	0.17	6.3	5.8	5.5	6.4	5.9	5.6	6.5	6.0	5.7	6.5	6.0	5.7
	0.18	6.4	5.9	5.5	6.5	6.0	5.7	6.6	6.1	5.7	6.6	6.1	5.8
	0.19	6.5	6.0	5.6	6.6	6.1	5.7	6.7	6.2	5.8	6.7	6.2	5.8
	0.20	6.6	6.0	5.7	6.7	6.2	5.8	6.8	6.3	5.9	6.8	6.3	5.9
40	0.04	4.5	4.2	4.1	4.6	4.4	4.2	4.7	4.4	4.3	4.7	4.5	4.3
	0.05	4.5	4.3	4.1	4.6	4.4	4.2	4.7	4.4	4.3	4.7	4.5	4.3
	0.06	4.5	4.3	4.1	4.7	4.4	4.2	4.7	4.5	4.3	4.8	4.5	4.3
	0.07	4.6	4.3	4.1	4.7	4.4	4.3	4.7	4.5	4.3	4.8	4.5	4.4
	0.08	4.6	4.3	4.2	4.7	4.5	4.3	4.8	4.5	4.3	4.8	4.6	4.4
	0.09	4.6	4.4	4.2	4.8	4.5	4.3	4.8	4.5	4.4	4.8	4.6	4.4
	0.10	4.7	4.4	4.2	4.8	4.5	4.3	4.8	4.6	4.4	4.9	4.6	4.4
	0.11	4.7	4.4	4.2	4.8	4.5	4.4	4.9	4.6	4.4	4.9	4.6	4.5
	0.12	4.7	4.4	4.3	4.9	4.6	4.4	4.9	4.6	4.4	5.0	4.7	4.5
	0.13	4.8	4.5	4.3	4.9	4.6	4.4	5.0	4.7	4.5	5.0	4.7	4.5
	0.14	4.8	4.5	4.3	4.9	4.6	4.4	5.0	4.7	4.5	5.0	4.7	4.5
	0.15	4.9	4.6	4.3	5.0	4.7	4.5	5.0	4.7	4.5	5.1	4.8	4.6
	0.16	4.9	4.6	4.4	5.0	4.7	4.5	5.1	4.8	4.6	5.1	4.8	4.6
	0.17	4.9	4.6	4.4	5.1	4.8	4.5	5.1	4.8	4.6	5.2	4.8	4.6
	0.18	5.0	4.7	4.4	5.1	4.8	4.6	5.2	4.9	4.6	5.2	4.9	4.7
	0.19	5.0	4.7	4.5	5.2	4.8	4.6	5.2	4.9	4.7	5.3	4.9	4.7
	0.20	5.1	4.8	4.5	5.2	4.9	4.7	5.3	4.9	4.7	5.3	5.0	4.7

方、矩形钢管混凝土构件位移延性系数（$n=0.6$） 表 4.6-5

长细比 λ	含钢率 α	Q235 钢 混凝土			Q345 钢 混凝土			Q390 钢 混凝土			Q420 钢 混凝土		
		C30	C50	C70	C30	C50	C70	C30	C50	C70	C30	C50	C70
20	0.04	3.8	3.2	2.9	3.9	3.2	3.0	3.9	3.3	3.0	4.0	3.3	3.0
	0.05	4.1	3.4	3.1	4.3	3.5	3.1	4.3	3.5	3.1	4.4	3.5	3.2
	0.06	4.5	3.6	3.2	4.7	3.7	3.3	4.7	3.8	3.3	4.8	3.8	3.3
	0.07	4.9	3.8	3.4	5.1	3.9	3.4	5.1	4.0	3.5	5.2	4.0	3.5
	0.08	5.2	4.1	3.5	5.5	4.2	3.6	5.5	4.2	3.7	5.6	4.3	3.7
	0.09	5.6	4.3	3.7	5.8	4.4	3.8	5.9	4.5	3.8	6.0	4.5	3.8
	0.10	6.0	4.5	3.8	6.2	4.7	3.9	6.4	4.7	4.0	6.4	4.8	4.0
	0.11	6.3	4.7	4.0	6.6	4.9	4.1	6.8	5.0	4.2	6.8	5.0	4.2
	0.12	6.7	4.9	4.1	7.0	5.1	4.3	7.2	5.2	4.3	7.3	5.3	4.4
	0.13	7.1	5.1	4.3	7.4	5.4	4.4	7.6	5.4	4.5	7.7	5.5	4.5
	0.14	7.4	5.4	4.4	7.8	5.6	4.6	8.0	5.7	4.7	8.1	5.8	4.7
	0.15	7.8	5.6	4.6	8.2	5.8	4.8	8.4	5.9	4.8	8.5	6.0	4.9
	0.16	8.2	5.8	4.7	8.6	6.1	4.9	8.8	6.2	5.0	8.9	6.2	5.1
	0.17	8.5	6.0	4.9	9.0	6.3	5.1	9.2	6.4	5.2	9.3	6.5	5.2
	0.18	8.9	6.2	5.0	9.4	6.5	5.3	9.6	6.7	5.3	9.7	6.7	5.4
	0.19	9.3	6.5	5.2	9.8	6.8	5.4	10.0	6.9	5.5	10.1	7.0	5.6
	0.20	9.6	6.7	5.4	10.2	7.0	5.6	10.4	7.1	5.7	10.6	7.2	5.7
30	0.04	3.4	3.0	2.8	3.6	3.0	2.8	3.6	3.1	2.8	3.6	3.1	2.9
	0.05	3.7	3.2	2.9	3.9	3.3	3.0	3.9	3.3	3.0	4.0	3.3	3.0
	0.06	4.0	3.3	3.0	4.2	3.4	3.1	4.2	3.5	3.1	4.3	3.5	3.1
	0.07	4.3	3.5	3.1	4.5	3.6	3.2	4.6	3.7	3.3	4.6	3.7	3.3
	0.08	4.6	3.7	3.3	4.8	3.8	3.3	4.9	3.9	3.4	5.0	3.9	3.4
	0.09	4.9	3.8	3.4	5.1	4.0	3.5	5.2	4.0	3.5	5.3	4.1	3.5
	0.10	5.2	4.0	3.5	5.4	4.2	3.6	5.5	4.2	3.7	5.6	4.3	3.7
	0.11	5.4	4.2	3.6	5.7	4.4	3.7	5.9	4.4	3.8	6.0	4.5	3.8
	0.12	5.7	4.3	3.7	6.1	4.5	3.9	6.2	4.6	3.9	6.3	4.7	4.0
	0.13	6.0	4.5	3.8	6.4	4.7	4.0	6.5	4.8	4.1	6.6	4.9	4.1
	0.14	6.3	4.7	4.0	6.7	4.9	4.1	6.8	5.0	4.2	7.0	5.1	4.2
	0.15	6.6	4.9	4.1	7.0	5.1	4.3	7.2	5.2	4.3	7.3	5.3	4.4
	0.16	6.9	5.0	4.2	7.3	5.3	4.4	7.5	5.4	4.5	7.6	5.5	4.5
	0.17	7.2	5.2	4.3	7.6	5.5	4.5	7.8	5.6	4.6	7.9	5.7	4.7
	0.18	7.4	5.4	4.4	7.9	5.7	4.7	8.1	5.8	4.7	8.3	5.9	4.8
	0.19	7.7	5.5	4.6	8.3	5.9	4.8	8.5	6.0	4.9	8.6	6.1	4.9
	0.20	8.0	5.7	4.7	8.6	6.0	4.9	8.8	6.2	5.0	8.9	6.3	5.1
40	0.04	3.3	2.9	2.7	3.4	2.9	2.7	3.4	3.0	2.8	3.5	3.0	2.8
	0.05	3.5	3.0	2.8	3.6	3.1	2.9	3.7	3.1	2.9	3.7	3.2	2.9
	0.06	3.8	3.2	2.9	3.9	3.3	3.0	4.0	3.3	3.0	4.0	3.3	3.0
	0.07	4.0	3.3	3.0	4.2	3.4	3.1	4.3	3.5	3.1	4.3	3.5	3.1
	0.08	4.2	3.5	3.1	4.5	3.6	3.2	4.5	3.6	3.2	4.6	3.7	3.3
	0.09	4.5	3.6	3.2	4.7	3.7	3.3	4.8	3.8	3.4	4.9	3.8	3.4
	0.10	4.7	3.7	3.3	5.0	3.9	3.4	5.1	4.0	3.5	5.2	4.0	3.5
	0.11	5.0	3.9	3.4	5.3	4.1	3.5	5.4	4.1	3.6	5.5	4.2	3.6
	0.12	5.2	4.0	3.5	5.5	4.2	3.6	5.7	4.3	3.7	5.8	4.4	3.7
	0.13	5.4	4.2	3.6	5.8	4.4	3.8	5.9	4.5	3.8	6.0	4.5	3.9
	0.14	5.7	4.3	3.7	6.1	4.6	3.9	6.2	4.6	3.9	6.3	4.7	4.0
	0.15	5.9	4.5	3.8	6.3	4.7	4.0	6.5	4.8	4.1	6.6	4.9	4.1
	0.16	6.2	4.6	3.9	6.6	4.9	4.1	6.8	5.0	4.2	6.9	5.1	4.2
	0.17	6.4	4.8	4.0	6.9	5.0	4.2	7.1	5.1	4.3	7.2	5.2	4.3
	0.18	6.7	4.9	4.1	7.1	5.2	4.3	7.4	5.3	4.4	7.5	5.4	4.5
	0.19	6.9	5.0	4.2	7.4	5.4	4.4	7.6	5.5	4.5	7.8	5.6	4.6
	0.20	7.1	5.2	4.3	7.7	5.5	4.5	7.9	5.6	4.6	8.1	5.7	4.7

方、矩形钢管混凝土构件位移延性系数（n=0.7）　　表 4.6-6

长细比 λ	含钢率 α	Q235 钢 混凝土			Q345 钢 混凝土			Q390 钢 混凝土			Q420 钢 混凝土		
		C30	C50	C70	C30	C50	C70	C30	C50	C70	C30	C50	C70
20	0.04	3.7	3.2	2.9	3.8	3.2	3.0	3.8	3.2	3.0	3.8	3.3	3.0
	0.05	4.0	3.3	3.1	4.1	3.4	3.1	4.2	3.5	3.1	4.2	3.5	3.2
	0.06	4.3	3.5	3.2	4.5	3.6	3.3	4.5	3.7	3.3	4.6	3.7	3.3
	0.07	4.6	3.7	3.3	4.8	3.8	3.4	4.9	3.9	3.4	4.9	3.9	3.5
	0.08	4.9	3.9	3.4	5.1	4.0	3.5	5.2	4.1	3.6	5.3	4.1	3.6
	0.09	5.2	4.1	3.6	5.5	4.2	3.7	5.6	4.3	3.7	5.6	4.3	3.8
	0.10	5.5	4.3	3.7	5.8	4.4	3.8	5.9	4.5	3.9	6.0	4.6	3.9
	0.11	5.9	4.5	3.8	6.2	4.6	4.0	6.3	4.7	4.0	6.4	4.8	4.1
	0.12	6.2	4.7	4.0	6.5	4.9	4.1	6.6	4.9	4.2	6.7	5.0	4.2
	0.13	6.5	4.8	4.1	6.8	5.1	4.3	7.0	5.1	4.3	7.1	5.2	4.4
	0.14	6.8	5.0	4.2	7.2	5.3	4.4	7.3	5.4	4.5	7.5	5.4	4.5
	0.15	7.1	5.2	4.4	7.5	5.5	4.5	7.7	5.6	4.6	7.8	5.6	4.7
	0.16	7.4	5.4	4.5	7.9	5.7	4.7	8.1	5.8	4.8	8.2	5.8	4.8
	0.17	7.7	5.6	4.6	8.2	5.9	4.8	8.4	6.0	4.9	8.5	6.1	5.0
	0.18	8.1	5.8	4.8	8.6	6.1	5.0	8.8	6.2	5.1	8.9	6.3	5.1
	0.19	8.4	6.0	4.9	8.9	6.3	5.1	9.1	6.4	5.2	9.3	6.5	5.3
	0.20	8.7	6.2	5.0	9.2	6.5	5.3	9.5	6.6	5.3	9.6	6.7	5.4
30	0.04	3.4	3.0	2.8	3.5	3.1	2.9	3.5	3.1	2.9	3.6	3.1	2.9
	0.05	3.6	3.1	2.9	3.8	3.2	3.0	3.8	3.3	3.0	3.9	3.3	3.0
	0.06	3.9	3.3	3.0	4.1	3.4	3.1	4.1	3.4	3.1	4.2	3.5	3.1
	0.07	4.1	3.4	3.1	4.3	3.5	3.2	4.4	3.6	3.2	4.5	3.6	3.3
	0.08	4.4	3.6	3.2	4.6	3.7	3.3	4.7	3.8	3.4	4.8	3.8	3.4
	0.09	4.6	3.7	3.3	4.9	3.9	3.4	5.0	3.9	3.5	5.0	4.0	3.5
	0.10	4.9	3.9	3.4	5.2	4.0	3.5	5.3	4.1	3.6	5.3	4.2	3.6
	0.11	5.1	4.0	3.5	5.4	4.2	3.7	5.5	4.3	3.7	5.6	4.3	3.7
	0.12	5.4	4.2	3.6	5.7	4.4	3.8	5.8	4.5	3.8	5.9	4.5	3.9
	0.13	5.6	4.3	3.7	6.0	4.5	3.9	6.1	4.6	4.0	6.2	4.7	4.0
	0.14	5.9	4.5	3.8	6.3	4.7	4.0	6.4	4.8	4.1	6.5	4.9	4.1
	0.15	6.1	4.6	3.9	6.5	4.9	4.1	6.7	5.0	4.2	6.8	5.0	4.2
	0.16	6.4	4.8	4.1	6.8	5.0	4.2	7.0	5.1	4.3	7.1	5.2	4.4
	0.17	6.6	4.9	4.2	7.1	5.2	4.3	7.3	5.3	4.4	7.4	5.4	4.5
	0.18	6.9	5.1	4.3	7.4	5.4	4.5	7.6	5.5	4.5	7.7	5.6	4.6
	0.19	7.1	5.2	4.4	7.6	5.5	4.6	7.8	5.6	4.7	8.0	5.7	4.7
	0.20	7.4	5.4	4.5	7.9	5.7	4.7	8.1	5.8	4.8	8.3	5.9	4.8
40	0.04	3.2	2.9	2.8	3.4	3.0	2.8	3.4	3.0	2.8	3.4	3.0	2.8
	0.05	3.5	3.0	2.8	3.6	3.1	2.9	3.6	3.1	2.9	3.7	3.2	2.9
	0.06	3.7	3.2	2.9	3.8	3.3	3.0	3.9	3.3	3.0	3.9	3.3	3.0
	0.07	3.9	3.3	3.0	4.1	3.4	3.1	4.1	3.4	3.1	4.2	3.5	3.2
	0.08	4.1	3.4	3.1	4.3	3.5	3.2	4.4	3.6	3.2	4.5	3.6	3.3
	0.09	4.3	3.5	3.2	4.5	3.7	3.3	4.6	3.7	3.3	4.7	3.8	3.4
	0.10	4.5	3.7	3.3	4.8	3.8	3.4	4.9	3.9	3.4	5.0	3.9	3.5
	0.11	4.7	3.8	3.4	5.0	4.0	3.5	5.1	4.0	3.5	5.2	4.1	3.6
	0.12	4.9	3.9	3.5	5.3	4.1	3.6	5.4	4.2	3.6	5.5	4.2	3.7
	0.13	5.1	4.0	3.5	5.5	4.3	3.7	5.6	4.3	3.8	5.7	4.4	3.8
	0.14	5.4	4.2	3.6	5.7	4.4	3.8	5.9	4.5	3.9	6.0	4.5	3.9
	0.15	5.6	4.3	3.7	6.0	4.5	3.9	6.1	4.6	4.0	6.3	4.7	4.0
	0.16	5.8	4.4	3.8	6.2	4.7	4.0	6.4	4.8	4.1	6.5	4.9	4.1
	0.17	6.0	4.5	3.9	6.5	4.8	4.1	6.6	4.9	4.2	6.8	5.0	4.2
	0.18	6.2	4.7	4.0	6.7	5.0	4.2	6.9	5.1	4.3	7.0	5.2	4.3
	0.19	6.4	4.8	4.1	6.9	5.1	4.3	7.1	5.2	4.4	7.3	5.3	4.4
	0.20	6.6	4.9	4.2	7.2	5.2	4.4	7.4	5.4	4.5	7.5	5.5	4.5

方、矩形钢管混凝土构件位移延性系数($n=0.8$) 表 4.6-7

长细比 λ	含钢率 α	Q235 钢 混凝土			Q345 钢 混凝土			Q390 钢 混凝土			Q420 钢 混凝土		
		C30	C50	C70	C30	C50	C70	C30	C50	C70	C30	C50	C70
20	0.04	3.6	3.2	3.0	3.7	3.2	3.0	3.8	3.3	3.0	3.8	3.3	3.0
	0.05	3.9	3.3	3.1	4.0	3.4	3.1	4.1	3.4	3.2	4.1	3.5	3.2
	0.06	4.2	3.5	3.2	4.3	3.6	3.3	4.4	3.6	3.3	4.4	3.7	3.3
	0.07	4.4	3.7	3.3	4.6	3.8	3.4	4.7	3.8	3.4	4.8	3.8	3.4
	0.08	4.7	3.8	3.4	4.9	4.0	3.5	5.0	4.0	3.6	5.1	4.0	3.6
	0.09	5.0	4.0	3.5	5.2	4.1	3.6	5.3	4.2	3.7	5.4	4.2	3.7
	0.10	5.3	4.2	3.7	5.5	4.3	3.8	5.7	4.4	3.8	5.7	4.4	3.8
	0.11	5.5	4.3	3.8	5.8	4.5	3.9	6.0	4.6	3.9	6.1	4.6	4.0
	0.12	5.8	4.5	3.9	6.2	4.7	4.0	6.3	4.8	4.1	6.4	4.8	4.1
	0.13	6.1	4.6	4.0	6.5	4.9	4.1	6.6	4.9	4.2	6.7	5.0	4.2
	0.14	6.4	4.8	4.1	6.8	5.0	4.3	6.9	5.1	4.3	7.0	5.2	4.4
	0.15	6.7	5.0	4.2	7.1	5.2	4.4	7.2	5.3	4.5	7.3	5.4	4.5
	0.16	6.9	5.1	4.3	7.4	5.4	4.5	7.5	5.5	4.6	7.7	5.6	4.7
	0.17	7.2	5.3	4.5	7.7	5.6	4.7	7.9	5.7	4.7	8.0	5.8	4.8
	0.18	7.5	5.5	4.6	8.0	5.8	4.8	8.2	5.9	4.9	8.3	6.0	4.9
	0.19	7.8	5.6	4.7	8.3	6.0	4.9	8.5	6.1	5.0	8.6	6.2	5.1
	0.20	8.0	5.8	4.8	8.6	6.1	5.0	8.8	6.3	5.1	9.0	6.4	5.2
30	0.04	3.4	3.0	2.9	3.5	3.1	2.9	3.5	3.1	2.9	3.6	3.1	2.9
	0.05	3.6	3.2	3.0	3.7	3.2	3.0	3.8	3.3	3.0	3.8	3.3	3.1
	0.06	3.8	3.3	3.0	4.0	3.4	3.1	4.0	3.4	3.1	4.1	3.5	3.2
	0.07	4.0	3.4	3.1	4.2	3.5	3.2	4.3	3.6	3.3	4.4	3.6	3.3
	0.08	4.3	3.5	3.2	4.5	3.7	3.3	4.6	3.7	3.4	4.6	3.8	3.4
	0.09	4.5	3.7	3.3	4.7	3.8	3.4	4.8	3.9	3.5	4.9	3.9	3.5
	0.10	4.7	3.8	3.4	5.0	4.0	3.5	5.1	4.0	3.6	5.2	4.1	3.6
	0.11	4.9	3.9	3.5	5.2	4.1	3.6	5.3	4.2	3.7	5.4	4.2	3.7
	0.12	5.1	4.1	3.6	5.5	4.3	3.7	5.6	4.4	3.8	5.7	4.4	3.8
	0.13	5.4	4.2	3.7	5.7	4.4	3.8	5.9	4.5	3.9	6.0	4.6	3.9
	0.14	5.6	4.3	3.8	6.0	4.6	3.9	6.1	4.7	4.0	6.2	4.7	4.1
	0.15	5.8	4.5	3.9	6.2	4.7	4.0	6.4	4.8	4.1	6.5	4.9	4.2
	0.16	6.0	4.6	4.0	6.5	4.9	4.1	6.6	5.0	4.2	6.8	5.0	4.3
	0.17	6.2	4.7	4.1	6.7	5.0	4.3	6.9	5.1	4.3	7.0	5.2	4.4
	0.18	6.5	4.9	4.1	6.9	5.2	4.4	7.1	5.3	4.4	7.3	5.4	4.5
	0.19	6.7	5.0	4.2	7.2	5.3	4.5	7.4	5.4	4.5	7.6	5.5	4.6
	0.20	6.9	5.1	4.3	7.4	5.5	4.6	7.7	5.6	4.7	7.8	5.7	4.7
40	0.04	3.3	2.9	2.8	3.4	3.0	2.9	3.4	3.0	2.9	3.4	3.1	2.9
	0.05	3.4	3.1	2.9	3.6	3.1	2.9	3.6	3.2	3.0	3.7	3.2	3.0
	0.06	3.6	3.2	3.0	3.8	3.3	3.0	3.9	3.3	3.1	3.9	3.3	3.1
	0.07	3.8	3.3	3.0	4.0	3.4	3.1	4.1	3.4	3.2	4.1	3.5	3.2
	0.08	4.0	3.4	3.1	4.2	3.5	3.2	4.3	3.6	3.3	4.4	3.6	3.3
	0.09	4.2	3.5	3.2	4.4	3.7	3.3	4.5	3.7	3.4	4.6	3.8	3.4
	0.10	4.4	3.6	3.3	4.7	3.8	3.4	4.8	3.9	3.4	4.8	3.9	3.5
	0.11	4.6	3.7	3.4	4.9	3.9	3.5	5.0	4.0	3.5	5.1	4.0	3.6
	0.12	4.8	3.8	3.4	5.1	4.0	3.6	5.2	4.1	3.6	5.3	4.2	3.7
	0.13	4.9	4.0	3.5	5.3	4.2	3.7	5.5	4.3	3.7	5.6	4.3	3.8
	0.14	5.1	4.1	3.6	5.5	4.3	3.8	5.7	4.4	3.8	5.8	4.5	3.9
	0.15	5.3	4.2	3.7	5.7	4.4	3.8	5.9	4.5	3.9	6.0	4.6	4.0
	0.16	5.5	4.3	3.8	6.0	4.6	3.9	6.1	4.7	4.0	6.3	4.8	4.1
	0.17	5.7	4.4	3.8	6.2	4.7	4.0	6.4	4.8	4.1	6.5	4.9	4.2
	0.18	5.9	4.5	3.9	6.4	4.8	4.1	6.6	4.9	4.2	6.7	5.0	4.3
	0.19	6.1	4.6	4.0	6.6	4.9	4.2	6.8	5.1	4.3	7.0	5.2	4.4
	0.20	6.3	4.7	4.1	6.8	5.1	4.3	7.0	5.2	4.4	7.2	5.3	4.5

方、矩形钢管混凝土构件位移延性系数($n=0.9$)

表 4.6-8

长细比 λ	含钢率 α	Q235 钢 混凝土			Q345 钢 混凝土			Q390 钢 混凝土			Q420 钢 混凝土		
		C30	C50	C70	C30	C50	C70	C30	C50	C70	C30	C50	C70
20	0.04	3.6	3.2	3.0	3.7	3.3	3.1	3.7	3.3	3.1	3.8	3.3	3.1
	0.05	3.8	3.3	3.1	4.0	3.4	3.2	4.0	3.5	3.2	4.1	3.5	3.2
	0.06	4.1	3.5	3.2	4.3	3.6	3.3	4.3	3.6	3.3	4.4	3.7	3.3
	0.07	4.3	3.6	3.3	4.5	3.8	3.4	4.6	3.8	3.4	4.7	3.8	3.5
	0.08	4.6	3.8	3.4	4.8	3.9	3.5	4.9	4.0	3.6	5.0	4.0	3.6
	0.09	4.8	3.9	3.5	5.1	4.1	3.6	5.2	4.1	3.7	5.2	4.2	3.7
	0.10	5.1	4.1	3.6	5.4	4.2	3.7	5.5	4.3	3.8	5.5	4.4	3.8
	0.11	5.3	4.2	3.7	5.6	4.4	3.9	5.8	4.5	3.9	5.8	4.5	3.9
	0.12	5.6	4.4	3.8	5.9	4.6	4.0	6.0	4.7	4.0	6.1	4.7	4.1
	0.13	5.8	4.5	3.9	6.2	4.7	4.1	6.3	4.8	4.2	6.4	4.9	4.2
	0.14	6.1	4.7	4.0	6.5	4.9	4.2	6.6	5.0	4.3	6.7	5.1	4.3
	0.15	6.3	4.8	4.2	6.7	5.1	4.3	6.9	5.2	4.4	7.0	5.2	4.4
	0.16	6.6	5.0	4.3	7.0	5.2	4.4	7.2	5.3	4.5	7.3	5.4	4.6
	0.17	6.8	5.1	4.4	7.3	5.4	4.6	7.5	5.5	4.6	7.6	5.6	4.7
	0.18	7.1	5.3	4.5	7.6	5.6	4.7	7.8	5.7	4.8	7.9	5.8	4.8
	0.19	7.3	5.4	4.6	7.8	5.7	4.8	8.0	5.9	4.9	8.2	5.9	4.9
	0.20	7.6	5.6	4.7	8.1	5.9	4.9	8.3	6.0	5.0	8.5	6.1	5.1
30	0.04	3.4	3.1	2.9	3.5	3.1	3.0	3.5	3.2	3.0	3.6	3.2	3.0
	0.05	3.6	3.2	3.0	3.7	3.3	3.1	3.8	3.3	3.1	3.8	3.3	3.1
	0.06	3.8	3.3	3.1	4.0	3.4	3.2	4.0	3.4	3.2	4.1	3.5	3.2
	0.07	4.0	3.4	3.2	4.2	3.5	3.3	4.3	3.6	3.3	4.3	3.6	3.3
	0.08	4.2	3.5	3.3	4.4	3.7	3.4	4.5	3.7	3.4	4.6	3.8	3.4
	0.09	4.4	3.7	3.3	4.6	3.8	3.4	4.7	3.9	3.5	4.8	3.9	3.5
	0.10	4.6	3.8	3.4	4.9	3.9	3.5	5.0	4.0	3.6	5.0	4.1	3.6
	0.11	4.8	3.9	3.5	5.1	4.1	3.6	5.2	4.2	3.7	5.3	4.2	3.7
	0.12	5.0	4.0	3.6	5.3	4.2	3.7	5.4	4.3	3.8	5.5	4.4	3.8
	0.13	5.2	4.1	3.7	5.5	4.4	3.8	5.7	4.4	3.9	5.8	4.5	3.9
	0.14	5.4	4.3	3.8	5.8	4.5	3.9	5.9	4.6	4.0	6.0	4.6	4.0
	0.15	5.6	4.4	3.8	6.0	4.6	4.0	6.2	4.7	4.1	6.3	4.8	4.1
	0.16	5.8	4.5	3.9	6.2	4.8	4.1	6.4	4.9	4.2	6.5	4.9	4.2
	0.17	6.0	4.6	4.0	6.4	4.9	4.2	6.6	5.0	4.3	6.8	5.1	4.3
	0.18	6.2	4.7	4.1	6.7	5.0	4.3	6.9	5.1	4.4	7.0	5.2	4.4
	0.19	6.4	4.9	4.2	6.9	5.2	4.4	7.1	5.3	4.5	7.2	5.4	4.5
	0.20	6.6	5.0	4.3	7.1	5.3	4.5	7.3	5.4	4.6	7.5	5.5	4.6
40	0.04	3.3	3.0	2.9	3.4	3.1	2.9	3.4	3.1	3.0	3.5	3.1	3.0
	0.05	3.5	3.1	3.0	3.6	3.2	3.0	3.7	3.3	3.0	3.7	3.2	3.1
	0.06	3.6	3.2	3.0	3.8	3.3	3.1	3.9	3.4	3.1	3.9	3.4	3.1
	0.07	3.8	3.3	3.1	4.0	3.4	3.2	4.1	3.5	3.2	4.1	3.5	3.2
	0.08	4.0	3.4	3.2	4.2	3.5	3.3	4.3	3.6	3.3	4.3	3.6	3.3
	0.09	4.1	3.5	3.2	4.4	3.7	3.3	4.5	3.7	3.4	4.6	3.8	3.4
	0.10	4.3	3.6	3.3	4.6	3.8	3.4	4.7	3.9	3.5	4.8	3.9	3.5
	0.11	4.5	3.7	3.4	4.8	3.9	3.5	4.9	4.0	3.6	5.0	4.0	3.6
	0.12	4.7	3.8	3.5	5.0	4.0	3.6	5.1	4.1	3.7	5.2	4.2	3.7
	0.13	4.8	3.9	3.5	5.2	4.1	3.7	5.3	4.2	3.7	5.4	4.3	3.8
	0.14	5.0	4.0	3.6	5.4	4.3	3.8	5.5	4.4	3.8	5.6	4.4	3.9
	0.15	5.2	4.1	3.7	5.6	4.4	3.8	5.8	4.5	3.9	5.9	4.5	4.0
	0.16	5.3	4.2	3.7	5.8	4.5	3.9	6.0	4.6	4.0	6.1	4.7	4.1
	0.17	5.5	4.3	3.8	6.0	4.6	4.0	6.2	4.7	4.1	6.3	4.8	4.1
	0.18	5.7	4.4	3.9	6.2	4.7	4.1	6.4	4.8	4.2	6.5	4.9	4.2
	0.19	5.9	4.5	4.0	6.4	4.9	4.2	6.6	5.0	4.3	6.7	5.1	4.3
	0.20	6.0	4.6	4.0	6.6	5.0	4.3	6.8	5.1	4.4	7.0	5.2	4.4

从表 4.6-1~表 4.6-8 可以看得出,钢管混凝土构件的位移延性系数随约束效应系数 $\xi[A_s f_y/(A_c f_{ck}) = \alpha f_y/f_{ck}]$ 的增大而增大。

进行工程设计时,可根据实际情况选择合适的约束效应系数 ξ 值。

对于钢管混凝土结构节点在动力荷载作用下的性能,以及有关抗震设计方面的问题将在本书第 6 章介绍。

4.7 钢管混凝土混合结构的抗震性能

钢管混凝土框架-核心钢筋混凝土剪力墙混合结构体系目前已在不少多、高层建筑应用。此外,为了使钢管混凝土混合结构中的框架柱和剪力墙在受力过程中能更好地协调工作,一些实际工程中采用了带钢管混凝土边柱的钢筋混凝土剪力墙结构。

近年来,作者课题组对带钢管混凝土边柱的混合结构剪力墙和钢管混凝土框架-核心剪力墙混合结构的抗震性能进行了研究。下面简要介绍一些初步的研究结论。

4.7.1 带钢管混凝土边柱的混合结构剪力墙

以往国内外的研究者对带型钢混凝土(SRC)边柱的剪力墙和带钢筋混凝土(RC)边柱的剪力墙已进行了一些研究工作,但对带钢管混凝土(CFST)边柱的剪力墙的研究尚少见(廖飞宇等,2006;夏汉强和刘嘉祥,2005)。

有鉴于此,本书第一作者的博士生廖飞宇参考实际工程资料,设计了钢管混凝土剪力墙试件,并对其抗震性能进行了试验研究。为了更好地说明问题,同时还分别进行了带 RC 边柱剪力墙和带 SRC 边柱剪力墙的对比试验。

剪力墙试件的主要参数为:(1)边柱的轴压比:0.3 和 0.6;(2)剪力墙的高宽比:0.56 和 0.82;(3)剪力墙中是否设置型钢暗支撑。

在实验参数范围内得到的初步结论归纳如下:

(1) 往复荷载作用下带方钢管混凝土边柱和带圆钢管混凝土边柱剪力墙的力学性能基本相似。

(2) 三种剪力墙结构在达到极限承载力前的工作特性基本类似,即在初始加载阶段,墙板和边框均能较好的共同工作。但随着位移的继续增大,不同边框及其对墙板的约束效果开始显现出来。由于钢管混凝土边柱的抗震性能以及整体性较好,因而相应的剪力墙整体延性更好。钢管混凝土边柱在加载到十倍屈服位移时柱脚处才稍有屈曲,但直至试验结束,屈曲现象也并不严重,边柱仍具有较好的承载能力;而钢筋混凝土柱和型钢混凝土柱在试件达到极限荷载后,裂缝宽度迅速增大,混凝土出现较为明显的剥落现象。

(3) 高宽比(即剪跨比)的改变会改变剪力墙的破坏形态。高宽比小时,剪力墙由弯曲破坏逐渐过渡到剪切破坏,高宽比越小其剪切破坏的特征就越明显。

(4) 边柱轴压比的改变也会影响剪力墙的破坏形态。轴压比越高剪力墙的剪切破坏特征越明显,承载力提高而延性下降。在轴压比很高的情况下可能发生边柱的局部破坏。

图 4.7-1(a)和(b)所示为试验结束后带 CFST 边柱和带 RC 边柱的剪力墙试件的破坏形态比较。

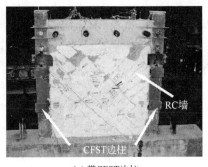 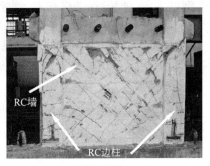

(a) 带CFST边柱 　　　　　(b) 带RC边柱

图 4.7-1　剪力墙试件的破坏形态比较

在进行带 CFST 边柱的混合结构剪力墙设计时：

(1) 钢管混凝土柱的轴压比可按框架柱的方法确定。

(2) 钢筋混凝土剪力墙结构中的钢筋应避免直接焊接在钢管上。钢筋可焊接在与钢管柱身焊接的耳板上(如图 4.7-2 所示)。耳板尺寸和焊缝长度可根据钢筋受力的大小确定。

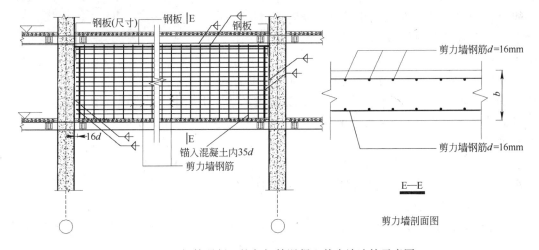

图 4.7-2　钢管混凝土柱与钢筋混凝土剪力墙连接示意图

4.7.2　钢管混凝土框架-核心剪力墙混合结构

作者课题组委托广州大学抗震研究中心进行了两个钢管混凝土混合结构的地震模拟振动台模型试验，框架柱分别采用了圆钢管混凝土和方钢管混凝土(韩林海等，2007；李威，2006)。实验的目的是考察该类结构体系的抗震性能，以及地震作用下结构各部件之间的协同互补工作特性。

试验模型参考某实际高层建筑的结构方案设计。模型由外围钢管混凝土框架和位于模型中央的钢筋混凝土剪力墙组成，共 30 层，结构高度 6.3m，标准层平面尺寸为 2.2m×2.2m；钢筋混凝土剪力墙形成的方形芯筒位于模型中央，平面尺寸为 1.21m×1.21m，楼面主梁与混凝土剪力墙铰接。模型框架柱截面分为圆形截面(直径 30mm)和方形截面(30mm×30mm)，钢管壁厚度均为 1mm，外框架及楼面钢梁均为焊接工字钢梁(I—40×15×1×1.5)。

试验模型的总质量为 16.5t（包括楼板），楼板重 1.458t。根据振动台的承载能力和模型的实际重量，可计算出所需配重：每层楼面附加质量（配重块）为 320kg，模型总附加质量为 $0.32\times30=9.6$t。制作完成的圆钢管混凝土模型如图 4.7-3 所示。

试验时采用了三种强震记录波，分别为：Taft 波、El-Centro 波和天津波，水平加速度峰值采用 $0.2g$（小震），$0.4g$（中震），$0.6g$（大震）和 $0.8g$（超大震）。

基于上述两个混合结构模型的地震振动台试验，在研究参数范围内得到的主要结论可简要归纳如下：

(1) 分别采用圆、方钢管混凝土柱的两个混合结构模型都表现出较好的抗震性能。

(2) 方钢管混凝土模型的阻尼比稍大于圆钢管混凝土模型。震前两个模型 X 向和 Y 向的一阶阻尼比在 3%～3.5%。二阶阻尼比比一阶的要小些，大致在 2%～3%。在两个方向上两阶阻尼比随地震强度的增加而逐渐增大。在峰值 $0.6g$ 的地震输入以后，模型的一阶阻尼比在 3.5%～4%。

图 4.7-3 地震模拟振动台试验模型

(3) 在不同地震波作用下，模型结构沿高度方向加速度放大系数变化规律较为一致。顶部动力放大系数变化规律为：随震级增大，放大系数基本上呈递减趋势。三条地震波中，天津波引起的动力放大系数最大，El-Centro 波次之，Taft 波最小。

(4) 所进行的两个模型结构的弹塑性层间位移小于标准 DG/TJ 08-015-2004 中规定的 9 度抗震设防地区罕遇地震作用下的层间位移角限值。

(5) 钢管混凝土角柱的应变较大，钢筋混凝土芯筒的应变次之，而钢梁应变较小。芯筒各部位中角部的应变较大。在输入地震波的水平加速度峰值为 $0.6g$ 阶段，芯筒某些部位混凝土出现肉眼可见裂缝，观测得到的裂缝基本上为底层芯筒角部和洞口处的水平裂缝，在柱与基础底板相交处局部出现裂缝，楼板与梁和柱相交处出现裂缝。从结构反应及破坏形态来看，结构无明显薄弱部位，各部分连接良好，结构整体具有较好的抗震性能。

4.8 小　　结

对本章论述的内容简要归纳如下：

(1) 采用规程 ACI(2005)、AIJ(1997)、AISC(2005)、BS 5400(2005)、CECS 159：2004、DBJ 13-51-2003、DL/T 5085-1999、EC 4(2004)、GJB 4142-2000 和数值方法(韩林海，2007)等几种方法计算获得的往复荷载作用下钢管混凝土梁柱的极限承载力总体上都偏于安全。

(2) 由于组成钢管混凝土的钢管和其核心混凝土之间相互贡献、协同互补、共同工作的优势，可保证钢材和混凝土材料性能的充分发挥，从而使钢管混凝土构件的滞回曲线表现出良好的稳定性，曲线图形饱满，呈纺锤形，刚度退化和捏缩现象不显著，耗能性能良好。

（3）影响钢管混凝土 M-ϕ 滞回关系曲线的参数主要有：含钢率、钢材屈服强度、混凝土强度和轴压比。

（4）影响钢管混凝土构件 P-Δ 滞回性能和位移延性系数的参数主要有：轴压比、长细比、含钢率、钢材屈服强度和混凝土强度。

（5）在准确掌握了影响钢管混凝土构件滞回关系曲线重要参数的基础上，提出了 M-ϕ 和 P-Δ 滞回关系模型、以及位移延性系数的简化计算方法，并为福建省工程建设标准《钢-混凝土混合结构技术规程》DBJ 13-61-2004 采用。这些简化模型可供钢管混凝土结构的抗震设计和分析时参考。

（6）带钢管混凝土边柱的钢筋混凝土剪力墙结构具有良好的抗震性能。

（7）钢管混凝土框架-核心剪力墙混合结构具有良好的抗震性能，只要合理设计，其可以满足"小震不坏，中震可修，大震不倒"的抗震要求。

第5章 耐火极限、防火保护和火灾后的修复加固

5.1 引 言

众所周知，火灾会影响工程材料的强度和结构的承载力，导致结构倒塌或严重破坏，造成直接和间接的生命财产损失。火灾往往还会产生不良的社会影响，并造成对环境的污染和破坏。当钢管混凝土柱被应用于有防火要求的结构中时，对其进行合理的抗火设计是非常重要和必要的。

本章拟简要介绍钢管混凝土柱抗火设计原理，以及火灾后力学性能的变化规律，最后给出钢管混凝土柱耐火极限、防火保护层厚度、火灾后承载力实用计算方法以及抗火设计方面的一些实用构造措施。

5.2 计算原理概述

在充分参考已有研究成果的基础上，作者课题组近年来对钢管混凝土柱的耐火极限、抗火设计、以及火灾后的损伤评估方法进行了深入的理论分析和实验研究(程树良，2001；冯九斌，2001；Han 等，2002a，2002b，2003c，2003d，2006a，2007a；韩林海，2004，2007；Han 和 Huo，2003；Han 和 Lin，2004；贺军利，1998；霍静思，2001，2005；霍静思和韩林海，2002；林晓康，2006；Tao 和 Han，2007；Tao 等，2007a；徐蕾，2002；杨华，2000，2003；杨有福，2003；杨有福和韩林海，2004a，2004b)。在系统地分析了构件长细比、截面尺寸、材料强度、荷载偏心率以及防火保护层厚度等参数影响规律的基础上，最终提出实用计算方法。

上述部分研究成果首先于1999年被推荐在深圳赛格广场大厦圆钢管混凝土柱防火保护设计中参考使用。2002年又在国家经贸委产业化重点项目杭州瑞丰国际商务大厦和高度为242.9m的武汉国际证券大厦中方、矩形钢管混凝土柱的防火设计时参考使用，取得了良好的效果。近年来，有关钢管混凝土柱耐火极限和防火保护层厚度实用计算方法已为福建省工程建设标准《钢管混凝土结构技术规程》DBJ 13-51-2003、天津市工程建设标准《天津市钢结构住宅设计规程》DB 29-57-2003以及浙江省工程建设标准《建筑钢结构防火设计规范》(送审稿)采用。最近颁布发行的中国工程建设标准化协会标准《建筑钢结构防火技术规范》CECS 200：2006和国家标准《建筑设计防火规范》GB 50016-2006也采用或参考应用了这些研究结果。

下面简要介绍钢管混凝土柱抗火设计的基本原理和方法。

5.2.1 耐火极限和防火保护层厚度

韩林海(2007)以均匀受火的钢管混凝土柱为研究对象，首先通过实验研究了ISO-834

(1975)标准火灾作用下钢管混凝土柱的耐火极限和温度场变化规律，然后利用有限元法计算分析了柱截面的温度场。在确定了组成钢管混凝土的钢材和核心混凝土受高温影响的应力-应变关系模型的基础上，建立了可考虑力、温度和时间不同路径情况下钢管混凝土柱荷载-变形关系和耐火极限的理论分析模型。利用所建立的理论模型，分析了荷载比、材料强度、截面含钢率、横截面尺寸、构件长细比和荷载偏心率等参数对 ISO-834 标准火灾作用下钢管混凝土柱耐火极限和承载力的影响规律，最终提出承载力和防火保护层厚度实用计算方法。

建筑物室内火灾的温度-时间曲线有一定的随机性，这是因为室内可燃物的燃烧性能、数量（火灾荷载）、分布以及房间开口的面积和形状等因素都会影响火灾温度曲线，因此，研究者们一直在探索合适的标准火灾温度-时间关系，以期供抗火实验和抗火设计时使用。

目前，在进行结构构件耐火性能的研究和设计时，国内外采用较多的是 ISO-834 (1980)标准升（降）温曲线，如图 5.2-1 所示。

图 5.2-1 中，粗实线部分代表 ISO-834(1980)的升（降）温曲线。B 点为升温和降温的转折点，AB 段为升温段，BC 段为降温段，t_p 代表外界温度降至室温的时刻。当升温制度为 A→B→C 时，ISO-834 曲线不出现下降段，我国《建筑构件耐火试验方法》GB/T 9978-1999 采用了类似的升温曲线。

实际结构中的钢管混凝土柱都会承受一定的外荷载 N_F，火灾发生时，随着温度 T 的升高，钢材和核心混凝土的温度膨胀变形快速增加，且材料的力学性能的劣化，也会导致钢管混凝土柱产生变形。随着可燃物的逐渐燃烧殆尽，即进入降温段，此时，随着受火时间 t 的增长，室内的温度不断降低。如果钢管混凝土柱在升温或降温过程中没有失去稳定性，当其表面的温度开始降低时，钢管的强度可逐渐得到不同程度的恢复，截面的力学性能会比高温下有所改善，火灾下钢管混凝土柱的变形也可能得到一定程度的恢复。随着时间的推移，柱截面上的温度会恢复到常温状态。这时，需要了解火灾对柱结构的影响，包括承载力、刚度、位移延性等力学性能。

可见，研究火灾对钢管混凝土柱影响的过程比较复杂，需要考虑力、温度和时间路径。

考虑到实际可能发生的情况，韩林海(2007)暂把这一过程总体上分成四个阶段（如图 5.2-1 所示）：

1) 常温段（AB）：时间 t 为 0 时刻($t=0$)，温度 T 为室温 T_o($T=T_o$)，荷载 N 增至设计值 N_F($N→N_F$)，如图 5.2-1 中 AB 段所示。

2) 升温段（BC）：时间 t 从 0 时刻增至设定时刻 t_h($t=0→t_h$)，环境温度 T 按 ISO-834 标准升温曲线上升至 T_h($T=T_o→T_h$)，荷载 N_F 保持不变($N=N_F$)，如图 5.2-1 中 BC 段所示。

3) 降温段（CD）：时间 t 从 t_h 时刻增至 t_p($t=t_h→t_p$)，温度 T 按 ISO-834(1980)标准降温曲线下降至室温 T_o($T=T_h→T_o$)，荷载 N 保持设计值 N_F 不变($N=N_F$)，如图 5.2-1 中 CD 段所示。

4) 火灾后段（DE）：温度 T 保持室温 T_o 不变($T=T_o$)，继续施加外荷载直至构件破坏，如图 5.2-1 中 DE 段所示。

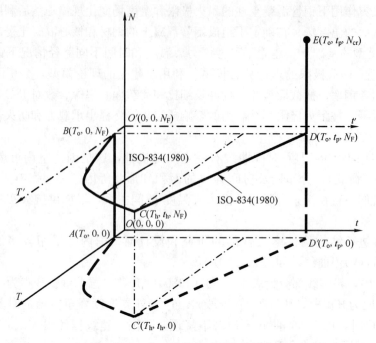

图 5.2-1 力、温度和时间路径示意图

林晓康(2006)和杨华(2003)对上述力、温度和时间路径共同作用下钢管混凝土构件的力学性能进行了研究。

(1) 火灾有效荷载

图 5.2-2 所示为按国际标准化委员会标准 ISO-834(1975)规定的标准升温曲线升温情况下矩形钢管混凝土轴心受压构件绕弱轴弯曲时耐火极限 t_R 随荷载的变化规律,计算条件为:$D×B×t=480mm×320mm×10mm$;$L=4000mm$;$f_y=345N/mm^2$;$f_{cu}=50N/mm^2$。可见,在火灾情况下,钢管混凝土柱承受的荷载对其耐火极限有很大影响,作用在柱上的荷载越大,耐火极限越低;荷载越小,耐火极限则越高。

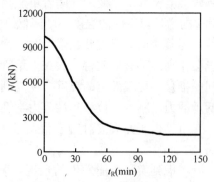

图 5.2-2 荷载对耐火极限的影响

实际结构中,当钢管混凝土柱以活载为主时,如教室、会议室等,火灾时人群自动疏散,有效荷载小,构件耐火稳定性好;当构件以恒荷载为主时,如仓库等,火灾时存贮物品不能主动疏散,有效荷载大,构件耐火性能差。因此,确定作用在构件上的有效荷载的大小(以下简称火灾有效荷载)非常重要。

中国工程建设标准化协会标准《建筑钢结构防火技术规范》CECS 200:2006 给出了建筑结构火灾下的荷载组合。

对给定某一钢管混凝土柱进行耐火极限计算时,其抗力 R 是已知的。为了便于计算,考虑到火灾是构件在使用期内可能遭受到的偶然和短期作用,且火灾中人群的主动疏散等因素,参考国家标准 GB 50009-2001 的有关规定,韩林海(2004,2007)建议钢管混凝土柱的火灾有效荷载近似表示为：

$$S_\mathrm{L} = \frac{R}{1.3} \approx 0.77R \tag{5.2-1}$$

(2) 耐火极限的影响因素

计算结果表明，在式(5.2-1)所示的火灾有效荷载作用下，影响钢管混凝土柱耐火极限的因素包括：截面周长 C(对于圆钢管混凝土，$C=\pi D$，D 为圆钢管横截面外直径；对于方钢管混凝土，$C=4B$，B 为方钢管横截面外边长；对于矩形钢管混凝土，$C=2D+2B$，D 为矩形钢管横截面长边外边长，B 为矩形钢管横截面短边外边长)、长细比 λ(对于圆钢管混凝土，$\lambda=4L/D$；对于方钢管混凝土，$\lambda=2\sqrt{3}L/B$；对于矩形钢管混凝土，当绕强轴弯曲时，$\lambda=2\sqrt{3}L/D$，当绕弱轴弯曲时，$\lambda=2\sqrt{3}L/B$)、防火保护层厚度 a、截面含钢率 α、荷载偏心率 e/r(其中，e 为荷载偏心距，r 为截面尺寸，对于圆钢管混凝土，$r=D/2$；对于方钢管混凝土，$r=B/2$；对于矩形钢管混凝土，当绕强轴弯曲时，$r=D/2$，当绕弱轴弯曲时，$r=B/2$)、钢材屈服强度 f_y 和混凝土强度 f_{cu} 等，对于矩形钢管混凝土，还包括截面高宽比 $\beta(=D/B)$，且各参数对圆形和方、矩形钢管混凝土柱耐火极限的影响规律类似。

大量计算结果表明，在式(5.2-1)所示的火灾有效荷载的作用下，截面周长、长细比和防火保护层厚度是影响钢管混凝土柱耐火极限的主要因素，而其他各参数对钢管混凝土柱的耐火极限影响较小(韩林海，2000；冯九斌，2001；徐蕾，2002；杨有福，2003)。

1) 截面周长 C：钢管混凝土柱截面周长的大小对其耐火极限的影响很大，截面周长越小，核心混凝土的尺寸越小，吸热能力越差，耐火极限越低；反之，截面周长越大，吸热能力越好，耐火极限也随之升高。

2) 长细比 λ：长细比 λ 对钢管混凝土柱耐火极限的影响是，当长细比小于 λ_c(λ_c 一般在 40~60 之间)时，随着长细比的增大，耐火极限有增大的趋势，但增加的幅度不大；当长细比大于 λ_c 时，长细比越大，耐火极限越低。

3) 防火保护层厚度 a：钢管混凝土柱在火灾有效荷载作用下，如果不进行防火保护，耐火极限一般均不能满足实际要求，为了使钢管混凝土柱的耐火极限达到实际要求，要对其进行防火保护。防火涂料性能应符合国家标准《钢结构防火涂料》GB 14907-2002 和中国工程建设标准化协会标准《钢结构防火涂料应用技术规范》CECS 24∶90 的有关规定。计算结果表明，随着防火保护层厚度的增加，钢管混凝土柱的耐火极限呈现出较为明显的增大趋势。

(3) 火灾作用下构件承载力的影响因素

影响火灾作用下裸钢管混凝土柱承载力的可能因素主要有：钢材屈服强度 f_y、混凝土强度 f_{cu}、含钢率 α、构件截面尺寸(例如截面周长 C)、长细比 λ、荷载偏心率 e/r 和受火时间 t，对于矩形钢管混凝土还有截面高宽比 β 等。大规模参数分析结果表明，上述各参数中，构件截面尺寸(例如截面周长 C)、长细比 λ 和受火时间 t 的影响最为显著，而其他因素的影响则不大(韩林海，2004，2007)。

利用数值分析方法分析了上述各参数对火灾作用下钢管混凝土柱极限承载力 $N_u(t)$ 的影响规律。计算时，火灾曲线按 ISO-834(1975)所规定的方法确定。

为便于分析，定义火灾作用下钢管混凝土柱承载力影响系数 k_t 的表达式如下：

$$k_t = \frac{N_u(t)}{N_u} \tag{5.2-2}$$

式中，N_u 为钢管混凝土柱在常温下的极限承载力。

对不同参数情况下，即 $D(B)=200\sim 2000\text{mm}$、Q235～Q420 钢、C30～C80 混凝土、$\alpha=0.04\sim 0.2$、$\lambda=10\sim 120$、$e/r=0\sim 1.5$ 时钢管混凝土柱的 k_t 进行了计算和分析，发现上述参数对圆形和方、矩形钢管混凝土柱承载力系数 k_t 的影响规律基本类似。

下面仍以矩形钢管混凝土柱为例，说明构件截面尺寸（例如截面周长 C）、构件长细比 λ 和受火时间 t 对 k_t 的影响规律。

1) 截面周长 C：截面周长对 k_t 有很大影响，周长越大，承载力影响系数 k_t 越大；反之，周长越小，承载力影响系数 k_t 越小。这是因为周长越大，核心混凝土的面积越大，构件的吸热能力越强，耐火极限越长，承载力影响系数 k_t 就越大；周长越小，核心混凝土的面积越小，构件的吸热能力越差，耐火极限越短，承载力影响系数 k_t 就越小。

2) 长细比 λ：长细比对 k_t 有很大影响，当长细比小于 λ_c（λ_c 一般在 40～60 之间）时，当受火时间小于 20min 时，长细比对 k_t 的影响很小，当受火时间大于 20min 时，随着长细比的增大，承载力影响系数 k_t 迅速减小；当长细比大于 λ_c 时，随着受火时间及长细比的增大，承载力系数 k_t 迅速减小。

(4) 防火保护层厚度的影响因素

对于钢管混凝土柱的防火保护，一般采用现场施工防火保护层的方法，常用的防火保护材料有水泥砂浆和厚涂型钢结构防火涂料。

影响钢管混凝土柱防火保护层厚度 a 的主要参数包括：火灾荷载比 n，即发生火灾时作用在构件上的轴向荷载与常温下构件极限承载力的比值；耐火极限 t；截面尺寸（例如截面周长 C）和长细比 λ。

计算结果表明，在耐火极限相同的情况下，火灾荷载比越大，防火保护层厚度越大；在相同火灾荷载比的情况下，耐火极限越大，防火保护层厚度也越大；且随着截面周长的增大和长细比的减小，保护层厚度有逐渐减小的趋势。

5.2.2 火灾作用后的极限承载力

研究结果表明，ISO-834(1980)标准火灾作用后，圆形和方、矩形钢管混凝土柱极限承载力的变化规律基本类似。

图 5.2-3 为长细比 $\lambda=20$ 情况下火灾持续时间 t 对圆钢管混凝土压弯构件 N-M 相关关系的影响，力、温度和时间路径为图 5.2-1 中的 $A \rightarrow C' \rightarrow D' \rightarrow E$，其中，$N$ 和 M 分别为轴力和弯矩。算例的计算条件是：$D=600\text{mm}$，$\alpha=0.1$，Q345 钢，C40 混凝土。

由图 5.2-3 可见，随着受火时间 t 的延长，钢管混凝土压弯构件的承载力呈现出不断下降的趋势。

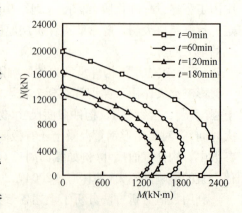

图 5.2-3 钢管混凝土构件的 N-M 相关曲线

韩林海(2007)、杨华(2003)计算了火灾作用下(后)钢管混凝土柱的荷载-变形(跨中挠度)关系曲线,如图5.2-4所示。

曲线按火灾阶段可分为三段:

(1) 常温段(OA): 外部荷载N由0开始增至N_F。

(2) 受火段(AB和BC): 升温时间t从0开始增至t_h, 环境温度按ISO-834升降温曲线作用于钢管混凝土柱, 同时外荷载保持不变, 但柱的挠度在不断变化。当环境温度降低时, 钢材的材料性能得到一定程度的恢复, 构件的变形会随之有所恢复。

(3) 火灾后段(CDE): 随着环境温度T

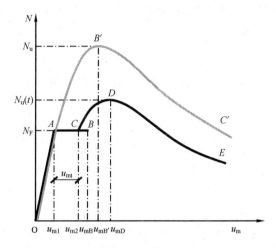

图5.2-4 荷载-变形关系曲线示意图

由T_h降至室温T_0, 此时, 如果继续施加外荷载, 则可获得构件的荷载-变形关系曲线, 其特征与常温时一次加载下的曲线形式类似。D点为经历火灾后钢管混凝土柱的极值点, 此时对应的荷载即为钢管混凝土柱的极限承载力$N_u(t)$。

与常温时一次加载下的荷载-变形(跨中挠度)曲线(OAB′C′段, 即图中灰色粗实线)相比, 经历火灾作用后, 钢管混凝土柱极限承载力$N_u(t)$与常温下的极限承载力N_u相比有所降低。当构件截面各处的温度降至室温时, 产生变形u_{m2}, 与常温下承受同样荷载水平的构件发生的变形u_{m1}相比, 存在一定的相对初始变形$u_{mt}(=u_{m2}-u_{m1})$, 也即火灾作用后的残余变形, 这对构件继续承载是不利的。$N_u(t)$和u_{mt}是反映火灾后钢管混凝土柱力学性能的重要指标(韩林海, 2007; 杨华, 2003)。

为了便于分析, 定义k_r为图5.2-1所示的力、温度和时间路径A→B→C→D→E作用后钢管混凝土柱的承载力影响系数, 即:

$$k_r = \frac{N_u(t)}{N_u} \tag{5.2-3}$$

式中 $N_u(t)$——火灾作用后钢管混凝土柱的极限承载力;

N_u——常温下钢管混凝土柱的极限承载力。

火灾作用后钢管混凝土柱的残余变形u_{mt}定义如下:

$$u_{mt} = u_{m2} - u_{m1} \tag{5.2-4}$$

式中 u_{m2}——截面温度均降至室温时钢管混凝土柱的跨中挠度;

u_{m1}——常温下钢管混凝土柱受到的外荷载为N_F时产生的跨中挠度。

影响承载力影响系数k_r和残余变形u_{mt}的可能因素有: 升温时间比t_0、火灾荷载比n、截面尺寸D或B、截面含钢率α、构件长细比λ、荷载偏心率e/r、材料强度f_y和f_{cu}、防火保护层厚度a, 对于矩形钢管混凝土, 还有截面高宽比β。

如前所述, 由于火灾全过程(包括升温和降温)作用下钢管混凝土柱截面升温的滞后效应, 与火灾升降温分界点相对应时刻柱截面各点的温度不一定是其最高的温度, 也即升温过程中没有破坏的构件可能在其降温阶段发生破坏。因此, 为了考虑火灾全过程作用下钢管混凝土柱的力学性能，定义升温时间比 t_o 为：

$$t_o = \frac{t_h}{t_R} \tag{5.2-5}$$

式中　t_h——升、降温临界时间(如图 5.2-1 所示)；

　　　t_R——耐火极限，可按式(5.3-1)计算。

5.2.2.1　承载力影响系数 k_r

参数分析结果表明，火灾作用对钢管混凝土构件的极限承载力有较大影响，无论是圆钢管混凝土，还是方、矩形钢管混凝土，各参数对承载力影响系数 k_r 的影响规律类似，且影响因素主要是：升温时间比 t_o、火灾荷载比 n、截面尺寸(例如截面周长 C)和长细比 λ。

升温时间比 t_o 的影响是：其他条件相同时，t_o 越大，k_r 越小；当 $t_o \leqslant 0.2$ 时，k_r 的变化不大，当 $t_o > 0.2$ 时，则 k_r 的降低幅度显著增大。当升温时间比 t_o 和其他条件相同时，火灾荷载比 n 越大，k_r 越大。

其他条件相同时，k_r 随着截面尺寸的增大而增大。长细比 λ 对 k_r 的影响较大且较为复杂，以圆钢管混凝土构件为例(韩林海，2007)，当 λ 介于 20 到 60 之间时，k_r 随着长细比的增大而减小，当长细比 λ 大于 60 时，k_r 随着长细比的增大而增大。

5.2.2.2　残余变形 u_{mt}

参数分析结果表明，火灾作用对钢管混凝土构件的残余变形 u_{mt} 有较大影响，无论是圆钢管混凝土，还是方、矩形钢管混凝土，各参数对 u_{mt} 的影响规律类似，且影响因素主要是：升温时间比 t_o、火灾荷载比 n、截面尺寸(例如截面周长 C)、偏心率 e/r、长细比 λ 和防火保护层厚度 a。

当火灾荷载比 n 相同时，残余变形 u_{mt} 随着升温时间比 t_o 的增加而增大。当 $t_o \leqslant 0.2$ 时，u_{mt} 的变化不大，当 $t_o > 0.2$ 时，u_{mt} 则显著增大。其他条件相同时，火灾荷载比 n 越大，则 u_{mt} 也越大。u_{mt} 随着构件截面尺寸的增大而逐渐增大。

以圆钢管混凝土构件为例，其他条件相同的情况下，当 $e/r = 0 \sim 0.3$ 时，u_{mt} 随着偏心率 e/r 的增大而减小；当 $e/r > 0.3$ 时，u_{mt} 随 e/r 的增大而增大。其他条件相同的情况下，长细比 λ 对 u_{mt} 有一定的影响：当 $\lambda = 20 \sim 60$ 时，u_{mt} 随着长细比的增大而增大；当 $\lambda > 60$ 时，u_{mt} 随长细比的增大而减小。

当防火保护层厚度 a 相同时，残余变形 u_{mt} 随着升温时间比 t_o 的增大而逐渐增大。当 $t_o \leqslant 0.2$ 时，u_{mt} 的变化不大，当 $t_o > 0.2$ 时，u_{mt} 显著增大。当升温时间比 t_o 相同时，随着保护层厚度 a 的增大，u_{mt} 逐渐减小。这是因为保护层厚度 a 越大，内部温度越低，构件刚度越大，变形越小。

火灾作用对钢管混凝土构件的刚度也有影响。为了便于分析，定义了火灾后钢管混凝土抗弯刚度影响系数 k_B，力、温度和时间路径为图 5.2-1 中的 A→C′→D′→E，表达式如下：

$$k_B = \frac{K_c(t)}{K_c} \tag{5.2-6}$$

式中，$K_c(t)$ 和 K_c 分别为火灾后和常温下钢管混凝土的抗弯刚度。

研究结果表明，ISO-834 标准火灾作用下，影响 k_B 的参数主要是火灾持续时间、钢管混凝土构件的截面尺寸和含钢率(韩林海，2007；霍静思和韩林海，2002)。

随着火灾持续时间的增大，系数 k_B 在逐渐减小。截面尺寸对 k_B 有较大影响，即随截面尺寸的增大，k_B 呈现出明显增加的趋势，也就是说构件截面尺寸越大，火灾作用对钢管混凝土的抗弯刚度影响越小。含钢率 α 的影响是：α 越小，k_B 越小，也即火灾对钢管混凝土的抗弯刚度影响越大。这是因为，火灾作用对外包钢管的影响最为显著，而 α 越小，意味着钢管对构件的"贡献"越小，核心混凝土的"贡献"越大，在其他条件相同时，含钢率越小，其对钢管混凝土刚度的影响越显著，k_B 会越小。

韩林海(2007)和林晓康(2006)还对 ISO-834(1975)规定的标准升温曲线作用后钢管混凝土柱的滞回性能进行了实验研究。结果表明，与常温下的情况相比，钢管混凝土构件的极限承载力以及弹性阶段刚度均有一定幅度的降低，但构件的滞回曲线较为饱满，没有明显的捏缩现象，具有较好的抗震性能。

5.3 耐火极限实用计算方法

如前所述，构件截面尺寸(如截面周长 C)、长细比 λ 和受火时间 t 是影响钢管混凝土柱火灾作用下承载力影响系数 k_t 的最主要因素，因此，在大规模参数分析结果的基础上，以这三个参数为基本变量，通过回归分析的方法推导出 k_t 的数学表达式如下：

(1) 对于圆钢管混凝土柱

$$k_t = \begin{cases} \dfrac{1}{1+a \cdot t_o^{2.5}} & t_o \leqslant t_1 \\[2mm] \dfrac{1}{b \cdot t_o + c} & t_1 < t_o \leqslant t_2，且 k_t \geqslant 0 \\[2mm] k \cdot t_o + d & t_o > t_2 \end{cases} \quad (5.3\text{-}1a)$$

式中，$a=(-0.13\lambda_o^3+0.92\lambda_o^2-0.39\lambda_o+0.74) \cdot (-2.85C_o+19.45)$；

$b=C_o^{-0.46} \cdot (-1.59\lambda_o^2+13.0\lambda_o-3.0)$；

$c=1+a \cdot t_1^{2.5}-b \cdot t_1$；

$d=\dfrac{1}{b \cdot t_2+c}-k \cdot t_2$；

$k=(-0.1\lambda_o^2+1.36\lambda_o+0.04) \cdot (0.0034C_o^3-0.0465C_o^2+0.21C_o-0.33)$；

$t_1=(0.0072C_o^2-0.02C_o+0.27) \cdot (-0.0131\lambda_o^3+0.17\lambda_o^2-0.72\lambda_o+1.49)$；

$t_2=(0.006C_o^2-0.009C_o+0.362) \cdot (0.007\lambda_o^3+0.209\lambda_o^2-1.035\lambda_o+1.868)$；

$t_o=0.6 \cdot t$；$C_o=C/1256$；$\lambda_o=\lambda/40$。

火灾作用下圆钢管混凝土柱的承载力影响系数 k_t 亦可按表 5.3-1 查得，表内中间值可用插值法确定。

火灾作用下圆钢管混凝土柱的承载力影响系数 k_t 表 5.3-1

λ	C (mm)	受火时间(h)											
		0.25	0.5	0.75	1.0	1.25	1.5	1.75	2.0	2.25	2.5	2.75	3.0
20	942	0.90	0.61	0.46	0.41	0.39	0.37	0.35	0.33	0.31	0.28	0.26	0.24
	1884	0.91	0.64	0.51	0.47	0.46	0.45	0.43	0.42	0.41	0.40	0.39	0.38
	2826	0.92	0.67	0.55	0.50	0.50	0.49	0.49	0.48	0.48	0.47	0.46	0.46
	3768	0.93	0.71	0.58	0.52	0.52	0.52	0.52	0.51	0.51	0.51	0.50	0.50
	4710	0.95	0.75	0.61	0.54	0.53	0.53	0.53	0.53	0.53	0.53	0.52	0.52
	5652	0.96	0.80	0.64	0.56	0.55	0.54	0.54	0.54	0.54	0.54	0.54	0.53
	6280	0.97	0.84	0.67	0.59	0.56	0.56	0.55	0.55	0.55	0.55	0.55	0.55
40	942	0.85	0.47	0.33	0.29	0.25	0.21	0.18	0.14	0.10	0.06	0.02	0
	1884	0.87	0.52	0.40	0.37	0.35	0.33	0.31	0.29	0.27	0.25	0.23	0.21
	2826	0.89	0.57	0.43	0.42	0.41	0.40	0.39	0.38	0.37	0.36	0.35	0.34
	3768	0.90	0.61	0.46	0.45	0.45	0.44	0.44	0.43	0.43	0.42	0.41	0.41
	4710	0.92	0.66	0.47	0.47	0.46	0.46	0.45	0.45	0.45	0.45	0.44	0.44
	5652	0.94	0.73	0.50	0.48	0.48	0.48	0.47	0.47	0.47	0.46	0.46	0.46
	6280	0.95	0.77	0.54	0.49	0.49	0.49	0.48	0.48	0.48	0.47	0.47	0.47
60	942	0.79	0.34	0.28	0.23	0.17	0.12	0.06	0.01	0	0	0	0
	1884	0.81	0.40	0.37	0.33	0.30	0.27	0.24	0.21	0.18	0.15	0.12	0.09
	2826	0.83	0.43	0.41	0.40	0.38	0.37	0.35	0.34	0.32	0.31	0.29	0.28
	3768	0.85	0.47	0.44	0.44	0.43	0.42	0.41	0.41	0.40	0.39	0.38	0.38
	4710	0.88	0.52	0.46	0.46	0.45	0.45	0.44	0.44	0.43	0.43	0.42	0.42
	5652	0.91	0.58	0.48	0.47	0.47	0.46	0.46	0.45	0.45	0.44	0.44	0.43
	6280	0.93	0.64	0.49	0.48	0.48	0.47	0.47	0.46	0.46	0.45	0.45	0.44
80	942	0.72	0.30	0.23	0.16	0.09	0.02	0	0	0	0	0	0
	1884	0.74	0.37	0.33	0.29	0.25	0.21	0.17	0.14	0.10	0.06	0.02	0
	2826	0.77	0.41	0.39	0.37	0.35	0.33	0.31	0.29	0.27	0.25	0.23	0.21
	3768	0.80	0.43	0.42	0.41	0.40	0.39	0.38	0.37	0.36	0.35	0.34	0.34
	4710	0.83	0.45	0.44	0.43	0.43	0.42	0.42	0.41	0.40	0.40	0.39	0.39
	5652	0.87	0.47	0.45	0.45	0.44	0.44	0.43	0.42	0.42	0.41	0.41	0.40
	6280	0.89	0.51	0.47	0.46	0.46	0.45	0.45	0.44	0.43	0.43	0.42	0.41

(2) 对于方、矩形钢管混凝土柱

$$k_t = \begin{cases} \dfrac{1}{1+a \cdot t_o^2} & t_o \leqslant t_1 \\ \dfrac{1}{b \cdot t_o^2+c} & t_1 < t_o \leqslant t_2, \text{且 } k_t \geqslant 0 \\ k \cdot t_o + d & t_o > t_2 \end{cases} \quad (5.3\text{-}1b)$$

式中，$a = (0.015\lambda_o^2 - 0.025\lambda_o + 1.04) \cdot (-2.56C_o + 16.08)$；

$b = (-0.19\lambda_o^3 + 1.48\lambda_o^2 - 0.95\lambda_o + 0.86) \cdot (-0.19C_o^2 + 0.15C_o + 9.05)$；

$c = 1 + (a-b) \cdot t_1^2$；

$d = \dfrac{1}{b \cdot t_2^2 + c} - k \cdot t_2$；

$k = 0.042 \cdot (\lambda_o^3 - 3.08\lambda_o^2 - 0.21\lambda_o + 0.23)$；

$$t_1 = 0.38 \cdot (0.02\lambda_o^3 - 0.13\lambda_o^2 + 0.05\lambda_o + 0.95);$$
$$t_2 = (0.022C_o^2 - 0.105C_o + 0.696) \cdot (0.03\lambda_o^2 - 0.29\lambda_o + 1.21);$$
$$t_o = 0.6 \cdot t; \quad C_o = C/1600; \quad \lambda_o = \lambda/40.$$

式(5.3-1)的适用范围是：Q235～Q420 钢；C30～C80 混凝土；$\alpha = 0.04 \sim 0.2$；$e/r = 0 \sim 1.5$；$\beta = 1 \sim 2$；$\lambda = 10 \sim 100$；对于圆钢管混凝土，$C = 628 \sim 6280$mm，即横截面外直径 $D = 200 \sim 2000$mm、对于方、矩形钢管混凝土，$C = 800 \sim 8000$mm，即横截面短边外边长 $B = 200 \sim 2000$mm；受火时间 t 以 h 计，且 $t \leqslant 3$h。

火灾作用下方、矩形钢管混凝土柱的承载力影响系数 k_t 亦可按表 5.3-2 查得，表内中间值可用插值法确定。

火灾作用下方、矩形钢管混凝土柱的承载力影响系数 k_t　　　　表 5.3-2

λ	C (mm)	受火时间(h)											
		0.25	0.5	0.75	1.0	1.25	1.5	1.75	2.0	2.25	2.5	2.75	3.0
20	1200	0.75	0.43	0.30	0.23	0.20	0.19	0.19	0.19	0.18	0.18	0.18	0.17
	2400	0.78	0.47	0.32	0.24	0.23	0.22	0.22	0.22	0.21	0.21	0.21	0.20
	3600	0.81	0.51	0.35	0.26	0.25	0.25	0.25	0.24	0.24	0.24	0.23	0.23
	4800	0.84	0.56	0.39	0.29	0.28	0.27	0.27	0.27	0.26	0.26	0.26	0.25
	6000	0.87	0.62	0.45	0.33	0.29	0.29	0.29	0.28	0.28	0.28	0.27	0.27
	7200	0.90	0.70	0.52	0.38	0.31	0.30	0.30	0.30	0.29	0.29	0.29	0.28
	8000	0.93	0.77	0.59	0.44	0.33	0.31	0.31	0.31	0.30	0.30	0.30	0.29
40	1200	0.75	0.43	0.28	0.19	0.18	0.16	0.15	0.14	0.12	0.11	0.10	0.08
	2400	0.78	0.47	0.30	0.22	0.20	0.18	0.18	0.16	0.15	0.14	0.13	0.11
	3600	0.81	0.51	0.32	0.24	0.23	0.22	0.20	0.18	0.18	0.16	0.15	0.14
	4800	0.84	0.56	0.36	0.26	0.25	0.24	0.22	0.21	0.20	0.18	0.17	0.16
	6000	0.87	0.62	0.40	0.27	0.26	0.25	0.24	0.22	0.21	0.20	0.18	0.17
	7200	0.90	0.70	0.46	0.31	0.27	0.26	0.24	0.23	0.22	0.20	0.19	0.18
	8000	0.93	0.77	0.52	0.35	0.28	0.26	0.25	0.24	0.23	0.21	0.20	0.19
60	1200	0.75	0.43	0.22	0.16	0.13	0.11	0.09	0.06	0.04	0.02	0	0
	2400	0.78	0.47	0.24	0.18	0.16	0.14	0.11	0.09	0.07	0.04	0.02	0
	3600	0.81	0.51	0.25	0.21	0.18	0.16	0.14	0.11	0.09	0.07	0.04	0.02
	4800	0.84	0.56	0.28	0.22	0.20	0.17	0.15	0.13	0.11	0.08	0.06	0.04
	6000	0.87	0.62	0.31	0.23	0.20	0.18	0.16	0.14	0.11	0.09	0.07	0.04
	7200	0.90	0.70	0.36	0.23	0.21	0.18	0.16	0.14	0.12	0.09	0.07	0.05
	8000	0.93	0.77	0.40	0.24	0.21	0.19	0.17	0.14	0.12	0.10	0.07	0.05
80	1200	0.75	0.37	0.16	0.12	0.10	0.07	0.04	0.01	0	0	0	0
	2400	0.78	0.40	0.18	0.15	0.12	0.09	0.06	0.03	0.01	0	0	0
	3600	0.80	0.43	0.20	0.17	0.14	0.11	0.08	0.05	0.03	0	0	0
	4800	0.83	0.46	0.21	0.18	0.15	0.12	0.09	0.07	0.04	0.01	0	0
	6000	0.87	0.51	0.22	0.18	0.15	0.13	0.10	0.07	0.04	0.01	0	0
	7200	0.90	0.57	0.25	0.18	0.16	0.13	0.10	0.07	0.04	0.01	0	0
	8000	0.93	0.63	0.29	0.19	0.16	0.13	0.10	0.07	0.05	0.02	0	0

为使裸钢管混凝土柱满足耐火极限要求,应限制其火灾荷载比不超过火灾作用下构件的承载力影响系数 k_t。

只要给定钢管混凝土构件的截面尺寸、长细比和火灾持续时间,即可利用式(5.3-1)方便地计算出火灾作用下构件的承载力影响系数 k_t,进而利用下式确定出火灾作用下钢管混凝土构件的极限承载力:

$$N_u(t) = k_t \cdot N_u \tag{5.3-2}$$

其中,N_u 和 $N_u(t)$ 分别为常温下和火灾作用下钢管混凝土柱的极限承载力,N_u 可按式(3.2-33)计算。

同样,对应一定的设计荷载,利用简化公式(5.3-1)也可以计算出构件承载力与该设计荷载相等时的火灾持续时间 t,该时间即为钢管混凝土柱的耐火极限。

因此,火灾下为了使裸钢管混凝土满足耐火极限要求,其内力应满足如下条件:

$$N \leqslant N_u(t) \tag{5.3-3}$$

其中,$N_u(t)$ 按式(5.3-2)计算。

5.4 防火保护层厚度计算

钢管混凝土柱防火保护应根据设计要求对其外钢管采用喷涂防火涂料或其他有效外包覆的防火措施,其耐火等级及耐火极限应满足国家有关消防规范的要求。

当保护层为厚涂型钢结构防火涂料时,防火涂料性能应符合国家标准《钢结构防火涂料》GB 14907-2002 和中国工程建设标准化协会标准《钢结构防火涂料应用技术规范》CECS 24∶90 的有关规定。

基于数值计算结果,提出按规范 ISO-834(1975)或 GB/T 9978-1999 规定的标准升温曲线升温作用下钢管混凝土柱防火保护层厚度的实用计算方法,具体表达式如下:

(1) 火灾有效荷载[式(5.2-1)]作用下

1) 保护层为水泥砂浆

对于圆钢管混凝土:

$$a = k_1 \cdot k_2 \cdot C^{-(0.396-0.0045\lambda)} \tag{5.4-1}$$

式中,$k_1 = 135 - 1.12\lambda$;$k_2 = 1.85t - 0.5t^2 + 0.07t^3$。

对于方、矩形钢管混凝土:

$$a = (220.8t + 123.8) \cdot C^{-(0.3075 - 3.25 \times 10^{-4}\lambda)} \tag{5.4-2}$$

2) 保护层为厚涂型钢结构防火涂料

对于圆钢管混凝土:

$$a = (19.2t + 9.6) \cdot C^{-(0.28 - 0.0019\lambda)} \tag{5.4-3}$$

对于方、矩形钢管混凝土:

$$a = (149.6t + 22) \cdot C^{-(0.42 + 0.0017\lambda - 2 \times 10^{-5}\lambda^2)} \tag{5.4-4}$$

式(5.4-1)~式(5.4-4)中,耐火极限 t 以 h 计;截面周长 C 以 mm 计。当钢管混凝土柱的火灾荷载比为 0.77(火灾有效荷载)时,其防火保护层厚度亦可按表 5.4-1~表 5.4-2 确定,表内中间值可用插值法确定。

(2) 考虑火灾荷载比影响

1) 保护层为水泥砂浆

对于圆钢管混凝土：
$$a = k_{LR} \cdot k_1 \cdot k_2 \cdot C^{-(0.396-0.0045\lambda)} \tag{5.4-5}$$

式中，$k_1 = 135 - 1.12\lambda$；$k_2 = 1.85t - 0.5t^2 + 0.07t^3$。

对于方、矩形钢管混凝土：
$$a = k_{LR} \cdot (220.8t + 123.8) \cdot C^{-(0.3075 - 3.25 \times 10^{-4}\lambda)} \tag{5.4-6}$$

式中，$k_{LR} = \begin{cases} p \cdot n + q & (k_t < n < 0.77) \\ 1/(r - s \cdot n) & (n \geqslant 0.77) \end{cases} \quad (k_t < 0.77)$

$\omega \cdot (n - k_t)/(1 - k_t) \quad (k_t \geqslant 0.77)$

$p = 1/(0.77 - k_t)$

$q = k_t/(k_t - 0.77)$

对于圆钢管混凝土：
$$r = 3.618 - 0.154 \cdot t; \quad s = 3.4 - 0.2 \cdot t; \quad \omega = 2.5 \cdot t + 2.3$$

对于方、矩形钢管混凝土：
$$r = 3.464 - 0.154 \cdot t; \quad s = 3.2 - 0.2 \cdot t; \quad \omega = 5.7 \cdot t$$

2) 保护层为厚涂型钢结构防火涂料

对于圆钢管混凝土：
$$a = k_{LR} \cdot (19.2t + 9.6) \cdot C^{-(0.28-0.0019\lambda)} \tag{5.4-7}$$

对于方、矩形钢管混凝土：
$$a = k_{LR} \cdot (149.6t + 22) \cdot C^{-(0.42 + 0.0017\lambda - 2 \times 10^{-5}\lambda^2)} \tag{5.4-8}$$

式中，$k_{LR} = \begin{cases} p \cdot n + q & (k_t < n < 0.77) \\ 1/(3.695 - 3.5 \cdot n) & (n \geqslant 0.77) \end{cases} \quad (k_t < 0.77)$

$\omega \cdot (n - k_t)/(1 - k_t) \quad (k_t \geqslant 0.77)$

$p = 1/(0.77 - k_t)$

$q = k_t/(k_t - 0.77)$

对于圆钢管混凝土：
$$\omega = 7.2 \cdot t$$

对于方、矩形钢管混凝土：
$$\omega = 10 \cdot t$$

式(5.4-5)~式(5.4-8)中，k_{LR} 为考虑火灾荷载比 n 影响的系数，k_t 为火灾下构件承载力影响系数，可按式(5.3-1)确定，耐火极限 t 以 h 计；截面周长 C 以 mm 计。公式(5.4-5)~公式(5.4-8)表明，当火灾荷载比小于等于承载力影响系数 k_t 时，构件不需进行防火保护；当火灾荷载比大于承载力影响系数 k_t 时，可按式(5.4-5)~式(5.4-8)计算构件所需的防火保护层厚度。

式(5.4-1)~式(5.4-8)的适用范围是：Q235~Q420 钢；C30~C80 混凝土；$\alpha = 0.04 \sim 0.2$；$\lambda = 10 \sim 100$；$e/r = 0 \sim 1.5$；$t \leqslant 3h$；$\beta = 1 \sim 2$；对于圆钢管混凝土，$C = 628 \sim 6280$mm，即横截面外直径 $D = 200 \sim 2000$mm、对于方、矩形钢管混凝土，$C = 800 \sim 8000$mm，即横截面短边外边长 $B = 200 \sim 2000$mm。

当考虑火灾荷载比的影响时，钢管混凝土柱的防火保护层厚度亦可按表 5.4-3~表 5.4-6 查得，表内中间值可用插值法确定。

火灾有效荷载作用时钢管混凝土柱防火保护层厚度 a(防火涂料)(mm)　　表 5.4-1

截面类型	截面周长(mm)	λ	耐火极限 1h	1.5h	2h	2.5h	3h	截面类型	截面周长(mm)	λ	耐火极限 1h	1.5h	2h	2.5h	3h
圆形	$C=628$	20	6	8	10	12	14	方、矩形	$C=800$	20	9	13	16	20	24
		40	8	11	13	16	18			40	8	12	15	19	24
		60	10	13	17	20	23			60	9	12	16	20	24
		80	13	17	21	25	30			80	10	14	19	23	27
	$C=942$	20	6	8	9	11	13		$C=1200$	20	7	11	14	17	20
		40	7	10	12	14	17			40	7	10	13	16	19
		60	9	13	16	19	22			60	7	10	13	16	20
		80	12	16	20	24	28			80	8	12	16	19	23
	$C=1256$	20	5	7	9	10	12		$C=1600$	20	7	9	12	15	18
		40	7	9	11	14	16			40	6	9	11	14	16
		60	9	12	15	18	21			60	6	9	12	15	17
		80	12	16	19	23	27			80	7	11	14	17	20
	$C=1570$	20	5	7	8	10	12		$C=2000$	20	6	9	11	14	16
		40	7	9	11	13	15			40	6	8	10	13	15
		60	9	12	14	17	20			60	6	8	11	13	16
		80	11	15	19	23	26			80	7	10	13	16	18
	$C=1884$	20	5	6	8	9	11		$C=2400$	20	6	8	10	13	15
		40	6	8	11	13	15			40	5	7	9	12	14
		60	8	11	14	17	19			60	5	8	10	12	16
		80	11	15	18	22	26			80	6	9	12	14	17
	$C=2198$	20	5	6	8	9	11		$C=2800$	20	5	7	10	12	14
		40	6	8	10	12	14			40	5	7	9	11	13
		60	8	11	14	16	19			60	5	7	9	11	13
		80	11	15	18	22	25			80	6	8	11	13	16
	$C=2512$	20	5	6	7	9	10		$C=3200$	20	5	7	9	11	13
		40	6	8	10	12	14			40	5	6	8	10	12
		60	8	11	13	16	19			60	5	7	9	11	13
		80	11	14	18	21	25			80	6	8	10	13	15
	$C=2826$	20	4	6	7	9	10		$C=3600$	20	5	7	9	10	12
		40	6	8	10	12	14			40	4	6	8	10	11
		60	8	10	13	16	18			60	5	6	8	10	12
		80	11	14	18	21	25			80	5	8	10	12	14
	$C=3140$	20	4	6	7	8	10		$C=4000$	20	4	6	8	10	12
		40	6	8	9	11	13			40	4	6	8	9	11
		60	8	10	13	16	18			60	4	6	8	10	11
		80	10	14	17	21	24			80	5	7	9	12	14
	$C=3454$	20	4	6	7	8	10		$C=4400$	20	4	6	8	10	11
		40	6	7	9	11	13			40	4	6	7	9	10
		60	8	10	13	15	18			60	4	6	8	9	11
		80	10	14	17	20	24			80	5	7	9	11	13
	$C=3768$	20	4	5	7	8	9		$C=4800$	20	4	6	8	9	11
		40	6	7	9	11	12			40	4	5	7	9	10
		60	8	10	12	15	17			60	4	6	8	9	11
		80	10	14	17	20	24			80	5	7	9	11	13
	$C=4082$	20	4	5	7	8	9		$C=5200$	20	4	5	7	9	11
		40	5	7	9	11	13			40	4	5	7	8	10
		60	7	10	12	15	17			60	4	5	7	8	10
		80	10	13	17	20	23			80	5	7	8	10	12
	4396≤C≤6280	20	4	5	6	8	9		5600≤C≤8000	20	4	5	7	9	10
		40	5	7	9	11	12			40	4	5	6	8	9
		60	7	10	12	15	17			60	4	5	7	8	10
		80	10	13	17	20	23			80	4	6	8	10	12

5.4 防火保护层厚度计算

火灾有效荷载作用时钢管混凝土柱防火保护层厚度 a(水泥砂浆)(mm) 表 5.4-2

截面类型	截面周长(mm)	λ	耐火极限 1h	1.5h	2h	2.5h	3h	截面类型	截面周长(mm)	λ	耐火极限 1h	1.5h	2h	2.5h	3h
圆形	$C=628$	20	22	30	35	41	46	方、矩形	$C=800$	20	47	62	78	93	108
		40	32	42	51	58	66			40	49	65	81	97	113
		60	43	57	68	78	89			60	51	68	85	101	118
		80	51	68	81	93	106			80	54	71	88	106	123
	$C=942$	20	20	26	31	36	41		$C=1200$	20	42	55	69	82	96
		40	29	39	46	53	60			40	44	58	72	86	100
		60	41	54	65	74	84			60	46	60	75	90	105
		80	50	67	80	92	104			80	48	63	79	94	110
	$C=1256$	20	18	24	29	33	37		$C=1600$	20	38	51	63	75	88
		40	27	36	44	50	57			40	40	53	66	79	92
		60	39	52	62	72	81			60	42	56	69	83	96
		80	50	66	79	91	103			80	44	58	73	87	101
	$C=1570$	20	17	22	27	31	35		$C=2000$	20	36	47	59	70	82
		40	26	35	42	48	54			40	38	50	62	74	86
		60	38	51	61	70	79			60	39	52	65	78	90
		80	49	66	79	90	102			80	41	55	68	82	95
	$C=1884$	20	16	21	25	29	33		$C=2400$	20	34	45	56	67	78
		40	25	33	40	46	52			40	36	47	59	70	82
		60	37	49	59	68	77			60	37	50	62	74	86
		80	49	65	78	90	102			80	39	52	65	78	90
	$C=2198$	20	15	20	24	28	31		$C=2800$	20	32	43	53	64	74
		40	24	32	39	44	50			40	34	45	56	67	78
		60	37	48	58	67	76			60	36	47	59	71	82
		80	49	65	78	89	101			80	38	50	62	74	86
	$C=2512$	20	15	19	23	27	30		$C=3200$	20	31	41	51	61	71
		40	24	31	38	43	49			40	33	43	54	64	75
		60	36	48	57	66	74			60	34	46	57	68	79
		80	49	65	77	89	101			80	36	48	60	72	83
	$C=2826$	20	14	19	22	26	29		$C=3600$	20	30	40	49	59	69
		40	23	31	37	42	48			40	32	42	52	62	72
		60	35	47	56	65	73			60	33	44	55	66	76
		80	48	64	77	88	100			80	35	46	58	69	81
	$C=3140$	20	14	18	22	25	28		$C=4000$	20	29	38	48	57	67
		40	22	30	36	41	47			40	31	40	50	60	70
		60	35	46	56	65	72			60	32	43	53	64	74
		80	48	64	77	88	100			80	34	45	56	67	78
	$C=3454$	20	13	18	21	24	27		$C=4400$	20	28	37	46	56	65
		40	22	29	35	40	46			40	30	39	49	59	68
		60	34	46	55	53	71			60	31	42	52	62	72
		80	48	64	77	88	100			80	33	44	55	65	76
	$C=3768$	20	13	17	20	24	27		$C=4800$	20	27	36	45	54	63
		40	22	29	34	40	45			40	29	38	48	57	67
		60	34	45	54	62	71			60	31	41	50	60	70
		80	48	64	76	88	99			80	32	43	53	64	74
	$C=4082$	20	13	17	20	23	26		$C=5200$	20	27	35	44	53	61
		40	21	28	34	39	44			40	28	37	47	56	65
		60	34	45	54	62	70			60	30	40	49	59	69
		80	48	63	76	87	99			80	32	42	52	62	73
	$4396 \leqslant C \leqslant 6280$	20	12	16	20	22	25		$5600 \leqslant C \leqslant 8000$	20	26	35	43	52	60
		40	21	28	33	38	43			40	28	37	46	55	64
		60	33	44	53	61	69			60	29	39	48	58	67
		80	48	63	76	87	99			80	31	41	51	61	71

考虑火灾荷载比影响时圆钢管混凝土柱防火保护层厚度 a（防火涂料）(mm) 表 5.4-3

火灾荷载比	截面周长(mm)	λ	耐火极限 1h	1.5h	2h	2.5h	3h	火灾荷载比	截面周长(mm)	λ	耐火极限 1h	1.5h	2h	2.5h	3h
$n=0.2$	$C=628$	20	0	0	0	0	1	$n=0.3$	$C=628$	20	0	0	1	2	4
		40	0	1	3	5	5			40	1	3	5	7	8
		60	1	3	5	6	6			60	3	5	7	8	9
		80	2	5	6	7	8			80	4	7	9	10	12
	$C=942$	20	0	0	0	0	0		$C=942$	20	0	0	0	1	2
		40	0	0	2	3	5			40	1	2	4	5	7
		60	0	2	4	5	6			60	2	4	6	8	9
		80	0	3	6	7	8			80	3	5	8	10	11
	$C=1256$	20	0	0	0	0	0		$C=1256$	20	0	0	0	0	1
		40	0	0	0	2	3			40	0	1	2	4	5
		60	0	0	2	4	6			60	1	3	5	7	9
		80	0	2	4	7	8			80	2	4	7	10	11
	$C=1570$	20	0	0	0	0	0		$C=1570$	20	0	0	0	0	0
		40	0	0	0	0	2			40	0	1	2	3	4
		60	0	0	1	3	5			60	0	2	3	5	7
		80	0	0	2	5	7			80	1	3	5	8	11
	$C=1884$	20	0	0	0	0	0		$C=1884$	20	0	0	0	0	0
		40	0	0	0	0	0			40	0	0	1	2	3
		60	0	0	0	1	3			60	0	1	2	4	6
		80	0	0	0	2	5			80	0	1	3	6	8
	$C=2198$	20	0	0	0	0	0		$C=2198$	20	0	0	0	0	0
		40	0	0	0	0	0			40	0	0	0	1	1
		60	0	0	0	0	0			60	0	0	1	2	4
		80	0	0	0	0	2			80	0	0	2	4	6
	$C=2512$	20	0	0	0	0	0		$C=2512$	20	0	0	0	0	0
		40	0	0	0	0	0			40	0	0	0	0	0
		60	0	0	0	0	0			60	0	0	0	1	2
		80	0	0	0	0	0			80	0	0	0	2	4
	$C=2826$	20	0	0	0	0	0		$C=2826$	20	0	0	0	0	0
		40	0	0	0	0	0			40	0	0	0	0	0
		60	0	0	0	0	0			60	0	0	0	0	1
		80	0	0	0	0	0			80	0	0	0	0	1
	$C=3140$	20	0	0	0	0	0		$C=3140$	20	0	0	0	0	0
		40	0	0	0	0	0			40	0	0	0	0	0
		60	0	0	0	0	0			60	0	0	0	0	0
		80	0	0	0	0	0			80	0	0	0	0	0
	$C=3454$	20	0	0	0	0	0		$C=3454$	20	0	0	0	0	0
		40	0	0	0	0	0			40	0	0	0	0	0
		60	0	0	0	0	0			60	0	0	0	0	0
		80	0	0	0	0	0			80	0	0	0	0	0
	$C=3768$	20	0	0	0	0	0		$C=3768$	20	0	0	0	0	0
		40	0	0	0	0	0			40	0	0	0	0	0
		60	0	0	0	0	0			60	0	0	0	0	0
		80	0	0	0	0	0			80	0	0	0	0	0
	$C=4082$	20	0	0	0	0	0		$C=4082$	20	0	0	0	0	0
		40	0	0	0	0	0			40	0	0	0	0	0
		60	0	0	0	0	0			60	0	0	0	0	0
		80	0	0	0	0	0			80	0	0	0	0	0
	$4396 \leqslant C \leqslant 6280$	20	0	0	0	0	0		$4396 \leqslant C \leqslant 6280$	20	0	0	0	0	0
		40	0	0	0	0	0			40	0	0	0	0	0
		60	0	0	0	0	0			60	0	0	0	0	0
		80	0	0	0	0	0			80	0	0	0	0	0

5.4 防火保护层厚度计算

续表

火灾荷载比	截面周长(mm)	λ	耐火极限 1h	1.5h	2h	2.5h	3h	火灾荷载比	截面周长(mm)	λ	耐火极限 1h	1.5h	2h	2.5h	3h
$n=0.4$	$C=628$	20	1	2	3	4	6	$n=0.5$	$C=628$	20	3	4	5	7	8
		40	3	5	7	9	10			40	4	6	8	11	12
		60	4	7	9	11	12			60	6	9	11	13	15
		80	6	9	11	14	16			80	8	11	14	17	20
	$C=942$	20	1	1	2	3	4		$C=942$	20	2	3	4	5	7
		40	2	4	5	7	9			40	4	5	7	9	11
		60	3	6	8	10	12			60	5	8	10	12	14
		80	5	8	11	13	15			80	7	10	13	16	19
	$C=1256$	20	0	1	1	2	3		$C=1256$	20	2	2	3	5	6
		40	2	3	4	6	8			40	3	5	6	8	10
		60	3	5	7	9	11			60	5	7	9	12	14
		80	4	7	10	13	15			80	6	9	12	16	18
	$C=1570$	20	0	0	1	1	2		$C=1570$	20	1	2	3	4	5
		40	1	2	4	5	7			40	3	4	6	7	9
		60	2	4	6	8	10			60	4	6	8	10	13
		80	3	5	8	11	14			80	5	8	11	14	18
	$C=1884$	20	0	0	0	1	1		$C=1884$	20	1	2	2	3	4
		40	1	2	3	4	5			40	3	4	5	6	8
		60	2	3	5	7	9			60	4	5	7	9	12
		80	2	4	7	9	12			80	5	7	10	13	16
	$C=2198$	20	0	0	0	0	0		$C=2198$	20	1	1	2	2	3
		40	1	1	2	3	4			40	2	3	4	6	7
		60	1	2	4	5	7			60	3	5	7	8	10
		80	2	3	5	8	10			80	4	6	9	12	14
	$C=2512$	20	0	0	0	0	0		$C=2512$	20	1	1	1	2	2
		40	0	1	1	2	3			40	2	3	4	5	6
		60	1	2	3	4	6			60	3	4	6	7	9
		80	1	2	4	6	8			80	4	6	8	10	13
	$C=2826$	20	0	0	0	0	0		$C=2826$	20	1	1	1	1	2
		40	0	1	1	2	2			40	2	3	3	4	5
		60	1	1	2	3	4			60	3	4	5	6	8
		80	1	2	3	5	6			80	3	5	7	9	11
	$C=3140$	20	0	0	0	0	0		$C=3140$	20	0	1	1	1	1
		40	0	0	1	1	1			40	2	2	3	4	5
		60	0	1	1	2	3			60	2	3	4	6	7
		80	0	1	2	3	4			80	3	4	6	8	10
	$C=3454$	20	0	0	0	0	0		$C=3454$	20	0	0	1	1	1
		40	0	0	0	0	1			40	1	2	3	3	4
		60	0	0	1	1	2			60	2	3	4	5	6
		80	0	0	1	2	3			80	2	3	5	7	9
	$C=3768$	20	0	0	0	0	0		$C=3768$	20	0	0	0	0	1
		40	0	0	0	0	0			40	1	2	2	3	4
		60	0	0	0	1	1			60	2	3	4	4	5
		80	0	0	0	1	2			80	2	3	5	6	8
	$C=4082$	20	0	0	0	0	0		$C=4082$	20	0	0	0	0	0
		40	0	0	0	0	0			40	1	2	2	3	3
		60	0	0	0	0	1			60	2	3	4	4	5
		80	0	0	0	0	1			80	2	3	4	5	7
	$4396 \leqslant C \leqslant 6280$	20	0	0	0	0	0		$4396 \leqslant C \leqslant 6280$	20	0	0	0	0	0
		40	0	0	0	0	0			40	1	2	2	2	3
		60	0	0	0	0	0			60	2	2	3	4	5
		80	0	0	0	0	0			80	2	3	3	5	6

续表

火灾荷载比	截面周长(mm)	λ	耐火极限					火灾荷载比	截面周长(mm)	λ	耐火极限				
			1h	1.5h	2h	2.5h	3h				1h	1.5h	2h	2.5h	3h
$n=0.6$	$C=628$	20	4	6	7	9	11	$n=0.7$	$C=628$	20	6	7	9	11	13
		40	6	8	10	13	15			40	7	10	12	15	17
		60	8	11	13	16	18			60	9	12	15	18	21
		80	10	14	17	20	23			80	12	16	20	23	27
	$C=942$	20	3	5	6	8	9		$C=942$	20	5	7	8	10	12
		40	5	7	9	11	13			40	7	9	11	13	16
		60	7	9	12	15	17			60	9	11	14	17	20
		80	9	12	16	19	22			80	11	15	19	22	26
	$C=1256$	20	3	4	5	7	8		$C=1256$	20	5	6	8	9	11
		40	5	6	8	10	12			40	6	8	10	12	15
		60	6	9	11	14	17			60	8	11	14	16	19
		80	8	12	15	19	22			80	10	14	18	22	25
	$C=1570$	20	3	4	5	6	7		$C=1570$	20	4	6	7	9	10
		40	4	6	8	10	11			40	6	8	10	12	14
		60	6	8	11	13	16			60	8	10	13	16	18
		80	8	11	14	18	21			80	10	14	17	21	24
	$C=1884$	20	3	4	4	6	7		$C=1884$	20	4	5	7	8	9
		40	4	6	7	9	10			40	6	7	9	11	13
		60	5	8	10	12	15			60	7	10	12	15	18
		80	7	10	13	16	20			80	10	13	16	20	23
	$C=2198$	20	2	3	4	5	6		$C=2198$	20	4	5	6	8	9
		40	4	5	7	8	10			40	5	7	9	11	13
		60	5	7	9	11	14			60	7	10	12	14	17
		80	7	10	12	15	19			80	9	13	16	19	23
	$C=2512$	20	2	3	4	5	5		$C=2512$	20	4	5	6	7	8
		40	4	5	6	8	9			40	5	7	9	10	12
		60	5	7	9	11	13			60	7	9	12	14	16
		80	6	9	12	14	17			80	9	12	15	19	22
	$C=2826$	20	2	3	3	4	5		$C=2826$	20	4	5	6	7	8
		40	3	5	6	7	9			40	5	7	8	10	12
		60	5	6	8	10	12			60	7	9	11	13	16
		80	6	8	11	14	16			80	9	12	15	18	21
	$C=3140$	20	2	3	3	4	4		$C=3140$	20	3	5	6	7	8
		40	3	4	6	7	8			40	5	6	8	10	11
		60	4	6	8	9	11			60	7	9	11	13	15
		80	6	8	10	13	15			80	9	12	15	18	21
	$C=3454$	20	2	2	3	3	4		$C=3454$	20	3	4	5	6	8
		40	3	4	5	6	7			40	5	6	8	9	11
		60	4	6	7	9	10			60	6	8	11	13	15
		80	6	7	10	12	14			80	9	11	14	17	20
	$C=3768$	20	2	2	3	3	4		$C=3768$	20	3	4	5	6	7
		40	3	4	5	6	7			40	5	6	8	9	11
		60	4	5	7	8	10			60	6	8	10	12	14
		80	5	7	9	11	14			80	8	11	14	17	20
	$C=4082$	20	2	2	3	3	4		$C=4082$	20	3	4	5	6	7
		40	3	4	5	6	7			40	5	6	7	9	10
		60	4	5	7	8	10			60	6	8	10	12	14
		80	5	7	9	11	13			80	8	11	14	16	19
	$4396 \leqslant C \leqslant 6280$	20	2	2	3	3	3		$4396 \leqslant C \leqslant 6280$	20	3	4	5	6	7
		40	3	4	5	6	7			40	5	6	7	9	10
		60	4	5	6	8	9			60	6	8	10	12	14
		80	5	7	8	10	12			80	8	11	13	16	19

5.4 防火保护层厚度计算

续表

火灾荷载比	截面周长(mm)	λ	耐火极限					火灾荷载比	截面周长(mm)	λ	耐火极限				
			1h	1.5h	2h	2.5h	3h				1h	1.5h	2h	2.5h	3h
$n=0.8$	$C=628$	20	7	10	12	14	16	$n=0.9$	$C=628$	20	12	15	19	23	26
		40	9	12	15	18	21			40	15	19	24	29	34
		60	12	15	19	23	26			60	19	25	31	37	43
		80	15	19	24	29	33			80	24	31	39	47	55
	$C=942$	20	7	9	11	13	15		$C=942$	20	11	14	17	21	24
		40	8	11	14	16	19			40	14	18	22	27	31
		60	11	14	18	21	25			60	17	23	29	34	40
		80	14	18	23	27	32			80	22	30	37	44	52
	$C=1256$	20	6	8	10	12	14		$C=1256$	20	10	13	16	19	22
		40	8	11	13	16	18			40	13	17	21	25	29
		60	10	14	17	20	23			60	17	22	27	33	38
		80	13	18	22	26	31			80	22	29	36	43	50
	$C=1570$	20	6	8	10	11	13		$C=1570$	20	9	12	15	18	21
		40	8	10	12	15	17			40	12	16	20	24	28
		60	10	13	16	19	23			60	16	21	26	32	37
		80	13	17	21	26	30			80	21	28	35	42	49
	$C=1884$	20	6	7	9	11	13		$C=1884$	20	9	12	15	18	20
		40	7	10	12	14	17			40	12	16	19	23	27
		60	10	13	16	19	22			60	16	21	26	31	36
		80	13	17	21	25	29			80	21	27	34	41	47
	$C=2198$	20	5	7	9	10	12		$C=2198$	20	9	11	14	17	20
		40	7	9	12	14	16			40	11	15	19	22	26
		60	9	12	15	18	21			60	15	20	25	30	35
		80	13	17	21	25	29			80	20	27	33	40	47
	$C=2512$	20	5	7	9	10	12		$C=2512$	20	8	11	14	16	19
		40	7	9	11	14	16			40	11	15	18	22	25
		60	9	12	15	18	21			60	15	20	25	29	34
		80	12	16	20	24	28			80	20	26	33	39	46
	$C=2826$	20	5	7	8	10	11		$C=2826$	20	8	11	13	16	19
		40	7	9	11	13	15			40	11	14	18	21	25
		60	9	12	15	18	21			60	15	19	24	29	33
		80	12	16	20	24	28			80	20	26	32	39	45
	$C=3140$	20	5	7	8	10	11		$C=3140$	20	8	11	13	16	18
		40	7	9	11	13	15			40	11	14	18	21	24
		60	9	12	15	17	20			60	14	19	24	28	33
		80	12	16	20	23	27			80	19	26	32	38	44
	$C=3454$	20	5	6	8	9	11		$C=3454$	20	8	10	13	15	18
		40	7	9	11	13	15			40	11	14	17	21	24
		60	9	12	14	17	20			60	14	19	23	28	32
		80	12	16	19	23	27			80	19	25	32	38	44
	$C=3768$	20	5	6	8	9	11		$C=3768$	20	8	10	13	15	17
		40	6	8	10	12	14			40	10	14	17	20	23
		60	9	11	14	17	20			60	14	18	23	27	32
		80	12	15	19	23	27			80	19	25	31	37	43
	$C=4082$	20	5	6	8	9	11		$C=4082$	20	8	10	12	15	17
		40	6	8	10	12	14			40	10	13	17	20	23
		60	9	11	14	17	19			60	14	18	23	27	32
		80	12	15	19	23	26			80	19	25	31	37	43
	$4396 \leqslant C \leqslant 6280$	20	5	6	8	9	10		$4396 \leqslant C \leqslant 6280$	20	7	10	12	14	17
		40	6	8	10	12	14			40	10	13	16	20	23
		60	8	11	14	16	19			60	14	18	22	27	31
		80	11	15	19	22	26			80	19	25	31	37	43

考虑火灾荷载比影响时方、矩形钢管混凝土柱防火保护层厚度 a(防火涂料)(mm) 表 5.4-4

火灾荷载比	截面周长(mm)	λ	耐火极限					火灾荷载比	截面周长(mm)	λ	耐火极限				
			1h	1.5h	2h	2.5h	3h				1h	1.5h	2h	2.5h	3h
$n=0.2$	$C=800$	20	0	1	1	2	2	$n=0.3$	$C=800$	20	2	3	4	5	6
		40	1	1	2	4	5			40	2	3	5	6	8
		60	1	2	4	5	7			60	3	4	6	8	10
		80	2	3	5	6	7			80	3	5	8	9	11
	$C=1200$	20	0	1	1	1	1		$C=1200$	20	1	2	3	4	5
		40	1	1	2	3	4			40	2	3	4	5	6
		60	1	2	3	4	6			60	2	3	5	7	8
		80	1	3	4	5	6			80	3	4	6	8	9
	$C=1600$	20	0	0	0	0	1		$C=1600$	20	1	2	3	3	4
		40	0	1	2	2	3			40	2	3	4	4	6
		60	1	2	3	4	5			60	2	3	4	6	7
		80	1	2	4	5	6			80	2	4	6	7	8
	$C=2000$	20	0	0	0	0	0		$C=2000$	20	1	2	2	3	3
		40	0	1	1	2	3			40	1	2	3	4	5
		60	1	1	2	3	4			60	2	3	4	5	6
		80	1	2	3	4	5			80	2	3	5	6	8
	$C=2400$	20	0	0	0	0	0		$C=2400$	20	1	1	2	2	3
		40	0	1	1	2	2			40	1	2	3	3	4
		60	1	1	2	3	4			60	1	2	3	5	6
		80	1	2	3	4	5			80	2	3	5	6	7
	$C=2800$	20	0	0	0	0	0		$C=2800$	20	1	1	2	2	2
		40	0	0	1	1	2			40	1	2	2	3	4
		60	0	1	2	3	4			60	1	2	3	4	5
		80	1	2	3	4	5			80	2	3	4	6	7
	$C=3200$	20	0	0	0	0	0		$C=3200$	20	1	1	1	2	2
		40	0	0	1	1	2			40	1	1	2	3	4
		60	0	1	2	2	3			60	1	2	3	4	5
		80	1	2	3	4	4			80	2	3	4	5	6
	$C=3600$	20	0	0	0	0	0		$C=3600$	20	1	1	1	2	2
		40	0	0	1	1	2			40	1	1	2	3	3
		60	0	1	1	2	3			60	1	2	3	4	5
		80	1	1	2	4	4			80	2	3	4	5	6
	$C=4000$	20	0	0	0	0	0		$C=4000$	20	1	1	1	1	2
		40	0	0	1	1	2			40	1	1	2	2	3
		60	0	1	1	2	3			60	1	2	3	4	5
		80	1	1	2	3	4			80	2	2	4	5	6
	$C=4400$	20	0	0	0	0	0		$C=4400$	20	1	1	1	1	2
		40	0	0	0	1	1			40	1	1	2	2	3
		60	0	1	1	2	3			60	1	2	2	3	4
		80	1	1	2	3	4			80	1	2	3	5	6
	$C=4800$	20	0	0	0	0	0		$C=4800$	20	1	1	1	1	2
		40	0	0	0	1	1			40	1	1	2	2	3
		60	0	1	1	2	2			60	1	2	2	3	4
		80	1	1	2	3	3			80	1	2	3	5	5
	$C=5200$	20	0	0	0	0	0		$C=5200$	20	1	1	1	1	1
		40	0	0	0	1	1			40	1	1	2	2	3
		60	0	1	1	2	3			60	1	2	2	3	4
		80	1	1	2	3	4			80	1	2	3	4	5
	$5600 \leqslant C \leqslant 8000$	20	0	0	0	0	0		$5600 \leqslant C \leqslant 8000$	20	0	1	1	1	1
		40	0	0	0	1	1			40	1	1	2	2	3
		60	0	1	1	2	3			60	1	2	2	3	4
		80	1	1	2	3	4			80	1	2	3	4	5

5.4 防火保护层厚度计算　195

续表

火灾荷载比	截面周长(mm)	λ	耐火极限					火灾荷载比	截面周长(mm)	λ	耐火极限				
			1h	1.5h	2h	2.5h	3h				1h	1.5h	2h	2.5h	3h
$n=0.4$	$C=800$	20	3	5	7	8	10	$n=0.5$	$C=800$	20	5	7	9	12	14
		40	4	5	7	9	11			40	5	7	9	12	14
		60	4	6	8	11	13			60	5	8	10	13	16
		80	5	7	10	12	14			80	6	9	12	15	18
	$C=1200$	20	3	4	5	7	8		$C=1200$	20	4	6	8	10	11
		40	3	4	6	7	9			40	4	6	8	10	12
		60	3	5	7	9	11			60	4	6	9	11	13
		80	4	6	8	10	12			80	5	8	10	13	15
	$C=1600$	20	3	4	5	6	7		$C=1600$	20	4	5	7	8	10
		40	3	4	5	6	8			40	4	6	7	9	10
		60	3	4	6	8	9			60	4	6	8	10	12
		80	4	5	7	9	11			80	5	7	9	11	14
	$C=2000$	20	2	3	4	5	6		$C=2000$	20	3	5	6	7	9
		40	2	3	5	6	7			40	3	5	6	8	9
		60	3	4	5	7	8			60	4	5	7	9	10
		80	3	5	7	8	10			80	4	6	8	10	12
	$C=2400$	20	2	3	4	5	5		$C=2400$	20	3	4	6	7	8
		40	2	3	4	5	6			40	3	4	6	7	8
		60	2	4	5	6	8			60	3	5	6	8	10
		80	3	4	6	8	9			80	4	6	8	10	11
	$C=2800$	20	2	3	3	4	5		$C=2800$	20	3	4	5	6	7
		40	2	3	4	5	6			40	3	4	5	6	8
		60	2	3	4	6	7			60	3	4	6	7	9
		80	3	4	6	7	9			80	4	5	7	9	11
	$C=3200$	20	2	2	3	4	5		$C=3200$	20	3	4	5	6	7
		40	2	3	4	5	6			40	3	4	5	6	7
		60	2	3	4	5	7			60	3	4	6	7	8
		80	3	4	5	7	8			80	3	5	7	9	10
	$C=3600$	20	2	2	3	4	4		$C=3600$	20	3	3	5	6	6
		40	2	2	3	4	5			40	3	3	5	6	7
		60	2	3	4	5	6			60	3	4	5	7	8
		80	2	4	5	7	8			80	3	5	6	8	10
	$C=4000$	20	2	2	3	3	4		$C=4000$	20	2	3	4	5	6
		40	2	2	3	4	5			40	2	3	4	5	7
		60	2	3	4	5	6			60	3	4	5	6	8
		80	2	4	5	6	8			80	3	5	6	8	9
	$C=4400$	20	1	2	3	3	4		$C=4400$	20	2	3	4	5	6
		40	2	2	3	4	5			40	2	3	4	5	6
		60	2	3	4	5	6			60	3	4	5	6	7
		80	2	3	5	6	7			80	3	4	6	8	9
	$C=4800$	20	1	2	3	3	4		$C=4800$	20	2	3	4	5	6
		40	1	2	3	4	4			40	2	3	4	5	6
		60	2	3	3	5	6			60	2	3	5	6	7
		80	2	3	5	6	7			80	3	4	6	7	9
	$C=5200$	20	1	2	2	3	3		$C=5200$	20	2	3	4	5	5
		40	1	2	3	4	4			40	2	3	4	5	6
		60	2	3	3	4	5			60	2	3	4	6	7
		80	2	3	4	6	7			80	3	4	5	7	8
	$5600 \leqslant C \leqslant 8000$	20	1	2	2	3	3		$5600 \leqslant C \leqslant 8000$	20	2	3	4	4	5
		40	1	2	3	3	4			40	2	3	4	5	6
		60	2	2	3	4	5			60	2	3	4	5	7
		80	2	3	4	6	7			80	3	4	5	7	8

续表

火灾荷载比	截面周长(mm)	λ	耐火极限					火灾荷载比	截面周长(mm)	λ	耐火极限				
			1h	1.5h	2h	2.5h	3h				1h	1.5h	2h	2.5h	3h
$n=0.6$	$C=800$	20	6	9	12	15	17	$n=0.7$	$C=800$	20	8	11	14	17	21
		40	6	9	12	15	18			40	8	11	15	18	22
		60	7	10	13	16	19			60	8	12	15	18	22
		80	8	11	15	18	21			80	9	13	17	21	25
	$C=1200$	20	5	8	10	12	14		$C=1200$	20	6	9	12	14	17
		40	5	8	10	12	15			40	7	10	12	15	18
		60	6	8	11	13	16			60	7	10	12	15	18
		80	7	9	12	15	18			80	8	11	15	18	21
	$C=1600$	20	5	7	9	11	13		$C=1600$	20	6	8	10	13	15
		40	5	7	9	11	13			40	6	8	11	13	16
		60	5	7	9	12	14			60	6	9	11	13	16
		80	6	8	11	14	16			80	7	10	13	16	19
	$C=2000$	20	4	6	8	10	11		$C=2000$	20	5	7	9	12	14
		40	4	6	8	10	12			40	5	8	10	12	14
		60	4	6	8	10	12			60	6	8	10	12	14
		80	5	8	10	12	15			80	6	9	12	14	17
	$C=2400$	20	4	6	7	9	11		$C=2400$	20	5	7	9	11	13
		40	4	6	7	9	11			40	5	7	9	11	13
		60	4	6	8	10	12			60	5	7	9	11	13
		80	5	7	9	12	14			80	6	8	11	13	16
	$C=2800$	20	4	5	7	8	10		$C=2800$	20	5	6	8	10	12
		40	4	5	7	8	10			40	5	7	9	10	12
		60	4	6	7	9	11			60	5	7	9	11	12
		80	5	7	9	11	13			80	6	8	10	13	15
	$C=3200$	20	3	5	6	8	9		$C=3200$	20	4	6	8	9	11
		40	4	5	6	8	9			40	4	6	8	10	12
		60	4	5	7	8	10			60	5	6	8	10	12
		80	4	6	8	10	12			80	5	7	10	12	14
	$C=3600$	20	3	5	6	7	9		$C=3600$	20	4	6	7	9	11
		40	3	5	6	7	9			40	4	6	8	9	11
		60	3	5	6	8	10			60	4	6	8	9	11
		80	4	6	8	10	12			80	5	7	9	11	13
	$C=4000$	20	3	4	6	7	8		$C=4000$	20	4	5	7	8	10
		40	3	5	6	7	8			40	4	6	7	9	11
		60	3	5	6	8	9			60	4	6	7	9	11
		80	4	6	8	9	11			80	5	7	9	11	13
	$C=4400$	20	3	4	5	7	8		$C=4400$	20	4	5	7	8	10
		40	3	4	6	7	8			40	4	5	7	9	10
		60	3	5	6	7	9			60	4	6	7	9	10
		80	4	6	7	9	11			80	5	7	8	10	12
	$C=4800$	20	3	4	5	6	8		$C=4800$	20	4	5	6	8	9
		40	3	4	5	7	8			40	4	5	7	8	10
		60	3	4	6	7	8			60	4	5	7	8	10
		80	4	5	7	9	10			80	5	6	8	10	12
	$C=5200$	20	3	4	5	6	7		$C=5200$	20	3	5	6	8	9
		40	3	4	5	6	7			40	4	5	7	8	9
		60	3	4	6	7	8			60	4	5	7	8	10
		80	4	5	7	8	10			80	4	6	8	10	11
	$5600 \leqslant C \leqslant 8000$	20	3	4	5	6	7		$5600 \leqslant C \leqslant 8000$	20	3	5	6	7	9
		40	3	4	5	6	7			40	4	5	6	8	9
		60	3	4	5	7	8			60	4	5	6	8	9
		80	4	5	7	8	10			80	4	6	8	9	11

5.4 防火保护层厚度计算

续表

火灾荷载比	截面周长(mm)	λ	耐火极限					火灾荷载比	截面周长(mm)	λ	耐火极限				
			1h	1.5h	2h	2.5h	3h				1h	1.5h	2h	2.5h	3h
$n=0.8$	$C=800$	20	10	14	18	21	25	$n=0.9$	$C=800$	20	15	22	28	35	41
		40	10	14	18	22	26			40	16	23	30	36	43
		60	10	14	19	23	27			60	16	23	30	37	44
		80	11	16	21	26	31			80	19	26	34	42	50
	$C=1200$	20	8	11	15	18	21		$C=1200$	20	13	18	24	29	35
		40	8	12	15	19	22			40	13	19	25	30	36
		60	9	12	16	19	23			60	14	20	25	31	37
		80	10	14	18	22	26			80	16	22	29	35	42
	$C=1600$	20	7	10	13	16	19		$C=1600$	20	11	16	21	26	30
		40	7	10	13	16	20			40	12	17	22	27	32
		60	8	11	14	17	20			60	12	17	22	28	33
		80	9	12	16	19	23			80	14	20	26	31	37
	$C=2000$	20	6	9	12	14	17		$C=2000$	20	10	15	19	23	27
		40	7	10	12	15	18			40	11	15	20	24	29
		60	7	10	13	15	18			60	11	16	20	25	30
		80	8	11	14	18	21			80	13	18	23	29	34
	$C=2400$	20	6	8	11	13	16		$C=2400$	20	10	13	17	21	25
		40	6	9	11	14	16			40	10	14	18	22	27
		60	6	9	12	14	17			60	10	15	19	23	27
		80	7	10	13	16	19			80	12	17	22	26	31
	$C=2800$	20	6	8	10	12	15		$C=2800$	20	9	13	16	20	24
		40	6	8	11	13	15			40	9	13	17	21	25
		60	6	8	11	13	16			60	10	14	18	22	26
		80	7	10	13	15	18			80	11	16	20	25	29
	$C=3200$	20	5	7	10	12	14		$C=3200$	20	8	12	15	19	22
		40	6	8	10	12	14			40	9	12	16	20	23
		60	6	8	10	13	15			60	9	13	17	20	24
		80	7	9	12	14	17			80	10	15	19	23	28
	$C=3600$	20	5	7	9	11	13		$C=3600$	20	8	11	15	18	21
		40	5	7	10	12	14			40	8	12	15	19	22
		60	5	8	10	12	14			60	9	12	16	19	23
		80	6	9	11	14	16			80	10	14	18	22	26
	$C=4000$	20	5	7	9	11	12		$C=4000$	20	8	11	14	17	20
		40	5	7	9	11	13			40	8	11	15	18	21
		60	5	7	9	11	14			60	8	12	15	18	22
		80	6	8	11	13	16			80	10	13	17	21	25
	$C=4400$	20	5	7	8	10	12		$C=4400$	20	7	10	13	16	19
		40	5	7	9	11	13			40	8	11	14	17	20
		60	5	7	9	11	13			60	8	11	14	18	21
		80	6	8	10	13	15			80	9	13	17	21	24
	$C=4800$	20	5	6	8	10	12		$C=4800$	20	7	10	13	16	19
		40	5	7	8	10	12			40	7	10	13	17	20
		60	5	7	9	11	12			60	8	11	14	17	20
		80	6	8	10	12	14			80	9	13	16	20	23
	$C=5200$	20	4	6	8	9	11		$C=5200$	20	7	10	12	15	18
		40	5	6	8	10	12			40	7	10	13	16	19
		60	5	7	8	10	12			60	7	10	13	16	20
		80	5	7	9	12	14			80	9	12	16	19	23
	$5600 \leqslant C \leqslant 8000$	20	4	6	8	9	11		$5600 \leqslant C \leqslant 8000$	20	7	9	12	15	17
		40	4	6	8	10	11			40	7	10	13	15	18
		60	5	6	8	10	12			60	7	10	13	16	19
		80	5	7	9	12	14			80	8	12	15	19	22

考虑火灾荷载比影响时圆钢管混凝土柱防火保护层厚度 a（水泥砂浆）(mm)　　表 5.4-5

火灾荷载比	截面周长(mm)	λ	耐火极限 1h	1.5h	2h	2.5h	3h	火灾荷载比	截面周长(mm)	λ	耐火极限 1h	1.5h	2h	2.5h	3h
$n=0.2$	$C=628$	20	0	0	0	0	3	$n=0.3$	$C=628$	20	0	0	3	6	10
		40	0	4	10	16	18			40	4	11	17	23	26
		60	2	12	18	21	23			60	9	20	27	31	35
		80	5	17	22	25	28			80	13	26	32	37	42
	$C=942$	20	0	0	0	0	0		$C=942$	20	0	0	0	2	5
		40	0	0	5	10	16			40	2	7	12	18	24
		60	0	6	15	20	22			60	6	14	24	29	33
		80	0	11	21	24	28			80	9	21	32	36	41
	$C=1256$	20	0	0	0	0	0		$C=1256$	20	0	0	0	0	1
		40	0	0	0	5	10			40	0	3	8	13	19
		60	0	1	8	16	22			60	3	10	18	26	32
		80	0	5	15	24	27			80	5	16	27	36	41
	$C=1570$	20	0	0	0	0	0		$C=1570$	20	0	0	0	0	0
		40	0	0	0	0	5			40	0	1	4	9	14
		60	0	0	3	9	17			60	0	6	13	20	28
		80	0	0	8	17	27			80	2	10	20	30	40
	$C=1884$	20	0	0	0	0	0		$C=1884$	20	0	0	0	0	0
		40	0	0	0	0	0			40	0	0	1	5	9
		60	0	0	0	3	9			60	0	2	7	14	21
		80	0	0	0	8	17			80	0	4	13	22	32
	$C=2198$	20	0	0	0	0	0		$C=2198$	20	0	0	0	0	0
		40	0	0	0	0	0			40	0	0	0	1	4
		60	0	0	0	0	0			60	0	0	3	8	14
		80	0	0	0	0	7			80	0	0	7	15	24
	$C=2512$	20	0	0	0	0	0		$C=2512$	20	0	0	0	0	0
		40	0	0	0	0	0			40	0	0	0	0	0
		60	0	0	0	0	0			60	0	0	0	2	8
		80	0	0	0	0	0			80	0	0	0	6	14
	$C=2826$	20	0	0	0	0	0		$C=2826$	20	0	0	0	0	0
		40	0	0	0	0	0			40	0	0	0	0	0
		60	0	0	0	0	0			60	0	0	0	0	1
		80	0	0	0	0	0			80	0	0	0	0	5
	$C=3140$	20	0	0	0	0	0		$C=3140$	20	0	0	0	0	0
		40	0	0	0	0	0			40	0	0	0	0	0
		60	0	0	0	0	0			60	0	0	0	0	0
		80	0	0	0	0	0			80	0	0	0	0	0
	$C=3454$	20	0	0	0	0	0		$C=3454$	20	0	0	0	0	0
		40	0	0	0	0	0			40	0	0	0	0	0
		60	0	0	0	0	0			60	0	0	0	0	0
		80	0	0	0	0	0			80	0	0	0	0	0
	$C=3768$	20	0	0	0	0	0		$C=3768$	20	0	0	0	0	0
		40	0	0	0	0	0			40	0	0	0	0	0
		60	0	0	0	0	0			60	0	0	0	0	0
		80	0	0	0	0	0			80	0	0	0	0	0
	$C=4082$	20	0	0	0	0	0		$C=4082$	20	0	0	0	0	0
		40	0	0	0	0	0			40	0	0	0	0	0
		60	0	0	0	0	0			60	0	0	0	0	0
		80	0	0	0	0	0			80	0	0	0	0	0
	$4396 \leqslant C \leqslant 6280$	20	0	0	0	0	0		$4396 \leqslant C \leqslant 6280$	20	0	0	0	0	0
		40	0	0	0	0	0			40	0	0	0	0	0
		60	0	0	0	0	0			60	0	0	0	0	0
		80	0	0	0	0	0			80	0	0	0	0	0

5.4 防火保护层厚度计算

续表

火灾荷载比	截面周长(mm)	λ	耐火极限 1h	1.5h	2h	2.5h	3h	火灾荷载比	截面周长(mm)	λ	耐火极限 1h	1.5h	2h	2.5h	3h
$n=0.4$	$C=628$	20	3	6	10	14	18	$n=0.5$	$C=628$	20	8	12	17	21	26
		40	10	18	24	31	35			40	16	24	32	38	43
		60	16	28	36	41	46			60	24	36	45	51	58
		80	22	35	43	49	55			80	30	44	53	61	69
	$C=942$	20	1	3	6	9	13		$C=942$	20	6	9	13	17	20
		40	8	14	20	26	32			40	14	21	27	33	40
		60	13	23	32	39	44			60	21	31	41	49	55
		80	18	31	42	48	55			80	27	41	53	60	68
	$C=1256$	20	0	1	3	6	9		$C=1256$	20	4	7	10	14	17
		40	5	10	16	21	27			40	11	18	23	29	35
		60	11	19	27	36	43			60	19	28	37	46	53
		80	15	27	38	48	54			80	24	37	49	60	68
	$C=1570$	20	0	0	1	3	5		$C=1570$	20	3	6	8	11	13
		40	4	8	12	17	22			40	10	15	20	26	31
		60	8	16	23	30	39			60	16	25	33	41	50
		80	12	22	33	43	54			80	22	34	45	56	67
	$C=1884$	20	0	0	0	1	2		$C=1884$	20	3	4	6	8	11
		40	2	6	10	14	18			40	9	13	18	23	27
		60	6	12	18	26	33			60	14	22	30	37	45
		80	8	17	27	37	47			80	19	31	41	51	62
	$C=2198$	20	0	0	0	0	0		$C=2198$	20	2	3	5	6	8
		40	1	4	7	10	14			40	8	12	15	19	24
		60	4	9	15	21	27			60	13	20	27	33	40
		80	5	13	22	31	40			80	17	27	37	47	57
	$C=2512$	20	0	0	0	0	0		$C=2512$	20	1	2	3	5	6
		40	0	2	4	7	10			40	6	10	13	17	21
		60	1	6	11	16	22			60	11	18	23	29	36
		80	3	10	16	24	32			80	15	25	32	41	51
	$C=2826$	20	0	0	0	0	0		$C=2826$	20	1	1	2	3	4
		40	0	1	2	5	7			40	6	9	12	15	18
		60	1	3	7	11	16			60	10	15	21	25	32
		80	1	5	11	18	25			80	14	21	29	37	46
	$C=3140$	20	0	0	0	0	0		$C=3140$	20	0	1	1	1	2
		40	0	0	1	2	4			40	5	7	10	12	16
		60	0	1	3	7	11			60	8	13	18	22	27
		80	0	1	6	11	16			80	12	18	25	32	39
	$C=3454$	20	0	0	0	0	0		$C=3454$	20	0	0	1	1	1
		40	0	0	0	0	2			40	5	7	9	11	14
		60	0	0	1	4	6			60	8	12	15	20	24
		80	0	0	1	5	10			80	10	15	21	28	34
	$C=3768$	20	0	0	0	0	0		$C=3768$	20	0	0	0	0	1
		40	0	0	0	0	0			40	4	6	8	10	12
		60	0	0	0	1	2			60	7	10	14	17	21
		80	0	0	0	1	6			80	9	14	20	24	31
	$C=4082$	20	0	0	0	0	0		$C=4082$	20	0	0	0	0	0
		40	0	0	0	0	0			40	3	5	7	8	11
		60	0	0	0	0	1			60	7	10	13	16	19
		80	0	0	0	0	1			80	8	12	16	20	27
	$4396 \leqslant C \leqslant 6280$	20	0	0	0	0	0		$4396 \leqslant C \leqslant 6280$	20	0	0	0	0	0
		40	0	0	0	0	0			40	3	5	6	7	9
		60	0	0	0	0	0			60	6	9	11	14	18
		80	0	0	0	0	0			80	7	10	14	18	23

续表

火灾荷载比	截面周长 (mm)	λ	耐火极限					火灾荷载比	截面周长 (mm)	λ	耐火极限				
			1h	1.5h	2h	2.5h	3h				1h	1.5h	2h	2.5h	3h
$n=0.6$	$C=628$	20	14	19	24	29	34	$n=0.7$	$C=628$	20	19	25	31	36	41
		40	22	31	39	46	52			40	28	38	46	53	60
		60	31	44	54	61	69			60	38	52	62	71	81
		80	38	53	64	73	83			80	46	62	74	85	97
	$C=942$	20	11	16	20	24	28		$C=942$	20	16	22	27	31	36
		40	20	27	34	41	48			40	26	34	42	48	55
		60	28	40	50	58	66			60	36	48	59	68	77
		80	36	51	63	72	82			80	45	61	73	84	95
	$C=1256$	20	10	14	17	21	25		$C=1256$	20	15	20	24	28	32
		40	18	25	31	37	43			40	24	32	39	45	52
		60	26	37	47	55	64			60	34	46	56	65	74
		80	34	48	61	71	81			80	44	59	72	83	94
	$C=1570$	20	8	12	15	18	22		$C=1570$	20	14	18	22	26	30
		40	16	23	28	34	40			40	22	30	36	42	48
		60	25	35	44	52	61			60	33	44	54	63	72
		80	32	46	58	69	80			80	43	58	70	82	94
	$C=1884$	20	8	11	14	16	19		$C=1884$	20	13	17	21	24	28
		40	15	21	26	31	37			40	21	29	35	40	46
		60	23	32	41	49	57			60	32	43	52	60	69
		80	31	44	55	66	77			80	42	57	69	80	92
	$C=2198$	20	7	10	12	14	17		$C=2198$	20	12	16	20	23	26
		40	14	19	24	29	34			40	20	27	33	38	44
		60	22	31	38	46	54			60	31	41	50	58	67
		80	29	41	52	63	73			80	41	56	68	79	90
	$C=2512$	20	6	9	11	13	15		$C=2512$	20	11	15	18	21	24
		40	13	18	22	27	31			40	20	26	32	37	42
		60	20	29	36	43	51			60	30	40	49	57	65
		80	28	40	49	59	69			80	40	55	66	77	88
	$C=2826$	20	6	8	10	12	14		$C=2826$	20	11	14	17	20	23
		40	12	17	21	25	29			40	19	25	31	35	40
		60	20	27	34	40	47			60	29	39	47	55	63
		80	27	37	47	56	66			80	40	54	65	75	86
	$C=3140$	20	5	7	9	10	12		$C=3140$	20	10	14	17	19	22
		40	12	16	20	23	27			40	18	24	30	34	39
		60	18	26	32	38	44			60	29	38	46	53	61
		80	25	35	45	53	62			80	39	52	64	74	84
	$C=3454$	20	5	7	8	9	11		$C=3454$	20	10	13	16	18	21
		40	11	15	19	22	26			40	18	24	29	33	38
		60	18	25	30	36	42			60	28	37	45	52	59
		80	25	33	42	50	59			80	39	52	63	73	83
	$C=3768$	20	5	6	8	9	10		$C=3768$	20	10	13	15	18	20
		40	11	14	18	21	24			40	17	23	28	32	37
		60	17	23	29	34	40			60	27	36	44	51	58
		80	24	32	41	48	56			80	38	51	62	71	82
	$C=4082$	20	4	6	7	8	9		$C=4082$	20	9	13	15	17	19
		40	10	14	17	20	23			40	17	23	27	31	36
		60	17	23	28	33	38			60	27	36	43	50	57
		80	23	31	39	45	54			80	38	51	61	70	81
	$4396 \leqslant C \leqslant 6280$	20	4	5	7	8	9		$4396 \leqslant C \leqslant 6280$	20	9	12	15	17	19
		40	10	14	16	19	22			40	17	22	27	31	35
		60	16	22	27	32	37			60	27	36	43	49	56
		80	22	30	37	44	51			80	37	50	60	70	79

5.4 防火保护层厚度计算

续表

火灾荷载比	截面周长(mm)	λ	耐火极限					火灾荷载比	截面周长(mm)	λ	耐火极限				
			1h	1.5h	2h	2.5h	3h				1h	1.5h	2h	2.5h	3h
$n=0.8$	C=628	20	25	33	39	45	51	$n=0.9$	C=628	20	39	50	59	66	73
		40	36	47	56	64	72			40	55	71	84	94	104
		60	48	63	75	86	97			60	74	96	112	126	140
		80	57	75	90	103	116			80	88	114	134	150	167
	C=942	20	22	29	35	40	45		C=942	20	34	44	52	58	65
		40	33	43	52	59	66			40	50	65	77	86	95
		60	45	60	72	82	92			60	70	91	106	120	133
		80	56	74	89	101	114			80	87	113	132	148	165
	C=1256	20	20	27	32	37	41		C=1256	20	31	41	47	53	59
		40	31	41	48	55	62			40	47	62	72	81	90
		60	44	58	69	79	89			60	68	88	103	115	128
		80	56	74	88	100	113			80	86	111	131	147	163
	C=1570	20	19	25	30	34	39		C=1570	20	29	38	44	50	55
		40	29	39	46	53	60			40	45	59	69	77	86
		60	43	56	67	77	87			60	66	85	100	112	124
		80	55	73	87	99	112			80	85	111	130	146	162
	C=1884	20	18	24	28	32	36		C=1884	20	28	36	42	47	52
		40	28	37	44	51	57			40	44	56	66	74	82
		60	42	55	66	75	85			60	64	83	98	110	122
		80	55	72	86	99	112			80	85	110	129	145	160
	C=2198	20	17	23	27	31	35		C=2198	20	26	34	40	45	50
		40	27	36	43	49	55			40	42	55	64	72	80
		60	41	54	64	74	83			60	63	82	96	108	119
		80	55	72	86	98	111			80	84	109	128	144	160
	C=2512	20	17	22	26	30	33		C=2512	20	25	33	39	43	48
		40	27	35	42	48	54			40	41	53	62	70	77
		60	40	53	63	72	82			60	62	80	94	106	117
		80	54	72	86	98	110			80	84	109	127	143	159
	C=2826	20	16	21	25	29	32		C=2826	20	25	32	37	42	46
		40	26	34	41	47	53			40	40	52	61	68	75
		60	40	52	62	71	80			60	61	79	93	104	116
		80	54	71	85	97	110			80	83	108	127	142	158
	C=3140	20	16	20	24	28	31		C=3140	20	24	31	36	40	45
		40	25	33	40	46	51			40	39	51	59	66	74
		60	39	52	62	70	79			60	60	78	92	103	114
		80	54	71	85	97	110			80	83	108	126	142	158
	C=3454	20	15	20	24	27	30		C=3454	20	23	30	35	39	44
		40	25	33	39	45	50			40	38	50	58	65	72
		60	39	51	61	69	78			60	60	77	90	102	113
		80	54	71	85	97	109			80	83	107	126	141	157
	C=3768	20	15	19	23	26	30		C=3768	20	23	29	34	38	42
		40	24	32	38	44	49			40	38	49	57	64	71
		60	38	50	60	69	78			60	59	76	90	101	112
		80	54	71	84	96	109			80	83	107	126	141	157
	C=4082	20	14	19	22	26	29		C=4082	20	22	28	33	37	41
		40	24	32	38	43	49			40	37	48	56	63	70
		60	38	50	60	68	77			60	58	76	89	100	110
		80	53	70	84	96	109			80	82	107	125	141	156
	4396≤C≤6280	20	14	18	22	25	28		4396≤C≤6280	20	22	28	33	36	40
		40	24	31	37	42	48			40	36	47	55	62	69
		60	38	49	59	67	76			60	58	75	88	99	109
		80	53	70	84	96	108			80	82	107	125	140	156

考虑火灾荷载比影响时方、矩形钢管混凝土柱防火保护层厚度 a(水泥砂浆)(mm)　　表 5.4-6

火灾荷载比	截面周长(mm)	λ	耐火极限					火灾荷载比	截面周长(mm)	λ	耐火极限				
			1h	1.5h	2h	2.5h	3h				1h	1.5h	2h	2.5h	3h
$n=0.2$	$C=800$	20	0	3	3	5	6	$n=0.3$	$C=800$	20	7	13	16	20	23
		40	2	6	10	16	21			40	10	16	22	30	37
		60	5	10	17	25	30			60	13	20	28	38	45
		80	7	14	22	27	32			80	15	24	33	41	47
	$C=1200$	20	0	1	2	3	4		$C=1200$	20	6	11	13	17	19
		40	1	4	8	12	17			40	9	13	19	25	32
		60	3	9	14	22	27			60	11	17	25	33	40
		80	6	12	20	24	28			80	13	21	30	36	42
	$C=1600$	20	0	0	0	0	2		$C=1600$	20	5	8	11	13	17
		40	0	3	7	10	15			40	7	12	17	22	28
		60	3	7	12	19	25			60	9	16	22	30	37
		80	5	10	18	22	26			80	11	19	27	33	39
	$C=2000$	20	0	0	0	0	0		$C=2000$	20	4	7	10	12	14
		40	0	2	5	8	13			40	6	10	15	20	26
		60	2	6	11	17	23			60	8	14	20	27	35
		80	4	9	16	21	25			80	10	17	25	31	37
	$C=2400$	20	0	0	0	0	0		$C=2400$	20	4	6	8	10	13
		40	0	1	4	7	11			40	6	9	14	18	23
		60	1	5	9	15	21			60	7	13	18	25	32
		80	3	8	14	20	23			80	9	16	23	30	35
	$C=2800$	20	0	0	0	0	0		$C=2800$	20	4	5	7	9	11
		40	0	0	3	6	10			40	5	8	12	16	22
		60	0	4	8	14	20			60	7	12	17	24	30
		80	3	7	13	19	22			80	9	15	22	29	33
	$C=3200$	20	0	0	0	0	0		$C=3200$	20	3	4	6	7	9
		40	0	0	2	6	8			40	4	7	11	16	20
		60	0	3	8	13	19			60	6	11	16	22	29
		80	2	7	13	19	22			80	8	14	21	28	32
	$C=3600$	20	0	0	0	0	0		$C=3600$	20	3	4	5	7	8
		40	0	0	1	4	8			40	4	6	10	14	19
		60	0	3	7	12	18			60	6	10	15	21	28
		80	2	6	12	18	21			80	8	13	20	27	31
	$C=4000$	20	0	0	0	0	0		$C=4000$	20	2	3	5	6	8
		40	0	0	1	3	7			40	3	6	10	13	18
		60	0	3	7	11	17			60	6	10	15	20	27
		80	2	6	11	17	20			80	7	13	19	26	30
	$C=4400$	20	0	0	0	0	0		$C=4400$	20	2	3	4	6	7
		40	0	0	0	3	7			40	3	5	9	13	17
		60	0	3	6	11	16			60	5	9	14	20	25
		80	2	6	11	16	20			80	7	12	19	25	29
	$C=4800$	20	0	0	0	0	0		$C=4800$	20	1	3	4	5	6
		40	0	0	0	3	6			40	3	5	9	13	16
		60	0	2	6	11	16			60	5	9	14	19	25
		80	2	6	11	17	19			80	7	12	18	25	29
	$C=5200$	20	0	0	0	0	0		$C=5200$	20	1	3	3	5	5
		40	0	0	0	3	6			40	3	5	8	12	16
		60	0	2	6	10	15			60	5	9	13	19	24
		80	2	6	11	16	19			80	7	12	18	24	28
	$5600 \leqslant C \leqslant 8000$	20	0	0	0	0	0		$5600 \leqslant C \leqslant 8000$	20	0	3	3	4	5
		40	0	0	0	3	5			40	3	5	8	12	15
		60	0	2	6	10	16			60	5	9	13	18	24
		80	2	6	10	16	18			80	7	12	17	24	27

5.4 防火保护层厚度计算

续表

火灾荷载比	截面周长(mm)	λ	耐火极限 1h	1.5h	2h	2.5h	3h	火灾荷载比	截面周长(mm)	λ	耐火极限 1h	1.5h	2h	2.5h	3h
$n=0.4$	$C=800$	20	16	23	29	35	41	$n=0.5$	$C=800$	20	24	33	42	50	58
		40	18	26	35	44	52			40	27	36	47	57	68
		60	21	30	40	51	60			60	29	40	52	64	75
		80	23	34	45	54	63			80	31	43	56	67	78
	$C=1200$	20	13	20	25	30	35		$C=1200$	20	21	29	36	44	51
		40	16	23	30	37	46			40	23	32	41	50	60
		60	18	26	35	45	54			60	25	35	46	57	67
		80	20	30	40	48	56			80	28	38	50	60	70
	$C=1600$	20	12	17	22	26	31		$C=1600$	20	19	26	33	39	46
		40	14	20	27	34	41			40	21	29	37	45	54
		60	16	24	32	41	49			60	23	32	42	52	61
		80	18	27	36	44	52			80	25	35	46	55	64
	$C=2000$	20	11	16	20	24	28		$C=2000$	20	18	24	30	36	42
		40	13	19	25	31	38			40	20	27	35	42	51
		60	15	22	29	38	46			60	21	30	39	48	58
		80	17	25	34	42	49			80	23	33	43	52	61
	$C=2400$	20	10	14	18	22	26		$C=2400$	20	17	22	28	34	40
		40	12	17	23	29	35			40	18	25	32	40	47
		60	14	20	27	35	43			60	20	28	36	45	54
		80	16	23	32	40	46			80	22	31	40	50	58
	$C=2800$	20	10	13	17	20	24		$C=2800$	20	16	21	26	31	37
		40	11	16	21	27	33			40	17	24	31	37	45
		60	13	19	26	33	41			60	19	27	34	43	52
		80	15	22	30	38	44			80	21	29	38	47	55
	$C=3200$	20	9	12	16	18	22		$C=3200$	20	15	20	25	30	35
		40	10	15	20	26	31			40	16	22	29	36	43
		60	12	18	25	32	39			60	18	25	33	41	50
		80	14	21	29	37	43			80	20	28	37	46	53
	$C=3600$	20	9	12	14	18	21		$C=3600$	20	14	19	24	29	33
		40	10	14	19	24	30			40	16	21	28	34	41
		60	12	17	24	30	38			60	17	24	32	39	48
		80	14	20	28	36	41			80	19	27	35	44	51
	$C=4000$	20	8	11	14	17	20		$C=4000$	20	14	18	23	27	32
		40	9	13	18	23	29			40	15	21	27	33	40
		60	11	17	23	29	37			60	17	23	31	38	46
		80	13	19	27	34	40			80	19	26	34	43	50
	$C=4400$	20	7	10	13	16	19		$C=4400$	20	13	18	22	27	31
		40	9	13	17	22	28			40	15	20	26	32	38
		60	11	16	22	28	35			60	16	23	30	37	45
		80	13	19	26	33	39			80	18	26	34	42	49
	$C=4800$	20	7	10	13	15	18		$C=4800$	20	12	17	21	26	30
		40	8	12	17	22	27			40	14	19	25	31	37
		60	10	16	21	28	34			60	16	22	29	36	44
		80	12	19	25	33	38			80	18	25	33	41	47
	$C=5200$	20	6	10	12	15	17		$C=5200$	20	12	16	20	25	29
		40	8	12	16	21	26			40	14	19	24	30	36
		60	10	15	21	27	33			60	15	22	28	35	43
		80	12	18	25	32	37			80	17	24	32	40	46
	$5600 \leqslant C \leqslant 8000$	20	5	9	11	14	17		$5600 \leqslant C \leqslant 8000$	20	11	16	20	24	28
		40	8	12	16	21	25			40	13	18	24	30	35
		60	10	15	21	27	33			60	15	21	28	35	42
		80	12	18	24	31	36			80	17	24	31	39	45

续表

火灾荷载比	截面周长(mm)	λ	耐火极限 1h	1.5h	2h	2.5h	3h	火灾荷载比	截面周长(mm)	λ	耐火极限 1h	1.5h	2h	2.5h	3h
$n=0.6$	$C=800$	20	32	44	54	65	76	$n=0.7$	$C=800$	20	41	54	67	80	93
		40	35	47	59	71	84			40	43	57	71	85	99
		60	37	50	63	77	90			60	45	60	75	90	105
		80	39	53	67	81	94			80	47	63	79	94	109
	$C=1200$	20	28	39	48	57	67		$C=1200$	20	36	48	59	71	83
		40	31	41	52	63	74			40	38	50	63	75	88
		60	33	44	56	68	80			60	40	53	67	80	93
		80	35	47	60	72	84			80	42	56	70	84	98
	$C=1600$	20	26	35	44	52	61		$C=1600$	20	33	44	54	65	76
		40	28	38	48	57	68			40	35	46	58	69	81
		60	30	41	51	63	74			60	37	49	61	74	86
		80	32	43	55	66	77			80	39	52	65	77	90
	$C=2000$	20	24	32	40	48	56		$C=2000$	20	31	41	51	61	70
		40	26	35	44	53	63			40	33	43	54	65	76
		60	28	38	48	59	69			60	35	46	57	69	81
		80	30	41	52	62	73			80	36	49	61	73	85
	$C=2400$	20	23	30	38	45	53		$C=2400$	20	29	39	48	57	67
		40	25	33	42	50	59			40	31	41	51	61	72
		60	26	36	45	55	65			60	33	43	54	65	76
		80	28	38	49	59	69			80	35	46	58	69	80
	$C=2800$	20	22	29	36	43	50		$C=2800$	20	28	37	46	54	63
		40	23	31	40	48	57			40	29	39	49	58	68
		60	25	34	43	53	62			60	31	42	52	62	73
		80	27	37	47	57	66			80	33	44	55	66	77
	$C=3200$	20	21	27	34	41	48		$C=3200$	20	27	35	44	52	61
		40	22	30	38	46	54			40	28	37	47	56	66
		60	24	33	42	51	60			60	30	40	50	60	70
		80	26	35	45	55	64			80	32	42	53	64	74
	$C=3600$	20	20	27	33	40	46		$C=3600$	20	26	34	42	50	59
		40	21	29	36	44	52			40	27	36	45	54	63
		60	23	31	40	49	58			60	29	39	48	58	68
		80	25	34	43	53	62			80	31	41	51	62	72
	$C=4000$	20	19	25	32	38	44		$C=4000$	20	25	33	41	49	57
		40	21	28	35	43	50			40	26	35	44	52	61
		60	23	30	39	47	56			60	28	37	47	56	66
		80	24	33	42	51	60			80	30	40	50	60	70
	$C=4400$	20	19	25	31	37	43		$C=4400$	20	24	32	40	47	55
		40	20	27	34	41	49			40	26	34	42	51	60
		60	22	30	38	46	54			60	27	36	45	55	64
		80	24	32	41	50	58			80	29	39	49	58	68
	$C=4800$	20	18	24	30	36	42		$C=4800$	20	23	31	39	46	54
		40	19	26	33	40	48			40	25	33	41	50	58
		60	21	29	37	45	53			60	27	35	44	53	62
		80	23	31	40	49	57			80	28	38	47	57	66
	$C=5200$	20	17	23	29	35	40		$C=5200$	20	23	30	38	45	52
		40	19	26	32	39	46			40	24	32	40	49	57
		60	21	28	36	44	52			60	26	35	43	52	61
		80	23	31	39	48	56			80	28	37	46	56	65
	$5600 \leqslant C \leqslant 8000$	20	16	23	28	34	40		$5600 \leqslant C \leqslant 8000$	20	22	30	37	44	51
		40	19	25	32	39	45			40	24	32	40	48	55
		60	20	28	35	43	51			60	26	34	43	51	60
		80	22	30	38	47	54			80	27	36	45	55	63

5.4 防火保护层厚度计算

续表

火灾荷载比	截面周长(mm)	λ	耐火极限					火灾荷载比	截面周长(mm)	λ	耐火极限				
			1h	1.5h	2h	2.5h	3h				1h	1.5h	2h	2.5h	3h
$n=0.8$	$C=800$	20	51	67	83	99	115	$n=0.9$	$C=800$	20	76	98	119	140	159
		40	53	70	87	103	120			40	79	102	125	146	166
		60	56	73	91	108	125			60	83	107	130	152	174
		80	58	76	95	113	130			80	87	112	136	159	181
	$C=1200$	20	45	59	74	88	101		$C=1200$	20	67	87	106	124	141
		40	47	62	77	92	106			40	71	91	111	130	148
		60	50	65	81	96	111			60	74	95	116	136	155
		80	52	68	84	100	116			80	77	100	121	142	162
	$C=1600$	20	42	55	67	80	93		$C=1600$	20	62	80	97	114	129
		40	44	57	71	84	98			40	65	84	102	119	136
		60	46	60	74	88	102			60	68	88	107	125	142
		80	48	63	78	93	107			80	71	92	112	131	149
	$C=2000$	20	39	51	63	75	87		$C=2000$	20	58	75	91	106	121
		40	41	54	66	79	91			40	61	78	95	112	127
		60	43	56	70	83	96			60	64	82	100	117	134
		80	45	59	73	87	101			80	67	86	105	123	140
	$C=2400$	20	37	48	60	71	82		$C=2400$	20	55	71	86	101	115
		40	39	51	63	75	87			40	58	74	90	106	121
		60	41	53	66	79	91			60	61	78	95	111	127
		80	43	56	70	83	96			80	64	82	100	117	133
	$C=2800$	20	35	46	57	68	79		$C=2800$	20	52	67	82	96	109
		40	37	49	60	72	83			40	55	71	86	101	115
		60	39	51	63	75	87			60	58	75	91	106	121
		80	41	54	67	79	92			80	61	79	96	112	128
	$C=3200$	20	34	44	55	65	76		$C=3200$	20	50	65	79	92	105
		40	36	47	58	69	80			40	53	68	83	97	111
		60	38	49	61	72	84			60	56	73	87	102	117
		80	40	52	64	76	88			80	59	76	92	108	123
	$C=3600$	20	33	43	53	63	73		$C=3600$	20	49	63	76	89	101
		40	34	45	56	66	77			40	51	66	80	94	107
		60	36	48	59	70	81			60	54	70	85	99	113
		80	38	50	62	74	86			80	57	73	89	104	119
	$C=4000$	20	33	42	51	61	71		$C=4000$	20	47	61	74	86	98
		40	33	44	54	64	75			40	50	64	78	91	104
		60	35	46	57	68	79			60	52	68	82	96	109
		80	37	49	60	72	83			80	55	71	87	101	115
	$C=4400$	20	31	40	50	59	69		$C=4400$	20	46	59	72	84	96
		40	33	43	53	63	73			40	48	62	76	89	101
		60	34	45	56	66	77			60	51	66	80	93	107
		80	36	47	59	70	81			80	54	69	84	99	112
	$C=4800$	20	30	39	49	58	67		$C=4800$	20	45	57	70	82	93
		40	32	42	51	61	71			40	47	61	74	86	98
		60	33	44	54	65	75			60	50	64	78	91	104
		80	35	46	57	68	79			80	52	68	82	96	110
	$C=5200$	20	29	38	47	56	65		$C=5200$	20	43	56	68	80	91
		40	31	41	50	60	69			40	46	59	72	84	96
		60	33	43	53	63	73			60	49	63	76	89	102
		80	35	45	56	67	77			80	51	66	80	94	107
	$5600{\leqslant}C$ $\leqslant 8000$	20	29	38	46	55	64		$5600{\leqslant}C$ $\leqslant 8000$	20	43	55	67	78	89
		40	30	40	49	58	68			40	45	58	70	82	94
		60	32	42	52	62	72			60	48	61	75	87	99
		80	34	44	55	65	76			80	50	65	79	92	105

需要说明的是，实际工程中的钢管混凝土柱在进行防火保护层的施工时，可能要求保护层大小符合一定的模数或满足最小厚度要求，因此，钢管混凝土柱防火保护层厚度的最终确定尚需考虑此因素。

5.5 火灾作用后极限承载力和残余变形计算

5.5.1 承载力影响系数

如前所述，升温时间比 t_o、火灾荷载比 n、截面尺寸（例如截面周长 C）和长细比 λ 是影响火灾作用后钢管混凝土柱承载力影响系数 k_r 的主要因素。在系统参数分析结果的基础上，以 t_o、C、λ、n 四个参数为基本变量，通过回归分析的方法推导出 k_r 的简化计算公式（韩林海，2007；杨华，2003），具体如下：

(1) 对于圆钢管混凝土柱

$$k_r = \begin{cases} (1-0.09t_o) \cdot f(C_o) \cdot f(\lambda_o) \cdot f(n_o) & t_o \leqslant 0.3 \\ (-0.56t_o+1.14) \cdot f(C_o) \cdot f(\lambda_o) \cdot f(n_o) & t_o > 0.3 \end{cases} \quad (5.5\text{-}1)$$

$$f(C_o) = \begin{cases} k_1(C_o-1)+1 & C_o \leqslant 1 \\ k_2(C_o-1)+1 & C_o > 1 \end{cases} \quad (5.5\text{-}2)$$

$$f(\lambda_o) = \begin{cases} k_3(\lambda_o-1)+1 & \lambda_o \leqslant 1.5 \\ k_4\lambda_o+k_5 & \lambda_o > 1.5 \end{cases} \quad (5.5\text{-}3)$$

$$f(n_o) = \begin{cases} k_6(1-n_o)^2+k_7(1-n_o)+1 & n_o \leqslant 1 \\ 1 & n_o > 1 \end{cases} \quad (5.5\text{-}4)$$

式中，$k_1 = 0.13t_o$

$k_2 = 0.14t_o^3 - 0.03t_o^2 + 0.01t_o$

$k_3 = -0.08t_o$

$k_4 = 0.12t_o$

$k_5 = 1 - 0.22t_o$

$k_6 = \begin{cases} -0.4t_o & t_o \leqslant 0.2 \\ -2.7t_o^2 + 0.64t_o - 0.1 & t_o > 0.2 \end{cases}$

$k_7 = \begin{cases} 0.06t_o & t_o \leqslant 0.2 \\ 1.2t_o^2 - 1.83t_o + 0.33 & t_o > 0.2 \end{cases}$

$t_o = \dfrac{t_h}{t_R}$；$C_o = \dfrac{C}{1256}$；$\lambda_o = \dfrac{\lambda}{40}$；$n_o = \dfrac{n}{0.6}$

C 以 mm 计。

(2) 对于方、矩形钢管混凝土柱

$$k_r = \begin{cases} (1-0.13t_o) \cdot f(C_o) \cdot f(\lambda_o) \cdot f(n_o) & t_o \leq 0.3 \\ (-0.66t_o+1.16) \cdot f(C_o) \cdot f(\lambda_o) \cdot f(n_o) & t_o > 0.3 \end{cases} \quad (5.5\text{-}5)$$

$$f(C_o) = \begin{cases} k_1(C_o-1)+1 & C_o \leq 1 \\ k_2(C_o-1)+1 & C_o > 1 \end{cases} \quad (5.5\text{-}6)$$

$$f(\lambda_o) = \begin{cases} k_3(\lambda_o-1)+1 & \lambda_o \leq 1.5 \\ k_4\lambda_o+k_5 & \lambda_o > 1.5 \end{cases} \quad (5.5\text{-}7)$$

$$f(n_o) = \begin{cases} k_6(1-n_o)^2+k_7(1-n_o)+1 & n_o \leq 1 \\ 1 & n_o > 1 \end{cases} \quad (5.5\text{-}8)$$

式中，$k_1 = 0.16t_o$

$k_2 = 0.1t_o^2 - 0.01t_o$

$k_3 = -0.12t_o$

$k_4 = 0.08t_o$

$k_5 = 1 - 0.18t_o$

$k_6 = \begin{cases} -0.4t_o & t_o \leq 0.2 \\ -2.7t_o^2+0.64t_o-0.1 & t_o > 0.2 \end{cases}$

$k_7 = \begin{cases} 0.06t_o & t_o \leq 0.2 \\ 1.2t_o^2-1.83t_o+0.33 & t_o > 0.2 \end{cases}$

$t_o = \dfrac{t_h}{t_R}$；$C_o = C/1600$；$\lambda_o = \dfrac{\lambda}{40}$；$n_o = \dfrac{n}{0.6}$

C 以 mm 计。

上述公式的适用范围是：Q235～Q420 钢；C30～C80 混凝土；$\alpha = 0.04～0.2$；$\lambda = 20～120$；$n = 0.2～0.8$；$t_o = 0～0.6$；$e/r = 0～1.2$；对于厚涂型钢结构防火涂料保护层，$a = 0～40\text{mm}$，对于水泥砂浆保护层，$a = 0～120\text{mm}$；$\beta = 1～2$；对于圆钢管混凝土，$C = 628～6280\text{mm}$，即横截面外直径 $D = 200～2000\text{mm}$，对于方、矩形钢管混凝土，$C = 800～8000\text{mm}$，即横截面短边外边长 $B = 200～2000\text{mm}$。

可见，只要给定钢管混凝土构件和火灾持续时间 t，即可利用式(5.5-1)或式(5.5-5)方便地计算出经历图 5.2-1 所示的力、温度和时间路径 A→B→C→D→E 作用后构件的承载力影响系数 k_r，进而利用下式计算得到火灾作用后钢管混凝土构件的极限承载力：

$$N_u(t) = k_r \cdot N_u \quad (5.5\text{-}9)$$

其中，N_u 和 $N_u(t)$ 分别为常温下和火灾作用后钢管混凝土柱的极限承载力，N_u 可按式(3.2-33)计算。

上述方法的计算结果和实验结果吻合较好，且总体上稍偏于安全。

火灾作用后钢管混凝土柱的承载力影响系数 k_r 亦可按表 5.5-1 或表 5.5-2 查得。

火灾作用后圆钢管混凝土柱的承载力影响系数 k_r 表 5.5-1

λ	C (mm)	升温时间比 t_0											
		0.1				0.2				0.3			
		火灾荷载比 n											
		0.2	0.4	0.6	0.8	0.2	0.4	0.6	0.8	0.2	0.4	0.6	0.8
20	942	0.978	0.989	0.992	0.992	0.956	0.979	0.983	0.983	0.837	0.923	0.975	0.975
	1884	0.982	0.993	0.995	0.995	0.964	0.986	0.991	0.991	0.847	0.934	0.987	0.987
	2826	0.982	0.994	0.996	0.996	0.965	0.987	0.992	0.992	0.850	0.936	0.99	0.99
	3768	0.983	0.994	0.997	0.997	0.966	0.989	0.994	0.994	0.853	0.939	0.993	0.993
	4710	0.984	0.995	0.997	0.997	0.968	0.990	0.995	0.995	0.855	0.942	0.996	0.996
	5652	0.984	0.995	0.998	0.998	0.969	0.992	0.997	0.997	0.858	0.945	0.999	0.999
	6280	0.985	0.996	0.998	0.998	0.970	0.993	0.997	0.997	0.860	0.947	1.000	1.000
40	942	0.974	0.985	0.988	0.988	0.949	0.971	0.976	0.976	0.828	0.912	0.964	0.964
	1884	0.978	0.989	0.991	0.991	0.956	0.978	0.983	0.983	0.837	0.923	0.975	0.975
	2826	0.978	0.990	0.992	0.992	0.957	0.980	0.984	0.984	0.840	0.925	0.978	0.978
	3768	0.979	0.990	0.993	0.993	0.959	0.981	0.986	0.986	0.843	0.928	0.981	0.981
	4710	0.980	0.991	0.993	0.993	0.960	0.982	0.987	0.987	0.845	0.931	0.984	0.984
	5652	0.980	0.991	0.994	0.994	0.961	0.984	0.989	0.989	0.848	0.934	0.987	0.987
	6280	0.981	0.992	0.994	0.994	0.962	0.985	0.990	0.990	0.849	0.936	0.989	0.989
60	942	0.970	0.981	0.984	0.984	0.941	0.963	0.968	0.968	0.818	0.901	0.952	0.952
	1884	0.974	0.985	0.987	0.987	0.948	0.970	0.975	0.975	0.827	0.911	0.963	0.963
	2826	0.974	0.986	0.988	0.988	0.950	0.972	0.976	0.976	0.830	0.914	0.966	0.966
	3768	0.975	0.986	0.989	0.989	0.951	0.973	0.978	0.978	0.832	0.917	0.969	0.969
	4710	0.976	0.987	0.989	0.989	0.952	0.974	0.979	0.979	0.835	0.920	0.972	0.972
	5652	0.976	0.988	0.990	0.990	0.954	0.976	0.981	0.981	0.837	0.923	0.975	0.975
	6280	0.977	0.988	0.990	0.990	0.955	0.977	0.982	0.982	0.839	0.924	0.977	0.977
80	942	0.976	0.987	0.990	0.990	0.953	0.975	0.980	0.980	0.833	0.917	0.969	0.969
	1884	0.980	0.991	0.993	0.993	0.960	0.982	0.987	0.987	0.842	0.928	0.981	0.981
	2826	0.980	0.992	0.994	0.994	0.961	0.983	0.988	0.988	0.845	0.931	0.984	0.984
	3768	0.981	0.992	0.995	0.995	0.962	0.985	0.990	0.990	0.848	0.934	0.987	0.987
	4710	0.982	0.993	0.995	0.995	0.964	0.986	0.991	0.991	0.850	0.937	0.990	0.990
	5652	0.982	0.993	0.996	0.996	0.965	0.988	0.993	0.993	0.853	0.939	0.993	0.993
	6280	0.983	0.994	0.996	0.996	0.966	0.989	0.993	0.993	0.854	0.941	0.995	0.995

λ	C (mm)	升温时间比 t_0											
		0.4				0.5				0.6			
		火灾荷载比 n											
		0.2	0.4	0.6	0.8	0.2	0.4	0.6	0.8	0.2	0.4	0.6	0.8
20	942	0.677	0.826	0.919	0.919	0.524	0.737	0.863	0.863	0.380	0.655	0.807	0.807
	1884	0.689	0.840	0.934	0.934	0.537	0.755	0.884	0.884	0.392	0.677	0.834	0.834
	2826	0.693	0.846	0.940	0.940	0.543	0.764	0.894	0.894	0.399	0.689	0.849	0.849
	3768	0.697	0.851	0.946	0.946	0.549	0.772	0.904	0.904	0.407	0.702	0.865	0.865
	4710	0.702	0.856	0.952	0.952	0.555	0.780	0.913	0.913	0.414	0.715	0.881	0.881
	5652	0.706	0.861	0.957	0.957	0.561	0.789	0.923	0.923	0.422	0.728	0.897	0.897
	6280	0.709	0.864	0.961	0.961	0.565	0.794	0.930	0.930	0.427	0.736	0.907	0.907
40	942	0.667	0.813	0.904	0.904	0.514	0.723	0.846	0.846	0.371	0.640	0.788	0.788
	1884	0.678	0.827	0.920	0.920	0.527	0.740	0.866	0.866	0.383	0.661	0.814	0.814
	2826	0.682	0.832	0.925	0.925	0.532	0.749	0.876	0.876	0.390	0.673	0.830	0.830
	3768	0.686	0.837	0.931	0.931	0.538	0.757	0.886	0.886	0.397	0.686	0.845	0.845
	4710	0.691	0.842	0.937	0.937	0.544	0.765	0.895	0.895	0.405	0.698	0.860	0.860
	5652	0.695	0.847	0.942	0.942	0.550	0.773	0.905	0.905	0.412	0.711	0.876	0.876
	6280	0.697	0.851	0.946	0.946	0.554	0.779	0.912	0.912	0.417	0.719	0.886	0.886

续表

λ	C (mm)	升温时间比 t_0											
		0.4				0.5				0.6			
		火灾荷载比 n											
		0.2	0.4	0.6	0.8	0.2	0.4	0.6	0.8	0.2	0.4	0.6	0.8
60	942	0.656	0.800	0.890	0.890	0.504	0.708	0.829	0.829	0.362	0.624	0.769	0.769
	1884	0.667	0.814	0.905	0.905	0.516	0.726	0.849	0.849	0.374	0.645	0.795	0.795
	2826	0.671	0.819	0.911	0.911	0.522	0.734	0.859	0.859	0.381	0.657	0.810	0.810
	3768	0.675	0.824	0.916	0.916	0.528	0.742	0.868	0.868	0.388	0.669	0.825	0.825
	4710	0.680	0.829	0.922	0.922	0.533	0.750	0.878	0.878	0.395	0.681	0.840	0.840
	5652	0.684	0.834	0.927	0.927	0.539	0.758	0.887	0.887	0.402	0.694	0.855	0.855
	6280	0.686	0.837	0.931	0.931	0.543	0.763	0.893	0.893	0.407	0.702	0.865	0.865
80	942	0.672	0.820	0.911	0.911	0.519	0.730	0.854	0.854	0.375	0.647	0.798	0.798
	1884	0.684	0.834	0.927	0.927	0.532	0.748	0.875	0.875	0.387	0.669	0.824	0.824
	2826	0.688	0.839	0.933	0.933	0.538	0.756	0.885	0.885	0.395	0.681	0.840	0.840
	3768	0.692	0.844	0.938	0.938	0.544	0.764	0.895	0.895	0.402	0.694	0.855	0.855
	4710	0.696	0.849	0.944	0.944	0.550	0.773	0.904	0.904	0.409	0.707	0.871	0.871
	5652	0.700	0.854	0.950	0.950	0.556	0.781	0.914	0.914	0.417	0.719	0.886	0.886
	6280	0.703	0.857	0.953	0.953	0.560	0.787	0.921	0.921	0.422	0.728	0.896	0.896

注：表内中间值可用插值法确定。

火灾作用后方、矩形钢管混凝土柱的承载力影响系数 k_r　　表 5.5-2

λ	C (mm)	升温时间比 t_0											
		0.1				0.2				0.3			
		火灾荷载比 n											
		0.2	0.4	0.6	0.8	0.2	0.4	0.6	0.8	0.2	0.4	0.6	0.8
20	1200	0.975	0.987	0.989	0.989	0.951	0.973	0.978	0.978	0.830	0.915	0.967	0.967
	2400	0.979	0.990	0.993	0.993	0.959	0.982	0.987	0.987	0.843	0.928	0.981	0.981
	3600	0.979	0.990	0.993	0.993	0.961	0.983	0.988	0.988	0.847	0.933	0.986	0.986
	4800	0.979	0.990	0.993	0.993	0.962	0.985	0.990	0.990	0.850	0.937	0.99	0.990
	6000	0.979	0.990	0.993	0.993	0.964	0.986	0.991	0.991	0.854	0.941	0.994	0.994
	7200	0.979	0.990	0.993	0.993	0.965	0.988	0.993	0.993	0.858	0.945	0.999	0.999
	8000	0.979	0.990	0.993	0.993	0.966	0.989	0.994	0.994	0.860	0.948	1.000	1.000
40	1200	0.970	0.981	0.983	0.983	0.940	0.961	0.966	0.966	0.815	0.898	0.949	0.949
	2400	0.973	0.985	0.987	0.987	0.948	0.970	0.975	0.975	0.828	0.912	0.964	0.964
	3600	0.973	0.985	0.987	0.987	0.950	0.972	0.976	0.976	0.832	0.916	0.968	0.968
	4800	0.973	0.985	0.987	0.987	0.951	0.973	0.978	0.978	0.835	0.920	0.973	0.973
	6000	0.973	0.985	0.987	0.987	0.952	0.975	0.979	0.979	0.839	0.924	0.977	0.977
	7200	0.973	0.985	0.987	0.987	0.954	0.976	0.981	0.981	0.843	0.928	0.981	0.981
	8000	0.973	0.985	0.987	0.987	0.955	0.977	0.982	0.982	0.845	0.931	0.984	0.984
60	1200	0.964	0.975	0.977	0.977	0.928	0.950	0.955	0.955	0.801	0.882	0.932	0.932
	2400	0.968	0.979	0.981	0.981	0.937	0.959	0.963	0.963	0.813	0.896	0.947	0.947
	3600	0.968	0.979	0.981	0.981	0.938	0.960	0.965	0.965	0.817	0.900	0.951	0.951
	4800	0.968	0.979	0.981	0.981	0.940	0.961	0.966	0.966	0.820	0.904	0.955	0.955
	6000	0.968	0.979	0.981	0.981	0.941	0.963	0.968	0.968	0.824	0.908	0.959	0.959
	7200	0.968	0.979	0.981	0.981	0.942	0.964	0.969	0.969	0.828	0.912	0.964	0.964
	8000	0.968	0.979	0.981	0.981	0.943	0.965	0.970	0.970	0.830	0.914	0.966	0.966
80	1200	0.968	0.979	0.981	0.981	0.936	0.958	0.962	0.962	0.811	0.893	0.944	0.944
	2400	0.971	0.983	0.985	0.985	0.944	0.966	0.971	0.971	0.823	0.907	0.958	0.958
	3600	0.971	0.983	0.985	0.985	0.946	0.968	0.973	0.973	0.827	0.911	0.962	0.962
	4800	0.971	0.983	0.985	0.985	0.947	0.969	0.974	0.974	0.830	0.915	0.967	0.967
	6000	0.971	0.983	0.985	0.985	0.949	0.971	0.975	0.975	0.834	0.919	0.971	0.971
	7200	0.971	0.983	0.985	0.985	0.950	0.972	0.977	0.977	0.838	0.923	0.975	0.975
	8000	0.971	0.983	0.985	0.985	0.951	0.973	0.978	0.978	0.840	0.926	0.978	0.978

续表

λ	C (mm)	升温时间比 t_o											
		0.4				0.5				0.6			
		火灾荷载比 n											
		0.2	0.4	0.6	0.8	0.2	0.4	0.6	0.8	0.2	0.4	0.6	0.8
20	942	0.666	0.812	0.903	0.903	0.509	0.716	0.838	0.838	0.363	0.627	0.773	0.773
	1884	0.681	0.830	0.923	0.923	0.525	0.738	0.863	0.863	0.378	0.652	0.803	0.803
	2826	0.687	0.838	0.931	0.931	0.533	0.749	0.876	0.876	0.386	0.666	0.821	0.821
	3768	0.693	0.845	0.940	0.940	0.540	0.760	0.889	0.889	0.395	0.681	0.839	0.839
	4710	0.699	0.852	0.948	0.948	0.548	0.771	0.902	0.902	0.403	0.695	0.857	0.857
	5652	0.705	0.860	0.956	0.956	0.556	0.782	0.915	0.915	0.411	0.710	0.875	0.875
	6280	0.709	0.865	0.962	0.962	0.561	0.789	0.923	0.923	0.417	0.719	0.886	0.886
40	942	0.650	0.793	0.882	0.882	0.494	0.695	0.813	0.813	0.351	0.605	0.746	0.746
	1884	0.665	0.811	0.901	0.901	0.510	0.716	0.838	0.838	0.365	0.629	0.775	0.775
	2826	0.671	0.818	0.909	0.909	0.517	0.727	0.851	0.851	0.373	0.643	0.793	0.793
	3768	0.677	0.825	0.918	0.918	0.525	0.738	0.863	0.863	0.381	0.657	0.810	0.810
	4710	0.682	0.832	0.926	0.926	0.532	0.748	0.876	0.876	0.389	0.671	0.827	0.827
	5652	0.688	0.840	0.934	0.934	0.540	0.759	0.888	0.888	0.397	0.685	0.844	0.844
	6280	0.692	0.844	0.939	0.939	0.545	0.766	0.896	0.896	0.402	0.694	0.856	0.856
60	942	0.634	0.774	0.861	0.861	0.480	0.674	0.789	0.789	0.338	0.583	0.719	0.719
	1884	0.649	0.791	0.880	0.880	0.494	0.695	0.813	0.813	0.352	0.607	0.748	0.748
	2826	0.654	0.798	0.888	0.888	0.502	0.705	0.825	0.825	0.359	0.620	0.764	0.764
	3768	0.660	0.805	0.895	0.895	0.509	0.715	0.837	0.837	0.367	0.634	0.781	0.781
	4710	0.666	0.812	0.903	0.903	0.516	0.726	0.849	0.849	0.375	0.647	0.797	0.797
	5652	0.672	0.819	0.911	0.911	0.524	0.736	0.861	0.861	0.383	0.660	0.814	0.814
	6280	0.676	0.824	0.916	0.916	0.528	0.743	0.870	0.870	0.388	0.669	0.825	0.825
80	942	0.645	0.787	0.875	0.875	0.489	0.688	0.805	0.805	0.346	0.598	0.737	0.737
	1884	0.659	0.804	0.894	0.894	0.504	0.709	0.830	0.830	0.360	0.622	0.766	0.766
	2826	0.665	0.811	0.902	0.902	0.512	0.720	0.842	0.842	0.368	0.636	0.783	0.783
	3768	0.671	0.819	0.910	0.910	0.519	0.730	0.855	0.855	0.376	0.649	0.800	0.800
	4710	0.677	0.826	0.918	0.918	0.527	0.741	0.867	0.867	0.384	0.663	0.817	0.817
	5652	0.683	0.833	0.926	0.926	0.534	0.751	0.879	0.879	0.392	0.677	0.834	0.834
	6280	0.687	0.838	0.931	0.931	0.539	0.758	0.887	0.887	0.398	0.686	0.845	0.845

注：表内中间值可用插值法确定。

5.5.2 残余变形

如前所述，影响火灾作用后钢管混凝土柱残余变形 u_{mt} 的因素主要有：升温时间比 t_o、截面尺寸(例如截面周长 C)、长细比 λ、荷载偏心率 e/r、火灾荷载比 n 以及防火保护层厚度 a。在系统参数分析结果的基础上，以 t_o、C、λ、e/r、n、a 六个参数为基本变量，通过回归分析的方法推导出 u_{mt} 的简化计算公式(韩林海，2007；杨华，2003)，具体如下：

(1) 对于圆钢管混凝土柱

$$u_{mt} = f(t_o) \cdot f(\lambda_o) \cdot f(C_o) \cdot f(n_o) \cdot f(a) + f(e_o) \tag{5.5-10}$$

$$f(t_o) = \begin{cases} 0 & t_o \leqslant 0.2 \\ 77.25 t_o^2 - 19.1 t_o + 0.73 & 0.2 < t_o \leqslant 0.6 \end{cases} \tag{5.5-11}$$

$$f(\lambda_o) = \begin{cases} -1.05\lambda_o^2 + 3.3\lambda_o - 1.25 & \lambda_o \leqslant 1.5 \\ u_1\lambda_o^2 + u_2\lambda_o + u_3 & \lambda_o > 1.5 \end{cases} \tag{5.5-12}$$

$$f(C_o) = \begin{cases} u_4(C_o-1)+1 & C_o \leqslant 1 \\ u_5(C_o-1)+1 & C_o > 1 \end{cases} \tag{5.5-13}$$

$$f(n_o) = \begin{cases} 2.34n_o^2 - 1.8n_o + 0.46 & n_o \leqslant 1 \\ 2.1(n_o-1)+1 & n_o > 1 \end{cases} \tag{5.5-14}$$

对于厚涂型钢结构防火涂料：

$$f(a) = -6.35\left(\frac{a}{100}\right)^3 + 12.04\left(\frac{a}{100}\right)^2 - 6.29\left(\frac{a}{100}\right) + 1 \tag{5.5-15}$$

对于水泥砂浆：

$$f(a) = -0.24\left(\frac{a}{100}\right)^3 + 0.97\left(\frac{a}{100}\right)^2 - 1.64\left(\frac{a}{100}\right) + 1 \tag{5.5-16}$$

$$f(e_o) = \begin{cases} u_6 e_o & e_o \leqslant 0.3 \\ u_7 e_o + u_8 & e_o > 0.3 \end{cases} \tag{5.5-17}$$

式中，$u_1 = -2.77t_o + 2.49$

$u_2 = 11.78t_o - 11.38$

$u_3 = -11.44t_o + 12.81$

$u_4 = -2.2t_o + 2.44$

$u_5 = \begin{cases} 6t_o - 1.2 & t_o \leqslant 0.4 \\ -2.78t_o + 2.32 & 0.4 < t_o \leqslant 0.6 \end{cases}$

$u_6 = \begin{cases} 4.85t_o & t_o \leqslant 0.2 \\ -46.3t_o + 10.23 & 0.2 < t_o \leqslant 0.6 \end{cases}$

$u_7 = 171.03t_o^2 - 12.72t_o$

$u_8 = 0.3(u_6 - u_7)$

$t_o = \dfrac{t_h}{t_R}$；$C_o = \dfrac{C}{1256}$；$\lambda_o = \dfrac{\lambda}{40}$；$n_o = \dfrac{n}{0.6}$；$e_o = \dfrac{e}{r}$

C、a、u_{mt} 的单位是 mm。

(2) 对于方、矩形钢管混凝土柱

$$u_{mt} = f(t_o) \cdot f(\lambda_o) \cdot f(C_o) \cdot f(n_o) \cdot f(a) + f(e_o) \tag{5.5-18}$$

$$f(t_o) = \begin{cases} 0 & t_o \leqslant 0.3 \\ 121.55t_o^2 - 38.12t_o + 0.5 & t_o > 0.3 \end{cases} \tag{5.5-19}$$

$$f(\lambda_o) = \begin{cases} -1.05\lambda_o^2 + 2.96\lambda_o - 0.91 & \lambda_o \leqslant 1.5 \\ 0.74\lambda_o^2 - 3.65\lambda_o + 4.98 & \lambda_o > 1.5 \end{cases} \tag{5.5-20}$$

$$f(C_o) = \begin{cases} u_1(C_o-1)+1 & C_o \leqslant 1 \\ u_2(C_o-1)+1 & C_o > 1 \end{cases} \tag{5.5-21}$$

$$f(n_o) = \begin{cases} 2.02(n_o-1)^2 + 2.57(n_o-1) + 1 & n_o \leqslant 1 \\ 3(n_o-1)+1 & n_o > 1 \end{cases} \tag{5.5-22}$$

对于厚涂型钢结构防火涂料：

$$f(a) = -12.49a^3 + 16.35a^2 - 7.02a + 1 \tag{5.5-23}$$

对于水泥砂浆：

$$f(a) = 0.28a^2 - 1.08a + 1 \tag{5.5-24}$$

$$f(e_o) = \begin{cases} u_3 e_o & e_o \leqslant 0.3 \\ u_4 e_o + u_5 & e_o > 0.3 \end{cases} \tag{5.5-25}$$

式中，$u_1 = -5.6 t_o + 4.1$

$u_2 = -9.55 t_o^2 + 9.54 t_o - 1.84$

$u_3 = \begin{cases} 0 & t_o \leqslant 0.3 \\ -68.7(t_o - 0.3) & t_o > 0.3 \end{cases}$

$u_4 = \begin{cases} 15.7 t_o & t_o \leqslant 0.3 \\ 98.2(t_o - 0.3) + 4.7 & t_o > 0.3 \end{cases}$

$u_5 = 0.3(u_3 - u_4)$

$t_o = \dfrac{t_h}{t_R}$；$\lambda_o = \dfrac{\lambda}{40}$；$C_o = C/1600$；$n_o = \dfrac{n}{0.6}$；$a_o = \dfrac{a}{100}$；$e_o = \dfrac{e}{r}$

C、a、u_{mt} 的单位是 mm。

上述公式的适用范围是：Q235~Q420 钢；C30~C80 混凝土；$\alpha = 0.04~0.2$；$\lambda = 20~120$；$n = 0.2~0.8$；$t_o = 0~0.6$；$e/r = 0~1.2$；对于厚涂型钢结构防火涂料保护层，$a = 0~40 \text{mm}$，对于水泥砂浆保护层，$a = 0~120 \text{mm}$；$\beta = 1~2$；对于圆钢管混凝土，$C = 628~6280 \text{mm}$，即横截面外直径 $D = 200~2000 \text{mm}$，对于方、矩形钢管混凝土，$C = 800~8000 \text{mm}$，即横截面短边外边长 $B = 200~2000 \text{mm}$。

结果表明，式(5.5-10)和式(5.5-18)的计算结果与理论计算结果符合较好，说明简化计算公式可以很好地反映 u_{mt} 的变化规律。

在系统参数分析结果的基础上(霍静思和韩林海，2002)，可推导出火灾作用后钢管混凝土抗弯刚度影响系数 k_B 的简化计算公式，具体如下：

$$k_B = \begin{cases} (1 - 0.18 t_o - 0.032 \cdot t_o^2) \cdot f(\alpha_o) \cdot f(C_o) & t_o \leqslant 0.6 \\ (-0.077 \ln t_o + 0.842) \cdot f(\alpha_o) \cdot f(C_o) & t_o > 0.6 \end{cases} \tag{5.5-26}$$

$$f(\alpha_o) = \begin{cases} a \cdot (\alpha_o - 1) + 1 & \alpha_o \leqslant 1 \\ 1 + b \cdot \ln(\alpha_o) & \alpha_o > 1 \end{cases} \tag{5.5-27}$$

其中，$a = \begin{cases} 0.3 \cdot t_o^2 + 0.17 t_o & t_o \leqslant 0.3 \\ 0.11 \cdot \ln(100 t_o) - 0.296 & t_o > 0.3 \end{cases}$；

$b = \begin{cases} 0.17 \cdot t_o^2 + 0.09 \cdot t_o & t_o \leqslant 0.3 \\ 0.059 \cdot \ln(100 t_o) - 0.159 & t_o > 0.3 \end{cases}$

$$f(C_o) = \begin{cases} c \cdot (C_o - 1)^2 + d \cdot (C_o - 1) + 1 & C_o \leqslant 1 \\ e \cdot \ln(C_o) + 1 & C_o > 1 \end{cases} \tag{5.5-28}$$

$c = \begin{cases} 5 \cdot t_o^3 - 3.3 \cdot t_o^2 + 0.1 \cdot t_o & t_o \leqslant 0.3 \\ 0.12 \cdot t_o^2 - 0.32 \cdot t_o - 0.047 & t_o > 0.3 \end{cases}$

$d = \begin{cases} 0.16 \cdot t_o^2 - 0.026 \cdot t_o & t_o \leqslant 0.45 \\ 0.018 \cdot t_o + 0.013 & t_o > 0.45 \end{cases}$

$e = \begin{cases} 0.039 \cdot t_o^2 + 0.07 \cdot t_o & t_o \leqslant 0.45 \\ 0.034 \cdot \ln(100 t_o) - 0.09 & t_o > 0.45 \end{cases}$；

$\alpha_o = \alpha/0.1$；$t_o = 0.6 \cdot t$

对于圆钢管混凝土，$C_o = C/1884$；对于方、矩形钢管混凝土，$C_o = C/2400$。上述各式中，火灾持续时间 t 和截面周长 C 分别以 h 和 mm 代入。

5.6 防火构造措施

火灾作用下，核心混凝土中的自由水和分解水会发生蒸发现象。对实验现象的观测结果表明，为了保证核心混凝土中水蒸气的及时散发，保证结构的安全工作，在钢管混凝土柱上设置排气孔是必要的(韩林海，2004，2007)。

根据规程 DBJ 13-51-2003，每个楼层的柱均应设置直径为 20mm 的排气孔，其位置宜位于柱与楼板相交位置上方或下方 100mm 处，并沿柱身反对称布设，如图 5.6-1 所示。

实际工程中，钢管混凝土柱采用水泥砂浆做防火保护层亦可达到耐火极限的要求，但水泥砂浆的附着力差，且容易开裂和剥落，因此首先需要采取在钢管外加焊金属网的构造措施，然后再在金属网上抹水泥砂浆，或采用高压喷枪喷射水泥砂浆的施工方法。

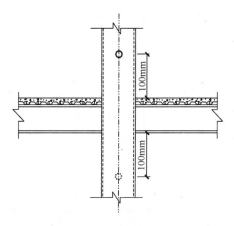

图 5.6-1 排气孔布置示意图

当钢管混凝土柱的保护层为厚涂型钢结构防火涂料时，防火涂料性能应符合国家标准《钢结构防火涂料》GB 14907-2002 和中国工程建设标准化协会标准《钢结构防火涂料应用技术规范》CECS 24：90 中的有关规定。

参考浙江省工程建设标准《建筑钢结构防火技术规范》(2003)，可采用表 5.6-1 所列方法提高钢管混凝土柱的耐火性能。

防火保护方法的特点与适应范围　　　　　　　　　　　表 5.6-1

方　法	特点及适应范围
外包混凝土、水泥砂浆[1]或砌筑砖砌体	保护层强度高、耐冲击，占用空间较大，适用于容易碰撞、无护面板的钢管混凝土柱防火保护
涂敷防火涂料	重量轻，施工简便，适用于任何形状，技术成熟，应用最广，但对涂敷的基底和环境条件要求严格
防火板包覆	预制性好，完整性优，性能稳定，表面平整，光洁，装饰性好，施工不受环境条件限制，施工效率高，特别适用于交叉作业和不允许湿法施工的场合
复合防火保护[2]	有良好的隔热性和完整性、装饰性，适用于耐火性能要求高，并有较高装饰要求的钢管混凝土柱
柔性毡状隔热材料包覆	隔热性好，施工简便，造价低，适用于室内不易受机械伤害和免受湿水的部位

注：1) 指金属网抹 M5 水泥砂浆作防火保护层。
　　2) 复合防火保护，即在钢结构表面涂敷防火涂料或采用柔性毡状隔热材料包覆，再用轻质防火板作饰面板。

选用钢管混凝土结构防火保护方法，应遵循安全可靠、经济合理、实用的原则，并应考虑下述条件：

(1) 防火保护材料不应对人体造成毒害；
(2) 在预期的耐火极限内能有效地保护钢管混凝土构件；

(3) 防火材料应易于和钢管混凝土构件结合，并对钢管混凝土构件不产生有害影响；

(4) 当钢管混凝土构件受火后发生允许变形时，防火保护材料应不致发生结构性破坏，仍能保持原有的保护作用，直至规定的耐火极限；

(5) 根据现场条件、环境因素、构件的具体情况，选择施工方便，易于保证施工质量的方法。

在选用钢管混凝土结构防火涂料品种时，首选厚涂型钢结构防火涂料或金属网抹水泥砂浆，不宜选用薄涂型钢结构防火涂料，如果确实需要，其保护层厚度必须以实际构件的耐火实验确定；对于露天钢管混凝土结构，应选用适合室外用的防火涂料，且至少应有一年以上室外钢结构工程应用验证，且涂层性能无明显变化；复层涂料应相互配套，底层涂料应能同普通的防锈漆配合使用，或者底层涂料自身具有防锈性能；特殊性能的防火涂料在选用时，必须有一年以上的工程应用经验，其耐火性能必须符合要求。

金属网抹水泥砂浆的钢管混凝土柱典型的防火保护构造如图5.6-2所示，外包混凝土典型的防火保护构造如图5.6-3所示，防火涂料典型的防火保护构造如图5.6-4所示。

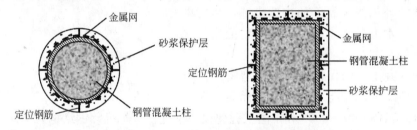

图 5.6-2 采用金属网抹水泥砂浆的钢管混凝土柱防火保护构造

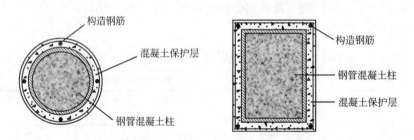

图 5.6-3 采用外包混凝土的钢管混凝土柱防火保护构造

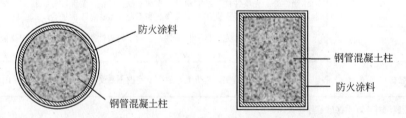

图 5.6-4 采用防火涂料的钢管混凝土柱防火保护构造

在选用防火板作为钢管混凝土构件的防火保护材料时，如图5.6-5所示，需符合以下要求：

(1) 防火板的包敷构造必须根据构件形状，构件所处部位，在满足耐火性能的条件下，充分考虑牢固稳定，保证在火灾情况下外界的热气和火焰被有效隔离。

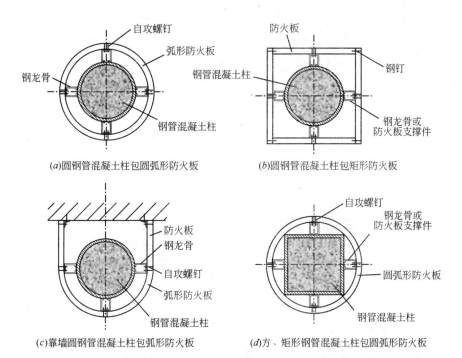

图 5.6-5 钢管混凝土柱用钢龙骨固定的防火板构造

(2) 固定防火板的龙骨及粘结剂应为不燃材料,龙骨材料应能便于和构件、防火板连接,粘结剂应在高温下仍能保持一定的强度。

(3) 防火板的燃烧性能和物理化学性能应符合有关规范的规定。

当钢管混凝土构件采用复合防火保护时,如图 5.6-6 所示,应符合下列要求:

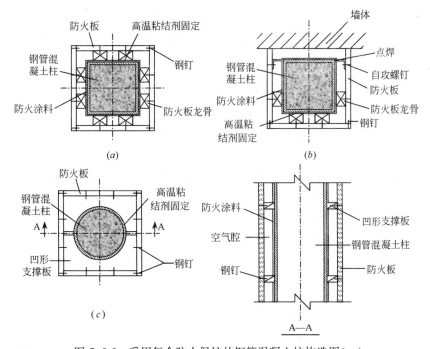

图 5.6-6 采用复合防火保护的钢管混凝土柱构造图(一)

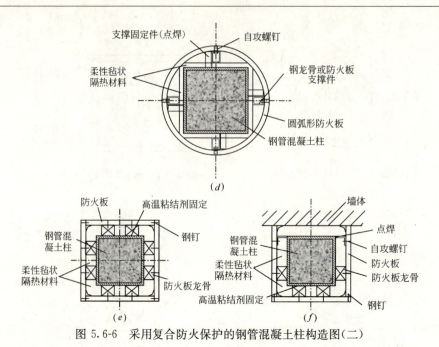

图 5.6-6 采用复合防火保护的钢管混凝土柱构造图(二)

(1) 须根据构件形状及所处部位,在满足耐火性能的条件下,充分考虑结构的牢固稳定,进行包敷构造设计;

(2) 在包敷构造设计时,应充分考虑外层包敷施工时,不应对内层防火保护层造成结构破坏或损伤。

当钢管混凝土柱采用柔性毡状隔热材料防火保护时,如图 5.6-7 所示,应符合下列要求:

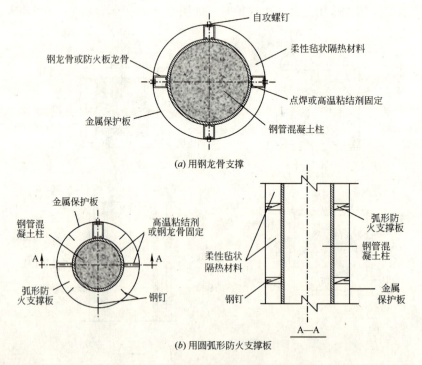

图 5.6-7 柔性毡状隔热材料防火构造图

（1）本方法仅适用于平时不受机械伤害和不易被人为破坏，而且应免受水湿的部位；

（2）包覆构造的外层应设金属保护壳；

（3）包覆构造应满足在材料自重下，不应使毡状材料发生体积压缩不均的现象。金属保护壳应固定在支撑构件上，支撑构件应固定在钢构件上，支撑构件为不燃材料。

对于钢管混凝土柱亦可采用陶瓷类喷涂材料作为防火保护层，该类喷涂材料含有氢氧化铝、碳酸钙、水泥类组分，与岩棉类喷涂型耐火保护层材料相比，材料本身的粘覆性、耐水性都很好，所以作为湿法喷涂的耐火保护层材料，很适合预覆施工法使用。

表 5.6-2 列出了陶瓷耐火保护层材料"陶瓷耐火 2 号"的基本物理性能（渡边邦夫等，2000）。特别对于预覆施工法来说，除了要具备表 5.6-2 中的基本物理性能之外，还要求具有下列性能：①耐雨淋；②抗振动又抗冲击；③紧跟挠曲变形；④具有防锈性。

陶瓷类耐火保护层材料的基本物理性质　　表 5.6-2

项　目	量　值	项　目	量　值
松装密度	$0.6 \pm 0.1 \text{g/cm}^3$	粘敷强度	$0.7 \pm 0.2 \text{kgf/cm}^2$
抗压强度	8kgf/cm^2	热传导系数	0.12kcal/(m·h·℃)
抗弯强度	3kgf/cm^2		

注：$1 \text{kgf/cm}^2 = 0.098 \text{N/mm}^2$。

对于钢管混凝土结构节点区域，其防火保护层厚度一般不应小于相应的梁和柱防火保护层厚度的最大值。也可根据工程实际情况，对节点区域的温度场和应力场进行分析，在此基础上因地制宜地确定防火保护措施。

5.7　抗火设计和火灾后修复加固方法讨论

目前实际工程中对钢管混凝土柱进行抗火设计时一般有两种方法，一种是在柱外围施加保护层，如在柱外围涂装钢结构防火涂料、金属网抹水泥砂浆，或者在柱外围包覆防火板等，这些方法的优点是概念直观，施工操作简单，缺点是所需要劳动力较多，不美观，影响建筑效果；另一种是不施加防火保护层，而是采用在核心混凝土中配置专门考虑抗火的钢筋或钢纤维的方法，或者通过降低柱子的轴压比以使构件达到所要求的耐火极限，该类方法的优点是可以减少施加防火保护层时的劳动力费用，但缺点是可能导致钢管混凝土柱结构钢材用量的增加。因此，实际工程中的钢管混凝土柱存在抗火设计方法的优化选择问题。

图 5.7-1 为 Wang 和 Kodur（2000）给出的一组实验结果，图中所示为三种钢管混凝土柱（素混凝土、配筋混凝土和钢纤维混凝土）轴向变形随受火时间的变化情况。可见，使用钢筋或钢纤维混凝土可以大大地提高其抗火性能，达到设计要求的耐火极限，既省去了涂防火涂料，又不用考虑后期因耐久性问题而更换防火保护材料可能造成的损失。Wang 和 Kodur（2000）认为，结构柱采用抗火性能较好的钢管混凝土柱，楼面体系采用钢梁-组合板体系，

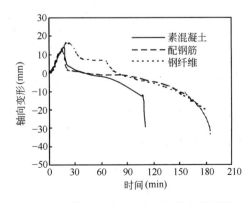

图 5.7-1　轴向变形随受火时间的变化情况

可能实现不采用任何防火保护措施，就可满足结构的耐火极限要求的目标。

下面简要介绍一些钢管混凝土抗火设计的工程实例。

位于美国华盛顿州西雅图金县的飞机博物馆，总建筑面积13300m²，高23m，有大展厅、图书馆、礼堂和办公及会议等设施。为了使展厅实现自然采光，既能从街道和空中看到展厅内的飞机，也能从室内看到天空，从而为展厅内的飞机提供了自然的背景环境，这就需要采用三维钢框架和玻璃幕墙结构，而且需要使框架构件足够细小，不至于干扰人们的视线。设计者采用了外直径为203mm的钢管混凝土柱，屋盖采用网架结构(Kodur，1999)。由于该结构柱需要满足60min的耐火极限要求，为此在钢管内配置了防火钢筋。典型的柱构件截面如图5.7-2和图5.7-3所示，其中d为混凝土保护层厚度。

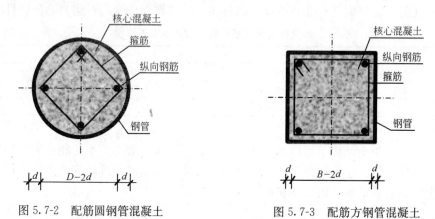

图 5.7-2 配筋圆钢管混凝土　　　　图 5.7-3 配筋方钢管混凝土

安大略州汉密尔顿的一所二层校舍采用了圆形和方形两种截面形式的钢管混凝土柱，该建筑的底层采用配筋钢管混凝土柱，二层只在钢管内灌素混凝土(Kodur，1999)。配筋钢管混凝土柱典型的截面形式如图5.7-2和图5.7-3所示。德国杜塞尔多佛大厦、柏林佛朗胡佛研究大厦、法国鲍德克斯公寓和英国斯文顿水研究中心等几个工程(ECCS-Technical Committee 3，1988)也采用了图5.7-2所示的配筋钢管混凝土。

1999年建成的深圳赛格广场大厦采用了圆钢管混凝土柱。分别按三种方法计算得到的各个构件防火保护层厚度，以及各个构件实际防火保护层厚度，可得到赛格广场大厦圆钢管混凝土柱的防火涂料用量如下：即，①按公式(5.4-7)计算防火涂料用量为244.4m³；②按福建省工程建设标准 DBJ 13-51-2003 计算防火涂料用量为 395.7m³；③按国家规范 GB 50045-95(2005年版)计算防火涂料用量为2385m³；④实际防火涂料用量为468.2m³。

按以上方法计算的防火涂料厚度平均值和实际厚度平均值分别为：5.1mm、8.3mm、50mm和9.8mm，各方法计算结果相对值的比较情况如图5.7-4所示，即按式(5.4-7)计算的厚度、福建省工程建设标准 DBJ 13-51-2003 计算的厚度和实际厚度与按国家规范 GB 50045-95(2005年版)计算的厚度比较。

2001年建成的杭州瑞丰国际商务大厦采用了方钢管混凝土柱。分别按三种方法计算得到的各个构件防火保护层厚度，以及各个构件实际防火保护层厚度，可得到瑞丰国际商务大厦方钢管混凝土柱防火涂料用量如下，即：①按公式(5.4-8)计算防火涂料用量为3.38m³；②按福建省工程建设标准 DBJ 13-51-2003 计算防火涂料用量为12.5m³；③按国家规范 GB 50045-95(2005年版)计算防火涂料用量为41.3m³；④实际防火涂料用量为16.52m³。

按以上方法计算的防火涂料厚度平均值分别为：4.1mm、15mm、50mm 和 20mm，各方法计算结果相对值的比较情况如图 5.7-5 所示，即按公式(5.4-8)计算的厚度、按福建省工程建设标准 DBJ 13-51-2003 计算的厚度和实际厚度与按国家规范 GB 50045-95(2005 年版)计算的厚度比较。

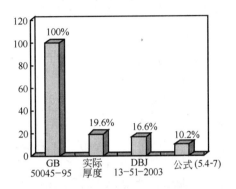 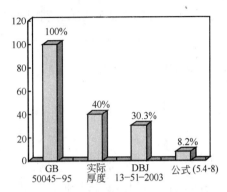

图 5.7-4　圆钢管混凝土柱防火保护层厚度比较　　图 5.7-5　方钢管混凝土柱防火保护层厚度比较

对于地下室的柱，由于可能遭受碰撞而损坏防火保护层，一般可采用水泥砂浆的保护方法，也可采用防火板材进行防火保护。

杭州瑞丰国际商务大厦地下室的柱采用了金属网抹水泥砂浆做防火保护层。图 5.7-6 所示为按式(5.4-6)计算的厚度、福建省工程建设标准 DBJ 13-51-2003 计算的厚度和实际厚度与按国家规范 GB 50045-95(2005 年版)计算的厚度的比较情况。可见，钢管混凝土柱可较纯钢结构柱取更小的防火保护层厚度。

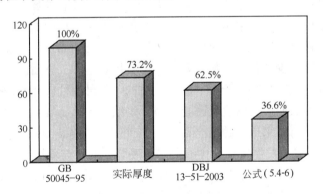

图 5.7-6　水泥砂浆保护层厚度比较

2003 年建成的武汉国际证券大厦的 10 层以上外框架全部采用方钢管混凝土柱，按不同方法对方钢管混凝土柱的防火保护层厚度进行了计算。防火保护层分别为厚涂型钢结构防火涂料和金属网抹水泥砂浆。下面给出一典型的钢管混凝土柱（$B \times t = 1000\text{mm} \times 28\text{mm}$，Q345 钢，C50 混凝土，$L = 3200\text{mm}$，火灾荷载比为 0.62）的计算结果：

(1) 保护层为厚涂型钢结构防火涂料：①按式(5.4-8)计算防火保护层厚度为 8.8mm；②按福建省工程建设标准 DBJ 13-51-2003 计算的保护层厚度为 12.6mm；③按国家规范 GB 50045-95(2005 年版)计算防火保护层厚度为 50mm。

(2) 保护层为金属网抹水泥砂浆：①按公式(5.4-6)计算的防火保护层厚度为

43.9mm；②按福建省工程建设标准 DBJ 13-51-2003 计算防火保护层厚度为 63.2mm；③按 GB 50045-95(2005 年版)计算防火保护层厚度为 135mm，由于规范 GB 50045-95(2005 年版)没有直接给出钢柱达到 3h 耐火极限时对应的水泥砂浆防火保护层厚度，此处暂按线性插值法确定。

图 5.7-7 和图 5.7-8 所示分别为各方法计算得到的防火保护层厚度之间的比较情况。

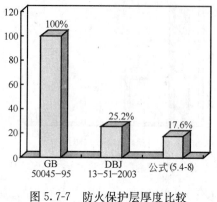

图 5.7-7　防火保护层厚度比较
（厚涂型钢结构防火涂料）

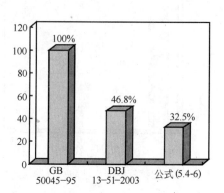

图 5.7-8　防火保护层厚度比较
（金属网抹水泥砂浆）

综上所述，对钢管混凝土结构进行不同防火保护方法的优化设计，不仅要考虑方法的技术可行性，还要进行在结构全寿命期内方案的技术经济分析，因地制宜，选择最经济、合理的抗火设计方法，从而在保证结构安全性的基础上实现防火保护费用最低之目标。

实验结果表明(韩林海，2004，2007)，火灾作用后，随着外界温度的降低，钢管混凝土结构已屈服截面处钢管的强度可以得到不同程度的恢复，截面的力学性能比高温下有所改善，结构的整体性比火灾中也将有所提高，这不仅为结构的加固补强提供了一个较为安全的工作环境，也可减少补强工作量，降低维修费用，这和火灾后的钢筋混凝土结构与钢结构都有所不同。这是因为，对于钢筋混凝土结构，其已改性破坏截面的力学性能和整体性均不能因温度的降低而有所恢复或改善。对于钢结构，其已发生失稳和扭曲的构件在常温下也不会比火灾下时带来更多的安全性。

Lin 等(1997)报道了发生事故的我国南方某玻璃厂的一玻璃熔窑，窑底采用了圆钢管混凝土柱，采用 Q235 钢，C30 混凝土，构件截面尺寸为 $\phi 219mm \times 12mm$，柱高 7.3m，柱子与基础固接。柱顶支承熔窑，柱中部支承着外圈钢走道平台。该厂投产时，熔窑出液口突然发生崩裂，高温玻璃熔液喷泻，致使窑底正面一根柱被玻璃液包裹达 3m 深，另一根柱的根部积液深度达约 40cm。出口熔液温度达 1300℃以上，高温熔液包围柱子数小时。在清除了冷却的玻璃凝块后，发现钢管混凝土柱底有外凸现象发生，最大外凸位移达 3cm 左右。事故发生时，柱子尚承受约 70%左右的设计荷载，但柱子的整体性一直保持良好，避免了熔窑崩塌的重大事故。虽然建筑火灾与上述情况有所不同，但该次事故却可以很好地说明钢管混凝土柱在高温下具有很好的工作性能。上述玻璃熔液喷泻事故发生后，由于钢管混凝土柱仍然具有很好的整体性，技术人员在对其进行修复时，只是在受损柱子外面加一套管，再将空隙处灌入混凝土，仅两天时间就加固完毕，施工简便，易于操作，工厂很快就恢复了生产。

如果对火灾作用后的钢管混凝土柱进行修复加固，可采用图 5.7-9 所示的构造措施。

当原构件尺寸较大时，需在钢管混凝土柱的外壁焊栓钉或竖板，以加强新灌混凝土和原钢管混凝土柱的整体性，如图 5.7-9(a)、(b)、(c)和(d)所示。当新加的外钢管与原钢管混凝土柱之间间距较小时，可采用细石混凝土，混凝土则可采用更易于填充的自密实混凝土。

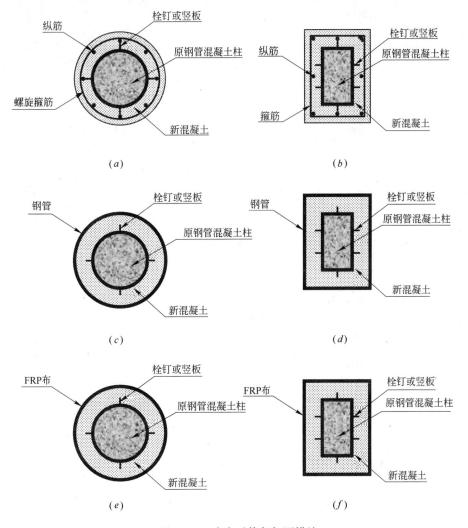

图 5.7-9　火灾后修复加固措施

研究结果表明(Han 等，2006a)，采用图 5.7-9 所示的增大截面法可有效地提高火灾作用后钢管混凝土柱的极限承载力和抗弯刚度。因此，对于火灾中受损严重的钢管混凝土柱采用该方法比较适合，但应注意采用此类方法加固后的柱构件延性有降低的趋势。

还可采用 FRP(Fiber Reinforced Polymer)布直接包裹火灾作用后钢管混凝土柱的加固措施。采用此类方法加固可适当地提高构件的延性，但对构件刚度和承载力的提高程度不如采用增大截面法显著(Tao 和 Han，2007；Tao 等，2007a)。对受火损失不严重的钢管混凝土柱的加固可考虑采用该类方法。

图 5.7-10 给出两组实测的钢管混凝土柱在上述两种不同加固措施情况下的 P-Δ 滞回关系。

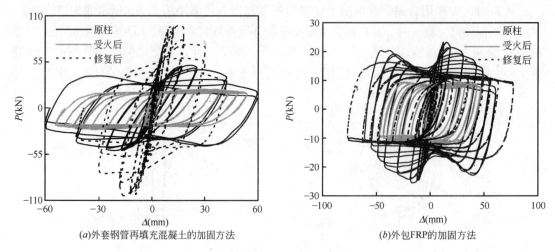

图 5.7-10 不同加固措施情况下钢管混凝土柱的 P-Δ 滞回关系

Han 等(2007a)、霍静思(2005)研究了火灾作用后钢梁-钢管混凝土柱节点的抗震性能及修复方法。研究结果表明，火灾作用后钢管混凝土结构节点仍具有良好的工作性能和可修复性。

5.8 小 结

本章简要介绍了钢管混凝土柱抗火设计原理，以及火灾作用后钢管混凝土柱力学性能的变化规律，最后给出钢管混凝土柱耐火极限、防火保护层厚度、火灾作用下(后)极限承载力实用计算方法以及防火设计方面的一些构造措施。对本章的主要内容归纳如下：

(1) 在式(5.2-1)所示的火灾有效荷载的作用下，截面尺寸、长细比和防火保护层厚度是影响钢管混凝土构件耐火极限的主要因素。

(2) 影响火灾作用下裸钢管混凝土柱承载力的因素主要有：截面尺寸、长细比和受火时间。

(3) 影响火灾作用后钢管混凝土构件承载力影响系数 k_r 的因素主要有：受火时间、截面尺寸、长细比和防火保护层厚度。

(4) 在大规模参数分析结果基础上，提出了钢管混凝土柱耐火极限、防火保护层厚度和火灾作用下(后)极限承载力的实用计算方法，可为有关工程实践提供指导。

(5) 火灾作用后钢管混凝土构件和钢梁-钢管混凝土柱节点仍具有较好的抗震性能。

(6) 为了保证核心混凝土中水蒸气的及时散发，保证结构的安全工作，在钢管混凝土柱上设置排气孔是必要的。

(7) 当钢管混凝土柱采用水泥砂浆做防火保护层时，需要首先采用在钢管外加焊金属网的构造措施，再在金属网上进行抹水泥砂浆或高压喷枪喷射水泥砂浆。

(8) 为了保证钢管混凝土结构在火灾下的安全性，应采取合理的构造措施，以保证火灾下防火保护层的完整性，及外界的热气和火焰被有效隔离。

(9) 在对钢管混凝土结构进行不同防火保护方法的优化设计时，不仅要考虑方法的技术可行性，还要进行在结构全寿命期内方案的技术经济分析，因地制宜，选择最经济、合理的抗火设计方法，从而在保证结构安全性的基础上实现防火保护费用最低之目标。

第6章 节点构造与设计

6.1 引 言

钢管混凝土的节点计算方法与构造措施是其结构设计中的重要问题。本章拟在总结国内外现有理论和实验研究及工程实践所取得的成果的基础上,简要介绍钢管混凝土柱节点的类型及其特点,探讨钢管和核心混凝土之间的粘结强度确定方法,以及一些典型节点的设计方法。

6.2 节点基本类型和研究现状

根据其受力特点,钢管混凝土结构的梁柱节点可主要分为以下几种类型:

(1) 铰接节点:梁只传递支座反力给钢管混凝土柱。

(2) 半刚接节点:受力过程中梁和钢管混凝土柱轴线的夹角发生改变,即二者之间有相对转角位移,从而可能引起内力重分布。

(3) 刚接节点:刚接节点须保证在受力过程中,梁和钢管混凝土柱轴线的夹角保持不变。

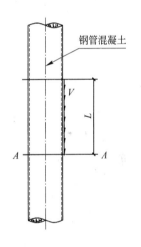

图 6.2-1 垂直剪力传递示意图

对于铰接节点,因为梁只传递支座反力给钢管混凝土柱,因此需要设置牛腿传递剪力。这类节点的构造相对比较简单。

在进行铰接节点的设计时,梁端剪力通过腹板焊缝或焊在柱上的垂直钢板的焊缝传给钢管混凝土柱,如图 6.2-1 所示,其中,L 为垂直焊缝长度,其确定方法是:横梁为工字钢梁时,是钢梁腹板的高度;用焊于管壁的牛腿传递剪力时,是牛腿肋板的高度,V 为节点剪力。传递过来的剪力主要由钢管承受,由于钢管和混凝土之间的粘结作用,会有一部分力传递到核心混凝土,由混凝土来承受。

钟善桐(1999)对圆钢管混凝土梁端剪力传递规律进行了理论和实验研究,结果表明:①剪力(V)作用下,钢管最大应力点出现在分布剪力的结束点;②影响受力最不利截面A—A(图 6.2-1)上应力分布的因素主要是构件截面含钢率、截面尺寸和钢材强度,即含钢率和截面尺寸越大、钢材强度越高,A—A 截面上的应力分布越趋于均匀;③进行的试件在 A—A 截面发生破坏后,钢管没有发生局部压屈和撕裂现象,焊缝传力安全可靠。

钢管混凝土具有良好塑性性能。在进行该类节点的设计时,一般不需要验算最不利截面 A—A(如图 6.2-1 所示)的强度,但应验算焊缝处钢管壁的抗剪强度。

British Steel(1992)推荐了如下几种铰接节点形式,如图6.2-2所示。

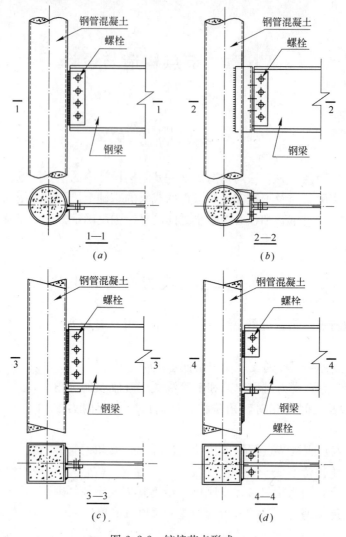

图6.2-2 铰接节点形式

对于半刚接节点,由于受力过程中梁和钢管混凝土柱轴线的夹角发生改变,会引起结构内力重分布,结构受力比较复杂,且变形较大,因此在设计中采用时需慎重对待。但半刚接节点也有其优点(日本钢结构协会,2003),例如:①由于考虑了节点区域的相对变形,可以缓和杆件内的应力集中;②地震荷载作用下,节点部位的能量耗散作用可降低结构的位移反应;③更易于灾后修复工作的操作;④相对于完全刚接或铰接,设计能够更接近于结构的实际工作情况;⑤施工与质量管理更容易操作等。目前,半刚接节点已在欧美一些实际钢结构工程中得到应用。在我国,在进行框架结构的抗震设计时一般不使用该类节点。

刚接节点是在我国建筑工程中应用最为广泛的一种节点形式,该类节点构造的设计要点是:在受力过程中,梁和钢管混凝土柱轴线的夹角要始终保持不变,梁端的弯矩、轴力和剪力通过合理的构造措施安全可靠地传给钢管混凝土柱身。当采用钢梁时,为了保证节点工作的整体性和可靠性，可在梁的翼缘平面位置设置加强环。当钢管截面尺寸较大时，在不影响混凝土浇筑的条件下，还可以把加强环板设置在钢管内。也可根据实际情况，采用内、外环板混合使用的方式。

图 6.2-3 所示为工程中常用的几种环板节点形式。

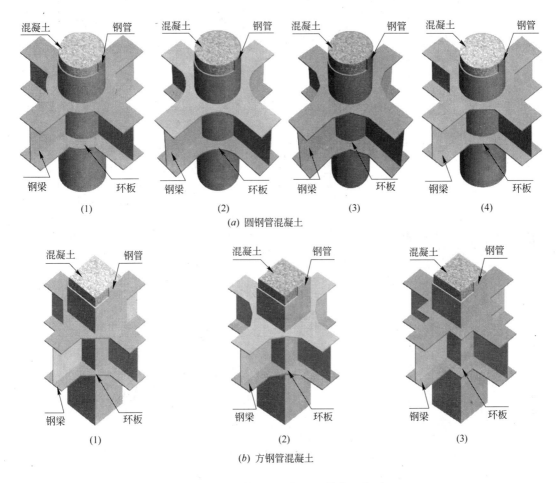

图 6.2-3 钢管混凝土加强环节点示意图

下面结合国内外研究者在钢管混凝土结构节点力学性能方面的研究成果，以及一些工程实践所取得的经验，简要归纳和说明不同构造措施情况下的节点类型及其工作特点。

6.2.1 钢梁-钢管混凝土柱节点

Choi 等(1995a)进行了 11 个钢梁-钢管混凝土柱节点在单调或往复荷载作用下力学性能的研究，比较了无外加强环板、与钢管有无焊接的外加强环板、无焊接的改进 T 形外加强环板和外加强环板加环向锚固钢筋等构造措施情况下节点的工作性能。典型的节点构造如图 6.2-4 所示。Choi 等(1995b)进行了 21 个试件在上述构造措施情况下节点局部抗拉性能的实验研究。

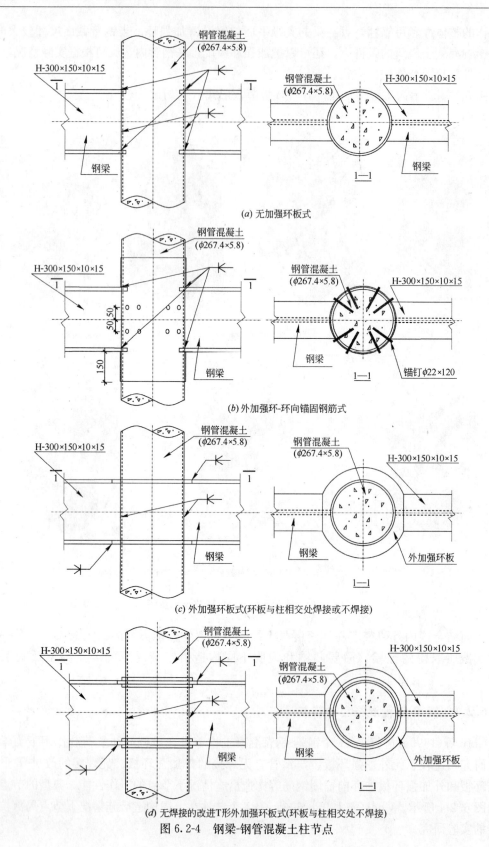

图 6.2-4 钢梁-钢管混凝土柱节点

Choi 等(1995a, 1995b)的研究结果表明,焊接外加强环板和外加强环板加环向锚固钢筋等类型节点都具有较高的承载能力和刚度,其滞回曲线饱满,且表现出良好的延性。

Shim 等(1995)进行了 H 型钢梁-钢管混凝土柱节点的静力及滞回性能的实验研究,典型的节点形式如图 6.2-5 所示,考察的参数主要有:加强环板开口尺寸和厚度、节点区是否浇筑混凝土等。

结果表明,所有试件均表现出稳定的滞回性能,尤其是内加强环板使节点核心区具有良好的刚度和耗能能力;内加强环板开圆孔试件的强度和塑性变形能力比开方孔的试件要好。研究还发现,即使内加强环板圆孔的开口率达到 50%,试件的强度也几乎不会降低。如果加强环板的厚度为钢梁翼缘厚度的一半,应使内加强环板圆孔的开口率低于 50%,以保证节点工作的稳定性。Shim 等(1995)实验结果还表明,对于节点区灌混凝土的试件,混凝土的存在会提高节点的变形能力和耗能能力。

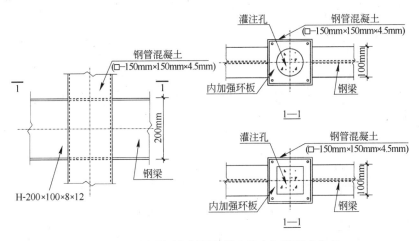

图 6.2-5 H 型钢梁-钢管混凝土柱内加强环式节点

Alostaz 和 Schneider(1996)利用非线性有限元方法分析了钢梁-钢管混凝土柱节点在不同构造措施情况下的抗震性能。研究的节点类型有:①焊接节点;②外加强环板式节点;③预埋焊接变形钢筋式节点;④内埋铆钉式节点;⑤穿心腹板加内埋铆钉式节点;⑥穿心钢梁式节点,如图 6.2-6(a)~(f)所示。对钢管径厚比、轴压比及梁的弯矩剪力比等参数对节点力学性能影响的分析表明,与焊接式节点相比,带有把钢梁内力传递给核心混凝土组件的节点具有更高的承载力和刚度。此外,节点力学性能的提高依赖于构造措施,且穿心钢梁式是实现刚接节点的最有效方法。

Fukumoto 和 Sawamoto(1997)对带内加强环板和外垂直加劲肋的钢梁-方钢管混凝土柱节点的力学性能进行了实验研究,环板上开 8 边形孔或对称轴与水平轴呈 45°的方形孔,方钢管由 2 块厚钢板和 2 块薄钢板间隔焊接组成,试件由高强钢材($f_y=590$MPa 和 780MPa)和高强混凝土($f_c'=60$MPa 和 120MPa)制成,实验参数主要有:加劲肋的高度和厚度,钢管的宽厚比,节点形式如图 6.2-7 所示。研究结果表明,钢管的宽厚比、钢材和混凝土强度对该类节点的变形能力影响较小,该类节点的抗剪承载力可以用基于拱理论的叠加方法确定。

228　第6章　节点构造与设计

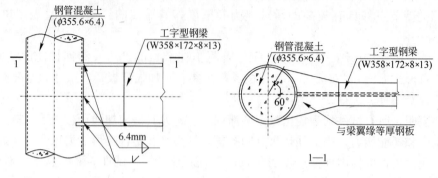

(a) 焊接式节点

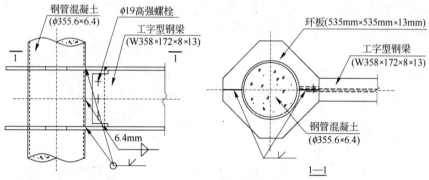

(b) 外加强环板式节点

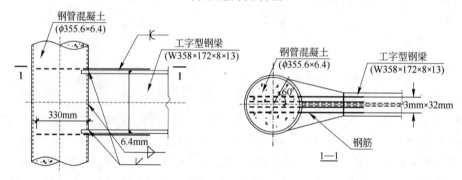

(c) 预埋焊接变形钢筋式节点

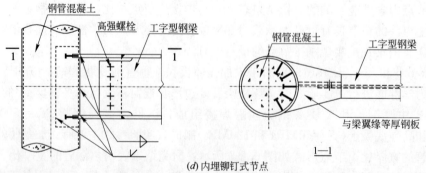

(d) 内埋铆钉式节点

图 6.2-6　钢梁-钢管混凝土柱节点（一）

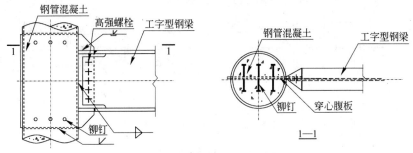

(e) 穿心腹板加内埋铆钉式节点

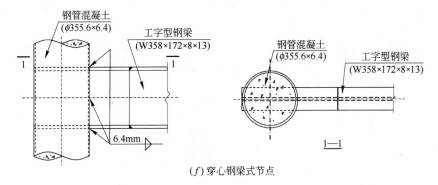

(f) 穿心钢梁式节点

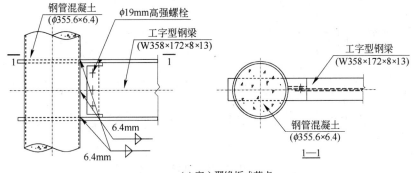

(g) 穿心翼缘板式节点

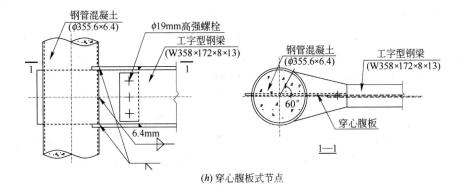

(h) 穿心腹板式节点

图 6.2-6　钢梁-钢管混凝土柱节点(二)

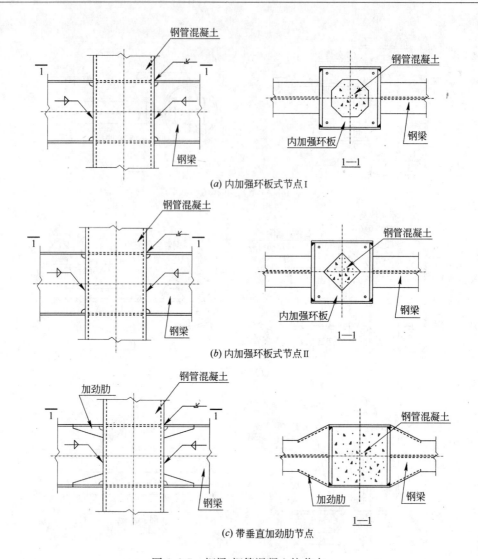

图 6.2-7 钢梁-钢管混凝土柱节点

Fu 等(1998)对圆钢管混凝土柱和 H 型钢梁组成的空间节点进行了拟静力实验,节点构造如图 6.2-8 所示,钢梁与柱连接采用焊接和带内、外加强环板两种形式,钢管尺寸为 $D \times t = 406.4\text{mm} \times (9 \sim 19)\text{mm}$。加载方向与连接在柱上的正交十字梁呈 45°角。Fu 等 (1998)还对梁柱节点的塑性强度和极限强度进行了理论分析。

Oh 等(1998)对冷弯钢管混凝土柱与 H 型钢梁连接节点的滞回性能进行了实验研究,节点采用 T 形加劲件加穿心弯起钢板来加强其刚度,典型的构造如图 6.2-9 所示。实验结果表明,除了 T 形加劲件较小的节点外,其余节点都表现了良好的变形能力,对于中震区,可以只用穿心弯起钢板加强来抵抗地震荷载。Oh 等(1998)发现,在钢管壁外焊接 T 形加劲板,会导致冷弯钢管的角部焊缝处发生剪切破坏,应采取构造措施予以避免。

Schneider 和 Alostaz(1998)进行了图 6.2-6 (a)~(c)和(f)~(h)所示的 6 种钢管混凝土梁柱节点的实验,研究了不同的细部构造对节点力学性能的影响。结果表明,不同类型节点在反复荷载作用下的滞回性能与 Alostaz 和 Schneider(1996)的理论分析结果相同,即在受

6.2 节点基本类型和研究现状 **231**

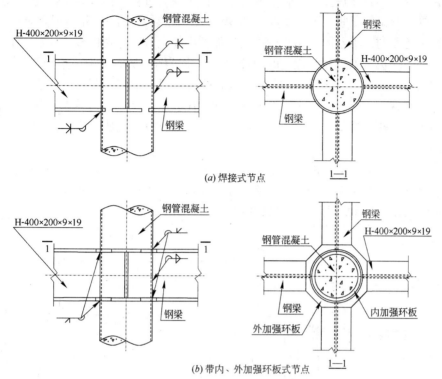

(a) 焊接式节点

(b) 带内、外加强环板式节点

图 6.2-8 钢梁-钢管混凝土柱空间节点

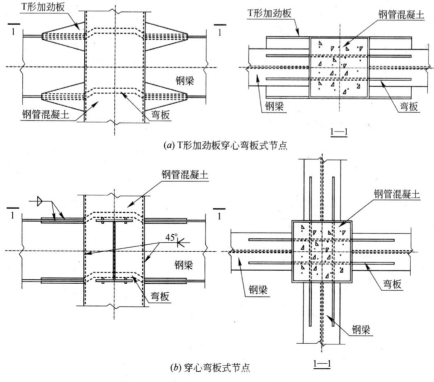

(a) T形加劲板穿心弯板式节点

(b) 穿心弯板式节点

图 6.2-9 H型钢梁-钢管混凝土柱节点

力过程中,对于钢梁直接焊接于钢管上的节点,由于受力过程中钢管会发生较大的屈曲变形,从而会导致钢梁翼缘板与钢管之间连接焊缝发生撕裂,因此工程中不宜采用该类节点。研究结果还表明:①不同的穿心构件的性能差别较大,穿心腹板节点可以用于支撑框架中;②外加强环板可以把翼缘板上的力传递到钢管周围,从而使钢梁达到其抗弯强度;③焊接贯通钢筋式节点可以显著提高节点的耗能性能,可使节点抗弯承载力达到1.5倍钢梁的塑性抗弯承载力;④穿心翼缘板节点的滞回性能较差,但穿心钢梁式节点可把钢梁的内力有效地传递给核心混凝土、减轻钢管的应力集中,且抗震性能最为优越,但穿心钢梁式节点的构造较为复杂。

Cheng 等(2000)研究了圆钢管径厚比和钢管内灌混凝土与否等因素对贯通加强环板-腹板栓接式空间节点力学性能的影响,典型的节点形式如图 6.2-10 所示。结果表明,钢管内浇筑混凝土后可显著提高构件的强度和屈服后的刚度,且钢管壁越厚,构件的延性越好。

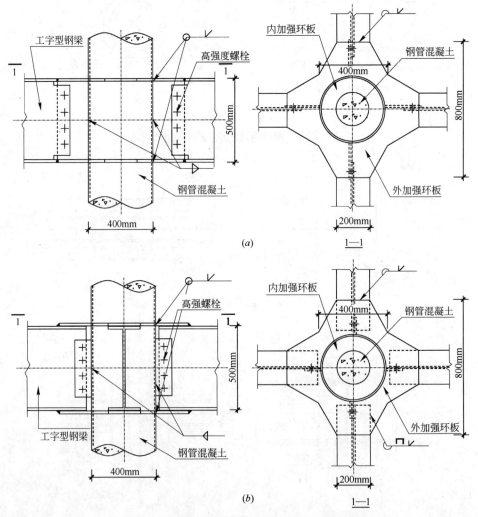

图 6.2-10　内外加强环板连通-腹板栓接式空间节点

Fujimoto 等(2000)对带有穿心隔板及节点区柱身带有加劲肋的钢管混凝土梁柱节点进行了研究,典型的构造如图 6.2-11 所示。考察的参数主要有:材料强度(高强和低强钢材)、节点构造(贯通式、加劲内环板式和加劲外环板式)、几何尺寸、轴压比和荷载作用方式等。研究结果表明,各类节点都没有发生明显的刚度和强度退化现象,耗能能力良好。分析结果表明,大部分节点弹性刚度的实验结果与理论计算结果,及日本设计规程 AIJ-SRC(1987)的计算结果吻合较好,而节点腹板的抗剪承载力则均大于规程 AIJ-SRC(1987)计算获得的极限承载力。

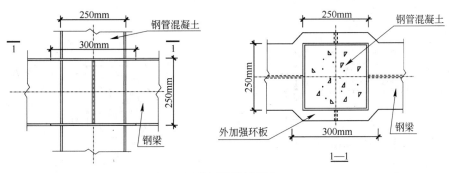

(a) 外加强环板式节点

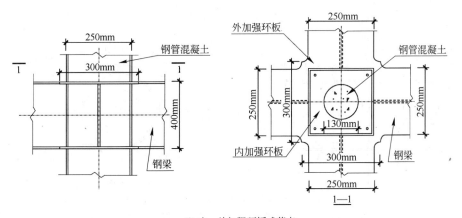

(b) 内、外加强环板式节点

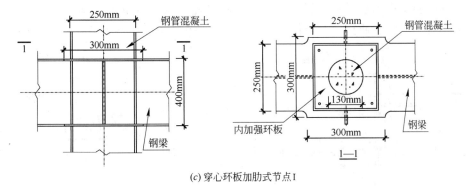

(c) 穿心环板加肋式节点Ⅰ

图 6.2-11 节点区隔板穿心及带有加劲肋式节点(一)

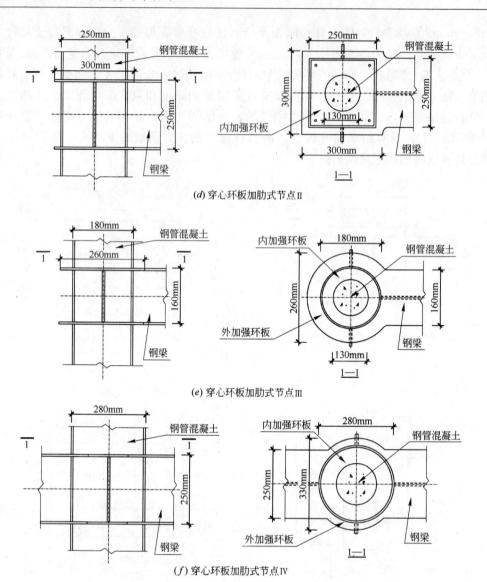

(d) 穿心环板加肋式节点Ⅱ

(e) 穿心环板加肋式节点Ⅲ

(f) 穿心环板加肋式节点Ⅳ

图 6.2-11 节点区隔板穿心及带有加劲肋式节点（二）

Koester 等(2000)进行了钢管混凝土柱-穿心螺栓 T 形分离板焊接式节点在反复荷载作用下力学性能的实验研究，节点构造如图 6.2-12 所示。主要考察了节点核心区约束混凝

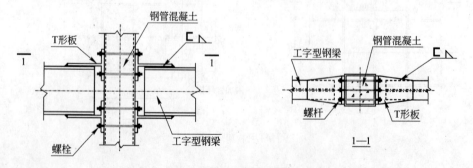

图 6.2-12 穿心螺栓 T 形分离板焊接节点

土传递节点剪力的能力,初步的研究结果表明,其提出的节点抗剪承载力计算公式的计算结果与实验结果吻合较好。

Chiew等(2001)共进行了8个钢管混凝土梁柱节点的实验研究,考察了几何参数、细部构造等对节点力学性能的影响,分析了盖板、剪切板、外加强环板和钢筋贯通等因素对节点强度的影响,典型节点构造如图6.2-13所示。

研究结果表明,采用外加强环板和钢筋贯通的构造措施可以直接把大部分剪力传递给核心混凝土,且可避免钢管由于受剪力过大而过早地发生局部屈曲。

Beutel等(2001,2002)对圆钢管混凝土柱-工字型钢梁节点在单调或往复荷载作用下的力学性能进行了实验研究。节点区钢梁的上、下翼缘直接和钢管焊接,在翼缘板上焊接钢筋,钢筋穿入钢管混凝土柱,并以不同形式锚固于钢管内,钢梁腹板则通过螺栓和焊接钢管上的夹板连接。图6.2-14所示为采用的不同钢筋锚固方式情况下的节点。

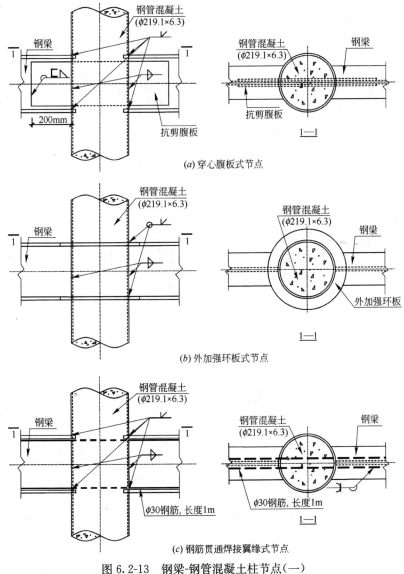

图 6.2-13　钢梁-钢管混凝土柱节点(一)

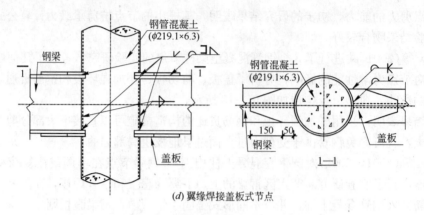

(d) 翼缘焊接盖板式节点

图 6.2-13　钢梁-钢管混凝土柱节点（二）

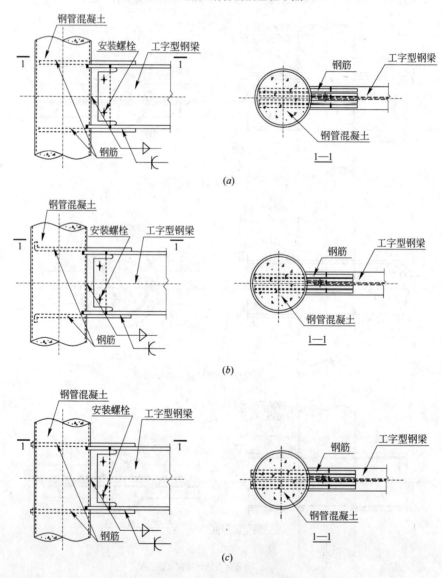

图 6.2-14　翼缘板焊接-腹板栓接钢筋贯通式节点

实验结果表明,钢筋的设置可有效地减小翼缘板的应力,并可将这些应力直接传递给柱的核心混凝土,从而大大减少了翼缘板与钢管的作用力。研究结果还表明,只要钢筋在钢管内有良好的锚固,梁柱节点在水平荷载作用下就有良好的强度和延性,且其强度和延性取决于钢梁的塑性极限弯矩及塑性铰的变形能力。

Elremaily 和 Azizinamini(2001b)对钢梁-圆钢管混凝土柱穿心钢梁式节点进行了实验研究,典型的构造如图 6.2-15 所示。试件尺寸约为原型结构的 2/3,钢管横截面外直径为 305mm 和 406mm 两种。实验结果表明,尽管各试件的破坏形态不同,但都表现出良好的

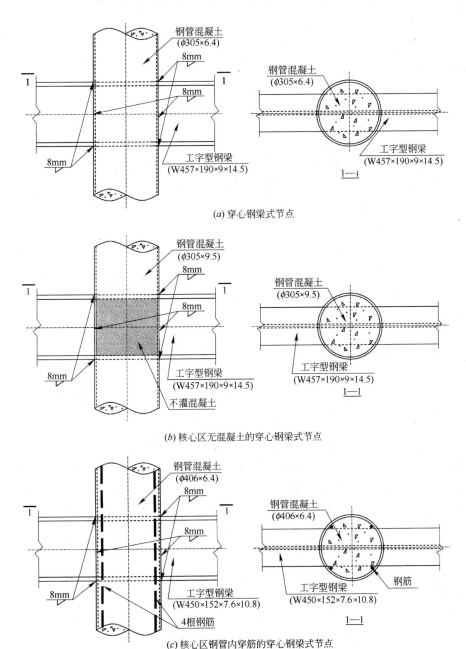

图 6.2-15 钢梁-钢管混凝土柱穿心钢梁式节点

延性。当柱的抗弯强度达到梁的 1.5 倍时,即可形成具有良好抗震性能的"强柱弱梁"式节点。

Kang 等(2001)对 H 型钢梁与方钢管混凝土柱的连接节点进行了实验研究和有限元分析,采用的是冷弯成型钢管,典型的节点形式如图 6.2-16 所示。试件采用 T 形外加劲板式节点,并用穿心钢筋或弯起钢板和梁翼缘板连接进行加强。

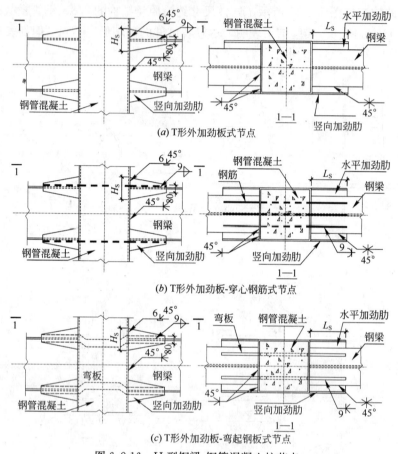

图 6.2-16　H 型钢梁-钢管混凝土柱节点

Kang 等(2001)的实验结果表明,在往复荷载作用下,外加 T 形加劲板有利于提高节点的极限弯矩及刚度,穿心钢筋或弯起钢板则仅对刚度有所贡献;在单调荷载作用下,穿心钢筋或弯起钢板对极限强度及刚度均有所贡献。研究结果还表明,T 形外加劲板的设置可改变节点的破坏模态,即由钢管壁角部发生弯曲屈服变为受拉屈服破坏模态。

张大旭和张素梅(2001)对圆钢管混凝土柱外加强环式节点的抗震性能进行了实验研究,包括强柱弱梁及削弱节点区(节点区钢管壁减薄)两类节点,柱轴压比为 0.4～0.68,节点构造如图 6.2-17 所示。

研究结果表明,强柱弱梁节点的荷载-位移滞回曲线饱满,耗能能力很好,出现拐点后仍能保持承载力不变,变形逐渐加大。削弱节点区节点的滞回曲线呈梭形,曲线出现拐点后,承载力仍继续增加,在钢梁屈曲之前始终没有下降段,且轴压荷载大的试件的滞回环更饱满。张素梅和张大旭(2001)还对上述节点的荷载-位移滞回曲线进行了计算。

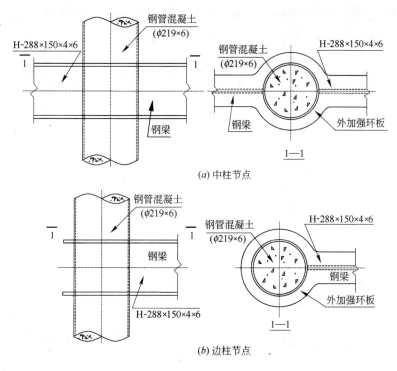

图 6.2-17 钢管混凝土柱加强环节点

钟立来等(2001)和 Wu 等(2005)进行了 3 个 H 型钢梁-钢管混凝土柱螺栓连接式节点的实验研究，节点形式如图 6.2-18 所示。该类节点的钢梁梁端设有端板，以螺杆栓接在钢管混凝土柱上，混凝土抗压强度达到设计值后，对螺杆施加预应力，梁端加焊翼缘扩板及加劲垂直三角板，以增大梁端弯矩，使塑性铰远离焊缝。实验结果表明，无论在刚度、强度、韧性及耗能能力等方面，螺栓式梁柱节点均具有优良的抗震性能，即使层间变位角达到 6% 以上，该类节点依然保持着良好的稳定性。

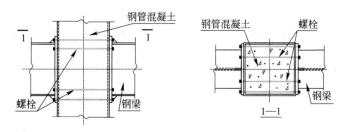

图 6.2-18 穿心螺栓端板式节点

Haga 和 Kubota(2002)进行了钢梁-圆钢管混凝土柱节点梁端单向拉伸实验以检验梁柱连接部位的焊接性能，同时还进行了十字形节点滞回性能的实验研究，节点构造如图 6.2-19 所示。结果表明，该类结点具有较好的抗震性能。

Kim 等(2002)进行了 6 个较大尺寸(□-500×500×12)H 型钢梁-钢管混凝土柱带 T 形外加劲件节点的滞回性能实验研究，T 形加劲件由水平和竖向组件焊接而成，如图 6.2-20 所示。实验结果表明，实测的滞回曲线饱满。试件有三种破坏形态，即水平组件抗剪破坏、竖向组件受拉破坏和钢梁屈曲破坏，其中钢梁屈曲应是合适的破坏模态，因为这种情况下可在梁端形成塑性铰，提高节点变形能力和耗能能力。

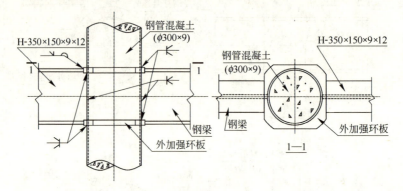

图 6.2-19　外加强环板式节点

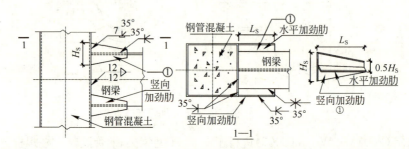

图 6.2-20　T 形外加劲板式节点

吕西林等(2002)对带内隔板方钢管混凝土柱与钢梁连接节点的设计方法进行了研究。其节点形式是：在方钢管内于钢梁翼缘高度处焊内隔板，钢梁翼缘与钢管壁焊接以传递梁端弯矩；钢梁腹板与方钢管外壁(或预设钢牛腿)用高强度螺栓连接或焊接以传递梁端剪力，即所谓的"栓焊混合连接"节点。利用提出的计算公式对实验结果进行了验算，发现计算结果具有较好的精度。吕西林等(2002)对此类节点提出了构造设计建议，即

1) 当钢梁上下翼缘与柱直接焊接时，应采用全焊透坡口焊缝，并在钢梁上下翼缘底面设置焊接衬板，在抗震设计时，下翼缘焊接衬板在翼缘施焊完毕后，应在衬板底面全长与柱焊接，或将衬板割除；

2) 为防止内隔板在管内未灌混凝土时出现失稳破坏，钢管内隔板的厚度应满足现行规范中板件宽厚比限值；

3) 钢管内隔板应设置混凝土浇筑孔，其孔径应不小于 200mm；内隔板四角应设透气孔，以保证节点处混凝土的浇筑质量，其孔径为 25mm，透气孔一方面要起到足够的透气效果，另一方面应使内隔板在屈服状态时能满足简单传力机制；

4) 根据构造和运输要求，框架柱可按多个楼层下料分段制作，为了避开柱的最大弯矩部位，分段接头位置宜在楼面以上 1.0~1.3m 处。

Nishiyama 等(2002, 2004)进行了 11 个钢管混凝土柱-钢梁节点的实验研究与理论分析，包括 7 个中柱节点、3 个边柱节点和一个空间节点，节点构造采用了贯通式内加强环板和外加强环板。为了考察节点区的力学性能(使节点弱于柱和梁)，将钢管在节点区减

薄，典型的节点形式如图 6.2-11 所示。

Nishiyama 等（2002，2004）主要考察了荷载作用方向、节点类型（中柱节点和边柱节点）、钢管截面形状（圆形和矩形）、钢材屈服强度（$f_y=439\sim756\text{N/mm}^2$）、混凝土强度（$f'_c=49.1\sim109.7\text{N/mm}^2$）、柱轴压比等对所研究节点力学性能的影响。结果表明，全部试件都是在节点区发生屈服而破坏。整个加载过程中，节点区的变形发展稳定，且破坏也是缓慢达到的，没有发生承载力快速下降、钢管屈曲以及混凝土被压碎的现象，圆钢管混凝土柱节点的延性好于矩形钢管混凝土柱节点。在整个加载过程中，钢管混凝土柱和钢梁几乎均处于弹性状态，节点区的变形在塑性阶段占了全部变形的大部分，当外加强环节点受轴向拉力时，由于节点区混凝土的开裂，使得节点区的变形在塑性阶段占全部变形的比例降低；钢材强度越高，节点的承载力越大，但延性会降低。试件的轴压比越大，其延性越低。实验获得的试件屈服强度和极限强度均高于按 AIJ(1997) 计算的短期允许强度和极限强度。Nishiyama 等（2002，2004）由于考虑了钢管对混凝土的约束作用，其理论计算的节点剪力-剪切角骨架曲线与实验曲线吻合较好。

Cha 等（2003）进行了 20 个双向拉伸荷载作用下方钢管混凝土柱与钢板组成的外环板节点以及 8 个钢梁-钢管混凝土柱外环板式节点静力性能的实验研究，梁柱节点的加载方式为梁端铰支，在柱顶施加竖向荷载，试件如图 6.2-21 所示。此外，Cha 等（2003）还用有限元软件 ANSYS 对节点的弯矩-转角关系曲线进行了计算分析。

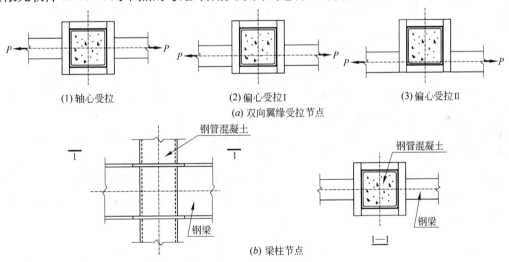

图 6.2-21 钢梁-钢管混凝土柱节点

Chen 和 Lo(2003) 进行了 4 个往复荷载（梁端施加）作用下钢梁与圆钢管混凝土柱组成的边节点（翼板节点）力学性能的实验研究，节点形式如图 6.2-22 所示，翼板穿过钢管混凝土柱，然后与钢梁相连，其中 2 个试件的钢管壁较厚同时核心混凝土强度较高，以获得较高的抗剪强度，另外两个试件的核心混凝土强度较低同时钢梁的翼缘较窄，以实现节点区破坏先于钢梁。结果表明，对于节点区具有足够抗剪强度的节点，其破坏表现为梁端出现塑性铰，且具有良好的耗能能力；而对于节点区抗剪强度较小的节点，其破坏表现为节点区剪切破坏，钢管内的核心混凝土产生较多的剪切斜裂缝，此时节点的抗弯承载力低于钢梁的抗弯承载力。

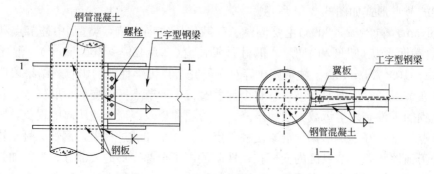

图 6.2-22　钢梁-钢管混凝土柱翼板节点

Cheng 和 Chung(2003)提出了模拟钢管混凝土梁柱节点剪力传递的非线性分析模型，该模型可考虑轴力对节点核心区剪力传递的影响。

Cheng 和 Chung(2003)的研究结果表明，设置内环板有利于提高节点的延性。由于焊接环板时在钢管内产生了残余应力，从而降低了柱及节点区的抗变形能力，所有试件均在进入非线性阶段后发生焊缝撕裂破坏。研究结果还表明，增大柱的轴压比可削弱焊接残余拉应力的影响。对于较大轴压比(0.27)的情况，理论计算结果与实验结果符合较好；对于小轴压比(0.07)的情况，理论计算结果则偏于保守。

Johansson(2003)应用有限元软件 ABAQUS 对抗剪腹板直接焊到钢管壁和穿过钢管两种节点进行了理论分析，目的在于研究当应用高强混凝土时，如何提高荷载传递的要求以保证组合效应的实现。分析结果表明，ABAQUS 的计算结果与已有的实验结果吻合较好，规程 EC 4(1992)中规定的粘结强度设计值(0.4N/mm^2)偏于保守。研究结果还表明，随着混凝土强度的提高，直接焊接到钢管上的连接方式不能满足节点区荷载传递的要求，而腹板穿心式节点则可以把荷载有效地传递给核心混凝土。

Hong 等(2003)和 Choi(2006a)等采用有限元软件 ANSYS 对 Cha 等(2003)进行的方钢管混凝土柱与钢板组成的外环板节点以及钢梁-钢管混凝土柱外环板节点的实验结果进行了计算，计算结果得到实验结果的验证，最后在参数分析结果的基础上，建议了钢梁-方钢管混凝土柱外环板节点的弯矩-转角曲线、曲线的初始刚度、极限弯矩和节点形状系数的简化计算公式。

Nakada 和 Kawano(2003)进行了 24 个双向拉伸荷载作用下圆钢管混凝土柱与钢板组成的节点静力性能的实验研究，试件包括 4 种类型(如图 6.2-23 所示)，每种类型包括 4 个试件，实验参数主要包括：钢管的径厚比、钢板宽度与钢管直径的比值、加强环板的尺寸。此外，Nakada 和 Kawano(2003)还对该类节点进行了非线性有限元分析。

Azizinamini 和 Schneider(2004)结合图 6.2-6(a)～(c)和(f)～(h)所示 6 种节点的实验结果，进一步对钢梁和钢管混凝土柱之间力的传递机理进行了深入分析，最后给出了节点设计方面的建议。即为了实现"强柱弱梁"，柱梁抗弯承载力之比应加以限制，对于全贯通焊接节点约为 1.5；对于角焊缝节点，约为 2，而 ACI(1999)的规定值为 1.2。

陈鹍等(2004)进行了 6 个外加强环式钢管混凝土梁柱节点的实验研究，包括 5 个整环式节点和 1 个部分环式节点，如图 6.2-24 所示，主要考察钢梁尺寸对节点刚性的影响。采用有限元软件 ANSYS 建立实体模型分析了节点的性能，并以实验结果来验证理论模型的准确性。结果表明，加强环式节点在梁端荷载作用下，梁柱之间存在着相对转动；加强环形式对节点刚度有一定影响；整环节点的刚度要比部分环节点刚度大，部分环节点的刚度可取为相应整环节点刚度的89%，最后在参数分析结果的基础上，确定了该类节点的弯矩-转角模型。

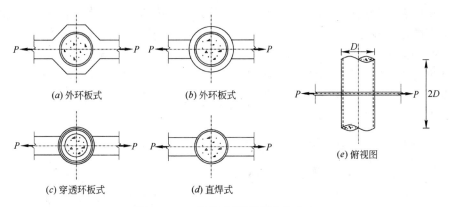

图 6.2-23　钢板-钢管混凝土柱节点

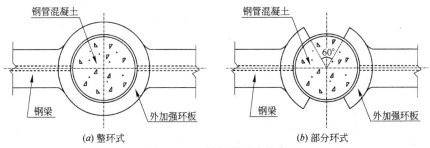

图 6.2-24　外加强环式节点

De Nardin 和 El Debs(2004)研究了钢梁-方钢管混凝土柱节点的静力性能，共进行了4个中柱节点的实验研究，其中2个节点的构造如图 6.2-25 所示，另外2个节点中的一个

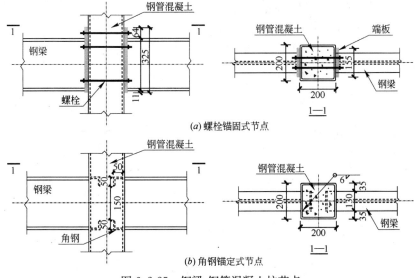

图 6.2-25　钢梁-钢管混凝土柱节点

节点的构造与图6.2-25(a)相同,但在螺栓杆外部包有塑料套,还有一个节点为钢梁直接与方钢管混凝土柱的管壁焊接。加载方式为梁自由端施加荷载,同时柱上作用有恒定轴向力。研究结果表明,两个螺栓锚固式节点的荷载-变形关系曲线基本类似,且承载力和刚度均较大,但螺栓杆包有塑料套节点的抗弯承载力较低;角钢锚定式节点的荷载-变形关系曲线与钢梁直焊节点有较大区别,前者的承载力和刚度均高于后者,但4个节点中,钢梁直焊节点的延性最好。

Kurobane等(2004)系统归纳总结了实际工程中钢梁-钢管混凝土柱节点,钢梁包括工字钢梁和钢管梁,节点类型包括:铰接节点,半刚接节点和刚接节点,典型节点构造如图6.2-26所示。此外,作者还给出了各类节点的设计公式或设计建议。

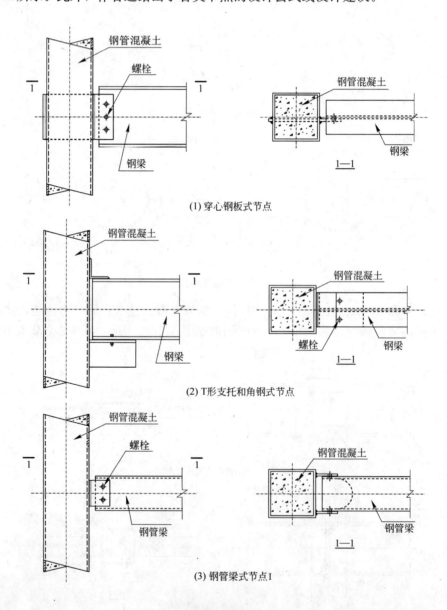

图 6.2-26 钢梁-钢管混凝土柱节点(一)

6.2 节点基本类型和研究现状 **245**

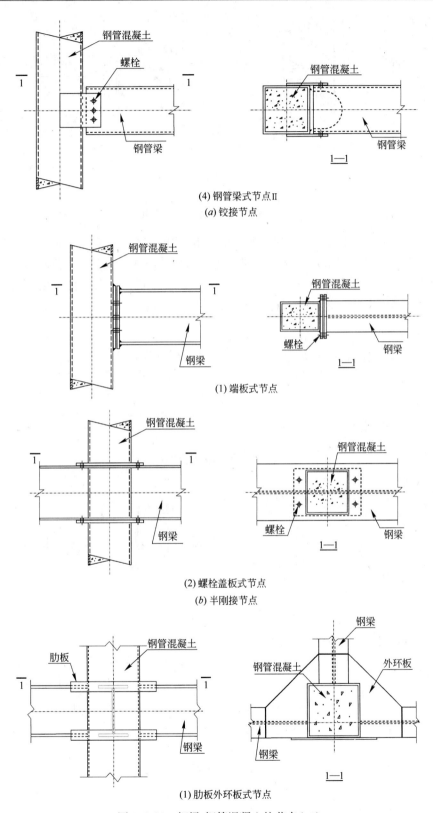

图 6.2-26 钢梁-钢管混凝土柱节点(二)

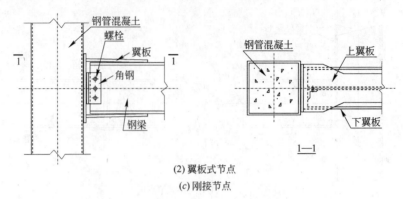

(2) 翼板式节点

(c) 刚接节点

图 6.2-26 钢梁-钢管混凝土柱节点(三)

林于东等(2004)进行了3种钢梁-矩形钢管混凝土柱节点抗震性能的实验研究,3种节点分别为焊接翼缘板式节点、翼缘全螺栓式节点和外加强环式节点,实验参数主要是柱轴压比,节点形式如图6.2-27所示。主要研究了上述节点在低周往复荷载作用下的滞回性能、强度和刚度退化、延性比与耗能比、破坏特征与机理。

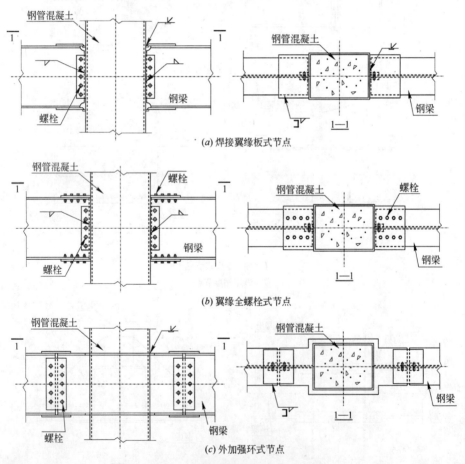

(a) 焊接翼缘板式节点

(b) 翼缘全螺栓式节点

(c) 外加强环式节点

图 6.2-27 钢梁-矩形钢管混凝土柱节点

MacRae等(2004)对钢梁-钢管混凝土柱加支撑式节点进行了理论分析和实验研究,以了解此类节点节点区力的传递机制和分布规律。对不同形式的角撑板进行的实验表明,从钢管传递给核心混凝土的大部分力是通过挤压力来实现的,而不是摩擦力。带有水平肋的角撑板或带孔洞的角撑板比平角撑板更有效。

Ricles 等(2004)进行了 10 个较大尺寸钢管混凝土柱(□-406mm×406mm×12mm)与宽翼缘钢梁连接节点滞回性能的实验研究,节点构造如图 6.2-28 所示。

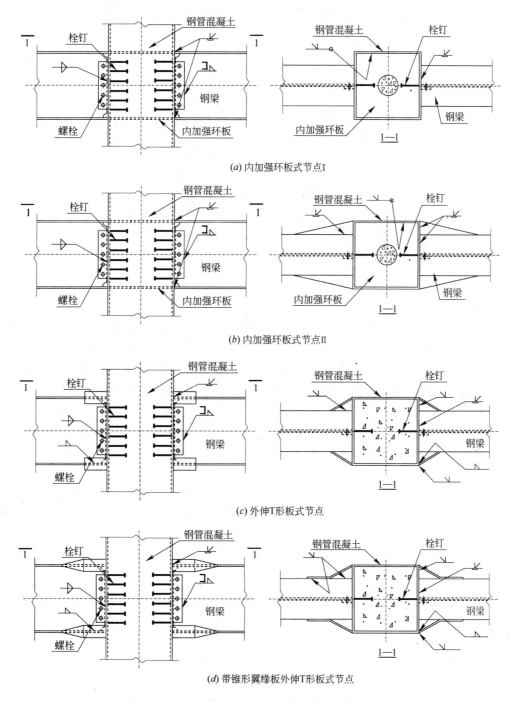

图 6.2-28 宽翼缘工字钢梁-钢管混凝土柱节点(一)

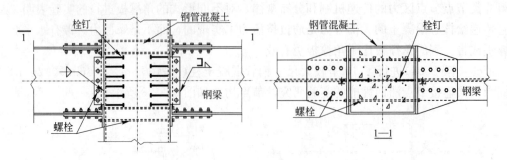

(e) 螺栓连接分离T形板式节点

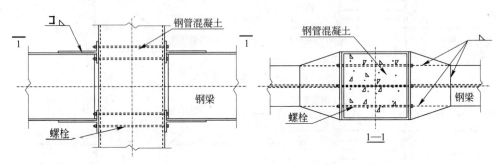

(f) 焊接分离T形板式节点

图 6.2-28 宽翼缘工字钢梁-钢管混凝土柱节点(二)

通过各节点在往复荷载作用下的强度、刚度、延性和耗能能力等指标的比较，得到如下结论：带内加强环弱节点区式节点、分离 T 形板式节点和带锥形翼缘板外伸 T 形板式节点的构造形式基本满足规范 AISC-LRFD(1999)中的抗震设计要求，而带内加强环弱梁节点和没有锥形翼缘板的外伸 T 形板式节点则不能满足。通过在螺栓连接分离 T 形板式节点的梁翼缘加强螺栓孔，可以防止螺栓孔的伸长和撕裂，从而减小滑移和滞回曲线的捏缩。焊接节点由于几何形状的突变，容易产生应力集中，而使梁翼缘发生撕裂，为了减小应力集中和避免撕裂现象的发生，Ricles 等(2004)建议采用带有锥形翼缘板的节点构造形式。

陈志华和苗纪奎(2005)基于以往的研究成果，建议了一种新型钢梁-钢管混凝土柱刚接节点，节点形式如图 6.2-29 所示，并基于屈服线理论，提出了梁翼缘受拉模型的屈服承载力计算公式。

Fukumoto 和 Morita(2005)对高强材料制作而成的钢梁-钢管混凝土柱节点的抗震性能进行了研究，节点形式如图 6.2-30 所示。共进行了 8 个试件的研究，实验参数为：钢管混凝土柱截面形式(圆形和方形)，弱部件类型(弱梁和弱节点)，钢管的径(宽)厚比，钢材强度(f_y=590MPa 和 780MPa)和混凝土强度(f'_c=60MPa 和 120MPa)，其还提出了一种基于叠加原理的节点区剪力-剪切变形模型和节点区抗剪承载力的计算方法。

葛继平等(2005)用 ANSYS 有限元软件对方钢管混凝土柱与钢梁缀板连接节点和穿心螺栓-端板连接节点在反复荷载作用下的力学性能进行了分析，最后在参数分析结果的基础上，提出了上述两种节点的弯矩-转角的恢复力模型。

6.2 节点基本类型和研究现状

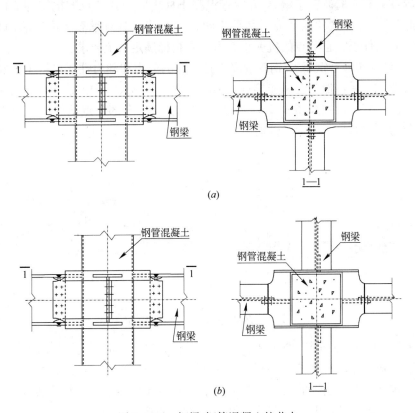

图 6.2-29 钢梁-钢管混凝土柱节点

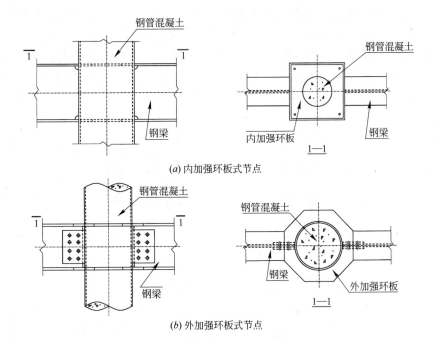

图 6.2-30 钢梁-钢管混凝土柱节点

金刚等(2005)实验研究了钢梁-方钢管混凝土柱内隔板式节点的抗震性能，共进行了2个缩尺比为1:4.5试件的研究。结果表明，该类节点具有承载力高，滞回性能稳定，延性和耗能好的优点，且节点的抗剪承载力可靠指标满足规范要求。

Kimura等(2005)对钢梁-方钢管混凝土柱节点的静力和动力性能进行了实验研究，实验变化的参数主要有：加劲肋和连接板的强度，加劲肋的尺寸和连接板与钢管混凝土柱之间是否有空隙，节点形式如图6.2-31所示。结果表明，全部节点试件的承载力均大于梁的塑性承载力，具有良好的力学性能。

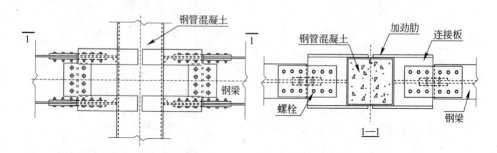

图 6.2-31　钢梁-钢管混凝土柱加劲肋节点

李成玉等(2005，2006)对图 6.2-3(a-1)所示钢梁-圆钢管混凝土柱外加强环空间节点的刚度进行了实验研究，共进行了12个试件的测试，主要参数为环板尺寸，并基于实验结果分析了影响该类节点刚性的因素。结果表明，外加强环式节点可以作为刚接节点使用，但必须满足一定的条件，即外加强环必须具有足够的刚度。

Park等(2005)首先用屈服线理论分析了图 6.2-21(a-1)所示节点的荷载传递机理，并通过实验结果验证了理论分析模型的准确性，结果表明，所提出的节点名义强度公式具有较好的准确性。随后，其对图 6.2-32 所示钢梁-方钢管混凝土柱边节点的抗震性能进行了实验研究，共进行了7个试件的研究，实验参数主要有：外环板的尺寸和环板，环板焊缝的位置与钢梁翼缘连接的焊缝形式。结果表明，该类节点在往复荷载下的转角可以达到 0.04rad，完全满足抗弯框架的抗震要求。

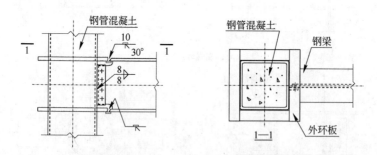

图 6.2-32　钢梁-钢管混凝土柱外加强环式节点

沈之容和蒋涛(2005)对薄壁矩形钢管混凝土梁柱节点的抗震性能进行了实验研究，共进行了4个试件的研究，2个采用矩形钢管混凝土梁，另外2个采用工字钢梁。结果表明，所研究的节点具有较高的承载力和较好的耗能能力，可应用于多层建筑结构。

Yamada 等(2005a)对节点区套管钢梁-圆钢管混凝土柱边节点的力学性能进行了实验研究,共完成了8个试件的研究,实验参数主要是:钢套管的直径、厚度和高度,是否有定位钢板,以及套管和内钢管混凝土的钢管外是否存在抗剪件。钢套管和钢管混凝土柱之间灌注水泥砂浆,图 6.2-33 为节点示意图。最后,基于对实验结果的分析,作者还建议了该类节点承载力的简化计算方法。

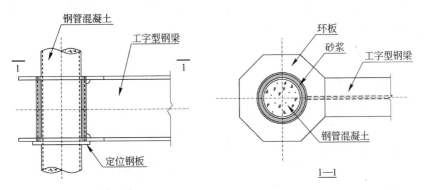

图 6.2-33　套管钢梁-钢管混凝土柱边节点

Yamada 等(2005b)对图 6.2-33 所示节点区套管钢梁-圆钢管混凝土柱中节点的力学性能进行了实验研究,共完成了7个试件的研究,实验参数主要是:加载方式,单调和往复;是否有外环板;外环板的宽度和厚度;钢套管的厚度和高度。试验目的主要是验证加载方式和外环板参数对 Yamada 等(2005a)提出的该类节点承载力的简化计算方法的影响。最后,基于对试验结果的分析,作者建议了该类中节点承载力的简化计算公式。

闫月梅和杜晓巍(2005)用 ANSYS 有限元软件对图 6.2-3(1a)钢梁-圆钢管混凝土加强环式节点中受拉加强环板的应力应变分布情况及其主要影响因素进行了分析,分析结果可为加强环式节点的设计提供参考。

游经团等(2005)和王文达等(2006)进行了 16 个外加强环板式节点在低周往复荷载作用下的实验研究,实验参数主要有:柱截面形式,圆形和方形;柱轴压比,0~0.6;环板尺寸,1/3 环板,2/3 环板和全环板,其中依据规程 DBJ 13-51-2003 计算获得的环板尺寸称为全环板;以及梁柱相交位置附近是否有"犬骨式"构造,主要探讨了加强环板尺寸对节点塑性铰出现的位置及节点破坏形态的影响。结果表明,2/3 环板节点的承载力、强度和刚度退化和耗能性能均与全环板节点相差不大,可以满足设计的要求。

周天华等(2005)用 ANSYS 有限元软件建立了考虑几何非线性、接触非线性和材料非线性的理论分析模型,对梁柱对接焊接和栓焊连接两类节点在单调加载和低周反复荷载作用下的力学性能进行了研究,理论分析结果与实验结果吻合较好。

宗周红等(2005)进行了 6 个钢梁-方钢管混凝土柱节点抗震性能的试验研究,节点类型如图 6.2-34 所示,包括:缀板焊接节点、穿芯螺栓-加劲端板节点和普通栓焊节点,主要研究了三种节点在不同轴压比下的滞回性能、强度和刚度退化、延性和耗能能力以及破坏特征。结果表明,试件的破坏多发生在节点连接部位或钢梁局部屈曲或开裂,普通栓焊节点的力学性能明显比其他两种节点差。

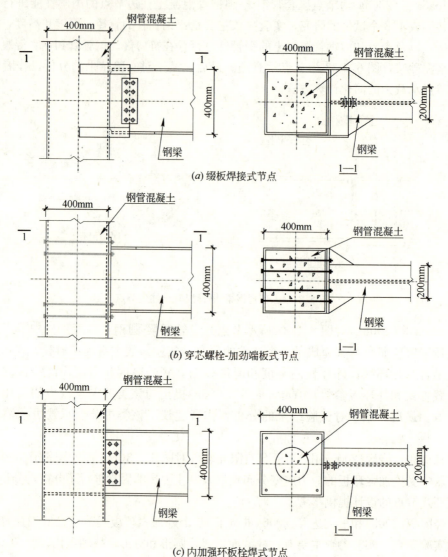

图 6.2-34 钢梁-钢管混凝土柱节点

Angeline Prabhavathy 和 Samuel Knight(2006)进行了 12 个钢梁-钢管混凝土柱焊接节点在一次加载下力学性能的实验研究,钢管混凝土柱的钢管和钢梁均为冷弯矩形截面钢管,钢梁直接焊在柱钢管的强轴或弱轴方向上。结果表明,钢梁焊接在强轴方向节点的初始刚度、抗弯承载力和延性均明显高于钢梁焊接在弱轴方向的节点,基于实验结果,建议了梁端承载力的计算公式。

Choi 等(2006b)对钢梁-方钢管混凝土柱边节点的抗震性能进行了实验研究,共进行了 4 个节点的研究,节点的构造如图 6.2-35 所示,加载方式为梁自由端施加往复荷载,同时柱上作用有恒定轴向力。研究结果表明,组合十字板节点可以减小梁柱相交处的应力集中,且组合十字板可显著提高节点的极限承载力和初始刚度,变形能力优于内加强环板节点和穿心钢板节点。带圆套筒的组合十字板节点的初始刚度和耗能性能则更好。

6.2 节点基本类型和研究现状   253

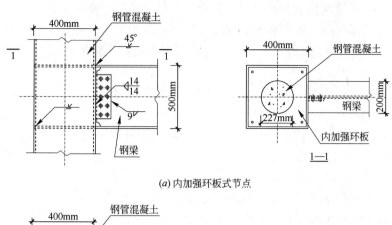

(a) 内加强环板式节点

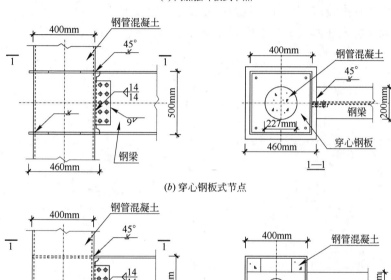

(b) 穿心钢板式节点

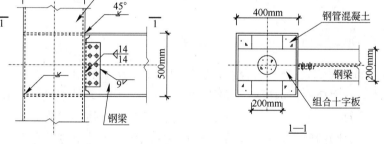

(c) 组合十字板式节点

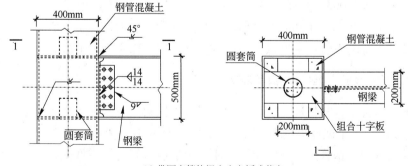

(d) 带圆套筒的组合十字板式节点

图 6.2-35 钢梁-钢管混凝土柱节点

杜喜凯等(2006)用有限元软件 ANSYS 建立了钢梁-矩形钢管混凝土柱螺栓连接双 T 板节点[图 6.2-28(e),钢管内部没有栓钉]的理论模型,研究了柱轴压比、材料性能、构件尺寸等因素对该类节点滞回特性、强度和刚度退化及延性等力学性能的影响。

Goldsworthy 和 Gardner(2006)提出一种钢梁-钢管混凝土柱节点,节点形式如图 6.2-36 所示。作者首先实验研究了 T 形钢构件与圆钢管混凝土柱之间的静力性能,共进行了 7 个试件的研究,6 个采用圆钢管混凝土柱,1 个采用方钢管混凝土柱,实验考察的参数主要是螺栓深入钢管混凝土柱内的长度,以及螺栓端部是否带有弯钩。拉力荷载施加在 T 形钢构件腹板的自由端,同时在钢管混凝土柱上施加轴向力。研究结果表明,对于螺栓端部有弯钩或螺栓伸入柱内较多的构件,其破坏形态是螺栓被拉断,且试件的承载力和刚度均较大;而对于螺栓伸入柱内较少且螺栓端部没有弯钩的构件,其破坏形态是焊缝破坏或锚固破坏。

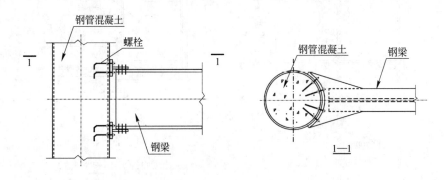

图 6.2-36 钢梁-钢管混凝土柱螺栓连接节点

聂建国等(2006)对钢-混凝土组合梁与钢管混凝土柱组成的中节点的抗震性能进行了实验研究,节点类型主要有:内隔板式和外加强环式,外加强环节点试件在节点区钢管内部四面设置抗剪栓钉,共进行了 3 个内隔板式节点、2 个外加强环式节点和 1 个直接焊接式节点(主要用于对比)的研究,并用有限元软件 ANSYS 对上述节点的静力和抗震性能进行了分析。

周学军和曲慧(2006)用有限元软件 ANSYS 对钢梁-方钢管混凝土柱节点,包括栓焊混合节点和全焊接节点,在低周往复荷载作用下的滞回性能进行了分析,并比较了两种节点的抗震性能。结果表明,全焊接节点的抗震性能优于栓焊混合节点。

6.2.2 钢筋混凝土梁(板)-钢管混凝土柱节点

李至钧和阎善章(1994)进行了 5 个钢管混凝土框架梁柱刚接节点的实验研究,其中 2 个试件采用钢梁,3 个试件采用钢筋混凝土梁,试件构造如图 6.2-37 所示。

实验结果表明,钢管混凝土框架梁柱刚接节点有很好的抗震性能,能够保证钢管混凝土框架在地震区推广应用,可以采用钢筋混凝土梁构成楼面,达到节约钢材的目的。同时,提出了钢管混凝土框架梁柱刚接节点抗震设计要点和合理的设计建议,即

1) 应合理设计加强环板,以避免环板在应力集中处颈缩断裂;

6.2 节点基本类型和研究现状

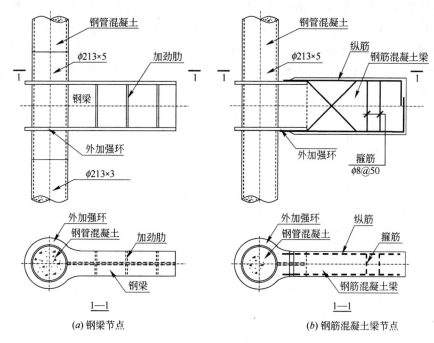

图 6.2-37 外加强环节点

2) 应将梁端塑性铰的位置设计离开柱面,离开柱面的距离建议为 $0.5H \sim 1.0H$(H 为梁高),以保护钢管管壁不会因反复荷载被撕裂;

3) 为了保证梁端塑性铰能够充分转动,钢筋混凝土梁应选用合适的配筋率;

4) 为保证节点滞回性能的稳定性,应合理设计钢管混凝土柱的轴压比以及钢筋混凝土梁的剪跨比。

顾伯禄等(1998)进行了环梁锚固式钢管混凝土柱节点的实验研究,典型的构造如图 6.2-38 所示。结果表明,该类节点可实现"强柱弱梁"的抗震设计要求。

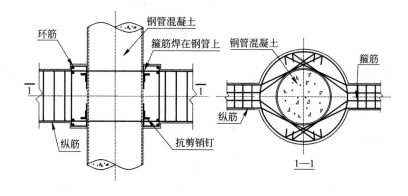

图 6.2-38 环梁锚固式钢管混凝土节点

环梁的存在可实现梁端先出现塑性铰,可避免梁端钢筋锚固时对钢管局部的撕裂破坏,并对节点核心区的钢管及混凝土起到保护作用。此外,在重载情况下,环梁与牛腿可协同工作,并能可靠地传递弯矩和剪力,受力性能良好。

朱筱俊等(1998)进行了设内埋剪力环的钢管混凝土板柱结构体系实验研究。结果表明，剪力环与混凝土板共同工作，变形协调，节点具有良好的受力和变形性能。随着剪力环尺寸的增大，冲切角亦有所增大，朱筱俊等(1998)建议冲切角不大于45°。此外，剪力环刚度对承载能力和变形都没有影响，板内主筋是否穿越钢管对受力和变形性能没有影响。朱筱俊等(1998)还给出了冲切承载力的计算模型。

陈洪涛等(1999)进行了开圆孔和开长圆孔的钢筋贯通式节点的实验研究，节点构造如图 6.2-39 所示。研究结果表明，节点开孔后通过加肋补强，不会影响柱子承载力。试件破坏形态主要为上、下加强环局部鼓曲破坏。为使节点满足刚接节点的要求，开长圆孔应加设箍筋，且应焊接箍筋，以提高节点的整体性和刚度。

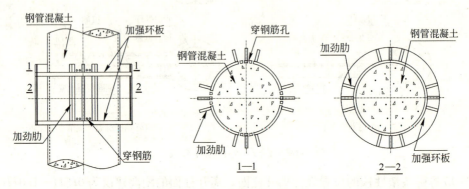

图 6.2-39 钢筋贯通式节点

方小丹等(1999，2002)对钢筋混凝土环梁-钢管混凝土柱节点的力学性能进行了实验研究，典型的节点构造如图 6.2-40 所示。研究结果表明，适当的截面设计可使框架梁在环梁范围以外屈服，即使在环梁内屈服，节点仍表现出良好的延性和耗能能力，可达到抗震设计要求。当构件破坏位置位于节点区以外时，该类节点对钢管混凝土柱不会产生不利影响，且可为柱提供约束，提高节点区强度。

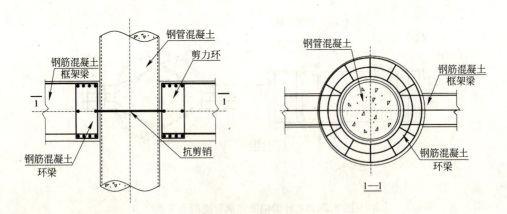

图 6.2-40 钢筋混凝土环梁-钢管混凝土柱节点

欧谨等(1999)对双梁包钢管混凝土柱加承重销中柱和角柱节点进行了实验研究。结果表明，该类节点在往复荷载作用下破坏形态为梁端塑性铰区破坏，节点区(环梁)

混凝土虽有裂缝，但整体破坏较轻，因而节点区是安全可靠的。该类型节可满足"强节点弱构件，强柱弱梁"的抗震设计原则。

闫胜魁等(1999)进行了钢筋混凝土单梁暗牛腿-钢管混凝土柱空间节点的实验研究，节点形式如图 6.2-41 所示。结果表明，节点破坏均为梁端出现塑性铰，且两个加载方向的滞回环均很饱满，表现出良好的耗能能力。

蔡健等(2000a)进行了钢筋贯通暗牛腿式钢管混凝土柱节点实验研究，节点构造如图 6.2-42 所示。结果表明，试件的破坏为钢筋混凝土梁端弯曲屈服后的剪切破坏，表明该类节点具有良好的传力性能，梁弯矩通过贯通钢筋可以较好地传递给柱。但由于该次实验中梁纵筋锚固长度不够，在反对称加载情况下，纵筋锚固条件较正对称加载差。钢牛腿腹板受力状态偏离纯剪状态，同时承担梁端部分弯矩和大部分剪力。

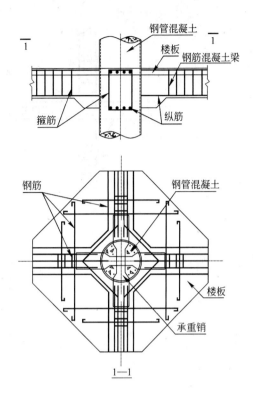

图 6.2-41 钢筋混凝土单梁暗牛腿-钢管混凝土柱空间节点

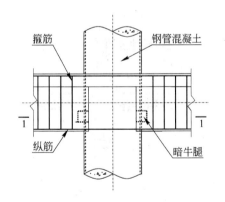

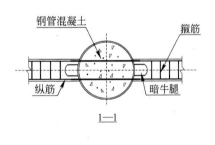

图 6.2-42 钢筋贯通暗牛腿式节点

蔡健等(2000b)进行了"井"字形穿暗牛腿式钢管混凝土柱节点的实验研究，钢筋混凝土梁的纵筋直接焊接在穿心暗牛腿钢板上，梁弯矩和剪力通过暗牛腿传给钢管混凝土柱，节点形式如图 6.2-43 所示。实验结果表明，该类节点具有良好的传力性能，试件的破坏特征是梁端弯曲屈服后的剪切破坏。

管品武等(2001)对钢管混凝土穿心牛腿加环梁的节点进行了静载及反复荷载作用下的实验研究，典型的节点构造如图 6.2-44 所示。

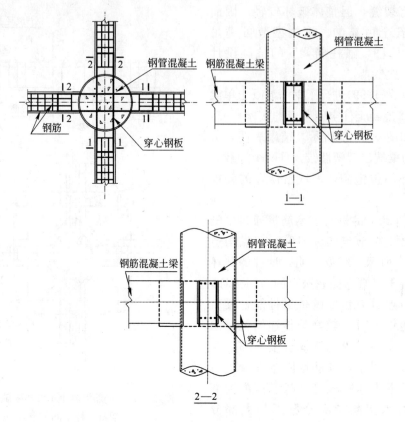

图 6.2-43 穿心牛腿式节点

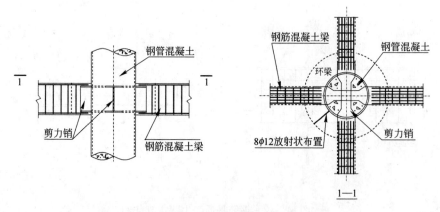

图 6.2-44 穿心牛腿环梁节点

实验结果表明，该类节点采用穿心牛腿承担混凝土梁传来的剪力、弯矩，同时采用节点环梁来加强节点，节点传力路线明确、合理，受力性能较好。混凝土梁内纵筋焊接于外挑工字型钢梁的上下翼缘(牛腿)。试件均发生梁端的弯曲剪切破坏，而节点区域均没有发生破坏，柱端甚至不开裂，说明该类节点可满足"强柱弱梁，强剪弱弯"等主要抗震设计原则(管品武等，2001)。

韩晓健(2001)对钢管混凝土柱与钢筋混凝土梁的连接节点进行了实验研究，并应用三维空间有限元程序对此类节点进行了计算，分析了在竖向和水平荷载共同作用下，"双梁夹柱"加承重销形式梁柱节点的受力特点和破坏形态，提出了此类节点的计算方法和细部构造方案。

何建罡等(2001)分别对设置钢骨混凝土环梁的无粘结预应力楼板-钢管混凝土柱节点和普通混凝土楼板-钢管混凝土柱节点进行了实验研究。结果表明，设置钢骨混凝土环梁的无粘结预应力楼板-钢管混凝土柱节点的工作性能优于普通混凝土楼板-钢管混凝土柱节点，尤其是其避免了普通加强环板节点钢管壁与混凝土板之间易发生早期粘结破坏并导致开裂的问题。何建罡等(2001)还给出了该类板柱节点设计方面的建议。

黄汉炎等(2001)在广州好世界广场工程实践的基础上，进行了钢筋混凝土梁板-钢管混凝土柱节点的实验研究。通过对8种不同类型节点实验结果的分析和比较，发现钢套筒方形梁板节点、钢筋混凝土方形梁板节点、穿心牛腿双梁式节点、穿心牛腿单梁式节点等四种节点在双向反复荷载作用下的力学性能较好，可用于考虑抗震的高层建筑。这些节点中，以钢套筒方形梁板节点的抗震性能最好。

黄襄云等(2001)对现浇钢筋混凝土梁-钢管混凝土柱节点进行了拟静力实验研究，包括单梁、双梁及单双梁三种形式。单梁节点由伸入钢管混凝土柱的双槽钢牛腿与梁纵向钢筋搭接形成劲性梁，并在节点区域钢管内设有水平环筋及钢管外设有钢环箍；双梁节点设有四个主轴和四个45°方向的工字型钢承重销传递梁端内力，梁纵筋在钢管外侧绕过；单双梁节点是单梁和双梁之间转换的节点。实验结果表明，所有节点均呈剪切和弯曲破坏形式，其中单梁及单双梁形式节点区基本完好无损，双梁形式节点区有弯曲裂缝。节点的强度均大于梁的实际最大抗弯能力。在刚度方面，单梁节点刚度大变形小，可作为刚接节点处理，双梁节点刚度较小，变形较大，但仍能满足工程应用，单双梁节点则界于二者之间。在延性方面，单梁节点滞回曲线由棱形发展到弓形，呈现"捏缩"现象，有一定的耗能能力；双梁及单双梁节点的延性系数可达3~4，延性较好。此外，该文还进行了模拟地震台框架模型实验，与单梁节点的实验结果进行了对比。

李少云等(2001)介绍了带抗剪环的环梁式节点在广州翠湖山庄工程结构设计中的应用情况，并进行了足尺节点静载实验研究。

刘志斌和钟善桐(2001)进行了钢筋混凝土双梁-钢管混凝土柱节点刚性的理论研究，并提出了节点刚性判别的一般方法，认为节点刚性与其所在结构的刚度有关。按照这一方法，对钢筋混凝土双梁-钢管混凝土柱节点的刚性进行了评价。

林瑶明(2001)对钢筋网或环形钢筋加强钢管不直通的节点进行了实验研究，发现试件破坏都是由钢管混凝土柱的压坏而导致，表明该类加强节点形式是可行的，适当地配筋后可以达到甚至超过柱子的强度。

汤华等(2001)介绍了钢筋混凝土环梁-钢管混凝土柱节点在广州合银广场工程结构设计中的应用情况，并进行了4个低周反复荷载作用下带钢筋混凝土楼板的环梁-钢管混凝土柱节点的实验研究。

吴发红等(2001)进行了钢筋混凝土梁-钢管混凝土柱节点实验研究，节点形式包括：钢筋穿心式和不穿心式外加强环中柱节点，以及穿心式内加强环边柱节点，如图6.2-45所示。

实验结果表明，梁中纵筋部分穿过钢管对节点的受剪承载力影响不大；梁内钢筋全部

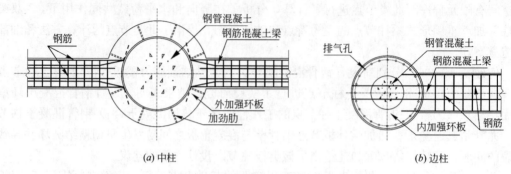

图 6.2-45 钢筋混凝土梁外加强环节点

焊接在加强环上与钢筋穿过钢管相比,屈服承载力有所降低,但节点耗能能力却会有所提高。根据研究结果,吴发红等(2001)提出如下建议:①节点区加载到屈服位移后,沿钢加强环下口处开始出现水平裂缝,主要原因是混凝土和加强环板间的粘接强度不够,故在施工允许的情况下,可在钢加强环下设置适量的栓钉;②为了使节点区混凝土的密实度得到保证,上加强环板上混凝土排气孔大小宜适当。

向黎明(2001)对一种钢筋混凝土环梁-钢管混凝土柱节点进行了 8 个模型的低周反复荷载实验和三维非线性有限元分析,考察柱轴向压力等因素对节点抗震性能的影响规律,并提出了设计方面的建议。

陈庆军等(2002a,2002b)对钢筋网或环形钢筋加强钢管不直通式梁柱节点进行了实验研究,节点构造如图 6.2-46 所示。该类节点的特点是钢管混凝土柱的钢管在梁柱节点区不直通,节点区混凝土采用梁板的强度等级,由此产生的轴向承载力的下降通过采用环梁加大节点区截面并配置水平钢筋网或环形钢筋来加强和提高。结果表明,试件破坏都是由钢管混凝土柱的压坏而导致,由于柱钢管不直通,梁纵筋或型钢可连续地通过节点区,节点区的连接构造形式简单。此种形式钢管混凝土梁柱节的施工方法与钢筋混凝土梁柱节点类似。

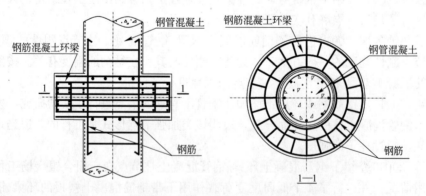

图 6.2-46 钢管不直通型钢筋网或环形钢筋加强式节点

韩小雷等(2002)进行了钢筋混凝土梁-钢管混凝土柱穿心暗牛腿式节点单调加载实验研究,比较了节点区有无环梁、有无牛腿穿心以及板的存在与否等因素对于节点承载力的影响。结果表明,环梁所起的作用不大,取消环梁是可行的。此外,节点区钢筋混凝土板的存在可提高梁的抗弯承载能力,也对节点区有较大的约束,在节点区布置环筋和放射筋可以延缓节点区混凝土的开裂。研究结果还表明，穿心暗牛腿式钢管混凝土梁柱节点具有足够的整体刚度和承载能力，可满足"强柱、弱梁、节点更强"的抗震设计原则，且由穿心牛腿将弯矩和剪力传递给钢管壁和核心混凝土，传力明确、可靠。

梁剑等(2002)对钢管非连通式钢筋混凝土梁-钢管混凝土柱节点进行了实验研究，结果表明，此类节点具有足够的强度及延性，环向钢筋能够有效地提高核心区混凝土的局部承压强度，达到节点区较柱钢管部分强的目的。由于楼层间钢管不连通，梁钢筋可直接穿过，传力明确，施工简便，具有较好的应用前景。

吕西林和李学平(2003)进行了方钢管混凝土柱外置式钢筋混凝土环梁节点在竖向恒载和侧向低周反复荷载共同作用下的实验研究。结果表明，试件的破坏表现为梁端出现塑性铰，整个试件具有较好的承载力、延性和耗能能力，可应用于实际工程，该文基于实验结果，提出了该类节点的设计方法。

汤文锋等(2004)对一种新型钢筋混凝土梁-钢管混凝土柱节点进行了理论分析与实验研究，在节点区中断外钢管，设置芯钢管，从而使钢筋混凝土梁的钢筋从节点区通过，以实现节点区梁内力的有效传递。

邓志恒等(2006)提出了一种预应力钢筋混凝土梁-钢管混凝土柱外加强环式节点，并进行了4个试件的实验研究，同时进行了一个普通钢筋混凝土梁柱节点的对比实验，主要考察了节点的破坏模态、延性、滞回特性和抗剪切性能。结果表明，所提出的节点具有良好的延性和耗能能力，且由于钢管混凝土柱的存在，节点核心区的抗剪承载力得到显著提高。

曲慧等(2006)对钢筋混凝土梁-钢管混凝土柱钢筋环绕式节点在低周往复荷载作用下的抗震性能进行了实验研究，共进行了8个试件，主要参数有柱截面形式和柱轴压比，主要研究该类节点的破坏模态、滞回特性、剪切变形、钢筋和钢牛腿变形、延性和耗能性能等，节点形式如图6.2-47所示。结果表明，试件的破坏模态均为核心区剪切破坏，圆钢管混凝土梁柱节点比方钢管混凝土梁柱节点的滞回曲线饱满，但均能满足现行规范的抗震设计要求。

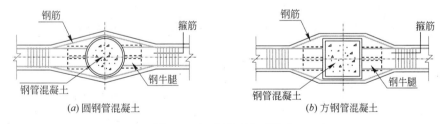

图 6.2-47 钢筋环绕式节点

王毅红等(2006)对芯钢管连接的钢筋混凝土梁-圆钢管混凝土柱节点进行了理论分析和实验研究，节点形式如图6.2-48所示，推导出芯钢管混凝土和节点区环形钢筋混凝土的弯矩-轴力相关曲线和节点偏压承载力的计算公式。

王再峰(2006)对钢筋混凝土梁-钢管约束混凝土柱节点的滞回性能进行了研究，共进行了8个钢管约束混凝土梁柱节点和2个钢筋混凝土梁-钢管混凝土柱钢筋环绕式节点的实验，分析了轴压比、连接形式和截面形式对梁柱节点承载力、延性、刚度以及耗能性能的影响规律，并用数值方法分析钢管约束混凝土梁柱节点的荷载-位移曲线。

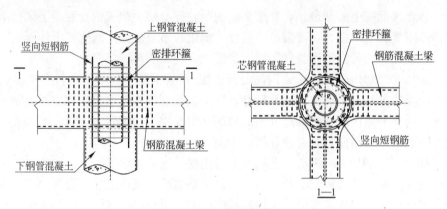

图 6.2-48 芯钢管梁柱节点

张耀春等(2006)进行 10 个钢筋混凝土梁-薄壁钢管混凝土柱节点的实验研究,同时进行了 2 个钢筋混凝土梁柱节点的对比实验,柱为八边形和正方形 2 种截面,实验参数主要为节点连接形式(包括锚板直接锚入式、肋板式、节点域柱钢板加厚式和节点区混凝土现浇式)和梁端加载方式(对称和反对称),主要考察了节点的工作机理和力学性能。结果表明,所研究的节点具有良好的延性和承载力,比相同截面的钢筋混凝土梁柱节点的承载力高很多。

综上所述,目前钢管混凝土梁柱节点类型主要有:

(1) 外加强环式节点,如图 6.2-3,图 6.2-4(c)、(d),图 6.2-6(b),图 6.2-8(b),图 6.2-10,图 6.2-11,图 6.2-13(b),图 6.2-17,图 6.2-19,图 6.2-21,图 6.2-23(a)、(b),图 6.2-24,图 6.2-26(c-1),图 6.2-27(c),图 6.2-30(b),图 6.2-32,图 6.2-33,图 6.2-37,图 6.2-45(a);此类节点的优点是:传力明确、节点区应力分布较均匀、刚度大、塑性性能好、承载力高;缺点是:外加强环的尺寸较大,尤其在钢管混凝土住宅中,由于钢管混凝土柱截面较小,但外加强环式节点环板的尺寸较大,往往给建筑上的处理带来不便。

(2) 承重销式和穿心钢板(梁)式节点,如图 6.2-6(e)~(h),图 6.2-13(a),图 6.2-15,图 6.2-22,图 6.2-26(a-1),图 6.2-41,图 6.2-43;此类节点的优点是:传力明确、受力安全可靠、塑性性能好;缺点是:用钢量相对较大,且当管径较小时,承重销或钢板在钢管内的焊接较困难。

(3) 肋板式节点,如图 6.2-7(c),图 6.2-9(a),图 6.2-16,图 6.2-20,图 6.2-26(c-1),图 6.2-28(c)、(d),图 6.2-29,图 6.2-31,图 6.2-34(a);此类节点的优点是:传力明确、刚度较大、塑性性能好;缺点是:用钢量较大,钢管角部与肋板焊接处焊缝容易先破坏。

(4) 钢筋混凝土环梁式节点,如图 6.2-38,图 6.2-40,图 6.2-44;此类节点的特点是:传力明确、受力较好,基本满足强柱弱梁、强剪弱弯及强节点等抗震设计原则,但该类节点施工较为不便。

(5) 钢筋环绕式节点,如图 6.2-46,图 6.2-47;此类节点的特点是:钢筋混凝土梁属于连续梁,梁柱属铰接连接,梁的支座反力依靠下面的明(暗)牛腿传递,传力明确,但施工较为复杂。

(6) 当钢管截面尺寸较大时,还可采用内加强环式节点[如图 6.2-5,图 6.2-7(a)、(b),图 6.2-28(a)、(b),图 6.2-30(a),图 6.2-34(c),图 6.2-35,图 6.2-45(b)]、锚定式节点、十字板式节点和钢筋贯通(锚固)式节点(如图 6.2-9,图 6.2-14,图 6.2-36,图 6.2-39,图 6.2-42)等。它们的优点是:传力明确、施工方便快捷、刚度大、塑性性能好、承载力高;缺点是:有的节点构造比较复杂,且可能给混凝土浇筑带来困难。

6.3 钢管和混凝土之间的粘结强度

钢管混凝土梁柱节点与空钢管结构梁柱节点的受力机理有所不同。在进行钢管混凝土结构节点的设计时,其构造措施应保证钢管和混凝土的共同工作,且需要验算钢管和混凝土之间的粘结强度。

钢管混凝土构件在受力过程中,其钢管及核心混凝土之间的粘结问题一直是研究者关注的热点问题之一,以往已有不少研究者进行了这方面的研究工作,并取得不少研究结果,例如蔡绍怀(2007)、邓洪洲等(2005)、Johansson(2003)、刘永健和池建军(2005)、Morishita 和 Tomii(1982)、Morishita 等(1979a,1979b)、Orito 等(1987)、Roeder 等(1999)、Shakir-Khalil(1993)、Tomii 等(1980a,1980b)、Virdi 和 Dowling(1975,1980)、吴美艳和余天庆(2004)、薛立红和蔡绍怀(1996a,1996b,1997)、杨有福和韩林海(2006)及钟善桐(2001)等。

以往的研究结果表明,影响钢管混凝土的钢管及其核心混凝土间粘结强度的主要因素有钢管混凝土构件的截面形状、混凝土龄期和强度、钢管径厚比、长细比以及混凝土浇筑方式等。

6.3.1 粘结强度

在高层和超高层建筑结构中,作用在梁上的竖向荷载(包括恒荷载和活荷载)通过梁柱节点传递给柱。若柱结构采用钢管混凝土,则梁端的剪力并不是直接传递给核心混凝土,而是首先传给外边的钢管。以往的研究中一般都假设钢和混凝土之间的应变是完全连续的,而实际上它们的应变并非完全连续,钢和混凝土之间存在着一定的滑移和粘结强度。目前,有关钢管和混凝土之间粘结强度的定义主要有以下两种:

6.3.1.1 极限粘结强度 f_{bu}

这一定义由 Virdi 和 Dowling(1975,1980)提出,通过钢管混凝土构件的推出实验,确定构件的荷载-变形曲线,然后在该曲线上定义极限粘结强度。由于实测曲线的非线性特征,取混凝土极限粘结应变对应的应力值作为极限粘结强度。对于极限粘结应变值的确定,有的学者建议采用混凝土的破坏应变 0.0035;有的学者则认为由于混凝土有初始沉陷量,选用 0.0035 偏小,因而应取 0.004。考虑到混凝土的极限破坏应变在 0.0035 左右,可选用极限应变为 0.0035 所对应的应力值作为极限粘结强度。

6.3.1.2 平均粘结强度 f_{ba}

Morishita 和 Tomii(1982),Morishita 等(1979a,1979b)通过测试钢管的变形来确定平均粘结强度,Morishita 等在实验中通过对钢管轴向压缩的测定,假定在钢与混凝土之间产生粘结应力的长度 l_a 范围内,平均粘结强度是一常数 f_{ba},按照下式计算:

$$f_{\text{ba}}=(N/A_{\text{s}}-\sigma_{\text{os}})\cdot t/l_{\text{a}} \tag{6.3-1}$$

式中　　N——加在钢管上的轴向荷载；

　　A_{s}、t——钢管横截面面积和钢管壁厚度；

　　　　σ_{os}——钢管与混凝土之间应变连续时钢管的纵向压应力。

目前对粘结强度的定义尚不统一，不同研究者得到的结论也有较大差异，因此该问题有待于进一步深入研究。

6.3.2 粘结强度的影响因素

通过对以往研究成果的分析、归纳和总结，发现影响组成钢管混凝土的钢管及其核心混凝土间粘结强度的因素主要有：构件的截面形式、混凝土龄期和强度、钢管径厚比、构件长细比及混凝土浇筑方式等，下面分别简要论述。

6.3.2.1 截面形状

(1) 圆形截面：Morishita 等(1979a)对圆钢管混凝土试件在轴压荷载作用下的粘结强度进行了实验研究。结果表明：试件的平均粘结强度在 $0.2\sim0.4\text{N/mm}^2$ 之间，明显低于钢筋被包裹在混凝土之中的允许粘结强度。这是由于钢管混凝土构件的粘结强度主要由钢管与混凝土间的摩擦力所决定，内表面光滑的钢管与混凝土相接触，它们之间的摩擦力明显要低于钢筋被包裹在混凝土之中二者之间相啮合的粘结强度。

(2) 方形截面：Morishita 和 Tomii(1982)，Morishita 等(1979a)研究了方钢管混凝土的粘结强度。研究结果表明，随着钢与混凝土间滑移的增大，平均粘结强度基本保持为常数，其数值在 $0.15\sim0.3\text{N/mm}^2$ 之间变化。Tomii 等(1980b)探讨了用膨胀型混凝土和采用内表面带有螺纹的钢管的办法来提高粘结强度。Morishita 和 Tomii(1982)对钢管混凝土构件在恒定轴压力和往复水平力的条件下进行了实验研究，发现平均粘结强度随水平力的变化而明显变化，在水平力达到峰值点时，对于轴压比较小的构件，平均粘结强度为 $0.15\sim0.35\text{N/mm}^2$；对于轴压比较大的构件，平均粘结强度为 $0.15\sim0.3\text{N/mm}^2$，均基本高于设计指南 AIJ(1997)的设计值(0.15N/mm^2)，且核心混凝土强度对粘结强度的影响不大。

(3) 八边形截面：Morishita 等(1979b)通过对组成八边形截面钢管混凝土的钢管及其核心混凝土间的粘结强度进行的实验研究发现，对于该类截面，钢和混凝土之间的粘结性能介于圆形截面和方形截面之间，即其粘结强度总体上高于方钢管混凝土，但低于圆钢管混凝土。

通过对上述三种截面形状钢管混凝土构件的研究，发现随着构件的截面形状由方形→八边形(多边形)→圆形的渐变，钢管及其核心混凝土间的粘结强度是渐变、连续且逐渐增大的。产生这一现象的原因可能是由于钢管与混凝土之间的粘结强度是由二者之间的摩擦力提供的，而摩擦力的大小与混凝土收缩有很大关系。在同等条件下，截面形状由方形→八边形(多边形)→圆形，混凝土收缩量逐渐减少，因而钢管和核心混凝土间的摩擦力会逐渐增大。

6.3.2.2 混凝土龄期和强度

Virdi 和 Dowling(1980)以水灰比为基本参数，对 28 个由不同混凝土龄期和强度组成的钢管混凝土试件进行了实验研究，探讨了混凝土龄期和强度对钢管及其核心混凝土之间粘结性能的影响。图 6.3-1 和图 6.3-2 所示分别为混凝土龄期及强度与极限粘结强度之间的关系。可见，随着龄期的增长，粘结强度有逐渐增大的趋势；但变化不很明显。由图 6.3-2 可以看出，粘结强度与混凝土强度的关系不大。

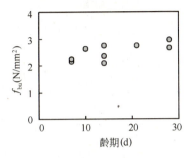

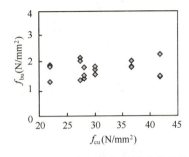

图 6.3-1　龄期与粘结强度的关系　　　图 6.3-2　混凝土强度与粘结强度的关系

薛立红和蔡绍怀(1996a，1996b，1997)通过推出实验研究了混凝土强度对粘结性能的影响，结果表明，混凝土强度对界面平均粘结强度和粘结破坏时的滑移值都有显著的影响，在混凝土强度等级为 C40～C80 的范围内，粘结强度随混凝土强度的提高而提高，并给出了计算公式。

6.3.2.3　钢管的径厚比

Virdi 和 Dowling(1980)通过 6 组共 18 个不同径厚比 D/t 的钢管混凝土试件实验研究，发现钢管的径厚比 D/t 对粘结强度有影响，如图 6.3-3(a)所示。从图 6.3-3(a)可以看出，粘结强度随径厚比的变化规律不明显，离散性比较大。Roeder 等(1999)对钢管和核心混凝土之间的粘结强度进行了理论分析和实验研究。通过 15 个圆钢管混凝土试件的实验研究，主要考察了径厚比和混凝土收缩对钢管和混凝土之间粘结强度的影响，结果表明，钢管和核心混凝土之间的粘结强度和径厚比 D/t 有关，即 D/t 越大，粘结强度越低，如图 6.3-3(b)所示；核心混凝土的收缩量越大，钢管和核心混凝土之间的粘结强度越小。所不同的是，前者测定的是极限粘结强度(0.52～2.42N/mm²)，而后者测定的是平均粘结强度(0.031～0.79N/mm²)。

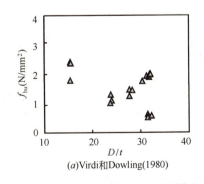

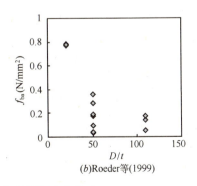

(a)Virdi 和 Dowling(1980)　　　　　　(b)Roeder 等(1999)

图 6.3-3　径厚比 D/t 与粘结强度的关系

6.3.2.4　构件长细比

Virdi 和 Dowling(1980)通过 5 组共 15 个不同长细比($\lambda = 4L/D$)的钢管混凝土试件实

验研究，发现钢管混凝土构件的长细比 λ 对粘结强度有影响，如图 6.3-4 所示。可见，粘结强度随构件长细比增大有增大的趋势。

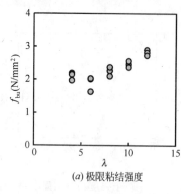 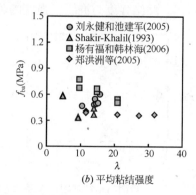

图 6.3-4　长细比与粘结强度的关系

刘永健和池建军(2005)对 6 个矩形钢管混凝土构件的界面粘结性能进行了实验研究，主要的实验参数为混凝土强度、构件长细比和截面高宽比。

邓洪洲等(2005)进行了 5 个矩形钢管混凝土构件的推出实验，并对影响粘结性能的因素(长细比和混凝土强度)进行了探讨。

杨有福和韩林海(2006)进行了 6 个矩形钢管自密实混凝土构件的推出实验，以考察矩形钢管和自密实混凝土之间的粘结-滑移性能，实验的主要参数是长细比和截面高宽比。结果表明，自密实混凝土可以提高钢管混凝土构件的钢管和混凝土之间的粘结强度。在对以往实验结果系统分析的基础上，杨有福和韩林海(2006)初步建议了矩形钢管与其核心混凝土之间的粘结强度及粘结应力-相对滑移模型。

薛立红和蔡绍怀(1996a，1996b，1997)通过推出实验研究了界面长度对粘结性能的影响，结果表明，界面长度对平均粘结强度基本上没有影响，但粘结破坏时的滑移值随界面长度的增大而明显增大。

6.3.2.5　截面高宽比

刘永健和池建军(2005)、Shakir-Khalil(1993)、邓洪洲等(2005)和本课题组(杨有福和韩林海，2006)的研究结果表明，矩形钢管混凝土的截面高宽比对钢管与混凝土之间的平均粘结强度有较大的影响，如图 6.3-5 所示。造成这种现象主要是因为，截面高宽比越大，钢管角部对混凝土的约束程度越小，钢管和混凝土之间的粘结强度也就越小。

6.3.2.6　混凝土浇筑方式

Virdi 和 Dowling(1980)进行了四种不同混凝土浇筑方式(即方式Ⅰ：用振捣棒对混凝土进行完全振捣；方式Ⅱ：用振捣棒对混凝土进行轻微振捣；方式Ⅲ：将混凝土平均分三次灌入，每次灌入后用短棒手工振捣 40 次；方式Ⅳ：将混凝土平均分三次灌入，每次灌入后用短棒手工振捣 20 次)下粘结强度的实验研究，结果表明，混凝土浇筑方式对粘结强度的影响较大，如图 6.3-6 所示。造成这种现象主要是因为，浇筑方式的不同导致混凝土的密实度不同，而混凝土密实与否直接决定钢管和混凝土组合作用的实现(韩林海，2004)。

Shakir-Khalil(1993)进行了 96 个钢管混凝土试件的推出实验，主要考察截面形状(包括圆形、方形和矩形)，钢管内表面状况及栓钉数量对钢管混凝土中钢和混凝土之间粘结

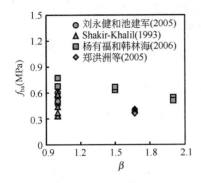
图 6.3-5 截面高宽比与粘结强度的关系

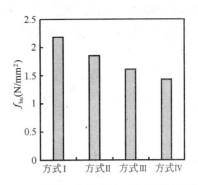
图 6.3-6 混凝土浇筑方式对粘结强度的影响

强度的影响，结果表明，圆钢管混凝土构件的粘结强度高于方、矩形钢管混凝土构件；钢管内表面涂油试件的粘结强度只是未涂油试件的一半；在钢管内表面设置栓钉，并没有提高粘结强度，只是在钢和混凝土发生滑移后，栓钉来承担轴向荷载。

钟善桐(2001)从荷载作用方式、钢管与混凝土的内力分布、梁连接处剪力的传递、以及截面的抗弯刚度等方面对钢管混凝土中钢管和混凝土的共同工作问题进行了分析，认为：保证核心混凝土的密实和构件两端加盖板焊接密封是二者共同工作的关键，并不需要采取其他措施。

蔡绍怀(2007)研究了钢管表面粗糙程度、混凝土养护条件，偏心率及轴压比等参数对圆钢管混凝土构件粘结性能的影响，结果表明，钢管表面的粗糙程度和混凝土的养护条件对粘结强度有显著的影响，即表面粗糙试件的平均粘结强度为 $0.85\text{N}/\text{mm}^2$，而表面光洁试件的平均粘结强度为 $0.45\text{N}/\text{mm}^2$，自然养护试件的平均粘结强度几乎是涂石蜡密封养护试件的 2 倍；在长细比相同的情况下，粘结强度随偏心率 e/r 的增大而显著增大，在偏心率相同的情况下，粘结强度随长细比的减小而有所增大；粘结强度随构件轴压比的增大而增大，即轴压比可以提高钢管和核心混凝土之间的粘结强度。

吴美艳和余天庆(2004)对钢管内壁有钢筋剪力环的钢管混凝土的钢管和混凝土之间的粘结强度进行了实验研究，同时进行了没有钢筋剪力环试件的对比实验。研究结果表明，有钢筋剪力环的钢管混凝土的钢管和混凝土之间的粘结强度是没有钢筋剪力环试件的 2 倍，且钢筋剪力环也可以提高钢管混凝土柱的整体性和延性。

对于一实际工程，当钢管混凝土构件的设计完成后，其几何特性参数(如构件截面形状、钢管径厚比和构件长细比等)和物理参数(如混凝土强度等)往往都是确定的，此时，混凝土浇筑质量对钢管和混凝土之间粘结强度的影响就显得非常重要。

6.3.3 粘结强度的验算方法

在进行钢管混凝土柱节点的设计时，如果采用钢结构节点，除了需要按钢结构方法计算节点外，还需要验算钢管和混凝土之间的粘结强度。

为了保证钢管混凝土梁柱节点的梁端剪力能够有效地由钢管传递给核心混凝土，必须保证钢管和混凝土之间有足够的粘结强度。国内外部分设计规程给出了钢管和混凝土之间粘结强度的设计值，日本规范 AIJ(1997)规定圆形和矩形钢管混凝土的粘结强度设计值分别为 0.225MPa 和 0.15MPa，国内 DBJ 13-61-2004 的规定与 AIJ 相同；英国规范 BS 5400(2005)规定粘结强度设计值为 0.4MPa，欧洲规范 EC 4(2004)规定圆形和矩形钢管混凝土的粘结强度设计值分别为 0.55MPa 和 0.4MPa，而其他规范(程)均没有明确规定钢管和混凝土之间粘结强度的设计值。

AIJ(1997)给出了粘结强度的验算公式，其假设在上下楼层柱中点间的范围内，粘结应力是均匀分布的，如图 6.3-7 所示，验算公式为：

$$\Delta N_{ic} \leqslant \Psi \cdot l \cdot f_a \tag{6.3-2}$$

式中，ΔN_{ic} 为与柱相连的第 i 层楼面梁传给柱的轴向力由核心混凝土承担的部分，按照钢管混凝土构件的轴力-弯矩曲线确定；Ψ 为钢管内表面截面周长；l 为上下楼层柱中点间的长度；f_a 为钢管和混凝土之间粘结强度设计值，对于圆钢管混凝土，$f_a = 0.225 \text{N/mm}^2$，对于方、矩形钢管混凝土，$f_a = 0.15 \text{N/mm}^2$。

ΔN_{ic} 的确定方法如下：

假设梁端剪力的合力为 ΔN_1，N_1 为作用在柱上的轴向压力：

1) 当 $N_1 \geqslant 0.85 f_c A_c$ 时，梁端剪力由钢管承担，不需验算钢管与混凝土之间的粘结强度；

2) 当 $N_1 < 0.85 f_c A_c$，但 $N_1 + \Delta N_1 > 0.85 f_c A_c$ 时，$\Delta N_{ic} = (N_1 + \Delta N_1) - 0.85 f_c A_c$；

3) 当 $N_1 + \Delta N_1 < 0.85 f_c A_c$ 时，$\Delta N_{ic} = \Delta N_1$。

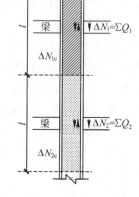

图 6.3-7 应力传递路径

实际计算时，如果粘结强度不满足要求，可根据需要在节点区的钢管内壁设置内隔板或栓钉等装置，以保证梁端剪力的有效传递。

综上所述，可初步得到如下结论：

1) 钢管混凝土构件的截面形状由方形→八边形(多边形)→圆形是渐变、连续的，其粘结强度也是渐变、连续的，逐渐增大的；且混凝土的浇筑方式对粘结强度的影响相对较大；

2) 随着混凝土龄期和长细比的增加，粘结强度有增大的趋势，钢管内表面的粗糙程度对粘结强度的影响较大，而混凝土强度和径厚比的影响则不是十分清楚，还需进一步的研究和探讨。

3) 按照 AIJ(1997)建议的公式可以很方便地进行钢管和混凝土间粘结强度的验算。

6.3.4 平均粘结应力-相对滑移简化模型

通过对实验结果的分析发现，钢管与其核心混凝土之间的平均粘结应力-相对滑移关系曲线上升段的形状与钢筋与混凝土之间的粘结应力-相对滑移曲线类似，而 CEB-FIP (1993)规范中建议的钢筋与混凝土之间的粘结应力-相对滑移模型可以很好地反映钢筋与混凝土之间的粘结滑移特性，已广泛用于钢筋混凝土结构的数值模拟。参考 CEB-FIP 规范，初步建议了钢管内表面未进行特殊处理的钢管混凝土的钢管和混凝土之间平均粘结应力 τ-相对滑移 s 关系的简化模型(杨有福和韩林海，2006)，具体如下：

$$\tau = \begin{cases} \tau_u \cdot (s/s_0)^\eta & (0 \leqslant s \leqslant s_0) \\ \tau_u & (s > s_0) \end{cases} \tag{6.3-3}$$

$$\tau_\mathrm{u}=\begin{cases}k\cdot(2.68\times10^{-3}\cdot f_\mathrm{cu}+0.3)\cdot f(\beta)\cdot f(\lambda)\cdot f(D/t) & \text{(方、矩形钢管混凝土)}\\ k\cdot(3.56\times10^{-3}\cdot f_\mathrm{cu}+0.4)\cdot f(\lambda)\cdot f(D/t) & \text{(圆钢管混凝土)}\end{cases}$$

(6.3-4)

$$f(\beta)=1.28-0.28\cdot\beta \tag{6.3-5}$$

$$f(\lambda)=1.36-0.09\cdot\ln(\lambda) \tag{6.3-6}$$

$$f(D/t)=1.35-0.09\cdot\ln(D/t) \tag{6.3-7}$$

式中，τ_u 为平均粘结强度，其计算公式主要基于对已有实验结果的回归分析，当钢管内表面涂油时，τ_u 折减 50%；$s_0=1\mathrm{mm}$，与 CEB-FIP 规程建议的数值相同；对于钢筋混凝土，CEB-FIP 规程取 $\eta=0.4$，但通常情况下钢管表面的粗糙程度不如钢筋表面，即钢筋混凝土 τ-s 曲线上升段的刚度高于钢管混凝土，实验结果也证明了这一点，经过试算，取 $\eta=0.6$；当核心混凝土为普通混凝土时，$k=1.0$，当核心混凝土为自密实高性能混凝土时，$k=1.5$；$\beta=D/B$；对于圆钢管混凝土，$\lambda=4L_\mathrm{p}/D$，对于方、矩形钢管混凝土，$\lambda=2\sqrt{3}L_\mathrm{p}/B$，$L_\mathrm{p}$ 为粘结长度；f_cu 为混凝土立方体抗压强度，以 MPa 计。

多数实验结果表明，当相对滑移超过 s_0 时，粘结应力还可以继续缓慢增长，但幅度不大，因此暂取 τ-s 关系简化模型的第 2 段为平直段。对于正常设计和施工条件下的钢管混凝土，可忽略混凝土龄期和浇筑方式的影响。

公式(6.3-3)的适用范围为：$\beta=1\sim2$，$\lambda\leqslant40$，C30~C60 混凝土。

计算结果表明，利用公式(6.3-3)计算获得的荷载-相对滑移关系曲线与实验结果吻合较好，且计算结果总体上偏于安全。

6.4 节点构造措施及计算方法

6.4.1 钢管混凝土梁柱节点的构造措施

参考 DBJ 13-51-2003 和 DL/T 5085-1999 等规程的有关规定，下面简要介绍一些常用的钢管混凝土梁柱节点构造措施及其设计原则。

钢管混凝土结构节点和连接的设计，应满足强度、刚度、稳定性和抗震的要求，保证荷载的有效传递，使钢管和核心混凝土能共同工作，便于制作、安装和管内混凝土的浇筑施工。

根据已有实验研究结果和工程实践经验，梁柱刚接节点采用加强环形式安全可靠，便于混凝土浇筑施工。实践证明，加强环能和钢管混凝土柱共同工作，能可靠地将梁的内力传给柱肢。而且由于加强环的存在，管壁受力均匀，防止了局部应力集中，改善了节点受力性能，同时也增强了节点和构件在水平方向的刚性。

当横梁为工字形焊接钢梁时，梁端上下翼缘板在接近管柱时逐渐加宽，再与管柱连接处将柱围住，形成加强环。梁端的弯矩和轴力由上下加强环承担，剪力靠腹板通过焊缝传给柱肢。为便于现场装配连接，将梁端连同加强环与管柱段一起加工焊好，形成小段钢梁。现场施工时，二者只要做等强焊接即可。为便于施工，腹板可采用高强螺栓连接，按该处梁的剪力计算，当钢管直径较大时，也可采用内加强环。当横梁为工字形截面钢梁或钢-混凝土组合梁时，节点构造见图 6.4-1，节点计算可按现行国家标准《钢结构设计规范》GB 50017-2003 进行。

270 第6章 节点构造与设计

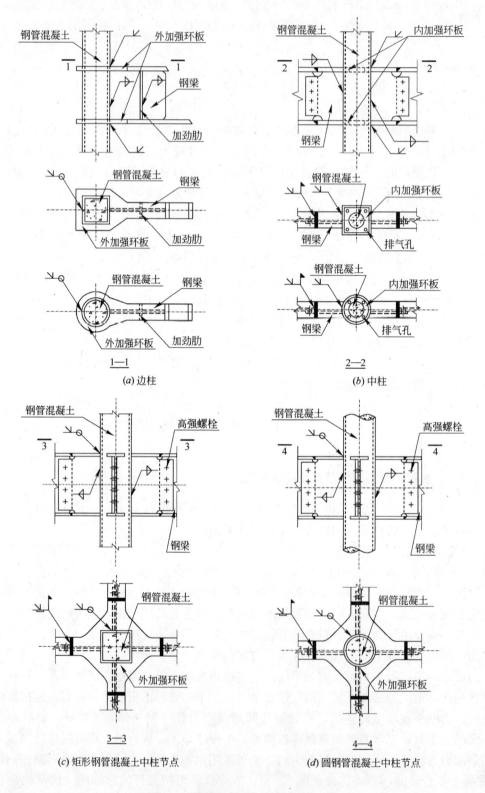

图 6.4-1 钢管混凝土加强环节点(一)

6.4 节点构造措施及计算方法 271

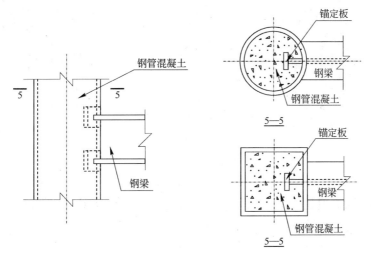

(e) 锚定式节点

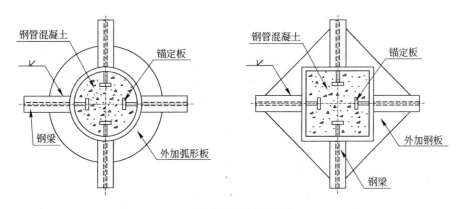

(f) 加钢板形成加强环

图 6.4-1 钢管混凝土加强环节点(二)

圆钢管混凝土结构的刚接节点加强环板的平面类型一般有 4 种，见图 6.4-2；方、矩形钢管混凝土的刚接节点加强环板的平面类型一般有 3 种，见图 6.4-3。

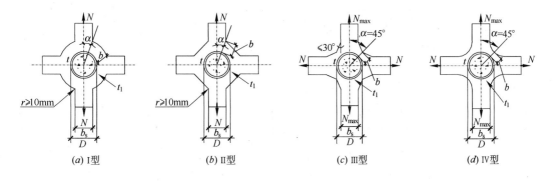

图 6.4-2 圆钢管混凝土加强环板的类型

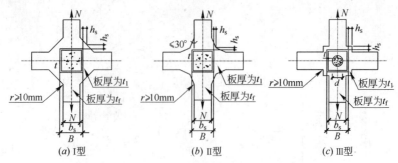

图 6.4-3 方、矩形钢管混凝土加强环板的类型

对于图 6.4-2 所示Ⅲ、Ⅳ型和图 6.4-3 所示Ⅱ型加强环板，由于其外形曲线光滑，无明显应力集中点，因而更适于承受反复荷载作用。此外，重视节点环板的加工和焊接质量，也是减少残余应力和缺陷的影响，避免应力集中所必需的。

当横梁为预制钢筋混凝土梁时，可采用类似于图 6.4-4 所示的节点形式。加强环板应能承受梁端弯矩及轴向力，钢牛腿（或腹板）应能承受梁端剪力，加强环板应与梁端预埋钢板或梁内主筋直接焊接。

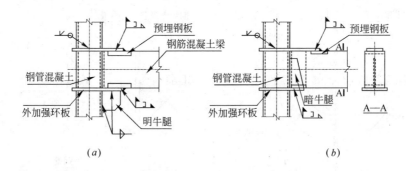

图 6.4-4 钢管混凝土柱-钢筋混凝土梁加强环节点

当横梁为现浇钢筋混凝土时，可根据具体情况，或采用连续双梁，或将梁端局部加宽，使纵向钢筋连续绕过钢管的构造来实现（如图 6.4-5 所示）。梁端加宽的斜度不大于 1/6。在进入牛腿的一段距离至开始加宽处须增设附加箍筋将纵向钢筋包住；或采用图 6.4-6 所示的承重销式节点，可将钢筋混凝土梁的受力主筋焊在承重销的翼缘上，然后将梁端箍筋沿承重销布置，再浇筑混凝土形成由钢管混凝土柱和钢筋混凝土梁构成的承重销式刚接节点。为提高这种锚固节点的整体刚度，可在梁的翼缘平面内，在梁与梁间加钢板以形成外加强环，如图 6.4-1(f) 所示。

模型实验结果及工程实践经验表明，钢管混凝土柱-钢筋混凝土梁节点可保证刚接。明牛腿节点在梁端荷载作用下，上加强环一般承受拉力，牛腿承受剪力。节点也可采用暗牛腿（腹板）形式，传力方式与明牛腿节点相同。承重销节点的实验结果表明，承重销的破坏荷载为设计荷载的 2.2~2.5 倍，节点为弯曲破坏，受力安全可靠，但当钢管截面外直径较小时，承重销腹板在管内的焊接较为困难。

DBJ 13-51-2003 推荐了图 6.4-4、图 6.4-5 和图 6.4-6 所示的节点形式。实际工程中，其他的节点形式只要有可靠的依据和使用经验也可采用。

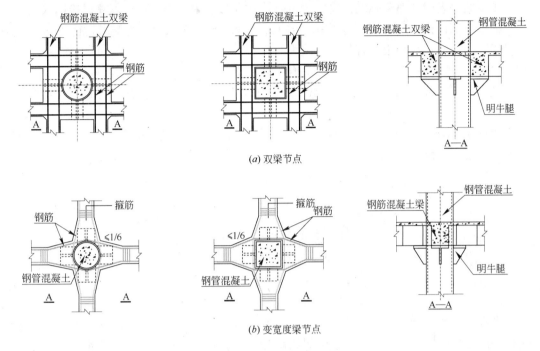

图 6.4-5 现浇混凝土梁节点

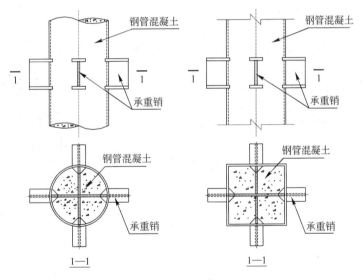

图 6.4-6 承重销节点

由于钢管混凝土柱具有较高的强度和良好的延性性质，用作抗震结构柱是相当理想的，因此节点设计成为钢管混凝土框架结构抗震设计的关键。在框架结构中，不论是钢梁节点还是钢筋混凝土梁节点，只要满足计算和梁端构造上的要求，与钢筋混凝土框架节点相比，在低周反复荷载作用下，滞回特性、延性系数和强度储备均高得多，而且节点核心区不会破坏，梁端塑性铰位置易于控制。因此，采用钢管混凝土柱和钢梁或钢筋混凝土梁加强环节点组成的框架，更便于实现"强柱弱梁，节点更强"的抗震设计要求。

实验结果表明,对于钢筋混凝土梁节点,在保证梁内主筋与环板可靠焊接锚固的前提下,梁端配筋设计满足《混凝土结构设计规范》GB 50010-2002 的要求,也可达到"强剪弱弯"的目的,表现出良好的抗震能力。

位于地震区的框架节点设计,应符合下列要求:

(1) 采用图 6.4-2 所示的Ⅲ型和Ⅳ型和图 6.4-3 所示的Ⅱ型钢梁加强环节点或带内隔板节点。

(2) 采用混凝土梁节点时,梁端设计应符合国家标准《建筑抗震设计规范》GB 50011-2001 和《混凝土结构设计规范》GB 50010-2002 的有关要求。

(3) 加强环板的抗震验算可参考国家标准《建筑抗震设计规范》GB 50011-2001 对钢结构的有关规定进行。

(4) 节点应符合下列规定:
1) 加强环板的加工应保证外形曲线光滑,无裂纹、刻痕;
2) 节点管段与钢管混凝土柱间的水平焊缝应与母材等强;
3) 加强环板与钢梁翼缘的对接焊接,应采用剖口焊。

(5) 可能产生塑性铰的最大应力区内,避免布置焊接焊缝。

格构式柱的刚接节点,应采用可靠措施保证节点的整体刚度。双肢柱节点处,应在两侧加焊贴板封闭。当柱肢相距较大或梁较高时,宜设中间加劲肋,见图 6.4-7。

排架结构的梁柱铰接节点,应能可靠传递剪力和轴向力。铰接节点可采用明牛腿形式(见图 6.4-8)或节点板形式(见图 6.4-9),明牛腿节点可用于排架梁柱连接,板式节点可用于柱间支撑连接。节点计算可按《钢结构设计规范》GB 50017-2003 进行,并应按公式(6.4-14)验算钢梁腹板或钢牛腿肋板处的管壁剪应力。柱间支撑也可采用与柱肢直接焊接的钢管。

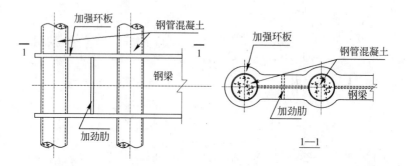

图 6.4-7 双肢柱节点

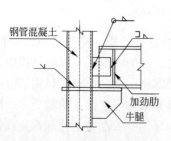

图 6.4-8 明牛腿铰节点

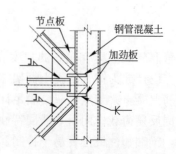

图 6.4-9 板式铰节点

设有吊车的厂房阶形柱的变截面处构造见图 6.4-10。

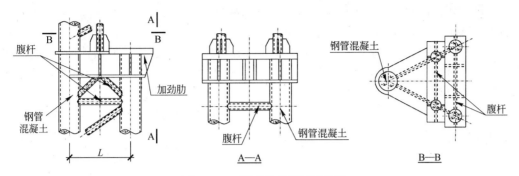

图 6.4-10 阶形柱变截面处构造

承受吊车梁支座压力的肩梁不宜插入柱肢上端,可与钢管以角焊缝连接,靠角焊缝传递压力,按下式计算:

$$N \leqslant 0.7 h_f f_{jv} \sum l_j \quad (6.4\text{-}1)$$

式中 h_f——角焊缝焊脚高度;

$\sum l_j$——角焊缝总计算长度;

f_{jv}——角焊缝抗剪强度设计值。

在钢管混凝土的管壁上可加焊支吊架等配件。当在管壁上支承重量较大的支、吊架时,为保证有效地把荷载均匀地传给柱身,宜采用加强环形式,并按式(6.4-15)验算管壁强度。

对由柱顶承受集中荷载的柱,要保证钢管和管中混凝土共同受力,应采取两个措施:一是加厚柱顶板、增设肩梁和加劲肋,保证柱头刚度;二是柱头盖板留设注浆孔,进行压浆保证管中混凝土与柱顶板紧密接触。对双肢柱当集中力作用在两肢之间时,可采用穿过也可不穿过钢管的肩梁,将力传给柱肢。柱顶构造由加强环、肩梁和加劲肋组成刚接节点。这种节点根据实验结果以及荆门电厂 670t/h 炉架的实际工程经验(肩梁不穿过钢管),证明其能保证钢管和混凝土共同工作。

柱顶直接承受压力的钢管混凝土柱,柱顶板宜加厚,厚度不小于 16mm,并应设置肩梁板和加劲肋,顶板应留有 ϕ50 的压浆孔(见图 6.4-11)。柱顶荷载宜作用于截面形心处,肩梁、隔板焊缝按公式(6.4-1)计算。

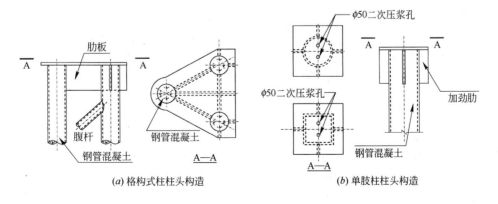

(a) 格构式柱柱头构造   (b) 单肢柱柱头构造

图 6.4-11 柱头构造示意图

承受偏心压力的格构式柱宜采用斜腹杆形式；当柱肢间距较小或有使用要求时，可采用平腹杆形式。格构式柱的构造要求应符合下列规定：

(1) 腹杆采用空钢管；

(2) 腹杆和柱肢应直接焊接，柱肢上不得开孔。柱肢与腹杆连接的其他构造要求，焊缝计算及柱肢在连接处的抗拉承载力计算（抗压承载力可不计算）按《钢结构设计规范》GB 50017-2003 的有关规定进行；

(3) 对三肢和四肢格构式柱，在受有较大水平力处和运送单元的端部应设置横隔，横隔的间距不得大于柱截面较大宽度的 9 倍和 8m；

(4) 对于斜腹杆格构式柱：

1) 斜腹杆与柱肢轴线间夹角宜为 40°~60°的范围；

2) 杆件轴线宜交于节点中心；或腹杆轴线交点与柱肢轴线距离不宜大于 $D/4$，当大于 $D/4$ 时，应考虑其偏心影响，D 为圆钢管外直径；

3) 腹杆端部净距不宜小于 50mm（见图 6.4-12）。

(5) 平腹杆格构式柱：

1) 腹杆中心距离不应大于柱肢中心距的四倍；

2) 腹杆空钢管面积不宜小于一个柱肢钢管面积的 1/4；

3) 腹杆的长细比不宜大于单个柱肢长细比的 1/2。

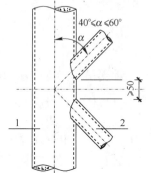

图 6.4-12　斜腹杆节点
1—柱肢；2—斜腹杆

6.4.2　其他节点的构造

6.4.2.1　柱与基础的连接

柱与基础的连接分为铰接和刚接两种形式：对于铰接柱脚，可按照《钢结构设计规范》GB 50017-2003 进行设计。

刚接柱脚分插入杯口式和锚固式两种。

(1) 对于插入杯口式柱脚，基础杯口的设计同钢筋混凝土。柱肢插入深度 h 应符合如下规定：

1) 当圆钢管外直径或矩形钢管边长 $D \leqslant 400$mm 时，h 取 $(2\sim3)D$；

2) $D \geqslant 1000$mm 时，h 取 $(1\sim2)D$；

3) 400mm$<D<$1000mm 时，h 取中间值。

当柱肢出现拉力时，应按下式验算混凝土的抗剪强度（见图 6.4-13）：

$$N \leqslant C'hf_t \tag{6.4-2}$$

式中　f_t——混凝土抗拉强度设计值；

C'——周长，对于圆钢管混凝土，$C'=\pi d'$，对于矩形钢管混凝土，$C'=2(b'+d')$，见图 6.4-14；

h——柱肢插入杯口深度。

(2) 对于钢板或钢靴锚固式柱脚，其设计可按照《钢结构设计规范》GB 50017-2003 进行。埋入土中部分的柱肢，应以混凝土包覆，厚度不小于 50mm，高出地面不小于 200mm。

当不满足式(6.4-2)的要求时，宜优先采用在钢管外壁加焊栓钉或短粗锚筋的措施。

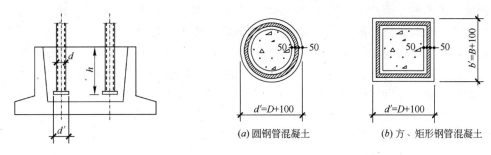

图 6.4-13 插入式柱脚　　　　　图 6.4-14 柱脚环板

6.4.2.2 柱与柱的对接

对于柱肢的对接，DL/T 5085-1999 和 DBJ 13-51-2003 推荐了6种构造措施（见图 6.4-15）。实际工程中当然还会有其他的连接方式，但无论哪种形式都必须保证对接件的轴线对中。六种形式中，(a)、(e)节约钢材，外形好，适合工厂对接；(b)、(d)构件对位容易，适合现场操作；(c)没有焊接，适合室外小直径架构柱肢或预制柱肢连接，但较费钢材；(f)适合大直径直缝焊管连接。

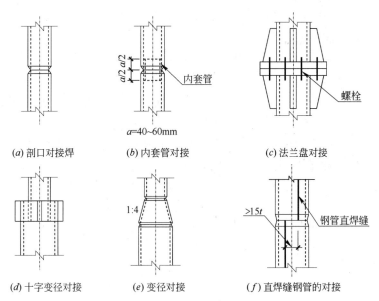

图 6.4-15 常用的对接形式

6.4.3 加强环节点的计算方法

实际进行钢管混凝土结构节点的设计时，大致可分为如下过程，即：节点设计原则的确定、节点形式的选用、节点计算和节点构造措施的选取等。其中，节点的计算一般包括：①节点连接强度的计算；②节点本身的抗弯和抗剪强度验算；③节点板件（例如加强环板等）的计算；④节点区钢管和其核心混凝土之间粘结强度的验算等。

下面简要介绍图 6.4-2 和图 6.4-3 所示的加强环节点的一些计算方法。

加强环板的设计计算，应满足以下两个条件：①梁端等强过渡并符合构造要求；②环板的设计承载力安全、可靠。环板的承载力受最大应力断面控制，但是不同形式的环板，控制断面位置不同。研究结果表明（钟善桐，1999），对于图6.4-2所示Ⅰ、Ⅱ型环板，不论是单向还是双向受拉，最大应力点均出现在角隅的外边缘处；对于图6.4-2所示Ⅲ、Ⅳ型环板，当单向受拉时，最大应力是与力呈30°角环板外缘的环向应力；当双向受拉时，由于应力的叠加，在与力方向呈45°断面最小处的外缘环向拉应力最大，首先屈服。

根据以上分析，DL/T 5085-1999和DBJ 13-51-2003在对AIJ(1997)公式进行补充，并经简单变换后，提出了以控制断面宽度b来满足环板设计承载力要求的公式(6.4-6)和公式(6.4-10)。对于图6.4-2所示Ⅲ、Ⅳ型环板的计算公式(6.4-10)中引入了双向拉力比值β。经与实验结果和国内已有计算公式相比，DL/T 5085-1999和DBJ 13-51-2003公式用于设计是可行的和偏于安全的。

加强环板在梁方向受拉力N作用时，N按下式计算：

$$N = \frac{M}{h} + N_b \tag{6.4-3}$$

$$M = M_c - \frac{V \cdot D}{3}, \quad 且 M \geqslant 0.7 \cdot M_c \tag{6.4-4}$$

式中　M——梁端弯矩设计值；

　　　N_b——梁轴向力对一个环板产生的拉力；

　　　h——梁端截面高度；

　　　M_c——柱中心线处的梁支座弯矩设计值；

　　　V——对应于M_c柱轴线处梁端剪力；

　　　D——圆钢管横截面外直径或方、矩形钢管垂直于弯曲轴的横截面外边长。

6.4.3.1　加强环板宽度b_s和厚度t_1的计算

（1）连接混凝土梁的上环板宽度b_s宜比梁宽小20～40mm；下环板宽宜比梁宽大20～40mm；连接钢梁的环板宽度b_s宜与梁翼缘等宽。

（2）连接混凝土梁的钢板厚度t_1，按下式计算，并应验算焊缝强度：

$$t_1 = \frac{A_s f}{b_s f_1} \tag{6.4-5}$$

式中　A_s——梁端全部负弯矩钢筋面积；

　　　f——梁端负弯矩钢筋抗拉强度设计值；

　　　f_1——加强环板钢材抗拉强度设计值。

（3）连接钢梁的环板厚度t_1，按梁翼缘板的轴心拉力确定。

6.4.3.2　加强环板控制截面宽度b的计算

对于图6.4-2所示Ⅰ、Ⅱ型加强环板，按下式计算：

$$b \geqslant F_1(\alpha) \frac{N}{t_1 f_1} - F_2(\alpha) b_e \frac{tf}{t_1 f_1} \tag{6.4-6}$$

$$F_1(\alpha) = \frac{0.93}{\sqrt{2\sin^2\alpha + 1}} \tag{6.4-7}$$

$$F_2(\alpha) = \frac{1.74\sin\alpha}{\sqrt{2\sin^2\alpha + 1}} \tag{6.4-8}$$

$$b_e = \left(0.63 + 0.88 \frac{b_s}{D}\right)\sqrt{Dt} + t_1 \tag{6.4-9}$$

式中 α——拉力 N 作用方向与计算截面的夹角；
b_e——柱肢管壁参加加强环工作的有效宽度（见图 6.4-16）；
t——柱肢钢管壁厚度；
f——柱肢钢材强度设计值。

对于图 6.4-2 所示 Ⅲ、Ⅳ 型加强环板，按下式计算：

$$b \geqslant (1.44+\beta)\frac{0.392 N_{x,max}}{t_1 f_1} - 0.864 b_e \frac{tf}{t_1 f_1} \quad (6.4\text{-}10)$$

$$\beta = \frac{N_y}{N_{x,max}} \leqslant 1 \quad (6.4\text{-}11)$$

式中 β——加强环同时受垂直双向拉力的比值，当加强环单向受拉时，$\beta=0$；
$N_{x,max}$——x 方向由最不利效应组合产生的最大拉力；
N_y——y 方向与 $N_{x,max}$ 同时作用的拉力。

对于图 6.4-3 所示 Ⅰ 型加强环板，其 h_s 的选择应满足下式：

$$\frac{4}{\sqrt{3}} h_s t_1 f_1 + 2(4t+t_1)tf \geqslant N \quad (6.4\text{-}12)$$

对于图 6.4-3 所示 Ⅱ 型加强环板，其 h_s 除应满足式（6.4-12）外，还应满足下式：

$$2.62\left(\frac{t}{D}\right)^{2/3}\left(\frac{t_1}{t+h_s}\right)^{2/3}\left(\frac{t+h_s}{D}\right)D^2 \frac{f_1}{0.58} \geqslant N \quad (6.4\text{-}13)$$

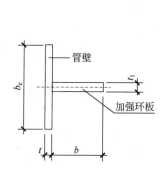

图 6.4-16 圆形柱肢管壁的有效宽度

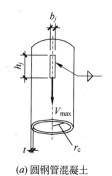

(a) 圆钢管混凝土　　(b) 方、矩形钢管混凝土

图 6.4-17 管壁应力计算简图

对于图 6.4-3 所示 Ⅲ 型加强环板，其 h_s 的选择应满足下式（AIJ，1997）：

$$(D+2h_s-d)^2 \frac{b_s \cdot t_1}{d^2} f_1 \geqslant N \quad (6.4\text{-}14)$$

6.4.3.3 构造要求

加强环板的构造要求如下：

(1) $0.25 \leqslant b_s/D(B) \leqslant 0.75$；

(2) 对于圆钢管混凝土（如图 6.4-2 所示）：$0.1 \leqslant b/D \leqslant 0.35$，$b/t_1 \leqslant 10$；

(3) 对于方、矩形钢管混凝土（如图 6.4-3 所示）：$t_1 \geqslant t_f$；此外，对于 Ⅰ 型加强环板，$h_s/D \geqslant 0.15 t_f/t_1$；对于 Ⅱ 型加强环板，$h_s/D \geqslant 0.1 t_f/t_1$，$t_f$ 为和环板连接的钢梁翼缘厚度。

梁柱节点的钢梁腹板或钢牛腿肋板处的管壁剪应力（见图 6.4-17）应按下式进行验算。

$$\tau = 0.6 \frac{V_{max}}{h_j t} \lg\left(\frac{2r_c}{b_j}\right) \leqslant f_V \tag{6.4-15}$$

式中 V_{max}——梁端腹板或一个牛腿肋板承受的最大剪力；

h_j——腹板或肋板高度；

r_c——核心混凝土尺寸，对于圆钢管混凝土，$r_c = D/2 - t$，对于方钢管混凝土，$r_c = B/2 - t$，对于矩形钢管混凝土，当焊缝位于短边时，$r_c = B/2 - t$，当焊缝位于长边时，$r_c = D/2 - t$；

b_j——角焊缝包入的宽度，$b_j = t_w + 2h_f$；

t_w——腹（肋）板厚度；

h_f——角焊缝的焊脚尺寸。

式(6.4-15)中，系数 0.6 是考虑梁传递的剪力 V_{max} 部分由混凝土承受，函数 $\lg\left(\frac{2r_c}{b_j}\right)$ 是考虑剪力分布的不均匀系数。

梁柱刚接节点实验表明，当梁端竖向剪力增至临界值时，梁端 $1D$（D 为圆钢管截面外直径或方、矩形钢管截面边长）范围内的管壁可能产生局部鼓曲，致使节点刚度减小。为此，除采用梁端加腋等措施分散剪力，降低剪应力集中外，还应控制此范围内的剪应力值，以保证管壁不发生局部屈曲。根据剪力传递机理的实验研究成果，提出公式(6.4-15)，此公式已用于工程实践。

关于钢管混凝土加强环板节点的计算例题见本书附录 B.8 节。

6.4.4 其他节点的计算

Chiew 等(2001)对钢梁-钢管混凝土柱节点在单调荷载作用下的力学性能进行了有限元分析与实验研究，并根据理论分析结果与其他研究者的实验结果，推导出节点抗弯强度的简化计算公式。

Chiew 等(2001)给出的节点抗弯强度简化计算公式如下：

$$M_R = a_1 \cdot a_2 \cdot M_p \tag{6.4-16}$$

式中 M_p——钢梁的塑性弯矩；

a_1——强度提高系数，$a_1 = \dfrac{l_1 - 50}{l_1' - 50}$，其中，$l_1'$ 和 l_1 为梁翼缘处有和无加强环板时屈曲位置到梁反弯点间的距离，如图 6.4-18 所示；

a_2——系数，$a_2 = (-0.2\delta^2 + 0.54\delta + 0.66)\sin\left(\dfrac{\pi}{2}\delta\right)$，其中，$\delta = t_0/t_L \leqslant 1$，$t_0$ 为钢管壁厚度，当考虑加强环对节点刚度的有利作用时，t_0 由 $t_0' = t_0 + 1.5 t_e \dfrac{h_e f_{y,e}}{h_m f_{y,0}}$ 代替；t_L 为钢管壁厚度极限值，

$$t_L = \dfrac{9785 M_p^{0.8} d_0^{0.6}}{h_1 b_1^{0.8} f_{y,0}^{0.73}}。$$

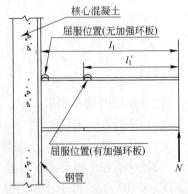

图 6.4-18 不同的梁屈服位置

其中，h_e 和 t_e 分别为加强环板的宽度和厚度；$f_{y,0}$ 和 $f_{y,e}$ 分别为钢管和加强环板的屈服强度；h_m 为钢梁上下翼缘形心距离；d_0 为钢管横截面外直径；h_1 和 b_1 分别为梁的高度和宽度。

Elremaily 和 Azizinamini(2001a)建议了钢梁-圆钢管混凝土柱穿心钢梁式刚接节点[图 6.2-6(f)]的节点区抗剪承载力的验算方法，具体如下：

(1) 刚接节点条件

$$\sum M_{cn} / \sum M_{bn} \geqslant 1.5 \quad （熔透焊缝） \tag{6.4-17a}$$

$$\sum M_{cn} / \sum M_{bn} \geqslant 2.0 \quad （角焊缝） \tag{6.4-17b}$$

式中 $\sum M_{cn}$——节点区柱端名义弯矩之和；
$\sum M_{bn}$——节点区梁端名义弯矩之和。

(2) 节点抗剪承载力

$$\frac{\sum M_b}{d_b} - V_c \leqslant 0.7(V_{wn} + V_{csn} + V_{tn}) \tag{6.4-18}$$

$$V_{wn} = 0.6 f_{yw} D t_w \tag{6.4-19}$$

$$V_{csn} = 1.99 \sqrt{f_c'} (\pi D^2 / 4) \tag{6.4-20}$$

$$V_{tn} = 0.6 f_{yt} \frac{\pi D t_t}{2} \tag{6.4-21}$$

式中 $\sum M_b$——节点区梁端弯矩之和；
d_b——梁的计算高度；
V_c——节点区柱端平均剪力设计值；
V_{wn}——节点区钢梁腹板的抗剪承载力；
V_{csn}——节点区核心混凝土的抗剪承载力；
V_{tn}——节点区钢管的抗剪承载力；
f_{yw}、f_{yt}——钢梁腹板和钢管的屈服强度；
D——圆钢管截面外直径；
t_w、t_t——钢梁腹板和钢管的厚度；
f_c'——混凝土圆柱体抗压强度。

需要指出的是上述方法成立的前提条件是钢管混凝土柱的轴压比小于 0.25(Elremaily 和 Azizinamini，2001a)。

中国工程建设标准化协会标准《矩形钢管混凝土结构技术规程》CECS 159：2004 给出了带内隔板的矩形钢管混凝土柱与钢梁焊接刚接节点的强度验算方法，节点的构造见《矩形钢管混凝土结构技术规程》CECS 159：2004，具体验算方法如下：

(1) 节点抗剪承载力应符合式(6.4-22)的要求：

$$\beta_v V \leqslant \frac{1}{\gamma} V_u^j \tag{6.4-22}$$

$$V_u^j = \frac{2 N_y h_c + 4 M_{uw} + 4 M_{uj} + 0.5 N_{cv} h_c}{h_b} \tag{6.4-23}$$

$$N_y = \min\left(\frac{a_c h_b f_w}{\sqrt{3}}, \frac{t h_b f}{\sqrt{3}}\right) \tag{6.4-24}$$

$$M_{uw} = \frac{h_b^2 t [1 - \cos(\sqrt{3} h_c / h_b)] f}{6} \tag{6.4-25}$$

$$M_{uj} = 0.25 b_c t_j^2 f_j \tag{6.4-26}$$

$$N_{cv} = \frac{2 b_c h_c f_c}{4 + (h_c / h_b)^2} \tag{6.4-27}$$

$$V = \frac{2 M_c - V_b h_c}{h_b} \tag{6.4-28}$$

式中 V——节点所承受的剪力设计值；

β_v——剪力放大系数，抗震设计时 $\beta_v = 1.3$，非抗震设计时 $\beta_v = 1.0$；

V_u^j——节点抗剪承载力设计值；

γ——系数；

M_c——节点上、下柱弯矩设计值的平均值，弯矩对节点顺时针作用时为正；

V_b——节点左、右梁端剪力设计值的平均值，剪力对节点中心逆时针作用时为正；

t、t_j——柱钢管壁、内隔板的厚度；

f_w、f、f_j——焊缝、钢管管壁、内隔板钢材的抗拉强度设计值；

b_c、h_c——管内混凝土截面的宽度和高度；

h_b——钢梁截面的高度；

a_c——钢管角部的有效焊缝厚度。

(2) 节点抗弯强度应符合式(6.4-29)的要求：

$$\beta_m M \leqslant \frac{1}{\gamma} M_u^j \tag{6.4-29}$$

$$M_u^j = \left[\frac{(4x + 2t_{bf})(M_u + M_a)}{0.5(b - b_b)} + \frac{4 b M_u}{x} + \sqrt{2} t_j f_j (l_2 + 0.5 l_1) \right] (h_b - t_{bf}) \tag{6.4-30}$$

$$M_u = 0.25 f t^2 \tag{6.4-31}$$

$$M_a = \min(M_u, \ 0.25 f_w a_c^2) \tag{6.4-32}$$

$$x = \sqrt{0.25(b - b_b) b} \tag{6.4-33}$$

式中 M——节点处梁端弯矩设计值；

β_m——弯矩放大系数，抗震设计时 $\beta_m = 1.2$，非抗震设计时 $\beta_m = 1.0$；

M_u^j——节点抗弯承载力设计值；

x——由 $\partial M_v^j / \partial x = 0$ 确定的值；

b、b_b——柱宽、梁宽；

t_{bf}——梁翼缘厚度；

l_1、l_2——内隔板上气孔到边缘的距离。

中国工程建设标准化协会标准《矩形钢管混凝土结构技术规程》CECS 159：2004 还给出了矩形钢管混凝土柱与现浇钢筋混凝土梁采用穿筋连接时的验算方法，节点的构造见《矩形钢管混凝土结构技术规程》CECS 159：2004，具体验算方法如下：

(1) 环梁的抗剪强度应符合式(6.4-34)的要求：

$$\eta_v V \leqslant \frac{1}{\gamma} V_{su} \tag{6.4-34}$$

$$V_{su} = 2 f_b A_{sb} \sin\theta + f_s A_{sv} \tag{6.4-35}$$

式中 V_{su}——矩形环梁的抗剪承载力设计值;
A_{sb}、f_b——弯起钢筋(置于环梁外侧)的截面面积及其抗拉强度设计值;
V——梁端剪力设计值;
η_v——剪力放大系数,抗震设计时根据抗震等级的不同而不同(CECS 159:2004),非抗震设计时 $\eta_v=1.0$;
A_{sv}、f_s——柱宽或3倍框架梁宽二者的小者范围内的箍筋截面面积及其抗拉强度设计值;
θ——弯起钢筋与水平面的夹角。

(2) 钢管与矩形钢筋混凝土环梁间结合面的承载力验算

验算应包括肋钢筋的焊缝强度、混凝土的直剪承载力和混凝土的局部承压三个方面。

验算肋钢筋的焊缝强度时,焊缝在剪力作用下按纯剪切考虑,可按现行国家标准《钢结构设计规范》GB 50017-2003 的规定进行验算。

验算结合面混凝土的直剪承载力时,混凝土直剪强度设计值可取 $1.5f_t$,结合面直剪承载力可按下式验算:

$$\eta_v V_j \leqslant \frac{1}{\gamma} V_{js} \tag{6.4-36}$$

$$V_{js} = 1.5 f_t A_{cs} \tag{6.4-37}$$

式中 V_j——环梁与柱结合面上的剪力设计值;
V_{js}——环梁与柱结合面上的直剪承载力设计值;
A_{cs}——结合面混凝土的直剪面积;
f_t——混凝土抗拉强度设计值。

验算结合面肋钢筋上混凝土的受压承载力时,局部承压混凝土的垂直抗压强度可取 $1.5f_c$,局压承载力可按下式验算:

$$\eta_v V_j \leqslant \frac{1}{\gamma} V_{jb} \tag{6.4-38}$$

$$V_{jb} = 1.5 f_c l d \tag{6.4-39}$$

式中 V_{jb}——环梁与柱结合面处肋钢筋上混凝土的局部承压力设计值;
l——肋钢筋或肋钢板的长度;
d——肋钢筋直径或肋钢板的挑出宽度。

Fukumoto 和 Morita(2005)在对实验结果系统分析的基础上,提出了节点区剪力-剪切变形模型和节点区抗剪承载力的计算方法,建议的模型为三折线模型,其为钢管和混凝土模型的简单叠加,钢管和核心混凝土的剪力-剪切变形关系曲线如图 6.4-19 所示。

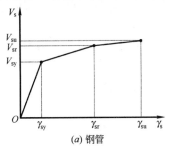
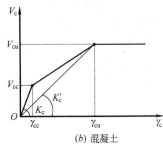

图 6.4-19 部件剪力-剪切变形模型

(a) 钢管模型：

$$V_{sy}=A_w\frac{\sqrt{f_{sy}^2-f_{sN}^2}}{\sqrt{3}} \qquad (6.4\text{-}40)$$

$$\gamma_{sy}=k_s\frac{V_{sy}}{A_w G_s} \qquad (6.4\text{-}41)$$

$$V_{sr}=A_w\frac{\sqrt{f_{sr}^2-f_{sN}^2}}{\sqrt{3}} \qquad (6.4\text{-}42)$$

$$\gamma_{sr}=\frac{(V_{sr}-V_{sy})}{A_w G_s'}+\gamma_{sy} \qquad (6.4\text{-}43)$$

$$V_{su}=A_w\frac{\sqrt{f_{su}^2-f_{sN}^2}}{\sqrt{3}} \qquad (6.4\text{-}44)$$

$$\gamma_{su}=\frac{(V_{su}-V_{sr})}{A_w G_s''}+\gamma_{sr} \qquad (6.4\text{-}45)$$

其中，$A_w=A_s/2$；$f_{sN}=N\dfrac{A_s f_{sy}}{A_s f_{sy}+A_c f_c'}\dfrac{1}{A_s}$；$f_{sr}=0.8(f_{su}-f_{sy})+f_{sy}$；

$G_s'=\dfrac{1}{\dfrac{1}{G_s}+\dfrac{9}{\alpha_{s1}E_s(f_{sN}^2/\tau'^2+3)}}$；$\alpha_{s1}=c_{11}\dfrac{f_{sy}}{f_{su}}+c_{10}$；$\tau'=\dfrac{f_{sy}+f_{sr}}{2\sqrt{3}}$；

$G_s''=\dfrac{1}{\dfrac{1}{G_s}+\dfrac{9}{\alpha_{s2}E_s(f_{sN}^2/\tau''^2+3)}}$；$\alpha_{s2}=c_{21}\dfrac{f_{sy}}{f_{su}}+c_{20}$；$\tau''=\dfrac{f_{sr}+f_{su}}{2\sqrt{3}}$。

式中，A_c 和 A_s 分别为核心混凝土和钢管的横截面面积；A_w 为钢管的腹板面积；E_s 和 G_s 分别为钢材的弹性模量和剪变模量；G_s' 和 G_s'' 为钢管的第二和第三剪变模量；N 为轴向荷载；k_s 为钢管的剪切系数，对于圆钢管 $k_s=1.0$，对于方钢管 $k_s=1.2$；f_c' 为混凝土的圆柱体抗压强度；f_{sy} 和 f_{su} 分别为钢管的屈服强度和抗拉强度；c_{10}、c_{11}、c_{20} 和 c_{21} 为与钢材特性有关的系数(Fukumoto 和 Morita，2005)。

(b) 核心混凝土模型：

$$V_{cc}=A_c\sqrt{f_{ct}(f_{ct}+f_{cN})} \qquad (6.4\text{-}46)$$

$$\gamma_{cc}=k_c\frac{V_{cc}}{A_c G_c} \qquad (6.4\text{-}47)$$

其中，$f_{ct}=0.5\sqrt{f_c'}$，$f_{cN}=N\dfrac{A_c E_c}{A_s E_s+A_c E_c}\dfrac{1}{A_c}$，$f_c'$ 的单位是 N/mm²。

式中，E_c 和 G_c 分别为混凝土的弹性模量和剪变模量；k_c 为核心混凝土的剪切系数，对于圆形截面混凝土 $k_c=10/9$，对于方形截面混凝土 $k_c=1.2$。

核心混凝土的极限抗剪承载力主要基于约束混凝土斜压杆理论求得，具体如下：

(1) 圆钢管混凝土

$$V_{cu}=(0.5A_{c1}\sin 2\theta_1+2B_f l_a\sin^2\theta_2)f_c' \qquad (6.4\text{-}48)$$

$$\gamma_{cu}=\frac{V_{cu}}{\alpha_{cul}A_c G_c/k_c} \qquad (6.4\text{-}49)$$

$$\alpha_{cul}=-0.124\frac{h}{d_c}+0.00243\frac{t_s f_{sy}}{d_s}+0.254 \qquad (6.4\text{-}50)$$

其中，A_{c1} 为斜压杆截面积，$A_{c1}=d_c^2(\phi-\sin\phi)/8$，$\phi=3.4/(h/d_c)^{0.07}$；$\theta_1=0.34/(h/d_c)^{0.79}$；$\theta_2=1.2\theta_1$；$h$ 为节点区高度；d_c 为节点区核心混凝土直径；B_f 为钢管翼缘区宽度；$l_a=2\sqrt{M_{fp}/(B_f f_c')}/\sin\theta_2$，$M_{fp}$ 为钢管的塑性弯矩；d_s 和 t_s 分别为圆钢管的直径和厚度；f_{sy} 的单位是 N/mm²。

(2) 方钢管混凝土

$$V_{cu}=\left(0.5d_c\tan\theta+4\sqrt{\frac{M_{fp}}{d_c f_c'}}\sin\theta\right)d_c f_c' \tag{6.4-51}$$

$$\gamma_{cu}=\frac{V_{cu}}{\alpha_{cu2}A_c G_c/k_c} \tag{6.4-52}$$

$$\alpha_{cu2}=0.00158 f_c'+0.0411\frac{h}{d_c}+0.086 \tag{6.4-53}$$

其中，$\theta=\tan^{-1}[\sqrt{1+(h/d_c)^2}-h/d_c]$；$f_c'$ 的单位是 N/mm²。

基于以上获得的钢管和核心混凝土的剪力-剪切变形模型及叠加原理，可以获得钢管混凝土柱和钢梁节点区剪力-剪切变形关系模型，如图 6.4-20 所示，模型关键点的确定方法如下：

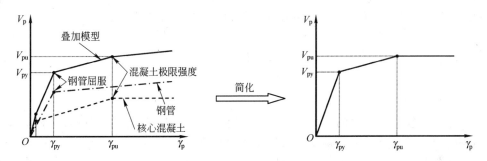

图 6.4-20 节点区剪力-剪切变形关系模型

$$V_{py}=V_{sy}+V_{cy} \tag{6.4-54}$$

$$\gamma_{py}=\gamma_{sy}=k_s\frac{V_{sy}}{A_w G_s} \tag{6.4-55}$$

其中，$V_{cy}=\beta \cdot V_{cu}$；$\beta=\begin{cases}0.228(h/d_c)+0.52(N/N_o)+0.295 & \text{（方钢管混凝土）}\\ 0.425(N/N_o)-1.13(f_c'/f_{sy})+0.65 & \text{（圆钢管混凝土）}\end{cases}$；

$$N_o=A_s f_{sy}+A_c f_c'$$

$$V_{pu}=V_{sy}+V_{cu} \tag{6.4-56}$$

$$\gamma_{pu}=\gamma_{cu}=\frac{k_c V_{cu}}{\alpha_{cu}A_c G_c} \tag{6.4-57}$$

以上述简化模型为骨架曲线，作者还给出了剪力-剪切变形滞回模型。

Hsu 和 Lin(2006)进行了 7 个方钢管混凝土柱与基础连接节点抗震性能的试验研究，方钢管混凝土柱与基础的连接如图 6.4-21 所示，共完成了 7 个试件的实验研究，试验参数主要为：钢管混凝土柱埋入基础的深度，分别为 0、0.5B、1.0B 和 1.5B（B 为方钢管截面外边长）；及是否有加劲肋。实验时作用在柱顶的轴向荷载为柱强度承载力的 15%。

研究结果表明，连接节点的刚度随着柱埋入深度的增加而增大，带加劲肋连接的刚度

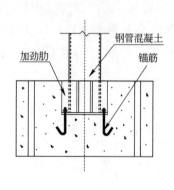 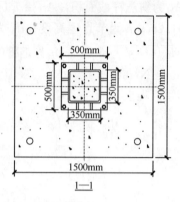

图 6.4-21 钢管混凝土柱脚示意图

和耗能能力显著增大。最后,基于实验结果,作者还建议了该类节点抗弯刚度的计算公式,具体如下:

$$K = \alpha EI/L \qquad (6.4\text{-}58)$$

对于无加劲肋的连接:$\alpha = -0.4763B^2 + 1.627B + 1.4313$ （≤3.0）

对于带加劲肋的连接:$\alpha = -0.4878B^2 + 1.4888B + 1.7882$ （≤3.0）

6.5 小　　结

对本章论述的内容简要归纳如下:

(1) 本章系统总结了国内外现有关于钢管混凝土梁柱节点方面的理论研究和工程实践所取得的成果,介绍了钢管混凝土梁柱节点的类型及其特点。

(2) 影响组成钢管混凝土的钢管和核心混凝土之间粘结强度的因素主要有构件截面形状、钢管径厚比、构件长细比、混凝土强度、截面高宽比以及混凝土浇筑质量。

(3) 钢管混凝土的钢管和混凝土之间的粘结强度设计可参考 AIJ(1997)的有关规定确定,即对于圆钢管混凝土,取 0.225N/mm^2；对于方、矩形钢管混凝土,取 0.15N/mm^2。

(4) 在进行钢管混凝土梁柱节点的设计时,如果采用钢结构节点,除了需要按钢结构方法计算节点外,还需要验算钢管和混凝土之间的粘结强度。

(5) 刚接节点可采用内、外加强环板式,选型时需要考虑造价、钢结构制造,还需要考虑是否便于核心混凝土的浇筑。

(6) 为了更好地保证节点的质量,应尽可能减少施工现场焊接的工作量。

第 7 章 新型钢管混凝土结构

7.1 引 言

随着建筑事业的发展和建设水平的提高,在传统普通钢管混凝土结构基础上,近些年国内外开始研究和应用一些新型钢管混凝土结构。本章论述的对象主要有:

(1) 采用高性能材料(如高强钢材、高强高性能混凝土)的钢管混凝土,本章论述的高性能材料的含义限定为:

高强钢材:屈服强度为 450~750MPa 的钢材。

高强混凝土:抗压强度为 80~120MPa 的混凝土。

高性能混凝土:专指在自重或少振捣的情况下就能自密实成型的混凝土。

(2) 薄壁钢管混凝土,本章论述的薄壁钢管是指其横截面径厚比(对于圆钢管混凝土)或宽厚比(对于方、矩形钢管混凝土)大于对应受压构件中空钢管局部稳定限值 1.5 倍的情况。

(3) 中空夹层钢管混凝土(Concrete-Filled Double Skin Steel Tubes)。

(4) FRP(Fiber Reinforced Polymer)约束钢管混凝土。

(5) 钢管再生混凝土(Recycled Aggregate Concrete-Filled Steel Tubes)。

为了论述方便,以下暂统一称采用高性能材料的钢管混凝土、薄壁钢管混凝土、中空夹层钢管混凝土、FRP 约束钢管混凝土和钢管再生混凝土为新型钢管混凝土结构。

本章拟在简要归纳和总结这些研究成果的基础上,提出这些新型钢管混凝土结构设计计算的特点、方法或建议,以期为有关工程实践提供参考。

7.2 采用高性能材料的钢管混凝土

7.2.1 采用高强钢材的钢管混凝土

随着钢材性能的不断发展,高强钢材(目前,国内外对高强钢材还没有统一的定义,本章暂定义钢材屈服强度不小于 450~750MPa 的钢材为高强钢材)在钢管混凝土中的应用已是国内外工程界关心的热门课题之一。高强钢管混凝土由于采用了高强钢材,因此可以节约钢材、减小构件截面面积和减轻结构自重等。高强钢管混凝土由于具有承载力高的优点,因而用于荷载很大的结构,如高层建筑、地下工程和大跨度结构的支柱等,效果将十分显著,是一种有很大发展前途的结构形式。澳大利亚已有一些采用高强钢管混凝土结构的多、高层建筑(Uy,2006)。

以往,对在钢管混凝土中采用高强钢材的研究报道如表 7.2-1 所示。

高强钢管混凝土的研究 表 7.2-1

序号	截面形状	构件数量	受力情况	f_y(MPa)	作者
1	圆钢管混凝土	12	轴心受压	451~633	Gardner 和 Jacobson(1967)
2	矩形钢管混凝土	4	纯弯曲	495	Gho 和 Liu(2004)
3	方钢管混凝土	5	轴心受压	477~767	Kato(1996)
4	圆钢管混凝土	6	轴心受压	482.3	Knowles 和 Park(1969)
5	圆钢管混凝土	10	轴心受压	461~505	Masuo 等(1991)
6	方钢管混凝土	8	压 弯	761	Mursi 和 Uy(2004)
7	圆钢管混凝土	24	轴压+偏压	507~853	Nishiyama 等(2002)
7	圆钢管混凝土	38	轴压+偏压	618~835	Nishiyama 等(2002)
8	圆钢管混凝土	1	轴心受压	538	Schneider(1998)
9	圆钢管混凝土	20	轴心受压	452~682	Task Group 20,SSRC(1979)
10	方钢管混凝土	14	压 弯	750	Uy(2001)
11	方钢管混凝土	2	轴心受压	450	Vrcelj 和 Uy(2001)

尧国皇和韩林海(2007)利用数值方法对高强钢管混凝土压弯构件荷载-变形关系曲线进行了计算,计算结果与实验结果吻合较好。最后还比较了普通钢管混凝土设计规程在进行高强钢管混凝土构件承载力计算时的适用性。结果表明:总体上,普通钢管混凝土设计规程计算获得的高强钢管混凝土构件承载力均偏于安全。

研究结果表明,本书第 3 章提供的计算公式(3.2-33)适用于采用高强钢材的钢管混凝土压弯构件的承载力计算。

7.2.2 采用高强混凝土的钢管混凝土

众所周知,一般混凝土的脆性都比较大,对于高强度混凝土(High-Strength Concrete,各国对高强混凝土的定义有所不同,本章暂以抗压强度为 80~120MPa 的混凝土为高强混凝土)更是如此,其工作的可靠性因此而有所降低。

高强混凝土具有承载力高,耐久性好等特点,可减小构件截面尺寸,减轻结构自重,但其同时具有脆性大的缺点。如果将高强混凝土灌入钢管中形成钢管高强混凝土,高强混凝土受到钢管的有效约束,可以有效地克服其脆性大和延性差的弱点,使钢管高强混凝土结构具有良好的抗震性能。此外,在钢管中填充高强混凝土具有良好的可施工性。

以往研究者对钢管高强混凝土静力性能进行了大量的研究,但研究对象的核心混凝土强度多低于 C80,对核心混凝土强度 C80 以上的钢管高强混凝土研究尚不多见。

课题组研究生吴颖星(2007)对钢管高强混凝土压弯构件的力学性能进行了理论分析和实验研究。进行了 32 个核心混凝土为 C120 自密实混凝土的钢管高强混凝土试件的实验研究,具体包括:8 个轴压试件、4 个纯弯试件和 20 个压弯试件,主要参数包括:(1)截面形式:圆形和方形;(2)长细比 λ:12~120;(3)荷载偏心率 e/r:0~0.6。采用有限元分析软件 ABAQUS(Hibbitt 等,2003),建立了钢管高强混凝土构件在轴压、纯弯曲和压弯受力状态下荷载-变形关系的计算模型,理论计算结果得到大量实验结果的验证,较为充分地说明了其有限元分析模型的准确性。采用理论分析模型,研究了钢管和核心混凝土相互作用、核心混凝土应力-应变关系变化规律等关键问题,较为深入地揭示了钢管高强混凝土构件在轴压、纯弯曲和压弯受力状态下的工作机理。在参数分析结果的基础上,建议了钢管高强混凝土轴压、纯弯和压弯构件承载力的实用计算方法。

研究结果表明,圆钢管普通强度混凝土的设计公式基本适用于圆钢管高强混凝土,但对于方钢管高强混凝土构件,钢管普通强度混凝土构件的设计公式计算出的承载力稍高。

7.2.3 采用自密实混凝土的钢管混凝土

近年来,钢管自密实混凝土(Self-Consolidating Concrete-Filled Steel Tubes)得到大量推广应用。在钢管中灌自密实高性能混凝土,不仅可更好地保证混凝土的密实度,且可简化混凝土振捣工序,降低混凝土施工强度和费用,还可减少城市噪音污染。1999年建成的76层的深圳赛格广场大厦顶层部分钢管混凝土柱采用了自密实混凝土,取得了较好的效果。

Han等(2005b,2006b)进行了100多个钢管自密实混凝土轴压、纯弯和压弯构件力学性能的试验研究,结果表明,钢管自密实混凝土构件的力学性能和钢管普通混凝土基本类似,对普通钢管混凝土构件的计算方法适用于钢管自密实混凝土。

Han等(2005c)进行了19个采用高强高性能混凝土的圆形和方形钢管自密实混凝土压弯构件滞回性能的试验研究,试验参数包括轴压比($n=N_o/N_{u,cr}$,N_o为施加在试件上的恒定轴压力;$N_{u,cr}$为试件轴心受压时的极限承载力):0~0.6;混凝土强度:90.4~121.6MPa;钢材屈服强度:282~404MPa。结果表明,所进行的钢管高强高性能混凝土构件的滞回性能与钢管普通混凝土的滞回性能基本类似。

韩林海等(2006)对钢管自密实混凝土的水化热和收缩等性能进行了实测和理论研究,并得到如下一些主要结论:

(1) 钢管混凝土中核心混凝土的收缩变形早期发展很快,其横向收缩比同期的纵向收缩略小,变形速率随时间的增长而不断减小,100天后的收缩变形曲线渐趋水平。

(2) 通过分析比较已有的实验结果,例如冯斌(2004)、Ichinose等(2001)、Nakai等(1991)、Terrey等(1994)以及Uy(2001)等,发现钢管自密实混凝土收缩的规律与钢管普通混凝土基本一致。

(3) 素混凝土构件的收缩变形规律与钢管混凝土中核心混凝土的收缩变形规律相似,但钢管混凝土中核心混凝土的收缩变形只有素混凝土的1/3左右。

(4) 截面尺寸的变化对核心混凝土的收缩变形影响很大,随着截面尺寸的增大,核心混凝土的纵向和横向收缩变形均会减小;截面形式的变化对核心混凝土的收缩变形有一定的影响,在变形发展的早期,圆钢管混凝土中核心混凝土的收缩变形略小于方钢管混凝土相应的收缩变形,但随时间的增长,前者的收缩变形增长较快。

(5) 在计算钢管混凝土中核心混凝土的收缩变形时,应合理考虑钢管对核心混凝土收缩变形的约束效应,进一步提高混凝土收缩计算模型的预测精度。在对实验结果深入分析的基础上,提出了钢管对核心混凝土收缩变形的制约影响系数,对ACI 209(1992)的收缩计算模型进行了修正[式(B.9-2)],计算结果与实验结果吻合良好。

Han和Yao(2004)进行了38个钢管高性能混凝土压弯构件力学性能的实验研究,包括18个轴压短试件和20个长试件。试件设计与制作时考虑的主要参数是:

(1) 不同的混凝土浇筑方式：浇筑混凝土时，采用了三种方式：即①混凝土自密实成型；②手工振捣密实，每 150mm 高度用直径 16mm 的钢筋人工均匀振捣 20 次；③采用分层灌入法，并用 $\phi50$ 振捣棒伸入钢管内部进行完全振捣，在试件的底部同时用振捣棒在钢管的外部进行侧振，以保证混凝土的密实度；

(2) 不同的截面形式，包括 22 个圆试件和 16 个方试件；

(3) 截面径（宽）厚比，从 33 变化到 67；

(4) 荷载偏心率，从 0 变化到 0.3。

研究结果表明，管内混凝土自密实成型和振捣成型的圆钢管混凝土和方钢管混凝土轴压短试件荷载-变形关系曲线基本相同，管内混凝土不同浇筑方式对钢管混凝土轴压弹性模量的影响很小。此外，采用普通钢管混凝土的设计方法进行钢管自密实混凝土压弯构件承载力的设计计算是可行的。

7.3 薄壁钢管混凝土

在钢管混凝土工程中采用薄壁钢管，可以减少钢材用量，减轻焊接工作量，达到降低工程造价的目的。日本和澳大利亚已有一些采用薄壁钢管和高强钢材的钢管混凝土工程的报道。

薄壁钢管混凝土是相对通常钢管壁较厚的普通钢管混凝土而言的。薄壁钢管混凝土由于采用了薄壁钢管，通常需要考虑局部屈曲对构件力学性能的影响。本文所论述的薄壁钢管是指截面外直径与厚度的比值（圆钢管）或者外边长与厚度的比值（方、矩形钢管）超过钢结构对其局部屈曲控制的限值或者钢管壁厚小于 3mm 的钢管。

薄壁钢管混凝土构件的承载力会受到局部屈曲的影响。这种影响主要体现在两个方面：一方面是使得屈曲部位的钢管部分截面提前退出工作，另一方面是降低了钢管对混凝土的约束作用。Han 等(2005b)针对薄壁钢管混凝土轴压构件开展的相关研究工作表明，对于薄壁圆钢管混凝土，极限荷载对应的峰值应变 ε_u 值随钢管径厚比 D/t 的增大而减小，当 D/t 达 125 时，其 ε_u 值接近 $3300\mu\varepsilon$（即普通混凝土的极限压应变），此时钢管对核心混凝土的约束效果较弱；对于薄壁方钢管混凝土，ε_u 随截面宽厚比 B/t 的变化规律与圆钢管混凝土类似，当截面宽厚比超过 100 时，ε_u 值小于钢材屈服时的屈服应变，原因在于钢管的钢材还没有进入屈服阶段，钢管就发生了局部屈曲，从而降低了试件的极限承载力。当截面宽厚比更大时，在极限状态时钢材甚至还处于弹性阶段，说明材料没有充分发挥作用。

由此可见，在进行薄壁钢管混凝土结构的设计时，根据其自身工作机理，应合理确定薄壁钢管的 $D(B)/t$ 限值以及考虑钢管局部屈曲对钢管与核心混凝土组合作用的影响。

以往，研究者们已在薄壁钢管混凝土研究方面取得一些成果，陶忠和于清(2006)简要归纳了有关研究结果。

与普通钢管混凝土相比，在进行薄壁钢管混凝土结构的设计时，根据其自身工作机理，应合理考虑如下关键问题：

(a) 薄壁钢管的径厚比 D/t（对于圆钢管混凝土）或宽厚比 D/t 或 B/t（对于方、矩形钢管混凝土）限值的确定（构件截面尺寸如图 2.2-1 所示）；

(b) 钢管局部屈曲对钢管与核心混凝土组合作用的影响。

为了便于分析，下面列出不同规程中对钢管混凝土截面的 D/t 或 B/t 限值的规定。

(1) ACI(2005)和 BS 5400(2005)

对于圆钢管混凝土：

$$D/t \leqslant \sqrt{8 \cdot \frac{E_s}{f_y}} \tag{7.3-1}$$

对于方、矩形钢管混凝土：

$$D(B)/t \leqslant \sqrt{3 \cdot \frac{E_s}{f_y}} \tag{7.3-2}$$

其中，对于 ACI(2005)，$E_s = 2.0 \times 10^5 \text{N/mm}^2$；对于 BS 5400(2005)，$E_s = 2.05 \times 10^5 \text{N/mm}^2$。

(2) AIJ(1997)

对于圆钢管混凝土：

$$D/t \leqslant 1.5 \cdot \frac{240}{F/98} \tag{7.3-3}$$

对于方、矩形钢管混凝土：

$$D(B)/t \leqslant 1.5 \cdot \frac{74}{\sqrt{F/98}} \tag{7.3-4}$$

其中，$F = \min(f_y, 0.7f_u)$。

(3) AISC(2005)

对于圆钢管混凝土：

$$D/t \leqslant 0.15 \cdot \frac{E_s}{f_y} \tag{7.3-5}$$

对于方、矩形钢管混凝土：

$$D(B)/t \leqslant 2.26 \cdot \sqrt{\frac{E_s}{f_y}} \tag{7.3-6}$$

(4) DBJ 13-51-2003

对于圆钢管混凝土：

$$D/t \leqslant 150 \cdot \left(\frac{235}{f_y}\right) \tag{7.3-7}$$

对于方、矩形钢管混凝土：

$$D(B)/t \leqslant 60 \cdot \sqrt{\frac{235}{f_y}} \tag{7.3-8}$$

(5) EC 4(2004)

对于圆钢管混凝土：

$$D/t \leqslant 90 \cdot \left(\frac{235}{f_y}\right) \tag{7.3-9}$$

对于方、矩形钢管混凝土：

$$D(B)/t \leqslant 52 \cdot \sqrt{\frac{235}{f_y}} \tag{7.3-10}$$

上述方法中，ACI(2005)、AISC(2005)、BS 5400(2005)和 EC 4(2004)中对 D/t 或

B/t 限值的规定与对应受压构件中空钢管局部稳定限值取法相同。而 AIJ(1997)中对 D/t 或 B/t 限值的规定是按照对应受压构件中空钢管局部稳定限值的 1.5 倍确定的。规程 DBJ 13-51-2003 中的有关规定与 AIJ(1997)类似。

图 7.3-1 给出了钢管混凝土轴压强度承载力系数 $SI(=N_{ue}/N_{uo})$ 与 $D/t \cdot \sqrt{f_y/E_s}$（圆钢管混凝土）和 $D(B)/t \cdot \sqrt{f_y/E_s}$（方、矩形管混凝土）之间的关系，其中，$N_{ue}$ 和 N_{uo} 分别

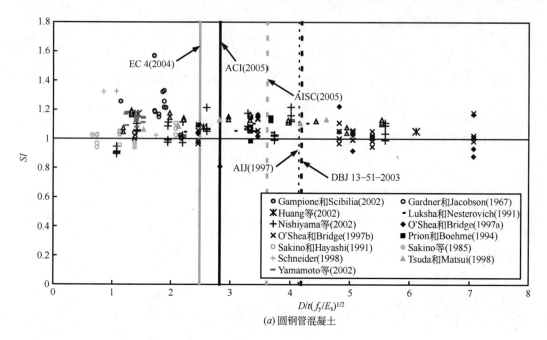

(a) 圆钢管混凝土

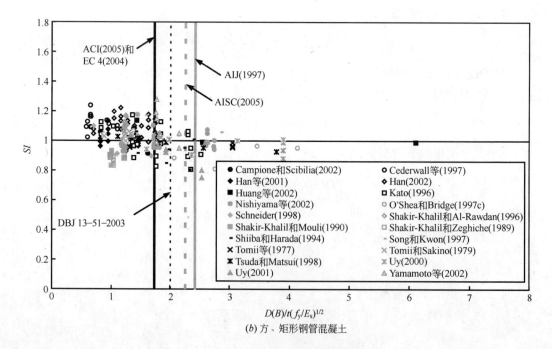

(b) 方、矩形钢管混凝土

图 7.3-1 $SI - D(B)/t \cdot \sqrt{f_y/E_s}$ 关系

为轴压强度承载力实测结果和计算结果，N_{uo} 按照 DBJ 13-51-2003 给出的计算公式确定，计算时各物理指标均取标准值。

图 7.3-1 中同时绘制出了 ACI(2005)、AIJ(1997)、AISC(2005)、BS 5400(2005) 和 EC 4(2004) 中给出的 D/t 或 B/t 限值。可见，在 AIJ(1997) 给出的 D/t 或 B/t 限值的范围内，按照规程 DBJ 13-51-2003 中的方法计算薄壁钢管混凝土的承载力总体上仍然是偏于安全的。为了比较的方便，在计算各规程的 $D/t \cdot \sqrt{f_y/E_s}$ 或 $D(B)/t \cdot \sqrt{f_y/E_s}$ 值时，近似取 $f_y=345\text{N}/\text{mm}^2$。

在上述条件下，可暂不考虑钢管局部屈曲对钢管与核心混凝土组合作用的影响，按普通钢管混凝土构件的计算方法计算薄壁钢管混凝土的承载力。当钢管壁更薄，超过上述限值时，可因地制宜地采取一些构造措施，以提高薄壁钢管混凝土构件的极限承载力和延性。

在轴压荷载作用下，不设置加劲肋和设置加劲肋矩形空钢管的屈曲模态分别如图 7.3-2(a) 和 (b) 所示，钢管将同时发生向内和向外的局部屈曲；而灌注混凝土后，由于钢管壁只能产生向外的变形，如图 7.3-2(c) 所示，这种屈曲模态的改变可以有效地延缓局部屈曲的产生。虽然如此，但当钢管的 B/t 值超过一定的限值时，钢管仍可能在弹性阶段产生局部屈曲，从而不能有效约束内部的混凝土，影响到构件的承载力和延性，现有的实验结果也证明了这一点。此时设置纵向加劲肋后，由于加劲肋镶嵌在混凝土内部，因而不易产生侧向位移和转动，能很好地发挥加劲效果，使得侧向加劲肋可以看作板件的一个不动支点。设置纵向加劲肋后方钢管混凝土的屈曲模态如图 7.3-2(d) 所示。

对于图 7.3-2(e) 所示的加劲肋设置在钢管外部的试件，其加劲肋的一边自由，因而加劲肋的刚度要求将比图 7.3-2(d) 所示构件的加劲肋刚度要求大。

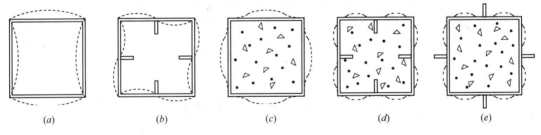

图 7.3-2 加劲肋对空钢管和钢管混凝土屈曲模态的影响

为了提高矩形钢管的稳定性，还可以采用其他方式的构造措施。图 7.3-3(a) 为采用约束拉杆的形式。该方法是在钢管的对边按一定的间距设置约束拉杆，借助约束拉杆的拉结作用使钢管壁的向外屈曲变形减小，以增强钢管壁的稳定性和延性。

研究结果表明，随着约束拉杆设置间距的减小和拉杆直径的增大，构件的承载力提高且延性得以改善(黎志军，2002)。采用这种构造措施的方钢管混凝土构件也已在广州新中国大厦和广州名汇商业大厦等高层建筑中得到了应用(陈宗弼等，2000)。

图 7.3-3(b) 所示为一种设置角部隅撑的构造措施(Hu 等，2003)。隅撑由沿管壁均匀分布的短钢筋焊接在管内部的四角而成。该加劲措施的工作原理和设置约束拉杆的方法基本类似，都是通过附加拉杆的作用使得板件之间达到一种自平衡。

图 7.3-3 给出的两种方法都很有效，但需要制作较多的构造用板件和杆件。此外，采

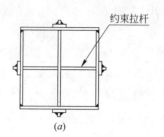 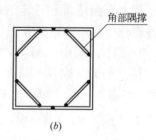

图 7.3-3 提高钢管稳定性的构造措施

用约束拉杆的方式时,需要对构件进行钻孔处理,试件的外表面也不够平整;而采用设置角部隅撑的方式时虽然不影响试件的外表,但其截面上的隅撑和管壁的连接需要有 8 个焊点,因而焊接工作量较大。

采用纵向加劲肋的方法具有制作板件少的优点,且加劲肋和钢管焊成一整体,如设计合理,完全可以使其发挥抗压、抗弯和抗剪的作用,但如果加劲肋设置在板件内部,其钢管就只能采用焊接截面。当采用小尺寸的冷弯管时,也可采用在钢管外部设置纵向加劲肋的方法,该类构件可以用于无美观要求的工业厂房柱,也可以用于隐蔽构件,如采用防火板材包覆的钢管混凝土柱。

Tao 等(2004b)对图 7.3-2(d)和(e)所示带肋的薄壁矩形钢管混凝土构件的力学性能进行了探讨,初步的研究结果表明,加劲肋的存在可有效地提高薄壁矩形钢管混凝土构件的极限承载力,且只要设置适当,可不考虑薄壁钢管局部屈曲的影响,按照普通钢管混凝土的方法计算薄壁钢管混凝土构件的极限承载力。

通过实验观测发现,是否设置加劲肋或在混凝土中添加钢纤维与否对试件整体破坏形态影响不大,但当在试件内部设置加劲肋时,由于加劲肋对管壁的支撑作用,其局部屈曲在试件接近达到极限承载力时才开始出现,加劲肋很好地起到了延缓钢管局部屈曲的作用。在混凝土中添加钢纤维与否对试件的承载力影响不大,但在混凝土中添加钢纤维可一定程度上提高试件的延性。

7.4 中空夹层钢管混凝土

近年来,中空夹层钢管混凝土(Concrete-Filled Double Skin Steel Tubes)开始在工程中得到推广应用(蔡克铨等,2001;Lin 和 Tsai,2001;Wei 等,1995a,1995b;Yagishita 等,2000;Zhao 和 Grzebieta,2002;Zhao 等,2002),该类结构是将两层钢管同心放置,并在两层钢管之间浇筑混凝土。

图 7.4-1 所示为几种典型的截面形式。中空夹层钢管混凝土除了具备实心钢管混凝土的优点外,尚具有自重轻和刚度大的特点。由于其内钢管受到混凝土的保护,因此该类柱具有更好的耐火性能。预计这类结构具有较好的发展前景。

日本目前已有图 7.4-1(e)所示矩形截面的中空夹层钢管混凝土薄壁桥墩规范,并在上个世纪 90 年代成功将其应用于高架桥的桥墩,取得了较好的效果(Zhao 等,2001)。事实上,当钢管混凝土被用作跨越深谷的铁路桥或公路桥的高桥墩时,由于此时桥墩比较细长,如前所述,桥墩的承载力将由其刚度控制,钢管混凝土构件截面的强度承载力就不能得到充分发挥,此时采用中空夹层钢管混凝土就具有较大的优势。以前在设计这类高桥墩时多采用钢筋混凝土薄壁墩,其截面通常较大,施工时需要采用滑模、爬模和翻模等方法,且结构的抗震能力较差。采用中空夹层钢管混凝土后不仅可以克服以上缺点,且可以简化施工、节省工期,达到经济的效果。

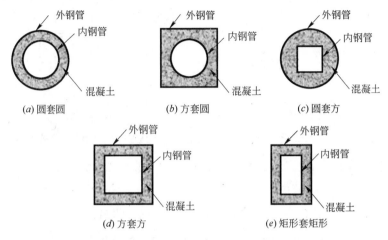

图 7.4-1 常见的中空夹层钢管混凝土构件截面形式

和高桥墩相类似,中空夹层钢管混凝土也可以被用作海洋平台结构的支架柱。此外,很多高耸结构和高层建筑当承受较大风荷载和水平地震作用的时候,都要求其竖向构件有较大的抗弯刚度和抗震能力,在这种情况下也可以采用中空夹层钢管混凝土来制作。尤其是对抗火要求较高的高层建筑,由于夹层钢管的内层钢管被封闭在构件内部,类似于型钢混凝土柱中的型钢,具有较好的抗火性能,而外层钢管和核心混凝土组成的构件其在火灾作用下的工作机理基本类似于实心钢管混凝土,因而对于整体构件而言具有比实心钢管混凝土更好的耐火性能,通过合理设计内钢管和外钢管的径厚比及构件的空心率,可以使构件在具有较大抗弯刚度的同时,具有较高的承载能力及抗火性能。

为了更科学合理地在实际工程中应用中空夹层钢管混凝土结构,作者及课题组成员们先后对中空夹层钢管混凝土的力学性能进行过较系统的理论分析和实验研究(Han 等,2004a;黄宏,2006;Tao 等,2004a;杨有福,2005b;Yang 和 Han,2005),下面简要介绍有关结果。

由于组成钢管混凝土的两种材料(钢和混凝土)在受力过程中的相互作用,使得其具有一系列优越的力学性能,也正是这种相互作用构成了钢管混凝土力学性能的复杂性。中空夹层钢管混凝土是由三个部分组成的,其力学性能的复杂性是可想而知的,如何正确地估算内钢管、混凝土及外钢管之间的相互作用,是准确了解这类组合结构工作性能的关键。

图 7.4-2 所示为两种常见的中空夹层钢管混凝土截面的几何特性参数,其中,D 为外钢管横截面外直径,D_i 为内钢管横截面外直径,B 为外钢管横截面外边长,t_o 为外钢管壁厚度,t_i 为内钢管壁厚度。

对于中空夹层钢管混凝土,系数空心率的定义如下:

对于图 7.4-1(a)所示的截面形式:

$$\chi = \frac{D_i}{D - 2t_o} \tag{7.4-1a}$$

对于图 7.4-1(b)所示的截面形式：

$$\chi = \frac{D_i}{B - 2t_o} \tag{7.4-1b}$$

当 $\chi = 0$ 时，即为实心钢管混凝土的情况。

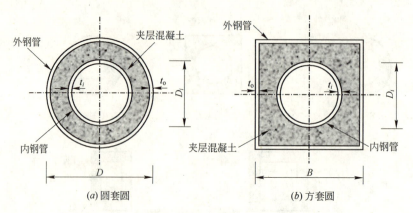

图 7.4-2 中空夹层钢管混凝土截面的几何特性

研究结果表明，仍可采用约束效应系数 ξ 来考虑外钢管对核心混凝土的约束作用。对于中空夹层钢管混凝土，其约束效应系数 ξ 的表达式如下：

$$\xi = \frac{A_{so} \cdot f_{yo}}{A_{ce} \cdot f_{ck}} = \alpha_n \cdot \frac{f_{yo}}{f_{ck}} \tag{7.4-2}$$

式中　A_{so}——外钢管横截面面积；

A_{ce}——中空夹层钢管混凝土的名义核心混凝土横截面面积，对于圆套圆中空夹层钢管混凝土，$A_{ce} = \pi(D - 2t_o)^2/4$，对于方套圆中空夹层钢管混凝土，$A_{ce} = (B - 2t_o)^2$；

f_{yo}——外钢管的屈服强度；

f_{ck}——混凝土抗压强度标准值；

$\alpha_n = A_{so}/A_{ce}$——中空夹层钢管混凝土的名义截面含钢率。

进行了 38 个中空夹层钢管混凝土压弯构件滞回性能的实验研究（黄宏，2006），实验考虑的主要参数有：①截面形式，包括圆套圆中空夹层钢管混凝土和方套圆中空夹层钢管混凝土；②轴压比，从 0～0.7 变化；③截面空心率，从 0～0.5 变化。结果表明：中空夹层钢管混凝土压弯构件弯矩-曲率骨架曲线的特点是无显著的下降段，其形状与不发生局部失稳钢构件以及实心钢管混凝土构件类似，这是因为中空夹层钢管混凝土构件中的混凝土受到了钢管的有效约束，在受力过程中不会发生因混凝土被压碎而导致构件破坏的现象发生；此外，由于混凝土的存在可以避免或延缓钢管发生局部屈曲，从而可以保证其材料性能的充分发挥，这样，由于组成中空夹层钢管混凝土的钢管和其核心混凝土之间相互贡献、协同互补、共同工作的优势，使其弯矩-曲率滞回曲线表现出良好的稳定性，基本上没有刚度退化和强度退化，曲线图形饱满，呈纺锤形，没有捏缩现象，吸能性能良好。

在对中空夹层钢管混凝土构件理论分析和实验研究结果的基础上，推导出了其承载力计算公式（Han 等，2004a；黄宏，2006；Tao 等，2004a），简要归纳如下：

(1) 轴压强度承载力

$$N_u = N_{osc,u} + N_{i,u} \tag{7.4-3}$$

式中，$N_{osc,u}$ 为外钢管和核心混凝土的极限承载力，$N_{i,u} = A_{si}f_{yi}$，为内钢管的极限承载力。

$N_{osc,u}$ 按下式确定，即

$$N_{osc,u} = f_{scy} \cdot A_{sco} \tag{7.4-4}$$

式中，$A_{sco} = A_{so} + A_c$。

对圆套圆中空夹层钢管混凝土：

$$f_{scy} = C_1 \chi^2 \cdot f_{yo} + C_2(1.14 + 1.02\xi) \cdot f_{ck} \tag{7.4-5a}$$

对方套圆中空夹层钢管混凝土：

$$f_{scy} = C_1 \chi^2 \cdot f_{yo} + C_2(1.18 + 0.85\xi) \cdot f_{ck} \tag{7.4-5b}$$

式中，C_1 和 C_2 为计算系数，$C_1 = \alpha/(1+\alpha)$，$C_2 = (1+\alpha_n)/(1+\alpha)$，$\alpha$ 和 α_n 分别为含钢率 (A_{so}/A_c) 和名义含钢率 (A_{so}/A_{ce})，f_{scy} 和 f_{ck} 以 N/mm² 计。

(2) 轴压稳定承载力

$$N_{u,cr} = \varphi \cdot N_u \tag{7.4-6}$$

其中，φ 为轴心受压稳定系数，可按式(3.2-8)确定。当长细比 $\lambda \leqslant \lambda_p$ 时，空心率 χ 对稳定系数的影响可以忽略，在此范围内，稳定系数 φ 的计算公式与实心钢管混凝土的计算公式相同；当 $\lambda > \lambda_p$ 时，空心率 χ 对稳定系数有一定影响，可对实心钢管混凝土的稳定系数 φ 的计算公式进行修正。修正后的稳定系数 φ 的计算公式为：

$$\varphi = \begin{cases} 1 & (\lambda \leqslant \lambda_o) \\ a\lambda^2 + b\lambda + c & (\lambda_o < \lambda \leqslant \lambda_p) \\ d \cdot f/(\lambda + 35)^2 & (\lambda > \lambda_p) \end{cases} \tag{7.4-7}$$

式中，系数 $a = \dfrac{1 + (35 + 2 \cdot \lambda_p - \lambda_o) \cdot e}{(\lambda_p - \lambda_o)^2}$；$b = e - 2 \cdot a \cdot \lambda_p$；$c = 1 - a \cdot \lambda_o^2 - b \cdot \lambda_o$；$e = \dfrac{-d}{(\lambda_p + 35)^3}$；$f = 1 - 0.23\chi^2$；

对于圆套圆中空夹层钢管混凝土：$d = \left[13000 + 4657 \cdot \ln\left(\dfrac{235}{f_{yo}}\right)\right] \cdot \left(\dfrac{25}{f_{ck}+5}\right)^{0.3} \cdot \left(\dfrac{\alpha_n}{0.1}\right)^{0.05}$；

对于方套圆中空夹层钢管混凝土：$d = \left[13500 + 4810 \cdot \ln\left(\dfrac{235}{f_{yo}}\right)\right] \cdot \left(\dfrac{25}{f_{ck}+5}\right)^{0.3} \cdot \left(\dfrac{\alpha_n}{0.1}\right)^{0.05}$；

λ_p 和 λ_o 分别为构件弹性失稳和弹塑性失稳的界限长细比：

$$\lambda_p = \begin{cases} 1743/\sqrt{f_{yo}} & (\text{圆套圆中空夹层钢管混凝土}) \\ 1811/\sqrt{f_{yo}} & (\text{方套圆中空夹层钢管混凝土}) \end{cases} \tag{7.4-8}$$

$$\lambda_o = \begin{cases} \pi\sqrt{(420\xi+550)/[1.02\xi+1.14] \cdot f_{ck}]} & (\text{圆套圆中空夹层钢管混凝土}) \\ \pi\sqrt{(220\xi+450)/[0.85\xi+1.18] \cdot f_{ck}]} & (\text{方套圆中空夹层钢管混凝土}) \end{cases} \tag{7.4-9}$$

(3) 抗弯承载力

中空夹层钢管混凝土构件极限抗弯承载力 M_u 的计算公式如下：

$$M_u = M_{osc,u} + M_{i,u} \tag{7.4-10}$$

式中，$M_{osc,u}$ 为外钢管和核心混凝土的组合抗弯承载力，$M_{osc,u}=\gamma_{m1}W_{scm}f_{scy}$；$M_{i,u}$ 为内钢管抗弯承载力，$M_{i,u}=\gamma_{m2}W_{si}f_{yi}$，其中 γ_{m1}、γ_{m2} 为抗弯承载力系数，分别按式(7.4-11)和式(7.4-12)计算。W_{scm} 为外钢管和核心混凝土的组合截面抗弯模量，对于圆套圆中空夹层钢管混凝土，$W_{scm}=\dfrac{\pi(D^4-D_i^4)}{32D}$；对于方套圆中空夹层钢管混凝土，$W_{scm}=\dfrac{B^3}{6}-\dfrac{\pi\cdot D_i^4}{32B}$。内钢管的截面抗弯模量 $W_{si}=\dfrac{\pi[D_i^4-(D_i-2t_i)^4]}{32D_i}$，$f_{scy}$ 按式(7.4-5)计算。

$$\gamma_{m1}=\begin{cases}0.48\ln(\xi+0.1)(1+0.06\chi-0.85\chi^2)+1.1 & \text{（圆套圆）}\\ 0.48\ln(\xi+0.1)(1+0.06\chi-0.85\chi^2)+1.04-0.3\chi^2 & \text{（方套圆）}\end{cases} \quad (7.4\text{-}11)$$

$$\gamma_{m2}=\begin{cases}-0.02\chi^{-2.76}\ln\xi+1.04\chi^{-0.67} & \text{（圆套圆）}\\ -0.04\chi^{-2.5}\ln\xi+1.04\chi^{-0.8} & \text{（方套圆）}\end{cases} \quad (7.4\text{-}12)$$

（4）压弯构件

中空夹层钢管混凝土压弯构件轴力-弯矩相关方程如下：

1) 当 $N/N_u\geqslant 2\varphi^3\eta_o$ 时：

$$\dfrac{N}{\varphi N_u}+\dfrac{a}{d}\cdot\left(\dfrac{M}{M_u}\right)=1 \quad (7.4\text{-}13a)$$

2) 当 $N/N_u<2\varphi^3\eta_o$ 时：

$$-b\cdot\left(\dfrac{N}{N_u}\right)^2-c\cdot\left(\dfrac{N}{N_u}\right)+\dfrac{1}{d}\cdot\left(\dfrac{M}{M_u}\right)=1 \quad (7.4\text{-}13b)$$

式中，$a=1-2\varphi^2\cdot\eta_o$；$b=\dfrac{1-\zeta_o}{\varphi^3\cdot\eta_o^2}$；$c=\dfrac{2\cdot(\zeta_o-1)}{\eta_o}$；$d=1-0.4\cdot\left(\dfrac{N}{N_E}\right)$（圆套圆形）；

$d=1-0.25\cdot\left(\dfrac{N}{N_E}\right)$（方套圆形）；

对于圆套圆中空夹层钢管混凝土：

$$\zeta_o=1+0.18\xi^{-1.15};$$

$$\eta_o=\begin{cases}0.5-0.2445\cdot\xi & (\xi\leqslant 0.4)\\ 0.1+0.14\cdot\xi^{-0.84} & (\xi>0.4)\end{cases};$$

对于方套圆中空夹层钢管混凝土：

$$\zeta_o=1+0.14\xi^{-1.15};$$

$$\eta_o=\begin{cases}0.5-0.3175\cdot\xi & (\xi\leqslant 0.4)\\ 0.1+0.13\cdot\xi^{-0.81} & (\xi>0.4)\end{cases};$$

$$N_E=\dfrac{\pi^2\cdot E_{sc}^{elastic}\cdot A_{sc}}{\lambda^2}。$$

$E_{sc}^{elastic}$ 为中空夹层钢管混凝土轴压组合弹性模量，按下式计算：

$$E_{sc}^{elastic}=\dfrac{E_s(A_{so}+A_{si})+E_cA_c}{A_{sc}} \quad (7.4\text{-}14)$$

式中，N_u 为轴压强度承载力，按式(7.4-3)计算；M_u 为抗弯承载力，按式(7.4-10)计算。

需要说明的是，上述公式的适用范围是：$\alpha=0.04\sim 0.2$，Q235～Q420 钢，C30～C80 混凝土，$\lambda=10\sim 200$，$\chi=0\sim 0.75$。

以往国内外的研究者针对钢管混凝土的耐火性能和抗火设计方法已开展了大量研究，

并取得不少研究结果(韩林海,2004,2007)。随着新型中空夹层钢管混凝土逐渐被人们所接受,有关其耐火性能和抗火设计的研究也已开始引起人们的重视,因而有必要开展相关研究,以给有关工程实践和规程制定提供参考。

根据钢材和混凝土的热工性能及热力学性能,杨有福(2005b),Yang 和 Han(2005)采用非线性有限元方法计算了中空夹层钢管混凝土截面温度场的分布规律,在此基础上分析了典型参数对中空夹层钢管混凝土的内、外钢管温度-时间关系曲线的影响规律。结果表明,保护层厚度和外截面尺寸对外钢管温度-时间关系曲线的影响规律与实心钢管混凝土类似,随着保护层厚度的减小、截面尺寸的减小及空心率的增大,内、外钢管的温度均升高,内钢管管壁厚度对内、外钢管的温度-时间关系曲线影响均较小。

在确定钢材和混凝土高温下应力-应变关系模型的基础上,杨有福(2005b)采用数值方法对中空夹层钢管混凝土柱荷载-变形关系曲线及承载力进行了计算分析。在此基础上,分析了各参数对"火灾有效荷载"作用下中空夹层钢管混凝土柱耐火极限的影响规律,结果表明,各参数对圆中空夹层钢管混凝土柱和方中空夹层钢管混凝土柱耐火极限的影响规律类似,且与实心钢管混凝土的规律类似,其中,外截面尺寸、构件长细比、空心率和保护层厚度是影响中空夹层钢管混凝土柱耐火极限的主要因素,其他各参数的影响则不明显。

根据系统参数分析结果,杨有福(2005b)给出了不同耐火极限情况下中空夹层钢管混凝土柱防火保护层厚度 a_h 的实用计算公式,具体如下:

$$a_h = k_{h1} \cdot a \quad (7.4\text{-}15)$$

$$k_{h1} = e^{(\alpha \lambda_0^2 + \beta \lambda_0 + \gamma) \cdot \chi^2} \quad (7.4\text{-}16)$$

式中,k_{h1} 为空心率影响系数;$\lambda_0 = \lambda/40$;式(7.4-16)中其他参数的确定方法如下:

对于圆套圆中空夹层钢管混凝土:

$\alpha = 0.05t^2 - 0.24t - 0.17$;$\beta = -0.12t^2 + 0.62t + 0.43$;$\gamma = 0.208t + 0.824$

对于方套圆中空夹层钢管混凝土:

$\alpha = -0.076t + 0.148$;$\beta = 0.197t - 0.173$;$\gamma = -0.02t + 0.225$

t 为耐火极限,以 h 计。

式(7.4-15)中 a 为实心钢管混凝土柱的防火保护层厚度,可按式(5.4-7)和式(5.4-8)计算,但在计算系数 k_{LR} 时,系数 k_t 也应该乘以一个考虑空心率影响的系数 k_{h2},该系数的确定方法是:

$$k_{h2} = At_0^2 + Bt_0 + 1 \quad (7.4\text{-}17)$$

式中,$t_0 = 0.6t$,t 以 h 计;系数 A、B 的确定方法如下:

对于圆套圆中空夹层钢管混凝土:

$A = 0.13\chi^2 + 0.03\chi$,$B = -0.4\chi^2 - 0.4\chi$;

对于方套圆中空夹层钢管混凝土:

$A = 0.13\chi^2 + 0.03\chi$,$B = -0.41\chi^2 - 0.13\chi$。

7.5 FRP 约束钢管混凝土

FRP 约束钢管混凝土柱是在钢管混凝土柱外包 FRP 材料,从而使钢管内的核心混凝土处于 FRP 和钢管的双重约束之下。FRP 约束钢管混凝土是 FRP 约束混凝土和钢管混凝土二者的有机结合,利用 FRP 约束钢管混凝土,不仅可提高钢管混凝土的承载力,还可利用钢管混凝土具有延性较好的特点,弥补 FRP 约束混凝土这方面的不足。利用 FRP 约束可对既有钢管混凝土结构进行修复加固。图 7.5-1 所示为典型的 FRP 约束钢管混凝土截面形式。

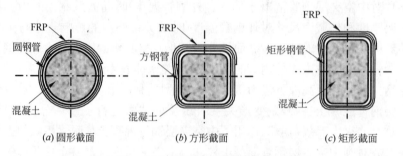

图 7.5-1　FRP 约束钢管混凝土截面示意图

随着钢管混凝土的广泛应用,其发生火灾的危险性也不断增加;此外,由于腐蚀、设计或施工考虑不周以及建筑用途发生改变等都对钢管混凝土结构提出潜在的修复加固要求。目前,国内外利用 FRP 对混凝土或钢结构进行修复加固已成为当前国内外土木工程界研究和应用的热点(Teng 等,2002)。相比较而言,采用 FRP 材料对钢管混凝土构件进行修复加固的研究还较少见(陶忠和于清,2006)。

7.5.1　FRP 约束钢管混凝土的轴压性能

Tao 等(2007b)共进行了 9 个轴心受压钢管混凝土构件的试验研究,其中有 6 个试件为圆钢管混凝土,3 个试件为矩形钢管混凝土。试验参数为钢管截面形状(圆形和矩形)、截面尺寸(100～250mm)和包裹 FRP 的层数(1 层和 2 层)等,其中共有 6 个试件包裹了 FRP。

通过试验发现,和 FRP 约束混凝土类似,截面形状对 FRP 约束效果的发挥影响较大,FRP 对圆形钢管混凝土的约束效果要明显优于对矩形钢管混凝土的约束效果。随着包裹层数的增加,构件达到峰值荷载所对应的峰值应变有所提高。对圆钢管混凝土而言,包裹 FRP 的层数越多,构件的承载力提高越大;但本次试验包裹 2 层 FRP 的矩形钢管混凝土较包裹 1 层 FRP 的矩形钢管混凝土其承载力未见有提高。在 FRP 破坏阶段,达到同样纵向应变时,包裹 FRP 试件其承载力一般均高于未包裹 FRP 试件的承载力。图 7.5-2 所示为典型圆试件在包裹 FRP 及未包裹 FRP 时的荷载-应变关系的对比情况,其中试件编号的最后一位数字为包裹 FRP 的层数。

图 7.5-3 所示为受到不同约束情况下试件的体积应变 ε_v 随纵向应变 ε_c 的变化情况。其中编号为 CC 的试件代表素混凝土圆柱体,其后的数字为包裹 FRP 的层数。体积应变的定义为 $\varepsilon_v = \varepsilon_c + 2\varepsilon_h$,其中 ε_h 为环向应变。应变以受压为正,受拉为负,因而当体积应变为正时代表体积压缩,为负时代表体积膨胀。从图 7.5-3 可见,所有试件都经历了体积压缩到体积膨胀的变化过程。值得注意的是,所有 FRP 约束钢管混凝土柱的曲线在初期和无 FRP 约束的钢管混凝土柱的曲线基本重合。但在膨胀阶段,由于 FRP 约束的存在,

随着FRP层数的增加,体积膨胀的速率降低。FRP约束钢管混凝土的体积膨胀速率也低于FRP约束素混凝土。

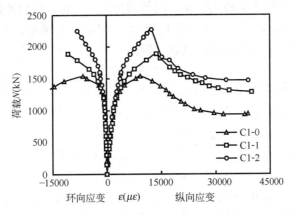

图7.5-2　FRP约束钢管混凝土典型试件荷载-应变关系

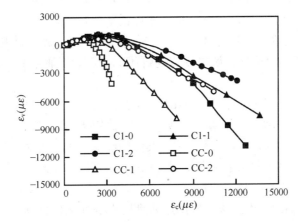

图7.5-3　体积应变随纵向应变的变化情况

Tao等(2007b)建议了FRP约束钢管混凝土轴心受压时的承载力计算公式,具体如下:

$$N_u = (1+1.02\xi_s)f'_c A_{sc} + 1.15\xi_{frp} f'_c A_c \qquad (7.5-1)$$

$$\xi_s = A_s f_y / (A_c f'_c) \qquad (7.5-2)$$

$$\xi_{frp} = A_{frp} f_{frp} / (A_c f'_c) \qquad (7.5-3)$$

式中,ξ_s为钢管对核心混凝土的约束效应系数;ξ_{frp}为FRP对核心混凝土的约束效应系数;f_{frp}为FRP的极限抗拉强度;f'_c为混凝土圆柱体抗压强度;A_s、A_c和A_{frp}分别为钢管、混凝土和FRP的横截面面积;A_{sc}为钢管混凝土的横截面面积。

7.5.2　FRP加固火灾作用后钢管混凝土的静力性能

为了进一步考察用FRP加固火灾作用后钢管混凝土柱的可行性,课题组先后进行了相应的8个轴压、8个纯弯和28个偏压构件的试验研究,且每类构件试验中都包含了常温和相应火灾作用后未加固及火灾作用后加固构件的试验(Tao和Han,2007;Tao等,2007a;陶忠和于清,2006)。对于需受火的试件,升温按ISO-834(1975)规定的标准升温曲线进行控制。升温时试件为四面受火,升温时间设定为 180min,升温时试件不承受荷载作用。试件加固的方法为采用单向 CFRP 沿试件的环向进行包裹。

对于轴压试件,经受火灾作用后试件的承载力大大降低,同时刚度下降明显,但试件下降段要平缓得多(Tao 等,2007a)。由于火灾的影响,试件承载力损失均超过一半以上。随着加固层数的增加,构件的峰值荷载逐渐提高。同时,构件刚度也有提高的趋势,但提高幅度不大。本次试验加固构件的承载力提高幅度为 12%～71%,表明即使在加固 2 层 FRP 的情况下也未能使构件承载力恢复到未受火以前的状态。其原因有三:一是由于采用了高性能混凝土,未受火的试件其混凝土强度从 28d 时的 48.8MPa 提高到承载力试验时的 75MPa,而受火试件其混凝土强度在受火下降后基本不发生变化;二是由于本次试件受火时间较长,试件承载力损失严重;三是加固 FRP 的层数尚不足以使承载力大幅提高。

和轴压试件类似,火灾作用后钢管混凝土纯弯试件的承载力有显著降低(Tao 等,2007b)。对于圆形和方形截面的钢管混凝土试件,经受火灾作用后,其极限弯矩 M_{ue}(取钢管受拉区最外边缘应变达 $10000\mu\varepsilon$ 时所对应的弯矩值)分别下降了 48.6% 和 46.4%,均接近一半左右。此外,火灾也造成试件抗弯刚度的下降。经过加固后,受火试件的承载力和刚度都略有提高,但提高作用总体有限,如包裹两层 FRP 的试件其抗弯承载力最多提高为 29%。因而对于纯弯构件建议采用双向纤维布或配合其他有效措施进行构件的修复与加固。

对于偏压试件,与未经受火灾试件相比,经受火灾的试件其强度和刚度都有明显降低,但下降段趋于平缓(陶忠和于清,2006)。由于火灾影响,试件的峰值荷载 N_{ue} 值均降低了 60%～70% 左右。图 7.5-4 所示分别为典型的经受火灾与否对圆形截面钢管混凝土试件轴力 N-跨中挠度 u_m 关系曲线的影响,图中编号为 CUC 的试件代表常温试件,编号为 CFC-0 的试件代表火灾后未加固试件。

图 7.5-5 所示为加固与否对火灾作用后典型圆形截面试件 N-u_m 关系曲线的影响。图中编号 CFC 后的数字表示加固 FRP 的层数,从中可见,加固后的试件与未加固试件相比,试件的承载力和刚度都有所提高。但上述提高作用随着长细比和偏心距的增大而降低。总体而言,加固偏压试件效果比加固轴压短试件的效果要差,除个别试件外,其余加固偏压试件的承载力较未加固对比试件承载力的提高最大仅为 34.5%。

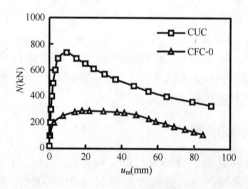 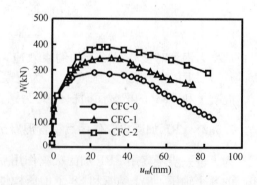

图 7.5-4　经受火灾与否对典型圆试件　　图 7.5-5　加固与否对火灾作用后圆试件
　　　　N-u_m 关系曲线的影响　　　　　　　　　　　N-u_m 关系曲线的影响

7.5.3 FRP加固火灾作用后钢管混凝土的滞回性能

前述有关FRP约束钢管混凝土静力性能的研究结果表明，经受火灾作用后的钢管混凝土柱通过合理设计，采用FRP进行加固可有效提高其承载力，可见当柱受火灾影响较小时采用FRP进行加固可达到预期的目的，尤其是在长细比和偏心率较小的情况下。但要在实际工程中应用FRP对钢管混凝土进行修复加固，还有必要对修复加固后柱的抗震性能进行研究。

为此，课题组先后进行了20个钢管混凝土压弯试件在低周往复荷载作用下的滞回性能试验，试件按截面形状分为圆形和方形各10个试件，每组试件包括3个常温、3个火灾作用后未加固及4个火灾作用后加固的试件，其他试验参数还包括轴压比(0~0.78)和包裹FRP布的层数(1层和2层)(陶忠和于清，2006)。

在试验加载过程中，未加固的圆试件在夹具两侧钢管均产生局部屈曲，剖开钢管后发现其混凝土存在轻微压碎现象，而加固后的圆试件无明显鼓曲，剖开钢管后发现混凝土也无明显压碎现象。但对于方试件，加固及未加固试件的钢管均在夹具两侧产生局部屈曲，屈曲处的混凝土均存在较为明显的压碎现象。

试验结果表明，无论是火灾作用后加固还是火灾作用后未加固的试件，其M-ϕ和P-Δ滞回关系曲线均较为饱满，无明显捏缩现象产生。相对于常温试件而言，火灾作用后未加固及加固试件的滞回曲线饱满性要更好。火灾作用后试件的承载力下降较多，降幅达40%~60%。但经过加固以后，随着加固的FRP层数增加，试件的刚度、极限承载力和延性均有所提高。但和前述静力构件类似，由于本次试验构件的受火时间较长，加固后试件的承载力也未恢复到常温下试件的承载力水平。

7.6 钢管再生混凝土

目前，世界各国都在着手研究如何合理有效地实现废弃混凝土的再利用，其中应用途径之一就是将其应用到新建工程结构中，这对于有效地节约天然骨料和保护环境、实现废弃混凝土的资源化具有重要意义。

将再生混凝土灌入钢管形成钢管再生混凝土之后，使再生混凝土处于钢管的约束和保护之下，同样二者也存在相互作用，有利于提高再生混凝土的力学性能和工作性能。

已有研究成果表明，由于再生混凝土骨料表面粗糙、孔隙率大和弹性模量低，使再生混凝土的表观密度、强度和弹性模量、收缩和徐变、流动性、导热系数和脆性与普通混凝土均有所差别，从而使得钢管再生混凝土和钢管普通混凝土在力学性能上可能存在一定的差异。为全面考察钢管再生混凝土构件在一次加载下的静力性能，Yang和Han(2006a，2006b)共进行了24个轴压短柱、8个纯弯构件和24个压弯构件的试验研究，同时进行了钢管普通混凝土构件的对比试验研究。

试验共配制了三种混凝土，包括采用天然粗骨料的普通混凝土(Normal Concrete，NC)以及再生混凝土粗骨料取代率为25%和50%的再生混凝土(Recycled Aggregate Concrete，RAC)。混凝土的基本力学性能如表7.6-1所示。

由表 7.6-1 可见，再生混凝土的抗压强度和弹性模量均低于相应普通混凝土，且再生混凝土粗骨料取代率 r 越大，指标越低，25% 和 50% 粗骨料取代率的再生混凝土的 28d 抗压强度分别比普通混凝土低 2.1% 和 14.3%，弹性模量则分别低 5.1% 和 10.9%。此外，随着 r 的增大，混凝土的坍落度逐渐减小，即工作性能越差，但振捣棒的使用可以保证其在钢管中的均匀性及密实度（Yang 和 Han，2006a，2006b）。

混凝土配合比和基本力学性能　　　　　　　　　　　表 7.6-1

类型	配合比（kg/m³）						力学性能（MPa）		工作性能
	水泥	砂	天然粗骨料	再生粗骨料	水	水灰比	28d 抗压强度 f_{cu}	弹性模量	坍落度（mm）
NC	414	630	1170	0 ($r=0$)	207	0.5	42.7	2.75×10^4	40
RAC	414	630	878	292 ($r=25\%$)	207	0.5	41.8	2.61×10^4	35
	414	630	585	585 ($r=50\%$)	207	0.5	36.6	2.46×10^4	33

图 7.6-1 给出了典型轴压短柱的荷载-纵向应变关系曲线，再生混凝土的粗骨料取代率为 50%。可见，钢管再生混凝土轴压短柱的荷载-纵向应变关系曲线与相应钢管普通混凝土轴压短柱类似，但钢管再生混凝土轴压试件的承载力和刚度略低于相应钢管普通混凝土轴压试件。

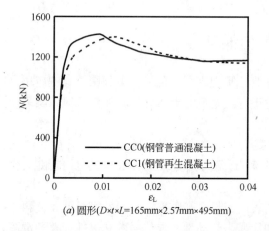 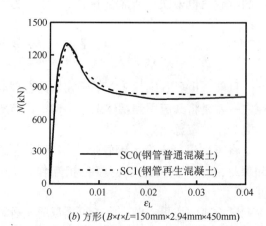

(a) 圆形 ($D \times t \times L = 165\text{mm} \times 2.57\text{mm} \times 495\text{mm}$)　　　(b) 方形 ($B \times t \times L = 150\text{mm} \times 2.94\text{mm} \times 450\text{mm}$)

图 7.6-1　试件荷载 N-纵向应变 ε_L 关系曲线

图 7.6-2 所示为纯弯试件的弯矩-跨中挠度关系曲线，再生混凝土的粗骨料取代率为 50%。可见，钢管再生混凝土纯弯试件的弯矩-跨中挠度关系曲线与相应钢管普通混凝土纯弯试件类似，但钢管再生混凝土纯弯试件的抗弯承载力和刚度略低于相应钢管普通混凝土纯弯试件。

图 7.6-3 为偏压试件的轴力-跨中侧向挠度关系曲线，其中试件的荷载偏心距为 20mm，再生混凝土的粗骨料取代率为 50%。可见，钢管再生混凝土偏压试件的轴力-跨

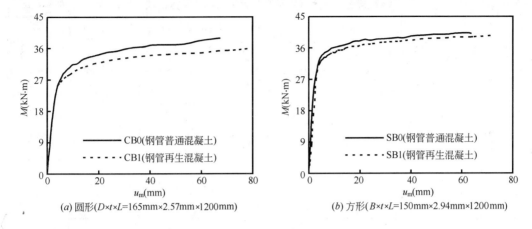

图 7.6-2 试件弯矩 M-跨中挠度 u_m 关系曲线

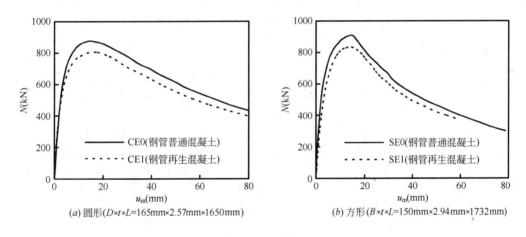

图 7.6-3 试件轴力 N-跨中侧向挠度 u_m 关系曲线

中侧向挠度关系曲线与相应钢管普通混凝土偏压试件类似,但钢管再生混凝土偏压试件的承载力和刚度略低于相应钢管普通混凝土偏压试件。

研究结果表明,在所研究的参数范围内,导致钢管再生混凝土轴压、纯弯和偏压试件的承载力和刚度均低于相应钢管普通混凝土试件的主要原因在于,再生混凝土的强度和弹性模量均低于相同配合比的普通混凝土,但钢管再生混凝土试件和钢管普通混凝土试件之间的差异并不十分显著。

钢管普通混凝土结构设计规程主要有:ACI(2005)、AIJ(1997)、AISC(2005)、BS 5400(2005)、DBJ 13-51-2003 和 EC 4(2004),上述规程可同时适用于圆钢管混凝土和方钢管混凝土。利用以上六部规程对钢管再生混凝土轴压短柱、纯弯构件和压弯(偏压)构件的极限承载力进行了计算,计算结果如表 7.6-2 所示。可见,总体上规程 DBJ 13-51-2003 的计算结果与实验结果最为接近,且偏于安全,较适合于钢管再生混凝土构件承载力的计算,但需要注意的是再生混凝土粗骨料的取代率应小于 50%。

钢管再生混凝土试件承载力计算值和实验值比较　　表 7.6-2

截面	构件	ACI (2005)		AIJ (1997)		AISC (2005)		BS 5400 (2005)		DBJ 13-51-2003		EC 4 (2004)		数据个数
		平均值	均方差	平均值	均方差	平均值	均方差	平均值	均方差	平均值	均方差	平均值	均方差	
圆形	轴压短柱	0.757	0.052	0.849	0.054	0.800	0.057	1.085	0.061	0.855	0.055	0.990	0.062	12
	纯弯构件	1.072	0.007	0.834	0.009	0.834	0.009	0.983	0.006	0.899	0.004	1.011	0.006	4
	压弯构件	0.833	0.127	0.927	0.035	0.778	0.124	0.985	0.017	0.881	0.034	1.001	0.022	12
方形	轴压短柱	0.898	0.037	0.898	0.037	0.894	0.037	0.884	0.035	0.890	0.042	0.976	0.044	12
	纯弯构件	1.150	0.008	0.984	0.015	0.984	0.015	1.127	0.011	0.973	0.005	1.152	0.012	4
	压弯构件	0.937	0.168	1.002	0.039	0.854	0.059	0.833	0.045	0.950	0.029	1.105	0.073	12

此外，课题组还对低周往复荷载作用下钢管再生混凝土压弯试件的滞回性能进行了研究，图 7.6-4 给出了典型钢管再生混凝土压弯试件荷载-位移滞回关系曲线与相应钢管普通混凝土试件的比较，其中作用在试件上的轴压比为 0.25。可见，二者的滞回曲线形状差别不大，但钢管再生混凝土试件的承载力和刚度要低于相应钢管普通混凝土试件。

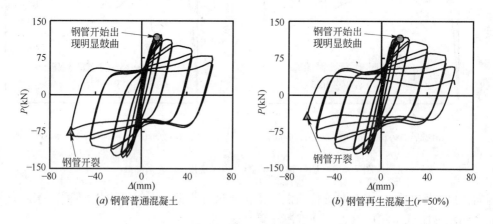

图 7.6-4　压弯试件荷载 P-变形 Δ 滞回关系曲线

7.7　小　结

本章简要论述了采用高性能材料的钢管混凝土、薄壁钢管混凝土、中空夹层钢管混凝土、FRP 约束钢管混凝土和钢管再生混凝土等新型钢管混凝土结构研究方面取得的最新成果和设计建议。

对本章论述的内容简要归纳如下：

(1) 钢管的外直径或最大外边长与壁厚之比的限值取无混凝土时空钢管相应限值的 1.5 倍是可行的。

(2) 采用高性能自密实混凝土的钢管混凝土的力学性能和普通钢管混凝土基本类似，可以采用普通钢管混凝土的方法进行钢管自密实高性能混凝土的设计计算。

（3）在对中空夹层钢管混凝土力学性能系统研究结果的基础上，提供了中空夹层钢管混凝土构件的设计方法，可为有关工程实践提供参考。

（4）钢管再生混凝土构件与钢管普通混凝土构件的力学性能基本类似，DBJ 13-51-2003 提供的普通钢管混凝土压弯构件承载力计算公式适合于再生混凝土粗骨料取代率小于 50% 的钢管再生混凝土构件的设计计算。

第8章 制作、施工与质量控制

8.1 引 言

合理地进行钢管混凝土的制作、施工和质量控制，是实现该类结构设计目的、保证其安全性的重要前提。

钢管混凝土结构的施工质量要求和验收标准应按现行国家标准《钢结构工程施工质量验收规范》GB 50205-2001 和《混凝土结构工程施工质量验收规范》GB 50204-2002 等规范中的相关规定执行，但同时还应注意到，钢管混凝土的制作、施工和质量控制还有其自身的特点，应在工程实践中予以重视。

本章拟结合作者在钢管混凝土结构施工技术领域的一些研究结果和体会，在借鉴一些最新研究成果、以及国内一些工程实践经验和有关钢管混凝土结构方面的规程，如 CECS 28：90(1992)、CECS 159：2004、CECS 200：2006、DB 29-57-2003、DBJ 13-51-2003、DL/T 5085-1999、GJB 4142-2000 和 JCJ 01-89 等的基础上，简要阐述钢管混凝土制作、施工和质量控制中的一些关键技术问题，并归纳钢管混凝土中核心混凝土的质量控制和检验办法等，以期为钢管混凝土工程实践提供参考。

8.2 一般规定

钢管结构制作和安装的施工单位应具有相应的资质，施工单位应根据批准的施工图设计文件编制施工详图，这样可以较好地把制作条件安装技术与原设计文件结合起来，使设计更趋完善。当需要修改时，应按有关规定办理设计变更手续。

钢管混凝土构件常用作各种柱子，构造较为复杂，应根据工程特点，结合制作厂的条件编制制作工艺。制作工艺应包括：制作所依据的标准，制作厂的质量保证体系，成品的质量保证体系和为保证成品达到规定的要求而制定的措施。工艺中还应包括：生产场地的布置，采用的加工、焊接设备和工艺装备及检测设备，焊工和检验人员资质证明，各类检查项目表格，生产进度计划表及运输计划表等。因此，钢管结构在制作前，应根据施工图设计文件和施工详图的要求编制制作工艺。制作工艺至少应包括：制作所依据的标准，施工操作要点，成品质量保证措施等。

由于复杂构件的加工工艺参数有时须从工艺实验中取得，如加工、装配、焊接的变形控制、尺寸精度的控制，通过实验，可以获得合理的工艺参数，用以指导构件的批量生产，保证构件制作质量，因此，钢管结构制作单位应在必要时对构造复杂的构件进行工艺实验。

在结构施工中，当需以屈服强度不同的钢材代替原设计中的钢材时，应按照钢材的实际强度进行验算。考虑到先行浇筑混凝土会使结构调整发生困难,甚至无法调整,钢管管内混凝土浇筑宜在钢构件安装完毕并经验收合格后进行。

利用空钢管临时承重时,宜避免空钢管受弯及径向受压,并避免产生不易矫正的变形。钢管中应力的控制应按照本书3.5节中的方法进行验算。

为了保证结构的耐久性和安全性,钢管混凝土柱防火涂料涂装前柱表面除锈及防锈底漆涂装应符合设计要求和国家现行有关标准规定。钢管混凝土柱防火涂料的粘结强度、抗压强度等性能指标应符合国家标准《钢结构防火涂料》GB 14907-2002和中国工程建设标准化协会标准《钢结构防火涂料应用技术规范》CECS 24:90的规定。检验方法应符合现行国家标准《建筑构件耐火试验方法》GB/T 9978-1999的有关规定。

当采用新型防火涂料时,必须有可靠的依据,且经过有关管理部门的批准。

8.3 钢管的制作和施工

钢管构件应根据施工详图进行放样。放样与号料应预留焊接收缩量和切割、端铣等加工余量。对于高层框架柱尚应预留弹性压缩量,弹性压缩量可由制作单位和设计单位协商确定。

采用成品无缝钢管或焊接钢管应具有产品出厂合格证书。螺旋焊接或直缝焊接圆管,以及采用板材焊接的矩形钢管,其焊缝宜采用坡口熔透焊缝。焊接管焊缝的坡口形式和尺寸,应符合国家标准《气焊、手工电弧焊及气体保护焊焊缝坡口的基本形式和尺寸》GB/T 985-1988和《埋弧焊焊缝坡口的基本形式和尺寸》GB/T 986-1988的规定。需边缘加工的零件,宜采用精密切割;焊接坡口加工宜采用自动切割、半自动切割、坡口机、刨边机等方法进行,并应用样板控制坡口角度和尺寸。

施工单位自行卷制的钢管,所采用的板材应平直,表面未受冲击,未锈蚀,当表面有轻微锈蚀、麻点、划痕等缺陷时,其深度不得大于钢板厚度负偏差值的1/2,且卷管方向应与钢板压延方向一致。

钢管构件组装前,各零、部件应经检查合格,组装的允许偏差应符合国家标准《钢结构工程施工质量验收规范》GB 50205-2001的规定。

钢管构件的焊接(包括施工现场焊接)应严格按照所编工艺文件规定的焊接方法、工艺参数、施焊顺序进行,并应符合设计文件和现行国家行业标准《建筑钢结构焊接技术规程》JGJ 81-2002的规定。

钢管采用现场焊接拼接时,要采取可靠的施焊工艺,尽可能减少焊接残余应力和残余变形。

根据哈尔滨工业大学和中建三局科研所合作进行的焊接对钢管混凝土结构轴心受压构件工作性能影响的实验研究(钟善桐,1994),后施焊会造成核心混凝土强度指标下降,但对构件承载力的降低不超过2.5%。研究结果还表明,由焊接造成柱挠曲产生的偏心很小,可忽略其对偏心承载力的影响(钟善桐,1994)。在设计荷载下施焊,柱刚度变化也很小,对结构的工作性能无明显影响。但应注意不宜在同一构件上多点同时施焊,且焊接电流不宜过大。

钢管构件的除锈和涂装应在制作检验合格后进行。构件表面的除锈方法和除锈等级应符合设计规定，其质量要求应符合现行国家标准《涂装前钢材表面锈蚀等级和除锈等级》GB/T 8923-1988 的规定。

钢管构件制作完成后，应按照施工图和现行国家标准《钢结构工程施工质量验收规范》GB 50205-2001 的规定进行验收，其外形尺寸的允许偏差应符合上述规范的规定。

钢管构件制作完毕后应仔细清除钢管内的杂物，钢管内表面必须保持干净，不得有油渍等污物，应采取适当措施保持管内清洁。制作完毕后的钢管构件，应采取适当保护措施，防止钢管内表面严重锈蚀。

钢管运输及现场安装时应注意避免钢管的附加变形，钢管构件在吊装时应控制吊装荷载作用下的变形，吊点的设置应根据钢管构件本身的承载力和稳定性经验算后确定。必要时，应采取临时加固措施。吊装钢管构件时，应将其管口包封，防止异物落入管内。当采用预制钢管混凝土构件时，应待管内混凝土强度达到设计值的 50% 以后，方可进行吊装。钢管构件吊装就位后，应立即进行校正，采取可靠固定措施以保证构件的稳定性。钢管构件的吊装质量应符合现行国家标准《钢结构工程施工质量验收规范》GB 50205-2001 的规定。

在桁（网）架中，受压弦杆可选用钢管混凝土杆件，其他杆件可采用空钢管，杆件之间可直接焊接或用节点板（球）连接。

为方便现场钢管拼接加长，应于接缝处设置附加内衬管。承重单肢柱内衬管厚度不宜小于 16mm，宽度不宜小于 200mm，内衬管外径宜比上层钢管内径小 4mm。内衬管与钢管的焊缝应满足三级焊缝的质量要求。

8.4 混凝土的施工

8.4.1 混凝土的浇筑方式

如本书 1.2.1 节所述，由于核心混凝土为外围钢管所包覆，从而导致对混凝土浇筑质量控制问题的特殊性和难度。众所周知，不符合质量要求的混凝土会导致其强度等力学性能指标的降低；对于钢管混凝土，不密实的核心混凝土还会导致钢管混凝土构件承载力和刚度不同程度的降低（韩林海，2004，2007）。因此，可靠的浇筑质量是保证混凝土满足其设计强度、保证钢管和核心混凝土相互协同作用充分发挥的重要前提。

工程实践经验表明，核心混凝土的配合比除了应满足有关力学性能指标的要求外，尚应注意混凝土坍落度的选择。混凝土配合比应根据混凝土设计等级计算，并通过实验确定。

钢管内混凝土的浇筑宜连续进行，若间歇时，时间不应超过混凝土的终凝时间，需留施工缝时，应将管口封闭，防止水、油污和异物等落入。混凝土施工前应有切实可行的施工组织计划，应有突然遇雨、突然停电等异常情况的应急措施。

管内混凝土浇筑可采用人工逐层浇筑法、导管浇筑法、泵送顶升法和高位抛落无振捣法等。

(1) 人工逐层浇筑法

先浇筑一层厚度不小于100mm的水泥砂浆，用以封闭管底并使自由下落的混凝土不致产生弹跳现象。然后将混凝土垂直运送到管柱顶，用人工将它灌入钢管中；且混凝土一次浇筑高度不宜大于1.5m，当钢管最小外边长不小于350mm时，采用插入式振动器振捣，插点应均匀。当钢管最小外边长小于350mm时，可采用附着式振动器在钢管外部振捣，振动器位置应随管内混凝土浇筑的情况加以调整。当钢管截面尺寸较大时，工人也可进入管内按常规方法用振动棒振捣。这样逐层浇筑，逐层振捣，直到灌满为止。在钢管的终端，使混凝土稍微溢出后，再迅速将留有排气孔的端板紧压在管端，随即进行点焊，此时应让混凝土从端板上的气孔中溢出，如有不足，适当添加混凝土，待混凝土硬化后再将端板补焊至设计要求的程度。有时也可以在混凝土施工到钢管顶部时暂不加端板，几天后混凝土施工表面由于收缩而下凹，用和混凝土强度相同的水泥砂浆抹平后，盖上端板并焊好。

手工浇捣法施工速度较慢，且施工人员必须严格遵守操作纪律，才能保证混凝土的施工质量。

(2) 导管浇筑法

当采用导管浇筑法时，在钢管内插入上端装有混凝土料斗的钢制导管，自下而上边退边完成混凝土的浇筑。浇筑前导管下口离底部的垂直距离不宜小于300mm，浇筑过程中导管下口宜置于混凝土中1000mm。导管与柱内水平隔板浇筑孔的侧隙不宜小于50mm，以便插入振动棒振捣。当钢管最小外边长小于400mm时，可采用附着式振动器在钢管外部振捣。

为了减轻劳动强度，混凝土浇筑过程中应尽可能采用机械提升导管的方法。

(3) 泵送顶升浇筑法

日本于20世纪80年代初开始采用混凝土泵送浇筑钢管混凝土的方法。我国首钢建设总公司亦从1984年就开始进行有关实验，并成功应用于实际工程中。

混凝土泵送顶升浇筑法的关键是混凝土配合比的选择，使其满足可泵性的要求。首钢建设总公司分别对半流态混凝土和微膨胀半流态混凝土的配合比进行了实验研究(刘玉莲，1991；肖敦壁，1988)，最后确定了合理的配合比。随后用该配合比的混凝土制作了钢管混凝土短试件，进行了$L/D=3$的一批(共37根)钢管混凝土短试件在一次及反复加载下的轴压实验。通过对实验结果的分析发现，灌掺减水剂或又掺膨胀剂的半流态混凝土的钢管混凝土短试件的荷载-变形关系在弹性阶段与普通钢管混凝土类似，但达到破坏时试件的塑性变形稍大。

采用泵送顶升法浇筑钢管内的混凝土时，首先要在钢管柱适当位置安装一个带有止回阀的进料支管，支管可直接与泵车的输送管相连，将混凝土自下而上灌入钢管，无需再振捣。进料支管的尺寸宜小于钢管横截面尺寸的二分之一。

为了保证钢管结构的安全性，必要时应对采用泵送顶升法浇筑的多层高柱下部入口处的钢管壁，以及钢管柱纵向焊缝进行强度验算。

(4) 高位抛落免振捣法

高位抛落免振捣法是利用混凝土从高空顺钢管下落时的动能，达到混凝土密实的目的，可免去或减轻繁重的振捣工作。太钢钢管混凝土结构设计施工研究组(1986)对高位抛落免振捣法主要从混凝土配合比设计及对比实验和钢管混凝土短柱承载力的对比实验两个方面进行了探讨和验证。为了保证混凝土高位抛落免振捣成型下的密实性与均匀性,配合比除应满足混凝土的强度要求外,还必须保证浇筑时不发生分层和离析。

高位抛落免振捣法适用于管径不小于 300mm,高度不小于 4m 的情况。当抛落高度不足 4m 时,应辅以插入式振动器振捣密实。

沈祖炎和陈之毅(2003)对矩形钢管混凝土高位抛落法施工工艺进行了实验研究,考察了强度和充填性能等混凝土浇筑质量,并归纳了影响混凝土浇筑质量的因素。研究结果表明,对于钢管混凝土柱的一些特殊部位,如横隔板处,需辅助振捣以保证混凝土具有足够的密实度。

自密实混凝土采用高位抛落免振捣法浇筑时,应更加重视施工工艺对混凝土材料基本性能的影响。

冬季施工混凝土时,其养护应遵循《建筑工程冬期施工规程》JGJ 104-97 的有关规定。

总之,混凝土施工工艺的选择和确定应因地制宜,且应适当验算:①施工阶段空钢管在施工荷载、湿混凝土和结构自重等荷载作用下的稳定性;②施工阶段钢管中产生的初应力对正常使用阶段钢管混凝土力学性能的影响。

8.4.2 混凝土质量检测方法

对钢管混凝土内部混凝土质量的检测一般采用敲击法通过听声音来检查,但对于一些重要构件或部位,例如有穿心构件的情况等,用敲击法则满足不了要求,这时可采用超声波检测法。

钢管混凝土是由钢管和核心混凝土组成的组合结构,由于超声波通过时的声速、振幅和波形等超声参数的变化与钢管内混凝土的密实度、均匀性和局部缺陷的状况密切相关,因而可以运用超声波来检测管内混凝土的缺陷,测试频率一般选择 40~100kHz 范围之内(唐春平,1991)。

具体方法是先对无缺陷的混凝土的强度和各种缺陷等进行标定,求得超声波通过时的一些超声参数。以此作为钢管混凝土实际测试时的标准来进行比较,从而确定管内混凝土的质量状况,并加以评定。

核心混凝土的强度与声速间存在良好的相互关系。通过测定不同强度等级、不同龄期、不同品种水泥以及不同外掺剂的钢管混凝土的声速,同时平行地测定同材质、同工艺条件下的立方体试块的抗压强度,以数理统计方法,建立核心混凝土强度与声速间的关系,唐春平(1991)通过对 30 组钢管混凝土短柱声速的检测与相应混凝土立方体试块抗压强度的对照,给出计算公式,即

$$f_{sk} = 3.859 \times 10^{-15} V_{gh}^{4.704} \tag{8.4-1}$$

式中,f_{sk} 为由声速推算的核心混凝土抗压强度,V_{gh} 为超声波通过核心混凝土时的声速,单位 m/s。

在进行钢管混凝土的核心混凝土施工时,混凝土质量应符合国家有关混凝土施工质量验收规范的规定,但是,由于核心混凝土为外围钢管所包覆,从而导致对混凝土浇筑质量控制问题的特殊性和难度,应当寻找和探索一种既科学合理、又便于实际工程中操作的方法。

对于检测出的混凝土不密实部位，可采用局部钻孔压浆法进行补强，完成后要把钻孔补焊封固。

对于钢管混凝土的核心混凝土，要充分考虑控制混凝土的强度和密实度，前者可以保证混凝土达到设计强度，后者则可以保证钢管和核心混凝土相互协同作用的充分发挥（韩林海，2004，2007）。对于一些具体工程，可因地制宜地制定可行的工法和实施措施。

尽管实际工程中核心混凝土的施工方法有多种，但无论采用那种方法，都要保证混凝土的强度和密实度达到设计要求。

总之，合理的配合比，适当的施工工艺，有效可行的检测检验措施是保证钢管混凝土中混凝土密实度的重要条件。

8.5 验　　收

钢管混凝土结构工程的质量验收应按现行国家标准《建筑工程施工质量验收统一标准》GB 50300 - 2001、《钢结构工程施工质量验收规范》GB 50205 - 2001 和《混凝土结构工程施工质量验收规范》GB 50204 - 2002 中的有关规定执行。

参考 DBJ 13 - 51 - 2003 等有关规程，对钢管混凝土子分部工程验收的内容归纳如下：
(1) 设计变更文件及原材料代用证件；
(2) 原材料出厂质量合格证件及性能检测报告；
(3) 焊接材料产品证明书、焊接工艺文件及烘焙记录；
(4) 焊工合格证书及施焊范围；
(5) 焊缝超声波探伤或射线探伤检测报告及记录；
(6) 连接节点检查记录；
(7) 钢筋接头实验报告；
(8) 混凝土工程施工记录；
(9) 混凝土试件性能实验报告；
(10) 隐蔽工程验收记录；
(11) 各检验批验收记录；
(12) 工程重大质量、技术问题的技术资料、处理方案和验收记录；
(13) 竣工图及相关设计文件；
(14) 其他文件和记录等。

钢管混凝土柱防火保护工程消防验收由建设单位组织设计、施工、监理单位及公安消防机构，依据国家《消防法》等有关消防技术标准进行专项验收。钢管混凝土结构的防火保护工程应按防火保护分项工程列入建筑消防的消防验收。此外，采用防火涂料进行防火保护时，在使用期间应定期维护。

消防验收时，建设单位一般需要提供下列资料：
(1) 建筑工程消防验收申请表；
(2) 消防监理单位的监理报告；
(3) 公安消防机构的审批文件、竣工图及相关设计文件；
(4) 材料的性能检测报告，燃烧性能检测报告，含水率及容重检测报告；

(5) 施工组织设计及施工方案；
(6) 产品质量合格证明文件；
(7) 抽检产品粘结强度、抗压强度检测报告及材料的燃烧性能检测报告等相关文件；
(8) 分项工程中间验收记录；
(9) 隐蔽工程验收记录、现场施工质量记录；
(10) 工程变更记录；
(11) 材料代用通知单；
(12) 重大质量问题的处理意见等。

附录 A 各规程的承载力设计公式

A.1 《Building code requirements for structural concrete and commentary》ACI(2005)

规程 ACI(2005)在计算钢管混凝土构件的承载力时，是将其等效为钢筋混凝土构件，按照钢筋混凝土的方法进行，截面形式包括圆形、方形和矩形。

计算时采用了如下基本假设：
(1) 钢材和混凝土变形协调；
(2) 钢材和混凝土的应变与其到中和轴的距离成正比；
(3) 混凝土受压边缘的极限应变为 0.003；
(4) 钢材采用理想弹塑性应力-应变关系模型；
(5) 忽略混凝土对抗拉的贡献；
(6) 混凝土压应力分布和混凝土应变分布之间的关系，可假定为矩形、梯形或在强度计算上能符合多次综合实验结果的其他形状。若假定等效受压区为矩形分布，则混凝土应力值取为 $0.85f'_c$，f'_c 为混凝土圆柱体抗压强度。当 $17\text{N/mm}^2 \leqslant f'_c \leqslant 28\text{N/mm}^2$ 时，等效受压区高度系数 $\beta_1=0.85$；当 $f'_c>28\text{N/mm}^2$ 时，混凝土强度每增加 7N/mm^2，β_1 减小 0.05，但 β_1 不得小于 0.65。

对于轴心受压短柱，其强度承载力应满足下式的要求：

$$N \leqslant N_u \quad\quad (\text{A.1-1})$$

式中 N——构件轴力设计值；

N_u——轴压短柱强度承载力，$N_u = 0.85\phi \cdot (A_s \cdot f_y + 0.85f'_c \cdot A_c)$；

ϕ——折减系数，取值为 0.75；

A_s、A_c——分别为钢管和核心混凝土的横截面面积；

f_y——钢材的屈服强度；

f'_c——混凝土圆柱体抗压强度。

在非侧移框架中，当柱子的长细比 λ 满足下式要求时，可不考虑长细比的影响，按轴压短柱设计：

$$\lambda = L/r \leqslant 34 - 12(M_1/M_2) \quad\quad (\text{A.1-2})$$
$$34 - 12(M_1/M_2) \leqslant 40 \quad\quad (\text{A.1-3})$$

式中，M_1 和 M_2 分别为构件计算长度范围内的最小和最大弯矩，单向弯曲时，$(M_1/M_2)>0$，双向弯曲时，$(M_1/M_2)<0$；L 为构件的计算长度；r 为构件截面回转半径，按如下公式进行计算：

$$r=\sqrt{\frac{E_s I_s + 0.2 E_c I_c}{E_s A_s + 0.2 E_c A_c}} \quad \text{(A.1-4)}$$

其中，E_s 和 E_c 分别为钢材和混凝土的弹性模量，$E_s=200000\text{N/mm}^2$，$E_c=4700\sqrt{f_c'}$，f_c' 以 N/mm^2 为单位代入；I_s 和 I_c 分别为钢管和核心混凝土的截面惯性矩。

对于不满足式(A.1-2)的轴压长柱，应考虑长细比的影响，按压弯构件的方法进行计算，并给定最小偏心距为 $15+0.03D$ 或 $15+0.03B$(mm)，D 和 B 为钢管混凝土截面外尺寸。

对于压弯构件，采用弯矩放大的方法来考虑二阶效应的影响。弯矩放大系数的公式为：

$$\delta = \frac{C_m}{1-\dfrac{N}{0.75 N_E}} \geqslant 1.0 \quad \text{(A.1-5)}$$

$$C_m = 0.6 + 0.4 \frac{M_1}{M_2} \geqslant 0.4 \quad \text{(A.1-6)}$$

式中　N——构件轴力设计值；

N_E——临界力，$N_E = \dfrac{\pi^2 \cdot (E_s I_s + 0.2 E_c I_c)}{L^2}$。

对于支座间有横向荷载作用的构件，$C_m = 1.0$。

A.2　《Recommendations for design and construction of concrete filled steel tubular structures》AIJ(1997)

规程 AIJ(1997)同时给出了允许应力设计法和极限状态设计法。下面给出极限状态设计法的设计公式，截面形式包括圆形、方形和矩形。

1. 轴心受压构件

(1) 轴压强度承载力

当 L/D(或 L/B)$\leqslant 4$ 时，称为短柱，其轴压强度承载力应满足下式的要求：

$$N \leqslant N_u \quad \text{(A.2-1)}$$

式中　N——构件轴力设计值；

N_u——构件轴压强度承载力。

对于圆钢管混凝土：

$$N_u = 1.27 A_s \cdot F + 0.85 f_c' \cdot A_c \quad \text{(A.2-2)}$$

对于方、矩形钢管混凝土：

$$N_u = A_s \cdot F + 0.85 f_c' \cdot A_c \quad \text{(A.2-3)}$$

A_s 和 A_c 分别为钢管和核心混凝土的横截面面积；

F 为钢材的强度标准值，$F = \min(f_y, 0.7 f_u)$，f_y 为钢材的屈服强度，f_u 为钢材的抗拉强度；f_c' 为混凝土圆柱体抗压强度。

(2) 轴压稳定承载力

当 $4 < L/D$(或 L/B)$\leqslant 12$ 时，称为中长柱，其轴压稳定承载力应满足下式的要求：

$$N \leqslant N_{cr} \quad \text{(A.2-4)}$$

式中　N_{cr}——中长柱轴压稳定承载力。

A.2 《Recommendations for design and construction of concrete filled steel tubular structures》AIJ(1997)

对于圆钢管混凝土：

$$N_{cr} = N_{u1} - \frac{N_{u1} - N_{u2}}{8} \cdot \left(\frac{L}{D} - 4\right) \tag{A.2-5}$$

对于方、矩形钢管混凝土：

$$N_{cr} = N_{u1} - \frac{N_{u1} - N_{u2}}{8} \cdot \left(\frac{L}{B} - 4\right) \tag{A.2-6}$$

N_{u1} 为同条件下短柱的强度承载力，按式(A.2-2)或式(A.2-3)计算；

N_{u2} 为 L/D 或 $L/B = 12$ 时构件的轴压稳定承载力，按式(A.2-7)确定。

当 L/D(或 L/B)>12 时，称为细长柱，其轴压稳定承载力按以下公式计算：

$$N_{cr} = {}_sN_{cr} + {}_cN_{cr} \tag{A.2-7}$$

式中，${}_sN_{cr}$ 为钢管的轴压稳定承载力，按以下公式进行计算：

$${}_sN_{cr} = \begin{cases} {}_sN_y & (\bar{\lambda} \leqslant 0.3) \\ [1 - 0.545(\bar{\lambda} - 0.3)] \cdot {}_sN_y & (0.3 < \bar{\lambda} \leqslant 1.3) \\ {}_sN_y / (1.3\bar{\lambda}^2) & (\bar{\lambda} > 1.3) \end{cases} \tag{A.2-8}$$

其中，${}_sN_y = F \cdot A_s$；

$\bar{\lambda}$——钢管的相对长细比，$\bar{\lambda} = \sqrt{{}_sN_y / {}_sN_E}$；

${}_sN_E$——钢管的欧拉临界力，${}_sN_E = \dfrac{\pi^2 \cdot E_s \cdot I_s}{L^2}$；

E_s——钢材弹性模量，$E_s = 205800 \text{N/mm}^2$；

I_s——钢管截面惯性矩；

L——构件计算长度。

${}_cN_{cr}$ 为混凝土的轴压稳定承载力，其计算公式为：

$${}_cN_{cr} = {}_c\sigma_{cr} \cdot A_c \tag{A.2-9}$$

其中，${}_c\sigma_{cr}$ 为混凝土的极限应力，计算公式如下：

$${}_c\sigma_{cr} = \left[1 - \left(1 - \frac{{}_c\varepsilon_{cr}}{\varepsilon_u}\right)^\alpha\right] \times 0.85 f'_c \tag{A.2-10}$$

式中 ε_u——混凝土的极限压应变，$\varepsilon_u = 0.52 \times \sqrt[4]{0.85 f'_c / 0.098} \times 10^{-3}$；

${}_c\varepsilon_{cr}$——混凝土长柱的临界应变，按如下方程确定：

$$(1-x)^\alpha + \alpha \cdot K \cdot (1-x)^{\alpha-1} - 1 = 0 \tag{A.2-11}$$

其中，$x = {}_c\varepsilon_{cr} / \varepsilon_u$；

$\alpha = {}_cE_i \cdot \varepsilon_u / (0.85 f'_c / 0.098)$；

${}_cE_i = [0.106 \times \sqrt{0.85 f'_c / 0.098} + 0.703] \times 10^5 \text{N/mm}^2$；

对于圆钢管混凝土，$K = \dfrac{\pi^2}{16(L/D_c)^2 \cdot \varepsilon_u}$；

对于方、矩形钢管混凝土，$K = \dfrac{\pi^2}{12(L/B_c)^2 \cdot \varepsilon_u}$；

D_c 和 B_c 为核心混凝土直径或边长。

2. 纯弯构件

构件的抗弯承载力应满足下式要求：

$$M \leqslant M_u \tag{A.2-12}$$

式中 M——构件弯矩设计值;

M_u——构件抗弯承载力,在计算钢管混凝土抗弯承载力时,忽略了混凝土的贡献,仅考虑钢管的作用,$M_u = {_s}M_{u0} = Z \cdot f_y$;

Z——钢管截面的塑性抗弯模量,按下式计算:

对于圆钢管混凝土:

$$Z = \frac{D^3 - (D-2t)^3}{6} \tag{A.2-13}$$

对于方、矩形钢管混凝土:

$$Z = \left(B + \frac{D}{2}\right) \cdot D \cdot t - (B+2D) \cdot t^2 + 2t^3 \tag{A.2-14}$$

3. 压弯构件

压弯构件的极限承载力应满足下式的要求:

当 $N \leqslant {_c}N_{cu}$ 或 $M \geqslant {_s}M_{u0}\left(1 - \frac{{_c}N_{cu}}{N_k}\right)$ 时

$$N = {_c}N_u, \quad M \leqslant {_s}M_{u0}\left(1 - \frac{{_c}N_{cu}}{N_k}\right) + {_c}M_u \tag{A.2-15}$$

当 $N > {_c}N_{cu}$ 或 $M < {_s}M_{u0}\left(1 - \frac{{_c}N_{cu}}{N_k}\right)$ 时

$$N \leqslant {_c}N_{cu} + {_s}N_u, \quad M = {_s}M_u\left(1 - \frac{{_c}N_{cu}}{N_k}\right) \tag{A.2-16}$$

式中 N——构件轴力设计值;

M——构件弯矩设计值;

N_k——钢管混凝土的欧拉临界力,$N_k = \pi^2 \cdot (0.2 E_c I_c + E_s I_s)/L^2$;

E_c——混凝土弹性模量,$E_c = 20580 \times \left(\frac{\gamma}{2.3}\right)^{1.5} \cdot \sqrt{\frac{f_c'}{19.6}}$。

以上各式中的 ${_c}N_u$、${_c}M_u$ 按混凝土的相关方程确定;${_s}N_u$、${_s}M_u$ 按钢材的相关方程确定。

下面分别给出混凝土和钢管的轴力-弯矩相关方程的表达式:

(1) 混凝土的轴力-弯矩相关方程

对于圆钢管混凝土:

$$\frac{{_c}N_u}{D_c^2 \times 0.85 f_c'} = \frac{\theta - \sin\theta \cdot \cos\theta}{4} \tag{A.2-17}$$

$$\frac{{_c}M_u}{D_c^3 \times 0.85 f_c'} = \frac{\sin^3\theta}{12} \cdot \frac{1}{1 - {_c}N_u/{_c}N_k} \tag{A.2-18}$$

对于方、矩形钢管混凝土:

$$\frac{{_c}M_u}{B_c \cdot D_c^2 \cdot 0.85 f_c'} = \frac{{_c}N_u}{2 D_c \cdot B_c \cdot 0.85 f_c'}\left(1 - \frac{{_c}N_u}{0.85 D_c \cdot B_c \cdot f_c'}\right) \cdot \frac{1}{1 - {_c}N_u/{_c}N_k} \tag{A.2-19}$$

式中,D_c 和 B_c 为核心混凝土直径或边长,${_c}N_k$ 为混凝土的欧拉临界力,${_c}N_k = \pi^2 \times 0.2 E_c I_c / L^2$。

以上相关方程进行计算时,给定最小偏心距为 $0.05 D_c$ 和 $0.05 B_c$。

(2) 钢管的轴力-弯矩相关方程

$$\frac{_sN_u}{_sN_{cr}}+\frac{_sM_u}{_sM_{u0}} \cdot \frac{1}{1-_sN_u/_sN_E}=1 \quad (A.2-20)$$

式中，$_sN_{cr}$ 为钢管的轴压稳定承载力，按式（A.2-4）进行计算，$_sM_{u0}$ 为钢管的抗弯承载力，$_sM_{u0}=Z \cdot f_y$，Z 为钢管截面的塑性抗弯模量，按式（A.2-13）或式（A.2-14）计算。$_sN_E$ 为钢管的欧拉临界力，$_sN_E=\pi^2 E_s I_s/L^2$。

4. 横向受剪构件

规程 AIJ(1997) 在计算钢管混凝土抗剪承载力时仅考虑了钢管截面的抗剪能力，没有考虑核心混凝土的贡献，抗剪承载力应满足下式的要求：

$$Q \leqslant Q_u \quad (A.2-21)$$

式中　Q——剪力设计值；

Q_u——钢管截面塑性抗剪承载力，其计算公式如下：

$$Q_u=\frac{A_s}{2} \cdot \frac{F}{\sqrt{3}} \quad (A.2-22)$$

其中，A_s 为钢管截面面积，F 为钢材的强度标准值。

A.3 《Specification for structural steel buildings》AISC(2005)

AISC(2005) 是美国钢结构协会提出的设计规程，给出了钢管混凝土构件设计方面的规定，截面形式包括圆形、方形和矩形。

1. 轴心受压构件

钢管混凝土轴心受压构件承载力应满足下式的要求：

$$N \leqslant \phi_c \cdot N_u \quad (A.3-1)$$

$$N_u=\begin{cases} [0.658^{(N_0/N_{cr})}]N_0 & (N_{cr} \geqslant 0.44N_0) \\ 0.877N_{cr} & (N_{cr}<0.44N_0) \end{cases} \quad (A.3-2)$$

$$N_0=f_y A_s+C_1 f'_c A_c \quad (A.3-3)$$

$$N_{cr}=\frac{\pi^2}{(KL)^2}(EI_{eff}) \quad (A.3-4)$$

式中　N——构件轴力设计值；

ϕ_c——折减系数，其值为 0.75；

A_c——核心混凝土横截面面积；

A_s——钢管横截面面积；

f_y——钢材的屈服强度；

f'_c——混凝土圆柱体抗压强度；

C_1——系数，对于圆钢管混凝土，$C_1=0.95$，对于方、矩形钢管混凝土，$C_1=0.85$；

L——构件计算长度；

K——计算长度系数。

EI_{eff} 为钢管混凝土等效刚度，计算公式如下：

$$EI_{eff}=E_sI_s+C_2E_cI_c \tag{A.3-5}$$

其中，E_s 和 E_c 分别为钢材和混凝土的弹性模量。$E_s=200000(\text{N/mm}^2)$；$E_c=0.043 \cdot w_c^{1.5}\sqrt{f_c'}(\text{N/mm}^2)$，$w_c$ 为混凝土的密度，$1500 \leqslant w_c \leqslant 2500(\text{kg/m}^3)$；$C_2$ 为系数，$C_2=0.6+2\alpha \leqslant 0.9$，其中，$\alpha=A_s/(A_s+A_c)$。

2. 纯弯构件

在计算钢管混凝土纯弯构件承载力时，忽略混凝土的贡献，抗弯承载力应满足下式的要求：

$$M \leqslant \phi_b \cdot M_u \tag{A.3-6}$$

式中　M——构件弯矩设计值；
　　　ϕ_b——折减系数，其值为 0.9；
　　　M_u——钢管混凝土抗弯承载力，计算公式为：

$$M_u=Z \cdot f_y \tag{A.3-7}$$

式中　Z 为钢管截面的塑性抗弯模量，

对于圆钢管混凝土：$Z=\dfrac{D^3-(D-2t)^3}{6}$；

对于方、矩形钢管混凝土：$Z=\left(B+\dfrac{D}{2}\right) \cdot D \cdot t-(B+2D) \cdot t^2+2t^3$。

3. 压弯构件

轴力和弯矩共同作用下构件的承载力应满足下式的要求：

$$\begin{cases} \dfrac{N}{\phi_c \cdot N_u}+\dfrac{8M}{9\phi_b \cdot M_u} \leqslant 1 & \left(\dfrac{N}{\phi_c \cdot N_u} \geqslant 0.2\right) \\ \dfrac{N}{2\phi_c \cdot N_u}+\dfrac{M}{\phi_b \cdot M_u} \leqslant 1 & \left(\dfrac{N}{\phi_c \cdot N_u} < 0.2\right) \end{cases} \tag{A.3-8}$$

式中　N——构件轴力设计值；
　　　M——构件弯矩设计值；
　　　ϕ_c——折减系数，其值为 0.75；
　　　ϕ_b——折减系数，其值为 0.9；
　　　N_u——轴心受压构件的极限承载力，按式(A.3-2)计算；
　　　M_u——钢管混凝土抗弯承载力，按式(A.3-7)计算。

4. 横向受剪构件

规程 AISC(2005)在计算钢管混凝土抗剪承载力时仅考虑了钢管截面的抗剪能力，没有考虑核心混凝土的贡献，抗剪承载力应满足下式的要求：

$$V \leqslant V_n \tag{A.3-9}$$

(1) 对于圆形截面构件：

$$V_n=F_{cr}A_s/2 \tag{A.3-10}$$

$$F_{cr}=\max\left[\dfrac{1.6E_s}{\sqrt{\dfrac{L_v}{D}}\left(\dfrac{D}{t}\right)^{1.25}}, \dfrac{0.78E_s}{\left(\dfrac{D}{t}\right)^{1.5}}\right] \leqslant 0.6f_y \tag{A.3-11}$$

式中　L_v——剪力最大点到剪力零点间的距离。

(2) 对于方、矩形截面构件：

$$V_n = 0.6 f_y A_w C_v \quad (A.3\text{-}12)$$

$$A_w = 2ht \quad (A.3\text{-}13)$$

$$C_v = \begin{cases} 1.0 & (h/t \leqslant 1.1\sqrt{5E_s/f_y}) \\ \dfrac{1.1\sqrt{5E_s/f_y}}{(h/t)} & (1.1\sqrt{5E_s/f_y} < h/t \leqslant 1.37\sqrt{5E_s/f_y}) \\ \dfrac{7.55 E_s}{(h/t)^2 f_y} & (h/t > 1.37\sqrt{5E_s/f_y}) \end{cases} \quad (A.3\text{-}14)$$

式中 h——截面尺寸，对于焊接管，$h=D-2t$；对于非焊接管，$h=D-2t-2r$，r 为弯角内半径。

A.4 《Steel, concrete and composite bridges, Part 5: Code of practice for design of composite bridges》BS 5400(2005)

BS 5400(2005)是英国标准委员会提出的桥梁设计规程，其给出了钢管混凝土构件承载力的设计公式，截面形式包括圆形、方形和矩形。

1. 轴心受压构件

（1）圆钢管混凝土强度承载力

考虑核心混凝土在三向受压时强度的提高，其轴压强度承载力应满足下式的要求：

$$N \leqslant N_u \quad (A.4\text{-}1)$$

式中 N——构件轴力设计值；

N_u——构件轴压强度承载力，计算公式为：

$$N_u = 0.95 A_s \cdot f'_y + 0.45 A_c \cdot f_{cc} \quad (A.4\text{-}2)$$

式中 f_{cc}——核心混凝土在三向受压时的极限抗压强度，按如下方法确定：

$$f_{cc} = f_{cu} + f_y \cdot C_1 \cdot \dfrac{t}{D} \quad (A.4\text{-}3)$$

f'_y——折减后的钢材屈服强度，按下式确定：

$$f'_y = C_2 \cdot f_y \quad (A.4\text{-}4)$$

A_s 和 A_c 分别为钢管和核心混凝土的横截面面积；

f_{cu}——混凝土28天立方体抗压强度；

t——钢管壁厚度；

D——钢管截面外直径；

C_1，C_2——计算系数，按表 A.4-1 确定；

f_y——钢材的屈服强度。

计算系数 C_1 和 C_2 值　　　　　　　表 A.4-1

l_e/D*	C_1	C_2	l_e/D*	C_1	C_2
0	9.47	0.76	15	1.8	0.9
5	6.4	0.8	20	0.48	0.95
10	3.81	0.85	25	0	1

* l_e 为构件在其弯曲平面内的有效计算长度。

(2) 方、矩形钢管混凝土强度承载力

方、矩形钢管混凝土的轴压强度承载力应满足下式的要求：

$$N \leqslant N_u \tag{A.4-5}$$

式中 N_u——构件轴压强度承载力，计算公式为：

$$N_u = 0.95 f_y \cdot A_s + 0.45 f_{cu} \cdot A_c \tag{A.4-6}$$

(3) 稳定承载力

对于长径比 l_e/D 不超过 12 的圆钢管混凝土柱，或长宽比 l_e/B 不超过 12 的方、矩形钢管混凝土柱，其承载力应满足下式的要求：

$$N \leqslant 0.85 K_1 N_u \tag{A.4-7}$$

其中，K_1 为稳定系数，其计算公式为：

$$K_1 = \frac{\sigma_c}{f_y} = 0.5 \left\{ \left[1 + (1+\eta)\frac{5700}{\lambda^2} \right] - \sqrt{\left[1 + (1+\eta)\frac{5700}{\lambda^2} \right]^2 - \frac{22800}{\lambda^2}} \right\} \tag{A.4-8}$$

$$\eta = \begin{cases} 0 & (\lambda \leqslant 15) \\ a(\lambda - 15) & (\lambda > 15) \end{cases} \tag{A.4-9}$$

$$\lambda = \frac{l_e}{r}\sqrt{\frac{f_y}{355}} \tag{A.4-10}$$

式中 l_e——构件在其弯曲平面内的有效计算长度；

r——截面回转半径；

a——系数，与构件的截面类型有关；A 类截面，$a=0.0025$；B 类截面，$a=0.0045$；C 类截面，$a=0.0062$；D 类截面，$a=0.0083$。

轴心受压构件的截面分类如表 A.4-2 所示，其中，参数 y 为构件截面中和轴至最外受压边缘纤维的距离。

轴心受压构件的截面分类　　　　　　表 A.4-2

	$r/y \geqslant 0.7$	$r/y = 0.6$	$r/y = 0.5$	$r/y \leqslant 0.45$	所有翼缘厚度大于 40mm 的扎制截面	热处理管截面
焊接构件*	B 类	C 类	C 类	C 类	D 类	A 类
其他构件**	A 类	B 类	B 类	C 类		

注：1) *不包括缀板、支撑等的局部焊接；**包括应力释放的焊接构件。
　　2) 表内中间值采用插值法确定。

对于长径比 l_e/D 超过 12 的圆钢管混凝土柱，或长宽比 l_e/B 超过 12 的方、矩形钢管混凝土柱，其承载力应满足下式的要求：

$$N \leqslant N'_y \tag{A.4-11}$$

其中，N'_y 的计算公式为：

$$N'_y = N_u \cdot \left[K_{1y} - (K_{1y} - K_{2y} - 4K_3) \cdot \frac{M_y}{M_{uy}} - 4K_3 \left(\frac{M_y}{M_{uy}} \right) \right] \tag{A.4-12}$$

式中，M_y 以 $N \cdot 0.03B$ 代入。

2. 纯弯构件

(1) 圆钢管混凝土抗弯承载力应满足下式的要求：

$$M \leqslant M_u \tag{A.4-13}$$

A.4 《Steel, concrete and composite bridges, Part 5: Code of practice for design of composite bridges》BS 5400(2005)

式中 M——构件弯矩设计值；

M_u——钢管混凝土抗弯承载力，计算公式为：

$$M_u = 0.95 \cdot S \cdot f_y \cdot (1+0.01m) \quad (A.4\text{-}14)$$

$$S = t^3 \cdot \left(\frac{D}{t}-1\right)^2 \quad (A.4\text{-}15)$$

m——计算参数，按图 A.4-1 确定；图中 ρ 为混凝土破坏时平均应力与钢材屈服强度的比值，$\rho = 0.4 f_{cu}/(0.95 f_y)$；

f_y——钢材的屈服强度；

t——钢管壁厚度；

D——钢管截面外直径。

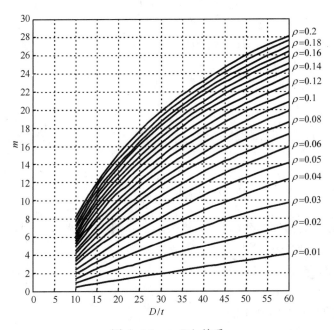

图 A.4-1 m-D/t 关系

（2）方、矩形钢管混凝土抗弯承载力应满足下式的要求：

$$M \leqslant M_u \quad (A.4\text{-}16)$$

式中 M——构件弯矩设计值；

M_u——钢管混凝土抗弯承载力，计算公式为：

$$M_u = 0.95 \cdot f_y \cdot [A_s \cdot (D-2t-d_c)/2 + B \cdot t(t+d_c)] \quad (A.4\text{-}17)$$

d_c——截面中和轴距受压区边缘距离，计算公式为：

$$d_c = \frac{A_s - 2B \cdot t}{(B-2t) \cdot \rho + 4t} \quad (A.4\text{-}18)$$

ρ——计算参数，$\rho = 0.4 f_{cu}/(0.95 f_y)$。

3. 压弯构件

单向压弯钢管混凝土构件的承载力应满足下式的要求：

$$N \leqslant N_u \cdot \left[K_1 - (K_1 - K_2 - 4K_3) \cdot \frac{M}{M_u} - 4K_3 \cdot \left(\frac{M}{M_u}\right)^2\right] \quad (A.4\text{-}19)$$

式中　N——构件轴力设计值；
　　　M——构件弯矩设计值；
　　　N_u——轴压强度承载力，按式(A.4-2)或式(A.4-6)计算；
　　　M_u——构件抗弯承载力，按式(A.4-14)或式(A.4-17)计算。

K_1 按式(A.4-8)进行计算，K_2、K_3 按如下公式计算：

(1) 对于圆钢管混凝土：

$$K_2 = K_{20} \times \left[\frac{115-30(2\beta-1)(1.8-\alpha_c)-100\bar{\lambda}}{50(2.1-\beta)} \right] \quad (0 \leqslant K_2 \leqslant K_{20}) \quad \text{(A.4-20)}$$

$$K_{20} = 0.9\alpha_c^2 + 0.2 \quad (0 \leqslant K_{20} \leqslant 0.75) \quad \text{(A.4-21)}$$

$$K_3 = K_{30} + \frac{[(0.5\beta+0.4)(\alpha_c^2-0.5)+0.15] \cdot \bar{\lambda}}{1+\bar{\lambda}^3} \quad \text{(A.4-22)}$$

$$K_{30} = 0.04 - \frac{\alpha_c}{15} \quad (K_{30} \geqslant 0) \quad \text{(A.4-23)}$$

$$\alpha_c = \frac{0.45 \times f_{cc} A_c}{N_u} \quad (0.1 < \alpha_c < 0.8) \quad \text{(A.4-24)}$$

(2) 对于方、矩形钢管混凝土：

$$K_2 = K_{20} \times \frac{[90-25(2\beta-1)(1.8-\alpha_c)-C_4\bar{\lambda}]}{30(2.5-\beta)} \quad (0 \leqslant K_2 \leqslant K_{20}) \quad \text{(A.4-25)}$$

$$K_3 = 0 \quad \text{(A.4-26)}$$

$$\alpha_c = \frac{0.45 \times f_{cu} A_c}{N_u} \quad (0.1 < \alpha_c < 0.8) \quad \text{(A.4-27)}$$

式中　C_4——系数，与构件的截面类型(见表 A.4-2)有关；A 类截面，$C_4=100$；B 类截面，$C_4=120$；C 类截面，$C_4=140$；
　　　K_{20}——系数，按式(A.4-21)计算；
　　　β——等效弯矩系数；
　　　α_c——混凝土工作承担系数。

上述各式中的 $\bar{\lambda}$ 为相对长细比，按以下公式计算：

$$\bar{\lambda} = \frac{l_e}{l_E} \quad \text{(A.4-28)}$$

式中　l_E——欧拉力等于轴压强度承载力时的构件临界长度，$l_E = \pi \cdot \sqrt{\dfrac{0.95 E_s \cdot I_s + 0.45 E_c \cdot I_c}{N_u}}$；

E_s 和 E_c——分别为钢材和混凝土的弹性模量；

I_s 和 I_c——分别为钢管和核心混凝土的截面惯性矩；

　　　N_u——轴压强度承载力，按式(A.4-2)或式(A.4-6)计算。

方、矩形钢管混凝土双向压弯构件的承载力应满足下式的要求：

$$N \leqslant N_{xy} \quad \text{(A.4-29)}$$

同时应满足下式的要求：

$$M_x \leqslant M_{ux} \quad \text{(A.4-30)}$$

$$M_y \leqslant M_{uy} \quad \text{(A.4-31)}$$

式中　N——构件轴力设计值；

M_x、M_y——构件绕强轴和弱轴方向的弯矩设计值;

M_{ux}、M_{uy}——构件绕强轴和弱轴方向的抗弯承载力,按式(A.4-17)计算;

N_{xy}——双向压弯构件轴压承载力,按下式计算:

$$\frac{1}{N_{xy}} = \frac{1}{N_x} + \frac{1}{N_y} - \frac{1}{N_{ax}} \tag{A.4-32}$$

式中 N_x、N_y——构件绕强轴(x-x轴)和弱轴(y-y轴)方向的承载力,按下式计算:

$$N_x = N_u \cdot \left[K_{1x} - (K_{1x} - K_{2x} - 4K_3) \cdot \frac{M_x}{M_{ux}} - 4K_3 \cdot \left(\frac{M_x}{M_{ux}}\right)^2 \right] \tag{A.4-33}$$

$$N_y = N_u \cdot \left[K_{1y} - (K_{1y} - K_{2y} - 4K_3) \cdot \frac{M_y}{M_{uy}} - 4K_3 \cdot \left(\frac{M_y}{M_{uy}}\right)^2 \right] \tag{A.4-34}$$

N_{ax}——构件绕强轴(x-x轴)方向的轴压稳定承载力,按下式计算:

$$N_{ax} = K_{1x} N_u \tag{A.4-35}$$

其中,N_u 为轴压强度承载力,按式(A.4-6)计算。

A.5 《矩形钢管混凝土结构技术规程》CECS 159:2004

规程 CECS 159:2004 是中国工程建设标准化协会标准,给出了矩形钢管混凝土构件设计方面的规定。

1. 轴心受压构件

(1) 轴压强度承载力

构件轴压强度承载力应满足下式的要求:

$$N \leqslant N_u \tag{A.5-1}$$

式中 N——构件轴心压力设计值;

N_u——构件轴压强度承载力;

$$N_u = f \cdot A_s + f_c \cdot A_c \tag{A.5-2}$$

A_s 和 A_c 分别为钢管和核心混凝土的横截面面积;

f——钢材的抗压强度设计值,按《钢结构设计规范》GB 50017-2003 的有关规定取值;

f_c——混凝土的抗压强度设计值,按《混凝土结构设计规范》GB 50010-2002 的有关规定取值。

当钢管截面有削弱时,其净截面承载力应满足下式的要求:

$$N \leqslant N_{un} \tag{A.5-3}$$

$$N_{un} = f \cdot A_{sn} + f_c \cdot A_c \tag{A.5-4}$$

式中 N_{un}——构件净截面轴压强度承载力;

A_{sn}——钢管的净横截面面积。

(2) 轴压稳定承载力

构件轴压稳定承载力应满足下式的要求:

$$N \leqslant \varphi \cdot N_u \tag{A.5-5}$$

式中 φ——轴心受压构件的稳定系数,按以下公式进行计算:

当 $\lambda_0 \leqslant 0.215$ 时，$\varphi = 1 - 0.65\lambda_0^2$ (A.5-6)

当 $\lambda_0 > 0.215$ 时，$\varphi = \dfrac{1}{2\lambda_0^2}[(0.965 + 0.3\lambda_0 + \lambda_0^2) - \sqrt{(0.965 + 0.3\lambda_0 + \lambda_0^2)^2 - 4\lambda_0^2}]$ (A.5-7)

式中 λ_0——相对长细比，按以下公式进行计算：

$$\lambda_0 = \frac{\lambda}{\pi}\sqrt{\frac{f_y}{E_s}} \quad (A.5\text{-}8)$$

$$\lambda = \frac{l_0}{r_0} \quad (A.5\text{-}9)$$

$$r_0 = \sqrt{\frac{I_s + I_c E_c / E_s}{A_s + A_c f_c / f}} \quad (A.5\text{-}10)$$

式中 f_y——钢材的屈服强度，按《钢结构设计规范》GB 50017-2003 的有关规定取值；

λ——矩形钢管混凝土轴心受压构件的长细比；

l_0——轴心受压构件的计算长度；

r_0——矩形钢管混凝土轴心受压构件截面的当量回转半径；

E_c——混凝土的弹性模量，按《混凝土结构设计规范》GB 50010-2002 的有关规定取值；

E_s——钢材的弹性模量，按《钢结构设计规范》GB 50017-2003 的有关规定取值。

2. 轴心受拉构件

构件轴心受拉承载力应满足下式的要求：

$$N \leqslant A_{sn} f \quad (A.5\text{-}11)$$

式中 N——构件轴心拉力设计值；

A_{sn}——钢管的净横截面面积；

f——钢材的抗拉强度设计值，按《钢结构设计规范》GB 50017-2003 的有关规定取值。

3. 纯弯构件

纯弯构件的承载力应满足下式的要求：

$$M \leqslant M_{nu} \quad (A.5\text{-}12)$$

式中 M——构件弯矩设计值；

M_{un}——只有弯矩作用时构件净截面抗弯承载力，按下式计算：

$$M_{un} = [0.5 A_{sn}(h - 2t - d_n) + bt(t + d_n)] f \quad (A.5\text{-}13)$$

$$d_n = \frac{A_s - 2bt}{(b - 2t)\dfrac{f_c}{f} + 4t} \quad (A.5\text{-}14)$$

式中 f——钢材的抗弯强度设计值，按《钢结构设计规范》GB 50017-2003 的有关规定取值；

$b、h$——分别为矩形钢管截面平行、垂直于弯曲轴的边长；

t——钢管壁厚度；

d_n——管内混凝土受压区高度。

4. 压弯构件

弯矩作用在一个主平面内的矩形钢管混凝土压弯构件,其承载力应满足下式的要求:

$$\frac{N}{N_{un}}+(1-\alpha_c)\frac{M}{M_{un}} \leqslant 1 \qquad (A.5\text{-}15)$$

同时应满足式(A.5-12)的要求。

式中 N——轴心压力设计值;

M——弯矩设计值;

α_c——混凝土工作承担系数,应控制在 0.1~0.7 之间,按下式计算:

$$\alpha_c=\frac{f_c A_c}{f A_s+f_c A_c} \qquad (A.5\text{-}16)$$

弯矩作用在一个主平面内(绕 x-x 轴)的矩形钢管混凝土压弯构件,其弯矩作用平面内的稳定性应满足下式的要求:

$$\frac{N}{\varphi_x N_u}+(1-\alpha_c)\frac{\beta M_x}{\left(1-0.8\frac{N}{N'_{Ex}}\right)M_{ux}} \leqslant 1 \qquad (A.5\text{-}17)$$

$$M_{ux}=[0.5 A_s(h-2t-d_n)+bt(t+d_n)]f \qquad (A.5\text{-}18)$$

$$N'_{Ex}=\frac{N_{Ex}}{1.1} \qquad (A.5\text{-}19)$$

$$N_{Ex}=N_u\frac{\pi^2 E_s}{\lambda_x^2 f} \qquad (A.5\text{-}20)$$

并应满足下式的要求:

$$\frac{\beta M_x}{\left(1-0.8\frac{N}{N'_{Ex}}\right)M_{ux}} \leqslant 1 \qquad (A.5\text{-}21)$$

同时,弯矩作用平面外的稳定性应满足下式的要求:

$$\frac{N}{\varphi_y N_u}+\frac{\beta M_x}{1.4 M_{ux}} \leqslant 1 \qquad (A.5\text{-}22)$$

式中 φ_x、φ_y——分别为弯矩作用平面内、弯矩作用平面外的轴心受压稳定系数,按式(A.5-6)和式(A.5-7)计算;

N_{Ex}——欧拉临界力;

M_{ux}——只有弯矩 M_x 作用时截面的抗弯承载力;

β——等效弯矩系数。

等效弯矩系数应根据稳定性的计算方向按下列规定采用:

(1) 在计算方向内有侧移的框架柱和悬臂构件,$\beta=1.0$;

(2) 在计算方向内无侧移的框架柱和两端支承的构件:

1) 无横向荷载作用时:$\beta=0.65+0.35 M_2/M_1$,M_1 和 M_2 为端弯矩,使构件产生相同曲率时取同号,使构件产生反向曲率时取异号,$|M_1| \geqslant |M_2|$;

2) 有端弯矩和横向荷载作用时:

使构件产生同向曲率时,$\beta=1.0$;

使构件产生反向曲率时,$\beta=0.85$;

3) 无端弯矩但有横向荷载作用时，$\beta=1.0$。

弯矩作用在两个主面内的双向压弯矩形钢管混凝土构件，其承载力应满足下式的要求：

$$\frac{N}{N_{un}}+(1-\alpha_c)\frac{M_x}{M_{unx}}+(1-\alpha_c)\frac{M_y}{M_{uny}}\leqslant 1 \quad (A.5\text{-}23)$$

同时应满足下式的要求：

$$\frac{M_x}{M_{unx}}+\frac{M_y}{M_{uny}}\leqslant 1 \quad (A.5\text{-}24)$$

式中 M_x、M_y——分别为绕主轴 $x\text{-}x$、$y\text{-}y$ 轴作用的弯矩设计值；

M_{unx}、M_{uny}——分别为绕主轴 $x\text{-}x$、$y\text{-}y$ 轴的净截面抗弯承载力，按式(A.5-13)计算。

双轴压弯矩形钢管混凝土构件绕主轴 $x\text{-}x$ 轴的稳定性，应满足下式的要求：

$$\frac{N}{\varphi_x N_u}+(1-\alpha_c)\frac{\beta_x M_x}{\left(1-0.8\dfrac{N}{N'_{Ex}}\right)M_{ux}}+(1-\alpha_c)\frac{\beta_y M_y}{1.4 M_{uy}}\leqslant 1 \quad (A.5\text{-}25)$$

并应满足下式的要求：

$$\frac{\beta_x M_x}{\left(1-0.8\dfrac{N}{N'_{Ex}}\right)M_{ux}}+\frac{\beta_y M_y}{1.4 M_{uy}}\leqslant 1 \quad (A.5\text{-}26)$$

绕主轴 $y\text{-}y$ 轴的稳定性，应满足下式的要求：

$$\frac{N}{\varphi_y N_u}+\frac{\beta_x M_x}{1.4 M_{ux}}+(1-\alpha_c)\frac{\beta_y M_y}{\left(1-0.8\dfrac{N}{N'_{Ey}}\right)M_{uy}}\leqslant 1 \quad (A.5\text{-}27)$$

同时，应满足下式的要求：

$$\frac{\beta_x M_x}{1.4 M_{ux}}+\frac{\beta_y M_y}{\left(1-0.8\dfrac{N}{N'_{Ey}}\right)M_{uy}}\leqslant 1 \quad (A.5\text{-}28)$$

式中 φ_x、φ_y——分别为绕主轴 $x\text{-}x$ 轴、绕主轴 $y\text{-}y$ 轴的轴心受压稳定系数，按式(A.5-6)和式(A.5-7)计算；

β_x、β_y——分别为在计算稳定的方向对 M_x、M_y 的等效弯矩系数；

M_{ux}、M_{uy}——分别为绕主轴 $x\text{-}x$、$y\text{-}y$ 轴的抗弯承载力，按式(A.5-13)计算。

5. 拉弯构件

弯矩作用在一个主平面内的矩形钢管混凝土拉弯构件，其承载力应满足下式的要求：

$$\frac{N}{fA_{sn}}+\frac{M}{M_{un}}\leqslant 1 \quad (A.5\text{-}29)$$

弯矩作用在两个主平面内的双轴拉弯矩形钢管混凝土构件，其承载力应满足下式的要求：

$$\frac{N}{fA_{sn}}+\frac{M_x}{M_{unx}}+\frac{M_y}{M_{uny}}\leqslant 1 \quad (A.5\text{-}30)$$

6. 横向受剪构件

规程 CECS 159：2004 假定矩形钢管混凝土柱的剪力由钢管管壁承受，其剪切强度应同时满足下式要求：

$$V_x\leqslant 2t(b-2t)f_v \quad (A.5\text{-}31)$$

$$V_y \leqslant 2t(h-2t)f_v \qquad (A.5\text{-}32)$$

式中 V_x、V_y——矩形钢管混凝土柱中沿主轴 x-x、y-y 轴的最大剪力设计值；

b——矩形钢管沿主轴 x-x 轴方向的边长；

h——矩形钢管沿主轴 y-y 轴方向的边长；

f_v——钢材的抗剪强度设计值，按《钢结构设计规范》GB 50017-2003 的有关规定取值。

A.6 《钢管混凝土结构技术规程》DBJ 13-51-2003

规程 DBJ 13-51-2003 是福建省工程建设标准，其同时适用于圆形、方形和矩形钢管混凝土的设计计算。

1. 轴心受压构件

单肢钢管混凝土轴心受压构件的承载力应按下式验算：

$$N \leqslant \varphi \cdot N_u = \varphi \cdot f_{sc} \cdot A_{sc} \qquad (A.6\text{-}1)$$

式中 N——构件轴力设计值；

φ——轴心受压构件稳定系数，按式(3.2-8)或表 3.2-1 和表 3.2-2 确定；

A_{sc}——钢管混凝土的横截面面积；

f_{sc}——钢管混凝土组合轴压强度设计值，按以下公式计算：

对于圆钢管混凝土：

$$f_{sc} = (1.14 + 1.02\xi_0) \cdot f_c \qquad (A.6\text{-}2)$$

对于方、矩形钢管混凝土：

$$f_{sc} = (1.18 + 0.85\xi_0) \cdot f_c \qquad (A.6\text{-}3)$$

式中 ξ_0——构件截面的约束效应系数设计值，$\xi_0 = A_s f / A_c f_c$；

A_s 和 A_c 分别为钢管和核心混凝土的横截面面积；

f——钢材的抗拉、抗压和抗弯强度设计值；

f_c——混凝土轴心抗压强度设计值。

2. 轴心受拉构件

单肢钢管混凝土轴心受拉构件的承载力应按下式验算：

$$N \leqslant 1.1 f \cdot A_s \qquad (A.6\text{-}4)$$

式中 f——钢材的抗拉、抗压和抗弯强度设计值；

A_s——钢管的横截面面积。

3. 纯弯构件

构件的抗弯承载力应满足下式的要求：

$$M \leqslant M_u \qquad (A.6\text{-}5)$$

式中 M——所计算构件段范围内的最大弯矩设计值；

M_u——构件的抗弯承载力，计算公式如下：

$$M_u = \gamma_m W_{sc} f_{sc} \qquad (A.6\text{-}6)$$

γ_m——构件截面抗弯塑性发展系数：

对于圆钢管混凝土：$\gamma_m = 1.1 + 0.48\ln(\xi + 0.1)$；

对于方、矩形钢管混凝土：$\gamma_m = 1.04 + 0.48\ln(\xi + 0.1)$；

f_{sc}——钢管混凝土组合轴压强度设计值，按式(A.6-2)或式(A.6-3)计算；

W_{sc}——钢管混凝土构件截面抗弯模量；

对于圆钢管混凝土，$W_{sc} = \pi \cdot D^3/32$；

对于方钢管混凝土，$W_{sc} = B^3/6$；

对于矩形钢管混凝土，当绕强轴(x-x)弯曲时：$W_{sc} = BD^2/6$，当绕弱轴(y-y)弯曲时：$W_{sc} = B^2D/6$。

方、矩形钢管混凝土双向受弯构件的承载力应满足下式的要求：

$$\left(\frac{M_x}{M_{ux}}\right)^{1.8} + \left(\frac{M_y}{M_{uy}}\right)^{1.8} \leqslant 1 \qquad (A.6\text{-}7)$$

式中 M_x、M_y——所计算构件段范围内的最大弯矩设计值；

M_{ux}、M_{uy}——构件绕强轴和弱轴的抗弯承载力，按式(A.6-6)计算。

4. 压弯构件

钢管混凝土构件在一个平面内承受压弯荷载共同作用时，承载力应满足下式的要求：

(1) 当 $N/N_u \geqslant 2\varphi^3\eta_o$ 时

$$\frac{N}{\varphi \cdot N_u} + \left(\frac{a}{d}\right) \cdot \frac{\beta_m \cdot M}{M_u} \leqslant 1 \qquad (A.6\text{-}8)$$

(2) 当 $N/N_u < 2\varphi^3\eta_o$ 时

$$\frac{-b \cdot N^2}{N_u^2} - \frac{c \cdot N}{N_u} + \left(\frac{1}{d}\right)\frac{\beta_m \cdot M}{M_u} \leqslant 1 \qquad (A.6\text{-}9)$$

式中 $a = 1 - 2\varphi^2 \cdot \eta_o$；

$b = \dfrac{1 - \zeta_o}{\varphi^3 \cdot \eta_o^2}$；

$c = \dfrac{2 \cdot (\zeta_o - 1)}{\eta_o}$。

对于圆钢管混凝土：$\zeta_o = 0.18\xi^{-1.15} + 1$，

$$\eta_o = \begin{cases} 0.5 - 0.2445 \cdot \xi & (\xi \leqslant 0.4); \\ 0.1 + 0.14 \cdot \xi^{-0.84} & (\xi > 0.4); \end{cases}$$

对于方、矩形钢管混凝土：$\zeta_o = 1 + 0.14\xi^{-1.3}$，

$$\eta_o = \begin{cases} 0.5 - 0.3175 \cdot \xi & (\xi \leqslant 0.4); \\ 0.1 + 0.13 \cdot \xi^{-0.81} & (\xi > 0.4); \end{cases}$$

对于圆钢管混凝土：$d = 1 - 0.4 \cdot \left(\dfrac{N}{N_E}\right)$，

对于方、矩形钢管混凝土：$d = 1 - 0.25 \cdot \left(\dfrac{N}{N_E}\right)$；

N_E——欧拉临界力，$N_E = \pi^2 \cdot E_{sc} \cdot A_{sc}/\lambda^2$；

E_{sc}——钢管混凝土组合轴压弹性模量，按式(2.3-2)计算；

N、M——分别为构件轴力和弯矩设计值；

β_m——等效弯矩系数，按《钢结构设计规范》GB 50017-2003 的有关规定取值；

φ——弯矩作用平面内的轴心受压构件稳定系数，按式(3.2-8)或表3.2-1和表3.2-2

确定。

另外，对于绕强轴弯曲的矩形钢管混凝土压弯构件，除了按式(A.6-8)和式(A.6-9)验算弯矩作用平面内的稳定性，还需按下式验算弯矩作用平面外的稳定性：

$$\frac{N}{\varphi N_u}+\frac{\beta_m M}{1.4 M_u}\leqslant 1 \tag{A.6-10}$$

式中，N 和 M 分别为所计算构件段范围内的最大轴力和弯矩设计值。

对于承受双向压弯的方、矩形钢管混凝土构件，可把式(A.6-8)~式(A.6-10)中的 φ 以 φ_{xy}、"$\frac{M}{M_u}$" 以 "$\left[\left(\frac{M_x}{M_{ux}}\right)^{1.8}+\left(\frac{M_y}{M_{uy}}\right)^{1.8}\right]^{1/1.8}$" 代入进行验算。其中，$\varphi_{xy}$ 为折算稳定系数，$\varphi_{xy}=\sqrt{(\varphi_x^2+\varphi_y^2)/2}$；$M_{ux}$、$M_{uy}$ 为构件绕强轴(x-x)和弱轴(y-y)的极限弯矩值，可按式(A.6-6)计算。

5. 拉弯构件

钢管混凝土拉弯构件的承载力应满足下式的要求：

$$\frac{N}{1.1 f A_s}+\frac{M}{M_u}\leqslant 1 \tag{A.6-11}$$

对于承受双向拉弯的方、矩形钢管混凝土构件，可把式(A.6-11)中的 "$\frac{M}{M_u}$" 以 "$\left[\left(\frac{M_x}{M_{ux}}\right)^{1.8}+\left(\frac{M_y}{M_{uy}}\right)^{1.8}\right]^{1/1.8}$" 代入进行验算。

A.7 《钢-混凝土组合结构设计规程》DL/T 5085-1999

规程 DL/T 5085-1999 给出了圆钢管混凝土构件设计方面的规定。

1. 轴心受压构件

圆钢管混凝土轴压强度承载力应按下式验算：

$$N\leqslant f_{sc}\cdot A_{sc} \tag{A.7-1}$$

式中　N——构件轴心压力设计值；
　　　A_{sc}——钢管混凝土的横截面面积；
　　　f_{sc}——钢管混凝土组合轴压强度设计值，按以下公式计算：

$$f_{sc}=(1.212+B_1\cdot\xi_o+C_1\cdot\xi_o^2)\cdot f_c \tag{A.7-2}$$

式中　B_1 和 C_1 为系数，计算公式如下：

$$B_1=0.1759\cdot f_y/235+0.974,\ C_1=-0.1038\cdot f_{ck}/20+0.0309；$$

　　　ξ_o——构件截面的约束效应系数设计值，$\xi_o=A_s f/A_c f_c$；
　　　A_s 和 A_c 分别为钢管和核心混凝土的横截面面积；
　　　f——钢材的抗拉、抗压和抗弯强度设计值；
　　　f_y——钢材的屈服强度；
　　　f_{ck}、f_c——混凝土的轴心抗压强度标准值和设计值。

钢管混凝土轴压稳定承载力应按下式验算：

$$N\leqslant\varphi\cdot f_{sc}\cdot A_{sc} \tag{A.7-3}$$

其中，φ 为轴心受压构件的稳定系数，按以下公式进行计算：

$$\varphi = \begin{cases} 1 & (\lambda \leqslant \lambda_o) \\ a\lambda^2 + b\lambda + c & (\lambda_o < \lambda \leqslant \lambda_p) \\ d/\lambda^2 & (\lambda > \lambda_p) \end{cases} \quad (A.7\text{-}4)$$

其中，系数 a、b、c、d、e 按如下公式计算：

$a = (d - \lambda_p^2)/e$;

$b = -2(d - \lambda_p^2) \cdot \lambda_o /e$;

$c = 1 + \lambda_o^2 \cdot (d - \lambda_p^2)/e$;

$d = 5000 + 2500(235/f_y)$;

$e = (\lambda_p - \lambda_o)^2 \cdot \lambda_p^2$。

式中 λ——构件的长细比，$\lambda = 4L/D$，L 为构件的计算长度，D 为钢管截面外直径；

f_y——钢材的屈服强度；

λ_p、λ_o——分别为构件弹性和弹塑性失稳的界限长细比，按如下公式计算：

$$\lambda_p = \pi\sqrt{E_{sc}/f_{scp}}; \quad \lambda_o = \pi\sqrt{(420\xi + 550)/f_{scy}}$$

式中 E_{sc}——钢管混凝土组合轴压弹性模量，$E_{sc} = f_{scp}/\varepsilon_{scp}$；

比例极限：$f_{scp} = [0.192(f_y/235) + 0.488] \cdot f_{scy}$；

比例极限对应的应变：$\varepsilon_{scp} = 3.25 \times 10^{-6} f_y$；

f_{scy}——钢管混凝土组合轴压强度标准值；

ξ——构件截面的约束效应系数标准值，$\xi = A_s f_y / A_c f_{ck}$。

2. 轴心受拉构件

当圆钢管混凝土受轴心拉力时，其承载力应按下式验算：

$$N \leqslant 1.1 f \cdot A_s \quad (A.7\text{-}5)$$

式中 N——构件轴心拉力设计值。

3. 纯弯构件

纯弯构件承载力应满足下式的要求：

$$M \leqslant \gamma_m \cdot W_{sc} \cdot f_{sc} \quad (A.7\text{-}6)$$

式中 M——构件弯矩设计值；

f_{sc}——钢管混凝土组合轴压强度设计值，按式（A.7-2）确定；

γ_m——构件截面抗弯塑性发展系数，当 $\xi \geqslant 0.85$ 时，$\gamma_m = 1.4$，当 $\xi < 0.85$ 时，$\gamma_m = 1.2$；

W_{sc}——钢管混凝土构件截面抗弯模量，$W_{sc} = \pi D^3/32$。

4. 横向受剪构件

规程 DL/T 5085-1999 对圆钢管混凝土横向受剪给出了如下验算方法：

$$V \leqslant \gamma_v A_{sc} f_{scv} \quad (A.7\text{-}7)$$

式中 V——剪力设计值；

γ_v——构件截面抗剪塑性发展系数，当 $\xi \geqslant 0.85$ 时，$\gamma_v = 0.85$；当 $\xi < 0.85$ 时，$\gamma_v = 1$；

A_{sc}——钢管混凝土的横截面面积；

f_{scv}——组合抗剪强度设计值，按如下公式计算：

$$f_{scv} = (0.385 + 0.25\alpha^{1.5}) \cdot \xi_o^{0.125} \cdot f_{sc} \quad (A.7\text{-}8)$$

式中 α——构件截面含钢率，$\alpha = A_s/A_c$。

5. 压弯剪构件

钢管混凝土构件在一个平面内承受轴力、弯矩和剪力共同作用时，承载力应满足下式的要求：

(1) 当 $N/A_{sc} \geqslant 0.2\sqrt{1-[V/(\gamma_v A_{sc} f_{scv})]^2} \varphi \cdot f_{sc}$ 时

$$\left(\frac{N}{\varphi N_u}+\frac{\beta_m M}{1.071(1-0.4N/N_E)\gamma_m W_{sc} f_{sc}}\right)^{1.4}+\left(\frac{V}{\gamma_v A_{sc} f_{scv}}\right)^2 \leqslant 1 \qquad (A.7\text{-}9)$$

(2) 当 $N/A_{sc} < 0.2\sqrt{1-[V/(\gamma_v A_{sc} f_{scv})]^2} \varphi \cdot f_{sc}$ 时

$$\left(\frac{N}{1.4\varphi N_u}+\frac{\beta_m M}{(1-0.4N/N_E)\gamma_m W_{sc} f_{sc}}\right)^{1.4}+\left(\frac{V}{\gamma_v A_{sc} f_{scv}}\right)^2 \leqslant 1 \qquad (A.7\text{-}10)$$

式中　N、M 和 V 分别为构件轴力、弯矩和剪力设计值；

N_E——欧拉临界力，$N_E = \pi^2 \cdot E_{scm} \cdot A_{sc}/\lambda^2$，$E_{scm}$ 为钢管混凝土组合抗弯模量，具体确定方法见规程 DL/T 5085－1999；

β_m——等效弯矩系数，按《钢结构设计规范》GB 50017－2003 的有关规定取值。

6. 拉弯构件

钢管混凝土构件在一个平面内承受拉力和弯矩共同作用时，承载力应满足下式的要求：

$$\frac{N}{1.1fA_s}+\frac{M}{\gamma_m W_{sc} f_{sc}} \leqslant 1 \qquad (A.7\text{-}11)$$

A.8　《Design of steel and concrete structures-Part 1-1: General rules and rules for building》EC 4(2004)

EC 4(2004)是欧洲标准化委员会(CEN)提出的钢-混凝土组合结构设计规范，其同时适用于圆形、方形和矩形钢管混凝土的设计计算。

1. 轴心受压构件

钢管混凝土轴压强度承载力应满足下式的要求：

$$N \leqslant N_u \qquad (A.8\text{-}1)$$

式中　N——钢管混凝土构件轴力设计值；

N_u——构件轴压强度承载力，计算公式如下：

$$N_u = \frac{f_y}{\gamma_s} \cdot A_s + \frac{f_c'}{\gamma_c} \cdot A_c \qquad (A.8\text{-}2)$$

对于圆钢管混凝土，当同时满足 $\bar{\lambda} \leqslant 0.5$ 和荷载偏心距 $e \leqslant D/10$ 时，应考虑钢管对核心混凝土的约束作用，其轴压强度承载力按下式计算：

$$N_u = \eta_s \cdot \frac{f_y}{\gamma_s} \cdot A_s + \left(1+\eta_c \cdot \frac{t}{D} \cdot \frac{f_y}{f_c'}\right) \cdot \frac{f_c'}{\gamma_c} \cdot A_c \qquad (A.8\text{-}3)$$

式中　A_s、A_c——分别为钢管和核心混凝土的横截面面积；

f_y——钢材的屈服强度；

f_c'——混凝土圆柱体抗压强度；

γ_s——钢材的材料分项系数，其值为 1.0；

γ_c——混凝土的材料分项系数，其值为 1.5；

$\bar{\lambda}$——相对长细比。

当构件的偏心距 $e=0$ 时，$\eta_s=\eta_{so}$，$\eta_c=\eta_{co}$，η_{so} 和 η_{co} 的计算公式如下：

$$\eta_{so}=0.25 \cdot (3+2\bar{\lambda}) \quad (\eta_{so}\leqslant 1) \tag{A.8-4}$$

$$\eta_{co}=4.9-18.5\bar{\lambda}+17\bar{\lambda}^2 \quad (\eta_{co}\geqslant 0) \tag{A.8-5}$$

对于压弯构件，当 $0<e/D\leqslant 0.1$ 时，η_s 和 η_c 的计算公式如下：

$$\eta_s=\eta_{so}+(1-\eta_{so}) \cdot (10e/D) \tag{A.8-6}$$

$$\eta_c=\eta_{co}(1-10e/D) \tag{A.8-7}$$

式中，η_{so} 和 η_{co} 分别按式(A.8-4)和式(A.8-5)计算。

对于压弯构件，当 $e/D>0.1$ 时，$\eta_s=1.0$ 和 $\eta_c=0$。

对于轴心受压长柱，其稳定承载力应满足下式的要求：

$$N\leqslant N_{cr}=\chi \cdot N_u \tag{A.8-8}$$

式中，χ 为轴压稳定系数，按如下公式计算：

$$\chi_1=\begin{cases} 1 & (\bar{\lambda}\leqslant 0.2) \\ \dfrac{1}{\phi+\sqrt{\phi^2-\bar{\lambda}^2}} & (\bar{\lambda}>0.2) \end{cases} \tag{A.8-9}$$

式中 $\bar{\lambda}$ 为构件相对长细比，$\bar{\lambda}=\sqrt{N_{uk}/N_E}$，$N_{uk}$ 的计算公式如下：

$$N_{uk}=f_y \cdot A_s+f'_c \cdot A_c \tag{A.8-10}$$

对于圆钢管混凝土，当同时满足 $\bar{\lambda}\leqslant 0.5$ 和荷载偏心距 $e\leqslant D/10$ 时，应考虑钢管对核心混凝土的约束作用，其 N_{uk} 按下式计算：

$$N_{uk}=\eta_s \cdot f_y \cdot A_s+\left(1+\eta_c \cdot \frac{t}{D} \cdot \frac{f_y}{f'_c}\right) \cdot f'_c \cdot A_c \tag{A.8-11}$$

N_E 为欧拉临界力，按下式计算：

$$N_E=\frac{\pi^2 \cdot (E_s I_s+0.6 E_c I_c)}{L^2} \tag{A.8-12}$$

式中 E_s、E_c——分别为钢材和混凝土的弹性模量；$E_s=210000\text{N/mm}^2$，$E_c=22000\times(f'_c/10)^{0.3}\text{N/mm}^2$；

I_s、I_c——分别为钢管和核心混凝土的截面惯性矩；

L——构件计算长度；

ϕ——计算参数，按下式确定：

$$\phi=0.5\times[1+0.21(\bar{\lambda}-0.2)+\bar{\lambda}^2] \tag{A.8-13}$$

2. 纯弯构件

钢管混凝土纯弯构件承载力，按以下公式进行验算：

$$M\leqslant W_{ps}f_y/\gamma_s+\frac{1}{2}W_{pc} \cdot f'_c/\gamma_c-W_{psn} \cdot f_y/\gamma_s-\frac{1}{2}W_{pcn} \cdot f'_c/\gamma_c \tag{A.8-14}$$

式中 M——构件弯矩设计值；

参数 W_{ps}、W_{pc}、W_{psn}、W_{pcn} 按以下公式进行计算：

(1) 对于圆钢管混凝土

A.8 《Design of steel and concrete structures-Part 1-1: General rules and rules for buiding》EC 4(2004)

$$W_{pc} = \frac{(D-2t)^3}{4} - \frac{2}{3}r^3 \tag{A.8-15}$$

$$W_{ps} = \frac{D^3}{4} - \frac{2}{3}(r+t)^3 - W_{pc} \tag{A.8-16}$$

$$W_{pcn} = (D-2t) \cdot h_n^2 \tag{A.8-17}$$

$$W_{psn} = D \cdot h_n^2 - W_{pcn} \tag{A.8-18}$$

以上各式中，

$$r = D/2 - t \tag{A.8-19}$$

$$h_n = \frac{A_c \cdot f_c'/\gamma_c}{2D \cdot f_c'/\gamma_c + 4t \cdot (2f_y/\gamma_s - f_c'/\gamma_c)} \tag{A.8-20}$$

（2）对于方、矩形钢管混凝土

$$W_{pc} = \frac{(B-2t) \cdot (D-2t)^2}{4} \tag{A.8-21}$$

$$W_{ps} = \frac{BD^2}{4} - W_{pc} \tag{A.8-22}$$

$$W_{pcn} = (B-2t) \cdot h_n^2 \tag{A.8-23}$$

$$W_{psn} = B \cdot h_n^2 - W_{pcn} \tag{A.8-24}$$

以上各式中，

$$h_n = \frac{A_c \cdot f_c'/\gamma_c}{2B \cdot f_c'/\gamma_c + 4t \cdot (2f_y/\gamma_s - f_c'/\gamma_c)} \tag{A.8-25}$$

式中，D 为圆钢管截面外直径或矩形钢管垂直于弯曲轴的边长；B 为矩形钢管平行于弯曲轴的边长。

3. 横向受剪构件

规程 EC 4(2004) 在计算钢管混凝土抗剪承载力时认为构件承受的剪力分别由钢管和混凝土承担，钢管和混凝土承担剪力的计算公式如下：

$$V_{sd} = V_d \cdot \frac{M_{us}}{M_u} \tag{A.8-26}$$

$$V_{cd} = V_d - V_{sd} \tag{A.8-27}$$

式中 V_{sd}——钢管承担的剪力设计值，按式(A.8-28)验算；

V_{cd}——混凝土承担的剪力设计值，按 EN 1992-1-1(2004) 的有关公式验算；

V_d——剪力设计值；

M_{us}——钢管的抗弯承载力。

规程 EC 4(2004) 还建议一种简化方法，即假设剪力完全由钢管承担，此时的验算公式如下：

$$V_{sd} = V_d \leqslant V_{su} \tag{A.8-28}$$

式中 V_{su}——钢管截面塑性抗剪承载力，其计算公式如下：

$$V_{su} = A_s \cdot (f_y/\gamma_s)/\sqrt{3} \tag{A.8-29}$$

其中，A_s 为钢管横截面面积，f_y 为钢材的屈服强度；γ_s 为钢材的材料分项系数，取值为 1.0。

4. 压弯构件

在验算钢管混凝土压弯构件承载力时，规程 EC 4(2004)给出了三段直线的轴力-弯矩相关方程，具体如下：

$$\delta \cdot M \leqslant \alpha_M \cdot \left[\frac{(N_{cr}-N)}{N_{cr}-N_p} \cdot M_u - \frac{N \cdot M_\chi}{N_{cr}} \right] \quad (N_p \leqslant N \leqslant N_{cr}) \quad (A.8\text{-}30)$$

$$\delta \cdot M \leqslant \alpha_M \cdot \left[M_u + \frac{(N_p-N) \cdot (M_{max}-M_u)}{0.5N_p} - \frac{N \cdot M_\chi}{N_{cr}} \right] \quad (0.5N_p \leqslant N < N_p)$$
$$(A.8\text{-}31)$$

$$\delta \cdot M \leqslant \alpha_M \cdot \left[M_u + \frac{N \cdot (M_{max}-M_u)}{0.5N_p} - \frac{N \cdot M_\chi}{N_{cr}} \right] \quad (0 < N < 0.5N_p) \quad (A.8\text{-}32)$$

其中，当 $N_u \geqslant N_{cr} \geqslant N_p$ 时：$M_\chi = \dfrac{(N_u-N_{cr}) \cdot M_u}{N_u-N_p}$

当 $N_p > N_{cr} \geqslant 0.5N_p$ 时：$M_\chi = M_u + \dfrac{(N_p-N_{cr}) \cdot (M_{max}-M_u)}{0.5N_p}$

当 $0.5N_p > N_{cr} > 0$ 时：$M_\chi = M_u + \dfrac{N_{cr} \cdot (M_{max}-M_u)}{0.5N_p}$

当 $235\text{N/mm}^2 \leqslant f_y \leqslant 355\text{N/mm}^2$ 时，$\alpha_M = 0.9$；当 $420\text{N/mm}^2 \leqslant f_y \leqslant 460\text{N/mm}^2$ 时，$\alpha_M = 0.8$。规程 EC 4(2004)给出的弯矩放大系数 δ 计算公式为：

$$\delta = \frac{\beta}{1-N/N_{cr,eff}} \geqslant 1.0 \quad (A.8\text{-}33)$$

$$N_{cr,eff} = \frac{\pi^2 \cdot 0.9 \cdot (E_s I_s + 0.5 E_c I_c)}{L^2} \quad (A.8\text{-}34)$$

其中，β 为等效弯矩系数，单向弯曲时 $\beta > 0$，双向弯曲时 $\beta < 0$，具体参见规程 EN 1994-1-1(2004)中的表 6.4；

以上各式中：

$$N_p = A_c \cdot f_c'/\gamma_c \quad (A.8\text{-}35)$$

$$M_{max} = W_{pa} \cdot f_y/\gamma_s + \frac{1}{2}W_{pc} \cdot f_c'/\gamma_c \quad (A.8\text{-}36)$$

对于压弯构件，当作用在钢管上的剪力超过其抗剪承载力的 50%，则在设计中应考虑剪力的影响，考虑的方法是将钢管截面受剪区域的强度设计值乘以一个小于 1 的系数，受剪区域强度设计值的确定方法如下：

$$f_{yd}' = (1-\rho) f_{yd} \quad (A.8\text{-}37)$$

$$\rho = (2V_{sd}/V_{su}-1)^2 \quad (A.8\text{-}38)$$

A.9 《战时军港抢修早强型组合结构技术规程》 GJB 4142-2000

规程 GJB 4142-2000 是国家军用标准，给出了方钢管混凝土构件设计方面的规定。

1. 轴心受压构件

方钢管混凝土轴压强度承载力应按下式进行验算：

$$N \leqslant f_{sc} \cdot A_{sc} \quad (A.9\text{-}1)$$

式中 N——所计算构件范围内的最大轴力设计值；

A_{sc}——钢管混凝土的横截面面积；

f_{sc}——钢管混凝土组合轴压强度设计值，按以下公式计算：

$$f_{sc}=(1.212+B_1 \cdot \xi_o + C_1 \cdot \xi_o^2) \cdot f_c \qquad (A.9\text{-}2)$$

式中 B_1 和 C_1 为计算系数：

$$B_1=0.1381 \cdot f/215+0.7646, \quad C_1=-0.0727 \cdot f_c/15+0.0216;$$

ξ_o——构件截面约束效应系数设计值，$\xi_o=A_s f/A_c f_c$；

A_s 和 A_c 分别为钢管和核心混凝土的横截面面积；

f——钢材的抗拉、抗压和抗弯强度设计值；

f_c——混凝土轴心抗压强度设计值。

钢管混凝土轴压稳定承载力，按以下公式进行验算：

$$N \leqslant \varphi \cdot f_{sc} \cdot A_{sc} \qquad (A.9\text{-}3)$$

式中 φ——轴心受压构件稳定系数，按以下公式计算：

$$\varphi = \begin{cases} 1 & (\lambda \leqslant \lambda_o) \\ a\lambda^2 + b\lambda + c & (\lambda_o < \lambda \leqslant \lambda_p) \\ d/(\lambda+35)^2 & (\lambda > \lambda_p) \end{cases} \qquad (A.9\text{-}4)$$

其中，参数 a、b、c、d、e 按以下公式进行计算：

$$a = \frac{1+(25+2 \cdot \lambda_p) \cdot e}{(\lambda_p - \lambda_o)^2};$$

$$b = e - 2 \cdot a \cdot \lambda_p;$$

$$c = 1 - a \cdot \lambda_o^2 - b \cdot \lambda_o;$$

$$d = \left(6300 + 7200 \cdot \frac{235}{f_y}\right) \cdot \left(\frac{25}{f_{ck}+5}\right)^{0.3} \cdot \left(\frac{\alpha}{0.1}\right)^{0.1};$$

$$e = \frac{-d}{(\lambda_p+35)^3};$$

λ——构件的长细比，$\lambda=2\sqrt{3}L/B$；L 为构件的计算长度，B 为钢管截面外边长；

f_y——钢材的屈服强度；

f_{ck}——混凝土的立方体抗压强度标准值；

α——截面含钢率，$\alpha=A_s/A_c$。

λ_p、λ_o——分别为构件弹性和弹塑性失稳的界限长细比：

$$\lambda_p = \pi\sqrt{E_{sc}/f_{scp}}; \quad \lambda_o = \pi\sqrt{(220\xi+450)/f_{scy}};$$

式中 E_{sc}——钢管混凝土组合轴压弹性模量，$E_{sc}=f_{scp}/\varepsilon_{scp}$；

比例极限：$f_{scp}=[0.263(f_y/235)+0.365(20/f_{ck})+0.104] \cdot f_{scy}$；

比例极限对应的应变：$\varepsilon_{scp}=3.01 \times 10^{-6} f_y$；

ξ——构件截面约束效应系数标准值，$\xi=A_s f_y/A_c f_{ck}$。

2. 纯弯构件

纯弯构件承载力按以下公式进行验算：

$$M \leqslant \gamma_m W_{sc} f_{sc} \qquad (A.9\text{-}5)$$

式中 M——所计算构件段范围的最大弯矩设计值；

f_{sc}——钢管混凝土组合轴压强度设计值，按式(A.9-2)计算；

γ_m——构件截面抗弯塑性发展系数;

$$\gamma_m = -0.2428\xi + 1.4103\sqrt{\xi} \tag{A.9-6}$$

W_{sc}——钢管混凝土构件截面抗弯模量,$W_{sc}=B^3/6$。

3. 压弯构件

钢管混凝土构件在一个平面内承受压弯荷载共同作用时,其承载力按下列公式进行验算:

(1) 当 $N/A_{sc} \geqslant \varphi^3 \cdot k_f \cdot f_{sc}$ 时

$$\frac{N}{\varphi \cdot N_u} + \frac{\beta_m \cdot M \cdot (1-k_f \cdot \varphi^2)}{k_n \cdot M_u} \leqslant 1 \tag{A.9-7}$$

(2) 当 $N/A_{sc} < \varphi^3 \cdot k_f \cdot f_{sc}$ 时

$$\frac{2.797 \cdot b \cdot N^2}{\varphi^3 \cdot N_u^2} - \frac{1.124 \cdot c \cdot N}{N_u} + \frac{\beta_m \cdot M}{k_n \cdot M_u} \leqslant 1 \tag{A.9-8}$$

式中 N、M——分别为构件轴力和弯矩设计值,参数 a、b、c、k_n、k_f 按如下公式确定:

$$a=(f_c/15)^{0.65} \cdot (215/f)^{0.38} \cdot (0.1/\alpha)^{0.45};$$
$$b=(f_c/15)^{0.16} \cdot (215/f)^{0.89} \cdot (0.1/\alpha)^{0.5};$$
$$c=(f_c/15)^{0.81} \cdot (215/f)^{1.27} \cdot (0.1/\alpha)^{0.95};$$
$$k_n=1-0.25N/N_E;$$
$$k_f=0.402a;$$

β_m——等效弯矩系数,可按《钢结构设计规范》GB 50017-2003 的有关规定取值;

N_E——构件的欧拉临界力,$N_E = \pi^2 \cdot E_{sc} \cdot A_{sc}/\lambda^2$。

附录 B 计算例题

B.1 引言

下面结合典型算例或工程实例，给出钢管混凝土结构的计算例题，以供读者在进行钢管混凝土设计计算时参考。

B.2 格构式柱承载力验算

算例：某造船厂柴油机总装试车车间和金属结构车间，车间为二跨 33m+27m。33m 跨设有两台 $Q=120t/20t$，轨高 16.5m 的桥式吊车和 2 台 $Q=20t/5t$，轨高 24m 的桥式吊车；27m 跨设有两台 $Q=75t/20t$，轨高 16.5m 的桥式吊车，柱距 12m。结构重要性系数取 1.0。横剖面见图 B.2-1，柱尺寸见图 B.2-2。

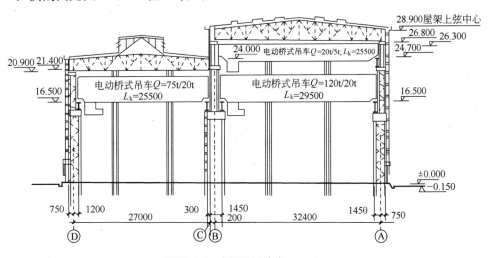

图 B.2-1 剖面图（单位：mm）

该例题取自国家建筑材料工业局标准《钢管混凝土结构设计与施工规程》JCJ 01-89。

边柱最不利内力组合值之一如表 B.2-1 所示。表中，1'—1' 表示第一柱段的下端截面，1″—1″ 表示第一柱段的上端截面，其余柱段的表示方法含义与此相同，构件尺寸如图 B.2-3 所示。

1) D 轴线下：

$\phi 325 \times 6$ $A_{sc} = \frac{\pi}{4}D^2 = 8.296 \times 10^4 \text{mm}^2$, $I_{sc} = \frac{\pi}{64}D^4 = 5.4765 \times 10^8 \text{mm}^4$；

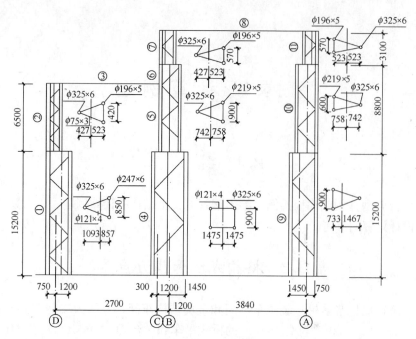

图 B.2-2 横剖面各柱尺寸(单位：mm)

边柱(D轴柱)最不利内力组合值之一   表 B.2-1

构件	截面	N(kN)	M(kN·m)	N(kN)	M(kN·m)	V_{max}(kN)
1	1′—1′ 1″—1″	3437.7 3054.9	1264.6 1767.5	1467 1502.6	−1565.5 −538.5	210.4
2	2′—2′ 2″—2″	911.3 747.3	−1230.1 −240.8			163.6

$\phi 247 \times 6$ $A_{sc} = \frac{\pi}{4} D^2 = 4.792 \times 10^4 \text{mm}^2$,

$I_{sc} = \frac{\pi}{64} D^4 = 1.82708 \times 10^8 \text{mm}^4$;

$I_{D柱y} = 5.4765 \times 10^8 + 8.296 \times 10^4 \times 1093^2 + 2(1.82708 \times 10^8 + 4.792 \times 10^4 \times 857^2) = 1.704 \times 10^{11} \text{mm}^4$

$A_{D柱} = 8.296 \times 10^4 + 2 \times 4.792 \times 10^4$
$= 1.788 \times 10^5 \text{mm}^2$

$i_{D柱y} = \sqrt{\frac{I_{D柱y}}{A_{D柱}}} = \sqrt{\frac{1.704 \times 10^{11}}{1.788 \times 10^5}} = 976 \text{mm}$

2) D 轴线上：

$\phi 325 \times 6$ $A_{sc} = \pi D^2/4 = 8.296 \times 10^4 \text{mm}^2$,
$I_{sc} = \pi D^4/64 = 5.4765 \times 10^8 \text{mm}^4$;

$\phi 196 \times 5$ $A_{sc} = \pi D^2/4 = 3.017 \times 10^4 \text{mm}^2$,
$I_{sc} = \pi D^4/64 = 7.2443 \times 10^7 \text{mm}^4$;

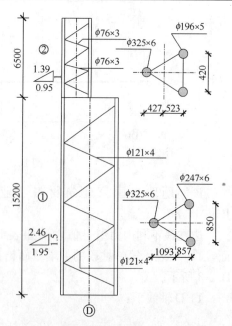

图 B.2-3 D轴柱尺寸

$$I_{\text{D上y}} = 5.4765 \times 10^8 + 8.296 \times 10^4 \times 427^2 + 2(7.2443 \times 10^7 + 3.017 \times 10^4 \times 523^2) = 3.232 \times 10^{10} \text{mm}^4$$

$$A_{\text{D上}} = 8.296 \times 10^4 + 2 \times 3.017 \times 10^4 = 1.433 \times 10^5 \text{mm}^2$$

$$i_{\text{D上y}} = \sqrt{\frac{I_{\text{D上y}}}{A_{\text{D上}}}} = \sqrt{\frac{3.232 \times 10^{10}}{1.433 \times 10^5}} = 475 \text{mm}, \quad K_{1y} = \frac{3.232 \times 10^{10} \times 15200}{1.704 \times 10^{11} \times 6500} = 0.444$$

$$\eta_{1y} = \frac{6500}{15200} \sqrt{\frac{911.3 \times 1.704 \times 10^{11}}{3437.7 \times 3.232 \times 10^{10}}} = 0.506$$

由《钢结构设计规范》GB 50017 - 2003 中表 D-3 可得：

$$\mu_{1y} = 2.27, \quad \mu_{2y} = \frac{\mu_{1y}}{\eta_{1y}} = \frac{2.27}{0.506} = 4.486。$$

由《钢结构设计规范》GB 50017 - 2003 中表 5.3.4，可得阶形柱计算长度折减系数为 0.7。

$$\lambda_{\text{D下y}} = \frac{0.7 \times 2.27 \times 15200}{976} = 24.75, \quad \lambda_{\text{D上y}} = \frac{0.7 \times 4.486 \times 6500}{475} = 43$$

● 按规程 DBJ 13 - 51 - 2003 验算：

构件 1：

(a) 单肢验算

外单肢验算：$D = 325 \text{mm}$；$t = 6 \text{mm}$；采用 C30 混凝土，Q235 钢。

$\lambda = 4L/D = 4 \times 3000/325 = 36.9$

$A_{sc} = \pi \times 325^2/4 = 82957.7 \text{mm}^2$

$A_c = \pi \times (325 - 12)^2/4 = 76944.7 \text{mm}^2$

$A_s = A_{sc} - A_c = 6013 \text{mm}^2$

$\alpha = A_s/A_c = 0.078$

由《钢结构设计规范》GB 50017 - 2003 和《混凝土结构设计规范》GB 50010 - 2002，可得：$f = 215 \text{N/mm}^2$，$f_c = 14.3 \text{N/mm}^2$。

$\xi_o = \alpha \cdot f/f_c = 0.078 \times 215/14.3 = 1.173$

$f_{sc} = (1.14 + 1.02\xi_o) \cdot f_c = (1.14 + 1.02 \times 1.173) \times 14.3 = 33.4 \text{N/mm}^2$

由规程 DBJ 13 - 51 - 2003 中表 A-1，可得稳定系数 $\varphi = 0.898$。

$R = \varphi f_{sc} A_{sc} = 0.898 \times 33.4 \times 82957.7 \times 10^{-3} = 2488.2 \text{kN}$

轴力和弯矩按各柱肢的面积分配，则可得外肢压力：

$$S_d = \frac{3054.9 \times 829.6}{1788} + \frac{1767.5}{1.95} = 2323.8 \text{kN}$$

$S_0 = \gamma_0 \times S_d = 1.0 \times 2323.8 = 2323.8 \text{kN} < R = 2488.2 \text{kN}$

满足要求。

内单肢验算：$D = 247 \text{mm}$，$t = 6 \text{mm}$，采用 C30 混凝土，Q235 钢。

$\lambda = 4L/D = 4 \times 3000/247 = 48.6$

$A_{sc} = \pi \times 247^2/4 = 47916.4 \text{mm}^2$，$A_c = \pi \times (247-12)^2/4 = 43373.6 \text{mm}^2$

$A_s = A_{sc} - A_c = 4542.8 \text{mm}^2$

$\alpha = A_s/A_c = 0.105$

由《钢结构设计规范》GB 50017-2003 和《混凝土结构设计规范》GB 50010-2002，可得：$f = 215 \text{N/mm}^2$，$f_c = 14.3 \text{N/mm}^2$。

$\xi_0 = \alpha \cdot f/f_c = 0.105 \times 215/14.3 = 1.579$

$f_{sc} = (1.14 + 1.02\xi_0) \cdot f_c = (1.14 + 1.02 \times 1.579) \times 14.3 = 39.33 \text{N/mm}^2$

由规程 DBJ 13-51-2003 中表 A-1，可得稳定系数 $\varphi = 0.852$。

$R = \varphi f_{sc} A_{sc} = 0.852 \times 39.33 \times 47916.4 \times 10^{-3} = 1606 \text{kN}$

轴力和弯矩按各柱肢的面积分配，则可得内肢压力：

$S_d = \dfrac{3437.7 \times 479.2}{1788} + \dfrac{1264.6}{2 \times 1.95} = 1245.6 \text{kN}$

$S_0 = \gamma_0 \times S_d = 1.0 \times 1245.6 = 1245.6 \text{kN} < R = 1606 \text{kN}$

满足要求。

(b) 腹杆验算

格构式柱整体含钢率为：$\alpha = \dfrac{6013 + 2 \times 4542.8}{76944.7 + 2 \times 43373.6} = \dfrac{15098.6}{163691.9} = 0.092$

由规程 DBJ 13-51-2003 中表 4.0.6-1，可得组合轴压弹性模量 $E_{sc} = 40005.6 \text{N/mm}^2$。

$\xi_0 = \alpha \cdot f/f_c = 0.092 \times 215/14.3 = 1.3832$

$f_{sc} = (1.14 + 1.02\xi_0) \cdot f_c = (1.14 + 1.02 \times 1.3832) \times 14.3 = 36.48 \text{N/mm}^2$

$V = \dfrac{\sum A_{sc} f_{sc}}{85} = \dfrac{(82957.7 + 2 \times 47916.4) \times 36.48 \times 10^{-3}}{85} = 76.7 \text{kN}$

由内力组合：$V_{max} = 210.4 \text{kN}$，因此取 $V_{max} = 210.4 \text{kN}$ 进行腹杆验算。

腹杆轴力：$N = \dfrac{V}{2} \times \dfrac{2.46}{1.95} = 132.7 \text{kN}$

腹杆：$D = 121 \text{mm}$，$t = 4 \text{mm}$，Q235 钢。

钢管截面积：$A_s = \pi \times 117 \times 4 = 1470.3 \text{mm}^2$，$I_s = 2518748.3 \text{mm}^4$。

$i = \sqrt{I_s/A_s} = \sqrt{2518748.3/1470.3} = 41.4 \text{mm}$，$\lambda = L/i = 2460/41.4 = 59.4$

由《钢结构设计规范》GB 50017-2003 中附录 C，可得钢管受压稳定系数：$\varphi = 0.883$。

$\dfrac{N}{\varphi A_s} = \dfrac{132.7 \times 10^3}{0.883 \times 1.4703 \times 10^3} = 102.2 \text{N/mm}^2 < f = 215 \text{N/mm}^2$

满足要求。

其他构件腹杆验算同上，以下不再写出。

(c) 验算格构式构件平面内的整体稳定承载力

验算公式为：$\dfrac{N}{\varphi A_{sc} f_{sc}} + \dfrac{\beta_m M}{W_{sc}(1 - \varphi N/N_E) f_{sc}} \leq 1$

格构式柱换算长细比：

$$\lambda_{oy}=\sqrt{\lambda_y^2+27\cdot\frac{2.5\sum A_{si}}{A_1}}=\sqrt{24.75^2+27\times\frac{2.5\times(6013+2\times4542.8)}{1470.3}}=36.1$$

由规程 DBJ 13-51-2003 中表 A-1，可得稳定系数 $\varphi=0.905$。

$A_{sc}=(829.6+2\times479.2)\times100=178800\text{mm}^2$

$N_E=\pi^2\cdot E_{sc}\cdot A_{sc}/\lambda^2=\pi^2\times40005.6\times178800/36.1^2\times10^{-3}=54171.8\text{kN}$

取 $N=3054.9\text{kN}$，$M=1767.5\text{kN}\cdot\text{m}$ 进行验算。

$$\frac{3054.9\times10^3}{0.905\times178800\times36.48}+\frac{1.0\times1767.5\times10^6}{\left(1-0.905\times\dfrac{3054.9}{54171.8}\right)\times36.48\times15.6\times10^7}$$

$=0.5175+0.3273=0.845<1.0$

满足要求。

构件 2：

(a) 单肢验算

外单肢验算：$D=325\text{mm}$，$t=6\text{mm}$，C30 混凝土，Q235 钢。

$\lambda=4L/D=4\times2000/325=24.6$

$A_{sc}=\pi\times325^2/4=82957.7\text{mm}^2$，$A_c=\pi\times(325-12)^2/4=76944.7\text{mm}^2$

$A_s=A_{sc}-A_c=6013\text{mm}^2$，$\alpha=A_s/A_c=0.078$

由《钢结构设计规范》GB 50017-2003 和《混凝土结构设计规范》GB 50010-2002，可得：$f=215\text{N/mm}^2$，$f_c=14.3\text{N/mm}^2$。

$\xi_o=\alpha\cdot f/f_c=0.078\times215/14.3=1.173$

$f_{sc}=(1.14+1.02\xi_o)\cdot f_c=(1.14+1.02\times1.173)\times14.3=33.4\text{N/mm}^2$

由规程 DBJ 13-51-2003 中表 A-1，可得稳定系数 $\varphi=0.952$。

$R=\varphi f_{sc}A_{sc}=0.952\times33.4\times82957.7\times10^{-3}=2638\text{kN}$

抗拉承载力：$R=1.1\times A_s\times f=1.1\times6013\times215\times10^{-3}=1422.1\text{kN}$

轴力和弯矩按各柱肢的面积分配，则可得外肢压力：

$$S_d=\frac{911.3\times829.6}{1433}+\frac{1230.1}{0.95}=1822.4\text{kN}$$

$S_0=\gamma_0\times S_d=1.0\times1822.4=1822.4\text{kN}<R=2638\text{kN}$

满足要求。

内单肢验算：$D=196\text{mm}$，$t=5\text{mm}$，C30 混凝土，Q235 钢。

$\lambda=4L/D=4\times2000/196=40.8$

$A_{sc}=\pi\times196^2/4=30171.9\text{mm}^2$，$A_c=\pi\times(196-10)^2/4=27171.6\text{mm}^2$

$A_s=A_{sc}-A_c=3000.3\text{mm}^2$，$\alpha=A_s/A_c=0.11$

由《钢结构设计规范》GB 50017-2003 和《混凝土结构设计规范》GB 50010-2002，可得：$f=215\text{N/mm}^2$，$f_c=14.3\text{N/mm}^2$。

$\xi_o=\alpha\cdot f/f_c=0.11\times215/14.3=1.654$

$f_{sc}=(1.14+1.02\xi_o)\cdot f_c=(1.14+1.02\times1.654)\times14.3=40.43\text{N/mm}^2$

由规程 DBJ 13-51-2003 中表 A-1，可得稳定系数 $\varphi=0.891$。
抗压承载力：$R_1=\varphi f_{sc}A_{sc}=0.891\times40.43\times30171.9\times10^{-3}=1086.9\text{kN}$
抗拉承载力：$R_2=1.1\times A_s\times f=1.1\times3000.3\times215\times10^{-3}=709.6\text{kN}$
轴力和弯矩按各柱肢的面积分配，则可得内肢压力：
$$S_{d1}=\frac{747.3\times301.7}{1433}+\frac{240.8}{0.95\times2}=284.1\text{kN}$$
$S_{01}=\gamma_0\times S_{d1}=1.0\times284.1=284.1\text{kN}<R_1=1086.9\text{kN}$，满足要求。
轴力和弯矩按各柱肢的面积分配，则可得内肢拉力：
$$S_{d2}=\frac{-911.3\times301.7}{1433}+\frac{1230.1}{0.95\times2}=455.6\text{kN}$$
$S_{02}=\gamma_0\times S_{d2}=1.0\times455.6=455.6\text{kN}<R_2=709.6\text{kN}$
满足要求。

(b) 平面内的整体稳定承载力

格构式柱整体含钢率为：$\alpha=\dfrac{6013+2\times3000.3}{76944.7+2\times27171.6}=\dfrac{12013.6}{131287.9}=0.0915$

由规程 DBJ 13-51-2003 中表 4.0.6-1，可得组合轴压弹性模量 $E_{sc}=39899\text{N/mm}^2$。
$\xi_o=\alpha\cdot f/f_c=0.0915\times215/14.3=1.3757$
$f_{sc}=(1.14+1.02\xi_o)\cdot f_c=(1.14+1.02\times1.3757)\times14.3=36.37\text{N/mm}^2$

验算公式为：$\dfrac{N}{\varphi A_{sc}f_{sc}}+\dfrac{\beta_m M}{W_{sc}(1-\varphi N/N_E)f_{sc}}\leqslant1$

格构式柱换算长细比：
$$\lambda_{oy}=\sqrt{\lambda_y^2+27\cdot\frac{2.5\sum A_{si}}{A_1}}=\sqrt{43^2+27\times\frac{2.5\times(6013+2\times3000.3)}{688}}=55$$

由规程 DBJ 13-51-2003 中表 A-1，可得稳定系数 $\varphi=0.824$。
$A_{sc}=(829.6+2\times301.7)\times100=143300\text{mm}^2$
$N_E=\pi^2\cdot E_{sc}\cdot A_{sc}/\lambda^2=\pi^2\times39899\times143300/55^2\times10^{-3}=18654.5\text{kN}$
取 $N=911.3\text{kN}$，$M_x=1230.1\text{kN}\cdot\text{m}$ 进行验算。

$$\frac{911.3\times10^3}{0.824\times143300\times36.37}+\frac{1.0\times1230.1\times10^6}{\left(1-0.824\times\dfrac{911.3}{18654.5}\right)\times36.37\times6.18\times10^7}$$

$=0.2122+0.5702=0.782<1.0$

满足要求。

● **按规程 DL/T 5085-1999 验算：**

构件 1：

(a) 单肢验算

外单肢验算：$D=325\text{mm}$，$t=6\text{mm}$，C30 混凝土，Q235 钢。
$\lambda=4L/D=4\times3000/325=36.9$
$A_{sc}=\pi\times325^2/4=82957.7\text{mm}^2$，$A_c=\pi\times(325-12)^2/4=76944.7\text{mm}^2$
$A_s=A_{sc}-A_c=6013\text{mm}^2$，$\alpha=A_s/A_c=0.078$

由《钢结构设计规范》GB 50017-2003 和《混凝土结构设计规范》GB50010-2002，可得：$f=215\text{N/mm}^2$，$f_c=14.3\text{N/mm}^2$。

$\xi_0 = \alpha \cdot f/f_c = 0.078 \times 215/14.3 = 1.173$

$B_1 = 0.1759 \cdot f_y/235 + 0.974 = 0.1759 \times 235/235 + 0.974 = 1.15$

$C_1 = -0.1038 \cdot f_{ck}/20 + 0.0309 = -0.1038 \times 20.1/20 + 0.0309 = -0.0734$

$f_{sc} = (1.212 + B_1 \cdot \xi_0 + C_1 \cdot \xi_0^2) \cdot f_c = (1.212 + 1.349 - 0.1) \times 14.3 = 35.2\text{N/mm}^2$

由规程 DL/T 5085-1999 中表 6.3.1，可得稳定系数 $\varphi = 0.977$。

$R = \varphi f_{sc} A_{sc} = 0.977 \times 35.2 \times 82957.7 \times 10^{-3} = 2853\text{kN}$

轴力和弯矩按各柱肢的面积分配，则可得外肢压力：

$S_d = \dfrac{3054.9 \times 829.6}{1788} + \dfrac{1767.5}{1.95} = 2323.8\text{kN}$

$S_0 = \gamma_0 \times S_d = 1.0 \times 2323.8 = 2323.8\text{kN} < R = 2853\text{kN}$

满足要求。

内单肢验算：$D=247\text{mm}$，$t=6\text{mm}$，C30 混凝土，Q235 钢。

$\lambda = 4L/D = 4 \times 3000/247 = 48.6$

$A_{sc} = \pi \times 247^2/4 = 47916.4\text{mm}^2$，$A_c = \pi \times (247-12)^2/4 = 43373.6\text{mm}^2$

$A_s = A_{sc} - A_c = 4542.8\text{mm}^2$，$\alpha = A_s/A_c = 0.105$

由《钢结构设计规范》GB 50017-2003 和《混凝土结构设计规范》GB 50010-2002，可得：$f=215\text{N/mm}^2$，$f_c=14.3\text{N/mm}^2$。

$\xi_0 = \alpha \cdot f/f_c = 0.105 \times 215/14.3 = 1.579$

$B_1 = 0.1759 \cdot f_y/235 + 0.974 = 0.1759 \times 235/235 + 0.974 = 1.15$

$C_1 = -0.1038 \cdot f_{ck}/20 + 0.0309 = -0.1038 \times 20.1/20 + 0.0309 = -0.073$

$f_{sc} = (1.212 + B_1 \cdot \xi_0 + C_1 \cdot \xi_0^2) \cdot f_c = (1.212 + 1.816 - 0.182) \times 14.3 = 40.7\text{N/mm}^2$

由规程 DL/T 5085-1999 中表 6.3.1，可得稳定系数 $\varphi = 0.95$。

$R = \varphi f_{sc} A_{sc} = 0.95 \times 40.7 \times 47916.4 \times 10^{-3} = 1852.7\text{kN}$

轴力和弯矩按各柱肢的面积分配，则可得内肢压力：

$S_d = \dfrac{3437.7 \times 479.2}{1788} + \dfrac{1264.6}{2 \times 1.95} = 1245.6\text{kN}$

$S_0 = \gamma_0 \times S_d = 1.0 \times 1245.6 = 1245.6\text{kN} < R = 1852.7\text{kN}$

满足要求。

(b) 腹杆验算

格构式柱整体含钢率为：$\alpha = \dfrac{6013 + 2 \times 4542.8}{76944.7 + 2 \times 43373.6} = \dfrac{15098.6}{163691.9} = 0.092$

由规程 DL/T 5085-1999 中表 6.2.8，可得组合轴压弹性模量 $E_{sc} = 42165.6\text{N/mm}^2$。

$\xi_0 = \alpha \cdot f/f_c = 0.092 \times 215/14.3 = 1.3832$

$B_1 = 0.1759 \cdot f_y/235 + 0.974 = 0.1759 \times 235/235 + 0.974 = 1.15$

$C_1 = -0.1038 \cdot f_{ck}/20 + 0.0309 = -0.1038 \times 20.1/20 + 0.0309 = -0.073$

$f_{sc} = (1.212 + B_1 \cdot \xi_0 + C_1 \cdot \xi_0^2) \cdot f_c = (1.212 + 1.59 - 0.14) \times 14.3 = 38.1\text{N/mm}^2$

$V = \dfrac{\sum A_{sc} f_{sc}}{85} = \dfrac{(82957.7 + 2 \times 47916.4) \times 38.1 \times 10^{-3}}{85} = 80.1\text{kN}$

由内力组合：$V_{max}=210.4$kN，因此取 $V_{max}=210.4$kN 进行腹杆验算。

腹杆轴力：$N=\dfrac{V}{2}\times\dfrac{2.46}{1.95}=132.7$kN

腹杆：$D=121$mm，$t=4$mm，Q235 钢。

钢管截面积：$A_s=\pi\times 117\times 4=1470.3$mm^2，$I_s=2518748.3$mm^4。

$i=\sqrt{I_s/A_s}=\sqrt{2518748.3/1470.3}=41.4$mm，$\lambda=L/i=2460/41.4=59.4$

由《钢结构设计规范》GB 50017-2003 中附录 C，可得钢管轴压稳定系数：$\varphi=0.883$。

$$\dfrac{N}{\varphi A_s}=\dfrac{132.7\times 10^3}{0.883\times 1.4703\times 10^3}=102.2\text{N/mm}^2<f=215\text{N/mm}^2$$

满足要求。

其他构件腹杆验算同上，以下不再写出。

(c) 验算格构式构件平面内的整体稳定承载力

$\xi=\alpha\cdot f_y/f_{ck}=0.092\times 235/20.1=1.0756$

$\because \xi>0.85$，$\therefore \gamma_v=0.85$

由规程 DL/T 5085-1999 中表 6.2.7，可得组合抗剪强度设计值 $f_{scv}=15.82$N/mm^2。

验算公式为：$\left[\dfrac{N}{\varphi A_{sc}f_{sc}}+\dfrac{\beta_m M}{W_{sc}(1-\varphi N/N_E)f_{sc}}\right]^{1.4}+\left(\dfrac{V}{\gamma_v A_{sc}f_{scv}}\right)^2\leqslant 1$

格构式柱换算长细比：

$$\lambda_{oy}=\sqrt{\lambda_y^2+27\cdot\dfrac{2.5\sum A_{si}}{A_1}}=\sqrt{24.75^2+27\times\dfrac{2.5\times(6013+2\times 4542.8)}{1470.3}}=36.1$$

由规程 DL/T 5085-1999 中表 6.3.1，可得稳定系数 $\varphi=0.979$。

$A_{sc}=(829.6+2\times 479.2)\times 100=178800$mm^2

$N_E=\pi^2\cdot E_{sc}\cdot A_{sc}/\lambda^2=\pi^2\times 42165.6\times 178800/36.1^2\times 10^{-3}=57096.7$kN

取 $N=3054.9$kN，$M_x=1767.5$kN·m，$V=210.4$kN 进行验算。

$$\left[\dfrac{3054.9\times 10^3}{0.979\times 178800\times 38.1}+\dfrac{1.0\times 1767.5\times 10^6}{(1-0.979\times\dfrac{3054.9}{57096.7})\times 38.1\times 15.6\times 10^7}\right]^{1.4}$$

$$+\left(\dfrac{210.4\times 10^3}{0.85\times 178800\times 15.82}\right)^2$$

$=(0.45806+0.31382)^{1.4}+0.0875^2=0.704<1.0$

满足要求。

构件 2：

(a) 单肢验算

外单肢验算：$D=325$mm，$t=6$mm，C30 混凝土，Q235 钢。

$\lambda=4L/D=4\times 2000/325=24.6$

$A_{sc}=\pi\times 325^2/4=82957.7$mm^2，$A_c=\pi\times(325-12)^2/4=76944.7$mm^2

$A_s = A_{sc} - A_c = 6013 \text{mm}^2$,$\alpha = A_s/A_c = 0.078$

由《钢结构设计规范》GB 50017-2003 和《混凝土结构设计规范》GB 50010-2002，可得：$f = 215 \text{N/mm}^2$，$f_c = 14.3 \text{N/mm}^2$。

$\xi_o = \alpha \cdot f/f_c = 0.078 \times 215/14.3 = 1.173$

$B_1 = 0.1759 \cdot f_y/235 + 0.974 = 0.1759 \times 235/235 + 0.974 = 1.15$

$C_1 = -0.1038 \cdot f_{ck}/20 + 0.0309 = -0.1038 \times 20.1/20 + 0.0309 = -0.073$

$f_{sc} = (1.212 + B_1 \cdot \xi_o + C_1 \cdot \xi_o^2) \cdot f_c = (1.212 + 1.35 - 0.1) \times 14.3 = 35.2 \text{N/mm}^2$

由规程 DL/T 5085-1999 中表 6.3.1，可得稳定系数 $\varphi = 0.994$。

$R = \varphi f_{sc} A_{sc} = 0.994 \times 35.2 \times 82957.7 \times 10^{-3} = 2903 \text{kN}$

轴力和弯矩按各柱肢的面积分配，则可得外肢压力：

$S_d = \dfrac{911.3 \times 829.6}{1433} + \dfrac{1230.1}{0.95} = 1822.4 \text{kN}$

$S_0 = \gamma_0 \times S_d = 1.0 \times 1822.4 = 1822.4 \text{kN} < R = 2903 \text{kN}$

满足要求。

内单肢验算：$D = 196 \text{mm}$，$t = 5 \text{mm}$，C30 混凝土，Q235 钢。

$\lambda = 4L/D = 4 \times 2000/196 = 40.8$

$A_{sc} = \pi \times 196^2/4 = 30171.9 \text{mm}^2$，$A_c = \pi \times (196-10)^2/4 = 27171.6 \text{mm}^2$

$A_s = A_{sc} - A_c = 3000.3 \text{mm}^2$，$\alpha = A_s/A_c = 0.11$

由《钢结构设计规范》GB 50017-2003 和《混凝土结构设计规范》GB 50010-2002，可得：$f = 215 \text{N/mm}^2$，$f_c = 14.3 \text{N/mm}^2$。

$\xi_o = \alpha \cdot f/f_c = 0.11 \times 215/14.3 = 1.654$

$B_1 = 0.1759 \cdot f_y/235 + 0.974 = 0.1759 \times 235/235 + 0.974 = 1.15$

$C_1 = -0.1038 \cdot f_{ck}/20 + 0.0309 = -0.1038 \times 20.1/20 + 0.0309 = -0.073$

$f_{sc} = (1.212 + B_1 \cdot \xi_o + C_1 \cdot \xi_o^2) \cdot f_c = (1.212 + 1.902 - 0.1997) \times 14.3 = 41.7 \text{N/mm}^2$

由规程 DL/T 5085-1999 中表 6.3.1，可得稳定系数 $\varphi = 0.97$。

抗压承载力：$R_1 = \varphi f_{sc} A_{sc} = 0.97 \times 41.7 \times 30171.9 \times 10^{-3} = 1220.4 \text{kN}$

抗拉承载力：$R_2 = 1.1 \times A_s \times f = 1.1 \times 3000.3 \times 215 \times 10^{-3} = 709.6 \text{kN}$

轴力和弯矩按各柱肢的面积分配，则可得内肢压力：

$S_{d1} = \dfrac{747.3 \times 301.7}{1433} + \dfrac{240.8}{0.95 \times 2} = 284.1 \text{kN}$

$S_{01} = \gamma_0 \times S_{d1} = 1.0 \times 284.1 = 284.1 \text{kN} < R_1 = 1220.4 \text{kN}$，满足要求。

轴力和弯矩按各柱肢的面积分配，则可得内肢拉力：

$S_{d2} = \dfrac{-911.3 \times 301.7}{1433} + \dfrac{1230.1}{0.95 \times 2} = 455.6 \text{kN}$

$S_{02} = \gamma_0 \times S_{d2} = 1.0 \times 455.6 = 455.6 \text{kN} < R_2 = 709.6 \text{kN}$，满足要求。

(b) 平面内的整体稳定承载力

格构式柱整体含钢率为：$\alpha = \dfrac{6013 + 2 \times 3000.3}{76944.7 + 2 \times 27171.6} = \dfrac{12013.6}{131287.9} = 0.0915$

$\xi = \alpha \cdot f_y/f_{ck} = 0.0915 \times 235/20.1 = 1.07$

$\because \xi > 0.85, \therefore \gamma_v = 0.85$

由规程 DL/T 5085-1999 中表 6.2.7，可得组合抗剪强度设计值 $f_{scv} = 15.77 \text{N/mm}^2$。

由规程 DL/T 5085-1999 中表 6.2.8，可得组合轴压弹性模量 $E_{sc} = 42062.45 \text{N/mm}^2$。

$\xi_o = \alpha \cdot f/f_c = 0.0915 \times 215/14.3 = 1.3757$

$B_1 = 0.1759 \cdot f_y/235 + 0.974 = 0.1759 \times 235/235 + 0.974 = 1.15$

$C_1 = -0.1038 \cdot f_{ck}/20 + 0.0309 = -0.1038 \times 20.1/20 + 0.0309 = -0.073$

$f_{sc} = (1.212 + B_1 \cdot \xi_o + C_1 \cdot \xi_o^2) \cdot f_c = (1.212 + 1.582 - 0.138) \times 14.3 = 38 \text{N/mm}^2$

验算公式为：$\left[\dfrac{N}{\varphi A_{sc} f_{sc}} + \dfrac{\beta_m M}{W_{sc}(1 - \varphi N/N_E) f_{sc}}\right]^{1.4} + \left(\dfrac{V}{\gamma_v A_{sc} f_{scv}}\right)^2 \leqslant 1$

格构式柱换算长细比：

$\lambda_{oy} = \sqrt{\lambda_y^2 + 27 \cdot \dfrac{2.5 \sum A_{si}}{A_1}} = \sqrt{43^2 + 27 \times \dfrac{2.5 \times (6013 + 2 \times 3000.3)}{688}} = 55$

由规程 DL/T 5085-1999 中表 6.3.1，可得稳定系数 $\varphi = 0.929$。

$A_{sc} = (829.6 + 2 \times 301.7) \times 100 = 143300 \text{mm}^2$

$N_E = \pi^2 \cdot E_{sc} \cdot A_{sc}/\lambda^2 = \pi^2 \times 42062.45 \times 143300/55^2 \times 10^{-3} = 19666 \text{kN}$

取 $N = 911.3 \text{kN}$，$M = 1230.1 \text{kN} \cdot \text{m}$，$V = 163.6 \text{kN}$ 进行验算。

$\left[\dfrac{911.3 \times 10^3}{0.929 \times 143300 \times 38} + \dfrac{1.0 \times 1230.1 \times 10^6}{\left(1 - 0.929 \times \dfrac{911.3}{19666}\right) \times 38 \times 6.18 \times 10^7}\right]^{1.4}$

$+ \left(\dfrac{163.6 \times 10^3}{0.85 \times 143300 \times 15.77}\right)^2$

$= (0.1801 + 0.5474)^{1.4} + 0.085^2 = 0.648 < 1.0$

满足要求。

腹杆验算同上。

中柱最不利内力组合值之一如表 B.2-2 所示，构件尺寸如图 B.2-4 所示。

中柱（B、C 轴柱）最不利内力组合值之一　　表 B.2-2

构件	截面	$N(\text{kN})$	$M(\text{kN} \cdot \text{m})$	$N(\text{kN})$	$M(\text{kN} \cdot \text{m})$	$V_{\max}(\text{kN})$
4	4'—4' 4"—4"	8013.4 3902.9	−3081.4 5492.1	3988.5 —	−5841.6 —	314.8
5	5'—5' 5"—5"	2694.8 2024.5	2086.8 −2016.7			232.9
6	6'—6' 6"—6"	2015 1334.6	1028.5 −1277.9			230.8
7	7'—7' 7"—7"	1038.4 947.2	−877.1 −220.7			229

$I_{中下y} = 7.2415 \times 10^{11}$ mm^4, $A_{中下} = 3.3184 \times 10^5$ mm^2, $i_{中下y} = \sqrt{\dfrac{I_{中下y}}{A_{中下}}} = 1477$ mm

$I_{中中y} = 8.9736 \times 10^{10}$ mm^4, $A_{中中} = 1.583 \times 10^5$ mm^2, $i_{中中y} = \sqrt{\dfrac{I_{中中y}}{A_{中中}}} = 753$ mm

$I_{中上y} = 3.232 \times 10^{10}$ mm^4, $A_{中上} = 1.433 \times 10^5$ mm^2, $i_{中上y} = \sqrt{\dfrac{I_{中上y}}{A_{中上}}} = 475$ mm

$K_{1y} = \dfrac{I_{中上y} H_3}{I_{中下y} H_1} = 0.219$,

$K_{2y} = \dfrac{I_{中中y} H_3}{I_{中下y} H_2} = 0.214$,

$\eta_{1y} = \dfrac{H_1}{H_3} \sqrt{\dfrac{N_1 I_{中下y}}{N_3 I_{中上y}}} = 0.3475$,

$\eta_{2y} = \dfrac{H_1}{H_3} \sqrt{\dfrac{N_2 I_{中下y}}{N_3 I_{中中y}}} = 0.954$,

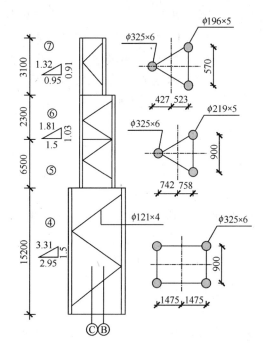

图 B.2-4 中柱尺寸

由《钢结构设计规范》GB 50017-2003 中表 D-5 可得：

$\mu_{3y} = 2.9$, $\mu_{2y} = \dfrac{\mu_{3y}}{\eta_{2y}} = \dfrac{2.9}{0.954} = 3.04$, $\mu_{1y} = \dfrac{\mu_{3y}}{\eta_{1y}} = \dfrac{2.9}{0.3475} = 8.345$

由《钢结构设计规范》GB 50017-2003 中表 5.3.4，可得阶形柱计算长度折减系数为 0.7。

$\lambda_{中下y} = \dfrac{0.7 \times 2.9 \times 15200}{1477} = 20.9$, $\lambda_{中中y} = \dfrac{0.7 \times 3.04 \times 6500}{753} = 18.4$

$\lambda_{中中y} = \dfrac{0.7 \times 3.04 \times 2300}{753} = 6.5$, $\lambda_{中上y} = \dfrac{0.7 \times 8.345 \times 3100}{475} = 38.1$

- **按规程 DBJ 13-51-2003 验算：**

构件 4：

(a) 单肢验算：

对称四肢柱，只需验算轴力最大的柱肢。$D = 325$ mm，$t = 6$ mm，C30 混凝土，Q235 钢。

$\lambda = 4L/D = 4 \times 3000/325 = 36.9$

$A_{sc} = \pi \times 325^2 / 4 = 82957.7$ mm^2

$A_c = \pi \times (325-12)^2 / 4 = 76944.7$ mm^2

$A_s = A_{sc} - A_c = 6013$ mm^2

$\alpha = A_s / A_c = 0.078$

由《钢结构设计规范》GB 50017-2003 和《混凝土结构设计规范》GB 50010-2002，可得：$f = 215$ N/mm^2，$f_c = 14.3$ N/mm^2。

$\xi_0 = \alpha \cdot f/f_c = 0.078 \times 215/14.3 = 1.173$

$f_{sc}=(1.14+1.02\xi_o) \cdot f_c=33.4\text{N/mm}^2$

由规程 DBJ 13-51-2003 中表 A-1,可得稳定系数 $\varphi=0.898$。

$R=\varphi f_{sc}A_{sc}=0.898\times33.4\times82957.7\times10^{-3}=2488.2\text{kN}$

轴力和弯矩按各柱肢的面积分配,则可得外肢压力:

$$S_{d1}=\frac{3988.5}{4}+\frac{5841.6}{2.95\times2}=1987\text{kN}$$

$$S_{d2}=\frac{8013.4}{4}+\frac{3081.4}{2\times2.95}=2525.6\text{kN}$$

$S_0=\gamma_0 \cdot S_{d2}=1.0\times2525.6=2525.6\text{kN}\approx R=2488.2\text{kN}$

基本满足要求。

(b) 验算格构式构件平面内的整体稳定承载力

格构式柱整体含钢率为:$\alpha=0.078$

由规程 DBJ 13-51-2003 中表 4.0.6-1,可得组合轴压弹性模量

$E_{sc}=37020.4\text{N/mm}^2$

$f_{sc}=(1.14+1.02\xi_o) \cdot f_c=(1.14+1.02\times1.173)\times14.3=33.4\text{N/mm}^2$

验算公式为:$\dfrac{N}{\varphi A_{sc}f_{sc}}+\dfrac{\beta_m M}{W_{sc}(1-\varphi N/N_E)f_{sc}}\leqslant1$

格构式柱换算长细比:

$$\lambda_{oy}=\sqrt{\lambda_y^2+135\cdot\frac{A_{si}}{A_w}}=\sqrt{20.9^2+135\times\frac{6013}{1470.3}}=31.4$$

由规程 DBJ 13-51-2003 中表 A-1,可得稳定系数 $\varphi=0.924$。

$N_E=\pi^2 \cdot E_{sc} \cdot A_{sc}/\lambda^2=\pi^2\times37020.4\times82957.7/31.4^2\times10^{-3}=30742.4\text{kN}$

取 $N=3988.5\text{kN}$,$M_x=-5841.6\text{kN}\cdot\text{m}$ 进行验算,

$$\frac{3988.5\times10^3}{0.924\times33.4\times4\times82957.7}+\frac{1.0\times5841.6\times10^6}{\left(1-0.924\times\dfrac{3988.5}{30742.4}\right)\times33.4\times49.1\times10^7}$$

$=0.3895+0.4047=0.794<1$

满足要求。

取 $N=8013.4\text{kN}$,$M_x=3081.4\text{kN}\cdot\text{m}$ 进行验算,

$$\frac{8013.4\times10^3}{0.924\times33.4\times4\times82957.7}+\frac{1.0\times3081.4\times10^6}{\left(1-0.924\times\dfrac{8013.4}{30742.4}\right)\times33.4\times49.1\times10^7}$$

$=0.7825+0.2475=1.03\approx1$

基本满足要求。

- **按规程 DL/T 5085-1999 验算:**

构件 4:

(a) 单肢验算:

对称四肢柱,只需验算轴力最大的柱肢。$D=325\text{mm}$,$t=6\text{mm}$,C30 混凝土,Q235 钢。

$\lambda=4L/D=4\times3000/325=36.9$

$A_{sc} = \pi \times 325^2/4 = 82957.7 \text{mm}^2$，$A_c = \pi \times (325-12)^2/4 = 76944.7 \text{mm}^2$
$A_s = A_{sc} - A_c = 6013 \text{mm}^2$，$\alpha = A_s/A_c = 0.078$

由《钢结构设计规范》GB 50017-2003 和《混凝土结构设计规范》GB 50010-2002，可得：$f = 215 \text{N/mm}^2$，$f_c = 14.3 \text{N/mm}^2$。

$\xi_0 = \alpha \cdot f/f_c = 0.078 \times 215/14.3 = 1.173$
$B_1 = 0.1759 \cdot f_y/235 + 0.974 = 0.1759 \times 235/235 + 0.974 = 1.15$
$C_1 = -0.1038 \cdot f_{ck}/20 + 0.0309 = -0.1038 \times 20.1/20 + 0.0309 = -0.0734$
$f_{sc} = (1.212 + B_1 \cdot \xi_0 + C_1 \cdot \xi_0^2) \cdot f_c = (1.212 + 1.349 - 0.1) \times 14.3 = 35.2 \text{N/mm}^2$

由规程 DL/T 5085-1999 中表 6.3.1，可得稳定系数 $\varphi = 0.977$。
$R = \varphi f_{sc} A_{sc} = 0.977 \times 35.2 \times 82957.7 \times 10^{-3} = 2853 \text{kN}$

轴力和弯矩按各柱肢的面积分配，则可得外肢压力：

$S_{d1} = \dfrac{3988.5}{4} + \dfrac{5841.6}{2.95 \times 2} = 1987 \text{kN}$

$S_{d2} = \dfrac{8013.4}{4} + \dfrac{3081.4}{2 \times 2.95} = 2525.6 \text{kN}$

$S_0 = \gamma_0 \times S_{d2} = 1.0 \times 2525.6 = 2525.6 \text{kN} < R = 2853 \text{kN}$

满足要求。

(b) 验算格构式构件平面内的整体稳定承载力

$\xi = \alpha \cdot f_y/f_{ck} = 0.078 \times 235/20.1 = 0.912$，$\because \xi > 0.85$，$\therefore \gamma_v = 0.85$。

由规程 DL/T 5085-1999 中表 6.2.7，可得组合抗剪强度设计值 $f_{scv} = 14.28 \text{N/mm}^2$。
由规程 DL/T 5085-1999 中表 6.2.8，可得组合轴压弹性模量 $E_{sc} = 39225.8 \text{N/mm}^2$。

$B_1 = 0.1759 \cdot f_y/235 + 0.974 = 0.1759 \times 235/235 + 0.974 = 1.15$
$C_1 = -0.1038 \cdot f_{ck}/20 + 0.0309 = -0.1038 \times 20.1/20 + 0.0309 = -0.073$
$f_{sc} = (1.212 + B_1 \cdot \xi_0 + C_1 \cdot \xi_0^2) \cdot f_c = (1.212 + 1.349 - 0.1) \times 14.3 = 35.2 \text{N/mm}^2$

验算公式为：$\left[\dfrac{N}{\varphi A_{sc} f_{sc}} + \dfrac{\beta_m M}{W_{sc}(1 - \varphi N/N_E) f_{sc}} \right]^{1.4} + \left(\dfrac{V}{\gamma_v A_{sc} f_{scv}} \right)^2 \leqslant 1$

格构式柱换算长细比：

$\lambda_{oy} = \sqrt{\lambda_y^2 + 135 \cdot \dfrac{A_{si}}{A_1}} = \sqrt{20.9^2 + 135 \times \dfrac{6013}{1470.3}} = 31.4$

由规程 DL/T 5085-1999 中表 6.3.1，可得稳定系数 $\varphi = 0.987$。
$N_E = \pi^2 \cdot E_{sc} \cdot A_{sc}/\lambda^2 = \pi^2 \times 39225.8 \times 82957.7 \times 10^{-3}/31.4^2 = 32573.8 \text{kN}$

取 $N = 3988.5 \text{kN}$，$M_x = 5841.6 \text{kN} \cdot \text{m}$，$V = 314.8 \text{kN}$ 进行验算，

$\left[\dfrac{3988.5 \times 10^3}{0.987 \times 35.2 \times 4 \times 82957.7} + \dfrac{1.0 \times 5841.6 \times 10^6}{\left(1 - 0.987 \times \dfrac{3988.5}{32573.8}\right) \times 35.2 \times 49.1 \times 10^7} \right]^{1.4}$
$+ \left(\dfrac{314.8 \times 10^3}{0.85 \times 4 \times 82957.7 \times 14.28} \right)^2$
$= (0.346 + 0.384)^{1.4} + 0.078^2 = 0.65 < 1.0$

满足要求。

取 $N = 8013.4 \text{kN}$，$M = 3081.4 \text{kN} \cdot \text{m}$，$V = 314.8 \text{kN}$ 进行验算，

$$\left[\frac{8013.4\times10^3}{0.987\times35.2\times4\times82957.7}+\frac{1.0\times3081.4\times10^6}{\left(1-0.987\times\frac{8013.4}{32573.8}\right)\times35.2\times49.1\times10^7}\right]^{1.4}$$
$$+\left(\frac{314.8\times10^3}{0.85\times4\times82957.7\times14.28}\right)^2$$
$$=(0.695+0.235)^{1.4}+0.078^2=0.909<1.0$$

满足要求。

其余构件计算同上，不再重复。

B.3 单肢柱承载力验算

B.3.1 圆钢管混凝土构件

B.3.1.1 算例一

计算条件：某工程采用的两个圆钢管混凝土柱。典型柱内力及截面尺寸见表B.3-1。

钢管混凝土截面尺寸及内力　　　　表B.3-1

柱号	截面规格 $D\times t$(mm)	计算长度 (m)	钢材牌号	混凝土强度等级	设计内力 轴力 N(kN)	弯矩 M(kN·m)
1	1500×22	3.7	Q345	C60	47247	1142
2	1600×28	4.8	Q345	C60	83214	175

采用如下规程对上述2根圆钢管混凝土柱进行了验算，即AISC(2005)、BS 5400(2005)、DBJ 13-51-2003、DL/T 5085-1999 和 EC 4(2004)。

基本条件：

1号柱：

$D=1500\text{mm}$，$t=22\text{mm}$，Q345钢，C60混凝土。

$A_{sc}=\pi\times1500^2/4=1767145.8\text{mm}^2$，$A_c=\pi\times(1500-44)^2/4=1664993.8\text{mm}^2$

$A_s=A_{sc}-A_c=102152\text{mm}^2$，

$I_c=\pi(D-2t)^4/64=3.1415926\times(1500-2\times22)^4/64=2.206\times10^{11}\text{mm}^4$

$I_s=\pi D^4/64-I_c=2.79\times10^{10}\text{mm}^4$，$I_{sc}=I_s+I_c=2.49\times10^{11}\text{mm}^4$

2号柱：

$D=1600\text{mm}$，$t=28\text{mm}$，Q345钢，C60混凝土。

$A_{sc}=\pi\times1600^2/4=2010619\text{mm}^2$，$A_c=\pi\times(1600-56)^2/4=1872339\text{mm}^2$

$A_s=A_{sc}-A_c=138280\text{mm}^2$

$I_c=\pi(D-2t)^4/64=3.1415926\times(1600-2\times28)^4/64=2.79\times10^{11}\text{mm}^4$

$I_s=\pi D^4/64-I_c=4.27\times10^{10}\text{mm}^4$，$I_{sc}=I_s+I_c=3.22\times10^{11}\text{mm}^4$

● **按规程AISC(2005)验算：**

参数取值：$f_y=345\text{N/mm}^2$，$f'_c=51\text{N/mm}^2$，$E_s=2.0\times10^5\text{N/mm}^2$

$E_c=0.043\times w_c^{1.5}\sqrt{f'_c}$，取混凝土密度为 $w_c=2400\text{kg/m}^3$，则

$E_c = 0.043 \times w_c^{1.5} \sqrt{f_c'} = 5055.7\sqrt{51} = 36105.3 \text{N/mm}^2$

1号柱：

$C_2 = 0.6 + 2A_s/(A_s + A_c) = 0.6 + \dfrac{2 \times 102152}{1767145.8} = 0.716$

$EI_{eff} = E_s I_s + C_2 E_c I_c = 112828.2 \times 10^{11} \text{N} \cdot \text{mm}^2$

$N_{cr} = \dfrac{\pi^2}{(KL)^2} EI_{eff} = \dfrac{3.14^2}{(1.0 \times 3700)^2} \times 112828.2 \times 10^{11} \times 10^{-3} = 8.126 \times 10^6 \text{kN}$

$N_0 = f_y A_s + C_1 f_c' A_c = 345 \times 102152 \times 10^{-3} + 0.95 \times 51 \times 1664993.8 \times 10^{-3} = 11591 \text{kN}$

$\because N_{cr} \geqslant 0.44 N_0$

$\therefore N_u = [0.658^{(N_u/N_{cr})}] N_0 = 0.658^{(11.591/8126)} \times 115911 \times 10^{-3} = 115221 \text{kN}$

$Z = \dfrac{D^3}{6} - \dfrac{(D-2t)^3}{6} = 4.806 \times 10^7 \text{mm}^3$

$M_u = Z \cdot f_y = 4.806 \times 10^7 \times 345/10^6 = 16580.7 \text{kN} \cdot \text{m}$

$N = 47247 \text{kN} \geqslant 0.2 \times 0.75 \times N_u = 17283.2 \text{kN} \cdot \text{m}$

$\dfrac{N}{0.75 \times N_u} + \dfrac{8M}{9 \times 0.9 \times M_u} = \dfrac{47247}{0.75 \times 115221} + \dfrac{8 \times 1142}{9 \times 0.9 \times 16580.7} = 0.5467 + 0.068 = 0.615 < 1$

满足要求。

2号柱：

$C_2 = 0.6 + 2A_s/(A_s + A_c) = 0.6 + \dfrac{2 \times 138280}{2010619} = 0.738$

$EI_{eff} = E_s I_s + C_2 E_c I_c = 159741.5 \times 10^{11} \text{N} \cdot \text{mm}^2$

$N_{cr} = \dfrac{\pi^2}{(KL)^2} EI_{eff} = \dfrac{3.14^2}{(1.0 \times 4800)^2} \times 159741.5 \times 10^{11} \times 10^{-3} = 6.84 \times 10^6 \text{kN}$

$N_0 = f_y A_s + C_1 f_c' A_c = 345 \times 138280 \times 10^{-3} + 0.95 \times 51 \times 1872339 \times 10^{-3} = 138421.4 \text{kN}$

$\because N_{cr} \geqslant 0.44 N_0$

$\therefore N_u = [0.658^{(N_u/N_{cr})}] N_0 = 0.658^{(13.8421/6840)} \times 138421.4 \times 10^{-3} = 137254 \text{kN}$

$Z = \dfrac{D^3}{6} - \dfrac{(D-2t)^3}{6} = 6.92 \times 10^7 \text{mm}^3$

$M_u = Z \cdot f_y = 23874.2 \text{kN} \cdot \text{m}$

$N = 83214 \text{kN} \geqslant 0.2 \times 0.75 \times N_u = 20588 \text{kN} \cdot \text{m}$

$\dfrac{N}{0.75 \times N_u} + \dfrac{8M}{9 \times 0.9 \times M_u} = \dfrac{83214}{0.75 \times 137254} + \dfrac{8 \times 175}{9 \times 0.9 \times 23874.2} = 0.808 + 0.007 = 0.815 < 1$

满足要求。

● 按规程 **BS 5400**(2005)验算：

参数取值：$E_s = 2.05 \times 10^5 \text{N/mm}^2$，$E_c = 450 f_{cu} = 27000 \text{N/mm}^2$

1号柱：

$\lambda_0 = L/D = 3700/1500 = 2.467$，查本书附录 A 中表 A.4-1 得：$C_1 = 7.8655$，$C_2 = 0.784$

$f_{cc} = f_{cu} + f_y C_1 (t/D) = 99.8 \text{N/mm}^2$

$f'_y = C_2 f_y = 270.4 \text{N/mm}^2$

$N_u = 0.95 f'_y A_s + 0.45 f_{cc} A_c = (0.95 \times 270.4 \times 102152 + 0.45 \times 99.8 \times 1664993.8) \times 10^{-3}$
$= 101015.3 \text{kN}$

$l_E = \pi \cdot \sqrt{(0.95 E_s I_s + 0.45 E_c I_c)/N_u} = 2.83 \times 10^4 \text{mm}$

$r = \sqrt{I_{sc}/A_{sc}} = \sqrt{2.49 \times 10^{11}/1767145.8} = 375 \text{mm}$

$\lambda = \dfrac{l_e}{r}\sqrt{\dfrac{f_y}{355}} = \dfrac{3700}{375}\sqrt{\dfrac{345}{355}} = 9.73 \leqslant 15$,因此 $\eta = 0$

$K_1 = \dfrac{\sigma_c}{f_y} = 0.5\left\{\left[1+(1+\eta)\dfrac{5700}{\lambda^2}\right] - \sqrt{\left[1+(1+\eta)\dfrac{5700}{\lambda^2}\right]^2 - \dfrac{22800}{\lambda^2}}\right\}$

$= 0.5\left[\left(1+\dfrac{5700}{6.98^2}\right) - \sqrt{\left(1+\dfrac{5700}{6.98^2}\right)^2 - \dfrac{22800}{6.98^2}}\right] = 1.0$,即稳定承载力系数为 1。

$D/t = 68.2$,$\rho = 0.4 f_{cu}/(0.95 f_y) = 0.073$

由本书附录 A 中图 A.4-1,可得系数 $m = 19.0$。

$M_u = 0.95 t^3 \cdot \left(\dfrac{D}{t}-1\right)^2 \cdot f_y(1+0.01m) = 18744 \text{kN} \cdot \text{m}$

$\beta = 1.0$,$\bar{\lambda} = l_e/L_E = 3700/(2.83 \times 10^4) = 0.131$

$\alpha_c = \dfrac{0.45 f_{cc} \cdot A_c}{N_u} = 0.74$

$K_{20} = 0.9 \alpha_c^2 + 0.2 = 0.693 \leqslant 0.75$

$K_2 = K_{20} \times \left[\dfrac{115 - 30(2\beta-1)(1.8-\alpha_c) - 100\bar{\lambda}}{50(2.1-\beta)}\right] = 0.883 > K_{20}$,$\therefore K_2 = K_{20} = 0.693$

$K_{30} = 0.04 - \dfrac{\alpha_c}{1.5} = -0.009 < 0$,$\therefore K_{30} = 0$

$K_3 = K_{30} + \dfrac{[(0.5\beta+0.4)(\alpha_c^2 - 0.5) + 0.15] \cdot \bar{\lambda}}{1+\bar{\lambda}^3} = 0.025$

相关方程为:$N = N_u \cdot \left[K_1 - (K_1 - K_2 - 4K_3) \cdot \dfrac{M}{M_u} - 4K_3\left(\dfrac{M}{M_u}\right)^2\right]$

按相关方程计算柱在承受外弯矩 $M = 1142 \text{kN} \cdot \text{m}$ 时,轴力的极限值为:$N = 0.987 \cdot N_u = 99704 \text{kN} > 47247 \text{kN}$。

满足要求。

2 号柱:

$\lambda_0 = L/D = 4800/1600 = 3$,查本书附录 A 中表 A.4-1 得:$C_1 = 7.628$,$C_2 = 0.772$

$f_{cc} = f_{cu} + f_y C_1 (t/D) = 106.05 \text{N/mm}^2$

$f'_y = C_2 f_y = 266.34 \text{N/mm}^2$

$N_u = 0.95 f'_y A_s + 0.45 f_{cc} A_c = (0.95 \times 266.34 \times 138280 + 0.45 \times 106.05 \times 1872339) \times 10^{-3}$
$= 124340.7 \text{kN}$

$l_E = \pi \cdot \sqrt{(0.95 E_s I_s + 0.45 E_c I_c)/N_u} = 9.7 \times 10^3 \text{mm}$

$r = \sqrt{I_{sc}/A_{sc}} = D/4 = 400 \text{mm}$

$\lambda = \dfrac{l_e}{r}\sqrt{\dfrac{f_y}{355}} = \dfrac{4800}{400}\sqrt{\dfrac{345}{355}} = 11.83 \leqslant 15$,因此 $\eta = 0$

$$K_1 = \frac{\sigma_c}{f_y} = 0.5\left\{\left[1+(1+\eta)\frac{5700}{\lambda^2}\right]-\sqrt{\left[1+(1+\eta)\frac{5700}{\lambda^2}\right]^2-\frac{22800}{\lambda^2}}\right\}$$

$$= 0.5\left[\left(1+\frac{5700}{11.83^2}\right)-\sqrt{\left(1+\frac{5700}{11.83^2}\right)^2-\frac{22800}{11.83^2}}\right]=1.0,即稳定承载力系数为1。$$

$D/t=57.14$,$\rho=0.4f_{cu}/(0.95f_y)=0.073$

由本书附录 A 中图 A.4-1,可得系数 $m=17.5$。

$M_u = 0.95t^3 \cdot \left(\frac{D}{t}-1\right)^2 \cdot f_y(1+0.01m) = 2.665\times10^4 \text{kN}\cdot\text{m}$

$\beta=1.0$,$\bar{\lambda}=\frac{l_e}{L_E}=\frac{4800}{0.97\times10^4}=0.495$

$\alpha_c = \frac{0.45f_{cc}\cdot A_c}{N_u} = 0.715$

$K_{20} = 0.9\alpha_c^2 + 0.2 = 0.66 \leqslant 0.75$

$K_2 = K_{20}\times\left[\frac{115-30(2\beta-1)(1.8-\alpha_c)-100\bar{\lambda}}{50(2.1-\beta)}\right] = 0.599 < K_{20}$

$K_{30} = 0.04 - \frac{\alpha_c}{1.5} = -0.008 < 0$,因此 $K_{30}=0$

$K_3 = K_{30} + \frac{[(0.5\beta+0.4)(\alpha_c^2-0.5)+0.15]\cdot\bar{\lambda}}{1+\bar{\lambda}^3} = 0.099$

相关方程为:$N = N_u \cdot \left[K_1-(K_1-K_2-4K_3)\cdot\frac{M}{M_u}-4K_3\left(\frac{M}{M_u}\right)^2\right]$

按相关方程计算柱在承受外弯矩 $M=175\text{kN}\cdot\text{m}$ 时,轴力的极限值为:$N=124340.7\text{kN} > 83214\text{kN}$。

满足要求。

- **按规程 DBJ 13-51-2003 验算:**

参数取值:由《钢结构设计规范》GB 50017-2003 和《混凝土结构设计规范》GB 50010-2002,可得:$f=295\text{N/mm}^2$,$f_c=27.5\text{N/mm}^2$。

1号柱:

$\lambda = 4L/D = 4\times3700/1500 = 9.87$

由规程 DBJ 13-51-2003 中表 A-1,可得稳定系数 $\varphi=1.0$,需验算强度承载力。

$\alpha = A_s/A_c = 0.0613$

$\xi_0 = \alpha\cdot f/f_c = 0.0613\times295/27.5 = 0.6576$

$f_{sc} = (1.14+1.02\xi_0)\cdot f_c = (1.14+1.02\times0.6576)\times27.5 = 49.8\text{N/mm}^2$

$N_u = f_{sc}A_{sc} = 49.8\times1767145.8\times10^{-3} = 8.8\times10^4\text{kN}$

$\xi = \alpha\cdot f_y/f_{ck} = 0.0613\times345/38.5 = 0.549$

$\gamma_m = 1.1+0.48\ln(\xi+0.1) = 1.1+0.48\times\ln(0.549+0.1) = 0.892$

$W_{sc} = \frac{\pi D^3}{32} = \frac{\pi\times1500^3}{32} = 331339850.2\text{mm}^3$

$M_u = \gamma_m W_{sc}f_{sc} = 0.892\times331339850.2\times49.8\times10^{-6} = 14718.6\text{kN}\cdot\text{m}$

$\zeta_0 = 1+0.18\xi^{-1.15} = 1+0.18\times(0.549)^{-1.15} = 1.359$

$\eta_o = 0.1 + 0.14\xi^{-0.84} = 0.1 + 0.14 \times (0.549)^{-0.84} = 0.331$

$\dfrac{N}{N_u} = \dfrac{47247}{8.8 \times 10^4} = 0.537$

$2\eta_o = 2 \times 0.331 = 0.662$

$\because \dfrac{N}{N_u} < 2\eta_o$，且 $b = \dfrac{1-\zeta_o}{\eta_o^2} = -3.277$，$c = \dfrac{2 \cdot (\zeta_o - 1)}{\eta_o} = 2.169$

相关方程为：$\dfrac{-b \cdot N^2}{N_u^2} - \dfrac{c \cdot N}{N_u} + \dfrac{M}{M_u} = 1$

按照相关方程计算柱在承受外轴力 $N = 47247 \text{kN}$ 时的极限弯矩为：

$M = 1.22 M_u = 1.79 \times 10^4 \text{kN} \cdot \text{m} > 1142 \text{kN} \cdot \text{m}$

满足要求。

2号柱：

$\lambda = 4L/D = 4 \times 4800/1600 = 12$

由规程 DBJ 13-51-2003 中表 A-1，可得稳定系数 $\varphi = 0.9956$，需验算稳定承载力。

$\alpha = A_s/A_c = 0.074$

$\xi_o = \alpha \cdot f/f_c = 0.074 \times 295/27.5 = 0.793$

$f_{sc} = (1.14 + 1.02\xi_o) \cdot f_c = (1.14 + 1.02 \times 0.793) \times 27.5 = 53.6 \text{N/mm}^2$

$N_u = f_{sc} A_{sc} = 53.6 \times 2010619 \times 10^{-3} = 1.08 \times 10^5 \text{kN}$

$\xi = \alpha \cdot f_y/f_{ck} = 0.074 \times 345/38.5 = 0.663$

$\gamma_m = 1.1 + 0.48\ln(\xi + 0.1) = 1.1 + 0.48 \times \ln(0.663 + 0.1) = 0.97$

$W_{sc} = \dfrac{\pi D^3}{32} = \dfrac{\pi \times 1600^3}{32} = 402123859.7 \text{mm}^3$

$M_u = \gamma_m W_{sc} f_{sc} = 0.97 \times 402123859.7 \times 53.6 \times 10^{-6} = 20907.2 \text{kN} \cdot \text{m}$

$\zeta_o = 1 + 0.18\xi^{-1.15} = 1 + 0.18 \times (0.663)^{-1.15} = 1.289$

$\eta_o = 0.1 + 0.14\xi^{-0.84} = 0.1 + 0.14 \times (0.663)^{-0.84} = 0.298$

$\dfrac{N}{N_u} = \dfrac{83214}{1.08 \times 10^5} = 0.771$，$2\eta_o \varphi^3 = 2 \times 0.298 \times 0.9956 = 0.593$

$\because \dfrac{N}{N_u} > 2\eta_o \varphi^3$，$a = 1 - 2\varphi^2 \eta_o = 1 - 2 \times 0.9956^2 \times 0.298 = 0.409$

由规程 DBJ 13-51-2003 中表 4.0.6-1，可得组合轴压弹性模量 $E_{sc} = 50538.5 \text{N/mm}^2$。

$N_E = \dfrac{\pi^2 E_{sc} A_{sc}}{\lambda^2} = \dfrac{3.1415^2 \times 50538.5 \times 2010619 \times 10^{-3}}{12^2} = 6964490.8 \text{kN}$

$d = 1 - 0.4 \dfrac{N}{N_E} = 1 - 0.4 \times \dfrac{83214}{6964490.8} = 0.9952$

$\dfrac{N}{\varphi A_{sc} f_{sc}} + \dfrac{a}{d} \cdot \dfrac{M}{M_u} = \dfrac{83214 \times 10^3}{0.9956 \times 2010619 \times 53.6} + \dfrac{0.409}{0.9952} \times \dfrac{175}{20907.2} = 0.776 + 0.003 = 0.779 < 1$

满足要求。

- **按规程 DL/T 5085-1999 验算：**

B.3 单肢柱承载力验算

基本参数：由《钢结构设计规范》GB 50017-2003 和《混凝土结构设计规范》GB 50010-2002，可得：$f=295\text{N/mm}^2$，$f_c=27.5\text{N/mm}^2$。

1号柱：

$\lambda = 4L/D = 4\times 3700/1500 = 9.87$

由规程 DL/T 5085-1999 中表 6.3.1，可得稳定系数 $\varphi=1.0$，需验算强度承载力。

$\alpha = A_s/A_c = 0.0613$

$\xi_o = \alpha \cdot f/f_c = 0.0613 \times 295/27.5 = 0.658$

$B_1 = 0.1759 \cdot f_y/235 + 0.974 = 0.1759 \times 345/235 + 0.974 = 1.2322$

$C_1 = -0.1038 \cdot f_{ck}/20 + 0.0309 = -0.1038 \times 38.5/20 + 0.0309 = -0.1689$

$f_{sc} = (1.212 + B_1 \cdot \xi_o + C_1 \cdot \xi_o^2) \cdot f_c = (1.212 + 0.81 - 0.073) \times 27.5 = 53.6\text{N/mm}^2$

$\xi = \alpha \cdot f_y/f_{ck} = 0.0613 \times \dfrac{345}{38.5} = 0.549$

$\because \xi = 0.549 < 0.85, \therefore \gamma_m = 1.2$

$W_{sc} = \dfrac{\pi D^3}{32} = \dfrac{\pi \times 1500^3}{32} = 331339850.2\text{mm}^3$

$\dfrac{N}{A_{sc}} = \dfrac{47247 \times 10^3}{1767145.8} = 26.7\text{N/mm}^2$

$0.2f_{sc} = 0.2 \times 53.6 = 10.72\text{N/mm}^2$

$\because \dfrac{N}{A_{sc}} > 0.2 f_{sc}$

$\dfrac{N}{A_{sc} f_{sc}} + \dfrac{M}{1.071 \times \gamma_m \times W_{sc} \times f_{sc}} = \dfrac{47247 \times 10^3}{1767145.8 \times 53.6} + \dfrac{1142 \times 10^6}{2.282 \times 10^{10}}$

$= 0.499 + 0.05 = 0.549 < 1$

满足要求。

2号柱：

$\lambda = 4L/D = 4\times 4800/1600 = 12$

由规程 DL/T 5085-1999 中表 6.3.1，可得稳定系数 $\varphi=0.999$，需验算稳定承载力。

$\alpha = A_s/A_c = 0.074$

$\xi_o = \alpha \cdot f/f_c = 0.074 \times 295/27.5 = 0.7938$

$B_1 = 0.1759 \cdot f_y/235 + 0.974 = 0.1759 \times 345/235 + 0.974 = 1.2322$

$C_1 = -0.1038 \cdot f_{ck}/20 + 0.0309 = -0.1038 \times 38.5/20 + 0.0309 = -0.1689$

$f_{sc} = (1.212 + B_1 \cdot \xi_o + C_1 \cdot \xi_o^2) \cdot f_c = (1.212 + 0.978 - 0.1) \times 27.5 = 57.5\text{N/mm}^2$

$\xi = \alpha \cdot f_y/f_{ck} = 0.074 \times 345/38.5 = 0.663$

$\because \xi = 0.663 < 0.85, \therefore \gamma_m = 1.2$

$W_{sc} = \dfrac{\pi D^3}{32} = \dfrac{\pi \times 1600^3}{32} = 402123859.7\text{mm}^3$

$\dfrac{N}{A_{sc}} = \dfrac{83214 \times 10^3}{2010619} = 41.39\text{N/mm}^2$

$0.2\varphi \cdot f_{sc} = 0.2 \times 0.999 \times 57.5 = 11.49\text{N/mm}^2$

由规程 DL/T 5085-1999 中表 6.2.8，可得组合轴压弹性模量 $E_{sc}=50538.5\text{N/mm}^2$

$N_E=\dfrac{\pi^2 E_{sc} A_{sc}}{\lambda^2}=\dfrac{3.1415^2\times50538.5\times2010619\times10^{-3}}{12^2}=6964490.8\text{kN}$

$d=1-0.4N/N_E=1-0.4\times83214/6964490.8=0.9952$

$\because \dfrac{N}{A_{sc}}>0.2\varphi f_{sc}$

$\dfrac{N}{\varphi A_{sc} f_{sc}}+\dfrac{M}{1.071\times\gamma_m\times\left(1-0.4\cdot\dfrac{N}{N_E}\right)\times W_{sc}\times f_{sc}}=\dfrac{83214\times10^3}{0.999\times2010619\times57.5}$

$+\dfrac{175\times10^6}{2.972\times0.9952\times10^{10}}=0.72+0.0059=0.726<1$

满足要求。

● **按规程 EC 4(2004)验算：**

基本参数：

材料分项系数：钢材 $\gamma_s=1.0$，混凝土 $\gamma_c=1.5$；

$E_s=2.1\times10^5\text{N/mm}^2$，$E_c=22000\times(f'_c/10)^{0.3}=3.59\times10^4\text{N/mm}^2$，$f_y=345\text{N/mm}^2$，$f'_c=51\text{N/mm}^2$。

1 号柱：

$N_E=\pi^2(E_s I_s+0.6 E_c I_c)/L^2=7.65\times10^6\text{kN}$

$e=M/N=1142\times10^3/47247=24\text{mm}<0.1D=150\text{mm}$

由规程 EC 4(2004)的有关计算公式反复迭代，可得：$\lambda=\sqrt{N_{uk}/N_E}=0.1324$

$\eta_{c0}=4.9-18.5\lambda+17\lambda^2=2.749$

$\eta_{s0}=0.25\cdot(3+2\lambda)=0.8162$

$\eta_c=\eta_{c0}(1-10e/D)=2.3088$

$\eta_s=\eta_{s0}+(1-\eta_{s0})(10e/D)=0.8456$

$N_u=\eta_s(f_y/\gamma_s)\cdot A_s+\left(1+\eta_c\dfrac{t}{D}\dfrac{f_y}{f'_c}\right)(f'_c/\gamma_c)\cdot A_c=9.94\times10^4\text{kN}$

$\because \lambda=0.1324<0.2$，$\therefore \chi=1.0$，$N_{cr}=\chi\cdot N_u=9.94\times10^4\text{kN}$

$r=D/2-t=728\text{mm}$

$W_{pc}=\dfrac{(D-2t)^2}{4}-\dfrac{2}{3}r^3=514437802.2\text{mm}^3$

$W_{ps}=\dfrac{D^3}{4}-\dfrac{2}{3}(r+t)^3-W_{pc}=48062197\text{mm}^3$

$h_n=\dfrac{(f'_c/\gamma_c)\cdot A_c}{2D\cdot f'_c/\gamma_c+4t\cdot(2f_y/\gamma_s-f'_c/\gamma_c)}=354.41\text{mm}$

$W_{pcn}=(D-2t)\cdot h_n^2=1.82\times10^8\text{mm}^3$

$W_{psn}=D\cdot h_n^2-W_{pcn}=0.055\times10^8\text{mm}^3$

$M_u = W_{ps} f_y/\gamma_s + \frac{1}{2} W_{pc} f_c'/\gamma_c - W_{psn} f_y/\gamma_s - \frac{1}{2} W_{pcn} f_c'/\gamma_c = 2.03 \times 10^4 \text{kN} \cdot \text{m}$

$M_{max} = W_{ps} f_y/\gamma_s + \frac{1}{2} W_{pc} f_c'/\gamma_c = 2.53 \times 10^4 \text{kN} \cdot \text{m}$

$N_p = A_c f_c'/\gamma_c = 5.66 \times 10^4 \text{kN}, \therefore 满足 0.5 N_p \leqslant N = 4.7247 \times 10^4 \text{kN} < N_p$

按规程 EC 4(2004) 的相关方程：$\delta \cdot M \leqslant \alpha_M \left[M_u + \frac{(N_p - N)(M_{max} - M_u)}{0.5 \cdot N_p} - \frac{N \cdot M_\chi}{N_{cr}} \right]$

已知：$\alpha_M = 0.9, \beta = 1.0, N_{cr,eff} = \frac{\pi^2 \cdot 0.9 \cdot (E_s I_s + 0.5 E_c I_c)}{L^2} = 6.37 \times 10^6 \text{kN}$

则：$\delta = \frac{\beta}{1 - N/N_{cr,eff}} = \frac{1.0}{1 - 4.7247 \times 10^4/(6.37 \times 10^6)} = 1.007$

$\because N_{cr} = \chi \cdot N_u = N_u = 9.94 \times 10^4 \text{kN}, \therefore M_\chi = \frac{N_u - N_{cr}}{N_u - N_p} M_p = 0$

代入相关方程，计算柱在承受外轴力 $N = 47247 \text{kN}$ 时的极限弯矩为：$M = 1.96 \times 10^4 \text{kN} \cdot \text{m} > 1142 \text{kN} \cdot \text{m}$。

满足要求。

2 号柱：

$N_E = \pi^2 (E_s I_s + 0.6 E_c I_c)/L^2 = 6.42 \times 10^6 \text{kN}$

$e = M/N = 175 \times 10^3/83214 = 2\text{mm} < 0.1D = 160\text{mm}$

由规程 EC 4(2004) 的有关计算公式反复迭代，可得：$\lambda = \sqrt{N_{uk}/N_E} = 0.1588$

$\eta_{c0} = 4.9 - 18.5\lambda + 17\lambda^2 = 2.3909$

$\eta_{s0} = 0.25 \cdot (3 + 2\lambda) = 0.8294$

$\eta_c = \eta_{c0}(1 - 10e/D) = 2.361$

$\eta_s = \eta_{s0} + (1 - \eta_{s0})(10e/D) = 0.8315$

$N_u = \eta_s (f_y/\gamma_s) \cdot A_s + \left(1 + \eta_c \frac{t}{D} \frac{f_y}{f_c'}\right)(f_c'/\gamma_c) \cdot A_c = 1.21 \times 10^5 \text{kN}$

$\because \lambda = 0.1588 < 0.2, \therefore \chi = 1.0$

$N_{cr} = \chi \cdot N_u = 1.21 \times 10^5 \text{kN}$

$r = D/2 - t = 772\text{mm}$

$W_{pc} = \frac{(D-2t)^2}{4} - \frac{2}{3} r^3 = 6.13 \times 10^8 \text{mm}^3$

$W_{ps} = \frac{D^3}{4} - \frac{2}{3}(r+t)^3 - W_{pc} = 0.69 \times 10^8 \text{mm}^3$

$h_n = \frac{(f_c'/\gamma_c) \cdot A_c}{2D \cdot f_c'/\gamma_c + 4t \cdot (2f_y/\gamma_s - f_c'/\gamma_c)} = 349.31\text{mm}$

$W_{pcn} = (D - 2t) \cdot h_n^2 = 1.88 \times 10^8 \text{mm}^3$

$W_{psn} = D \cdot h_n^2 - W_{pcn} = 0.069 \times 10^8 \text{mm}^3$

$$M_u = W_{ps}f_y/\gamma_s + \frac{1}{2}W_{pc}f'_c/\gamma_c - W_{psn}f_y/\gamma_s - \frac{1}{2}W_{pcn}f'_c/\gamma_c = 2.86\times10^4 \text{kN}\cdot\text{m}$$

$$M_{max} = W_{ps}f_y/\gamma_s + \frac{1}{2}W_{pc}f'_c/\gamma_c = 3.42\times10^4 \text{kN}\cdot\text{m}$$

$N_p = A_c f'_c/\gamma_c = 6.4\times10^4$ kN，因此满足 $0.5N_p \leqslant N = 8.3214\times10^4 \text{kN} < N_p$

按规程 EC 4(2004) 的相关方程：$\delta \cdot M \leqslant \alpha_M \left(\dfrac{N_{cr}-N}{N_{cr}-N_p} M_u - \dfrac{N \cdot M_\chi}{N_{cr}} \right)$

已知：$\alpha_M = 0.9$，$\beta = 1.0$，$N_{cr,eff} = \dfrac{\pi^2 \cdot 0.9 \cdot (E_s I_s + 0.5 E_c I_c)}{L^2} = 6.37\times10^6$ kN

则：$\delta = \dfrac{\beta}{1 - N/N_{cr,eff}} = \dfrac{1.0}{1 - 8.3214\times10^4/(6.37\times10^6)} = 1.013$

∵ $N_{cr} = \chi \cdot N_u = N_u = 1.21\times10^5$ kN，∴ $M_\chi = \dfrac{N_u - N_{cr}}{N_u - N_p} M_p = 0$，代入相关方程，计算柱在承受外轴力 $N = 83214$ kN 时的极限弯矩为：$M = 1.55\times10^4 \text{kN}\cdot\text{m} > 175 \text{kN}\cdot\text{m}$

满足要求。

B.3.1.2 算例二

计算条件：某工程采用的两个圆钢管混凝土柱。典型柱内力及截面尺寸见表 B.3-2。

钢管混凝土截面尺寸及内力　　　　　表 B.3-2

柱号	截面规格 $D\times t$(mm)	计算长度 (m)	钢材牌号	混凝土强度等级	设计内力		
					轴力(kN)	弯矩(kN·m)	剪力(kN)
1	1000×22	4.928	Q345	C50	32000	478	266
2	1000×18	7.924	Q345	C50	5783	970	10000

基本条件：

1号柱：

$D = 1000$mm，$t = 22$mm，Q345 钢，C50 混凝土。

$A_{sc} = \pi\times1000^2/4 = 7.85\times10^5 \text{mm}^2$，$A_c = \pi\times(1000-44)^2/4 = 7.18\times10^5 \text{mm}^2$

$A_s = A_{sc} - A_c = 67595 \text{mm}^2$

2号柱：

$D = 1000$mm，$t = 18$mm，Q345 钢，C50 混凝土。

$A_{sc} = \pi\times1000^2/4 = 7.85\times10^5 \text{mm}^2$，$A_c = \pi\times(1600-36)^2/4 = 7.3\times10^5 \text{mm}^2$

$A_s = A_{sc} - A_c = 5.55\times10^4 \text{mm}^2$

● **按规程 DL/T 5085－1999 验算：**

基本参数：由《钢结构设计规范》GB 50017－2003 和《混凝土结构设计规范》GB 50010－2002，可得：$f = 295 \text{N/mm}^2$，$f_c = 23.1 \text{N/mm}^2$。

1号柱：

$\lambda = 4L/D = 4\times4928/1000 = 19.712$

由规程 DL/T 5085－1999 中表 6.3.1，可得稳定系数 $\varphi = 0.998$，需验算稳定承载力。

$\alpha = A_s/A_c = 0.094$

$\xi_o = \alpha \cdot f/f_c = 0.094 \times 295/23.1 = 1.2004$

$B_1 = 0.1759 \cdot f_y/235 + 0.974 = 0.1759 \times 345/235 + 0.974 = 1.2322$

$C_1 = -0.1038 \cdot f_{ck}/20 + 0.0309 = -0.1038 \times 32.4/20 + 0.0309 = -0.13726$

$f_{sc} = (1.212 + B_1 \cdot \xi_o + C_1 \cdot \xi_o^2) \cdot f_c = (1.212 + 0.978 - 0.1) \times 23.1 = 57.6 \text{N/mm}^2$

$\because \xi = \alpha \cdot f_y/f_{ck} = 0.094 \times 345/32.4 = 1.0027 \geqslant 0.85$, $\therefore \gamma_m = 1.4$, $\gamma_v = 0.85$

$f_{scv} = (0.385 + 0.25\alpha^{1.5}) \cdot \xi_o^{0.125} \cdot f_{sc} = 23.02 \text{N/mm}^2$

$W_{sc} = \dfrac{\pi D^3}{32} = \dfrac{\pi \times 1000^3}{32} = 9.82 \times 10^7 \text{mm}^3$

由规程 DL/T 5085-1999 中表 6.2.8 和表 6.2.9，可得 $E_{sc} = 66742 \text{N/mm}^2$

则，$N_E = \dfrac{\pi^2 E_{sc} A_{sc}}{\lambda^2} = 1.33 \times 10^6 \text{kN}$

$N_{cr} = \varphi A_{sc} f_{sc} = 0.998 \times 57.6 \times 7.854 \times 10^5 \times 10^{-3} = 4.52 \times 10^4 \text{kN}$

$V_u = \gamma_v A_{sc} f_{scv} = 1.54 \times 10^4 \text{kN}$

$M_u = \gamma_m W_{sc} f_{sc} = 1.4 \times 57.6 \times 9.82 \times 10^7 \times 10^{-6} = 7.92 \times 10^3 \text{kN} \cdot \text{m}$

$\dfrac{N}{A_{sc}} = \dfrac{32000 \times 10^3}{7.85 \times 10^5} = 40.76 \text{N/mm}^2$

$0.2\sqrt{1 - [V/(\gamma_v A_{sc} f_{scv})]^2} \varphi \cdot f_{sc}$
$= 0.2 \times \sqrt{1 - [266 \times 10^3/(0.85 \times 7.85 \times 10^5 \times 23.02)]^2} \times 0.998 \times 57.6 = 11.50 \text{N/mm}^2$

$\because \dfrac{N}{A_{sc}} > 0.2\sqrt{1 - [V/(\gamma_v A_{sc} f_{scv})]^2} \varphi \cdot f_{sc}$

$\left(\dfrac{N}{N_{cr}} + \dfrac{M}{1.071 \times (1 - 0.4 N/N_E) \times \gamma_m \times W_{sc} \times f_{sc}}\right)^{1.4} + \left(\dfrac{V}{\gamma_v \times A_{sc} \times f_{scv}}\right)^2$

$= \left\{\dfrac{32000 \times 10^3}{4.52 \times 10^7} + \dfrac{478 \times 10^6}{1.071 \times [1 - 0.4 \times 32000/(1.33 \times 10^6)] \times 1.4 \times 9.82 \times 10^7 \times 57.64}\right\}^{1.4}$

$+ \left(\dfrac{266 \times 10^3}{0.85 \times 7.85 \times 10^5 \times 23.02}\right)^2 = 0.6877 < 1$

满足要求。

2 号柱：

$\lambda = 4L/D = 4 \times 7924/1000 = 31.7$

由规程 DL/T 5085-1999 中表 6.3.1，可得稳定系数 $\varphi = 0.985$，需验算稳定承载力。

$\alpha = A_s/A_c = 0.076$

$\xi_o = \alpha \cdot f/f_c = 0.076 \times 295/23.1 = 0.97$

$B_1 = 0.1759 \cdot f_y/235 + 0.974 = 0.1759 \times 345/235 + 0.974 = 1.2322$

$C_1 = -0.1038 \cdot f_{ck}/20 + 0.0309 = -0.1038 \times 32.4/20 + 0.0309 = -0.13726$

$f_{sc} = (1.212 + B_1 \cdot \xi_o + C_1 \cdot \xi_o^2) \cdot f_c = (1.212 + 0.978 - 0.1) \times 23.1 = 52.66 \text{N/mm}^2$

$\xi = \alpha \cdot \dfrac{f_y}{f_{ck}} = 0.076 \times \dfrac{345}{32.4} = 0.81 < 0.85$, $\therefore \gamma_m = 1.2$, $\gamma_v = 1.0$

$f_{scv} = (0.385 + 0.25\alpha^{1.5}) \cdot \xi_o^{0.125} \cdot f_{sc} = 20.48 \text{N/mm}^2$

$W_{sc} = \dfrac{\pi D^3}{32} = \dfrac{\pi \times 1000^3}{32} = 9.82 \times 10^7 \text{mm}^3$

由规程 DL/T 5085-1999 中表 6.2.8 和表 6.2.9，可得 $E_{sc}=66742\text{N/mm}^2$

$$\therefore N_E = \frac{\pi^2 E_{sc} A_{sc}}{\lambda^2} = 5.15 \times 10^5 \text{kN}$$

$N_{cr} = \varphi A_{sc} f_{sc} = 0.985 \times 52.66 \times 7.854 \times 10^5 \times 10^{-3} = 4.07 \times 10^4 \text{kN}$

$V_u = \gamma_v A_{sc} f_{scv} = 1.6 \times 10^4 \text{kN}$

$M_u = \gamma_m f_{sc} W_{sc} = 1.2 \times 52.66 \times 9.82 \times 10^7 \times 10^{-6} = 6.2 \times 10^3 \text{kN} \cdot \text{m}$

$$\frac{N}{A_{sc}} = \frac{5783 \times 10^3}{7.85 \times 10^5} = 7.37 \text{N/mm}^2$$

$$0.2\sqrt{1-[V/(\gamma_v A_{sc} f_{scv})]^2} \varphi \cdot f_{sc}$$
$$= 0.2 \times \sqrt{1-[10000 \times 10^3/(7.85 \times 10^5 \times 20.48)]^2} \times 0.985 \times 52.66 = 8.12 \text{N/mm}^2$$

$$\therefore \frac{N}{A_{sc}} < 0.2\sqrt{1-[V/(\gamma_v A_{sc} f_{scv})]^2} \varphi \cdot f_{sc}$$

$$\left(\frac{N}{1.4 N_{cr}} + \frac{M}{(1-0.4N/N_E) \times \gamma_m \times W_{sc} \times f_{sc}}\right)^{1.4} + \left(\frac{V}{\gamma_v \times A_{sc} \times f_{scv}}\right)^2$$
$$= \left(\frac{5783 \times 10^3}{1.4 \times 4.07 \times 10^7} + \frac{970 \times 10^6}{[1-0.4 \times 5783/(5.15 \times 10^6)] \times 1.2 \times 9.82 \times 10^7 \times 52.66}\right)^{1.4}$$
$$+ \left(\frac{10000 \times 10^3}{1.0 \times 7.85 \times 10^5 \times 20.48}\right)^2 = 0.5371 < 1$$

满足要求。

- **按把式(3.2-43)写成设计公式的方法进行验算：**

基本参数：由《钢结构设计规范》GB 50017-2003 和《混凝土结构设计规范》GB 50010-2002，可得：$f=295\text{N/mm}^2$，$f_c=23.1\text{N/mm}^2$。

1号柱：

(a) 轴力计算：

$\alpha = A_s/A_c = 0.094$

$\xi = \alpha \cdot f_y/f_{ck} = 0.094 \times 345/32.4 = 1.0027$

$f_{scy} = (1.14 + 1.02\xi) \cdot f_{ck} = 70.07 \text{N/mm}^2$

$\xi_o = \alpha \cdot f/f_c = 0.094 \times 295/23.1 = 1.1794$

$f_{sc} = (1.14 + 1.02\xi_o) \cdot f_c = 54.67 \text{N/mm}^2$

$\lambda = \dfrac{4L}{D} = \dfrac{4 \times 4928}{1000} = 19.712$，$\lambda_p = 1743/\sqrt{f_y} = 93.84$，

$\lambda_o = \pi\sqrt{(420\xi + 550)/[(1.14+1.02\xi) \cdot f_{ck}]} = 11.695$

$\because$ 满足 $\lambda_o < \lambda \leqslant \lambda_p$，根据本书公式(3.2-8)，可得：

$d = 9905.9$，$e = -4.63 \times 10^{-3}$，$a = 3.38 \times 10^{-6}$，$b = -5.27 \times 10^{-3}$，$c = 1.0611$

$\therefore \varphi = a\lambda^2 + b\lambda + c = 0.959$

$N_{uo} = A_{sc} f_{sc} = 54.67 \times 7.854 \times 10^5 \times 10^{-3} = 4.29 \times 10^4 \text{kN}$

$N_{u,cr} = \varphi A_{sc} f_{sc} = 0.959 \times 54.67 \times 7.854 \times 10^5 \times 10^{-3} = 4.12 \times 10^4 \text{kN}$

(b) 剪力计算：

根据本书公式(3.2-23a)，可得：$\gamma_v = 0.97 + 0.2\ln(\xi) = 0.9705$

B.3 单肢柱承载力验算

$f_{scv}=(0.422+0.313\alpha^{2.33})\cdot \xi_o^{0.134}\cdot f_{sc}=23.66\text{N/mm}^2$

根据公式(3.2-24),可得:$V_u=\gamma_v A_{sc} f_{scv}=1.81\times10^4\text{kN}$

(c) 弯矩计算:

$W_{scm}=\dfrac{\pi D^3}{32}=\dfrac{\pi\times1000^3}{32}=9.82\times10^7\text{mm}^3$

根据本书公式(3.2-15),可得:$\gamma_m=1.15$

$M_u=\gamma_m f_{sc} W_{scm}=1.15\times54.67\times9.82\times10^7\times10^{-6}=6.16\times10^3\text{kN}\cdot\text{m}$

(d) 承载力验算:

根据本书公式(2.3-2)~公式(2.3-4),可得:$\varepsilon_{scp}=1.12\times10^{-3}$,$f_{scp}=53.95\text{N/mm}^2$

$E_{sc}=f_{scp}/\varepsilon_{scp}=48114\text{N/mm}^2$,$\therefore N_E=\dfrac{\pi^2 E_{sc} A_{sc}}{\lambda^2}=9.6\times10^5\text{kN}$

$\because \xi>0.4$,$\therefore \eta_o=0.1+0.14\cdot\xi^{-0.84}=0.24$,$d=1-0.4N/N_E=1-0.4\times0.32/9.6=0.987$

$a=1-2\varphi^2\eta_o=1-2\times0.959^2\times0.24=0.56$

$\therefore \dfrac{N}{N_{uo}}=\dfrac{32000}{4.29\times10^4}=0.746>0.2\varphi^3\eta_o\sqrt[2.4]{1-[V/V_u]^2}=0.423$

$\therefore \left(\dfrac{N}{\varphi N_{uo}}+\dfrac{a}{d}\cdot\dfrac{M}{M_u}\right)^{2.4}+\left(\dfrac{V}{V_u}\right)^2$

$=\left(\dfrac{32000\times10^3}{4.12\times10^7}+\dfrac{0.56\times478\times10^6}{0.987\times6.16\times10^9}\right)^{2.4}+\left(\dfrac{266\times10^3}{1.81\times10^7}\right)^2=0.624<1.0$

满足要求。

2号柱:

(a) 轴力计算:

$\alpha=A_s/A_c=0.076$

$\xi=\alpha\cdot f_y/f_{ck}=0.076\times345/32.4=0.81$

$f_{scy}=(1.14+1.02\xi)\cdot f_{ck}=63.71\text{N/mm}^2$

$\xi_o=\alpha\cdot f/f_c=0.076\times295/23.1=1.2293$

$f_{sc}=(1.14+1.02\xi_o)\cdot f_c=49.23\text{N/mm}^2$

$\lambda=4L/D=4\times7924/1000=31.7$,$\lambda_p=1743/\sqrt{f_y}=93.84$,

$\lambda_o=\pi\sqrt{(420\xi+550)/[(1.14+1.02\xi)\cdot f_{ck}]}=11.744$

$\because$ 满足 $\lambda_o<\lambda\leqslant\lambda_p$,根据本书公式(3.2-8),可得:

$d=9800.9$,$e=-4.58\times10^{-3}$,$a=4.95\times10^{-6}$,$b=-5.51\times10^{-3}$,$c=1.0611$

$\therefore \varphi=a\lambda^2+b\lambda+c=0.894$

$N_{uo}=A_{sc} f_{sc}=49.23\times7.854\times10^5\times10^{-3}=3.866\times10^4\text{kN}$

$N_{u,cr}=\varphi A_{sc} f_{sc}=0.894\times49.23\times7.854\times10^5\times10^{-3}=3.46\times10^4\text{kN}$

(b) 剪力计算:

根据本书公式(3.2-23a),可得:$\gamma_v=0.97+0.2\ln(\xi)=0.93$

$f_{scv}=(0.422+0.313\alpha^{2.33})\cdot\xi_o^{0.134}\cdot f_{sc}=20.73\text{N/mm}^2$

根据公式(3.2-24),可得:$V_u=\gamma_v A_{sc} f_{scv}=1.51\times10^4\text{kN}$

(c) 弯矩计算：

$$W_{scm} = \frac{\pi D^3}{32} = \frac{\pi \times 1000^3}{32} = 9.82 \times 10^7 \text{mm}^3$$

根据本书公式(3.2-15)，可得：$\gamma_m = 1.05$

$M_u = \gamma_m f_{sc} W_{scm} = 1.05 \times 49.23 \times 9.82 \times 10^7 \times 10^{-6} = 5.10 \times 10^3 \text{kN} \cdot \text{m}$

(d) 承载力验算：

根据本书公式(2.3-2)～公式(2.3-4)，可得：$\varepsilon_{scp} = 1.12 \times 10^{-3}$，$f_{scp} = 49.05 \text{N/mm}^2$

$E_{sc} = f_{scp}/\varepsilon_{scp} = 43744 \text{N/mm}^2$，$\therefore N_E = \frac{\pi^2 E_{sc} A_{sc}}{\lambda^2} = 3.375 \times 10^5 \text{kN}$

$\because \xi > 0.4$，$\therefore \eta_0 = 0.1 + 0.14 \cdot \xi^{-0.84} = 0.267$，$\zeta_0 = 1 + 0.18 \xi^{-1.15} = 1.102$

$d = 1 - 0.4 N/N_E = 1 - 0.4 \times 0.05783/3.375 = 0.993$，$b = \frac{1-\zeta_0}{\varphi^3 \eta_0^2} = 2.692$，$c = \frac{2(\zeta_0 - 1)}{\eta_0} = 0.764$

$\therefore \frac{N}{N_{uo}} = \frac{5783}{3.866 \times 10^4} = 0.150 < 0.2 \varphi^3 \eta_0 \sqrt[2.4]{1 - [V/V_u]^2} = 0.276$

$\left(-b \cdot \left(\frac{N}{N_{uo}}\right)^2 - c \cdot \left(\frac{N}{N_{uo}}\right) + \frac{1}{d} \cdot \frac{M}{M_u}\right)^{2.4} + \left(\frac{V}{V_u}\right)^2 = 0.4381 + 0.0002 = 0.4383 < 1.0$

满足要求。

B.3.1.3 算例三

计算条件：某圆钢管混凝土压弯扭构件，典型内力及截面尺寸见表B.3-3。

表 B.3-3　钢管混凝土截面尺寸及内力

截面规格 $D \times t$(mm)	计算长度 (m)	钢材牌号	混凝土强度等级	设计内力		
				轴力(kN)	弯矩(kN·m)	扭矩(kN·m)
500×20	15	Q345	C50	5000	250	500

● 按把式(3.2-41)写成设计公式的方法进行验算：

基本条件：

$D = 500 \text{mm}$，$t = 20 \text{mm}$，Q345 钢，C50 混凝土。

$A_{sc} = \pi \times 500^2/4 = 1.96 \times 10^5 \text{mm}^2$，$A_c = \pi \times (500-40)^2/4 = 1.66 \times 10^5 \text{mm}^2$

$A_s = A_{sc} - A_c = 0.3 \times 10^5 \text{mm}^2$

基本参数：由《钢结构设计规范》GB 50017-2003 和《混凝土结构设计规范》GB 50010-2002，可得：$f = 295 \text{N/mm}^2$，$f_c = 23.1 \text{N/mm}^2$。

(a) 轴力计算：

$\alpha = A_s/A_c = 0.181$

$\xi = \alpha \cdot f_y/f_{ck} = 0.181 \times 345/32.4 = 1.9324$

$\xi_0 = \alpha \cdot f/f_c = 0.181 \times 295/23.1 = 2.31$

$f_{sc} = (1.14 + 1.02 \xi_0) \cdot f_c = 80.8 \text{N/mm}^2$

$\lambda = 4L/D = 4 \times 15000/500 = 120$，$\lambda_p = 1743/\sqrt{f_y} = 93.84$

$\lambda_0 = \pi \sqrt{(420\xi + 550)/[(1.14 + 1.02\xi) \cdot f_{ck}]} = 11.546$

$\because$ 满足 $\lambda > \lambda_p$，根据本书公式(3.2-8)，可得：

$d = 10236$，$\therefore \varphi = d/(\lambda + 35)^2 = 0.49$

$N_{uo} = A_{sc} f_{sc} = 80.8 \times 1.96 \times 10^5 \times 10^{-3} = 1.58 \times 10^4 \text{kN}$

$N_{u,cr} = \varphi A_{sc} f_{sc} = 0.49 \times 80.8 \times 1.96 \times 10^5 \times 10^{-3} = 7.79 \times 10^3 \text{kN}$

(b) 剪力计算：

根据本书公式(3.2-21a)，可得：$\gamma_t = 1.294 + 0.267 \ln(\xi) = 1.47$

$W_{sct} = \dfrac{\pi D^3}{16} = \dfrac{\pi \times 500^3}{16} = 2.45 \times 10^7 \text{mm}^3$

$f_{scv} = (0.422 + 0.313 \alpha^{2.33}) \cdot \xi_o^{0.134} \cdot f_{sc} = 38.76 \text{N/mm}^2$

$T_u = \gamma_t W_{sct} f_{scv} = 1.7 \times 10^3 \text{kN} \cdot \text{m}$

(c) 弯矩计算：

$W_{scm} = \dfrac{\pi D^3}{32} = \dfrac{\pi \times 500^3}{32} = 1.23 \times 10^7 \text{mm}^3$

根据本书公式(3.2-15)，可得：$\gamma_m = 1.44$

$M_u = \gamma_m W_{scm} f_{sc} = 1.44 \times 80.8 \times 1.23 \times 10^7 \times 10^{-6} = 1.43 \times 10^3 \text{kN} \cdot \text{m}$

(d) 承载力验算：

根据本书公式(2.3-2)~公式(2.3-4)，可得：$\varepsilon_{scp} = 1.12 \times 10^{-3}$，$f_{scp} = 77.6 \text{N/mm}^2$

$E_{sc} = f_{scp}/\varepsilon_{scp} = 69209 \text{N/mm}^2$，$\therefore N_E = \dfrac{\pi^2 E_{sc} A_{sc}}{\lambda^2} = 9.31 \times 10^3 \text{kN}$

$\because \xi > 0.4$，$\therefore \eta_o = 0.1 + 0.14 \cdot \xi^{-0.84} = 0.18$，$d = 1 - 0.4 N/N_E = 1 - 0.4 \times 5/9.31 = 0.7852$

$a = 1 - 2\varphi^2 \eta_o = 1 - 2 \times 0.49^2 \times 0.18 = 0.914$

$\therefore \dfrac{N}{N_{uo}} = \dfrac{5000 \times 10^3}{1.58 \times 10^7} = 0.316 > 0.2 \varphi^3 \eta_o \sqrt[2.4]{1 - [T/T_u]^2} = 0.041$

$\left(\dfrac{N}{\varphi N_{uo}} + \dfrac{a}{d} \cdot \dfrac{M}{M_u}\right)^{2.4} + \left(\dfrac{T}{T_u}\right)^2$

$= \left(\dfrac{5000 \times 10^3}{7.79 \times 10^6} + \dfrac{0.914 \times 250 \times 10^6}{0.7852 \times 1.43 \times 10^9}\right)^{2.4} + \left(\dfrac{500 \times 10^3}{1.7 \times 10^6}\right)^2 = 0.754 < 1.0$

满足要求。

B.3.2 方钢管混凝土构件

计算条件：某工程采用的两个方钢管混凝土柱。典型柱内力及截面尺寸见表B.3-4。

钢管混凝土截面尺寸及内力　　　　表B.3-4

柱号	截面规格 $B \times t$ (mm)	计算长度 (m)	钢材牌号	混凝土强度等级	设计内力 轴力(kN)	设计内力 弯矩(kN·m)
1	500×25	4.57	Q345	C50	7913.6	316
2	600×25	4.57	Q345	C50	18389	93

采用如下规程对上述2根方钢管混凝土柱进行验算，即AISC(2005)、BS 5400(2005)、CECS 159：2004、DBJ 13-51-2003、EC 4(2004)和GJB 4142-2000。

基本条件：

1号柱：

$B = 500 \text{mm}$，$t = 25 \text{mm}$，C50混凝土，Q345钢。

$A_{sc} = 500^2 = 250000 \text{mm}^2$，$A_c = (500-50)^2 = 202500 \text{mm}^2$，$A_s = A_{sc} - A_c = 47500 \text{mm}^2$

$I_c = (B-2t)^4/12 = (500-2\times 25)^4/12 = 3.42\times 10^9 \text{mm}^4$，$I_s = B^4/12 - I_c = 1.79\times 10^9 \text{mm}^4$

$I_{sc} = I_s + I_c = 5.21\times 10^9 \text{mm}^4$

2号柱：

$B = 600\text{mm}$，$t = 25\text{mm}$，C50 混凝土，Q345 钢。

$A_{sc} = 600^2 = 360000 \text{mm}^2$，$A_c = (600-50)^2 = 302500 \text{mm}^2$，$A_s = A_{sc} - A_c = 57500 \text{mm}^2$

$I_c = (B-2t)^4/12 = (600-2\times 25)^4/12 = 7.63\times 10^9 \text{mm}^4$，$I_s = B^4/12 - I_c = 3.17\times 10^9 \text{mm}^4$

$I_{sc} = I_s + I_c = 1.08\times 10^{10} \text{mm}^4$

● **按规程 AISC(2005) 验算：**

参数取值：$f_y = 345\text{N/mm}^2$，$f'_c = 41\text{N/mm}^2$，$E_s = 2.0\times 10^5 \text{N/mm}^2$

$E_c = 0.043\times w_c^{1.5}\cdot \sqrt{f'_c}$，取混凝土密度为 $w_c = 2400\text{kg/m}^3$，则

$E_c = 0.043\times w_c^{1.5}\cdot \sqrt{f'_c} = 5055.7\sqrt{41} = 32372.3\text{N/mm}^2$

1号柱：

$C_2 = 0.6 + 2A_s/(A_s + A_c) = 0.6 + 2\times 47500/250000 = 0.98$

$EI_{eff} = E_s I_s + C_2 E_c I_c = 4.666\times 10^{14} \text{N}\cdot\text{mm}^2$

$N_{cr} = \dfrac{\pi^2}{(KL)^2} EI_{eff} = \dfrac{3.14^2}{(1.0\times 4570)^2}\times 4.666\times 10^{14}\times 10^{-3} = 2.21\times 10^5 \text{kN}$

$N_0 = f_y A_s + C_1 f'_c A_c = 345\times 47500\times 10^{-3} + 0.85\times 41\times 202500\times 10^{-3} = 2.34\times 10^4 \text{kN}$

$\because N_{cr} \geqslant 0.44 N_0$

$\therefore N_u = [0.658^{(N_u/N_{cr})}] N_0 = 0.658^{(2.34/22.1)}\times 2.34\times 10^4 = 2.24\times 10^4 \text{kN}$

$N = 7913.6\text{kN} < \phi_c N_u = 0.75\times 2.24\times 10^4 = 1.68\times 10^4 \text{kN}$，轴压承载力满足要求。

$Z = \dfrac{3}{2}B^2 t - 3B\cdot t^2 + 2t^3 = 8468750 \text{mm}^3$

$M_u = Z\cdot f_y = 2921.7 \text{kN}\cdot\text{m}$

$N = 7913.6\text{kN} > 0.2\times 0.75\times N_u = 3.36\times 10^3 \text{kN}$

$\dfrac{N}{0.75\times N_u} + \dfrac{8M}{9\times 0.9\times M_u} = \dfrac{7913.6}{1.68\times 10^4} + \dfrac{8\times 316}{9\times 0.9\times 2921.7} = 0.471 + 0.107 = 0.578 < 1.0$

满足要求。

2号柱：

$C_2 = 0.6 + 2\cdot\dfrac{A_s}{A_s + A_c} = 0.6 + \dfrac{2\times 57500}{360000} = 0.9194$

$EI_{eff} = E_s I_s + C_2 E_c I_c = 8.62\times 10^{14} \text{N}\cdot\text{mm}^2$

$N_{cr} = \dfrac{\pi^2}{(KL)^2} EI_{eff} = \dfrac{3.14^2}{(1.0\times 4570)^2}\times 8.62\times 10^{14}\times 10^{-3} = 4.07\times 10^5 \text{kN}$

$N_0 = f_y A_s + C_1 f'_c A_c = 345\times 57500\times 10^{-3} + 0.85\times 41\times 302500\times 10^{-3} = 3.038\times 10^4 \text{kN}$

$\because N_{cr} \geqslant 0.44 N_0$

B.3 单肢柱承载力验算

$\therefore N_u = [0.658^{(N_u/N_{cr})}]N_0 = 0.658^{(3.038/40.7)} \times 3.038 \times 10^4 = 2.945 \times 10^4 \text{kN}$

$N = 18389\text{kN} < \phi_c N_u = 0.75 \times 2.945 \times 10^4 = 2.21 \times 10^4 \text{kN}$，轴压承载力满足要求。

$Z = \dfrac{3}{2}B^2 t - 3B \cdot t^2 + 2t^3 = 12406250 \text{mm}^3$

$M_u = Z \cdot f_y = 4280.2 \text{kN} \cdot \text{m}$

$N = 18389\text{kN} > 0.2 \times 0.75 \times N_u = 4.42 \times 10^3 \text{kN}$

$\dfrac{N}{0.75 \times N_u} + \dfrac{8M}{9 \times 0.9 \times M_u} = \dfrac{18389}{2.21 \times 10^4} + \dfrac{8 \times 93}{9 \times 0.9 \times 4280.2} = 0.8321 + 0.0215 = 0.8536 < 1$

满足要求。

- **按规程 BS 5400(2005)验算：**

参数取值：$E_s = 2.05 \times 10^5 \text{N/mm}^2$，$E_c = 450 f_{cu} = 27000 \text{N/mm}^2$

1 号柱：

$r = \sqrt{I_{sc}/A_{sc}} = \sqrt{5.21 \times 10^9 / 250000} = 144.3 \text{mm}$

$N_u = 0.95 f_y A_s + 0.45 f_{cu} A_c$
$= (0.95 \times 345 \times 47500 + 0.45 \times 50 \times 202500) \times 10^{-3} = 2.01 \times 10^4 \text{kN}$

$l_E = \pi \cdot \sqrt{(0.95 E_s I_s + 0.45 E_c I_c)/N_u} = 1.37 \times 10^4 \text{mm}$

$\lambda = \dfrac{l_e}{r} \sqrt{\dfrac{f_y}{355}} = \dfrac{4570}{144.3} \sqrt{\dfrac{345}{355}} = 31.22 > 15$

$\rho = 0.4 f_{cu}/(0.95 f_y) = 0.0732$

$r/y = 144.3/250 = 0.5772$，采用焊接构件，因此截面类型为 C 类，$a = 0.0062$

$\therefore \eta = a(\lambda - 15) = 0.0062 \times (31.22 - 15) = 0.1$。

$K_1 = \dfrac{\sigma_c}{f_y} = 0.5 \left\{ \left[1 + (1+\eta)\dfrac{5700}{\lambda^2}\right] - \sqrt{\left[1 + (1+\eta)\dfrac{5700}{\lambda^2}\right]^2 - \dfrac{22800}{\lambda^2}} \right\}$

$= 0.5 \left[\left(1 + \dfrac{1.1 \times 5700}{31.22^2}\right) - \sqrt{\left(1 + \dfrac{1.1 \times 5700}{31.22^2}\right)^2 - \dfrac{22800}{31.22^2}} \right] = 0.92$

$d_c = (A_s - 2Bt)/[(B-2t)\rho + 4t] = 169.2 \text{mm}$

$M_u = 0.95 f_y \cdot [A_s(B - 2t - d_c)/2 + B \cdot t(t + d_c)] = 2960.7 \text{kN} \cdot \text{m}$

$\beta = 1.0$，$\bar{\lambda} = l_e / L_E = 4570/13700 = 0.334$

$\alpha_c = \dfrac{0.45 f_{cu} \cdot A_c}{N_u} = 0.272$

$K_{20} = 0.9 \alpha_c^2 + 0.2 = 0.267 \leqslant 0.75$

$\because$ C 类截面，$C_4 = 140$

$K_2 = K_{20} \left[\dfrac{115 - 25(2\beta - 1)(1.8 - \alpha_c) - 140\bar{\lambda}}{30(2.5 - \beta)} \right] = 0.178 < K_{20}$，$\therefore K_2 = 0.178$

$K_3 = 0$

相关方程为：$N = N_u \cdot \left[K_1 - (K_1 - K_2 - 4K_3) \cdot \dfrac{M}{M_u} - 4K_3 \left(\dfrac{M}{M_u}\right)^2 \right]$

按相关方程计算柱在承受外弯矩 $M = 316 \text{kN} \cdot \text{m}$ 时，轴力的极限值为：$N = 0.8408 N_u = 1.69 \times 10^4 \text{kN} > 7913.6 \text{kN}$

满足要求。

2 号柱：

$r = \sqrt{I_{sc}/A_{sc}} = \sqrt{1.08 \times 10^{10}/360000} = 173.2 \text{mm}$

$N_u = 0.95 f_y A_s + 0.45 f_{cu} A_c$
$= (0.95 \times 345 \times 57500 + 0.45 \times 50 \times 302500) \times 10^{-3} = 2.57 \times 10^4 \text{kN}$

$l_E = \pi \cdot \sqrt{(0.95 E_s I_s + 0.45 E_c I_c)/N_u} = 1.63 \times 10^4 \text{mm}$

$\lambda = \dfrac{l_e}{r}\sqrt{\dfrac{f_y}{355}} = \dfrac{4570}{173.2}\sqrt{\dfrac{345}{355}} = 26.01 > 15$

$\rho = 0.4 f_{cu}/(0.95 f_y) = 0.0732$，$d_c = (A_s - 2Bt)/[(B-2t)\rho + 4t] = 196.06 \text{mm}$

$r/y = 173.2/300 = 0.5773$，采用焊接构件，因此截面类型为 C 类，$a = 0.0062$

$\therefore \eta = a(\lambda - 15) = 0.0062 \times (26.01 - 15) = 0.068$

$K_1 = \dfrac{\sigma_c}{f_y} = 0.5\left\{\left[1 + (1+\eta)\dfrac{5700}{\lambda^2}\right] - \sqrt{\left[1+(1+\eta)\dfrac{5700}{\lambda^2}\right]^2 - \dfrac{22800}{\lambda^2}}\right\}$

$= 0.5\left[\left(1 + \dfrac{1.05 \times 5700}{26.01^2}\right) - \sqrt{\left(1 + \dfrac{1.05 \times 5700}{26.01^2}\right)^2 - \dfrac{22800}{26.01^2}}\right] = 0.947$

$M_u = 0.95 f_y \cdot [A_s(B - 2t - d_c)/2 + B \cdot t(t + d_c)] = 4388 \text{kN} \cdot \text{m}$

$\beta = 1.0$，$\bar{\lambda} = l_e/L_E = 4570/16300 = 0.2804$

$\alpha_c = \dfrac{0.45 f_{cu} \cdot A_c}{N_u} = 0.2648$

$K_{20} = 0.9\alpha_c^2 + 0.2 = 0.263 \leqslant 0.75$

$\because$ C 类截面，$\therefore C_4 = 140$

$\because K_2 = K_{20} \times \left[\dfrac{115 - 25(2\beta - 1)(1.8 - \alpha_c) - 140\bar{\lambda}}{30(2.5 - \beta)}\right] = 0.251 < K_{20}$，$\therefore K_2 = 0.251$

$K_3 = 0$

相关方程为：$N = N_u \cdot \left[K_1 - (K_1 - K_2 - 4K_3) \cdot \dfrac{M}{M_u} - 4K_3\left(\dfrac{M}{M_u}\right)^2\right]$

按相关方程计算柱在承受外弯矩 $M = 93 \text{kN} \cdot \text{m}$ 时，轴力的极限值为：$N = 0.932 N_u = 2.4 \times 10^4 \text{kN} > 1.84 \times 10^4 \text{kN}$

满足要求。

● **按规程 CECS 159：2004 验算：**

参数取值：由《钢结构设计规范》GB 50017 - 2003 和《混凝土结构设计规范》GB 50010 - 2002，可得：$f = 295 \text{N/mm}^2$，$f_c = 23.1 \text{N/mm}^2$，$E_c = 3.45 \times 10^4 \text{N/mm}^2$，$E_s = 2.06 \times 10^5 \text{N/mm}^2$

1 号柱：

$N_u = f \cdot A_s + f_c \cdot A_c = 1.869 \times 10^4 \text{kN}$

$r_0 = \sqrt{\dfrac{I_s + E_c I_c/E_s}{A_s + A_c f_c/f}} = 193.1 \text{mm}$

$\lambda = \dfrac{L}{r_0} = \dfrac{4570}{193.1} = 23.7$，$\lambda_0 = \dfrac{\lambda}{\pi}\sqrt{\dfrac{f_y}{E_s}} = 0.308$

$\because \lambda_0 > 0.215, \therefore \varphi = \frac{1}{2\lambda_0^2}[(0.965+0.3\lambda_0+\lambda_0^2)-\sqrt{(0.965+0.3\lambda_0+\lambda_0^2)^2-4\lambda_0^2}]=0.937$

$N_{cr} = \varphi N_u = 1.75 \times 10^4 \text{kN}$

混凝土受压区高度：$d_n = \frac{A_s - 2bt}{(b-2t)f_c/f + 4t} = 166.4 \text{mm}$

$M_{un} = [0.5A_{sn}(h-2t-d_n) + bt(t+d_n)]f = 2.69 \times 10^3 \text{kN} \cdot \text{m}$

$\alpha_c = \frac{f_c A_c}{fA_s + f_c A_c} = 0.25$

$\frac{N}{N_u} + (1-\alpha_c)\frac{M}{M_{un}} = 0.423 + 0.088 = 0.511 < 1.0$

满足要求。

$N'_E = N_E/1.1 = N_u \pi^2 E_s/(1.1\lambda^2 f) = 2.09 \times 10^5 \text{kN}$

$1 - 0.8N/N'_E = 0.97$

弯矩作用平面内的稳定性相关方程：

$\frac{N}{\varphi N_u} + (1-\alpha_c)\frac{\beta M}{(1-0.8N/N'_E)M_{un}} = 0.452 + 0.091 = 0.543 < 1.0$

满足要求。

2号柱：

$N_u = f \cdot A_s + f_c \cdot A_c = 2.395 \times 10^4 \text{kN}$

$r_0 = \sqrt{\frac{I_s + E_c I_c/E_s}{A_s + A_c f_c/f}} = 234.1 \text{mm}$

$\lambda = \frac{L}{r_0} = \frac{4570}{234.1} = 19.5, \quad \lambda_0 = \frac{\lambda}{\pi}\sqrt{\frac{f_y}{E_s}} = 0.254$

$\because \lambda_0 > 0.215, \therefore \varphi = \frac{1}{2\lambda_0^2}[(0.965+0.3\lambda_0+\lambda_0^2)-\sqrt{(0.965+0.3\lambda_0+\lambda_0^2)^2-4\lambda_0^2}]=0.958$

$N_{cr} = \varphi N_u = 2.29 \times 10^4 \text{kN}$

混凝土受压区高度：$d_n = \frac{A_s - 2bt}{(b-2t)f_c/f + 4t} = 192.2 \text{mm}$

$M_{un} = [0.5A_{sn}(h-2t-d_n) + bt(t+d_n)]f = 4.0 \times 10^3 \text{kN} \cdot \text{m}$

$\alpha_c = \frac{f_c A_c}{fA_s + f_c A_c} = 0.292$

$\frac{N}{N_u} + (1-\alpha_c)\frac{M}{M_{un}} = \frac{18389}{23950} + (1-0.292)\frac{93}{4000} = 0.768 + 0.016 = 0.784 < 1.0$

满足要求。

$N'_E = N_E/1.1 = N_u \pi^2 E_s/(1.1\lambda^2 f) = 3.95 \times 10^5 \text{kN}$

$1 - 0.8N/N'_E = 0.96$

弯矩作用平面内的稳定性相关方程：

$\frac{N}{\varphi N_u} + (1-\alpha_c)\frac{\beta M}{(1-0.8N/N'_E)M_{un}} = 0.803 + 0.017 = 0.82 < 1.0$

满足要求。

- **按规程 DBJ 13-51-2003 验算：**

1号柱：

$\alpha = A_s/A_c = 0.2346$

$\lambda = 2\sqrt{3}L/B = 2 \times 1.732 \times 4570/500 = 31.7$

由规程 DBJ 13-51-2003 中表 A-2，可得稳定系数 $\varphi = 0.905$。

由《钢结构设计规范》GB 50017-2003 和《混凝土结构设计规范》GB 50010-2002，可得：$f = 295\text{N/mm}^2$，$f_c = 23.1\text{N/mm}^2$。

$\xi_o = \alpha \cdot f/f_c = 0.2346 \times 295/23.1 = 2.996$

$f_{sc} = (1.18 + 0.85\xi_o) \cdot f_c = (1.18 + 0.85 \times 2.996) \times 23.1 = 86.08\text{N/mm}^2$

$\xi = \alpha \cdot f_y/f_{ck} = 0.2346 \times 345/32.4 = 2.498$

$\gamma_m = 1.04 + 0.48\ln(\xi + 0.1) = 1.04 + 0.48 \times \ln(2.498 + 0.1) = 1.498$

$W_{sc} = \dfrac{B^3}{6} = \dfrac{500^3}{6} = 20833333\text{mm}^3$

$M_u = \gamma_m W_{sc} f_{sc} = 1.498 \times 20833333 \times 86.08 \times 10^{-6} = 2686.4\text{kN} \cdot \text{m}$

$\zeta_o = 1 + 0.14\xi^{-1.3} = 1 + 0.14 \times (2.498)^{-1.3} = 1.043$

$\eta_o = 0.1 + 0.13\xi^{-0.81} = 0.1 + 0.13 \times (2.498)^{-0.81} = 0.1619$

取 $N = 7913.6\text{kN}$；$M = 316\text{kN} \cdot \text{m}$ 进行验算。

$\dfrac{N}{f_{sc}} = \dfrac{7913.6 \times 10^3}{86.08} = 91933.1\text{mm}^2$

$2\varphi^3 \eta_o A_{sc} = 2 \times 0.905^3 \times 0.1619 \times 250000 = 60001.6\text{mm}^2$

$\because \dfrac{N}{f_{sc}} > 2\varphi^3 \eta_o A_{sc}$

$a = 1 - 2\varphi^2 \eta_o = 1 - 2 \times 0.905^2 \times 0.1619 = 0.735$

由规程 DBJ 13-51-2003 中表 4.0.6-2，可得组合轴压弹性模量 $E_{sc} = 67503\text{N/mm}^2$。

$N_E = \dfrac{\pi^2 E_{sc} A_{sc}}{\lambda^2} = \dfrac{3.1415^2 \times 67503 \times 250000 \times 10^{-3}}{31.7^2} = 165736.7\text{kN}$

$d = 1 - 0.25N/N_E = 1 - 0.25 \times 7913.6/165736.7 = 0.988$

$\dfrac{N}{\varphi A_{sc} f_{sc}} + \dfrac{a}{d} \cdot \dfrac{M}{M_u} = \dfrac{7913.6 \times 10^3}{0.905 \times 86.08 \times 250000} + \dfrac{0.735}{0.988} \times \dfrac{316}{2686.4} = 0.406 + 0.088 = 0.494 < 1.0$

满足要求。

2号柱：

$\alpha = A_s/A_c = 0.19$

$\lambda = 2\sqrt{3}L/B = 2 \times 1.732 \times 4570/600 = 26.38$

由规程 DBJ 13-51-2003 中表 A-2，可得稳定系数 $\varphi = 0.932$。

由《钢结构设计规范》GB 50017-2003 和《混凝土结构设计规范》GB 50010-2002，可得：$f = 295\text{N/mm}^2$，$f_c = 23.1\text{N/mm}^2$。

$\xi_o = \alpha \cdot f/f_c = 0.19 \times 295/23.1 = 2.426$

$f_{sc} = (1.18 + 0.85\xi_o) \cdot f_c = (1.18 + 0.85 \times 2.426) \times 23.1 = 74.89\text{N/mm}^2$

$\xi = \alpha \cdot f_y/f_{ck} = 0.19 \times 345/32.4 = 2.023$

$\gamma_m = 1.04 + 0.48\ln(\xi + 0.1) = 1.04 + 0.48 \times \ln(2.023 + 0.1) = 1.401$

$W_{sc} = \dfrac{B^3}{6} = \dfrac{600^3}{6} = 36000000 \text{mm}^3$

$M_u = \gamma_m W_{sc} f_{sc} = 1.401 \times 36000000 \times 74.89 \times 10^{-6} = 3777.2 \text{kN} \cdot \text{m}$

$\zeta_o = 1 + 0.14 \xi^{-1.3} = 1 + 0.14 \times (2.023)^{-1.3} = 1.056$

$\eta_o = 0.1 + 0.13 \xi^{-0.81} = 0.1 + 0.13 \times (2.023)^{-0.81} = 0.1735$

取 $N = 18389 \text{kN}$；$M = 93 \text{kN} \cdot \text{m}$ 进行验算。

$\dfrac{N}{f_{sc}} = \dfrac{18389 \times 10^3}{74.89} = 245546.8 \text{mm}^2$

$2\varphi^3 \eta_o A_{sc} = 2 \times 0.932^3 \times 0.1735 \times 360000 = 101129.9 \text{mm}^2$

$\because \dfrac{N}{f_{sc}} > 2\varphi^3 \eta_o A_{sc}$，$\therefore$ 验算公式为：$\dfrac{N}{\varphi A_{sc} f_{sc}} + \dfrac{a}{d} \cdot \dfrac{M}{M_u} \leqslant 1$

$a = 1 - 2\varphi^2 \eta_o = 1 - 2 \times 0.932^2 \times 0.1735 = 0.6986$

由规程 DBJ 13-51-2003 中表 4.0.6-2，可得组合轴压弹性模量 $E_{sc} = 61957 \text{N/mm}^2$。

$N_E = \dfrac{\pi^2 E_{sc} A_{sc}}{\lambda^2} = \dfrac{3.1415^2 \times 61957 \times 360000 \times 10^{-3}}{26.38^2} = 315834.2 \text{kN}$

$d = 1 - 0.25 N/N_E = 1 - 0.25 \times 18389/315834.2 = 0.9854$

$\dfrac{N}{\varphi A_{sc} f_{sc}} + \dfrac{a}{d} \cdot \dfrac{M}{M_u} = \dfrac{18389 \times 10^3}{0.932 \times 74.89 \times 360000} + \dfrac{0.6986}{0.9854} \times \dfrac{93}{3777.2} = 0.732 + 0.017 = 0.749 < 1.0$

满足要求。

- **按规程 EC 4(2004)验算：**

基本参数：

材料分项系数：钢材 $\gamma_s = 1.0$，混凝土 $\gamma_c = 1.5$，$E_s = 2.1 \times 10^5 \text{N/mm}^2$

$E_c = 22000 \times (f_c'/10)^{0.3} = 3.59 \times 10^4 \text{N/mm}^2$，$f_y = 345 \text{N/mm}^2$，$f_c' = 41 \text{N/mm}^2$。

1 号柱：

$N_u = (f_y/\gamma_s) \cdot A_s + (f_c'/\gamma_c) \cdot A_c = 2.19 \times 10^4 \text{kN}$

$N_E = \pi^2 (E_s I_s + 0.6 E_c I_c)/L^2 = 2.12 \times 10^5 \text{kN}$

$\lambda = \sqrt{(f_y \cdot A_s + f_c' \cdot A_c)/N_E} = 0.341 > 0.2$

$\phi = 0.5[1 + 0.2(\lambda - 0.2) + \lambda^2] = 0.573$，$\chi = 1/(\phi + \sqrt{\phi^2 - \lambda^2}) = 0.9676$

$N_{cr} = \chi \cdot N_u = 2.12 \times 10^4 \text{kN}$

$W_{pc} = \dfrac{(B - 2t)^2}{4} = 22781250 \text{mm}^3$

$W_{ps} = \dfrac{B^3}{4} - W_{pc} = 8468750 \text{mm}^3$

$h_n = \dfrac{(f_c'/\gamma_c) \cdot A_c}{2B \cdot f_c'/\gamma_c + 4t \cdot (2 f_y/\gamma_s - f_c'/\gamma_c)} = 59.1 \text{mm}$

$W_{pcn} = (B - 2t) \cdot h_n^2 = 1.57 \times 10^6 \text{mm}^3$，$W_{psn} = B \cdot h_n^2 - W_{pcn} = 1.73 \times 10^5 \text{mm}^3$

$M_u = W_{ps} f_y/\gamma_s + \dfrac{1}{2} W_{pc} f_c'/\gamma_c - W_{psn} f_y/\gamma_s - \dfrac{1}{2} W_{pcn} f_c'/\gamma_c = 3.11 \times 10^3 \text{kN} \cdot \text{m}$

$M_{max} = W_{ps}f_y/\gamma_s + \frac{1}{2}W_{pc}f_c'/\gamma_c = 3.19 \times 10^3 \text{kN} \cdot \text{m}$

$N_p = A_c f_c'/\gamma_c = 5.535 \times 10^3 \text{kN}$, 满足 $N_p \leqslant N = 7913.6\text{kN} < N_{cr}$

按规程 EC 4(2004)的相关方程：$\delta \cdot M \leqslant \alpha_M \left[\frac{(N_{cr}-N)}{N_{cr}-N_p} M_u - \frac{N \cdot M_\chi}{N_{cr}} \right]$

已知：$\alpha_M = 0.9$，$\beta = 1.0$，$N_{cr,eff} = \pi^2 \cdot 0.9 \cdot (E_s I_s + 0.5 E_c I_c)/L^2 = 1.86 \times 10^5 \text{kN}$

则：$\delta = \frac{\beta}{1-N/N_{cr,eff}} = \frac{1.0}{1-7.913 \times 10^3/1.86 \times 10^5} = 1.044$

$M_\chi = \frac{N_u - N_{cr}}{N_u - N_p} M_u = 134.7 \text{kN} \cdot \text{m}$

代入相关方程，计算柱在承受外轴力 $N=7913.6\text{kN}$ 时的极限弯矩为：$M=2230.6\text{kN} \cdot \text{m} > 316\text{kN} \cdot \text{m}$。

满足要求。

2 号柱：

$N_u = (f_y/\gamma_s) \cdot A_s + (f_c'/\gamma_c) \cdot A_c = 2.81 \times 10^4 \text{kN}$

$N_E = \pi^2 (E_s I_s + 0.6 E_c I_c)/L^2 = 3.93 \times 10^5 \text{kN}$

$\lambda = \sqrt{(f_y \cdot A_s + f_c' \cdot A_c)/N_E} = 0.286 > 0.2$

$\phi = 0.5[1 + 0.2(\lambda - 0.2) + \lambda^2] = 0.550$，$\chi = 1/(\phi + \sqrt{\phi^2 - \lambda^2}) = 0.9805$

$N_{cr} = \chi \cdot N_u = 2.76 \times 10^4 \text{kN}$

$W_{pc} = \frac{(B-2t)^2}{4} = 41593750 \text{mm}^3$

$W_{ps} = \frac{B^3}{4} - W_{pc} = 1.24 \times 10^7 \text{mm}^3$

$h_n = \frac{(f_c'/\gamma_c) \cdot A_c}{2B \cdot f_c'/\gamma_c + 4t \cdot (2f_y/\gamma_s - f_c'/\gamma_c)} = 83.5 \text{mm}$

$W_{pcn} = (B-2t) \cdot h_n^2 = 3.83 \times 10^6 \text{mm}^3$，$W_{psn} = B \cdot h_n^2 - W_{pcn} = 3.53 \times 10^5 \text{mm}^3$

$M_u = W_{ps}f_y/\gamma_s + \frac{1}{2}W_{ps}f_c'/\gamma_c - W_{psn}f_y/\gamma_s - \frac{1}{2}W_{pcn}f_c'/\gamma_c = 4620.5 \text{kN} \cdot \text{m}$

$M_{max} = W_{ps}f_y/\gamma_s + \frac{1}{2}W_{pc}f_c'/\gamma_c = 4.79 \times 10^3 \text{kN} \cdot \text{m}$

$N_p = A_c f_c'/\gamma_c = 8.27 \times 10^3 \text{kN}$，满足 $N_p \leqslant N = 18389\text{kN} < N_{cr}$

按规程 EC 4(2004)的相关方程：$\delta \cdot M \leqslant \alpha_M \left[\frac{(N_{cr}-N)}{N_{cr}-N_p} M_u - \frac{N \cdot M_\chi}{N_{cr}} \right]$

已知：$\alpha_M = 0.9$，$\beta = 1.0$，$N_{cr,eff} = \pi^2 \cdot 0.9 \cdot (E_s I_s + 0.5 E_c I_c)/L^2 = 3.8 \times 10^5 \text{kN}$

则：$\delta = \frac{\beta}{1-N/N_{cr,eff}} = \frac{1.0}{1-1.8389 \times 10^4/3.80 \times 10^5} = 1.051$

$M_\chi = \frac{N_u - N_{cr}}{N_u - N_p} M_u = 127.7 \text{kN} \cdot \text{m}$

代入相关方程，计算柱在承受外轴力 $N=18389\text{kN}$ 时的极限弯矩为：$M=1808\text{kN} \cdot \text{m} > 93\text{kN} \cdot \text{m}$。

满足要求。
- **按规程 GJB 4142 – 2000 进行验算：**

1 号柱：

$\alpha = A_s/A_c = 0.2346$

$\lambda = 2\sqrt{3}L/B = 2 \times 1.732 \times 4570/500 = 31.7$

由规程 GJB 4142 - 2000 中表 5，可得稳定系数 $\varphi = 0.89$。

由《钢结构设计规范》GB 50017 - 2003 和《混凝土结构设计规范》GB 50010 - 2002，可得：$f = 295\text{N/mm}^2$，$f_c = 23.1\text{N/mm}^2$。

$\xi_0 = \alpha \cdot f/f_c = 0.2346 \times 295/23.1 = 2.996$

$B_1 = 0.1381 \cdot f/215 + 0.7646 = 0.1381 \times 295/215 + 0.7646 = 0.954$

$C_1 = -0.0727 \cdot f_c/15 + 0.0216 = -0.0727 \times 23.1/15 + 0.0216 = -0.09$

$f_{sc} = (1.212 + B_1 \cdot \xi_0 + C_1 \cdot \xi_0^2) \cdot f_c = (1.212 + 2.8582 - 0.808) \times 23.1 = 75.36\text{N/mm}^2$

$\xi = \alpha \cdot f_y/f_{ck} = 0.2346 \times 345/32.4 = 2.498$

$\gamma_m = -0.2428\xi + 1.4103\sqrt{\xi} = 1.622$

$W_{sc} = \dfrac{B^3}{6} = \dfrac{500^3}{6} = 20833333\text{mm}^3$

$M_u = \gamma_m W_{sc} f_{sc} = 1.622 \times 20833333 \times 75.36 \times 10^{-6} = 2546.5\text{kN} \cdot \text{m}$

取 $N = 7913.6\text{kN}$；$M = 316\text{kN} \cdot \text{m}$ 进行验算。

$\dfrac{N}{A_{sc}} = \dfrac{7913.6 \times 10^3}{250000} = 31.65\text{N/mm}^2$

$0.402\varphi^3 \left(\dfrac{f_c}{15}\right)^{0.65} \left(\dfrac{215}{f}\right)^{0.38} \left(\dfrac{0.1}{\alpha}\right)^{0.45} \cdot f_{sc} = 17.08\text{N/mm}^2$

$\because \dfrac{N}{A_{sc}} > 0.402\varphi^3 \left(\dfrac{f_c}{15}\right)^{0.65} \left(\dfrac{215}{f}\right)^{0.38} \left(\dfrac{0.1}{\alpha}\right)^{0.45} \cdot f_{sc}$

$a = 1 - 0.402\varphi^2 \left(\dfrac{f_c}{15}\right)^{0.65} \left(\dfrac{215}{f}\right)^{0.38} \left(\dfrac{0.1}{\alpha}\right)^{0.45} = 0.7452$

由规程 GJB 4142 - 2000 中表 3，可得组合轴压弹性模量 $E_{sc} = 67503\text{N/mm}^2$。

$N_E = \dfrac{\pi^2 E_{sc} A_{sc}}{\lambda^2} = \dfrac{3.1415^2 \times 67503 \times 250000 \times 10^{-3}}{31.7^2} = 165736.7\text{kN}$

$d = 1 - 0.25N/N_E = 0.988$

$\dfrac{N}{\varphi A_{sc} f_{sc}} + \dfrac{a}{d} \cdot \dfrac{M}{M_u} = \dfrac{7913.6 \times 10^3}{0.89 \times 75.36 \times 250000} + \dfrac{0.7452}{0.988} \times \dfrac{316}{2546.5} = 0.472 + 0.094 = 0.566 < 1.0$

满足要求。

2 号柱：

$\alpha = A_s/A_c = 0.19$

$\lambda = 2\sqrt{3}L/B = 2 \times 1.732 \times 4570/600 = 26.38$

由规程 GJB 4142 - 2000 中表 5，可得稳定系数 $\varphi = 0.916$。

由《钢结构设计规范》GB 50017 - 2003 和《混凝土结构设计规范》GB 50010 - 2002，

可得：$f=295\text{N/mm}^2$，$f_c=23.1\text{N/mm}^2$。

$\xi_0 = \alpha \cdot f/f_c = 0.19 \times 295/23.1 = 2.426$

$B_1 = 0.1381 \cdot f/215 + 0.7646 = 0.1381 \times 295/215 + 0.7646 = 0.954$

$C_1 = -0.0727 \cdot f_c/15 + 0.0216 = -0.0727 \times 23.1/15 + 0.0216 = -0.09$

$f_{sc} = (1.212 + B_1 \cdot \xi_0 + C_1 \cdot \xi_0^2) \cdot f_c = (1.212 + 2.314 - 0.53) \times 23.1 = 69.2\text{N/mm}^2$

$\xi = \alpha \cdot f_y/f_{ck} = 0.19 \times 345/32.4 = 2.023$

$\gamma_m = -0.2428\xi + 1.4103\sqrt{\xi} = 1.515$

$W_{sc} = \dfrac{B^3}{6} = \dfrac{600^3}{6} = 36000000\text{mm}^3$

$M_u = \gamma_m W_{sc} f_{sc} = 1.515 \times 36000000 \times 69.2 \times 10^{-6} = 3774.1\text{kN} \cdot \text{m}$

取 $N = 18389\text{kN}$；$M = 93\text{kN} \cdot \text{m}$ 进行验算。

$\dfrac{N}{A_{sc}} = \dfrac{18389 \times 10^3}{360000} = 51.08\text{N/mm}^2$

$0.402\varphi^3 \left(\dfrac{f_c}{15}\right)^{0.65} \left(\dfrac{215}{f}\right)^{0.38} \left(\dfrac{0.1}{\alpha}\right)^{0.45} \cdot f_{sc} = 18.81\text{N/mm}^2$

$\because \dfrac{N}{A_{sc}} > 0.402\varphi^3 \left(\dfrac{f_c}{15}\right)^{0.65} \left(\dfrac{215}{f}\right)^{0.38} \left(\dfrac{0.1}{\alpha}\right)^{0.45} \cdot f_{sc}$

$a = 1 - 0.402\varphi^2 \left(\dfrac{f_c}{15}\right)^{0.65} \left(\dfrac{215}{f}\right)^{0.38} \left(\dfrac{0.1}{\alpha}\right)^{0.45} = 0.7033$

由规程 GJB 4142-2000 中表 3，可得组合轴压弹性模量 $E_{sc} = 61957\text{N/mm}^2$。

$N_E = \dfrac{\pi^2 E_{sc} A_{sc}}{\lambda^2} = \dfrac{3.1415^2 \times 61957 \times 360000 \times 10^{-3}}{26.38^2} = 315834.2\text{kN}$

$d = 1 - 0.25N/N_E = 0.9854$

$\dfrac{N}{\varphi A_{sc} f_{sc}} + \dfrac{a}{d} \cdot \dfrac{M}{M_u} = \dfrac{18389 \times 10^3}{0.916 \times 69.2 \times 360000} + \dfrac{0.7033}{0.9854} \times \dfrac{93}{3774.1} = 0.806 + 0.018 = 0.824 < 1.0$

满足要求。

B.3.3 中空夹层钢管混凝土构件

计算条件：两个中空夹层钢管混凝土构件，截面分别为圆套圆和方套圆形。典型柱内力及截面尺寸见表 B.3-5。

构件土截面尺寸及内力　　　　　表 B.3-5

柱号	外钢管 $D(B) \times t_o$ (mm)	内钢管 $D_i \times t_i$ (mm)	计算长度 (m)	钢材牌号	混凝土强度等级	设计内力	
						轴力 N(kN)	弯矩 M(kN·m)
1	○-1000×22	500×18	4.8	Q345	C50	12000	8000
2	□-1000×26	500×18	4.8	Q345	C50	15000	8000

● 按把式(7.4-13)写成设计公式的方法进行验算：

1 号柱：

基本条件：

$D=1000\text{mm}$, $t_o=22\text{mm}$, $D_i=500\text{mm}$, $t_i=18\text{mm}$, Q345 钢, C50 混凝土。

$A_{si}=\pi\times[500^2-(500-36)^2]/4=2.73\times10^4\text{mm}^2$

$A_{so}=\pi\times[1000^2-(1000-44)^2]/4=6.76\times10^4\text{mm}^2$

$A_c=\pi\times((1000-44)^2-500^2)/4=5.21\times10^5\text{mm}^2$

$A_{ce}=\pi(D-2t_o)^2/4=7.18\times10^5\text{mm}^2$

$A_{sco}=A_{so}+A_c=5.89\times10^5\text{mm}^2$

$A_{sc}=A_{sco}+A_{si}=6.16\times10^5\text{mm}^2$

由《钢结构设计规范》GB 50017-2003 和《混凝土结构设计规范》GB 50010-2002，可得：$E_s=2.06\times10^5\text{N/mm}^2$，$E_c=3.45\times10^5\text{N/mm}^2$。$f=295\text{N/mm}^2$，$f_y=345\text{N/mm}^2$，$f_{ck}=32.4\text{N/mm}^2$，$f_c=23.1\text{N/mm}^2$。

(a) 轴压承载力计算：

$\alpha=A_{so}/A_c=0.13$，$\alpha_n=A_{so}/A_{ce}=0.094$

$\xi=\alpha_n\cdot f_{yo}/f_{ck}=0.094\cdot345/32.4=1.0009$，$\xi_o=\alpha_n\cdot f_o/f_c=0.094\times295/23.1=1.2004$

$\chi=\dfrac{D_i}{D-2t_o}=0.523$

$C_1=\alpha/(1+\alpha)=0.115$，$C_2=(1+\alpha_n)/(1+\alpha)=0.968$

$\therefore f_{sc}=C_1\chi^2\cdot f_o+C_2(1.14+1.02\xi_o)\cdot f_c=62.2\text{N/mm}^2$

$N_{osc,u}=f_{sc}\cdot A_{sco}=62.2\times5.89\times10^5\times10^{-3}=3.66\times10^4\text{kN}$

$N_{i,u}=f_i\cdot A_{si}=295\times2.73\times10^4\times10^{-3}=8.04\times10^3\text{kN}$

$\therefore N_u=N_{osc,u}+N_{i,u}=4.47\times10^4\text{kN}$

$I=\pi[D^4-(D_i-2t_i)^4]/64=4.602\times10^{10}\text{mm}^4$

$r=\sqrt{I/A_{sc}}=\sqrt{4.602\times10^{10}/616000}=273.3\text{mm}$

$\lambda=L/r=4800/273.3=17.56$

λ_p 和 λ_o 分别为构件弹性失稳和弹塑性失稳的界限长细比：

$\lambda_p=1743/\sqrt{f_{yo}}=93.84$，$\lambda_o=\pi\sqrt{(420\xi+550)/[(1.02\xi+1.14)\cdot f_{ck}]}=11.695$

$\therefore$ 满足 $\lambda_o<\lambda\leqslant\lambda_p$

$d=\left[13000+4657\cdot\ln\left(\dfrac{235}{f_{yo}}\right)\right]\cdot\left(\dfrac{25}{f_{ck}+5}\right)^{0.3}\cdot\left(\dfrac{\alpha_n}{0.1}\right)^{0.05}=9905.9$

$e=\dfrac{-d}{(\lambda_p+35)^3}=-4.63\times10^{-3}$；$a=\dfrac{1+(35+2\cdot\lambda_p-\lambda_o)\cdot e}{(\lambda_p-\lambda_o)^2}=3.38\times10^{-6}$；

$b=e-2\cdot a\cdot\lambda_p=-5.27\times10^{-3}$；$c=1-a\cdot\lambda_o^2-b\cdot\lambda_o=1.0611$

$\therefore\varphi=a\lambda^2+b\lambda+c=0.97$

(b) 抗弯承载力计算：

$\gamma_{m1}=0.48\ln(\xi+0.1)(1+0.06\chi-0.85\chi^2)+1.1=1.137$

$\gamma_{m2}=-0.02\chi^{-2.76}\ln(\xi)+1.04\chi^{-0.67}=1.605$

$W_{scm}=\dfrac{\pi(D_o^4-D_i^4)}{32D_o}=9.20\times10^7\text{mm}^3$

$W_{si}=\dfrac{\pi[D_i^4-(D_i-2t_i)^4]}{32D_i}=3.17\times10^6\text{mm}^3$

$M_{osc,u} = \gamma_{m1} W_{scm} f_{sc} = 1.137 \times 9.20 \times 10^7 \times 62.2 \times 10^{-6} = 6.56 \times 10^3 \text{kN} \cdot \text{m}$

$M_{i,u} = \gamma_{m2} W_{si} f_{yi} = 1.605 \times 3.17 \times 10^6 \times 295 \times 10^{-6} = 1.5 \times 10^3 \text{kN} \cdot \text{m}$

$M_u = M_{osc,u} + M_{i,u} = 8.01 \times 10^3 \text{kN} \cdot \text{m}$

(c) 压弯承载力验算：

$E_{sc}^{elastic} = \dfrac{E_s(A_{so} + A_{si}) + E_c A_c}{A_{sc}} = 60894 \text{N/mm}^2$，$\therefore N_E = \dfrac{\pi^2 \cdot E_{sc}^{elastic} \cdot A_{sc}}{\lambda^2} = 1.2 \times 10^6 \text{kN}$

$\zeta_o = 1 + 0.18 \xi^{-1.15} = 1.18$；$\because \xi = 1.0009 > 0.4$，$\therefore \eta_o = 0.1 + 0.14 \cdot \xi^{-0.84} = 0.24$

$b = \dfrac{1 - \zeta_o}{\varphi^3 \cdot \eta_o^2} = -3.426$；$c = \dfrac{2 \cdot (\xi_o - 1)}{\eta_o} = 1.5$；$d = 1 - 0.4 \cdot \left(\dfrac{N}{N_E}\right) = 0.996$

$\therefore \dfrac{N}{N_u} = \dfrac{1.2 \times 10^4}{4.5 \times 10^4} = 0.267 < 2\varphi^3 \eta_o = 2 \times 0.97^3 \times 0.24 = 0.437$

$\therefore -b \cdot \left(\dfrac{N}{N_u}\right)^2 - c \cdot \left(\dfrac{N}{N_u}\right) + \dfrac{1}{d} \cdot \left(\dfrac{M}{M_u}\right) = 0.8471 < 1.0$

满足要求。

2号柱：

基本条件：

$B = 1000 \text{mm}$，$t_o = 26 \text{mm}$，$D_i = 500 \text{mm}$，$t_i = 18 \text{mm}$，Q345 钢，C50 混凝土。

$A_{si} = \pi \times [500^2 - (500 - 36)^2] / 4 = 2.73 \times 10^4 \text{mm}^2$

$A_{so} = 1000^2 - (1000 - 44)^2 = 1.01 \times 10^5 \text{mm}^2$

$A_c = (1000 - 44)^2 - \pi \times 500^2 / 4 = 7.02 \times 10^5 \text{mm}^2$

$A_{ce} = (B - 2t_o)^2 = 8.99 \times 10^5 \text{mm}^2$

$A_{sco} = A_{so} + A_c = 8.04 \times 10^5 \text{mm}^2$

$A_{sc} = A_{sco} + A_{si} = 8.31 \times 10^5 \text{mm}^2$

由《钢结构设计规范》GB 50017-2003 和《混凝土结构设计规范》GB 50010-2002，可得 $E_s = 2.06 \times 10^5 \text{N/mm}^2$，$E_c = 3.45 \times 10^4 \text{N/mm}^2$；$f = 295 \text{N/mm}^2$，$f_y = 345 \text{N/mm}^2$，$f_{ck} = 32.4 \text{N/mm}^2$，$f_c = 23.1 \text{N/mm}^2$。

(a) 轴压承载力计算：

$\alpha = A_{so}/A_c = 0.144$，$\alpha_n = A_{so}/A_{ce} = 0.1123$

$\xi = \alpha_n \cdot f_{yo}/f_{ck} = 0.1123 \cdot 345/32.4 = 1.196$，$\xi_o = \alpha_n \cdot f_o/f_c = 0.1123 \times 295/23.1 = 1.434$

$\chi = \dfrac{D_i}{B - 2t_o} = 0.527$

$C_1 = \alpha/(1 + \alpha) = 0.126$，$C_2 = (1 + \alpha_n)/(1 + \alpha) = 0.972$

$\therefore f_{sc} = C_1 \chi^2 \cdot f_o + C_2(1.18 + 0.85 \xi_o) \cdot f_c = 64.2 \text{N/mm}^2$

$N_{osc,u} = f_{sc} \cdot A_{sco} = 64.2 \times 8.04 \times 10^2 = 5.16 \times 10^4 \text{kN}$

$N_{i,u} = f_i \cdot A_{si} = 295 \times 2.73 \times 10 = 8.04 \times 10^3 \text{kN}$

$\therefore N_u = N_{osc,u} + N_{i,u} = 5.964 \times 10^4 \text{kN}$

$I = B^4/12 - \pi(D_i - 2t_i)^4/64 = 8.11 \times 10^{10} \text{mm}^4$

$r = \sqrt{I/A_{sc}} = \sqrt{8.11 \times 10^{10}/831000} = 312.34 \text{mm}$

$\lambda = L/r = 4800/312.34 = 15.368$

$\lambda_\mathrm{p}=1811/\sqrt{f_\mathrm{yo}}=97.5$,$\lambda_\mathrm{o}=\pi\sqrt{(220\xi+450)/[(0.85\xi+1.18)\cdot f_\mathrm{ck}]}=9.94$

∵满足 $\lambda_\mathrm{o}<\lambda\leqslant\lambda_\mathrm{p}$

$d=\left[13500+4810\cdot\ln\left(\dfrac{235}{f_\mathrm{yo}}\right)\right]\cdot\left(\dfrac{25}{f_\mathrm{ck}+5}\right)^{0.3}\cdot\left(\dfrac{\alpha_\mathrm{n}}{0.1}\right)^{0.05}=10389$

$e=\dfrac{-d}{(\lambda_\mathrm{p}+35)^3}=-4.5\times10^{-3}$,$a=\dfrac{1+(35+2\cdot\lambda_\mathrm{p}-\lambda_\mathrm{o})\cdot e}{(\lambda_\mathrm{p}-\lambda_\mathrm{o})^2}=2.25\times10^{-6}$

$b=e-2\cdot a\cdot\lambda_\mathrm{p}=-4.9\times10^{-3}$;$c=1-a\cdot\lambda_\mathrm{o}^2-b\cdot\lambda_\mathrm{o}=1.0485$

∴$\varphi=a\lambda^2+b\lambda+c=0.974$

(b) 抗弯承载力计算:

$\gamma_\mathrm{m1}=0.48\ln(\xi+0.1)(1+0.06\chi-0.85\chi^2)+1.04-0.3\chi^2=1.056$

$\gamma_\mathrm{m2}=-0.04\chi^{-2.5}\ln\xi+1.04\chi^{-0.8}=1.69$

$W_\mathrm{scm}=\dfrac{B^3}{6}-\dfrac{\pi D_i^3}{32}=1.61\times10^8\mathrm{mm}^3$

$W_\mathrm{si}=\dfrac{\pi[D_i^4-(D_i-2t_i)^4]}{32D_i}=3.17\times10^6\mathrm{mm}^3$

$M_\mathrm{osc,u}=\gamma_\mathrm{m1}W_\mathrm{scm}f_\mathrm{sc}=1.057\times1.61\times10^8\times64.34\times10^{-6}=1.09\times10^4\mathrm{kN\cdot m}$

$M_\mathrm{i,u}=\gamma_\mathrm{m2}W_\mathrm{si}f_\mathrm{yi}=1.69\times3.17\times10^6\times295\times10^{-6}=1.59\times10^3\mathrm{kN\cdot m}$

$M_\mathrm{u}=M_\mathrm{osc,u}+M_\mathrm{i,u}=1.25\times10^4\mathrm{kN\cdot m}$

(c) 压弯承载力验算:

$E_\mathrm{sc}^\mathrm{elastic}=\dfrac{E_\mathrm{s}(A_\mathrm{so}+A_\mathrm{si})+E_\mathrm{c}A_\mathrm{c}}{A_\mathrm{sc}}=61033\mathrm{N/mm}^2$,$N_\mathrm{E}=\dfrac{\pi^2\cdot E_\mathrm{sc}^\mathrm{elastic}\cdot A_\mathrm{sc}}{\lambda^2}=2.12\times10^6\mathrm{kN}$

$\zeta_\mathrm{o}=1+0.14\xi^{-1.15}=1.114$;∵$\xi=1.196>0.4$,∴$\eta_\mathrm{o}=0.1+0.13\cdot\xi^{-0.81}=0.2125$

$b=\dfrac{1-\zeta_\mathrm{o}}{\varphi^3\cdot\eta_\mathrm{o}^2}=-2.66$;$c=\dfrac{2\cdot(\zeta_\mathrm{o}-1)}{\eta_\mathrm{o}}=1.0412$;$d=1-0.4\cdot\left(\dfrac{N}{N_\mathrm{E}}\right)=0.998$

∵$\dfrac{N}{N_\mathrm{u}}=\dfrac{1.2\times10^4}{5.97\times10^4}=0.251<2\varphi^3\eta_\mathrm{o}=2\times0.974^3\times0.21=0.392$

∴$-b\cdot\left(\dfrac{N}{N_\mathrm{u}}\right)^2-c\cdot\left(\dfrac{N}{N_\mathrm{u}}\right)+\dfrac{1}{d}\cdot\left(\dfrac{M}{M_\mathrm{u}}\right)=0.547<1.0$

满足要求。

B.4 长期荷载作用影响验算

计算条件为:表 B.3-2 中所示的 2 号柱。该柱由永久荷载效应控制的最不利内力组合为:$N=19947.6\mathrm{kN}$;$M=98.5\mathrm{kN\cdot m}$。

$\lambda=2\sqrt{3}L/B=2\times1.732\times4570/600=26.38$

$A_\mathrm{sc}=600^2=360000\mathrm{mm}^2$,$A_\mathrm{c}=(600-50)^2=302500\mathrm{mm}^2$,$A_\mathrm{s}=A_\mathrm{sc}-A_\mathrm{c}=57500\mathrm{mm}^2$

$\alpha=A_\mathrm{s}/A_\mathrm{c}=0.19$

$\xi=\alpha\cdot f_\mathrm{y}/f_\mathrm{ck}=0.19\times345/32.4=2.023$

$e=M/N/=4.94\mathrm{mm}$

$e/r=4.9/300=0.016$

$m = \lambda/100 = 0.264$

$l = \xi^{0.08} = 1.058$

$n = (1+e/r)^{-2} = 0.969$

$\because m < 0.4$

$\therefore k_{cr} = l^m(1-0.25m)[1+0.13m(1-n)] = 0.948$

$\xi_0 = \alpha \cdot f/f_c = 0.19 \times 295/23.1 = 2.426$

$f_{sc} = (1.18+0.85\xi_0) \cdot f_c = (1.18+0.85\times 2.426)\times 23.1 = 74.89 \text{N/mm}^2$

由表 3.2-2，可得稳定系数 $\varphi = 0.932$。

$\gamma_m = 1.04+0.48\ln(\xi+0.1) = 1.04+0.48\times\ln(2.023+0.1) = 1.401$

$W_{sc} = B^3/6 = 36000000 \text{mm}^3$

$M_u = \gamma_m W_{sc} f_{sc} = 1.401\times 36000000\times 74.89\times 10^{-6} = 3777.2 \text{kN}\cdot\text{m}$

$\zeta_0 = 1+0.14\xi^{-1.3} = 1+0.14\times(2.023)^{-1.3} = 1.056$

$\eta_0 = 0.1+0.13\xi^{-0.81} = 0.1+0.13\times(2.023)^{-0.81} = 0.1735$

$\dfrac{N}{f_{sc}} = \dfrac{19947.6\times 10^3}{74.89} = 266358.6 \text{mm}^2$

$2\varphi^3 \eta_0 A_{sc} = 2\times 0.932^3\times 0.1735\times 360000 = 101129.9 \text{mm}^2$

$\because \dfrac{N}{f_{sc}} > 2\varphi^3 \eta_0 A_{sc}$

$a = 1-2\varphi^2\eta_0 = 1-2\times 0.932^2\times 0.1735 = 0.6986$

由表 2.3-2，可得组合轴压弹性模量 $E_{sc} = 61957 \text{N/mm}^2$

$N_E = \dfrac{\pi^2 E_{sc} A_{sc}}{\lambda^2} = \dfrac{\pi^2\times 61957\times 360000\times 10^{-3}}{26.38^2} = 316331.9 \text{kN}$

$d = 1-0.25N/N_E = 1-0.25\times 19947.6/316331.9 = 0.9842$

$\dfrac{N}{\varphi A_{sc} f_{sc}} + \dfrac{a}{d}\cdot\dfrac{M}{M_u} = \dfrac{19947.6\times 10^3}{0.932\times 74.89\times 360000} + \dfrac{0.6986}{0.9842}\times\dfrac{98.5}{3777.2}$

$= 0.794+0.018 = 0.812 < k_{cr} = 0.948$

因此，考虑长期荷载作用影响时，构件的承载力满足要求。

B.5 施工引起的钢管初应力影响验算

计算条件：某实际工程采用的一方钢管混凝土柱，钢管截面外边长 $B=600\text{mm}$，$t=25\text{mm}$，Q345 钢，内灌 C50 混凝土。

（1）如果两层作为一个浇筑段：

总高度：$H = H_1+H_2 = 4.5+4.2 = 8.7\text{m}$

钢管自重：$W_1 = 8.7\times[600^2-(600-2\times 25)^2]\times 10^{-6}\times 7850 = 3927\text{kg}$

湿混凝土自重：$W_2 = 8.7\times(600-2\times 25)^2\times 10^{-6}\times 2450 = 6447.8\text{kg}$

梁自重：$W_3 = 2\times(366/2+405/2) = 771\text{kg}$

施工活荷载：$P = 2\times 1.5\times 7.6\times 7.6 = 173.28\text{kN}$

总的施工荷载：$N = (3927+6447.8+771)\times 9.8\times 10^{-3}+173.8 = 283.03\text{kN}$

钢管面积：$A_s = 600^2-(600-2\times 25)^2 = 57500\text{mm}^2$

钢管截面惯性矩：$I_s=600^4/12-(600-2\times25)^4/12=3.174\times10^9\text{mm}^4$

钢管回转半径：$i=\sqrt{I_s/A_s}=234.9\text{mm}$

长细比：$\lambda=L/i=19.2$

由《钢结构设计规范》GB 50017-2003 中附录 C，可得空钢管轴压稳定系数：$\varphi=0.96$。

钢管初应力系数：$\beta=\dfrac{\sigma}{\varphi\cdot f}=\dfrac{N}{\varphi\cdot f\cdot A_s}=\dfrac{283.03\times10^3}{0.96\times315\times57500}=0.016<0.35$

因此不用考虑钢管初应力的影响。

(2) 如果四层作为一个浇筑段：

总高度：$H=H_1+H_2+H_3+H_4=4.5+4.2+4.2+4.2=17.1\text{m}$

钢管自重：$W_1=17.1\times[600^2-(600-2\times25)^2]\times10^{-6}\times7850=7719\text{kg}$

湿混凝土自重：$W_2=17.1\times(600-2\times25)^2\times10^{-6}\times2450=12673.2\text{kg}$

梁自重：$W_3=4\times(366/2+405/2)=1542\text{kg}$

施工活荷载：$P=4\times1.5\times7.6\times7.6=346.6\text{kN}$

总的施工荷载：$N=(7719+12673.2+1542)\times9.8\times10^{-3}+346.6=561.56\text{kN}$

钢管面积：$A_s=600^2-(600-2\times25)^2=57500\text{mm}^2$

钢管截面惯性矩：$I_s=600^4/12-(600-2\times25)^4/12=3.174\times10^9\text{mm}^4$

钢管回转半径：$i=\sqrt{I_s/A_s}=234.9\text{mm}$

长细比：$\lambda=L/i=19.2$

由《钢结构设计规范》GB 50017-2003 中附录 C，可得空钢管轴压稳定系数 $\varphi=0.96$。

钢管初应力系数：$\beta=\dfrac{\sigma}{\varphi\cdot f}=\dfrac{N}{\varphi\cdot f\cdot A_s}=\dfrac{561.56\times10^3}{0.96\times315\times57500}=0.03<0.35$

因此不用考虑钢管初应力的影响。

(3) 如果八层作为一个浇筑段：

总高度：$H=\sum\limits_1^8 H_i=4.5+4.2\times4+3.15\times3=30.75\text{m}$

钢管自重：$W_1=30.75\times[600^2-(600-2\times25)^2]\times10^{-6}\times7850=13879.8\text{kg}$

湿混凝土自重：$W_2=30.75\times(600-2\times25)^2\times10^{-6}\times2450=22789.7\text{kg}$

梁自重：$W_3=8\times(366/2+405/2)=3084\text{kg}$

施工活荷载：$P=8\times1.5\times7.6\times7.6=693.2\text{kN}$

总的施工荷载：$N=(13879.8+22789.7+3084)\times9.8\times10^{-3}+693.2=1082.8\text{kN}$

钢管面积：$A_s=600^2-(600-2\times25)^2=57500\text{mm}^2$

钢管截面惯性矩：$I_s=600^4/12-(600-2\times25)^4/12=3.174\times10^9\text{mm}^4$

钢管回转半径：$i=\sqrt{I_s/A_s}=234.9\text{mm}$

长细比：$\lambda=L/i=19.2$

由《钢结构设计规范》GB 50017-2003 中附录 C，可得空钢管轴压稳定系数 $\varphi=0.96$。

钢管初应力系数：$\beta=\dfrac{\sigma}{\varphi\cdot f}=\dfrac{N}{\varphi\cdot f\cdot A_s}=\dfrac{1082.8\times10^3}{0.96\times315\times57500}=0.06<0.35$

因此不用考虑钢管初应力的影响。

(4) 仍以该工程的钢管混凝土柱为例，假设钢管初应力系数 $\beta=0.5$，需要考虑钢管初应力对钢管混凝土柱承载力的影响,柱的设计内力为 $N=18389\mathrm{kN}$, $M=93\mathrm{kN\cdot m}$。

$\lambda=2\sqrt{3}L/B=2\times 1.732\times 4570/600=26.38$

$\lambda_o=\lambda/80=0.33<1$

$f(\lambda_o)=0.14\lambda_o+0.02=0.14\times 0.33+0.02=0.0662$

$e=M/N=93\times 10^3/18389=5\mathrm{mm}$

$e/r=5/300=0.017<0.4$

$f(e/r)=1.35(e/r)^2-0.04(e/r)+0.8=1.35\times 0.017^2-0.04\times 0.017+0.8=0.799$

$k_p=1-f(\lambda_o)\cdot f(e/r)\cdot \beta=1-0.0662\times 0.799\times 0.5=0.973$

$A_{sc}=600^2=360000\mathrm{mm^2}$, $A_c=(600-50)^2=302500\mathrm{mm^2}$, $A_s=A_{sc}-A_c=57500\mathrm{mm^2}$

$\alpha=A_s/A_c=0.19$

由《钢结构设计规范》GB 50017-2003 和《混凝土结构设计规范》GB 50010-2002,可得:$f=295\mathrm{N/mm^2}$, $f_c=23.1\mathrm{N/mm^2}$。

$\xi_o=\alpha\cdot f/f_c=0.19\times 295/23.1=2.426$

$f_{sc}=(1.18+0.85\xi_o)\cdot f_c=(1.18+0.85\times 2.426)\times 23.1=74.89\mathrm{N/mm^2}$

由表 3.2-2,可得稳定系数 $\varphi=0.932$。

$\xi=\alpha\cdot f_y/f_{ck}=0.19\times 345/32.4=2.023$

$\gamma_m=1.04+0.48\ln(\xi+0.1)=1.04+0.48\times \ln(2.023+0.1)=1.4$

$W_{sc}=B^3/6=36000000\mathrm{mm^3}$

$M_u=\gamma_m W_{sc} f_{sc}=1.4\times 36000000\times 74.89\times 10^{-6}=3774.5\mathrm{kN\cdot m}$

$\zeta_o=1+0.14\xi^{-1.3}=1+0.14\times(2.023)^{-1.3}=1.056$

$\eta_o=0.1+0.13\xi^{-0.81}=0.1+0.13\times(2.023)^{-0.81}=0.1735$

$\dfrac{N}{f_{sc}}=\dfrac{18389\times 10^3}{74.89}=245546.8\mathrm{mm^2}$

$2\varphi^3\eta_o A_{sc}=2\times 0.932^3\times 0.1735\times 360000=101129.9\mathrm{mm^2}$

$\because N/f_{sc}>2\varphi^3\eta_o A_{sc}$, $a=1-2\varphi^2\eta_o=1-2\times 0.932^2\times 0.1735=0.6986$

由表 2.3-2,可得组合轴压弹性模量 $E_{sc}=61957\mathrm{N/mm^2}$。

$N_E=\dfrac{\pi^2 E_{sc} A_{sc}}{\lambda^2}=\dfrac{\pi^2\times 61957\times 360000\times 10^{-3}}{26.38^2}=316331.9\mathrm{kN}$

$d=1-0.25\dfrac{N}{N_E}=1-0.25\times\dfrac{18389}{316331.9}=0.9855$

$\dfrac{N}{\varphi A_{sc} f_{sc}}+\dfrac{a}{d}\cdot\dfrac{M}{M_u}=\dfrac{18389\times 10^3}{0.932\times 74.89\times 360000}+\dfrac{0.6986}{0.9855}\times\dfrac{93}{3774.5}=0.732+0.017$

$=0.749<k_p=0.973$

因此,考虑钢管初应力影响时,构件的承载力满足要求。

B.6 滞回模型计算

B.6.1 弯矩-曲率滞回模型

B.6.1.1 圆钢管混凝土

图 B.6-1 给出了圆钢管混凝土弯矩-曲率滞回骨架曲线,下面通过典型算例说明曲线上各特征参数的计算方法,计算时钢材和混凝土强度均采用标准值。

计算条件:表 B.3-1 中给出的 1 号柱。

$\lambda = 4L/D = 4 \times 3700/1500 = 9.87$

$A_{sc} = \pi \times 1500^2/4 = 1767146 mm^2$

$A_c = \pi \times (1500 - 2 \times 22)^2/4 = 1664994 mm^2$

$A_s = A_{sc} - A_c = 102152 mm^2$

$\alpha = A_s/A_c = 0.0614$

由《钢结构设计规范》GB 50017-2003 和《混凝土结构设计规范》GB 50010-2002,可得:$f_y = 345 N/mm^2$,$f_{ck} = 38.5 N/mm^2$。

$\xi = \alpha \cdot f_y/f_{ck} = 0.0614 \times 345/38.5 = 0.55$

$f_{scy} = (1.14 + 1.02 \cdot \xi) \cdot f_{ck} = (1.14 + 1.02 \times 0.55) \times 38.5 = 65.5 N/mm^2$

由表 3.2-1,可得稳定系数 $\varphi = 1$。

$N_u = \varphi \cdot f_{scy} \cdot A_{sc} = 1 \times 65.5 \times 1767146 \times 10^{-3} = 115748 kN$

$\gamma_m = 1.1 + 0.48 \ln(\xi + 0.1) = 0.893$

$W_{sc} = \pi \cdot D^3/32 = 331339850 mm^3$

$M_u = \gamma_m \cdot f_{scy} \cdot W_{sc} = 0.893 \times 65.5 \times 331339850 \times 10^{-6} = 19380 kN \cdot m$

(1) 弹性段刚度 K_e

$E_c = 3.6 \times 10^4 N/mm^2$,$E_s = 2.06 \times 10^5 N/mm^2$

$I_c = \pi \cdot (D-2t)^4/64 = 2.206 \times 10^{11} mm^4$,$I_s = \pi \cdot D^4/64 - I_c = 2.79 \times 10^{10} mm^4$

$K_e = E_s \cdot I_s + 0.6 \cdot E_c \cdot I_c = 1.05 \times 10^7 kN \cdot m^2$

(2) 屈服弯矩 M_y

$b = \alpha/0.1 = 0.614 < 1$

$A_1 = -0.137$

$B_1 = -0.468 \cdot b^2 + 0.8 \cdot b + 0.874 = 1.189$

$p = 0.566 - 0.789 \cdot b = 0.0819$

$q = 1.025$

$c = f_{cu}/60 = 1$

将 $N = 47247 kN$ 代入式(3.2-32),可求得:$M_{yu} = 25891 kN \cdot m$。

$n = N/N_u = 47247/115748 = 0.408$

$M_y = \dfrac{A_1 \cdot c + B_1}{(A_1 + B_1) \cdot (p \cdot n + q)} \cdot M_{yu} = 24462 kN \cdot m$

(3) A 点对应的弯矩 M_s

A 点对应的弯矩 M_s:$M_s = 0.6 M_y = 0.6 \times 24462 = 14677.2 kN \cdot m$

(4) 曲率 ϕ_y

$\phi_y = 0.0135 \cdot (c+1) \cdot (1.51-n) = 0.0135 \times (1+1) \times (1.51-0.408) = 0.0297$ (1/m)

(5) 第三段刚度 K_p

$n_o = (0.245 \cdot \xi + 0.203) \cdot c^{-0.513} = 0.3378 < n = 0.408$

$C = (68.5 \cdot \ln\xi - 32.6) \cdot \ln c + 46.8 \cdot \xi - 67.3 = -41.56$

$D=7.8 \cdot \xi^{-0.8078} \cdot \ln c - 10.2 \cdot \xi + 20 = 14.39$

$\alpha_d = (C \cdot n + D) = -41.56 \times 0.408 + 14.39 = -2.57$

$\alpha_{do} = \alpha_d / 1000 = -2.57 \times 10^{-3}$

$K_p = \alpha_{do} \cdot K_e = -2.57 \times 10^{-3} \times 1.05 \times 10^7 = -2.7 \times 10^4 \text{kN} \cdot \text{m}^2$

(6) 模型软化段

滞回模型软化段曲线和滞回曲线的加卸载准则在本书第4.4节有详细描述，此处不再重复。

图 B.6-1 和图 B.6-2 分别给出了以上圆钢管混凝土柱弯矩-曲率骨架曲线和圆钢管混凝土弯矩-曲率滞回关系曲线的示意图，图中弯矩的单位为 kN·m，曲率的单位为 1/mm，刚度的单位为 $10^6 \text{kN} \cdot \text{m}^2$。

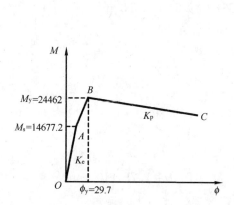

图 B.6-1　圆钢管混凝土弯矩-曲率曲线

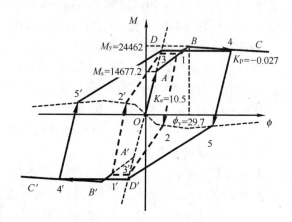

图 B.6-2　圆钢管混凝土 M-ϕ 滞回曲线

B.6.1.2　方、矩形钢管混凝土

图 B.6-3 给出了方、矩形钢管混凝土弯矩-曲率滞回骨架曲线，下面通过典型算例说明曲线上各特征参数的计算方法，计算时钢材和混凝土强度采用标准值。

计算条件：某实际工程中采用的一方钢管混凝土柱，$B=500\text{mm}$；$t=28\text{mm}$；C55 混凝土；Q345 钢；计算长度 $L=3900\text{mm}$，最不利内力：$N=13359\text{kN}$；$M=777\text{kN} \cdot \text{m}$。

$\lambda = 2\sqrt{3}L/B = 2 \times 1.732 \times 3900/500 = 27.02$

$A_{sc} = 500^2 = 250000 \text{mm}^2$，$A_c = (500-56)^2 = 197136 \text{mm}^2$，$A_s = A_{sc} - A_c = 52864 \text{mm}^2$

$\alpha = A_s/A_c = 0.2682$

由《钢结构设计规范》GB 50017-2003 和《混凝土结构设计规范》GB 50010-2002，可得：$f_y = 345 \text{N/mm}^2$，$f_{ck} = 35.5 \text{N/mm}^2$。

$\xi = \alpha \cdot f_y / f_{ck} = 0.2682 \times 345/35.5 = 2.606$

$f_{scy} = (1.18 + 0.85 \cdot \xi) \cdot f_{ck} = (1.18 + 0.85 \times 2.606) \times 35.5 = 120.53 \text{N/mm}^2$

由表 3.2-2，可得稳定系数 $\varphi = 0.9207$。

$N_u = \varphi \cdot f_{scy} \cdot A_{sc} = 0.9207 \times 120.53 \times 250000 \times 10^{-3} = 27743 \text{kN}$

$\gamma_m = 1.04 + 0.48\ln(\xi + 0.1) = 1.04 + 0.48\ln(2.606 + 0.1) = 1.5178$

$W_{sc} = B^3/6 = 20833333 \text{mm}^3$

$M_u = \gamma_m W_{sc} f_{scy} = 1.5178 \times 20833333 \times 120.53 \times 10^{-6} = 3811.3 \text{kN} \cdot \text{m}$

(1) 弹性段刚度 K_e

$E_c = 35250 \text{N/mm}^2$，$E_s = 2.06 \times 10^5 \text{N/mm}^2$

$I_c = (B-2t)^4/12 = 3.239 \times 10^9 \text{mm}^4$，$I_s = [B^4 - (B-2t)^4]/12 = 1.97 \times 10^9 \text{mm}^4$

$K_e = E_s \cdot I_s + 0.2 E_c \cdot I_c = 4.29 \times 10^5 \text{kN} \cdot \text{m}^2$

(2) A 点屈服弯矩 M_y

将 $N = 13359 \text{kN}$ 代入式(3.2-32)，可求得：$M_y = 3118 \text{kN} \cdot \text{m}$。

(3) B 点弯矩 M_B、曲率 ϕ_B

$n = N/N_u = 13359/27743 = 0.482$

$\phi_e = 0.544 \cdot f_y / (E_s \cdot B) = 0.544 \times 345 / (206000 \times 0.5) = 0.00182$ (1/m)

$\phi_B = 20 \cdot \phi_e \cdot (2-n) = 0.055$ (1/m)

$k_o = (\xi + 0.4)^{-2} = 0.1107$

$M_B = M_y \cdot (1-n)^{k_o} = 3118 \times (1-0.482)^{0.1107} = 2899 \text{kN} \cdot \text{m}$

(4) 模型软化段

滞回模型软化段曲线和滞回曲线的加卸载准则在本书第 4.4 节有详细描述，此处不再重复。

图 B.6-3 和图 B.6-4 给出了以上方钢管混凝土弯矩-曲率骨架曲线和弯矩-曲率滞回曲线的示意图。图中弯矩的单位为 $\text{kN} \cdot \text{m}$，曲率的单位为 $1/\text{mm}$，刚度的单位为 $10^6 \text{kN} \cdot \text{m}^2$。

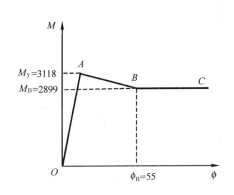

图 B.6-3 方钢管混凝土弯矩-曲率曲线

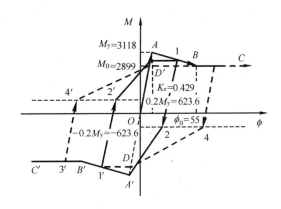

图 B.6-4 方钢管混凝土 M-ϕ 滞回曲线

B.6.2 水平荷载-水平位移滞回模型

B.6.2.1 圆钢管混凝土

图 B.6-5 给出了圆钢管混凝土柱水平荷载-水平位移滞回骨架曲线，下面通过典型算例说明曲线上各特征参数的计算方法。仍采用上节同样的算例，计算时钢材和混凝土强度均采用标准值。

计算条件：圆钢管混凝土柱，$D = 1500 \text{mm}$；$t = 22 \text{mm}$；C60 混凝土；Q345 钢；计算长度 $L = 3700 \text{mm}$，最不利内力：$N = 47247 \text{kN}$；$M = 1142 \text{kN} \cdot \text{m}$。

(1) 弹性刚度 K_a

由 B.6.1.1 节计算结果，$K_e = E_s \cdot I_s + 0.6 \cdot E_c \cdot I_c = 1.05 \times 10^7 \text{kN} \cdot \text{m}^2$

$K_a = 3K_e/L_1^3 = 3 \times 1.05 \times 10^7/1.85^3 = 5 \times 10^6 \text{kN/m}$

(2) 最大水平荷载 P_y 及其对应的位移 Δ_p

$a = (1.4 - 0.34 \cdot \xi) \cdot n + 0.1\xi + 0.54 = (1.4 - 0.34 \times 0.55) \cdot 0.408 + 0.1 \times 0.55 + 0.54 = 1.09$

将 $N = 47247 \text{kN}$ 代入式(3.2-33),可求得: $M_u = 25891 \text{kN·m}$。

$P_y = a \cdot (0.2 \cdot \xi + 0.85) \cdot M_u/L_1 = 1.09 \cdot (0.2 \times 0.55 + 0.85) \cdot 25891/1.85 = 14644.5 \text{kN}$

由 B.6.1.1 节计算结果可得, $n = N/N_u = 47247/115748 = 0.408$

$f_1(n) = 1.336 \cdot n^2 - 0.044 \cdot n + 0.804 = 1.008$

$s = f_y/345 = 1$

$r = \lambda/40 = 0.25$

$\Delta_p = \dfrac{6.74 \cdot [(\ln r)^2 - 1.08 \cdot \ln r + 3.33] \cdot f_1(n)}{(8.7 - s)} \cdot \dfrac{P_y}{K_a} = 0.0174 \text{m}$

(3) 第三段刚度 K_T

$c = f_{cu}/60 = 1$

$f_2(n) = 3.043 \cdot n - 0.21 = 1.032$

$f(r, \alpha) = (8 \cdot \alpha - 8.6) \cdot r + 6 \cdot \alpha + 0.9 = -0.759$

$K_T = \dfrac{0.03 \cdot f_2(n) \cdot f(r, \alpha) \cdot K_a}{(c^2 - 3.39 \cdot c + 5.41)} = \dfrac{0.03 \times 1.032 \times (-0.759) \times 5 \times 10^6}{1 - 3.39 + 5.41} = -3.9 \times 10^4 \text{kN/m}$

(4) 模型软化段

水平荷载-水平位移滞回模型软化段曲线和滞回曲线的加卸载准则在本书第4.5节有详细描述,此处不再重复。

图 B.6-5 和图 B.6-6 分别给出了以上圆钢管混凝土 P-Δ 骨架曲线和 P-Δ 滞回曲线的示意图。图中,荷载的单位为 kN,位移的单位为 cm,刚度的单位为 10^6 kN/m。

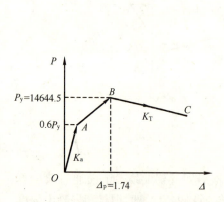

图 B.6-5 圆钢管混凝土 P-Δ 骨架曲线

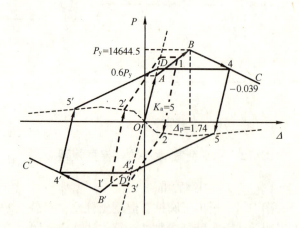

图 B.6-6 圆钢管混凝土 P-Δ 滞回曲线

B.6.2.2 方、矩形钢管混凝土

图 B.6-7 给出了方、矩形钢管混凝土水平荷载-水平位移滞回骨架曲线,下面通过典型算例说明曲线上各特征参数的计算方法,计算时钢材和混凝土强度均采用标准值。

计算条件:方钢管混凝土柱,$B = 500 \text{mm}$;$t = 28 \text{mm}$;C55 混凝土;Q345 钢;计算

长度 $L=3900$mm,最不利内力:$N=13359$kN;$M=777$kN·m。

(1) 弹性阶段刚度 K_a

由 B.6.1.2 节计算结果,$K_e=E_s·I_s+0.2E_c·I_c=4.29\times10^5$kN·m²

$K_a=3K_e/L_1^3=3\times4.29\times10^5/1.95^3=1.74\times10^5$kN/m

(2) 最大水平荷载 P_y 及其对应的位移 Δ_p

将 $N=13359$kN 代入式(3.2-33),可求得:$M_u=2684$kN·m。

$P_y=(0.63n+0.848)·M_u/L_1=(0.63\times0.482+0.848)\times2684/1.95=1585.2$kN

$\Delta_p=\dfrac{(1.7+n+0.5\xi)·P_y}{K_a}=\dfrac{(1.7+0.482+0.5\times2.606)\times1585.2}{1.74\times10^5}=0.032$m

(3) 第三段刚度 K_T

$K_T=\dfrac{-9.83·n^{1.2}·\lambda^{0.75}·f_y}{E_s·\xi}·K_a$

$=\dfrac{-9.83\times0.482^{1.2}\times27.02^{0.75}\times345}{206000\times2.606}\times1.74\times10^5=-5.4\times10^3$kN/m

(4) 模型软化段

水平荷载-水平位移滞回模型软化段曲线和滞回曲线的加卸载准则本书第4.5节有详细描述,此处不再重复。

图 B.6-7 和图 B.6-8 分别给出了以上方钢管混凝土 P-Δ 骨架曲线和 P-Δ 滞回曲线的示意图。图中,荷载的单位为 kN,位移的单位为 cm,刚度的单位为 10^5kN/m。

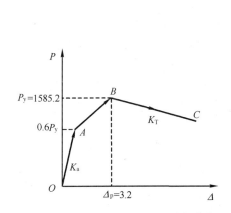

图 B.6-7 方钢管混凝土 P-Δ 骨架曲线

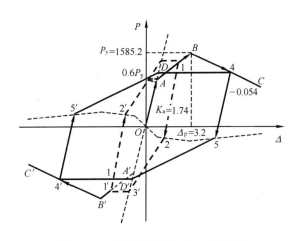

图 B.6-8 方钢管混凝土 P-Δ 滞回曲线

B.6.3 构件位移延性系数计算

B.6.3.1 圆钢管混凝土

计算条件与 B.6.1.1 节相同,有关参数的数值直接从以上各节计算结果中获得。

$P_y=a·(0.2·\xi+0.85)·M_y/L_1=14644.5$kN

$K_a=3K_e/L_1^3=3\times1.05\times10^7/1.85^3=5\times10^6$kN/m

$\Delta_y=P_y/K_a=2.93\times10^{-3}$m

$$\Delta_\mathrm{p} = \frac{6.74 \cdot [(\ln r)^2 - 1.08 \cdot \ln r + 3.33] \cdot f_1(n)}{(8.7-s)} \cdot \frac{P_\mathrm{y}}{K_\mathrm{a}} = 0.0174 \mathrm{m}$$

$$K_\mathrm{T} = \frac{0.03 \cdot f_2(n) \cdot f(r,\alpha) \cdot K_\mathrm{a}}{(c^2 - 3.39 \cdot c + 5.41)} = \frac{0.03 \times 1.032 \times (-0.759) \times 5 \times 10^6}{1 - 3.39 + 5.41}$$
$$= -3.9 \times 10^4 \mathrm{kN/m}$$

$$\Delta_\mathrm{u} = \Delta_\mathrm{p} - 0.15 \cdot \frac{P_\mathrm{y}}{K_\mathrm{T}} = 0.0174 - 0.15 \times \frac{14644.5}{-3.9 \times 10^4} = 0.0737 \mathrm{m}$$

位移延性系数为：$\mu = \Delta_\mathrm{u}/\Delta_\mathrm{y} = 25.2$

B.6.3.2 方、矩形钢管混凝土

计算条件与B.6.1.2节相同，有关参数的数值直接从以上各节计算结果中获得。

方钢管混凝土的延性系数的简化计算公式如下：

$$\mu = 1.7 + n + 0.5\xi + \frac{E_\mathrm{s} \cdot \xi}{65.3 n^{1.2} \cdot \lambda^{0.75} \cdot f_\mathrm{y}}$$

代入有关参数可得：

$$\mu = 1.7 + 0.482 + 0.5 \times 2.606 + \frac{206000 \times 2.606}{65.3 \times 0.482^{1.2} \times 27.02^{0.75} \times 345} = 3.485 + 4.827 = 8.31$$

B.7 防火保护层厚度计算

下面结合作者及其合作者们参与过的工程实例，简要给出钢管混凝土柱防火保护层厚度的设计计算过程。

B.7.1 圆钢管混凝土柱

B.7.1.1 算例一

某超高层建筑圆钢管混凝土柱的抗火设计情况如表B.7-1所示。

圆钢管混凝土柱的防火保护层厚度　　　　表B.7-1

柱号	$D \times t$ (mm)	计算长度 (m)	钢材牌号	混凝土强度等级	火灾荷载组合最不利内力		火灾荷载比 n	按实际火灾荷载比计算(mm)	DBJ 13-51-2003(mm)	实际厚度 (mm)
					轴力 (kN)	弯矩 (kN·m)				
1	1300×18	3.7	Q345	C40	16307	229	0.272	0	8	15
	1300×20	3.7	Q345	C40	16516	148	0.235	0	8	12
	1400×20	3.7	Q345	C50	44841	152	0.505	0	8	12
	1500×22	3.7	Q345	C60	47247	1142	0.424	0	8	8
	1500×24	3.7	Q345	C60	56874	502	0.481	0	8	8
2	1600×26	4.8	Q345	C60	82314	175	0.609	1	8	8
	1600×28	4.8	Q345	C60	82314	175	0.592	0	8	8

(1) 火灾荷载比计算

圆钢管混凝土柱的火灾荷载比可按不同的设计规程计算，例如规程DBJ 13-51-2003、DL/T 5085-1999和EC 4(2004)，下面给出采用上述三本规程计算圆钢管混凝土柱的火灾荷载比的过程。

1号柱：

$D=1300\text{mm}$；$t=18\text{mm}$；$L=3700\text{mm}$；C40混凝土；Q345钢，最不利内力：$N=16307\text{kN}$；$M=229\text{kN·m}$。

$A_{sc}=\pi\times 1300^2/4=1327322.9\text{mm}^2$，$A_c=\pi\times(1300-2\times 18)^2/4=1254827.5\text{mm}^2$

$A_s=A_{sc}-A_c=72495.4\text{mm}^2$

(a) 按照规程 DBJ 13-51-2003 计算火灾荷载比的过程如下：

$\lambda=4L/D=4\times 3700/1300=11.385$

$\alpha=A_s/A_c=0.0578$

由《钢结构设计规范》GB 50017-2003 和《混凝土结构设计规范》GB 50010-2002，可得：$f_y=345\text{N/mm}^2$，$f_{ck}=26.8\text{N/mm}^2$。

$\xi=\alpha\cdot f_y/f_{ck}=0.0578\times 345/26.8=0.744$

$f_{scy}=(1.14+1.02\cdot\xi)\cdot f_{ck}=(1.14+1.02\times 0.744)\times 26.8=50.89\text{N/mm}^2$

由规程 DBJ 13-51-2003 中表 A-1，可得稳定系数 $\varphi=0.995$。

$\gamma_m=1.1+0.48\ln\cdot(\xi+0.1)=1.1+0.48\ln(0.744+0.1)=1.0186$

$W_{sc}=\dfrac{\pi D^3}{32}=\dfrac{\pi\times 1300^3}{32}=215689971\text{mm}^3$

$M_u=\gamma_m W_{sc} f_{scy}=1.0186\times 215689971\times 50.89\times 10^{-6}=11180.6\text{kN·m}$

$\zeta_o=1+0.18\cdot\xi^{-1.15}=1+0.18\times(0.744)^{-1.15}=1.253$

$\eta_o=0.1+0.14\xi^{-0.84}=0.1+0.14\times(0.744)^{-0.84}=0.2795$

$2\varphi^3\eta_o A_{sc} f_{scy}=2\times 0.995^3\times 0.2795\times 1327322.9\times 50.89/1000=37195.5\text{kN}$

$\because N<2\varphi^3\eta_o A_{sc} f_{scy}$

$a=1-2\varphi^2\eta_o=1-2\times 0.995^2\times 0.2795=0.4466$

$b=\dfrac{1-\zeta_o}{\varphi^3\cdot\eta_o^2}=\dfrac{1-1.253}{0.995^3\cdot 0.2795^2}=-3.2877$

$c=\dfrac{2\cdot(\zeta_o-1)}{\eta_o}=\dfrac{2\cdot(1.253-1)}{0.2795}=1.8104$

由规程 DBJ 13-51-2003 中表 4.0.6-1，可得组合轴压弹性模量 $E_{sc}=38038\text{N/mm}^2$。

$N_E=\dfrac{\pi^2 E_{sc} A_{sc}}{\lambda^2}=\dfrac{\pi^2\times 38038\times 1327322.9\times 10^{-3}}{11.385^2}=3844406.5\text{kN}$

$d=1-0.4N/N_E'=0.9983$

由《钢结构设计规范》GB 50017-2003，可得等效弯矩系数：$\beta_m=1$。

计算公式为：$\dfrac{-b\cdot N^2}{A_{sc}^2\cdot f_{scy}^2}-\dfrac{c\cdot N}{A_{sc}\cdot f_{scy}}+\dfrac{\beta_m\cdot M}{\gamma_m\cdot W_{sc}\cdot f_{scy}}=1$

将 $M=229\text{kN·m}$ 代入，经过反复迭代，得到轴力最大值 $N_{max}=59892\text{kN}$。因此，火灾荷载比 $n=16307/59892=0.272$。

(b) 按照规程 DL/T 5085-1999 计算火灾荷载比的过程如下：

$\lambda=4L/D=4\times 3700/1300=11.385$

$\alpha=A_s/A_c=0.0578$

由《钢结构设计规范》GB 50017-2003 和《混凝土结构设计规范》GB 50010-2002，

可得：$f_y=345\text{N/mm}^2$，$f_{ck}=26.8\text{N/mm}^2$。

$\xi=\alpha \cdot f_y/f_{ck}=0.0578\times 345/26.8=0.744$

$B_1=0.1759 \cdot f_y/235+0.974=0.1759\times 345/235+0.974=1.2322$

$C_1=-0.1038 \cdot f_{ck}/20+0.0309=-0.1038\times 26.8/20+0.0309=-0.1082$

$f_{scy}=(1.212+B_1 \cdot \xi+C_1 \cdot \xi^2) \cdot f_{ck}=(1.212+0.917-0.06)\times 26.8=55.45\text{N/mm}^2$

由规程 DL/T 5085-1999 中表 6.3.1，可得稳定系数 $\varphi=0.999$。

$\xi=0.744<0.85$

$\gamma_m=1.2$

$W_{sc}=\dfrac{\pi D^3}{32}=\dfrac{\pi\times 1300^3}{32}=215689971\text{mm}^3$

$\dfrac{N}{A_{sc}}=\dfrac{16307\times 10^3}{1327322.9}=12.3\text{N/mm}^2$

$0.2\varphi \cdot f_{scy}=0.2\times 0.999\times 55.45=11.08\text{N/mm}^2$

由规程 DL/T 5085-1999 中表 6.2.8，可得组合轴压弹性模量 $E_{sc}=38038\text{N/mm}^2$。

$N_E=\dfrac{\pi^2 E_{sc}A_{sc}}{\lambda^2}=\dfrac{\pi^2\times 38038\times 1327322.9\times 10^{-3}}{11.385^2}=3844406.5\text{kN}$

$d=1-0.4\dfrac{N}{N_E}=1-0.4\times\dfrac{16307}{38444.05}=0.9983$

$\because \dfrac{N}{A_{sc}}>0.2\varphi f_{scy}$

计算公式为：$\dfrac{N}{\varphi A_{sc}f_{scy}}+\dfrac{M}{1.071\times\gamma_m\times\left(1-0.4\cdot\dfrac{N}{N_E}\right)\times W_{sc}\times f_{scy}}=1$

将 $M=229\text{kN}\cdot\text{m}$ 代入上式，得到轴力最大值 $N_{max}=72429.2\text{kN}$。因此，火灾荷载比 $n=16307/72429.2=0.225$。

(c) 按照规程 EC 4(2004) 计算火灾荷载比的过程如下：

钢材弹性模量：$E_s=2.1\times 10^5\text{N/mm}^2$，混凝土圆柱体抗压强度：$f'_c=33\text{N/mm}^2$

混凝土弹性模量：$E_c=22000\times(f'_c/10)^{0.3}=3.15\times 10^4\text{N/mm}^2$

$I_c=\pi\times(1300-36)^4/64=1.253\times 10^{11}\text{mm}^4$

$I_s=\pi\times 1300^4/64-I_c=1.49\times 10^{10}\text{mm}^4$

$N_E=\dfrac{\pi^2\cdot(E_sI_s+0.6E_cI_c)}{L^2}=3.96\times 10^6\text{kN}$

$e=M/N=229\times 10^3/16307=14\text{mm}<0.1D=130\text{mm}$

由规程 EC 4(2004) 中的有关计算公式，经反复迭代可得：$\lambda=\sqrt{N_{uk}/N_E}=0.1385$。

$\eta_{c0}=4.9-18.5\lambda+17\lambda^2=2.6638$

$\eta_{s0}=0.25\cdot(3+2\lambda)=0.8193$

$\eta_c=\eta_{c0}(1-10e/D)=2.2376$

$\eta_s=\eta_{s0}+(1-\eta_{s0})(10e/D)=0.8482$

$N_u=\eta_s f_y\cdot A_s+\left(1+\eta_c\dfrac{t}{D}\dfrac{f_y}{f'_c}\right)f'_c\cdot A_c=7.60\times 10^4\text{kN}$

∵$\lambda=0.1478<0.2$，∴$\chi=1.0$

$N_{cr}=\chi \cdot N_u=7.60\times10^4 kN$

$N_{uk}=\eta_s f_y \cdot A_s + \left(1+\eta_c \dfrac{t}{D}\dfrac{f_y}{f_c'}\right)f_c' \cdot A_c = 7.60\times10^4 kN$

$r=D/2-t=632 mm$

$W_{pc}=\dfrac{(D-2t)^3}{4}-\dfrac{2}{3}r^3=336581291 mm^3$

$W_{ps}=\dfrac{D^3}{4}-\dfrac{2}{3}(r+t)^3-W_{pc}=29585376 m^3$

$h_n=\dfrac{A_c \cdot f_c'}{2D \cdot f_c'+4t \cdot (2f_y-f_c')}=311.1 mm$

$W_{pcn}=(D-2t)\cdot h_n^2=122333977.4 mm^3$

$W_{psn}=D \cdot h_n^2 - W_{pcn}=3484195.56 mm^3$

$M_u=W_{ps}f_y+\dfrac{1}{2}W_{pc}\cdot f_c'-W_{psn}\cdot f_y-\dfrac{1}{2}W_{pcn}\cdot f_c'=12540 kN\cdot m$

$N_p=A_c f_c'=4.14\times10^4 kN$

$M_{max}=W_{ps}f_y+\dfrac{1}{2}W_{ps}f_c'=1.576\times10^4 kN\cdot m$

∴满足 $0<N=1.63\times10^4 kN<0.5N_p$

按规程 EC 4(2004)的相关方程：$\delta \cdot M \leqslant \alpha_M \left[M_u+\dfrac{N(M_{max}-M_u)}{0.5\cdot N_p}-\dfrac{N\cdot M_\chi}{N_{cr}}\right]$

已知：$\alpha_M=0.9$，$\beta=1.0$，$N_{cr,eff}=\dfrac{\pi^2 \cdot 0.9 \cdot (E_s I_s+0.5E_c I_c)}{L^2}=3.31\times10^6 kN$

则：$\delta=\dfrac{\beta}{1-N/N_{cr,eff}}=\dfrac{1.0}{1-1.6307\times10^4/(3.31\times10^6)}=1.005$

∵$N_{cr}=\chi \cdot N_u=N_u=9.48\times10^4 kN$，∴$M_\chi=\dfrac{N_u-N_{cr}}{N_u-N_p}M_p=0$

∵$M/M_u=229/12540=0.018$，∴弯矩的影响很小，可以忽略。因此，可以认为此时的承载力接近轴心受压的情况，因此用 $N_p<N \leqslant N_{cr}$ 对应的相关方程 $\delta \cdot M \leqslant \alpha_M \left(\dfrac{N_{cr}-N}{0.5\cdot N_p}M_u-\dfrac{N \cdot M_\chi}{N_{cr}}\right)$ 来确定柱的极限承载力。

将 $M=229 kN\cdot m$ 代入上述相关方程，得到轴力最大值 $N_{max}=75300 kN$。因此，火灾荷载比 $n=16307/75300=0.217$。

2号柱：

$D=1500 mm$；$t=22 mm$；$L=3700 mm$；C60 混凝土；Q345 钢，最不利内力 $N=47247 kN$；$M=1142 kN\cdot m$。

$A_{sc}=\dfrac{1}{4}\pi\times1500^2=1767146 mm^2$，$A_c=\dfrac{1}{4}\pi\times(1500-2\times22)^2=1664994 mm^2$

$A_s=A_{sc}-A_c=102152 mm^2$

(a) 按照规程 DBJ 13-51-2003 计算火灾荷载比的过程如下：

$\lambda = 4L/D = 4\times 3700/1500 = 9.87$

$\alpha = A_s/A_c = 0.0614$

由《钢结构设计规范》GB 50017-2003 和《混凝土结构设计规范》GB 50010-2002，可得：$f_y = 345\text{N/mm}^2$，$f_{ck} = 38.5\text{N/mm}^2$。

$\xi = \alpha \cdot f_y/f_{ck} = 0.0614\times 345/38.5 = 0.55$

$f_{scy} = (1.14+1.02\cdot\xi)\cdot f_{ck} = (1.14+1.02\times 0.55)\times 38.5 = 65.5\text{N/mm}^2$

由规程 DBJ 13-51-2003 中表 A-1，可得稳定系数 $\varphi = 1$。

$\gamma_m = 1.1+0.48\ln\cdot(\xi+0.1) = 1.1+0.48\ln(0.55+0.1) = 0.893$

$W_{sc} = \dfrac{\pi D^3}{32} = \dfrac{\pi\cdot 1500^3}{32} = 331339850\text{mm}^3$

$M_u = \gamma_m W_{sc} f_{scy} = 0.893\times 331339850\times 65.5\times 10^{-6} = 19380.6\text{kN}\cdot\text{m}$

$\zeta_0 = 1+0.18\cdot\xi^{-1.15} = 1+0.18\times(0.55)^{-1.15} = 1.358$

$\eta_0 = 0.1+0.14\xi^{-0.84} = 0.1+0.14\times(0.55)^{-0.84} = 0.3313$

由于 $\varphi = 1$，因此应按强度承载力公式计算。

$2\eta_0 A_{sc} f_{scy} = 2\times 0.3313\times 1767146\times 65.5/1000 = 76694.7\text{kN}$

$\because N < 2\eta_0 A_{sc} f_{scy}$

$a = 1-2\eta_0 = 1-2\times 0.3313 = 0.3374$

$b = \dfrac{1-\zeta_0}{\eta_0^2} = \dfrac{1-1.358}{0.3313^2} = -3.2617$

$c = \dfrac{2\cdot(\zeta_0-1)}{\eta_0} = \dfrac{2\cdot(1.358-1)}{0.3313} = 2.1612$

由《钢结构设计规范》GB 50017-2003，得等效弯矩系数：$\beta_m = 1.0$。

计算公式为：$\dfrac{-b\cdot N^2}{A_{sc}^2\cdot f_{scy}^2} - \dfrac{c\cdot N}{A_{sc}\cdot f_{scy}} + \dfrac{\beta_m\cdot M}{\gamma_m\cdot W_{sc}\cdot f_{scy}} = 1$

将 $M = 1142\text{kN}\cdot\text{m}$ 代入，经过反复迭代，得到轴力最大值 $N_{max} = 111396\text{kN}$。因此，火灾荷载比 $n = 47247/111396 = 0.424$。

(b) 按照规程 DL/T 5085-1999 计算火灾荷载比的过程如下：

$\lambda = 4L/D = 4\times 3700/1500 = 9.87$

$\alpha = A_s/A_c = 0.0614$

由《钢结构设计规范》GB 50017-2003 和《混凝土结构设计规范》GB 50010-2002，可得：$f_y = 345\text{N/mm}^2$，$f_{ck} = 38.5\text{N/mm}^2$。

$\xi = \alpha\cdot f_y/f_{ck} = 0.0614\times 345/38.5 = 0.55$

$B_1 = 0.1759\cdot f_y/235+0.974 = 0.1759\times 345/235+0.974 = 1.2322$

$C_1 = -0.1038\cdot f_{ck}/20+0.0309 = -0.1038\times 38.5/20+0.0309 = -0.1689$

$f_{scy} = (1.212+B_1\cdot\xi+C_1\cdot\xi^2)\cdot f_{ck} = (1.212+0.678-0.051)\times 38.5 = 70.8\text{N/mm}^2$

由规程 DL/T 5085-1999 中表 6.3.1，可得稳定系数 $\varphi = 1$。

$\xi = 0.55 < 0.85$，$\gamma_m = 1.2$

$W_{sc} = \dfrac{\pi D^3}{32} = \dfrac{\pi\times 1500^3}{32} = 331339850\text{mm}^3$

$\dfrac{N}{A_{sc}} = \dfrac{47247 \times 10^3}{1767146} = 26.74 \text{N/mm}^2$

$0.2 \cdot f_{scy} = 0.2 \times 70.8 = 14.16 \text{N/mm}^2$

$\varphi=1$，因此应按强度承载力公式计算。

$\because N/A_{sc} > 0.2 \cdot f_{scy}$

计算公式为：$\dfrac{N}{A_{sc} f_{scy}} + \dfrac{M}{1.071 \times \gamma_m \times W_{sc} \times f_{scy}} = 1$，将 $M=1142\text{kN}\cdot\text{m}$ 代入上式，得到轴力最大值 $N_{\max} = 120375\text{kN}$。因此，火灾荷载比 $n = 47247/120375 = 0.392$。

(c) 按照规程 EC 4(2004) 计算火灾荷载比的过程如下：

钢材弹性摸量：$E_s = 2.1 \times 10^5 \text{N/mm}^2$，混凝土圆柱体抗压强度：$f'_c = 51 \text{N/mm}^2$

混凝土弹性摸量：$E_c = 22000 \times (f'_c/10)^{0.3} = 3.59 \times 10^4 \text{N/mm}^2$

$I_c = \dfrac{\pi}{64}(D-2t)^4 = 2.206 \times 10^{11} \text{mm}^4$

$I_s = \dfrac{\pi}{64}D^4 - I_c = 2.79 \times 10^{10} \text{mm}^4$

$N_E = \dfrac{\pi^2 \cdot (E_s I_s + 0.6 E_c I_c)}{L^2} = 7.65 \times 10^6 \text{kN}$

$e = M/N = 1142 \times 10^3 / 47247 = 24\text{mm} < 0.1D = 150\text{mm}$

由规程 EC 4(2004) 中的有关计算公式，经反复迭代可得：$\lambda = \sqrt{N_{uk}/N_E} = 0.1324$。

$\eta_{co} = 4.9 - 18.5\lambda + 17\lambda^2 = 2.749$

$\eta_{so} = 0.25 \cdot (3 + 2\lambda) = 0.8162$

$\eta_c = \eta_{co}(1 - 10e/D) = 2.3088$

$\eta_s = \eta_{so} + (1 - \eta_{so})(10e/D) = 0.8456$

$N_u = \eta_s f_y \cdot A_s + \left(1 + \eta_c \dfrac{t}{D} \dfrac{f_y}{f'_c}\right) f'_c \cdot A_c = 1.07 \times 10^5 \text{kN}$

$\because \lambda = 0.1324 < 0.2, \therefore \chi = 1.0$

$N_{cr} = \chi \cdot N_u = 1.07 \times 10^5 \text{kN}$

$N_{uk} = \eta_s f_y \cdot A_s + \left(1 + \eta_c \dfrac{t}{D} \dfrac{f_y}{f'_c}\right) f'_c \cdot A_c = 1.07 \times 10^5 \text{kN}$

$r = D/2 - t = 728\text{mm}$

$W_{pc} = \dfrac{(D-2t)^2}{4} - \dfrac{2}{3}r^3 = 514437802.2 \text{mm}^3$

$W_{ps} = \dfrac{D^3}{4} - \dfrac{2}{3}(r+t)^3 - W_{pc} = 48062197 \text{mm}^3$

$h_n = \dfrac{(f'_c/\gamma_c) \cdot A_c}{2D \cdot f'_c/\gamma_c + 4t \cdot (2f_y/\gamma_s - f'_c/\gamma_c)} = 354.41 \text{mm}$

$W_{pcn} = (D - 2t) \cdot h_n^2 = 1.82 \times 10^8 \text{mm}^3$

$W_{psn} = D \cdot h_n^2 - W_{pcn} = 0.055 \times 10^8 \text{mm}^3$

$$M_u = W_{ps}f_y + \frac{1}{2}W_{pc} \cdot f'_c - W_{psn} \cdot f_y - \frac{1}{2}W_{pcn} \cdot f'_c = 21084 \text{kN} \cdot \text{m}$$

$$N_p = A_c f'_c = 8.49 \times 10^4 \text{kN}$$

$$M_{\max} = W_{ps}f_y + \frac{1}{2}W_{pc}f'_c = 2.97 \times 10^4 \text{kN} \cdot \text{m}$$

∴满足 $0.5N_p \leqslant N = 4.7247 \times 10^4 \text{kN} < N_p$

按规程 EC 4(2004)的相关方程：$\delta \cdot M \leqslant \alpha_M \left[M_u + \frac{(N_p - N)(M_{\max} - M_u)}{0.5 \cdot N_p} - \frac{N \cdot M_\chi}{N_{cr}} \right]$

已知：$\alpha_M = 0.9$，$\beta = 1.0$，$N_{cr,eff} = \dfrac{\pi^2 \cdot 0.9 \cdot (E_s I_s + 0.5 E_c I_c)}{L^2} = 6.37 \times 10^6 \text{kN}$

则：$\delta = \dfrac{\beta}{1 - N/N_{cr,eff}} = \dfrac{1.0}{1 - 4.7247 \times 10^4/(6.37 \times 10^6)} = 1.013$

∵$N_{cr} = \chi \cdot N_u = N_u = 1.07 \times 10^5 \text{kN}$，∴$M_\chi = \dfrac{N_u - N_{cr}}{N_u - N_p} M_p = 0$

∵$M/M_u = 1142/21084 = 0.054$，∴弯矩的影响很小，可以忽略。因此，可以认为此时的承载力接近轴心受压的情况，因此用 $N_p < N \leqslant N_{cr}$ 对应的相关方程 $\delta \cdot M \leqslant \alpha_M \left(\dfrac{N_{cr} - N}{0.5 \cdot N_p} M_u - \dfrac{N \cdot M_\chi}{N_{cr}} \right)$ 来确定柱的极限承载力。

将 $M = 1142 \text{kN} \cdot \text{m}$ 代入上述相关方程，得到轴力最大值 $N_{\max} = 10570 \text{kN}$。因此，火灾荷载比 $n = 47247/105700 = 0.447$。

(2) 防火保护层厚度计算

1号柱：

$D = 1300 \text{mm}$；$t = 18 \text{mm}$；$L = 3.7 \text{m}$；C40 混凝土；Q345 钢，最不利内力：$N = 16307 \text{kN}$；$M = 229 \text{kN} \cdot \text{m}$。

1) 按照规程 DBJ 13-51-2003 的公式(8.0.1-3)确定：

$a = (19.2t + 9.6) \cdot C^{-(0.28 - 0.0019\lambda)} = (19.2 \times 3 + 9.6) \times 4082^{-(0.28 - 0.0019 \times 11.385)} = 7.84 \text{mm}$

取 $a = 8 \text{mm}$。

2) 按照规程 DBJ 13-51-2003 计算获得的火灾荷载比确定：

该柱火灾下承载力影响系数 $k_t = 0.59$，而火灾荷载比 $n = 0.272 < k_t$，因此可不进行防火保护。

3) 按照规程 DL/T 5085-1999 计算获得的火灾荷载比确定：

该柱火灾下承载力影响系数 $k_t = 0.59$，而火灾荷载比 $n = 0.225 < k_t$，因此可不进行防火保护。

4) 按照规程 EC 4(2004)计算获得的火灾荷载比确定：

该柱火灾下承载力影响系数 $k_t = 0.59$，而火灾荷载比 $n = 0.217 < k_t$，因此可不进行防火保护。

2号柱：

$D = 1500 \text{mm}$；$t = 22 \text{mm}$；$L = 3.7 \text{m}$；C60 混凝土；Q345 钢，最不利内力：

$N=47247\text{kN}$;$M=1142\text{kN}\cdot\text{m}$。

1) 按照规程 DBJ 13-51-2003 的公式(8.0.1-3)确定：

$a=(19.2t+9.6)\cdot C^{-(0.28-0.0019\lambda)}=(19.2\times3+9.6)\times4710^{-(0.28-0.0019\times9.87)}=7.38\text{mm}$

取 $a=8\text{mm}$。

2) 按照规程 DBJ 13-51-2003 计算获得的火灾荷载比($n=0.424$)确定：

该柱火灾下承载力影响系数 $k_t=0.62$，而火灾荷载比 $n=0.424<k_t$，因此可不进行防火保护。

3) 按照规程 DL/T 5085-1999 计算获得的火灾荷载比($n=0.392$)确定：

该柱火灾下承载力影响系数 $k_t=0.62$，而火灾荷载比 $n=0.392<k_t$，因此可不进行防火保护。

4) 按照规程 EC 4(2004) 计算获得的火灾荷载比($n=0.447$)确定：

该柱火灾下承载力影响系数 $k_t=0.62$，而火灾荷载比 $n=0.447<k_t$，因此可不进行防火保护。

其余柱的保护层厚度列于表 B.7-1。

B.7.1.2 算例二

下面给出某工程中荷载比较大的几个圆钢管混凝土柱(如表 B.7-2 所示)防火保护层厚度的计算方法。

圆钢管混凝土柱的防火保护层厚度　　　　表 B.7-2

柱号	$D\times t$ (mm)	计算长度 (m)	钢材牌号	混凝土强度等级	火灾荷载组合最不利内力			火灾荷载比 n	按实际火灾荷载比计算(mm)	CECS 200: 2006(mm)
					轴力 (kN)	弯矩 (kN·m)	剪力 (kN)			
1	1000×22	4340	Q345	C50	30409	182	251	0.577	10	3
2	1000×22	4620	Q345	C50	33176	94	210	0.629	10	5
3	1000×22	4928	Q345	C50	35943	478	266	0.706	10	8
4	1000×18	7678	Q345	C50	8633	84	184	0.245	12	0

(1) 火灾荷载比计算

圆钢管混凝土柱的火灾荷载比可按不同的设计规程计算，例如规程 DL/T 5085-1999 和 DBJ 13-51-2003 等。下面给出几种不同的方法计算圆钢管混凝土柱的火灾荷载比的过程。

1号柱：

$D=1000\text{mm}$；$t=22\text{mm}$；$L=4340\text{mm}$；C50 混凝土；Q345 钢，最不利内力 $N=30409\text{kN}$；$M=182\text{kN}\cdot\text{m}$；$V=251\text{kN}$。

$A_{sc}=\pi\times1000^2/4=7.854\times10^5\text{mm}^2$，$A_c=\pi\times(1000-44)^2/4=7.18\times10^5\text{mm}^2$

$A_s=A_{sc}-A_c=67595\text{mm}^2$

1) 按照规程 DL/T 5085-1999 计算火灾荷载比的过程如下：

由《钢结构设计规范》GB 50017-2003 和《混凝土结构设计规范》GB 50010-2002，可得：$f_y=345\text{N/mm}^2$，$f_{ck}=32.4\text{N/mm}^2$。

$\lambda=4L/D=4\times4340/1000=17.36$

由规程 DL/T 5085-1999 中表 6.3.1，可得稳定系数 $\varphi=0.9985$。

$\alpha=A_s/A_c=0.094$

$\xi=\alpha \cdot f_y/f_{ck}=0.094\times345/32.4=1.0027\geqslant0.85$，$\therefore \gamma_m=1.4$，$\gamma_v=0.85$

$B_1=0.1759 \cdot f_y/235+0.974=0.1759\times345/235+0.974=1.2322$

$C_1=-0.1038 \cdot f_{ck}/20+0.0309=-0.1038\times32.4/20+0.0309=-0.13726$

$f_{scy}=(1.212+B_1 \cdot \xi+C_1 \cdot \xi^2) \cdot f_{ck}=(1.212+0.978-0.1)\times32.4=74.83\text{N/mm}^2$

$f_{scv}=(0.385+0.25\alpha^{1.5}) \cdot \xi^{0.125} \cdot f_{scy}=29.88\text{N/mm}^2$

$W_{sc}=\dfrac{\pi D^3}{32}=\dfrac{\pi\times1000^3}{32}=9.82\times10^7\text{mm}^3$

由规程 DL/T 5085-1999 中表 6.2.8 和表 6.2.9，可得 $E_{sc}=66742\text{N/mm}^2$

$N_E=\dfrac{\pi^2 E_{sc} A_{sc}}{\lambda^2}=1.72\times10^6\text{kN}$

$N_{cr}=\varphi A_{sc} f_{scy}=0.9985\times74.83\times7.854\times10^5\times10^{-3}=5.87\times10^4\text{kN}$

$V_u=\gamma_v A_{sc} f_{scv}=1.99\times10^4\text{kN}$

$M_u=\gamma_m f_{scy} W_{sc}=1.4\times74.83\times9.82\times10^7\times10^{-6}=1.03\times10^4\text{kN}\cdot\text{m}$

$\dfrac{N}{A_{sc}}=\dfrac{30409\times10^3}{7.854\times10^5}=38.74\text{N/mm}^2$

$0.2\sqrt{1-[V/(\gamma_v A_{sc} f_{scv})]^2}\varphi \cdot f_{sc}$

$=0.2\times\sqrt{1-[251\times10^3/(0.85\times7.85\times10^5\times29.88)]^2}\times0.9985\times74.83$

$=14.94\text{N/mm}^2$

$\therefore \dfrac{N}{A_{sc}}>0.2\sqrt{1-[V/(\gamma_v A_{sc} f_{scv})]^2}\varphi \cdot f_{scy}$

相关方程为：$\left(\dfrac{N}{N_{cr}}+\dfrac{M}{1.071\times(1-0.4N/N_E)\times\gamma_m\times W_{sc}\times f_{scy}}\right)^{1.4}+\left(\dfrac{V}{\gamma_v\times A_{sc}\times f_{scv}}\right)^2=1$

将 $M=182\text{kN}\cdot\text{m}$；$V=251\text{kN}$ 代入上式，得到轴力最大值 $N_{max}=57700\text{kN}$。因此，火灾荷载比 $n=30409/57700=0.527$。

2) 按把式(3.2-43)写成设计公式的方法进行验算：

由《钢结构设计规范》GB 50017-2003 和《混凝土结构设计规范》GB 50010-2002，可得：$f_y=345\text{N/mm}^2$，$f_{ck}=32.4\text{N/mm}^2$。

(a) 轴压承载力计算：

$\alpha=A_s/A_c=0.094$

$\xi=\alpha \cdot f_y/f_{ck}=0.094\times345/32.4=1.0027$

$\lambda=4L/D=4\times4340/1000=17.36$，$\lambda_p=1743/\sqrt{f_y}=93.84$

$\lambda_o=\pi\sqrt{(420\xi+550)/[(1.14+1.02\xi) \cdot f_{ck}]}=11.695$

$\because$ 满足 $\lambda_o<\lambda\leqslant\lambda_p$，根据本书公式(3.2-8)，可得：

$d=9905.9$，$e=-4.63\times10^{-3}$，$a=3.38\times10^{-6}$，$b=-5.27\times10^{-3}$，$c=1.0611$

$\therefore \varphi=a\lambda^2+b\lambda+c=0.971$

$f_{scy}=(1.14+1.02\xi) \cdot f_{ck}=70.07\text{N/mm}^2$

$N_{uo}=A_{sc} f_{scy}=70.07\times7.854\times10^5\times10^{-3}=5.50\times10^4\text{kN}$

$N_{u,cr} = \varphi A_{sc} f_{scy} = 0.971 \times 70.07 \times 7.854 \times 10^5 \times 10^{-3} = 5.34 \times 10^4 \text{kN}$

(b) 抗剪承载力计算：

根据本书公式(3.2-23a)，可得：$\gamma_v = 0.97$

由公式(3.2-20a)，可得：$\tau_{scy} = 29.67 \text{N/mm}^2$

根据公式(3.2-24)，可得：$V_u = \gamma_v A_{sc} \tau_{scy} = 2.26 \times 10^4 \text{kN}$

(c) 抗弯承载力计算：

$W_{scm} = \dfrac{\pi D^3}{32} = \dfrac{\pi \times 1000^3}{32} = 9.82 \times 10^7 \text{mm}^3$

根据本书公式(3.2-15)，可得：$\gamma_m = 1.15$

$M_u = \gamma_m f_{scy} W_{scm} = 1.15 \times 70.07 \times 9.82 \times 10^7 \times 10^{-6} = 7.89 \times 10^3 \text{kN} \cdot \text{m}$

(d) 压弯承载力计算：

根据本书公式(2.3-2)～公式(2.3-4)，可得：$\varepsilon_{scp} = 1.12 \times 10^{-3}$，$f_{scp} = 53.95 \text{N/mm}^2$

$E_{sc} = f_{scp}/\varepsilon_{scp} = 48114 \text{N/mm}^2$，$N_E = \dfrac{\pi^2 E_{sc} A_{sc}}{\lambda^2} = 1.24 \times 10^6 \text{kN}$

$\eta_o = 0.1 + 0.4 \cdot \xi^{-0.84} = 0.24$

$\because \dfrac{N}{N_{uo}} = \dfrac{30409}{5.50 \times 10^4} = 0.553 > 0.2 \varphi^3 \eta_o \sqrt[2.4]{1 - [V - V_u]^2} = 0.438$

$d = 1 - 0.4 N/N_E = 1 - 0.4 \times 30409/1240000 = 0.99$，$a = 1 - 2\varphi^2 \eta_o = 0.547$

相关方程为：$\left(\dfrac{N}{\varphi N_{uo}} + \dfrac{a}{d} \cdot \dfrac{M}{M_u}\right)^{2.4} + \left(\dfrac{V}{V_u}\right)^2 = 1$

将 $M = 182 \text{kN} \cdot \text{m}$；$V = 251 \text{kN}$ 代入相关方程，得到轴力最大值 $N_{max} = 52700 \text{kN}$。因此，火灾荷载比 $n = 30409/52700 = 0.577$。

3) 按照规程 DBJ 13-51-2003 计算火灾荷载比的过程如下：

因为剪力 V 很小，故忽略剪力的影响，按照压弯构件计算。

由《钢结构设计规范》GB 50017-2003 和《混凝土结构设计规范》GB 50010-2002，可得：$f_y = 345 \text{N/mm}^2$，$f_{ck} = 32.4 \text{N/mm}^2$。

$\lambda = 4L/D = 4 \times 4340/1000 = 17.36$

$\alpha = A_s/A_c = 0.094$

$\xi = \alpha \cdot f_y/f_{ck} = 0.094 \times 345/32.4 = 1.0027$

$f_{scy} = (1.14 + 1.02 \cdot \xi) \cdot f_{ck} = (1.14 + 1.02 \times 1.0027) \times 32.4 = 70.07 \text{N/mm}^2$

由规程 DBJ 13-51-2003 中表 A-1，可得稳定系数 $\varphi = 0.97$。

$\gamma_m = 1.1 + 0.48 \ln \cdot (\xi + 0.1) = 1.1 + 0.48 \ln(1.0027 + 0.1) = 1.15$

$W_{scm} = \dfrac{\pi D^3}{32} = \dfrac{\pi \times 1000^3}{32} = 9.82 \times 10^7 \text{mm}^3$

$M_u = \gamma_m f_{scy} W_{scm} = 1.15 \times 70.07 \times 9.82 \times 10^7 \times 10^{-6} = 7.89 \times 10^3 \text{kN} \cdot \text{m}$

$\zeta_o = 1 + 0.18 \cdot \xi^{-1.15} = 1 + 0.18 \times (1.0027)^{-1.15} = 1.179$

$\eta_o = 0.1 + 0.14 \xi^{-0.84} = 0.1 + 0.14 \times (1.0027)^{-0.84} = 0.24$

$2\varphi^3 \eta_o = 2 \times 0.97^3 \times 0.24 = 0.438$

$\because \dfrac{N}{A_{sc}f_{scy}}=0.553 > 2\varphi^3\eta_0$

$a=1-2\varphi^2\eta_0=1-2\times 0.97^2\times 0.24=0.548$

$b=\dfrac{1-\zeta_0}{\varphi^3\cdot\eta_0^2}=\dfrac{1-1.179}{0.97^3\cdot 0.24^2}=-3.4147$

$c=\dfrac{2\cdot(\zeta_0-1)}{\eta_0}=\dfrac{2\cdot(1.179-1)}{0.24}=1.4973$

由规程 DBJ 13-51-2003 中表 4.0.6-1，可得组合轴压弹性模量 $E_{sc}=48114\text{N/mm}^2$。

$N_E=\dfrac{\pi^2 E_{sc}A_{sc}}{\lambda^2}=\dfrac{\pi^2\times 48114\times 67595\times 10^{-3}}{17.36^2}=1.24\times 10^6\text{kN}$

$d=1-0.4\dfrac{N}{N_E}=1-0.4\times\dfrac{16307}{3844406.5}=0.9901$

由《钢结构设计规范》GB 50017-2003，可得等效弯矩系数：$\beta_m=1$。

计算公式为：$\dfrac{N}{\varphi A_{sc}f_{sc}}+\dfrac{a}{d}\cdot\dfrac{M}{M_u}=1$

将 $M=182\text{kN}\cdot\text{m}$ 代入，经过反复迭代，得到轴力最大值 $N_{max}=52743\text{kN}$。因此，火灾荷载比 $n=30409/52743=0.577$。

2号柱：

$D=1000\text{mm}$；$t=22\text{mm}$；$L=4620\text{mm}$；C50 混凝土；Q345 钢，最不利内力 $N=33176\text{kN}$；$M=94\text{kN}\cdot\text{m}$；$V=210\text{kN}$。

$A_{sc}=\pi\times 1000^2/4=7.854\times 10^5\text{mm}^2$，$A_c=\pi\times(1000-44)^2/4=7.18\times 10^5\text{mm}^2$

$A_s=A_{sc}-A_c=67595\text{mm}^2$

1) 按照规程 DL/T 5085-1999 计算火灾荷载比的过程如下：

由《钢结构设计规范》GB 50017-2003 和《混凝土结构设计规范》GB 50010-2002，可得：$f_y=345\text{N/mm}^2$，$f_{ck}=32.4\text{N/mm}^2$。

$\lambda=4L/D=4\times 4620/1000=18.48$

由规程 DL/T 5085-1999 中表 6.3.1，可得稳定系数 $\varphi=0.9983$。

$\alpha=A_s/A_c=0.094$

$\xi=\alpha\cdot f_y/f_{ck}=0.094\times 345/32.4=1.0027\geqslant 0.85$，$\therefore \gamma_m=1.4$，$\gamma_v=0.85$

$B_1=0.1759\cdot f_y/235+0.974=0.1759\times 345/235+0.974=1.2322$

$C_1=-0.1038\cdot f_{ck}/20+0.0309=-0.1038\times 32.4/20+0.0309=-0.13726$

$f_{scy}=(1.212+B_1\cdot\xi+C_1\cdot\xi^2)\cdot f_{ck}=(1.212+0.978-0.1)\times 32.4=74.83\text{N/mm}^2$

$f_{scv}=(0.385+0.25\alpha^{1.5})\cdot\xi^{0.125}\cdot f_{scy}=29.88\text{N/mm}^2$

$W_{sc}=\dfrac{\pi D^3}{32}=\dfrac{\pi\times 1000^3}{32}=9.82\times 10^7\text{mm}^3$

由规程 DL/T 5085-1999 中表 6.2.8 和表 6.2.9，可得 $E_{sc}=66742\text{N/mm}^2$

$N_E=\dfrac{\pi^2 E_{sc}A_{sc}}{\lambda^2}=1.51\times 10^6\text{kN}$

$N_{cr}=\varphi A_{sc}f_{scy}=0.9983\times 74.83\times 7.854\times 10^5\times 10^{-3}=5.87\times 10^4\text{kN}$

$$V_u = \gamma_v A_{sc} f_{scv} = 1.99 \times 10^4 \text{kN}$$
$$M_u = \gamma_m f_{scy} W_{sc} = 1.4 \times 74.83 \times 9.82 \times 10^7 \times 10^{-6} = 1.03 \times 10^4 \text{kN} \cdot \text{m}$$
$$\frac{N}{A_{sc}} = \frac{33176 \times 10^3}{7.85 \times 10^5} = 42.26 \text{N/mm}^2$$

$$0.2\sqrt{1-[V/(\gamma_v A_{sc} f_{scv})]^2}\varphi \cdot f_{scy}$$
$$= 0.2 \times \sqrt{1-[210 \times 10^3/(0.85 \times 7.85 \times 10^5 \times 29.88)]^2} \times 0.9983 \times 74.83$$
$$= 14.94 \text{N/mm}^2$$

$$\because \frac{N}{A_{sc}} > 0.2\sqrt{1-[V/(\gamma_v A_{sc} f_{scv})]^2}\varphi \cdot f_{scy}$$

相关方程为：$\left(\dfrac{N}{N_{cr}} + \dfrac{M}{1.071 \times (1-0.4N/N_E) \times \gamma_m \times W_{sc} \times f_{scy}}\right)^{1.4} + \left(\dfrac{V}{\gamma_v \times A_{sc} \times f_{scv}}\right)^2 = 1$

将 $M = 94$ kN·m；$V = 210$ kN 代入上式，得到轴力最大值 $N_{max} = 58162$ kN。因此，火灾荷载比 $n = 33176/58162 = 0.570$。

2）按把式（3.2-43）写成设计公式的方法进行验算：

由《钢结构设计规范》GB 50017-2003 和《混凝土结构设计规范》GB 50010-2002，可得：$f_y = 345 \text{N/mm}^2$，$f_{ck} = 32.4 \text{N/mm}^2$。

(a) 轴压承载力计算：

$\alpha = A_s/A_c = 0.094$

$\xi = \alpha \cdot f_y/f_{ck} = 0.094 \times 345/32.4 = 1.0027$

$\lambda = 4L/D = 4 \times 4620/1000 = 18.48$，$\lambda_p = 1743/\sqrt{f_y} = 93.84$

$\lambda_o = \pi\sqrt{(420\xi+550)/[(1.14+1.02\xi) \cdot f_{ck}]} = 11.695$

$\because$ 满足 $\lambda_o < \lambda \leq \lambda_p$，根据本书公式（3.2-8），可得：

$d = 9905.9$，$e = -4.63 \times 10^{-3}$，$a = 3.38 \times 10^{-6}$，$b = -5.27 \times 10^{-3}$，$c = 1.0611$

$\therefore \varphi = a\lambda^2 + b\lambda + c = 0.965$

$f_{scy} = (1.14 + 1.02\xi) \cdot f_{ck} = 70.07 \text{N/mm}^2$

$N_{uo} = A_{sc} f_{scy} = 70.07 \times 7.854 \times 10^5 \times 10^{-3} = 5.50 \times 10^4 \text{kN}$

$N_{u,cr} = \varphi A_{sc} f_{scy} = 0.965 \times 70.07 \times 7.854 \times 10^5 \times 10^{-3} = 5.31 \times 10^4 \text{kN}$

(b) 抗剪承载力计算：

根据本书公式（3.2-23a），可得：$\gamma_v = 0.97$

由公式（3.2-20a），可得：$\tau_{scy} = 29.67 \text{N/mm}^2$

根据公式（3.2-24），可得：$V_u = \gamma_v A_{sc} \tau_{scy} = 2.26 \times 10^4 \text{kN}$

(c) 抗弯承载力计算：

$W_{scm} = \dfrac{\pi D^3}{32} = \dfrac{\pi \times 1000^3}{32} = 9.82 \times 10^7 \text{mm}^3$

根据本书公式（3.2-15），可得：$\gamma_m = 1.15$

$M_u = \gamma_m f_{scy} W_{scm} = 1.15 \times 70.07 \times 9.82 \times 10^7 \times 10^{-6} = 7.89 \times 10^3 \text{kN} \cdot \text{m}$

(d) 压弯承载力计算：

根据本书公式（2.3-2）~公式（2.3-4），可得：$\varepsilon_{scp} = 1.12 \times 10^{-3}$，$f_{scp} = 53.95 \text{N/mm}^2$

$E_{sc} = f_{scp}/\varepsilon_{scp} = 48114 \text{N/mm}^2$，$N_E = \dfrac{\pi^2 E_{sc} A_{sc}}{\lambda^2} = 1.09 \times 10^6 \text{kN}$

$\eta_0 = 0.1 + 0.4 \cdot \xi^{-0.84} = 0.24$

$\therefore \dfrac{N}{N_u} = \dfrac{33176}{5.50 \times 10^4} = 0.6032 > 0.2\varphi^3 \eta_0 \sqrt[2.4]{1-[V/V_u]^2} = 0.431$

$d = 1 - 0.4 N/N_E = 1 - 0.4 \times 33176/1090000 = 0.988$，$a = 1 - 2\varphi^2 \eta_0 = 0.554$

相关方程为：$\left(\dfrac{N}{\varphi N_{uo}} + \dfrac{a}{d} \cdot \dfrac{M}{M_u}\right)^{2.4} + \left(\dfrac{V}{V_u}\right)^2 = 1$

将 $M = 94\text{kN} \cdot \text{m}$；$V = 210\text{kN}$ 代入相关方程，得到轴力最大值 $N_{max} = 52751\text{kN}$。因此，火灾荷载比 $n = 33176/52751 = 0.629$。

3) 按照规程 DBJ 13-51-2003 计算火灾荷载比的过程如下：

因为剪力 V 很小，故忽略剪力的影响，按照压弯构件计算。

由《钢结构设计规范》GB 50017-2003 和《混凝土结构设计规范》GB 50010-2002，可得：$f_y = 345\text{N/mm}^2$，$f_{ck} = 32.4\text{N/mm}^2$。

$\lambda = 4L/D = 4 \times 4620/1000 = 18.48$

$\alpha = A_s/A_c = 0.094$

$\xi = \alpha \cdot f_y/f_{ck} = 0.094 \times 345/32.4 = 1.0027$

$f_{scy} = (1.14 + 1.02 \cdot \xi) \cdot f_{ck} = (1.14 + 1.02 \times 1.0027) \times 32.4 = 70.07\text{N/mm}^2$

由规程 DBJ 13-51-2003 中表 A-1，可得稳定系数 $\varphi = 0.965$。

$\gamma_m = 1.1 + 0.48\ln \cdot (\xi + 0.1) = 1.1 + 0.48\ln(1.0027 + 0.1) = 1.15$

$W_{scm} = \dfrac{\pi D^3}{32} = \dfrac{\pi \times 1000^3}{32} = 9.82 \times 10^7 \text{mm}^3$

$M_u = \gamma_m f_{scy} W_{scm} = 1.15 \times 70.07 \times 9.82 \times 10^7 \times 10^{-6} = 7.89 \times 10^3 \text{kN} \cdot \text{m}$

$\zeta_0 = 1 + 0.18 \cdot \xi^{-1.15} = 1 + 0.18 \times (1.0027)^{-1.15} = 1.179$

$\eta_0 = 0.1 + 0.14\xi^{-0.84} = 0.1 + 0.14 \times (1.0027)^{-0.84} = 0.24$

$2\varphi^3 \eta_0 = 2 \times 0.965^3 \times 0.24 = 0.431$

$\therefore \dfrac{N}{A_{sc} f_{scy}} = 0.603 > 2\varphi^3 \eta_0$

$a = 1 - 2\varphi^2 \eta_0 = 1 - 2 \times 0.965^2 \times 0.24 = 0.554$

$b = \dfrac{1 - \zeta_0}{\varphi^3 \cdot \eta_0^2} = \dfrac{1 - 1.179}{0.965^3 \cdot 0.24^2} = -3.4762$

$c = \dfrac{2 \cdot (\zeta_0 - 1)}{\eta_0} = \dfrac{2 \cdot (1.179 - 1)}{0.24} = 1.4973$

由规程 DBJ 13-51-2003 中表 4.0.6-1，可得组合轴压弹性模量 $E_{sc} = 48114\text{N/mm}^2$。

$N_E = \dfrac{\pi^2 E_{sc} A_{sc}}{\lambda^2} = \dfrac{\pi^2 \times 48114 \times 67595 \times 10^{-3}}{18.48^2} = 1.09 \times 10^6 \text{kN}$

$d = 1 - 0.4 N/N_E = 1 - 0.4 \times 16307/3844406.5 = 0.9901$

由《钢结构设计规范》GB 50017-2003，可得等效弯矩系数：$\beta_m = 1$。

计算公式为：$\dfrac{N}{\varphi A_{sc} f_{sc}} + \dfrac{a}{d} \cdot \dfrac{M}{M_u} = 1$

将 $M = 182\text{kN} \cdot \text{m}$ 代入，经过反复迭代，得到轴力最大值 $N_{max} = 52753\text{kN}$。因此，火灾荷载比 $n = 33176/52753 = 0.629$。

(2) 防火保护层厚度计算

1 号柱：

$D=1000$mm；$t=22$mm；$L=3.7$m；C50 混凝土；Q345 钢，最不利内力：$N=30409$kN；$M=182$kN·m；$V=251$kN。

1) 按照规程 CECS 200：2006 的公式确定：

$a=(19.2t+9.6) \cdot C^{-(0.28-0.0019\lambda)}=(19.2\times 3+9.6)\times 3141.6^{-(0.28-0.0019\times 17.36)}=9.19$mm

取 $a=10$mm。

2) 按照规程 CECS 200：2006 计算获得的火灾荷载比确定：

$t_1=(0.0072C_o^2-0.02C_o+0.27)(-0.0131\lambda_o^3+0.17\lambda_o^2-0.72\lambda_o+1.49)=0.3203$

$t_2=(0.006C_o^2-0.009C_o+0.362)(0.007\lambda_o^3+0.209\lambda_o^2-1.035\lambda_o+1.868)=0.55$

$t_o>t_2$，因此 $k_r=k \cdot t_o+d=0.5002$，符号具体含义及计算见 CECS 200：2006 第 161 页。

∵$R=0.577>k_r$，∴应考虑火灾荷载比的影响。

$p=1/(0.77-k_r)=3.706$，$q=k_r/(k_r-0.77)=-1.854$

$k_r<R<0.77$，$k_{LR}=p \cdot R+q=0.285$。

$a=k_{LR} \cdot (19.2t+9.6) \cdot C^{-(0.28-0.0019\lambda)}=2.62$mm

取 $a=3$mm。

2 号柱：

$D=1000$mm；$t=22$mm；$L=4620$mm；C50 混凝土；Q345 钢，最不利内力：$N=33176$kN；$M=94$kN·m；$V=210$kN。

1) 按照规程 CECS 200：2006 的公式确定：

$a=(19.2t+9.6) \cdot C^{-(0.28-0.0019\lambda)}=(19.2\times 3+9.6)\times 3141.6^{-(0.28-0.0019\times 118.48)}=9.53$mm

取 $a=10$mm。

2) 按照规程 CECS 200：2006 计算获得的火灾荷载比确定：

$t_1=(0.0072C_o^2-0.02C_o+0.27)(-0.0131\lambda_o^3+0.17\lambda_o^2-0.72\lambda_o+1.49)=0.316$

$t_2=(0.006C_o^2-0.009C_o+0.362)(0.007\lambda_o^3+0.209\lambda_o^2-1.035\lambda_o+1.868)=0.541$

$t_o>t_2$，因此 $k_r=k \cdot t_o+d=0.490$，符号具体含义及计算见 CECS 200：2006 第 161 页。

∵$R=0.629>k_r$，∴应考虑火灾荷载比的影响。

$p=1/(0.77-k_r)=3.5661$，$q=k_r/(k_r-0.77)=-1.7459$

$k_r<R<0.77$，$k_{LR}=p \cdot R+q=0.497$。

$a=k_{LR} \cdot (19.2t+9.6) \cdot C^{-(0.28-0.0019\lambda)}=4.65$mm

取 $a=5$mm。

其余柱的保护层厚度列于表 B.7-2。

B.7.2 方钢管混凝土柱

采用方钢管混凝土柱的某高层建筑柱结构防火保护层设计情况如表 B.7-3 所示。

方钢管混凝土柱的防火保护层厚度 表 B.7-3

柱号		截面尺寸 $B×t$(mm)	计算长度 (m)	钢材牌号	混凝土强度等级	火灾荷载组合最不利内力		火灾荷载比 n	按实际火灾荷载比计算(mm)	DBJ 13-51-2003(mm)	实际厚度 (mm)
						轴力 N (kN)	弯矩 M (kN·m)				
西楼	边柱	500×28*	3.9	Q345	C55	13359	777	0.564	54	82	70
		500×25	4.57	Q345	C50	11240	97	0.470	8	15	20
		500×25	3.3	Q345	C50	7957	60	0.319	4	16	20
		500×22	3.3	Q345	C45	3638	91	0.167	0	16	20
		500×18	3.3	Q345	C40	3266	168	0.183	0	14	20
	中柱	600×28*	3.9	Q345	C55	18375	108	0.524	44	76	70
		600×25	4.57	Q345	C50	14199	51	0.457	7	14	20
		600×25	3.3	Q345	C50	10647	81	0.332	3	15	20
		600×22	3.3	Q345	C45	5398	58	0.189	0	15	20
		600×20	3.3	Q345	C40	3451	59	0.134	0	13	20
东楼	边柱	500×25*	3.9	Q345	C55	12136	736	0.574	55	82	70
		500×22	4.57	Q345	C50	11752	115	0.550	10	15	20
		500×22	3.2	Q345	C50	8635	139	0.388	6	16	20
		500×16	3.2	Q345	C35	5981	155	0.380	6	16	20
	中柱	500×25*	3.9	Q345	C55	16862	127	0.683	70	82	70
		500×22	4.57	Q345	C50	12648	77	0.585	11	15	20
		500×22	3.2	Q345	C50	9334	118	0.417	7	16	20
		500×18	3.2	Q345	C40	6383	67	0.346	5	16	20
裙房	边柱	500×16*	3.9	Q345	C40	4992	769	0.400	32	82	70
		500×16	4.57	Q345	C40	3589	83	0.221	2	15	20
	中柱	500×16*	3.9	Q345	C40	8425	112	0.513	47	82	70
		500×16	4.57	Q345	C40	4045	63	0.247	3	15	20

* 注：地下室柱(-2层)的防火保护层为金属网抹水泥砂浆。

B.7.2.1 火灾荷载比计算

方钢管混凝土柱的火灾荷载比可按不同的设计规程计算，例如规程 DBJ 13-51-2003、GJB 4142-2000 和 EC 4(2004)，下面给出采用上述三本规程计算方钢管混凝土柱的火灾荷载比的过程。

1 号柱：

$B=500$mm；$t=28$mm；$L=3900$mm；C55 混凝土；Q345 钢，最不利内力：$N=13359$kN；$M=777$kN·m。

$A_{sc}=500^2=250000$mm^2，$A_c=(500-56)^2=197136$mm^2

$A_s=A_{sc}-A_c=52864$mm^2

(a) 按照规程 DBJ 13-51-2003 计算火灾荷载比的过程如下：

$\lambda=2\sqrt{3}L/B=2×1.732×3900/500=27.02$

$\alpha=A_s/A_c=0.2682$

由《钢结构设计规范》GB 50017-2003 和《混凝土结构设计规范》GB 50010-2002，可得：$f_y=345\text{N/mm}^2$，$f_{ck}=35.45\text{N/mm}^2$。

$\xi=\alpha \cdot f_y/f_{ck}=0.2682\times 345/35.45=2.61$

$f_{scy}=(1.18+0.85 \cdot \xi) \cdot f_{ck}=(1.18+0.85\times 2.61)\times 35.45=120.48\text{N/mm}^2$

由规程 DBJ 13-51-2003 中式(5.2.1-1)，可得稳定系数 $\varphi=0.927$。

$\gamma_m=1.04+0.48\ln(\xi+0.1)=1.04+0.48\ln(2.61+0.1)=1.5185$

$W_{sc}=B^3/6=20833333\text{mm}^3$

$M_u=\gamma_m W_{sc} f_{scy}=1.5185\times 20833333\times 120.48\times 10^{-6}=3811.4\text{kN}\cdot\text{m}$

$\zeta_o=1+0.14 \cdot \xi^{-1.3}=1+0.14\times(2.61)^{-1.3}=1.0401$

$\eta_o=0.1+0.13\xi^{-0.81}=0.1+0.13\times(2.61)^{-0.81}=0.1598$

$2\varphi^3\eta_o A_{sc} f_{scy}=2\times 0.927^3\times 0.1598\times 250000\times 120.48/1000=7668.3\text{kN}$

$\because N>2\varphi^3\eta_o A_{sc} f_{scy}$

$a=1-2\varphi^2\eta_o=1-2\times 0.9277^2\times 0.1598=0.72536$

由规程 DBJ 13-51-2003 中式(4.0.6-1)，可得组合轴压弹性模量 $E_{sc}=88782.7\text{N/mm}^2$。

$N_E=\dfrac{\pi^2 E_{sc} A_{sc}}{\lambda^2}=\dfrac{3.1415^2\times 88782.7\times 250000\times 10^{-3}}{27.02^2}=300035\text{kN}$

由《钢结构设计规范》GB 50017-2003，可得等效弯矩系数：$\beta_m=1.0$。

计算公式为：$\dfrac{N}{\varphi A_{sc} f_{scy}}+\dfrac{a \cdot \beta_m \cdot M}{\left(1-0.25\dfrac{N}{N_E}\right) \cdot M_u}=1$。

将 $M=777\text{kN}\cdot\text{m}$ 代入上式，得到轴力最大值 $N_{max}=23703\text{kN}$。因此，火灾荷载比 $n=13359/23703=0.564$。

(b) 按照规程 GJB 4142-2000 计算火灾荷载比的过程如下：

$\lambda=2\sqrt{3}L/B=2\times 1.732\times 3900/500=27.02$

$\alpha=A_s/A_c=0.2682$

由《钢结构设计规范》GB 50017-2003 和《混凝土结构设计规范》GB 50010-2002，可得：$f_y=345\text{N/mm}^2$，$f_{ck}=35.45\text{N/mm}^2$。

$\xi=\alpha \cdot f_y/f_{ck}=0.2682\times 345/35.45=2.61$

$B=0.7646+0.1381 \cdot f_y/235=0.9673$

$C=0.0216-0.0727 \cdot f_{ck}/20=-0.1073$

$f_{scy}=(1.212+B \cdot \xi+C \cdot \xi^2)f_{ck}=106.6\text{N/mm}^2$

由规程 GJB 4142-2000 中表 5，可得稳定系数 $\varphi=0.9251$。

$\gamma_m=-0.2428\xi+1.4103\sqrt{\xi}=1.6447$

$W_{sc}=B^3/6=20833333\text{mm}^3$

$M_u=\gamma_m W_{sc} f_{scy}=1.6447\times 20833333\times 106.6\times 10^{-6}=3652.6\text{kN}\cdot\text{m}$

$\dfrac{N}{A_{sc}}=\dfrac{13359\times 10^3}{250000}=53.44\text{N/mm}^2$

$0.402\varphi^3\left(\dfrac{f_{ck}}{20}\right)^{0.65}\left(\dfrac{235}{f_y}\right)^{0.38}\left(\dfrac{0.1}{\alpha}\right)^{0.45} \cdot f_{scy}$

$$=0.402\times 0.9251^3\times 1.4507\times 0.8642\times 0.6415\times 106.6=27.29\text{N/mm}^2$$

$$\because \frac{N}{A_{sc}} > 0.402\varphi^3 \left(\frac{f_{ck}}{20}\right)^{0.65} \left(\frac{235}{f_y}\right)^{0.38} \left(\frac{0.1}{\alpha}\right)^{0.45} \cdot f_{scy}$$

$$a=1-0.402\varphi^2 \left(\frac{f_{ck}}{20}\right)^{0.65} \left(\frac{235}{f_y}\right)^{0.38} \left(\frac{0.1}{\alpha}\right)^{0.45}$$

$$=1-0.402\times 0.8558\times 1.4507\times 0.8642\times 0.6415=0.7233$$

由规程 GJB 4142-2000 中表 3，得组合轴压弹性模量 $E_{sc}=70302\text{N/mm}^2$。

$$N_E=\frac{\pi^2 E_{sc} A_{sc}}{\lambda^2}=\frac{\pi^2\times 70302\times 250000\times 10^{-3}}{27.02^2}=237594.7\text{kN}$$

计算公式为：$\dfrac{N}{\varphi A_{sc} f_{scy}}+\dfrac{M\cdot a}{\left(1-0.25\dfrac{N}{N_E}\right)\cdot M_u}=1$

将 $M=777\text{kN}\cdot\text{m}$ 代入上式，得到轴力最大值 $N_{max}=20775\text{kN}$。

因此，火灾荷载比 $n=13359/20775=0.643$。

(c) 按照规程 EC 4(2004)计算火灾荷载比的过程如下：

钢材弹性摸量：$E_s=2.1\times 10^5 \text{N/mm}^2$，混凝土圆柱体抗压强度：$f_c'=46\text{N/mm}^2$

混凝土弹性摸量：$E_c=22000\times (f_c'/10)^{0.3}=3.477\times 10^4 \text{N/mm}^2$

$N_u=f_y\cdot A_s+f_c'\cdot A_c=27306.34\text{kN}$

$I_c=(B-2t)^4/12=3.23855\times 10^9 \text{mm}^4$

$I_s=B^4/12-I_c=1.97\times 10^9 \text{mm}^4$

$$N_E=\frac{\pi^2\cdot(E_s I_s+0.6 E_c I_c)}{L_2}=312260\text{kN}$$

$\lambda=\sqrt{N_u/N_E}=0.296>0.2$，$\phi=0.5\times[1+0.21(\lambda-0.2)+\lambda^2]=0.5533$

$$k=\frac{1}{\phi+\sqrt{\phi^2-\lambda^2}}=0.9795$$

$N_{cr}=kN_u=26746\text{kN}$

$$W_{pc}=\frac{(B-2t)^3}{4}=21882096\text{mm}^3$$

$$W_{ps}=\frac{B^3}{4}-W_{pc}=9367900\text{mm}^3$$

$$h_n=\frac{A_c\cdot f_c'}{2B\cdot f_c'+4t\cdot(2f_y-f_c')}=76.77\text{mm}$$

$W_{pcn}=(B-2t)\cdot h_n^2=2616773\text{mm}^3$

$W_{pan}=B\cdot h_n^2-W_{pcn}=330043.4\text{mm}^3$

$M_u=W_{ps}f_y+\dfrac{1}{2}W_{pc}\cdot f_c'-W_{psn}\cdot f_y-\dfrac{1}{2}W_{pcn}\cdot f_c'=3561.2\text{kN}\cdot\text{m}$

$N_p=A_c\cdot f_c'=9068.3\text{kN}$

$M_{max}=W_{ps}\cdot f_y+W_{pc}\cdot f_c'/2=3735.2\text{kN}\cdot\text{m}$

按 EC 4(2004) 的压弯构件相关方程：$\delta\cdot M\leqslant \alpha_M\left(\dfrac{N_{cr}-N}{N_{cr}-N_p}M_u-\dfrac{N\cdot M_\chi}{N_{cr}}\right)$

当 $N_{cr}>N\geqslant N_p$ 时：$M_\chi=\dfrac{(N_u-N_{cr})\cdot M_u}{N_u-N_p}=1.093\times 10^2 \text{kN}\cdot\text{m}$

$\alpha_M=0.9$, $\delta=\dfrac{1}{1-N/N_E}=1.0447$

将 $M=777$kN·m 代入上式，得到轴力最大值 $N_{max}=2.185\times 10^4$kN。因此，火灾荷载比 $n=13359/21850=0.611$。

2 号柱：

$B=500$mm；$t=25$mm；$L=4570$mm；C50 混凝土；Q345 钢，最不利内力：$N=11240$kN；$M=97$kN·m。

$A_{sc}=500^2=250000$mm^2，$A_c=(500-50)^2=202500$mm^2

$A_s=A_{sc}-A_c=47500$mm^2

(a) 按照规程 DBJ 13-51-2003 计算火灾荷载比的过程如下：

$\lambda=2\sqrt{3}L/B=2\times 1.732\times 4570/500=31.66$

$\alpha=A_s/A_c=0.2346$

由《钢结构设计规范》GB 50017-2003 和《混凝土结构设计规范》GB 50010-2002，可得：$f_y=345$N/mm^2，$f_{ck}=32.4$N/mm^2。

$\xi=\alpha\cdot f_y/f_{ck}=0.2346\times 345/32.4=2.498$

$f_{scy}=(1.18+0.85\cdot\xi)\cdot f_{ck}=(1.18+0.85\times 2.498)\times 32.4=107.03$N/mm^2

由规程 DBJ 13-51-2003 中式(5.2.1-1)，可得稳定系数 $\varphi=0.914$。

$\gamma_m=1.04+0.48\cdot\ln(\xi+0.1)=1.04+0.48\ln(2.498+0.1)=1.498$

$W_{sc}=B^3/6=20833333.3$mm^3

$M_u=\gamma_m W_{sc}f_{scy}=1.498\times 20833333.3\times 107.03\times 10^{-6}=3340.2$kN·m

$\zeta_o=1+0.14\cdot\xi^{-1.3}=1+0.14\times(2.498)^{-1.3}=1.0426$

$\eta_o=0.1+0.13\xi^{-0.81}=0.1+0.13\times(2.498)^{-0.81}=0.1619$

$2\varphi^3\eta_o A_{sc}f_{scy}=2\times 0.914^3\times 0.1619\times 250000\times 107.03/1000=6615.5$kN

∵ $N>2\varphi^3\eta_o A_{sc}f_{scy}$

$a=1-2\varphi^2\eta_o=1-2\times 0.914^2\times 0.1619=0.7295$

由规程 DBJ 13-51-2003 中式(4.0.6-1)，可得组合轴压弹性模量 $E_{sc}=64657$N/mm^2。

$N_E=\dfrac{\pi^2 E_{sc}A_{sc}}{\lambda^2}=\dfrac{\pi^2\times 64657\times 250000\times 10^{-3}}{31.66^2}=159159.8$kN

由《钢结构设计规范》GB 50017-2003，可得等效弯矩系数 $\beta_m=1.0$。

计算公式为：$\dfrac{N}{\varphi A_{sc}f_{scy}}+\dfrac{a\cdot\beta_m\cdot M}{(1-0.25N/N_E)M_u}=1$。

将 $M=97$kN·m 代入上式，得到轴力最大值 $N_{max}=23918$kN。因此，火灾荷载比 $n=11240/23918=0.47$。

(b) 按照规程 GJB 4142-2000 计算火灾荷载比的过程如下：

$\lambda=2\sqrt{3}L/B=2\times 1.732\times 4570/500=31.66$

$\alpha=A_s/A_c=0.2346$

由《钢结构设计规范》GB 50017-2003 和《混凝土结构设计规范》GB 50010-2002，可得：$f_y=345$N/mm^2，$f_{ck}=32.4$N/mm^2。

$\xi=\alpha\cdot f_y/f_{ck}=0.2346\times 345/32.4=2.498$

$B=0.7646+0.1381 \cdot f_y/235=0.9673$，$C=0.0216-0.0727 \cdot f_{ck}/20=-0.09617$
$f_{scy}=(1.212+B \cdot \xi+C \cdot \xi^2)f_{ck}=98.11\text{N/mm}^2$
由规程 GJB 4142-2000 中表 5，可得稳定系数 $\varphi=0.892$。
$\gamma_m=-0.2428\xi+1.4103\sqrt{\xi}=1.6225$
$W_{sc}=B^3/6=20833333.3\text{mm}^3$
$M_u=\gamma_m W_{sc} f_{scy}=1.6225 \times 20833333.3 \times 98.11 \times 10^{-6}=3316.32\text{kN} \cdot \text{m}$
$\dfrac{N}{A_{sc}}=\dfrac{11240 \times 10^3}{250000}=44.96\text{N/mm}^2$
$0.402\varphi^3 \left(\dfrac{f_{ck}}{20}\right)^{0.65} \left(\dfrac{235}{f_y}\right)^{0.38} \left(\dfrac{0.1}{\alpha}\right)^{0.45} \cdot f_{scy}=22.55\text{N/mm}^2$
$\because \dfrac{N}{A_{sc}} > 0.402\varphi^3 \left(\dfrac{f_{ck}}{20}\right)^{0.65} \left(\dfrac{235}{f_y}\right)^{0.38} \left(\dfrac{0.1}{\alpha}\right)^{0.45} \cdot f_{scy}$
由规程 GJB 4142-2000 中表 3，可得组合轴压弹性模量 $E_{sc}=65930\text{N/mm}^2$。
$N_E=\dfrac{\pi^2 E_{sc} A_{sc}}{\lambda^2}=\dfrac{\pi^2 \times 65930 \times 250000 \times 10^{-3}}{31.66^2}=162293.5\text{kN}$
$a=1-0.402\varphi^2 \left(\dfrac{f_{ck}}{20}\right)^{0.65} \left(\dfrac{235}{f_y}\right)^{0.38} \left(\dfrac{0.1}{\alpha}\right)^{0.45}=0.74233$
计算公式为：$\dfrac{N}{\varphi A_{sc} f_{scy}}+\dfrac{M \cdot a}{\left(1-0.25\dfrac{N}{N_E}\right) \cdot M_u}=1$

将 $M=97\text{kN} \cdot \text{m}$ 代入上式，得到轴力最大值 $N_{max}=21387\text{kN}$。因此，火灾荷载比 $n=11240/21387=0.526$。

(c) 按照规程 EC 4(2004)计算火灾荷载比的过程如下：
钢材弹性模量：$E_s=2.1\times 10^5 \text{N/mm}^2$，混凝土圆柱体抗压强度：$f'_c=41\text{N/mm}^2$
混凝土弹性模量：$E_c=22000 \times (f'_c/10)^{0.3}=33594\text{N/mm}^2$
$N_u=f_y \cdot A_s+f'_c \cdot A_c=24690\text{kN}$
$I_c=(B-2t)^4/12=3.4172 \times 10^9 \text{mm}^4$
$I_s=B^4/12-I_c=1.7911 \times 10^9 \text{mm}^4$
$N_E=\dfrac{\pi^2 \cdot (E_s I_s+0.6 E_c I_c)}{L_2}=288760\text{kN}$
$\lambda=\sqrt{N_u/N_E}=0.2924>0.2$，$\phi=0.5 \times [1+0.21(\lambda-0.2)+\lambda^2]=0.552$
$k=1/(\phi+\sqrt{\phi^2-\lambda^2})=0.9802$
$N_{cr}=k \cdot N_u=24202\text{kN}$
$W_{pc}=\dfrac{(B-2t)^3}{4}=22781250\text{mm}^3$
$W_{ps}=\dfrac{B^3}{4}-W_{pc}=8468800\text{mm}^3$
$h_n=\dfrac{A_c \cdot f'_c}{2B \cdot f'_c+4t \cdot (2f_y-f'_c)}=78.4\text{mm}$
$W_{pcn}=(B-2t) \cdot h_n^2=2765952\text{mm}^3$

$W_{pan} = B \cdot h_n^2 - W_{pcn} = 307328 \text{mm}^3$

$M_u = W_{ps} f_y + \frac{1}{2} W_{pc} \cdot f_c' - W_{psn} \cdot f_y - \frac{1}{2} W_{pcn} \cdot f_c' = 3226 \text{kN} \cdot \text{m}$

$N_p = A_c \cdot f_c' = 8302.5 \text{kN}$

$M_{max} = W_{ps} \cdot f_y + 0.5 W_{pc} \cdot f_c' = 3388.7 \text{kN} \cdot \text{m}$

按 EC 4(2004) 的压弯构件相关方程：$\delta \cdot M \leq \alpha_M \left(\frac{N_{cr} - N}{N_{cr} - N_p} M_u - \frac{N \cdot M_\chi}{N_{cr}} \right)$

当 $N_u > N_{cr} \geq N_p$ 时：$M_\chi = \frac{(N_u - N_{cr}) \cdot M_u}{N_u - N_p} = 96.1 \text{kN} \cdot \text{m}$

$\alpha_M = 0.9$，$\delta = \frac{1}{1 - N/N_E} = 1.0405$

将 $M = 97 \text{kN} \cdot \text{m}$ 代入上式，得到轴力最大值 $N_{max} = 2.32 \times 10^4 \text{kN}$。因此，火灾荷载比 $n = 11240/23200 = 0.485$。

B.7.2.2 防火保护层厚度计算

1 号柱：

$B = 500 \text{mm}$；$t = 28 \text{mm}$；$L = 3900 \text{mm}$；C55 混凝土；Q345 钢，最不利内力：$N = 13359 \text{kN}$；$M = 777 \text{kN} \cdot \text{m}$。防火保护层为金属网抹水泥砂浆。

(1) 按照规程 DBJ 13-51-2003 的公式(8.0.1-2)确定：

$a = (220.8t + 123.8) \cdot C^{-(0.3075 - 3.25 \times 10^{-4} \lambda)} = 81.18 \text{mm}$

取 $a = 82 \text{mm}$。

(2) 按照规程 DBJ 13-51-2003 计算获得的火灾荷载比($n = 0.564$)确定：

该柱火灾下承载力影响系数 $k_t = 0.17$

∵ $0.77 > n = 0.564 > k_t$，有

$k_{LR} = p \cdot n + q = n/(0.77 - k_t) + k_t/(k_t - 0.77) = (n - k_t)/(0.77 - k_t) = 0.657$

因此，防火保护层厚度

$a = k_{LR} \cdot (220.8t + 123.8) \cdot C^{-(0.3075 - 3.25 \times 10^{-4} \lambda)} = 0.657 \times 81.18 = 53.34 \text{mm}$

取 $a = 54 \text{mm}$。

(3) 按照规程 GJB 4142-2000 计算获得的火灾荷载比($n = 0.643$)确定：

该柱火灾下承载力影响系数 $k_t = 0.17$

∵ $0.77 > n = 0.643 > k_t$，有

$k_{LR} = p \cdot n + q = n/(0.77 - k_t) + k_t/(k_t - 0.77) = (n - k_t)/(0.77 - k_t) = 0.788$

因此，防火保护层厚度

$a = k_{LR} \cdot (220.8t + 123.8) \cdot C^{-(0.3075 - 3.25 \times 10^{-4} \lambda)} = 0.788 \times 81.18 = 63.97 \text{mm}$

取 $a = 64 \text{mm}$。

(4) 按照规程 EC 4(2004) 计算获得的火灾荷载比($n = 0.611$)确定：

该柱火灾下承载力影响系数 $k_t = 0.17$

∵ $0.77 > n = 0.611 > k_t$，有

$k_{LR} = p \cdot n + q = n/(0.77 - k_t) + k_t/(k_t - 0.77) = (n - k_t)/(0.77 - k_t) = 0.735$

因此，防火保护层厚度

$a = k_{LR} \cdot (220.8t+123.8) \cdot C^{-(0.3075-3.25\times10^{-4}\lambda)} = 0.735 \times 81.18 = 59.7 \text{mm}$

取 $a=60$mm。

2号柱:

$B=500$mm; $t=25$mm; $L=4570$mm; C50 混凝土; Q345 钢, 最不利内力: $N=11240$kN; $M=97$kN·m。防火保护层为厚涂型钢结构防火涂料。

(1) 按照规程 DBJ 13-51-2003 的公式(8.0.1-4)确定:

$a = (149.6t+22) \cdot C^{-(0.42+0.0017\lambda-2\times10^{-5}\lambda^2)}$

$= (149.6\times3+22) \times 2000^{-(0.42+0.0017\times31.66-2\times10^{-5}\times31.66^2)} = 14.96 \text{mm}$

取 $a=15$mm。

(2) 按照规程 DBJ 13-51-2003 计算获得的火灾荷载比($n=0.47$)确定:

该柱火灾下承载力影响系数 $k_t=0.14$

∵ $0.77 > n=0.47 > k_t$, 有 $k_{LR} = p \cdot n + q = (n-k_t)/(0.77-k_t) = 0.524$

因此, 防火保护层厚度

$a = k_{LR} \cdot (149.6t+22) \cdot C^{-(0.42+0.0017\lambda-2\times10^{-5}\lambda^2)} = 0.524\times14.96 = 7.84 \text{mm}$

取 $a=8$mm。

(3) 按照规程 GJB 4142-2000 计算获得的火灾荷载比($n=0.526$)确定:

该柱火灾下承载力影响系数 $k_t=0.14$

∵ $0.77 > n=0.526 > k_t$, 有 $k_{LR} = p \cdot n + q = (n-k_t)/(0.77-k_t) = 0.613$

因此, 防火保护层厚度

$a = k_{LR} \cdot (149.6t+22) \cdot C^{-(0.42+0.0017\lambda-2\times10^{-5}\lambda^2)} = 0.613\times14.96 = 9.17 \text{mm}$

取 $a=10$mm。

(4) 按照规程 EC 4(2004) 计算获得的火灾荷载比($n=0.485$)确定:

该柱火灾下承载力影响系数 $k_t=0.14$

∵ $0.77 > n=0.485 > k_t$, 有 $k_{LR} = p \cdot n + q = (n-k_t)/(0.77-k_t) = 0.548$

因此, 防火保护层厚度

$a = k_{LR} \cdot (149.6t+22) \cdot C^{-(0.42+0.0017\lambda-2\times10^{-5}\lambda^2)} = 0.548\times14.96 = 8.19 \text{mm}$

取 $a=9$mm。

B.7.3 矩形钢管混凝土柱

某超高层建筑部分采用了方、矩形钢管混凝土柱,该建筑物的耐火等级为一级。该工程方、矩形钢管混凝土柱抗火设计情况如表 B.7-4 所示,表中同时给出了各构件的火灾荷载比等基本计算条件。

方、矩形钢管混凝土柱的防火保护层厚度　　　　表 B.7-4

柱号	截面尺寸 $B\times D\times t$ (mm)	计算长度 (m)	钢材牌号	混凝土强度等级	火灾荷载比 n^*	DBJ 13-51-2003(mm)	
						厚涂型钢结构防火涂料	金属网抹水泥砂浆
1	600×1200×42	3.6	Q345	C60	0.58	8	44
2	400×800×38	3.6	Q345	C60	0.59	10	55
3	350×700×40	3.6	Q345	C60	0.59	11	60

续表

柱号	截面尺寸 $D×B×t$ (mm)	计算长度 (m)	钢材牌号	混凝土强度等级	火灾荷载比 n^*	DBJ 13-51-2003(mm) 厚涂型钢结构防火涂料	DBJ 13-51-2003(mm) 金属网抹水泥砂浆
4	350×700×30	3.6	Q345	C60	0.17	2	7
5	350×600×22	3.6	Q345	C60	0.49	9	48
6	1300×1300×32	3.6	Q345	C60	0.70	10	50
7	1200×1200×32	3.6	Q345	C60	0.76	12	59
8	800×800×30	3.6	Q345	C60	0.78	14	71
9	1200×1200×32	3.9	Q345	C60	0.67	10	48
10	1200×1200×30	3.9	Q345	C60	0.73	11	55
11	800×800×28	3.9	Q345	C60	0.74	13	65
12	1000×1000×28	3.2	Q345	C50	0.62	9	44
13	900×900×28	3.2	Q345	C50	0.67	11	53
14	700×700×20	3.2	Q345	C50	0.53	8	39
15	700×700×22	3.2	Q345	C40	0.54	8	41
16	700×700×22	3.2	Q345	C40	0.55	9	42
17	500×500×16	3.2	Q345	C40	0.74	15	76
18	1000×1000×40	3.6	Q345	C60	0.62	9	45

以表 B.7-4 中的 1 号柱为例，给出其防火保护层厚度的计算过程。

B.7.3.1 厚涂型钢结构防火涂料

考虑火灾荷载比($n=0.58$)的影响，按照公式(5.4-8)计算确定：

该柱火灾下承载力影响系数 $k_t=0.23$。

∵ $0.77>n=0.58>k_t$，有 $k_{LR}=p·n+q=(n-k_t)/(0.77-k_t)=0.648$

因此，防火保护层厚度

$a = k_{LR} · (149.6t+22) · C^{-(0.42+0.0017\lambda-2×10^{-5}\lambda^2)}$

$= 0.648×(149.6×3+22)×3600^{-(0.42+0.0017×20.8-2×10^{-5}×20.8^2)}$

$= 0.648×470.8×3600^{-0.4467}$

$= 7.87\text{mm}$

取 $a=8\text{mm}$。

B.7.3.2 金属网抹水泥砂浆

考虑火灾荷载比($n=0.58$)的影响，按照公式(5.4-6)计算确定：

该柱火灾下承载力影响系数 $k_t=0.23$。

∵ $0.77>n=0.58>k_t$，有 $k_{LR}=p·n+q=(n-k_t)/(0.77-k_t)=0.648$

因此，防火保护层厚度

$a = k_{LR} · (220.8t+123.8) · C^{-(0.3075-3.25×10^{-4}\lambda)}$

$= 0.648×786.2×3600^{-0.30074}$

$= 0.648×66.99$

$= 43.4\text{mm}$

取 $a=44$mm。

其余柱的保护层厚度列于表 B.7-4。

B.8 节点计算

对于圆钢管混凝土，加强环板式刚性节点的类型一般有 4 种，见图 6.4-2。对于方、矩形钢管混凝土，加强环板式刚性节点的类型一般有 3 种，见图 6.4-3。下面给出典型算例。

B.8.1 圆钢管混凝土

计算条件：柱肢钢管外直径 D 为 1300mm，柱肢钢管壁厚度 t 为 18mm，Q345 钢，内灌 C40 混凝土，柱肢钢管强度设计值 f 为 295N/mm²，梁翼缘宽度 b_s 为 400mm，翼缘钢材强度设计值 f_1 为 295N/mm²，轴向拉力 $N=2000$kN。

(1) Ⅰ型和Ⅱ型

取加强环板宽度 $b=300$mm。

$$\sin\alpha = \frac{200}{300+650} = 0.211$$

$$F_1(\alpha) = \frac{0.93}{\sqrt{1+2\cdot\sin^2\alpha}} = \frac{0.93}{\sqrt{1+2\times0.211^2}} = 0.891$$

$$F_2(\alpha) = \frac{1.74\cdot\sin\alpha}{\sqrt{1+2\cdot\sin^2\alpha}} = \frac{1.74\times0.211}{\sqrt{1+2\times0.211^2}} = 0.352$$

$$t_1 = \frac{N}{f_1\cdot b_s} = \frac{2000\times10^3}{295\times400} = 17\text{mm}$$

$$b_e = \left(0.63+0.88\frac{b_s}{D}\right)\cdot\sqrt{Dt}+t_1 = \left(0.63+0.88\times\frac{400}{1300}\right)\times\sqrt{1300\times18}+17 = 154.8\text{mm}$$

$$F_1(\alpha)\cdot\frac{N}{t_1\cdot f_1}-F_2(\alpha)\cdot b_e\cdot\frac{t\cdot f}{t_1\cdot f_1} = 0.891\times\frac{2000\times10^3}{17\times295}-0.352\times154.8\times\frac{18\times295}{17\times295}$$

$$=297.6\text{mm}<b=300\text{mm}$$

满足要求。

(2) Ⅲ型和Ⅳ型

假定拉力最大值 $N_{max}=2000$kN，取加强环板宽度 $b=250$mm。

$$t_1 = \frac{N}{f_1\cdot b_s} = \frac{2000\times10^3}{295\times400} = 17\text{mm}$$

$$b_e = \left(0.63+0.88\frac{b_s}{D}\right)\cdot\sqrt{Dt}+t_1 = \left(0.63+0.88\times\frac{400}{1300}\right)\times\sqrt{1300\times18}+17 = 154.8\text{mm}$$

$$\beta = \frac{N_y}{N_{max}} = \frac{2000}{2000} = 1$$

$$(1.44+\beta)\cdot\frac{0.392N_{max}}{t_1\cdot f_1}-0.864b_e\cdot\frac{t\cdot f}{t_1\cdot f_1} = (1.44+1)\times\frac{0.392\times2000\times10^3}{17\times295}-0.864$$

$$\times154.8\times\frac{18\times295}{17\times295} = 240\text{mm}<b=250\text{mm}$$

满足要求。

(3) 粘结强度验算

计算条件：楼层高度为 3.7m，由楼面梁传给柱的荷载为 2500kN，轴向压力为 16307kN，粘结强度计算简图如图 6.3-6 所示。

混凝土设计强度为 19.1N/mm^2。

1) 混凝土的极限承载力为 $0.85\times19.1\times\pi\times(1300-2\times18)^2/4\times10^{-3}=20372\text{kN}$。

2) $16307+2500=18807\text{kN}<20372\text{kN}$，因此由楼面梁传给柱的 2500kN 荷载将全部由钢管和混凝土之间的粘结力承担，即 $\Delta N_{ic}=2500\text{kN}$。

3) $\psi\cdot l\cdot f_a=\pi\times(1300-2\times18)\times3700\times0.225\times10^{-3}=3306\text{kN}>\Delta N_{ic}=2500\text{kN}$。

因此钢管和混凝土间的粘结强度可以满足设计要求。

B.8.2 方、矩形钢管混凝土

计算条件：柱肢钢管外边长 B 为 500mm，柱肢钢管壁厚 t 为 16mm，Q345 钢，内灌 C40 混凝土，柱肢钢管强度设计值 f 为 310N/mm^2，梁翼缘宽度 b_s 为 400mm，翼缘钢材强度设计值 f_1 为 310N/mm^2，轴向拉力 $N=1000\text{kN}$。

(1) Ⅰ型

取加强环板宽度 $b=100\text{mm}$。

$$h_s=\frac{100}{\sqrt{2}}\text{mm}$$

$$t_1=\frac{N}{f_1\cdot b_s}=\frac{1000\times10^3}{310\times400}=8.1\text{mm}$$

$$\frac{4}{\sqrt{3}}h_s\cdot t_1\cdot f_1+2(4t+t_1)\cdot t\cdot f=\left[\frac{4}{\sqrt{3}}\times\frac{100}{\sqrt{2}}\times8.1\times310+2\times(4\times16+8.1)\times16\times310\right]\Big/1000$$

$$=1125.3\text{kN}>N=1000\text{kN}$$

满足要求。

(2) Ⅱ型

取加强环板宽度 $b=100\text{mm}$。

$$h_s=\frac{100}{\sqrt{2}}\text{mm}$$

$$t_1=\frac{N}{f_1\cdot b_s}=\frac{1000\times10^3}{310\times400}=8.1\text{mm}$$

$$\frac{4}{\sqrt{3}}h_s\cdot t_1\cdot f_1+2(4t+t_1)\cdot t\cdot f=\left[\frac{4}{\sqrt{3}}\times\frac{100}{\sqrt{2}}\times8.1\times310+2\times(4\times16+8.1)\times16\times310\right]\Big/1000$$

$$=1125.3\text{kN}>N=1000\text{kN}$$

$$2.62\left(\frac{t}{B}\right)^{2/3}\cdot\left(\frac{t_1}{t+h_s}\right)^{2/3}\cdot\left(\frac{t+h_s}{B}\right)\cdot B^2\cdot\frac{f_1}{0.58}$$

$$=2.62\times\left(\frac{16}{500}\right)^{2/3}\times\left(\frac{8.1}{16+100/\sqrt{2}}\right)^{2/3}\times\left(\frac{16+100/\sqrt{2}}{500}\right)\times500^2\times\frac{310}{0.58}\Big/1000$$

$$=1260.1\text{kN}>N=1000\text{kN}$$

满足要求。

(3) Ⅲ型

取加强环板宽度 $h_s = 50\text{mm}$，灌注孔直径 $d = 300\text{mm}$。

$$t_1 = \frac{N}{f_1 \cdot b_s} = \frac{1000 \times 10^3}{310 \times 400} = 8.1\text{mm}$$

$$(B + 2h_s - d)^2 \cdot \frac{b_s \cdot t_1}{d^2} \cdot f_1 = (500 + 2 \cdot 50 - 300)^2 \cdot \frac{400 \cdot 8.1}{300^2} \cdot 310/1000 = 1004.4\text{kN} > N = 1000\text{kN}$$

满足要求。

粘结强度验算

计算条件：楼层高度为 3.9m，由楼面梁传给柱的荷载为 2000kN，轴向压力为 2592kN，粘结强度计算简图如图 6.3-6 所示。

混凝土设计强度为 19.1N/mm^2。

(a) 混凝土的极限承载力为：$0.85 \times 19.1 \times (500 - 2 \times 16)^2 \times 10^{-3} = 3556\text{kN}$

(b) $2592 + 2000 = 4592\text{kN} > 3556\text{kN}$，因此由楼面梁传给柱的 $(4592 - 3556)\text{kN} = 1036\text{kN}$ 将由钢管和混凝土之间的粘结力承担，即 $\Delta N_{ic} = 1036\text{kN}$。

(c) $\psi \cdot l \cdot f_a = 4 \times (500 - 2 \times 16) \times 3900 \times 0.15 \times 10^{-3} = 1095\text{kN} > \Delta N_{ic} = 1036\text{kN}$

因此钢管和混凝土间的粘结强度可以满足设计要求。

B.9 收缩计算

考虑钢管混凝土中核心混凝土的特点，在实验研究结果的基础上，通过对 ACI 209 (1992) 提供的普通混凝土收缩模型的修正，韩林海等(2006)，韩林海(2007)建议了钢管混凝土中核心混凝土收缩变形的计算公式。

核心混凝土的收缩可按下式进行计算：

$$(\varepsilon_{sh})_t = \frac{t}{35 + t} \cdot (\varepsilon_{sh})_u \tag{B.9-1}$$

式中 t——混凝土的干燥时间，天；

$(\varepsilon_{sh})_u$——混凝土的收缩应变终值(10^{-6})，按下式计算：

$$(\varepsilon_{sh})_u = 780 \cdot \gamma_{cp} \cdot \gamma_\lambda \cdot \gamma_{vs} \cdot \gamma_s \cdot \gamma_\psi \cdot \gamma_c \cdot \gamma_\alpha \cdot \gamma_u \tag{B.9-2}$$

式中 γ_{cp}——干燥前养护时间影响系数，可按表 B.9-1 确定；

干燥前养护时间对收缩的影响系数 γ_{cp}　　表 B.9-1

湿养护的时间(天)	1	3	7	14	28	90
γ_{cp}	1.2	1.1	1.0	0.93	0.86	0.75

注：表内中间值可采用插值法确定。

γ_λ——环境湿度影响修正系数，对于钢管混凝土可统一取为 0.3；

γ_{vs}——构件尺寸影响的修正系数，为构件体积与表面积之比(V/S，单位为 mm)的函数，可按下式计算：

$$\gamma_{vs} = 1.2\exp(-0.00472 \cdot V/S) \tag{B.9-3}$$

γ_s——混凝土坍落度(s，单位为 mm)修正系数，按下式计算：

$$\gamma_s = 0.89 + 0.00161 \cdot s \tag{B.9-4}$$

γ_ψ——细骨料影响修正系数，按下式计算：

$$\gamma_\psi = 0.30 + 0.014 \cdot \psi \quad (\psi \leqslant 50\%) \tag{B.9-5a}$$

$$\gamma_\psi = 0.90 + 0.002 \cdot \psi \quad (\psi > 50\%) \tag{B.9-5b}$$

其中，ψ 为细骨料占骨料总量的百分数；

γ_c——水泥用量影响修正系数，按下式计算：

$$\gamma_c = 0.75 + 0.00061 \cdot c \tag{B.9-6}$$

其中，c 为每立方米混凝土中水泥的用量，单位为 kg/m^3；

γ_α——混凝土含气量影响修正系数，按下式计算：

$$\gamma_\alpha = 0.95 + 0.008 \cdot \alpha \tag{B.9-7}$$

其中，α 为混凝土体积含气量的百分数；

γ_u——钢管对混凝土收缩的制约影响系数，按下式计算：

$$\gamma_u = 0.0002 D_{size} + 0.63 \tag{B.9-8}$$

式中 D_{size}——构件横截面尺寸。对于圆钢管混凝土，$D_{size} = D$；对于方钢管混凝土，$D_{size} = B$；对于矩形钢管混凝土，$D_{size} = (D+B)/2$，D_{size} 的单位为 mm。

公式(B.9-1)的实用范围是：$100mm < D_{size} < 1200mm$，混凝土坍落度修正系数 $\beta_s \leqslant 1$。规程 DBJ 13-61-2004 采用了上述计算公式。

下面以圆钢管混凝土柱为例，给出钢管混凝土中核心混凝土收缩值的计算过程。

计算条件：混凝土配合比(kg/m^3)为：水泥：粉煤灰：砂：石：水 = 400：150：816：884：100，砂率为 0.48，坍落度为 280mm，层高为 4m，圆钢管截面：500mm×20mm。

(1) 干燥前养护时间影响系数 γ_{cp}，按干燥前养护 1 天计算，查表 B.9-1 得：$\gamma_{cp} = 1.2$。

(2) 取环境相对湿度 $\lambda = 90$，则环境相对湿度影响修正系数为：$\gamma_\lambda = 3.0 - 0.03 \times 90 = 0.3$。

(3) 构件尺寸影响修正系数为：$\gamma_{vs} = 1.2 \exp(-0.00472 \cdot 115) = 0.6973$。

(4) 取坍落度为 280mm，则坍落度修正系数为：$\gamma_s = 0.89 + 0.00161 \times 280 = 1.3408$。

(5) 砂率为 48%，则细骨料影响修正系数为：$\gamma_\psi = 0.3 + 0.014 \times 48 = 0.972$。

(6) 水泥用量为 $400 kg/m^3$，则水泥用量影响修正系数为：$\gamma_c = 0.75 + 0.00061 \times 400 = 0.994$。

(7) 混凝土含气量按 6% 取，则混凝土含气量影响修正系数为：$\gamma_\alpha = 0.95 + 0.008 \times 6 = 0.998$。

(8) 钢管制约影响修正系数为：$\gamma_u = 0.0002 \cdot 500 + 0.63 = 0.73$。

钢管混凝土的核心混凝土干燥收缩终值$(\varepsilon_{sh})_u$ 为：

$$\begin{aligned}(\varepsilon_{sh})_u &= 780 \cdot \gamma_{cp} \cdot \gamma_\lambda \cdot \gamma_{vs} \cdot \gamma_s \cdot \gamma_\psi \cdot \gamma_c \cdot \gamma_\alpha \cdot \gamma_u \\ &= 780 \times 1.2 \times 0.3 \times 0.6973 \times 1.3408 \times 0.972 \times 0.994 \times 0.998 \times 0.73 \\ &= 184.4 (\mu\varepsilon)\end{aligned}$$

纵向收缩终值：

$$(\Delta_{sh})_l = 184.8 \times 4000 \times 10^{-6} = 0.74 mm$$

横向收缩终值：

$$(\Delta_{sh})_t = 184.8 \times 230 \times 10^{-6} = 0.043 mm$$

参 考 文 献

[1] ACI Committee 318(ACI 318 - 05), 2005. Building code requirements for structural concrete and commentary [S]. American Concrete Institute, Detroit, USA

[2] ACI Committee 209, 1992. Prediction of creep, shrinkage and temperature effects in concrete structures (ACI 209R - 92) [S]. American Concrete Institute, Farmington Hills, Mich., USA

[3] AIJ, 1997. Recommendations for design and construction of concrete filled steel tubular structures [S]. Architectural Institute of Japan(AIJ), Tokyo, Japan

[4] Alostaz Y M, Schneider S P. Analytical behavior of connections to concrete-filled steel tubes [J]. Journal of Constructional Steel Research, 1996, 40(2): 95~127

[5] Angeline Prabhavathy R, Samuel Knight G M. Behaviour of cold-formed steel concrete infilled RHS connections and frames [J]. Steel and Composite Structures, 2006, 6(1): 71~85

[6] ANSI/AISC 360 - 05, 2005. Specification for structural steel buildings [S]. American Institute of Steel Construction(AISC), Chicago, USA

[7] ASCCS. Concrete filled steel tubes-a comparison of international codes and practices [C]. ASCCS Seminar, Innsbruck, Austria, 1997

[8] Aval S B B, Saadeghvaziri M A, Golafshani A A. Comprehensive composite inelastic fiber element for cyclic analysis of concrete-filled steel tube columns [J]. Journal of Engineering Mechanics ASCE, 2002, 128(4): 428~437

[9] Azizinamini A, Schneider S P. Moment connections to circular concrete-filled steel tube columns [J]. Journal of Structural Engineering ASCE, 2004, 130(2): 213~222

[10] Bergmann R, Matsui C, Meinsma C, Dutta D. Design guide for concrete filled hollow section columns under static and seismic loading [M]. CIDECT, Verlag TÜV Rheinland, Köln, 1995

[11] Beutel J, Thambiratnam D, Perera N. Monotonic behaviour of composite column to beam connections [J]. Engineering Structures, 2001, 23(9): 1152~1161

[12] Beutel J, Thambiratnam D, Perera N. Cyclic behaviour of concrete filled steel tubular column to steel beam connections [J]. Engineering Structures, 2002, 24(1): 29~38

[13] Bode H. Columns of steel tubular sections filled with concrete-design and application [J]. Acier Stahl Steel, 1973, 11~12: 388~393

[14] Boyd P F, Cofer W F, Mclean D I. Seismic performance of steel-encased concrete columns under flexural loading [J]. ACI Structural Journal, 1995, 92(3): 355~364

[15] Bridge R Q. Concrete filled steel tubular columns [R]. Report No. R283, School of Civil Engineering, University of Sydney, Sydney, Australia, 1976

[16] Bridge R Q, Patrick M, Webb J. High strength materials in composite construction [C]. Conference Report of International Conference on Composite Construction-Conventional and Innovative, Innsbruck, Austria, 1997: 29~40

[17] British Standards Institutions BS 5400, 2005. Steel, concrete and composite bridges, Part 5: Code of practice for design of composite bridges [S]. London, UK

[18] British Steel, 1992. SHS design manual for concrete filled columns, Part 1, structural design [S]. British steel(now Corus), TD 296

[19] British Steel Tubes and Pipes, 1990. Design for SHS fire resistance to BS 5950: Part 8 [S]. London, UK

[20] 蔡健, 杨春, 苏恒强. 穿心钢筋暗牛腿式钢管混凝土柱节点实验研究 [J]. 工业建筑, 2000a, 30(3): 61~64

[21] 蔡健, 杨春, 苏恒强等. 对穿暗牛腿式钢管混凝土柱节点实验研究 [J]. 华南理工大学学报, 2000b, 28(5): 105~109

[22] 蔡克铨, 林育详, 林敏郎. 中空双钢管混凝土柱舆基础结合之试验行为 [C]. 第二届海峡两岸及香港钢结构技术交流会, 中国, 台北, 2001: 77~88

[23] 蔡绍怀. 钢管混凝土结构的计算与应用 [M]. 北京: 中国建筑工业出版社, 1989

[24] 蔡绍怀. 现代钢管混凝土结构(修订版) [M]. 北京: 人民交通出版社, 2007

[25] 蔡绍怀, 邱小坛. 钢管混凝土偏压柱的性能和强度计算 [J]. 建筑结构学报, 1985, 6(4): 32~41

[26] 蔡绍怀, 顾万黎. 钢管混凝土长柱的性能和强度计算 [J]. 建筑结构学报, 1985a, 6(1): 32~40

[27] 蔡绍怀, 顾万黎. 钢管混凝土抗弯强度的试验研究 [J]. 建筑技术通讯(建筑结构), 1985b, (3): 28~29

[28] 蔡绍怀, 焦占拴. 钢管混凝土短柱的基本性能和强度计算 [J]. 建筑结构学报, 1984, 5(6): 13~29

[29] 蔡绍怀, 陆群. 钢管混凝土悬臂柱的性能和承载能力计算 [J]. 建筑结构学报, 1992, 13(4): 2~11

[30] Campione G, Scibilia N. Beam-column behavior of concrete filled steel tubes [J]. Steel and Composite Structures, 2002, 2(4): 259~276

[31] Cederwall K, Engstrom B, Grauers M. High-strength concrete used in composite columns [J]. High-Strength concrete, 1997, SP 121-11: 195~210

[32] Cha E J, Choi S M, Kim Y. A moment-rotation curve for CFT square columns and steel beams according to reliability analysis [C]. Proceedings of the International Conference on Advances in Structures (ASSCCA'03), Hancock G J et al. (Eds.), Sydney, Australia, 22~25 June, 2003: 943~950

[33] 陈宝春. 钢管混凝土拱桥设计与施工 [M]. 北京: 人民交通出版社, 1999

[34] 陈宝春主编. 钢管混凝土拱桥实例集(一) [M]. 北京: 人民交通出版社, 2002

[35] 陈宝春. 钢管混凝土拱桥 [M]. 北京: 人民交通出版社, 2007

[36] Chen C C, Lo S H. Behavior of steel beam to circular CFT column connections [C]. Proceedings of the International Conference on Advances in Structures(ASSCCA'03), Hancock G J et al. (Eds.), Sydney, Australia, 22~25 June, 2003: 927~933

[37] 陈洪涛, 吴时适, 肖永福等. 钢管混凝土框架钢筋贯通式刚性节点的实验研究 [J]. 哈尔滨建筑大学学报, 1999, 32(2): 21~25

[38] 陈鹃, 王湛, 袁继雄. 加强环式钢管混凝土柱-钢梁节点的刚性研究 [J]. 建筑结构学报, 2004, 25(4): 43~49, 54

[39] 陈立祖. 深圳赛格广场大厦钢管混凝土柱工程介绍 [C]. 哈尔滨建筑大学学报(中国钢协钢-混凝土组合结构协会第六次年会论文集), 1997, 30(sup): 14~16

[40] 陈庆军, 蔡健, 林遥明等. 柱钢管不直通的新型钢管混凝土柱-梁节点(Ⅰ)-轴压下采用钢筋网加强钢管不直通的节点区的性能 [J]. 华南理工大学学报, 2002a, 30(9): 91~96

[41] 陈庆军, 蔡健, 林瑶明等. 柱钢管不直通的新型钢管混凝土柱-梁节点(Ⅱ)-轴压下采用环形钢筋加强钢管不直通的节点区的性能 [J]. 华南理工大学学报, 2002b, 30(12): 58~61

[42] 陈肇元，朱金铨，吴佩刚. 高强混凝土及其应用 [M]. 北京：清华大学出版社，1992
[43] 陈志华，苗纪奎. 方钢管混凝土柱-H 型钢梁外肋环板节点研究 [J]. 工业建筑，2005，35(10)：61~63，78
[44] 陈宗弼，陈星，叶群英等. 广州新中国大厦结构设计 [J]. 建筑结构学报，2000，21(3)：2~9
[45] 程宝坪. 深圳赛格广场地下室全逆作法施工技术简介 [C]. 哈尔滨建筑大学学报（中国钢协钢-混凝土组合结构协会第七次年会论文集），1999，32(sup)：39~45
[46] Cheng C T, Hwang P S, Lu L Y, Chung L L. Connection behaviors of steel beam to concrete-filled circular steel tubes [C]. Proceedings of the 6th ASCCS Conference, Los Angeles, USA, 2000：581~589
[47] Cheng C T, Chung L L. Seismic performance of steel beams to concrete-filled steel tubular column connections [J]. Journal of Constructional Steel Research, 2003, 59(3)：405~426
[48] 程树良. 高温后矩形钢管混凝土轴压力学性能的研究 [D]. 哈尔滨：哈尔滨工业大学硕士学位论文，2001
[49] Chiew S P, Lie S T, Dai C W. Moment resistance of steel I-beam to CFT column connections [J]. Journal of Structural Engineering ASCE, 2001, 127(10)：1164~1172
[50] Choi S M, Hong S D, Kim Y S. Modeling analytical moment-rotation curves of semi-rigid connections for CFT square columns and steel beams [J]. Advances in Structural Engineering, 2006a, 9(5)：697~706
[51] Choi S M, Shin I B, Eom C H, Kim D K, Kim D J. An experimental study on the strength and stiffness of concrete filled steel column connections with external stiffener rings [C]. Proceedings of the 4th Pacific Structural Steel Conference, Vol. 2, Pergamon, UK, 1995a：1~8
[52] Choi S M, Shin I B, Eom C H, Kim D K, Kim D J. Elasto-plastic behavior of the beam to concrete filled circular steel column connections with external stiffener rings [C]. Building For the 21st Century, Loo Y C(Editor), Griffith University Gold Coast Campus, Australia, 1995b：451~456
[53] Choi S M, Yun Y S, Kim J H. Experimental study on seismic performance of concrete filled tubular square column-to-beam connections with combined cross diaphragm [J]. Steel and Composite Structures, 2006b, 6(4)：303~317
[54] Comite Euro-International Du Beton (CEB). CEB-FIP model code 1990：design code [M]. Thomas Telford, London, 1993
[55] Council on Tall Buildings and Urban Habitat. Structural system for tall buildings [M]. New York：McGraw-Hill, 1995
[56] De Nardin S, El Debs Ana Lucia H C. An experimental study of connections between I-beams and concrete filled steel tubular columns [J]. Steel and Composite Structures, 2004, 4(4)：303~315
[57] 邓洪洲，傅鹏程，余志伟. 矩形钢管和混凝土之间的粘结性能试验 [J]. 特种结构，2005，22(1)：50~52，96
[58] 邓志恒，王晓燕，张喜德等. 钢管混凝土核心柱预应力梁框架节点试验研究 [J]. 工业建筑，2006，36(9)：71~74
[59] Ding D J. Development of concrete-filled tubular arch bridges, China [J]. Structural Engineering International, 2001, 11(4)：265~267
[60] 渡边邦夫，大泽茂树，内藤龙夫等著. 周耀坤，腾百译. 钢结构设计与施工 [M]. 北京：中国建筑工业出版社，2000
[61] 杜喜凯，王铁成，周毅姝等. 钢管混凝土半刚性节点有限元建模方法的研究 [J]. 河北农业大学学报，2006，29(4)：113~117

[62] ECCS-Technical Committee 3, 1988. Fire safety of steel structures, technical note, calculation of the fire resistance of centrally loaded composite steel - concrete columns exposed to the standard fire [S].

[63] Elremaily A, Azizinamini A. Design provisions for connections between steel beams and concrete filled tube columns [J]. Journal of Constructional Steel Research, 2001a, 57(10): 971~995

[64] Elremaily A, Azizinamini A. Experimental behavior of steel beam to CFT column connections [J]. Journal of Constructional Steel Research, 2001b, 57(10): 1099~1119

[65] Elremaily A, Azizinamini A. Behavior and strength of circular concrete-filled tube columns [J]. Journal of Constructional Steel Research, 2002, 58(12): 1567~1591

[66] Eurocode 4 (EC 4), 2004. Design of steel and concrete structures-Part1-1: General rules and rules for building [S]. EN 1994 - 1 - 1: 2004, Brussels, European Committee for Standardization

[67] Fam A, Qie F S, Rizkalla S. Concrete-filled steel tubes subjected to axial compression and lateral cyclic loads [J]. Journal of Structural Engineering ASCE, 2004, 130(4): 631~640

[68] 方小丹，李少云，陈爱军. 新型钢管混凝土柱节点的实验研究 [J]. 建筑结构学报, 1999, 20(5): 2~15

[69] 方小丹，李少云，钱稼茹等. 钢管混凝土柱-环梁节点抗震性能的实验研究 [J]. 建筑结构学报, 2002, 23(6): 10~18

[70] 冯斌. 钢管混凝土中核心混凝土的温度、收缩和徐变模型研究 [D]. 福州：福州大学硕士学位论文, 2004

[71] 冯九斌. 钢管高强混凝土轴压性能及强度承载力研究 [D]. 哈尔滨：哈尔滨工业大学硕士学位论文, 1995

[72] 冯九斌. 钢管高强混凝土柱耐火性能研究 [D]. 哈尔滨：哈尔滨工业大学博士学位论文, 2001

[73] Forbes D. Three tall buildings in southern China [J]. Structural Engineering International, 1997, 7(3): 157~159

[74] Fu G, Morita K, Ebato K. Structural behaviour of beam-to-column connection of concrete filled circular tube column and h-beam space subassemblage [J]. Journal of Struct. Constr. Engng., 1998, 508(Jun.): 157~164 (in Japanese)

[75] 福建省工程建设标准 DBJ 13 - 51 - 2003. 钢管混凝土结构技术规程 [S]. 福州：福建省建设厅, 2003

[76] 福建省工程建设标准 DBJ 13 - 61 - 2004. 钢-混凝土混合结构技术规程 [S]. 福州：福建省建设厅, 2004

[77] Fujimoto T, Inai E, Kai M, Mori K, Mori O, Nishiyama I. Behavior beam-to-column connection of CFT column system [C]. The 12th WCEE, 2000, 2197: 1~8

[78] Fujinaga T, Matsui C, Tsuda K, Yamaji Y. Limiting axial compressive force and structural performance of concrete filled steel circular tubular beam-columns [C]. Proceedings of the 5th Pacific Structural Steel Conference, Seoul, Korea, 1998: 979~984

[79] Fukumoto Y. Structural stability design-steel and composite structures [M]. Pergamon, Elsevier Science, 1995

[80] Fukumoto T, Morita K. Elastoplastic behavior of panel zone in steel beam-to-concrete filled steel tube column moment connections [J]. Journal of Structural Engineering ASCE, 2005, 131(12): 1841~1853

[81] Fukumoto T, Sawamoto Y. CFT beam-column connection with high strength materials [C]. Proceedings of the International Conference on Composite Construction-Conventional and Innovative,

Insbruk, Austria, 16~18 September, 1997: 463~468

[82] Furlong R W. Strength of steel-encased concrete beam-columns [J]. Journal of Structural Division ASCE, 1967, 93(ST5): 113~124

[83] Furlong R W. Columns rules of ACI, SSLC, and LRFD compared [J]. Journal of Structural Division ASCE, 1983, 109(10): 2375~2386

[84] 高光虎. 高层及多层住宅钢结构设计-介绍陆海城、中福城、库尔勒住宅钢结构住宅. 高频焊接轻型 H 型钢应用手册 [R]. 上海大通钢结构有限公司、日本住友金属工业株式会社, 1998: 181~196

[85] 高光虎. 高层及多层钢结构住宅设计-介绍陆海城、中福城、库尔勒钢结构住宅 [J]. 建筑钢结构进展, 2001, 3(3): 3~12

[86] Gardner J, Jacobson E R. Structural behaviour of concrete filled steel tubes [J]. ACI Structural Journal, 1967, 64(7): 404~413

[87] Ge H B, Usami T. Strength of concrete-filled thin-walled steel box columns: experiment [J]. Journal of Structural Engineering ASCE, 1992, 118(11): 3006~3054

[88] Ge H B, Usami T. Strength analysis of concrete-filled thin-walled steel box columns [J]. Journal of Constructional Steel Research, 1994, 30: 607~612

[89] Ge H B, Usami T. Cyclic tests of concrete filled steel box columns [J]. Journal of Structural Engineering ASCE, 1996, 122(10): 1169~1177

[90] 葛继平, 宗周红, 杨强跃. 方钢管混凝土柱与钢梁半刚性连接节点的恢复力本构模型 [J]. 地震工程与工程振动, 2005, 25(6): 81~87

[91] Gho W M, Liu D. Flexural behaviour of high-strength rectangular concrete-filled steel hollow sections [J]. Journal of Constructional Steel Research, 2004, 60(11): 1681~1696

[92] Ghosh R S. Strengthening of slender hollow steel columns by filling with concrete [J]. Canadian Journal of Civil Engineering, 1977, 4(2): 127~133

[93] Goldsworthy H M, Gardner A P. Feasibility study for blind-bolted connections to concrete-filled circular steel tubular columns [J]. Structural Engineering and Mechanics, 2006, 24(4): 463~478

[94] 龚昌基. 钢管混凝土柱承重销式节点设计计算与荷载试验 [C]. 哈尔滨建筑大学学报(中国钢协钢-混凝土组合结构协会第五次年会论文集), 1995, 28(sup): 27~31

[95] 龚昌基. 试论钢管混凝土柱应用于高层建筑的综合效益 [C]. 哈尔滨建筑大学学报(中国钢协钢-混凝土组合结构协会第六次年会论文集), 1997, 30(sup): 27~31

[96] Gourley B C, Tort C, Hajjar J F, Schiller A. A synopsis of studies of the monotonic and cyclic behaviour of concrete-filled steel tube beam-columns [R]. Report No. ST1-01-4 (Version 3.0), Department of Civil Engineering, University of Minnesota, 2001

[97] Grauers M. Composite columns of hollow steel sections filled with high strength concrete [R]. Division of Concrete Structures, Chalmers University of Technology, Goteborg, Sweden, 140, 1993

[98] 顾伯禄, 朱筱俊, 吕清芳等. 新型钢管混凝土框架节点试验研究及其应用 [J]. 东南大学学报, 1998, 28(6): 106~110

[99] 顾维平, 蔡绍怀, 冯文林. 钢管高强混凝土长柱性能和承载能力的研究 [J]. 建筑科学, 1991, (3): 3~8

[100] 顾维平, 蔡绍怀, 冯文林. 钢管高强混凝土偏压柱性能与承载能力的研究 [J]. 建筑科学, 1993, (3): 8~12

[101] 管品武, 孟会英, 刘立新等. 钢管混凝土柱新型节点受力性能试验研究 [J]. 世界地震工程, 2001, 17(4): 148~153

[102] Haga J, Kubota N. KB column fillet weld design technology [R]. Kobe Steel Engineering Reports, 2002, 52(1), 55~59(in Japanese)

[103] Hajjar J F, Gourley B C. A cyclic nonlinear model for concrete-filled tubes. I: formulation [J]. Journal of Structural Engineering ASCE, 1997, 123(6): 736~744

[104] Hajjar J F, Gourley B C, Olson M C. A cyclic nonlinear model for concrete-filled tubes. II: verification [J]. Journal of Structural Engineering ASCE, 1997, 123(6): 745~754

[105] 韩林海. 钢管混凝土压弯扭构件工作机理研究 [D]. 哈尔滨: 哈尔滨建筑工程学院博士学位论文, 1993

[106] Han L H. Fire resistance of concrete filled steel tubular columns [J]. Advances in Structural Engineering, 1998, 2(1): 35~39

[107] Han L H. Tests on concrete filled steel tubular columns with high slenderness ratio [J]. Advances in Structural Engineering, 2000a, 3(4): 337~344

[108] Han L H. The influence of concrete compaction on the strength of concrete filled steel tubes [J]. Advances in Structural Engineering, 2000b, 3(2): 131~137

[109] Han L H. Fire performance of concrete filled steel tubular beam-columns [J]. Journal of Constructional Steel Research, 2001, 57(6): 695~709

[110] Han L H. Tests on stub columns of concrete-filled RHS sections [J]. Journal of Constructional Steel Research, 2002, 58(3): 353~372

[111] Han L H. Flexural behaviour of concrete filled steel tubes [J]. Journal of Constructional Steel Research, 2004, 60(2): 313~337

[112] 韩林海. 钢管混凝土结构-理论与实践(第一版) [M]. 北京: 科学出版社, 2004

[113] 韩林海. 钢管混凝土结构-理论与实践(第二版) [M]. 北京: 科学出版社, 2007

[114] Han L H, Huo J S. Concrete-filled hollow structural steel columns after exposure to ISO-834 fire standard [J]. Journal of Structural Engineering ASCE, 2003, 129(1): 68~78

[115] Han L H, Huo J S, Wang Y C. Compressive and flexural behaviour of concrete filled steel tubes after exposure to standard fire [J]. Journal of Constructional Steel Research, 2005a, 61(7): 882~901

[116] Han L H, Huo J S, Wang Y C. Behavior of steel beam to concrete-filled steel tubular column connections after exposure to fire [J]. Journal of Structural Engineering ASCE, 2007a, 133(6): 800~814

[117] 韩林海, 李威, 杨有福. 钢管混凝土框架-钢筋混凝土剪力墙混合结构抗震性能研究 [R]. 清华大学土木工程系防灾减灾工程研究所, 北京, 2007

[118] Han L H, Lin X K. Tests on cyclic behavior of concrete-filled HSS columns after exposure to ISO-834 standard fire [J]. Journal of Structural Engineering ASCE, 2004, 130(11): 1807~1819

[119] Han L H, Lin X K, Wang Y C. Cyclic performance of repaired concrete-filled steel tubular columns after exposure to fire [J]. Thin-Walled Structures, 2006a, 44(10): 1063~1076

[120] Han L H, Lu H, Yao G H, Liao F Y. Further study on the flexural behavior of concrete-filled steel tubes [J]. Journal of Constructional Steel Research, 2006b, 62(6): 554~565

[121] Han L H, Tao Z, Huang H, Zhao X L. Concrete-filled double skin (SHS outer and CHS inner) steel tubular beam-columns [J]. Thin-Walled Structures, 2004a, 42(9): 1329~1355

[122] Han L H, Tao Z, Liu W. Effects of sustained load on concrete-filled HSS (hollow structural steel) columns [J]. Journal of Structural Engineering ASCE, 2004b, 130(9): 1392~1404

[123] Han L H, Xu L, Zhao X L. Temperature field analysis of concrete-filled steel tubes [J]. Advances in Structural Engineering, 2003a, 6(2): 121~133

[124] Han L H, Yang H, Cheng S L. Residual strength of concrete filled RHS stub columns after exposure to high temperatures [J]. Advances in Structural Engineering, 2002a, 5(2): 123~134

[125] Han L H, Yang Y F. Influence of concrete compaction on the behavior of concrete filled steel tubes with rectangular sections [J]. Advances in Structural Engineering, 2001, 2(2): 93~100

[126] Han L H, Yang Y F. Analysis of thin-walled RHS columns filled with concrete under long-term sustained loads [J]. Thin-walled Structures, 2003, 41(9): 849~870

[127] Han L H, Yang Y F. Cyclic performance of concrete-filled steel CHS columns under flexural loading [J]. Journal of Constructional Steel Research, 2005, 61(4): 423~452

[128] Han L H, Yang Y F, Tao Z. Concrete-filled thin walled steel RHS beam-columns subjected to cyclic loading [J]. Thin-Walled Structures, 2003b, 41(9): 801~833

[129] Han L H, Yang Y F, Yang H, Huo J S. Residual strength of concrete-filled RHS columns after exposure to the ISO-834 standard fire [J]. Thin-Walled Structures, 2002b, 40(12): 991~1012

[130] Han L H, Yang Y F, Xu L. An experimental study and calculation on the fire resistance of concrete-filled SHS and RHS columns [J]. Journal of Constructional Steel Research, 2003c, 59(4): 427~452

[131] 韩林海, 杨有福, 李永进等. 钢管高性能混凝土的水化热和收缩性能研究 [J]. 土木工程学报, 2006, 39(3): 1~9

[132] Han L H, Yao G H. Influence of concrete compaction on the strength of concrete-filled steel RHS columns [J]. Journal of Constructional Steel Research, 2003a, 59(6): 751~767

[133] Han L H, Yao G H. Behaviour of concrete-filled hollow structural steel (HSS) columns with preload on the steel tubes [J]. Journal of Constructional Steel Research, 2003b, 59(12): 1455~1475

[134] Han L H, Yao G H. Experimental behaviour of thin-walled hollow structural steel (HSS) columns filled with self-consolodating concrete (SCC) [J]. Thin-Walled Structures, 2004, 42(9): 1357~1377

[135] Han L H, Yao G H, Tao Z. Performance of concrete-filled thin-walled steel tubes under pure torsion [J]. Thin-Walled Structures, 2007b, 45(1): 24~36

[136] Han L H, Yao G H, Tao Z. Behavior of concrete-filled steel tubular members subjected to combined loading [J]. Thin-Walled Structures, 2007c, 45: 600~619

[137] Han L H, Yao G H, Zhao X L. Behavior and calculation on concrete-filled steel CHS (circular hollow section) beam-columns [J]. Steel and Composite Structures, 2004c, 4(3): 169~188

[138] Han L H, Yao G H, Zhao X L. Tests and calculations of hollow structural steel (HSS) stub columns filled with self-consolidating concrete (SCC) [J]. Journal of Constructional Steel Research, 2005b, 61(9): 1241~1269

[139] Han L H, You J T, Lin X K. Experiments on the cyclic behavior of self-consolidating concrete-filled HSS columns [J]. Advances in Structural Engineering, 2005c, 8(5): 497-512

[140] Han L H, Zhao X L, Tao Z. Tests and mechanics model for concrete-filled SHS stub columns, columns and beam-columns [J]. Steel and Composite Structures, 2001, 1(1): 51~74

[141] Han L H, Zhao X L, Yang Y F, Feng J B. Experimental study and calculation of fire resistance of concrete-filled hollow steel columns [J]. Journal of Structural Engineering ASCE, 2003d, 129(3): 346-356

[142] 韩林海, 钟善桐. 钢管混凝土基本剪切问题研究 [J]. 哈尔滨建筑工程学院学报, 1994, 27(6): 28~34

[143] 韩林海, 钟善桐. 钢管混凝土压弯扭构件工作机理及性能研究 [J]. 建筑结构学报, 1995, 16(4): 32~39

[144] 韩林海，钟善桐. 钢管混凝土力学 [M]. 大连：大连理工大学出版社，1996

[145] Han Q F, Lie T T, Wu H J. Column fire resistance test facility at the Tianjin Fire Research Institute [R]. NRC-CNRC Internal Report, No. 648, Ottawa, Canada, 1993

[146] 韩小雷，王永仪，季静等. 穿心暗牛腿钢管混凝土柱节点的实验研究 [J]. 工业建筑，2002，32(7)：68~70

[147] 韩晓健. 新型钢管混凝土柱节点受力性能实验研究 [D]. 哈尔滨：哈尔滨工业大学硕士学位论文，2001

[148] Hardika M S, Gardner N J. Behavior of concrete-filled hollow structural section beam columns to seismic shear displacements [J]. ACI Structural Journal, 2004, 101(1)：39~46

[149] Hass R. On realistic testing of the fire protection technology of steel and cement supports [R]. Translation BHPR/NL/T/1444, Melbourne, Australia, 1991

[150] 贺军利. 钢管混凝土柱耐火性能的研究 [D]. 哈尔滨：哈尔滨建筑大学博士学位论文，1998

[151] 何建罡，唐志毅，张兴富等. 钢管混凝土板柱节点的实验研究 [J]. 建筑结构，2001，31(12)：44~46

[152] Hibbitt, Karlsson & Sorensen Inc. ABAQUS Version 6.4：Theory manual, users' manual and verification manual [M]. Hibbitt, Karlson and Sorenson Inc., 2003

[153] Hong S D, Choi S M, Kim Y. A moment-rotation curve for CFT square columns and steel beams [C]. Proceedings of the International Conference on Advances in Structures (ASSCCA'03), Hancock G J et al. (Eds.), Sydney, Australia, 22~25 June, 2003：951~959

[154] Hsu H L, Lin H W. Improving seismic performance of concrete-filled tube to base connections [J]. Journal of Constructional Steel Research, 2006, 62：1333~1340

[155] Hu H T, Huang C S, Wu M H, Wu Y M. Nonlinear analysis of axially loaded concrete-filled tube columns with confinement effect [J]. Journal of Structural Engineering ASCE, 2003, 129(10)：1322~1329

[156] Huang C S, Yeh Y K, Liu G Y, Hu H T, Tsai K C, Weng Y T, Wang S H, Wu M H. Axial load behavior of stiffened concrete-filled steel columns [J]. Journal of Structural Engineering ASCE, 2002, 128(9)：1222~1230

[157] 黄汉炎，梁宇行，李曦新等. 钢管混凝土柱、RC梁板节点拟静力三向加载实验研究 [J]. 建筑结构学报，2001，22(6)：3~13

[158] 黄宏. 中空夹层钢管混凝土压弯构件的力学性能研究 [D]. 福州：福州大学博士学位论文，2006

[159] 黄襄云，周福霖，罗学海等. 钢管混凝土柱结构节点抗震性能研究 [J]. 建筑结构，2001，31(7)：3~7

[160] 霍静思. 标准火灾作用后钢管混凝土压弯构件力学性能研究 [D]. 哈尔滨：哈尔滨工业大学硕士学位论文，2001

[161] 霍静思. 火灾作用后钢管混凝土柱-钢梁节点力学性能研究 [D]. 福州：福州大学博士学位论文，2005

[162] 霍静思，韩林海. ISO-834标准火灾作用后钢管混凝土的轴压刚度和抗弯刚度 [J]. 地震工程与工程振动，2002，22(5)：143~151

[163] Ichinose L H, Watanabe E, Nakai H. An experimental study on creep of concrete filled steel pipes [J]. Journal of Constructional Steel Research, 2001, 57(4)：453~466

[164] Ichinohe Y, Matsutani T, Nakajima M, Ueda H, Takada K. Elasto-plastic behavior of concrete filled steel circular columns [C]. Proceedings of the 3rd International Conference on Steel-Concrete Composite Structures(Ⅰ), ASCCS, Fukuoka, Japan, 1991：131~136

[165] ISO-834, 1975. Fire resistance tests-elements of building construction [S]. International Standard ISO 834, Geneva

[166] ISO 834, 1980. Fire resistance tests-elements of building construction, Amendment 1, Amendment2 [S].

[167] 建设部工程质量安全监督与行业发展司、中国建筑标准设计研究所编. 全国民用建筑工程设计技术措施-结构 [M]. 北京:中国计划出版社, 2003

[168] 金刚, 丁洁民, 陈建斌. 方钢管混凝土结构内隔板式节点试验研究 [J]. 结构工程师, 2005, 21(4): 75~80

[169] Johansson M. Composite action in connection regions of concrete-filled steel tube columns [J]. Steel and Composite Structures, 2003, 3(1): 47~64

[170] Johansson M, Gylltoft K. Structural behavior of slender circular steel-concrete composite columns under various means of load application [J]. Steel and Composite Structures, 2001, 1(4): 393~410

[171] Johnson R P. Composite structures of steel and concrete (second edition): beams, slabs, columns, and frames for building [M]. Blackwell Scientific Publications, Oxford, 1994

[172] Kang C H, Moon T S, Lee S J. Behavior of concrete-filled steel tubular beam-column under combined axial and lateral forces [C]. Proceedings of the 5th Pacific Structural Steel Conference, Seoul, Korea, 1998: 961~966

[173] Kang C H, Shin K J, Oh Y S, Moon T S. Hysteresis behavior of CFT column to H-beam connections with external T-stiffeners and penetrated elements [J]. Engineering Structures, 2001, 23(9): 1194~1201

[174] Kato B. Column curves of steel-concrete composite members [J]. Journal of Constructional Steel Research, 1996, 39(2): 121~135

[175] Kilpatrick A E, Rangan B V. Tests on high-strength composite concrete columns [R]. Research Report No. 1/97, School of Civil Engineering, Curtin University of Technology, Perth, Australia, 1997a

[176] Kilpatrick A E, Rangan B V. Deformation-control analysis of composite columns [R]. Research Report No. 3/97, School of Civil Engineering, Curtin University of Technology, Perth, Australia, 1997b

[177] Kilpatrick A E, Rangan B V. Prediction of the behaviour of concrete-filled steel tubular columns [J]. Australian Journal of Structural Engineering Transactions, 1997c, SE2(2, 3): 73~83

[178] Kim D K, Choi S M, Chung K S. Structural characteristics of CFT columns subjected fire loading and axial force [C]. Proceedings of the 6th ASCCS Conference, ASCCS, Los Angeles, USA, 2000: 271~278

[179] Kim Y J, Shin K J, Oh Y S, Moon T S. Experimental results of CFT column to H-beam full-scale connections with external T-stiffeners [C]. SEWC 2002, Yokohama, Japan, 2002, T1-3-d-1: 1~6

[180] Kimura J, Chung J, Matsui C, Choi S. Structural characteristics of H-shaped beam-to-square tube column connection with vertical stiffeners [J]. International Journal of Steel Structures, 2005, 5(2): 109~117

[181] Kitada T. Ultimate strength and ductility of state-of-the-art concrete-filled steel bridge piers in Japan [J]. Engineering Structures, 1998, 20(4~6): 347~354

[182] Klingsch W. New developments in fire resistance of hollow section structures [C]. Symposium on Hollow Structural Sections in Building Construction, ASCE, Chicago Illinois, USA, 1985

[183] Kloppel V K, Goder W. An investigation of the load carrying capacity of concrete-filled steel tubes and development of design formula [J]. Der Stahlbau, 1957a, 26 (1): 1~10

[184] Kloppel V K, Goder W. An Investigation of the load carrying capacity of concrete-filled steel tubes and development of design formula [J]. Der Stahlbau, 1957b, 26 (2): 44~50

[185] Knowles P R. Composite steel and concrete construction [M]. John Wiley and Sons, Inc., New York, USA, 1973

[186] Knowles R B, Park R. Strength of concrete filled steel tubular columns [J]. Journal of Structural Division ASCE, 1969, 95(ST12): 2565~2587

[187] Knowles R B, Park R. Axial load design for concrete filled steel tubes [J]. Journal of Structural Division ASCE, 1970, 96(ST10): 2125~2153

[188] Kodur V K R. Design equations for evaluating fire resistance of SFRC-filled HSS columns [J]. Journal of Structural Engineering ASCE, 1998a, 124(6): 671~677

[189] Kodur V K R. Performance of high strength concrete-filled steel columns exposed to fire [J]. Canadian Journal of Civil Engineering, 1998b, 25: 975~981

[190] Kodur V K R. Performance-based fire resistance design of concrete-filled steel columns [J]. Journal of Constructional Steel Research, 1999, 51(1): 21~26

[191] Kodur V K R, Lie T T. Evaluation of fire resistance of rectangular steel columns filled with fibre-reinforced concrete [J]. Canadian Journal of Civil Engineering, 1997, 24: 339~349

[192] Kodur V K R, Sultan M A. Enhancing the fire resistance of steel columns through composite construction [C]. Proceedings of the 6th ASCCS Conference, ASCCS, Los Angeles, USA, 2000: 279~286

[193] Koester B D, Yura J A, Jirsa J O. Behavior of moment connections between concrete-filled steel tube columns and wide flange steel beams subjected to seismic to loads [C]. The 12th WCEE, 2000, 1759: 1~7

[194] Kurobane Y, Packer J A, Wardenier J, Yeomans N. Design guide for structural hollow section column connections [M]. CIDECT, Verlag TÜV Rheinland GmbH, Köln, 2004

[195] Lahlou K, Lachemi M, Aitcin P C. Confined high-strength concrete under dynamic compressive loading [J]. Journal of Structural Engineering ASCE, 1999, 125(10): 1100~1108

[196] 李成玉, 郭耀杰, 李美东. 钢管混凝土结构外加强环式节点刚性试验研究 [J]. 国外建材科技, 2005, 26(6): 14~18

[197] 李成玉, 郭耀杰, 李美东. 钢管混凝土结构外加强环式节点刚性试验研究 [J]. 工业建筑, 2006, 36(9): 81~83, 110

[198] 李继读. 钢管混凝土轴压承载力的研究 [J]. 工业建筑, 1985, (2): 25~31

[199] 李少云, 方小丹, 杨润强. 广州市翠湖山庄工程钢管混凝土柱节点足尺静载实验研究 [J]. 土木工程学报, 2001, 34(6): 11~16

[200] 李四平, 霍达, 王菁等. 偏心受压方钢管混凝土柱极限承载力的计算 [J]. 建筑结构学报, 1998, 19(1): 41~51

[201] 李威. 高层建筑钢管混凝土混合结构抗震性能分析 [D]. 北京: 清华大学本科生综合训练论文, 2006

[202] 黎志军. 带约束拉杆方形钢管混凝土柱轴压和偏压性能的基础研究 [D]. 广州: 华南理工大学硕士学位论文, 2002

[203] 李至钧, 阎善章. 钢管混凝土框架梁柱刚性抗震节点的实验研究 [J]. 工业建筑, 1994, 24(2): 8~15

[204] 梁剑,蔡健,姚大鑫等. 一种新型钢管混凝土梁柱节点实验研究-RC楼层间钢管非连通型节点[J]. 华南理工大学学报,2002,30(10):79~83

[205] 廖飞宇,陶忠,韩林海. 钢-混凝土组合剪力墙抗震性能研究现状简述[J]. 地震工程与工程振动,2006,26(5):129~135

[206] Lie T T. Fire resistance of circular steel columns filled with bar-reinforced concrete [J]. Journal of Structural Engineering ASCE, 1994, 120(5): 1489~1509

[207] Lie T T, Caron S E. Fire resistance of hollow steel columns filled with siliceous aggregate concrete: test results [R]. NRC-CNRC Internal Report, No. 570, Ottawa, Canada, 1988

[208] Lie T T, Chabot M. Fire Resistance of hollow steel columns filled with carbonate aggregate concrete: test results [R]. NRC-CNRC Internal Report, No. 573, Ottawa, Canada, 1988

[209] Lie T T, Chabot M. A method to predict the fire resistance of circular concrete filled hollow steel columns [J]. Journal of Fire Protection Engineering, 1990, 2(4): 111~126

[210] Lie T T, Chabot M. Experimental studies on the fire resistance of hollow steel columns filled with plain concrete [R]. NRC-CNRC Internal Report, No. 611, Ottawa, Canada, 1992

[211] Lie T T, Denham E M A. Factors Affecting the Fire Resistance of Circular Hollow Steel Columns Filled with Bar-Reinforced Concrete [R]. NRC-CNRC Internal Report, No. 651, Ottawa, Canada, 1993

[212] Lie T T, Stringer D C. Calculation of the fire resistance of steel hollow structural section columns filled with plain concrete [J]. Canadian Journal of Civil Engineering, 1994, 21(3): 382~385

[213] Lin M L, Tsai K C. Behavior of double-skinned composite steel tubular columns subjected to combined axial and flexural loads [C]. Proceedings of the 1st International Conference on Steel and Composite Structures, Pusan, Korea, 2001: 1145~1152

[214] Lin P Z, Zhu Z C, Li Z J. Fire resistance structure: the concrete filled steel tubular column [C]. Conference Report of International Conference on Composite Construction-Conventional and Innovative, Innsbruck, Austria, 1997: 397~401

[215] 林晓康. 火灾后钢管混凝土压弯构件的滞回性能研究[D]. 福州:福州大学博士学位论文,2006

[216] 林瑶明. 新型钢管混凝土柱节点轴压性能的基础研究[D]. 广州:华南理工大学硕士学位论文,2001

[217] 林于东,林杰,宗周红. 低周反复荷载作用下矩形钢管混凝土柱与钢梁连接节点的受力性能[J]. 地震工程与工程振动,2004,24(4):62~69

[218] 刘大海,杨翠如. 型钢、钢管混凝土高楼计算和构造[M]. 北京:中国建筑工业出版社,2003

[219] 刘威. 长期荷载作用对钢管混凝土柱力学性能的影响研究[D]. 哈尔滨:哈尔滨工业大学硕士学位论文,2001

[220] 刘威. 钢管混凝土局部受压时的工作机理研究[D]. 福州:福州大学博士学位论文,2005

[221] 刘威,韩林海. 钢管混凝土受轴向局压荷载时的工作机理研究[J]. 土木工程学报,2006,39(6):9~27

[222] 刘亚玲. 常见约束类型的钢管混凝土构件侧向冲击响应试验研究与数值分析[D]. 太原:太原理工大学硕士学位论文,2005

[223] 刘永健,池建军. 方钢管混凝土界面粘结强度的试验研究[J]. 建筑技术,2005,36(2):97~98,107

[224] 刘玉莲. 泵送钢管混凝土配合比选择及组合件特征试验研究[J]. 建筑安装技术,1991(专刊):7~18

[225] 刘志斌,钟善桐. 钢管混凝土柱钢筋混凝土双梁节点的刚性研究[J]. 哈尔滨建筑大学学报,

2001, 34(4): 26~29
- [226] 吕西林, 李学平. 方钢管混凝土柱外置式环梁节点的实验及设计方法研究 [J]. 建筑结构学报, 2003, 24(1): 7~13
- [227] 吕西林, 陆伟东. 反复荷载作用下方钢管混凝土柱的抗震性能研究 [J]. 建筑结构学报, 2000, 21(2): 2~11
- [228] 吕西林, 李学平, 余勇. 方钢管混凝土柱与钢梁连接的设计方法 [J]. 同济大学学报, 2002, 30(1): 1~5
- [229] 吕西林, 余勇, 陈以一, Tanak K, Sasaki S. 轴心受压方钢管混凝土短柱的性能研究: I 试验 [J]. 建筑结构, 1999, 29(10): 41~43
- [230] Luksha L K, Nesterovich A P. Strength testing of larger-diameter concrete filled steel tubular members [C]. Proceedings of the 3rd International Conference on Steel-Concrete Composite Structures, ASCCS, Fukuoka, Japan, 1991: 67~70
- [231] MacRae G, Roeder C W, Gunderson C, Kimura Y. Brace-beam-column connections for concentrically braced frames with concrete filled tube columns [J]. Journal of Structural Engineering ASCE, 2004, 130(2): 233~243
- [232] Masuo K, Adachi M, Kawabata K, Kobayashi M, Konishi M. Buckling behavior of concrete filled circular steel tubular columns using light-weight concrete [C]. Proceedings of the 3rd International Conference on Steel-Concrete Composite Structures, ASCCS, Fukuoka, Japan, 1991: 95~100
- [233] Matsui C, Tsuda K, Ishibashi Y. Slender concrete filled steel tubular columns under combined compression and bending [C]. Structural Steel, PSSC 95, the 4th Pacific Structural Steel Conference, Vol. 3, Steel-Concrete Composite Structures, Singapore, 1995: 29~36
- [234] Morino S, Kswanguchi J, Cao Z S. Creep behavior of concrete filled steel tubular members [C]. Proceedings of an Engineering Foundation Conference on Steel-Concrete Composite Structure III, Irsee, Germany, June 9~14, 1996: 514~525
- [235] Morishita Y, Tomii M. Experimental studies on bond strength between square steel tube and encased concrete core under cyclic shearing force and constant axial force [J]. Transactions of Japan Concrete Institute, 1982, 4: 363~370
- [236] Morishita Y, Tomii M, Yoshimura K. Experimental studies on bond strength in concrete filled circular steel tubular columns subjected to axial loads [J]. Transactions of Japan Concrete Institute, 1979a, 1: 351~358
- [237] Morishita Y, Tomii M, Yoshimura K. Experimental studies on bond strength in concrete filled square and octagonal steel tubular columns subjected to axial loads [J]. Transactions of Japan Concrete Institute, 1979b, 1: 359~366
- [238] Mursi M, Uy B. Strength of concrete filled steel box columns incorporating interaction buckling [J]. Journal of Structural Engineering ASCE, 2003, 129(5): 626~639
- [239] Nakada K, Kawano A. Load-deformation relations of diaphragm-stiffened connections between H-shaped beams and circular CFT columns [C]. Proceedings of the International Conference on Advances in Structures(ASSCCA'03), Hancock G J et al. (Eds.), Sydney, Australia, 22~25 June, 2003: 935~941
- [240] Nakai H, Kurita A, Ichinose L H. An experimental study on creep of concrete filled steel pipes [C]. Proceedings of the 3rd International Conference on Steel and Concrete Composite Structures, Fukuoka, Japan, 1991: 55~60
- [241] Nakanishi K, Kitada T, Nakai H. Experimental study on ultimate strength and ductility of concrete

filled steel columns under strong earthquakes [J]. Journal of Constructional Steel Research, 1999, 51(3): 297~319

[242] Neogi P K, Sen H K, Chapman J C. Concrete filled tubular steel columns under eccentric loading [J]. The Structural Engineer, 1969, 47(5): 187~195

[243] 聂建国, 秦凯, 肖岩. 方钢管混凝土柱节点的试验研究及非线性有限元分析 [J]. 工程力学, 2006, 23(11): 99~109, 115

[244] Nishiyama I, Fujimoto T, Fukumoto T, Yoshioka K. Inelastic force-deformation response of joint shear panels in beam-column moment connections to concrete-filled tubes [J]. Journal of Structural Engineering ASCE, 2004, 130(2): 244~252

[245] Nishiyama I, Morino S, Sakino K, Nakahara H, Fujimoto T, Mukai A, Inai E, Kai M, Tokinoya H, Fukumoto T, Mori K, Yoshika K, Mori O, Yonezawa K, Mizuaki U, Hayashi Y. Summary of research on concrete-filled structural steel tube column system carried out under the US-Japan cooperative research program on composite and hybrid structures [R]. BRI Research Paper No. 147, Building Research Institute, Japan, 2002

[246] Oehlers D J, Bradford M A. Composite steel and concrete structural members: fundamental behaviour [M]. Pergamon, Oxford: Elsevier Science Ltd, 1995

[247] Oh Y S, Shin K J, Moon T S. Test of concrete-filled box column to H-beam connections [C]. Proceedings of the 5th Pacific Structural Steel Conference, Seoul, Korea, 1998: 881~886

[248] Okada T, Yamaguchi T, Sakumoto Y, Keira K. Load heat tests of full-scale columns of concrete-filled tubular steel structure using fire-resistant steel for buildings [C]. Proceedings of the 3rd International Conference on Steel-Concrete Composite Structures(Ⅰ), ASCCS, Fukuoka, Japan, 1991: 101~106

[249] O'Meagher A J, Bennetts I D, Hutchinson G L, Stevens L K. Modelling of HSS columns filled with concrete in fire [R]. BHPR/ENG/R/91/031/PS69, Melbourne, Australia, 1991

[250] Orito Y, Sato T, Tanaka N, Watanabe Y. Study on the unboned steel tube concrete structure [C]. Proceedings, Composite Construction in Steel and Concrete, ASCE, Engineering Foundation, Potosi, Missouri, 1987: 786~804

[251] O'Shea M D, Bridge R Q. Tests on circular thin-walled steel tubes filled with medium and high strength concrete [R]. Department of Civil Engineering Research Report No. R755, the University of Sydney, Sydney, Australia, 1997a

[252] O'Shea M D, Bridge R Q. Tests on circular thin-walled steel tubes filled with very high strength concrete [R]. Department of Civil Engineering Research Report No. R754, the University of Sydney, Sydney, Australia, 1997b

[253] O'Shea M D, Bridge R Q. Local Buckling of thin-walled circular steel sections with or without internal restraint [R]. Department of Civil Engineering Research Report No. R740, the University of Sydney, Sydney, Australia, 1997c

[254] O'Shea M D, Bridge R Q. Behaviour of thin-walled box sections with lateral restraint [R]. Department of Civil Engineering Research Report No. R739, the University of Sydney, Sydney, Australia, 1997d

[255] 欧谨, 黄伟淳, 韩晓健. 新型钢管混凝土柱框架节点低周反复荷载实验研究 [J]. 地震工程与工程振动, 1999, 19(3): 44~48

[256] Pan Y G. Analysis of complete curve of concrete filled steel tubular stub columns under axial compression [C]. Proceedings of the International Conference on Concrete Filled Steel Tubular Struc-

tures (including Composite Beams), Harbin, China, 1988: 87~93

[257] 潘友光. 圆钢管混凝土轴心力作用下本构关系的研究及其应用 [D]. 哈尔滨: 哈尔滨建筑工程学院博士学位论文, 1989

[258] Park J W, Kang S M, Yang S C. Experimental studies of wide flange beam to square concrete-filled tube column joints with stiffening plates around the column [J]. Journal of Structural Engineering ASCE, 2005, 131(12): 1866~1876

[259] Patterson N L, Zhao X L, Wong B M, Ghojel J, Grundy P. Elevated temperature testing of composite columns [C]. Proceedings of the 2nd International Conference on Advances in Steel Structures, Chan S L and Teng J G(Eds), Elsevier, Oxford, 1999: 1045~1054

[260] Prion H G L, Boehme J. Beam-column behaviour of steel tubes filled with high strength concrete [J]. Canadian Journal of Civil Engineering, 1994, 21: 207~218

[261] 曲慧, 陶忠, 韩林海. CFST 柱-RC 梁钢筋环绕式节点抗震性能试验 [J]. 工业建筑, 2006, 36(11): 27~31, 22

[262] Rangan B V, Joyce M. Strength of eccentrically loaded slender steel tubular columns filled with high-strength concrete [J]. ACI Structural Journal, 1991, 89(6): 676~681

[263] 日本钢结构协会著. 陈以一, 傅功义译. 钢结构技术总览 [M]. 北京: 中国建筑工业出版社, 2003

[264] Ricles J M, Peng S W, Lu L W. Seismic behavior of composite concrete filled steel tube column-wide flange beam moment connections [J]. Journal of Structural Engineering ASCE, 2004, 130(2): 223~232

[265] Roeder C W, Cameron B, Brown C B. Composite action in concrete filled tubes [J]. Journal of Structural Engineering ASCE, 1999, 125 (5): 477~484

[266] Sakino K, Hayashi H. Behavior of concrete filled steel tubular stub columns under concentric loading [C]. Proceedings of the 3rd International Conference on Steel-Concrete Composite Structures, Fukoka, Japan, 1991: 25~30

[267] Sakino K, Inai E, Nakahara H. Tests and analysis on elasto-plastic behavior of CFT beam-columns-U. S. -Japan cooperative earthquake research program [C]. Proceedings of the 5th Pacific Structural Steel Conference, Seoul, Korea, 1998: 901~906

[268] Sakino K, Tomii M. Hysteretic behavior of concrete filled square steel tubular beam-columns failed in flexure [J]. Transactions of the Japan Concrete Institute, 1981, 3: 439~446

[269] Sakino K, Tomii M, Watanabe K. Sustaining load capacity of plain concrete stub columns confined by circular steel tubes [C]. Proceedings of the International Specialty Conference on Concrete-Filled Steel Tubular Structures, ASCCS, Harbin, China, 1985: 112~118

[270] Sakumoto Y, Okada T, Yoshida M, Tasaka S. Fire resistance of concrete-filled, fire-resistant steel-tube columns [J]. Journal of Material in Civil Engineering ASCE, 1994, 6(2): 169~184

[271] Schneider S P. Axially loaded concrete-filled steel tubes [J]. Journal of Structural Engineering ASCE, 1998, 124(10): 1125~1138

[272] Schneider S P, Alostaz Y M. Experimental behavior connections to concrete-filled steel tubes [J]. Journal of Constructional Steel Research, 1998, 45(3): 321~352

[273] Shakir-Khalil H. Pushout strength of concrete-filled steel hollow sections [J]. The Structural Engineer, 1993, 71(13): 230~243

[274] Shakir-Khalil H, Al-Rawdan A. Experimental behaviour and numerical modelling of concrete-filled rectangular hollow section tubular columns [C]. Proceedings of an Engineering Foundation Conference on Composite Construction in Steel and Concrete Ⅲ, Irsee, Germany, June 9~14,

1996：222~235

[275] Shakir-Khalil H, Mouli M. Further tests on concrete-filled rectangular hollow-section columns [J]. The Structural Engineer, 1990, 68(20)：405~413

[276] Shakir-Khalil H, Zeghiche J. Experimental behaviour of concrete-filled rolled rectangular hollow-section columns [J]. The Structural Engineering, 1989, 67(19)：346~353

[277] 上海市工程建设标准 DG/TJ 08-015-2004. 高层建筑钢-混凝土混合结构设计规程 [S]. 上海：上海工程建设标准化办公室, 2004

[278] Shanmugam N E, Lakshmi B. State of the art report on steel-concrete composite columns [J]. Journal of Constructional Steel Research, 2001, 57(10)：1041~1080

[279] 沈之容, 蒋涛. 薄壁矩形钢管混凝土梁柱节点试验研究 [J]. 建筑结构, 2005, 35(9)：42~44

[280] 沈祖炎, 陈之毅. 矩形钢管混凝土结构设计施工中的若干问题 [C]. 第三届海峡两岸及香港钢及金属结构技术研讨会, 香港, 中国, 2003：18~28

[281] 世界建筑结构设计精品选-中国篇编委会. 世界建筑结构设计员精品选 [M]. 北京：中国建筑工业出版社, 2001

[282] Shiiba K, Harada N. An experiment study on concrete-filled square steel tubular columns [C]. Proceedings of the 4th International Conference on Steel-Concrete Composite Structures, Slovakia, 1994：103~106

[283] Shim J S, Han D J, Kim K S. An experimental study on the structural behaviors of H-shaped steel beam-to-concrete filled steel square tubular column connections [C]. Building For The 21st Century, Loo Y C(Editor), Griffith University Gold Coast Campus, Australia, 1995：41~48

[284] 斯托鲁任科, ЛИ著. 伯群, 东奎译. 钢管混凝土结构 [M]. 北京：冶金工业出版社, 1982

[285] Song J Y, Kwon Y B. Structural behavior of concrete-filled steel box sections [R]. International Conference Report on Composite Construction-Conventional and Innovative, Innsbruck, Austria, 1997：795~800

[286] 孙忠飞. 我国钢管混凝土技术及其桥梁的发展 [R]. 铁道部第一勘测设计院, 1997

[287] 谭克锋, 蒲心诚. 钢管超高强混凝土长柱及偏压柱的性能与极限承载能力的研究 [J]. 建筑结构学报, 2000, 21(2)：12~19

[288] 谭克锋, 蒲心诚, 蔡绍怀. 钢管超高强混凝土的性能与极限承载能力的研究 [J]. 建筑结构学报, 1999, 20(1)：10~15

[289] 太钢钢管混凝土结构设计施工研究组. 钢管混凝土高位抛落不振捣试验研究与施工试验 [J]. 工业建筑, 1986, (6)：15~20

[290] 唐春平. 钢管混凝土内部质量超声测试试验 [J]. 建筑安装技术, 1991(专刊)：19~27

[291] 汤关祚, 招炳泉, 竺惠仙等. 钢管混凝土基本力学性能的研究 [J]. 建筑结构学报, 1982, (1)：13~31

[292] 汤华, 王松帆, 周定等. 广州合银广场结构设计 [J]. 建筑结构, 2001, 31(7)：19~22

[293] 汤文锋, 王毅红, 史耀华. 新型钢管混凝土节点的非线性有限元分析 [J]. 长安大学学报(自然科学版), 2004, 24(5)：60~63, 93

[294] 陶忠. 方钢管混凝土构件力学性能若干关键问题的研究 [D]. 哈尔滨：哈尔滨工业大学博士学位论文, 2001

[295] Tao Z, Han L H. Behaviour of fire-exposed concrete-filled steel tubular beam-columns repaired with CFRP wraps [J]. Thin-Walled Structures, 2007(in Press)

[296] Tao Z, Han L H, Wang L L. Compressive and flexural behaviour of CFRP repaired concrete-filled steel tubes after exposure to fire [J]. Journal of Constructional Steel Research, 2007a, 63：1116~

[297] Tao Z, Han L H, Zhao X L. Behaviour of concrete-filled double skin (CHS inner and CHS outer) steel tubular stub columns and beam-columns [J]. Journal of Constructional Steel Research, 2004a, 60(8): 1129~1158

[298] Tao Z, Han L H, Zhuang J P. Axial loading behavior of CFRP strengthened concrete-filled steel tubular stub columns [J]. Advances in Structural Engineering, 2007b, 10(1): 37~46

[299] Tao Z, Wang Z B, Han L H. Behaviour of concrete-filled square steel tubular columns with stiffeners under concentric compression [C]. Proceedings of the 8th International Symposium on Structural Engineering for Young Exports, August 20~23, Xi'an, China, 2004b: 907~913

[300] 陶忠, 于清. 新型组合结构柱-试验、理论与方法 [M]. 北京: 科学出版社, 2006

[301] Task Group 20, SSRC. A specification for the design of steel-concrete composite columns [J]. Engineering Journal, AISC, 1979, 16(4): 101~145

[302] Teng J G, Chen J F, Smith S T, Lam L. FRP-Strengthened RC Structures [M]. John Wiley and Sons Ltd, 2002

[303] Terrey P J, Bradford M A, Gilbert R I. Creep and shrinkage of concrete in concrete-filled circular steel tubes [C]. Proceedings of the 6th International Symposium on Tubular Structures, Melbourne, Australia, 1994: 293~298

[304] 天津市工程建设标准 DB 29-57-2003. 天津市钢结构住宅设计规程 [S]. 天津, 2003

[305] Tomii M, Sakino K. Experimental studies on the ultimate moment of concrete filled square steel tubular beam-columns [J]. Transactions of AIJ, 1979a, No. 275: 55-63

[306] Tomii M, Sakino K. Elasto-plastic behavior of concrete filled square steel tubular beam-columns [J]. Transactions of AIJ, 1979b, No. 280: 111~120

[307] Tomii M, Sakino K. Experimental studies on concrete filled square steel tubular beam-columns subjected to monotonic shearing force and constant axial force [J]. Transactions of AIJ, 1979c, No. 281: 81~90

[308] Tomii M, Yoshimaro K, Morishita Y. Experimental studies on concrete filled steel tubular stub column under concentric loading [C]. Proceedings of the International Colloquium on Stability of Structures under Static and Dynamic Loads, SSRC/ASCE/(Washington), 1977: 718~741

[309] Tomii M, Yoshimura K, Morishita Y. A method of improving bond strength in between steel tube and concrete core cast in circular steel tubular columns [J]. Transactions of Japan Concrete Institute, 1980a, Vol. 2: 319~326

[310] Tomii M, Yoshimura K, Morishita Y. A method of improving bond strength in between steel tube and concrete core cast in square and octagonal steel tubular columns [J]. Transactions of Japan Concrete Institute, 1980b, Vol. 2: 327~334

[311] Tsuda K, Matsui C. Limitation on width(diameter)-thickness ratio of steel tubes of composite tube and concrete columns with encased type section [C]. Proceedings of the 5th Pacific Structural Steel Conference, Seoul, Korea, 1998: 865~870

[312] 屠永清. 钢管混凝土压弯构件恢复力特性的研究 [D]. 哈尔滨: 哈尔滨建筑大学博士学位论文, 1994

[313] Twilt L, Hass R, Klingsch W, Edwards M, Dutta D. Design guide for structural hollow section columns exposed to fire [M]. CIDECT, Verlag TÜV Rheinland, Köln, 1996

[314] Uy B. Ductility and strength of thin-walled concrete filled box columns [C]. Conference Report of International Conference on Composite Construction-Conventional and Innovative, Innsbruck, Aus-

tria, 1997: 801~806
- [315] Uy B. Concrete-filled fabricated steel box columns for multistorey buildings: behaviour and design [J]. Progress in Structural Engineering and Materials, 1998a, 1(2): 150~158
- [316] Uy B. Local and post-local buckling of concrete filled steel welded box columns [J]. Journal of Constructional Steel Research, 1998b, 47(1~2): 47~72
- [317] Uy B. Strength of concrete filled steel box columns incorporating local buckling [J]. Journal of Structural Engineering ASCE, 2000, 126(3): 341~352
- [318] Uy B. Static long-term effects in short concrete-filled steel box columns under sustained loading [J]. ACI Structural Journal, 2001a, 98(1): 96~104
- [319] Uy B. Strength of short concrete filled high strength steel box columns [J]. Journal of Constructional Steel Research, 2001b, 57(2): 113~134
- [320] Uy B. High performance steels and their use in steel and steel-concrete structures [C]. Proceedings of the 1st International Forum on Advances in Structural Engineering, Beijing China, 12~13 November, 2006: 296~312
- [321] Uy B, Das S. Time effects in concrete-filled steel box columns in tall buildings [J]. Structural Design of Tall Buildings, 1997, 6(1): 1~22
- [322] Uy B, Wright H D, Diedricks A A. Local buckling of cold-formed steel sections filled with concrete [C]. Proceedings of the 2nd International Conference on Thin-Walled Structures, Singapore, 1998: 367~374
- [323] Varma A H. Seismic behavior, analysis and design of high-strength square concrete filled steel tube (CFT) [D]. Thesis Presented to the Graduate and Research Committee of Lehigh University in Candidacy for the Degree of Doctor of Philosophy in Civil Engineering, Lehigh University, USA, 2000
- [324] Varma A H, Ricles J M, Sause R, Lu L W. Seismic behavior and modeling of high-strength composite concrete-filled steel tube(CFT)beam-columns [J]. Journal of Constructional Steel Research, 2002, 58(5~8): 725~758
- [325] Virdi K S, Dowling P J. Bond strength in concrete filled circular steel tubes [R]. CESLIC Report CC11, Department of Civil Engineering, Imperial College, London, 1975
- [326] Virdi K S, Dowling P J. Bond strength in concrete filled steel tubes [C]. IABSE Proceeding, P-33/80, 1980: 125~139
- [327] Vrcelj Z, Uy B. Behaviour and design of steel square hollow sections filled with high strength concrete [J]. Australian Journal of Structural Engineering, 2001, 3(3): 153~169
- [328] Wagner T(Editor). Engineering-SSH design addresses technical hurdles against super-high-risers, November 2000, Elevator World, www.elevator-world.com/magazine, 2000
- [329] Wakabayashi M. Review of research on concrete filled steel tubular structures in Japan [C]. Proceedings of the 2nd International Speciality Confererence on Concrete Filled Steel Tubular Structures, Harbin, China, 1988: 5~11
- [330] Wakabayashi M. Recent development and research in composite and mixed building structures in Japan [C]. Proceedings of the 4th ASCCS International Conference, Kosice, Slovakia, 1994, 237~242
- [331] 王弘. 三峡专用公路上两座跨度160m上承式钢管混凝土拱桥的实践 [C]. 哈尔滨建筑大学学报（中国钢协钢-混凝土组合结构协会第五次年会论文集），1995, 28(sup): 49~53
- [332] 王洪智. 新疆库尔勒市轻钢住宅楼的推广和应用. 高频焊接轻型H型钢应用手册 [R]. 上海大

通钢结构有限公司、日本住友金属工业株式会社，1998：197～202

[333] 王怀忠. 宝钢工程60m长桩轴向承载力与沉降的共同规律［C］. 中国科协第三次青年学术年会论文集，1998：450～453

[334] Wang I S, Kang S K, Son S H, Yeom K S. Construction of CFT column on the Sports Club of Tower Place 3 Project [J]. International Journal of Steel Structures，2004，4(1)：33～41

[335] 王克政. 钢管混凝土试件侧向冲击的试验研究［D］. 太原：太原理工大学，2005

[336] 王力尚，钱稼茹. 钢管高强混凝土柱轴心受压承载力试验［C］. 高强与高性能混凝土及其应用第四届学术讨论会论文集，长沙，2001：455～459

[337] 王力尚，钱稼茹. 钢管高强混凝土柱轴心受压承载力试验研究［J］. 建筑结构，2003，37(7)：46～49

[338] 王文达，韩林海，游经团. 方钢管混凝土柱-钢梁外加强环节点滞回性能的实验研究［J］. 土木工程学报，2006，39(9)：17～25，61

[339] Wang Y C. Some considerations in the design of unprotected concrete-filled steel tubular columns under fire conditions [J]. Journal of Constructional Steel Research，1997，44(3)：203～223

[340] Wang Y C. The effects of structural continuity on the fire resistance of concrete filled columns in non-sway frames [J]. Journal of Constructional Steel Research，1999，50(2)：177～197

[341] Wang Y C. A simple method for calculating the fire resistance of concrete-filled CHS columns [J]. Journal of Constructional Steel Research，2000，54(3)：365～386

[342] Wang Y C, Kodur V K R. Research towards use of unprotected steel structures [J]. Journal of Structural Engineering ASCE，2000，126(12)：1442～1450.

[343] 王毅红，傅鹏斌，毛元平. 芯钢管连接的钢管混凝土节点偏压承载力［J］. 长安大学学报（自然科学版），2006，26(2)：61～64

[344] 王再峰. 钢管约束混凝土柱-钢筋混凝土梁节点滞回性能实验研究［D］. 福州：福州大学硕士学位论文，2006

[345] Webb J, Peyton J J. Composite concrete filled steel tube columns [C]. Proceedings of the Structural Engineering Conference，The Institute of Engineers Australia，1990：181～185

[346] Wei S, Mau S T, Vipulanandan C, Mantrala S K. Performance of new sandwich tube under axial loading：experiment [J]. Journal of Structural Engineering ASCE，1995a，121(12)：1806～1814

[347] Wei S, Mau S T, Vipulanandan C, Mantrala S K. Performance of new sandwich tube under axial loading：analysis [J]. Journal of Structural Engineering ASCE，1995b，121(12)：1815～1821

[348] 吴发红，梁书亭，李麟等. 钢加强环钢管混凝土梁柱节点实验研究［J］. 盐城工学院学报，2001，14(2)：46～49

[349] Wu G L, Hua Y. Application of concrete filled steel tubular column in super high-rise building-SEG Plaza [C]. Proceedings of the 6th ASCCS International Conference on Steel-Concrete Composite Structures，Los Angeles，California，USA，March 22～24，2000：77～84

[350] Wu L Y, Chung L L, Tsai S F, Shen T J, Huang G L. Seismic behavior of bolted beam-to-column connections for concrete filled steel tube [J]. Journal of Constructional Steel Research，2005，61：1387～1410

[351] 吴美艳，余天庆. 剪力环对钢管混凝土粘结强度影响的试验［J］. 湖北工学院学报，2004，19(1)：6～8

[352] 吴颖星. 钢管高强混凝土压弯构件力学性能的试验研究和理论分析［D］. 福州：福州大学硕士学位论文，2007

[353] 夏汉强，刘嘉祥. 矩形钢管混凝土柱带框剪力墙的应用及受力分析［J］. 建筑结构，2005，35(1)：

16～18

[354] 向黎明. 新型方钢管混凝土柱-梁节点性能研究 [D]. 上海：同济大学硕士学位论文，2001

[355] 肖从真，蔡绍怀，徐春丽. 钢管混凝土抗剪性能试验研究 [J]. 土木工程学报，2005，38(4)：5～11

[356] 肖敦壁. 用泵升法浇筑钢管混凝土柱的工艺研究 [J]. 工业建筑，1988，(10)：8～16

[357] Xiao Y, He W, Choi K. Confined concrete-filled tubular columns [J]. Journal of Structural Engineering ASCE, 2005, 131(3)：488～497

[358] 谢绍松，钟俊宏. 台北101层国际金融中心之结构施工技术与其设计考量概述 [J]. 建筑钢结构进展，2002，4(4)：1～11

[359] 徐春丽. 钢管混凝土柱抗剪承载力试验研究. 济南：山东科技大学硕士学位论文，2004

[360] 徐蕾. 方钢管混凝土柱耐火性能及抗火设计方法研究 [D]. 哈尔滨：哈尔滨工业大学博士学位论文，2002

[361] 薛立红，蔡绍怀. 钢管混凝土柱组合界面的粘结强度(上) [J]. 建筑科学，1996a，12(3)：22～28

[362] 薛立红，蔡绍怀. 钢管混凝土柱组合界面的粘结强度(下) [J]. 建筑科学，1996b，12(4)：19～23

[363] 薛立红，蔡绍怀. 荷载偏心率对钢管混凝土柱组合界面粘结强度的影响 [J]. 建筑科学，1997，13(2)：22～25

[364] Yagishita F, Kitoh H, Sugimoto M, Tanihira T, Sonoda K. Double-skin composite tubular columns subjected cyclic horizontal force and constant axial force [C]. Proceedings of the 6th ASCCS International Conference on Steel-Concrete Composite Structures, Los Angeles, California, USA, 2000：497～503

[365] Yamada M, Hayashi A, Nozawa S. Ultimate strength of T-shaped socket joints between steel beam and concrete-filled steel tubular column [J]. Structural Engineering/Earthquake Engineering JSCE, 2005a, 22(2)：121～136

[366] Yamada M, Hayashi A, Nozawa S, Yoda T. Ultimate strength of T-shaped and cross-shaped socket joints between steel beam and concrete-filled steel tubular column [J]. Structural Engineering/Earthquake Engineering JSCE, 2005b, 22(2)：137～158

[367] Yamamoto T, Kawaguchi J, Morino S. Size effect on ultimate compressive strength of concrete-filled steel tube short columns [C]. Proceedings of the Structural Engineers World Congress, Technical Session T1-2-f-1, Yokohama, Japan, 2002(CD publication)

[368] Yan G, Yang Z. Wanxian Yangtze Bridge, China [J]. Structural Engineering International, 1997, 7(3)：164～166

[369] 闫胜魁，周展开，许淑芳等. 钢管混凝土柱与钢筋混凝土梁、板节点空间受力实验研究 [J]. 西北建筑工程学院学报，1999，(1)：20～25

[370] 闫月梅，杜晓巍. 钢管混凝土柱加强环式节点的有限元分析 [J]. 西安科技大学学报，2005，25(1)：24～27

[371] 杨华. 恒高温作用后钢管混凝土轴压力学性能研究 [D]. 哈尔滨：哈尔滨工业大学硕士学位论文，2000

[372] 杨华. 火灾作用下(后)钢管混凝土柱力学性能研究 [D]. 哈尔滨：哈尔滨工业大学博士学位论文，2003

[373] 杨强跃. 矩形钢管混凝土结构应用情况汇报 [R]. 北京：北京钢结构技术研讨会资料集，中国钢结构协会专家委员会、中国钢结构协会房屋建筑分会、浙江杭萧钢构股份有限公司，2006

[374] 杨卫红，阎善章. 钢管混凝土基本剪切问题的研究 [C]. 哈尔滨建筑工程学院学报(中国钢协

钢-混凝土组合结构协会第三次年会论文集），1991，24(sup)：17～25

[375] 杨卫红，钟善桐. 钢管混凝土剪切模量的简支梁试验研究 [J]. 哈尔滨建筑工程学院学报，1992，25(4)：32～38

[376] 杨有福. 矩形截面钢管混凝土构件力学性能的若干关键问题研究 [D]. 哈尔滨：哈尔滨工业大学博士学位论文，2003

[377] 杨有福. 圆钢管混凝土构件滞回性能研究 [R]. 福州：福州大学项目博士后出站报告(Ⅰ)，2005a

[378] 杨有福. 新型钢管混凝土柱耐火性能研究 [R]. 福州：福州大学项目博士后出站报告(Ⅱ)，2005b

[379] 杨有福，韩林海. 钢管混凝土柱防火保护层计算方法研究 [J]. 工业建筑，2004a，34(1)：16～19

[380] 杨有福，韩林海. 矩形钢管混凝土柱的耐火性能和抗火设计方法 [J]. 建筑结构学报，2004b，25(1)：25～35

[381] 杨有福，韩林海. 矩形钢管自密实混凝土的钢管-混凝土界面粘结性能研究 [J]. 工业建筑，2006，36(11)：32～36

[382] Yang Y F, Han L H. Fire Resistance of Concrete-filled Double Skin steel Tubular Columns. Proceedings of the 4th International Conference on Advances in Steel Structures(ICASS' 05), Shanghai, China, June, 2005：1047～1052

[383] Yang Y F, Han L H. Experimental behaviour of recycled aggregate concrete filled steel tubular columns [J]. Journal of Constructional Steel Research, 2006a, 62(12)：1310～1324

[384] Yang Y F, Han L H. Compressive and flexural behaviour of recycled aggregate concrete filled steel tubes (RACFST) under short-term loadings [J]. Steel and Composite Structures, 2006b, 6(3)：257～284

[385] 尧国皇. 钢管初应力对钢管混凝土压弯构件力学性能影响的研究 [D]. 福州：福州大学硕士学位论文，2002

[386] 尧国皇. 钢管混凝土构件在复杂受力状态下的工作机理研究 [D]. 福州：福州大学博士学位论文，2006

[387] 尧国皇，韩林海. 高强钢管混凝土构件承载力计算方法初探 [J]. 工业建筑，2007，37(2)：96～99，88

[388] 游经团. 矩形钢管混凝土压弯构件滞回性能研究 [D]. 福州：福州大学硕士学位论文，2002

[389] 游经团，陈国栋，韩林海. 外环板式钢管混凝土节点环板尺寸的初步探讨 [C]. 哈尔滨工业大学学报(中国钢协钢-混凝土组合结构协会第十次年会论文集)，2005，37(sup)：354～357

[390] 余勇，吕西林，Tanaka K，Sasaki S. 轴心受压方钢管混凝土短柱的性能研究：Ⅱ分析 [J]. 建筑结构，2000，30(2)：43～46

[391] 余志武，丁发兴，林松. 钢管高性能混凝土短柱受力性能研究 [J]. 建筑结构学报，2002，23(2)：41～47

[392] 袁驷，韩林海，滕锦光. 结构工程研究的若干新进展，结构工程新进展(第一卷) [M]. 北京：中国建筑工业出版社，2006：1～6

[393] 张大旭，张素梅. 钢管混凝土梁柱节点动力性能实验研究 [J]. 哈尔滨建筑大学学报，2001，34(1)：21～27

[394] 张素梅，张大旭. 钢管混凝土梁与柱节点荷载-位移滞回曲线理论分析 [J]. 哈尔滨建筑大学学报，2001，34(4)：1～6

[395] 张素梅，周明. 方钢管约束下混凝土的抗压强度 [C]. 哈尔滨建筑大学学报(中国钢协钢-混凝土组合结构协会第七次年会论文集)，1999，32(sup)：14～18

[396] 张望喜，单建华，陈荣等. 冲击荷载下钢管混凝土柱模型力学性能试验研究 [J]. 振动与冲击，

2006, 25(5): 96~101, 195

[397] 张跃峰, 王书凤. 本溪采用钢管混凝土柱的住宅设计 [C]. 哈尔滨建筑大学学报(中国钢协钢-混凝土组合结构协会第八次年会论文集), 2001, 34(sup): 74~76

[398] 张正国. 方钢管混凝土偏压短柱基本性能研究 [J]. 建筑结构学报, 1989, (6): 10~20

[399] 张正国. 方钢管混凝土中长轴压柱稳定分析和实用设计方法 [J]. 建筑结构学报, 1993, 14(4): 28~39

[400] 张联燕, 李泽生, 程懋方. 钢管混凝土空间桁架组合梁式结构 [M]. 北京: 人民交通出版社, 1999

[401] 张佩生. 今晚报大厦钢管混凝土柱-双向密肋板结构体系的设计与研究 [C]. 哈尔滨建筑大学学报(中国钢协钢-混凝土组合结构协会第六次年会论文集), 1997, 30(sup): 9~13

[402] 张耀春, 余红军, 曹宝珠. 新型薄壁钢-混凝土组合结构节点试验研究 [J]. 建筑结构, 2006, 36(1): 42~45, 77

[403] 赵林强. 下承式钢管混凝土无风撑系杆拱桥的设计与施工 [C]. 哈尔滨建筑大学学报(中国钢协钢-混凝土组合结构协会第七次年会论文集), 1999, 32(sup): 64~67

[404] Zhao X L, Grzebieta R H. Strength and ductility of concrete filled double skin (SHS inner and SHS outer) tubes [J]. Thin-Walled Structures, 2002, 40(2): 199~213

[405] Zhao X L, Grzebieta R H, Elchalakani M. Tests of concrete-filled double skin circular hollow sections [C]. Proceedings of the 1st International Conference on Steel and Composite Structures, Pusan, Korea, 2001: 283~290

[406] Zhao X L, Han B, Grzebieta R H. Plastic mechanism analysis of concrete-filled double skin (SHS inner and SHS outer) stub columns [J]. Thin-Walled Structures, 2002, 40(10): 815~833

[407] 浙江省工程建设地方标准. 建筑钢结构防火技术规范(送审稿) [S]. 杭州, 2003

[408] 中国工程建设标准化协会 CECS 24: 90. 钢结构防火涂料应用技术规范 [S]. 北京: 中国计划出版社, 1990

[409] 中国工程建设标准化协会标准 CECS 28: 90. 钢管混凝土结构设计与施工规程 [S]. 北京: 中国计划出版社, 1992

[410] 中国工程建设标准化协会标准 CECS 159: 2004. 矩形钢管混凝土结构技术规程 [S]. 北京: 中国计划出版社, 2004

[411] 中国工程建设标准化协会标准 CECS 200: 2006. 建筑钢结构防火技术规范 [S]. 北京: 中国计划出版社, 2006

[412] 中国建筑金属结构协会建筑钢结构委员会. 中国建筑钢结构优质工程《钢结构金奖》获奖工程集锦 [R]. 北京: 中国建筑金属结构协会建筑钢结构委员会, 2006

[413] 中华人民共和国电力行业标准 DL/T 5085-1999. 钢-混凝土组合结构设计规程 [S]. 北京: 中国电力出版社, 1999

[414] 中华人民共和国国家标准 GB 14907-2002. 钢结构防火涂料 [S]. 北京: 中华人民共和国国家质量监督检验检疫总局, 2002

[415] 中华人民共和国国家标准 GB 50009-2001. 建筑结构荷载规范 [S]. 北京: 中国建筑工业出版社, 2002

[416] 中华人民共和国国家标准 GB 50010-2002. 混凝土结构设计规范 [S]. 北京: 中国建筑工业出版社, 2002

[417] 中华人民共和国国家标准 GB 50011-2001. 建筑抗震设计规范 [S]. 北京: 中国建筑工业出版社, 2002

[418] 中华人民共和国国家标准 GB 50016-2006. 建筑设计防火规范 [S]. 北京: 中国计划出版

社，2006

[419] 中华人民共和国国家标准 GB 50017 - 2003. 钢结构设计规范 [S]. 北京：中国计划出版社，2003
[420] 中华人民共和国国家标准 GB 50045 - 95. 高层民用建筑设计防火规范 [S]. 国家技术监督局，中华人民共和国建设部. 北京：计划出版社，2005
[421] 中华人民共和国国家标准 GB 50068 - 2001. 建筑结构可靠度设计统一标准 [S]. 北京：中国建筑工业出版社，2001
[422] 中华人民共和国国家标准 GB/T 9978 - 1999. 建筑构件耐火试验方法 [S]. 国家质量技术监督局. 北京：中国标准出版社，1999
[423] 中华人民共和国国家建筑材料工业局标准 JCJ 01 - 89. 钢管混凝土结构设计与施工规程 [S]. 上海：同济大学出版社，1989
[424] 中华人民共和国国家军用标准 GJB 4142 - 2000. 战时军港抢修早强型组合结构技术规程 [S]. 北京：中国人民解放军总后勤部，2001
[425] 鐘立來，吳賴雲，葉錦勳等. 箱型鋼管混凝土結構之螺栓式梁柱接頭 [J]. 土木水利工程，2001，28(2)：65~72
[426] 钟善桐. 钢管混凝土结构 [M]. 哈尔滨：黑龙江科学技术出版社，1994
[427] 钟善桐. 高层钢管混凝土结构 [M]. 哈尔滨：黑龙江科学技术出版社，1999
[428] 钟善桐. 钢管混凝土结构 [M]. 北京：清华大学出版社，2003
[429] 钟善桐. 钢管混凝土统一理论-研究与应用 [M]. 北京：清华大学出版社，2006
[430] 钟善桐. 钢管混凝土中钢管与混凝土的共同工作 [J]. 哈尔滨建筑大学学报，2001，34(1)：6~10
[431] 钟善桐，白国良. 高层建筑组合结构框架梁柱节点分析与设计 [M]. 北京：人民交通出版社，2006
[432] Zhou P, Ren X C. Concrete-filled arch railway bridge in China [J]. Structural Engineering International, 2002, 12(3)：151~152
[433] Zhou P, Zhu Z Q. Concrete-filled tubular arch bridges in China [J]. Structural Engineering International, 1998, 7(3)：161~166
[434] 周天华，郭彦利，卢林枫等. 方钢管混凝土柱-钢梁节点的非线性有限元分析 [J]. 西安科技大学学报，2005，25(3)：283~287，316
[435] 周学军，曲慧. 方钢管混凝土框架梁柱节点在低周往复荷载作用下的抗震性能研究 [J]. 土木工程学报，2006，39(1)：38~42，49
[436] 朱筱俊，梁书亭，蒋永生等. 钢管混凝土板柱结构剪力环节点冲切实验 [J]. 东南大学学报，1998，28(2)：57~62
[437] 资料集编写组. 高层钢结构建筑设计资料集 [M]. 北京：机械工业出版社，1999
[438] 宗周红，林于东，陈慧文等. 方钢管混凝土柱与钢梁连接节点的拟静力试验研究 [J]. 建筑结构学报，2005，26(1)：77~84